稀散金属冶金

李永佳　雷　霆　邹艳梅
余宇楠　周　林　杨志鸿　编著

北　京
冶 金 工 业 出 版 社
2018

内 容 提 要

本书系统地介绍了稀散金属的主要性质、国内外稀散金属工业的发展状况、稀散金属资源以及稀散金属矿的采选、生产及相关工艺技术，重点对锗、铟的冶金工艺和相关合金材料的制备进行了介绍。

本书可供从事稀散金属冶金及材料加工的科研单位和生产企业的工程技术人员阅读，也可供大专院校相关专业的师生参考。

图书在版编目（CIP）数据

稀散金属冶金/李永佳等编著. —北京：冶金工业
出版社，2018.10
　　ISBN 978-7-5024-7830-8

　　Ⅰ.①稀… Ⅱ.①李… Ⅲ.①稀散金属—有色金属
冶金 Ⅳ.①TF843

中国版本图书馆 CIP 数据核字（2018）第 206557 号

出 版 人　谭学余
地　　　址　北京市东城区嵩祝院北巷 39 号　邮编　100009　电话　（010）64027926
网　　　址　www.cnmip.com.cn　电子信箱　yjcbs@cnmip.com.cn
责任编辑　杨盈园　美术编辑　彭子赫　版式设计　禹　蕊
责任校对　王永欣　责任印制　牛晓波
ISBN 978-7-5024-7830-8
冶金工业出版社出版发行；各地新华书店经销；三河市双峰印刷装订有限公司印刷
2018 年 10 月第 1 版，2018 年 10 月第 1 次印刷
169mm×239mm；35.75 印张；695 千字；547 页
136.00 元
冶金工业出版社　投稿电话　（010）64027932　投稿信箱　tougao@cnmip.com.cn
冶金工业出版社营销中心　电话　（010）64044283　传真　（010）64027893
冶金书店　地址　北京市东四西大街 46 号（100010）　电话　（010）65289081（兼传真）
冶金工业出版社天猫旗舰店　yjgycbs.tmall.com
（本书如有印装质量问题，本社营销中心负责退换）

前　言

稀散金属通常是指由镓（Ga）、铟（In）、铊（Tl）、锗（Ge）、硒（Se）、碲（Te）和铼（Re）7个元素组成的一组金属元素。

稀散金属具有极为重要的用途，是当代高科技新材料的重要组成部分。很多重要的半导体、电子光学材料、特殊合金、新型功能材料及有机金属化合物都是由稀散金属组成的化合物；对于材料工业来说，稀散金属至关重要、不可或缺，它广泛用于当代通信技术、电子计算机、航空航天、医药卫生、感光材料、光电材料、能源材料和催化剂材料等领域。中国稀散金属矿产丰富，为发展现代高科技材料行业提供了较好的资源条件。

作者及团队承担了多项云南省省、市级稀散金属方面的重点研究课题，依托所在的昆明市稀散金属重点实验室，与国内外科研机构及企业开展了良好的合作，本书正是在完成多项课题及收集国内外大量资料基础上编著而成的，期望该书的出版能对我国稀散金属工业的发展有所裨益。

本书写作时间较长，资料及相关数据也进行了不断更新，书中引用了团队部分研发报告和团队中硕士、博士研究生部分毕业论文，翟忠标博士、李红梅博士、范兴祥博士在编撰过程中给予了很多帮助，也得到了天浩稀贵金属股份公司领导的大力支持，在此深表谢意！同时也对团队其他成员和各位同仁对本书出版给予的帮助表示深深的感谢！

由于学识水平有限，书中不妥之处，恳请广大读者不吝赐教。

作　者

2018 年 4 月于昆明

目　　录

第二篇　锗　冶　金

第三篇　镓　冶　金

第四篇　铊冶金

第五篇　硒碲冶金

第六篇　铼　冶　金

绪　　论

稀散金属通常是指镓（Ga）、铟（In）、铊（Tl）、锗（Ge）、硒（Se）、碲（Te）和铼（Re）7个金属元素及其合金。但也有人将铷、铪、钪、钒和镉等包括在内。从1782年发现碲，直到1925年发现铼，稀散金属被全部发现，稀散金属的发现史见表0-1。

表 0-1　稀散金属的发现史

项目	Ga	In	Tl	Ge	Se	Te	Re
发现年	1875	1863	1861	1886	1817	1782	1925
发现者	P. E. Lecoq 和 Boisbaudran	F. Reich 和 H. I. Richtcr	W. Crookes 和 C. A. Lamy	C. A. Winkler	J. J. Berzelius 和 J. G. Gahn	F. M. Reichenstein	V. E. Noddacketal
发现介质	闪锌矿	闪锌矿	酸泥	硫银锗矿	黄铁矿	金矿	铌铁矿
命名	Gallia	Indigo	Thallus	Germania	Selenium	Tellus	Rhine
命名意义	法国	蓝靛	开放的绿枝	德国	月亮	地球	莱茵河
世界始产年	1915	1924	1925	1930	1912	1942	1930
中国始产年	1957	1955	1958	1958	1955	1957	1960
克拉克值（质量分数）/%	1.7×10^{-3}	2.3×10^{-5}	7×10^{-5}	1.3×10^{-4}	5×10^{-6}	1×10^{-7}	7×10^{-8}

这一组化学元素之所以被命名为稀散金属，主要的原因是：

（1）它们的物理化学性质较为相似。

（2）迄今发现298种稀散金属矿物，但由于稀散金属与某些造岩元素的地球化学性质近似，导致前者以类质同象进入后者的晶格，故在自然界中极少遇见单一的、具有工业开采价值的稀散金属独立矿床。

（3）稀散金属的克拉克值较低，多伴生在其他矿物中，量微且分散，只能在生产有色、黑色主体金属或处理含稀散金属的煤、磷灰石、锰结核等有用矿物的副产物中综合回收。

稀散元素在自然界里主要以分散状态赋存有关的金属矿物中，如闪锌矿一般都富含镉、锗、镓、铟等，个别还含有铊、硒与碲；黄铜矿、黝铜矿和硫砷铜矿经常富含铊、硒及碲，个别的还富含铟与锗；方铅矿也常富含铟、铊、硒及碲；辉钼矿和斑铜矿富含铼，个别的还富含硒；黄铁矿常富含铊、镓、硒、碲等。虽然已发现有近 200 种稀散元素矿物，但由于稀少而未富集成具有工业开采的独立矿床，迄今只发现了很少见的独立锗矿、硒矿、碲矿，但矿床规模都不大。

第一篇　铟冶金

1　铟及其化合物的主要性质

1.1　铟的历史

铟元素的发现与化学及物理学科的发展密不可分。灵敏度高很多的光谱分析法创建后，一些在地壳中含量极少而化学分析法无法发现的元素，如铯、铷、铊和铟等被陆续发现。

在呈绿色谱线的铊于1862年被发现后，德国物理学家赖赫(F. Reich) 对之颇感兴趣，他于1863年试验从一种硫化锌矿中提炼铊，花费了不少精力，最终得到一种草绿色沉淀物，他认为这是一种新元素的硫化物，他把样品置于本生灯中加热时观察到一条明亮的靛蓝色谱线，其位置和铯的两条蓝色明显不相吻合，他确定这是一种新元素，并从它的特征谱线出发，以希腊文"靛蓝"(indikon)一词命名它为 Indium(铟)。

铟在地壳中的分布量很少且分散，迄今未发现它的富矿，只是在锌、铅等金属矿中作为杂质存在，因此把铟与具有类似特征的镓、铊、锗、硒、碲、铼等元素一起划入稀散金属。

铟从被发现直到1933年，才出现商业应用，首次大批量应用铟则是在第二次世界大战时，铟被作为涂层使用在飞机发动机齿轮上，增强了齿轮的硬度，使其免于磨损和腐蚀。第二次世界大战后，随着铟在易熔合金、焊料和电子工业方面的新用途被发现，其供需量逐渐增加，1988年突破百吨。铟锡氧化物(ITO)和磷化铟半导体的开发及在电子通信等工业上的应用，促使铟的产需快速增长，至2000年铟的世界产需量超过了300t。

随着对铟各种性质认识的深入、铟用途的扩大，以及有色金属冶金和化工技术的发展，铟的提取冶金也取得了长足的进步。铟的提取原料范围扩宽，原料品位降低，各种铟提取工艺和设备日趋成熟、可靠，一些最新的技术得到重视和尝试，铟冶金已逐渐发展为一门独立的学科。

中国的铟资源丰富，其储量在世界首屈一指，从 1955 年开始生产铟以来，发展态势一直与世界同步，2001 年创下年产 188t 的记录。近几年来，中国加速开发铟的应用，随着 ITO 生产线投产，中国必将成为铟的消费大国。

1.2 铟的性质

1.2.1 铟的物理性质

铟与铂类似，是一种软的、带有蓝色色调的银白色金属，有很好的延展性，具有面心四方晶体结构。它比铅还软，用指甲可划痕，与其他金属摩擦时能附着上去，甚至在液态温度下还能保持软性。它又类似于锡，当纯铟棒弯曲时能发出一种高音的"叫声"。

铟是唯一具有四方结构且有 7% 面心立方偏离结构的金属，因此，通过机械的孪晶的生成可使其变形而不显示面心立方结构，所以它具有可塑的性质，强可塑性是铟的最值得注意的特征。由于它不易硬化，所以它的伸长率极低，它能无限制地变形。铟比锌或镉的挥发性小，但在氢气或真空中加热能够升华。熔化的铟像镓一样能湿润干净的玻璃。

铟是银白色易熔的金属，沸点较高，很柔软，且可塑性好。铟在室温下也能发生再结晶现象，因此，在冷的状态下，加工不发生硬化现象。

铟的导电性大致比铜低 4/5，而线膨胀系数几乎超过铜的 1 倍。

铟的主要物理性质见表 1-1。

表 1-1　铟的主要物理性质

项　目	数　量	项　目	数　量
原子序数	49	比热/cal·g^{-1}	0.058
原子量	114.82	熔化热/cal·g^{-1}	6.8
稳定的同位素：113	4.23%	熔化时体积变化/%	2.5
115	95.77%	汽化热/cal·g^{-1}	484.0
颜色	银白色	线膨胀系数（0~100℃）	24.8×10^{-6}
化合价	3(2, 1)	超导性/K	3.38
晶格类型	面心四面体 $a = 0.4583nm$ $c = 0.4936nm$	固态	8.8×10^{-6}
		液态	29.0×10^{-6}
原子容积/cm^3·g^{-1}	7.57	布氏硬度/kg·cm^{-2}	0.9
密度/g·cm^{-3}	7.31	抗拉强度/MPa	2.3
熔点/℃	156.6	标准电压/V	0.34
沸点/℃	2075	电化当量/g·(h·A)$^{-1}$	1.427

注：1cal/g=4.1868J/g。

铟的密度在固态时为 7.28~7.362g/cm³，液态时铟的密度因温度而异，并随温度升高而下降，见表1-2。

表1-2　液态铟的密度　　　（g/cm³）

纯度	液态温度/℃			
	20	156.6	231	302
99.99	7.28	7.03	6.99	6.93

铟的黏度因温度而异，随温度升高黏度降低，见表1-3。

表1-3　铟的黏度

温度/℃	200	300	400	500
黏度/Pa·s	0.00107	0.00129	0.00101	0.00085

铟的表面张力数据见表1-4。

表1-4　铟的表面张力　　　（dyn/cm²）

纯度/%	156.6℃	200℃	350℃	400℃	550℃	600℃	介质
99.95	550					515	He
99.995	565						Ar
99.999		556		535	527		He
99.9995			539				Ar
99.9999	560						真空

注：1dyn/cm² = 0.1Pa。

铟的电阻温度系数为 4.9×10^3，其电阻率见表1-5。

表1-5　铟的电阻率　　　（Ω·m）

一般值	0℃	20℃	80℃	192℃
8.5~9	8.37	8.37~8.45	8.69	2.15

铟的蒸气压数值见表1-6。

表1-6　铟的蒸气压

温度/℃	133	666	1333	2666	5332
蒸气压/Pa	1204	1300	1420	1530	1620
温度/℃	1684	1905	2060	2075	
蒸气压/Pa	79999	13332	5332	101325	

1.2.2　铟的化学性质

铟的化学性质与铁近似，原子半径与镉、汞、锡近似。铟和锌、铁常在一起形成类质同象物。

铟在空气中是稳定的，加热到熔点以上时氧化成 In_2O_3，致密铟在沸水及碱溶液中不受腐蚀。当有氧存在时海绵铟在水中会氧化成氧化铟。

铟可以溶于各种浓度的硫酸、盐酸及硝酸等无机酸内。随着铟的纯度增加，它与空气及酸作用的速度大大地降低；与酸作用时，随着酸度的增加及温度升高溶解加快。

铟与硝酸的反应为：

$$In + 4HNO_3(稀) = In(NO_3)_2 + 2NO_2 + 2H_2O$$
$$4In + 10HNO_3(浓) = 4In(NO_3)_2 + NH_4NO_3 + 3H_2O$$

铟与硫酸的反应为：

$$2In + 3H_2SO_4 = In_2(SO_4)_3 + 3H_2(室温)$$
$$2In + 6H_2SO_4 = In_2(SO_4)_3 + 3SO_2 + 6H_2O(加热)$$

铟与草酸的反应为：

$$2In + 6H_2C_2O_4 = 2H_3[In(C_2O_4)_3] + 3H_2$$

醋酸与铟不能反应。

在室温下，铟可与氯及溴相互作用，加热时可与碘作用。

铟能与镓、钠、金、铝、锌、锡等形成合金，能与汞形成汞齐。

铟与硼、铝、镓和铊同属元素周期表中第ⅢA族元素，常称为硼分族。本族的价层电子层构型为 ns^2np^1。铟有 1，2 和 3 三种氧化态，三价最常见。三价的铟在水溶液中是稳定的，而一价化合物受热通常发生歧化。

铟是在空气中十分稳定的最软固态金属之一，在通常温度下，金属铟不被空气氧化，但在强热下燃烧并伴随着无光的蓝红色火焰生成氧化铟。金属铟表面易钝化，一旦暴露于大气，就出现类似于铝表面的薄膜，薄膜坚韧但易溶于盐酸，当温度升至稍高于它的熔点时，金属表面保持光亮，在高温下表面形成氧化物。被铁污染的铟，常温时在含有 CO_2 的潮湿空气中易氧化。

块状铟不会被碱、沸水和熔融的 $NaNH_2$ 所侵蚀，但是分散的海绵状或粉状的铟能与水作用生成氢氧化物，它能慢慢地溶于冷稀的矿酸中，易溶于热的稀或浓的矿酸中生成铟和氢气，溶于热的硝酸中生成铟盐积氮的氧化物，它也能溶于草酸和醋酸。加热时铟能与卤素、硫、磷以及砷、锑、硒、碲反应，它与氢和氮反应分别生成氢化物和氮化物，铟能与汞形成汞齐，铟可与大多数的金属生成合金并伴随明显的硬化效应。

铟在它的化合物中能形成共价键，这种性质能影响它的电化学行为。某些铟盐溶液具有导电性，这表明了它们的非离子键的特性。铟的电极反应需要中等高活化能。使用一种可以发生可逆电极反应的缔合电解质，能够电解加工铟，使用氰化物、硫酸盐、氟硼酸盐和氨基酸磺酸盐容易电镀铟。

铟的电离势和配位数及离子半径见表1-7和表1-8。

表1-7 铟的电离势

第一电离势	第二电离势	第三电离势	第四电离势
5.78~5.79	18.86~18.87	28.02~28.03	54~58

表1-8 铟的离子半径

价态	配位数	离子半径/nm
+1	2	0.132
+3	4	0.062~0.081
+3	6	0.080~0.088
+3	8	0.092~0.10

铟的氧化还原电位和标准电极电位见表1-9和表1-10。

表1-9 铟的氧化还原电位

酸性溶液	碱性溶液
$In^{3+}\underline{-0.45}In^{2+}\underline{-0.35}In^{+}\underline{-0.25}In$	$In(OH)_3\underline{-1.0}In$

表1-10 铟的标准电极电位

酸性溶液电极（半）反应/V		碱性溶液电极（半）反应/V
$In^{3+}+e \rightleftharpoons In^{2+}$	$-0.45\sim-0.49$	
$In^{3+}+2e \rightleftharpoons In^{+}$	$-0.40\sim-0.43$	
$In^{3+}+3e \rightleftharpoons In$	$-3.4\sim-0.345$	$In(OH)_3+3e \rightleftharpoons In+3OH^{-}(-1.0)$
$In^{2+}+e \rightleftharpoons In^{+}$	-0.4	
$In^{+}+e \rightleftharpoons In$	$-0.18\sim-0.25$	

1.2.3 铟的放射性和毒性

天然存在的铟有两种同位素：^{113}In 4.33%和^{115}In 5.67%。作为商品能够买到 ^{111}In、^{114}In 和^{116}In 的样品。^{111}In 和^{114}In 在 0.1mol HCl 中成为氯化物。^{116}In 以未加工的放射性的形式存在。

铟对人体没有明显的危害，但有研究认为其可溶性化合物是有毒的。临界值限度委员会(美国政府工业卫生联合会)已颁布 $0.1mg/m^3$ 为铟的临界值限度。截至目前处理铟和制作铟的半导体器件的经验表明铟对皮肤没有刺激或伤害,铟对呼吸系统也许有影响,通过消化系统摄取的铟大约占 0.5%,而通过呼吸摄取的大约占 5%。铟的工业中毒未曾见报道过。

铟盐和人体组织破伤部位接触是有毒的,口服铟盐的毒害则较低,小鼠实验表明,致命的铟氧化物量为 $10g/kg_{体重}$,金属铟和它的氯化物、硫酸盐,对于人类的皮肤没有发现刺激性反应,有组织破伤的工作者不应接触铟或铟盐溶液。未发现铟有致癌作用。

1.3　铟的化合物及其性质

1.3.1　氧化物与氢氧化物

1.3.1.1　氧化物

铟的主要化合物有 In_2O_3,InO,In_2O。In_2O_3 是黄色不溶于水的物质,当铟在空气中氧化或 $In(OH)_3$ 焙烧即得 In_2O_3。在 $750\sim800℃$ 下的 In_2O_3 不溶于酸,而未煅烧过的 In_2O_3 能溶于酸,但不溶于碱,当加热到 850℃ 时它能分解生成 In_3O_4。

In_2O_3 的生成热为 222.5kcal/克分子,当温度高于 300℃ 时,In_2O_3 能被氢或碳还原成低价氧化物 InO 和 In_2O,In_2O 是黑色的,InO 是灰色的,InO 和 In_2O 是还原时的中间产品,在空气中加热很容易氧化,将他们和水或酸作用都会产生歧化反应:

$$3In_2O + 3H_2O === 2In(OH)_3 + 4In$$
$$3InO + 3H_2O === 2In(OH)_3 + In$$

当温度高于 $700\sim800℃$ 时则可还原成金属。

铟氧化物的性质见表 1-11。

表 1-11　铟氧化物的性质

氧化物	色彩	晶　形	熔点/℃	密度/$g \cdot cm^{-3}$
In_2O_3	黄	立方体心　$a=11.1056$	1910~2000	7.12~7.179
	红棕	无定形　$a=10.117$		
InO	灰		565 升华	
In_2O	黑	立方体心		6.99
$In(OH)_3$	白	$a=(7.558\sim7.92)+0.005$Å	150 失水离解	4.345~4.45

In_2O_3 有 3 种变态;高于 850℃ 离解,并生成化合物 In_3O_4。当温度高于

1000℃时，其蒸气压仍很小，约 133~339Pa，再升温时，其离解压 P(mmHg) 可按下式近似计算：

$$\lg P = -1125/T + 2.27 \quad (650 \sim 950℃)$$
$$\lg P = -6314/T + 6.37 \quad (1050 \sim 1300℃)$$

1.3.1.2 氢氧化物

铟的氢氧化物有 $In(OH)_2$ 和 $InO(OH)$，后者是 $In(OH)_2$ 受热温度高于 411℃ 的转变产物。三价铟的水溶液中有 $In(H_2O)_5(OH)^{2+}$ 和 $In(H_2O)_4 \cdot (OH)_3^-$，在较高温度下形成多核阳离子 $In(O_2HIn)_m^{3+}$。

$In(OH)_3$ 是两性化合物，不溶于水及氨水，但可溶于酸，新沉出的 $In(OH)_3$ 易溶于稀酸醋酸及蚁酸。$In(OH)_3$ 在低浓度的碱中实际是不溶的，pH 值 7.2 时上清液达到 In^{3+} 最低溶解度，为 $4.8×10^{-5}$ mol/mL。在过量的碱溶液中氢氧化物被胶溶，成为透明胶态溶液(由于吸收 OH^- 而稳定化)。在高浓度的碱溶液中氢氧化铟溶解转变为铟酸盐。由于陈化或由于铵盐的存在(减小了 OH^- 离子浓度)它在碱中的溶解度减少。$In(OH)_3$ 在碱中的溶解度见表 1-12。

表 1-12　In(OH)₃ 在碱溶液中的溶解度　　(mol/L)

NaOH	In(OH)₃	NaOH	In(OH)₃	NaOH	In(OH)₃
0.93	$4.44×10^{-4}$	9.27	$5.22×10^{-3}$	11.33	$6.65×10^{-2}$
1.11	$4.61×10^{-5}$	9.52	$6.52×10^{-3}$	11.38	$5.30×10^{-2}$
1.67	$8.89×10^{-4}$	9.75	$8.28×10^{-3}$	11.88	$3.50×10^{-2}$
2.55	$7.10×10^{-5}$	9.91	$6.28×10^{-2}$	11.98	$1.63×10^{-2}$
2.55	$7.38×10^{-5}$	9.97	$1.62×10^{-2}$	12.02	$1.38×10^{-2}$
3.40	$7.20×10^{-3}$	9.98	$1.13×10^{-2}$	12.08	$1.87×10^{-2}$
5.32	$1.23×10^{-4}$	10.08	$1.72×10^{-2}$	12.32	$1.37×10^{-2}$
5.35	$1.23×10^{-4}$	10.12	$2.06×10^{-2}$	12.76	$3.75×10^{-2}$
7.36	$7.38×10^{-3}$	10.16	$1.49×10^{-2}$	12.81	$1.31×10^{-2}$
8.12	$7.36×10^{-3}$	10.21	$1.52×10^{-2}$	13.25	$1.82×10^{-3}$
8.48	$1.30×10^{-3}$	10.22	$2.41×10^{-2}$	14.13	$1.49×10^{-3}$
8.58	$2.79×10^{-3}$	10.31	$2.28×10^{-2}$	14.76	$1.59×10^{-3}$
9.02	$5.71×10^{-3}$	10.48	$3.14×10^{-2}$	15.42	$9.18×10^{-4}$
9.06	$6.13×10^{-3}$	10.52	$2.30×10^{-2}$	15.85	$1.02×10^{-2}$
9.21	$4.13×10^{-3}$	10.94	$4.81×10^{-2}$	17.12	$2.93×10^{-2}$
9.26	$2.66×10^{-3}$	11.11	$3.48×10^{-2}$	17.27	$5.74×10^{-2}$

$In_2(SO_4)_2$ 溶液水解时，初呈 $In_2O_2(SO_4)_3 \cdot nH_2O$ 形态，然后才转为 $In(OH)_2$，而在 $InCl_3$ 溶液水解时，则直接沉出 $In(OH)_2$。存在杂质时 pH 值会受影响，如从纯的与存在杂质 As^{5+} 的 $In_2(SO_4)_3$ 溶液中沉出 $In(OH)_2$ 的起始与终点 pH 值，分别为 3.6，4.4 与 2.1，3.35(25℃)，后者沉出物是 $5In_2O_3 \cdot 3As_2O_3 \cdot nH_2O$。

往三价铟盐溶液中加入碱溶液或氨水，在一定 pH 值下，氢氧化铟开始析出沉淀。沉出 $In(OH)_3$ 的 pH 值与铟浓度的关系见表 1-13。

表 1-13　沉出 $In(OH)_3$ 与 pH 值的关系

铟浓度/g·L^{-1}	0.06	0.22	0.45	1.20	3.10	6.20
沉出 $In(OH)_3$ 的 pH 值	3.00	2.74	2.55	2.31	2.00	1.72

1.3.2　铟的硫化物和硫酸盐

1.3.2.1　硫化物

铟的硫化物有 In_2S，InS，In_4S_5 及 In_2S_3，In_6S_7，In_3S_4 等。In-S 相图如图 1-1 所示。常温下 InS 及 In_2S_3 稳定，在 370℃ 左右可形成 In_3S_4。

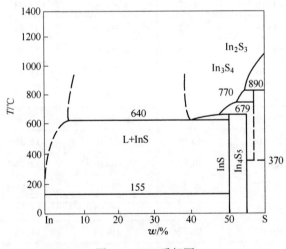

图 1-1　In-S 系相图

A　In_2S_3

In_2S_3 有吸湿性强的黄色 α-In_2S_3，以及红棕色的 β-In_2S_3 两种形态。当温度高于 300℃ 时，α-In_2S_3 将转变为高温稳定的 β-In_2S_3，In_2S_3 在 225℃ 开始氧化，但仅限于表面氧化：$In_2S_3 + O_2 = 2InS + SO_2$，InS 在高于 400℃ 后其氧化速度将骤增。

In$_2$S$_3$ 的氧化过程中，当温度在 400~1000℃ 之间时，它被空气完全氧化约需 30min，到 1000℃ 左右，其氧化速度将下降到原来的 30%；而当温度高于 1100℃ 时，则氧化速度又增大，此时铟的挥发随气相中含氧量的减少而增大。实践表明，焙烧含铟的锌精矿时，控制气相中含氧量到 3%，铟的挥发率大于 75%，锌精矿的氧化率可达 100%。但氧化焙烧含铟锌精矿的气相中含氧量过低或过高，都不会得到理想的焙烧结果，焙烧时铟分布见表 1-14。

表 1-14　焙烧锌精矿时铟的分布

锌精矿成分/%		气相中含氧/%	产物中含铟/%		铟挥发率/%	锌精矿氧化率/%
Zn	In		ZnO 粉（氧充足）	Me 挥发物（氧不足）		
65.67	0.012	0.5		46.6	46.6	
65.67	0.012	1.0		63.3	63.3	12.0
65.67	0.012	2.0	17.5	55.8	73.3	80.0
65.67	0.012	3.0	36.6	38.4	75.0	100
65.67	0.012	21.0	45.8		45.8	100

B　In$_2$S

InS 在空气中会氧化为 In$_2$S。In$_2$S 的离解过程说法不一，有人认为是 In$_2$S(g)→In$_2$S(s)→InS(s)→In(l)；但实际离解产物为 InS，即是按 In$_2$S$_3$→InS→In$_2$S 过程离解的。In$_2$S 的蒸气压（980~1200℃）计算方程为：

$$\lg P_S = -9320.3/T + 7.921$$

C　InS

InS 在 850℃ 及真空中易挥发，且在挥发过程中明显地伴随着电离：

$$2InS = In_2S + S$$

InS 易被氢还原成液态，并放出 H$_2$S。InS 的蒸气压计算如下：

$$\lg P_{S_2} = -1145/T + 8.5 \quad (675 \sim 800K)$$

$$\lg P_{S_2} = -9311/T + 9.6 \quad (800 \sim 925K)$$

1.3.2.2　硫酸盐

金属铟或 In$_2$O$_3$ 溶于热硫酸，生成 In$_2$(SO$_4$)$_3$ 溶液。硫酸铟是一种白色晶状、易溶解、易溶于水的固体，一般含 5、6 或 10 个结晶体。

将硫酸铟溶液蒸发浓缩，析出斜方晶体 In$_2$(SO$_4$)$_3$·5H$_2$O 在 500℃ 加热 6h 分解成无水硫酸盐，高于 800℃ 进一步分解为 In$_2$O$_3$ 和 SO$_2$：

$$In_2(SO_4)_3 = In_2O_3 + 3SO_2$$

其离解压见表 1-15。实验证明，当温度高于 950℃ 时，只需要 20min $In_2(SO_4)_3$ 就离解完全。

表 1-15　$In_2(SO_4)_3$ 的离解压

温度/℃	654	682	705	771	780	803	815	820
$In(SO_4)_3$ 离解压/kPa	-1.33	-5.33	-8.93	-33.325	-41.99	-79.98	-105.31	-119.97

$In_2(SO_4)_2$ 易溶于水，20℃ 的溶解度为 53.92%，温度升高其溶解度不变。

随着硫酸浓度和温度的不同，自酸溶液中，可析出 $In_2(SO_4)_3 \cdot 10H_2O$，$In_2(SO_4)_3 \cdot 6H_2O$ 或酸式盐 $In_2(SO_4)_3 \cdot 5H_2SO_4 \cdot 7H_2O$，见表 1-16。

表 1-16　硫酸铟溶解度与硫酸浓度的关系

20℃			60℃		
H_2SO_4 浓度/%	$In_2(SO_4)_3$ 浓度/%	固相组成	H_2SO_4 浓度/%	$In_2(SO_4)_3$ 浓度/%	固相组成
3.6	51.19	$In_2(SO_4)_3 \cdot 10H_2O$	2.9	54.8	$In_2(SO_4)_3 \cdot 6H_2O$
10.3	40.81	$In_2(SO_4)_3 \cdot 10H_2O$	10.6	44.56	$In_2(SO_4)_3 \cdot 6H_2O$
20.2	30.44	$In_2(SO_4)_3 \cdot 10H_2O$	14.2	39.24	$In_2(SO_4)_3 \cdot 6H_2O$
25.3	24.80	$In_2(SO_4)_3 \cdot 5H_2SO_4 \cdot 7H_2O$	22.5	28.86	$In_2(SO_4)_3 \cdot 6H_2O$
28.2	21.58	$In_2(SO_4)_3 \cdot 5H_2SO_4 \cdot 7H_2O$	36.7	12.65	$In_2(SO_4)_3 \cdot 6H_2O$
30.8	18.24	$In_2(SO_4)_3 \cdot 5H_2SO_4 \cdot 7H_2O$	43.5	6.71	$In_2(SO_4)_3 \cdot 6H_2O$
41.3	6.51	$In_2(SO_4)_3 \cdot 5H_2SO_4 \cdot 7H_2O$	52.8	2.05	$In_2(SO_4)_3 \cdot 6H_2O$
49.7	1.75	$In_2(SO_4)_3 \cdot 5H_2SO_4 \cdot 7H_2O$	54.4	1.62	$In_2(SO_4)_3 \cdot 5H_2SO_4 \cdot 7H_2O$
53.4	0.75	$In_2(SO_4)_3 \cdot 5H_2SO_4 \cdot 7H_2O$	60.6	0.61	$In_2(SO_4)_3 \cdot 5H_2SO_4 \cdot 7H_2O$
54.9	0.55	$In_2(SO_4)_3 \cdot 5H_2SO_4 \cdot 7H_2O$	68.0	0.37	$In_2(SO_4)_3 \cdot 5H_2SO_4 \cdot 7H_2O$
90.2	0.07	$In_2(SO_4)_3 \cdot 5H_2SO_4 \cdot 7H_2O$	84.4	0.13	$In_2(SO_4)_3 \cdot 5H_2SO_4 \cdot 7H_2O$

$In_2(SO_4)_2$ 与酒精作用形成难溶于水的碱式铟盐 $In(OH)SO_4 \cdot 5H_2O$。与 $(NH_4)_2SO_4$ 作用先生成易溶于水的 $(NH_4)_2SO_4 \cdot In_2(SO_4)_3 \cdot 24H_2O$，其在水中的溶解度极大，如温度由 16℃ 到 30℃ 时，此盐在 100g 水中的溶解由 200g 增加到 400g，但易水解，有人认为它最终形成 $NH_4In(SO_4)_3 \cdot In_2(SO_4)_2$，有类似于铝、镓或铊等的硫酸盐易形成矾盐的性质，如当存在过剩的 SO_4^{2-} 时，与铟易形成络合阴离子 $[In(SO_4)_3]^{3-}$ 和 $[In(SO_4)_2]^-$，它们可与碱金属形成矾盐，如 $(NH_4)_2 \cdot In(SO_4)_3$ 或 $KIn(SO_4)_2 \cdot 2H_2O$。$In_2(SO_4)_3$ 与硫酸作用生成一系列

$In_2(SO_4)_3 \cdot H_2SO_4 \cdot nH_2O$ 复盐。

1.3.3 铟的卤化物

铟能形成三种卤化物 InX，$In[In^M X_{M+1}]$ 和 InX_3。所有简单一卤化物 InX 都已被制得，其中气态 InF 是在高温下制备的。对于假定的混合卤化物虽然已计算出生成热，但是一直未曾离析出铟的混合卤化物。对铟的混合卤化物在溶液中的稳定性也已作了研究，并证实存在下列混合卤化物：$InClBr^+$、$InCl_2Br$ 和 $InCl_3Br^-$。

In-Cl 系，如图 1-2 中存在 In_2Cl_3，In_4Cl_5 及 In_4Cl_7 等氯化物，三者均易离解为 $InCl_3$ 与 InCl。InCl 有两个变态，即高于 120℃ 才存在的红色 InCl 晶体和只有在低温下稳定的黄色 InCl 晶体。

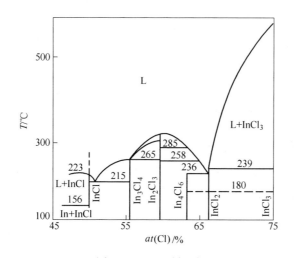

图 1-2　In-Cl 系相图

氯化铟的蒸气压可按下列方程计算：

$$\lg P_{InCl} = -4629/T + 7.878$$

$$\lg P_{InCl_2} = -5123/T + 8.405$$

$$\lg P_{InCl_3} = -6944/T + 11.363$$

$InCl_3$ 易挥发，约在 148~440℃ 开始升华。固态 In_2Cl_3 在加热时离解为气态 $InCl_3$，$InCl_3$ 易溶于水而生成含一定结晶水的 $InCl_3 \cdot nH_2O$（其中 $n=2$~4）。$InCl_3$ 溶液与碱金属碳酸盐、草酸盐或 Me_2HPO_4 等作用，会沉出相应的白色 $In_2(CO_3)_3$，$In(C_3O_4)$ 与 $In_2(HPO_4)_3$。若与 NaOH 作用，则会沉出类似于 $In_2(OH)_3Cl_3$ 的沉淀物。

铟的卤化物一般均易溶于水、酸或醇等中。铟的三价卤化物在水中可形成带数个结晶水的三卤化铟，其溶解度一般随温度的升高而增大。$InCl_3$ 于 22℃ 时在 3%HCl 水溶液中溶解达 59.5%。而 $InCl_3$ 在 $CaCl_2$ 的水溶液中的溶解度也较大，见表 1-17，并生成 $CaCl_2 \cdot xInCl_3 \cdot nH_2O$。

表 1-17　$InCl_3$ 在 $CaCl_2$ 的水溶液中的溶解度

$CaCl_2$	$InCl_3$	存在固相
84	1439	$InCl_3 \cdot 4H_2O$
108	1353	$CaCl_2 \cdot 2InCl_3 \cdot 12H_2O$
136	1276	$3CaCl_2 \cdot 4InCl_3 \cdot 30H_2O$
306	934	$CaCl_2 \cdot InCl_3 \cdot 8H_2O$
458	643	$CaCl_2 \cdot InCl_3 \cdot 8H_2O$
545	543	$CaCl_2 \cdot InCl_3 \cdot 8H_2O$
601	424	$CaCl_2 \cdot InCl_3 \cdot 8H_2O$
673	362	$CaCl_2 \cdot InCl_3 \cdot 8H_2O$

1.3.4　铟的磷、砷、锑化物及盐

1.3.4.1　磷化物、砷化物、锑化物

铟的磷化物、砷化物、锑化物都仅有 1∶1 的化合物，且都具有闪锌矿排列的半导体，尤其是锑化铟和磷化铟已被广泛地研究。它们的性质见表 1-18。

表 1-18　铟的半导体化合物的性质

化合物	熔点/℃	ΔG_f/kJ · mol^{-1}	宽带/eV	迁移率/cm^2 · (V · s)$^{-1}$	介电常数
InSb	523	77.0	7.34	5000	9.6
InAs	936	53.6	0.45	23000240	12.3
InP	1070	25.5	0.25	300001000	15.7

在空气中 InP 在温度高于 700℃，InAs 在温度高于 450℃ 时发生氧化。除氧化剂存在外，不易受酸的腐蚀。

人们曾经研究过 InAs 和 InSb 的催化活性。当作为 n 或 p 半导体掺入时，发现这两种状态之间存在系统差异。对于像甲酸或乙醇的脱氢或乙烯的加氢反应，过量的传导状态所产生的活化能比空缺传导状态约高 33~79kJ/mol。

在石英管中，用高纯的氢气或惰性气体保护，将按组分量称量的高纯铟和锑在 630~650℃ 熔化可制得锑化铟。铟和锑化合生成一种单一的金属化合物。锑化铟中电子的流动性随温度变化而改变，300K 时为 80000cm^2/(V · s)；77K 时约

大于 500000cm^2/（V·s）。这种与它的狭窄光谱间隙相结合的性质成为在光电导体和电磁仪表中使用 In-Sb 的原因。In-Sb 主要应用于直流、交流转化器，物相辨别器，数字模拟编码器，激光器，微波激射器和接触电位计等中。

可通过两种方法制得砷化铟。在单式炉方法中，高纯的元素可直接反应，而在双式炉方法中必须在高于 InAs 的熔点温度时使砷的蒸气与铟反应，这种合金比 InSb 硬得多，在这种化合物中杂质对电子流动性是十分敏感的，如用 99.99% 铟和高纯砷合成 InAs，其杂质浓度为 1×10^{17} 原子/cm^3 时，电子流动性为 15000cm^2/（V·s），而杂质浓度为 2.3×10^{16} 原子/cm^2 时，它的电子流动性为 24000cm^2/（V·s），InAs 还具有小的谱带间隙。

通过熔化计量的两种元素可制备磷化铟，但即使在 700℃ 和 350~400h 之后铟和磷的反应也仅达 94%~95%。磷化铟具有宽大的光谱间隙和高电阻率。但 InP 用作微波振荡器和放大器比 GaAs 优越，它已成为新型异质结型太阳电池和微波通信向毫米波段发展的新型材料。

1.3.4.2 磷酸盐、砷酸盐

在 70℃ 和 25℃ 时对体系 $In_2O_3 \cdot P_2O_3 \cdot H_2O$ 的相图研究表明，$In_2O_3 \cdot P_2O_3 \cdot 4H_2O$（70℃），$In_2O_3 \cdot 2P_2O_3 \cdot 11H_2O$（25℃）和 $In_2O_3 \cdot 3P_2O_3 \cdot 7H_2O$（25℃）是以稳定的固相存在。将适量的 NaOH 溶液加入有过量磷酸存在的铟盐溶液中，可制得 $In_2O_3 \cdot P_2O_3 \cdot 4H_2O$。在蒸气浴上加热沉积出 $In_2O_3 \cdot P_2O_3 \cdot 4H_2O$，先用热的 $0.5\%H_3PO_4$ 洗涤，然后用热水洗、干燥。在 800℃ 虽然能有效地保持组成 $InPO_4$，但它已失水变成黑色。

在溶液中亚砷酸钠与三氯化铟反应生成 $InAsO_4$，存在铟离子条件下中和酸化了的铟盐（氯化物或硫酸盐）溶液时沉淀出砷盐酸 $InAsO_4 \cdot H_2O$。

2 铟及铟合金的应用

2.1 铟的简介

铟性能独特，属于重要的战略资源。铟是第三主族元素——硼、铝、镓、铟、铊系列的第四位。原子数 49，密度 7.31g/cm³，熔点低(156.61℃)，沸点高(2072.9℃)，氧化价+3，相对原子质量 114.82。铟属稀有金属，在地壳中的含量与银相似，为 1×10⁻⁵%，但产量仅为银的 1%，迄今未发现单一的或以铟为主要成分的天然铟矿床。在自然界中，铟矿物均以微量的形式分散伴生于其他矿物中，目前有工业回收价值的铟矿物主要为闪锌矿。闪锌矿中铟含量一般为 0.001%~0.1%(有时可高达 1%)。

铟是银白色易熔稀散金属，具有质软、延展性好、强光透性以及导电性等特点，主要与其他有色金属组成一系列的化合物半导体、光电子材料、特殊合金、新型功能材料以及有机金属化合物等。由于铟具有良好的延展性和传导性，因此可广泛应用于电子计算机、太阳能电池、电子、光电、国防军事航天航空、核工业和现代信息产业等高科技领域，具有极其重要的战略价值。铟产业链如图 2-1 所示。

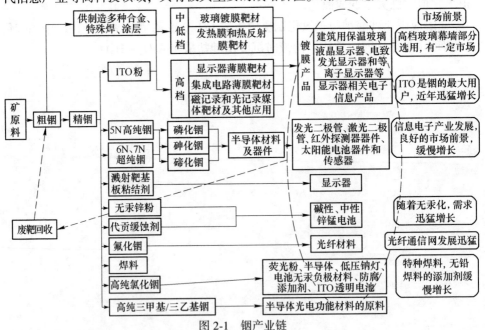

图 2-1 铟产业链

由图 2-1 可知，在铟产业链中，首先由最上游的粗铟厂采购含铟的矿产或废料，将其加工成粗铟(98%以上)；然后由精铟加工厂将粗铟提炼去杂，制成含量99.995%以上的精铟；最后由下游的企业开发应用。

2.2　铟的分布

目前全球铟的保有量只有 1.6 万吨，见表 2-1，中国的铟保有量约 1 万吨，全球占比达到 62%。接下来是秘鲁 580t、加拿大 560t、美国 450t，分别占全球保有量的 3.6%、3.5%、2.7%，可知铟是中国在储量上占据绝对优势的资源。

表 2-1　2011 年全球铟储量和基础储量分布　　　　(t)

国家	储量	基础储量
美国	280	450
加拿大	150	560
中国	8000	10000
秘鲁	360	580
俄罗斯	80	250
其他国家	1800	4200
全球合计	11000	16000

中国的铟分布在铅锌矿床和铜多金属矿床中，分布在全国15 个省区，主要集中在云南（40%）、广西（32%）、内蒙古（8.2%）、青海（7.8%）、广东（7%），如图 2-2 所示。中国的铟储量在世界铟资源储量中占绝对优势，大型铟生产厂的储量占主导地位，且铟的品位为全球最高。

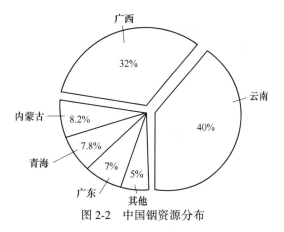

图 2-2　中国铟资源分布

2.3　铟的供需情况及未来走势

中国逐步收紧的铟的供给与下游需求的不断扩大，导致未来将出现较大的供需缺口，价格长期看好。

全球铟的供应主要包括原生铟和再生铟。原生铟的生产主要来自中国、韩国、加拿大和日本，如图2-3所示，再生铟主要产于日本、韩国和中国台湾等地。2010年全球铟供应量1349t，其中原生铟649t，再生铟820t。

中国是世界上主要的原生铟生产国，2007~2010年全球原生铟的年产量基本维持在600t左右，其中中国的产量占比51%。目前中国、韩国以及日本分别以51%、13%、12%的份额位列全球三大产铟国。

从2007年爆发金融危机以来，由于需求萎缩，中国的原生铟产量逐年

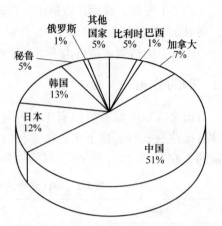

图 2-3　2010年全球原生铟产量分布

减少，如图2-4所示。这对于铟资源丰富但开采极为无序的中国而言，反而是好事。更加值得庆幸的是，中国政府已经逐渐认识到了铟作为一种国家战略资源的重要性，从2007年就开始实施出口配额制度，见表2-2。预计未来政府将对铟行业加紧控制（提高行业准入门槛，控制开采总量，实行更严格的出口配额，推动行业整合）并实施战略储备，逐步收紧对原生铟的供给。

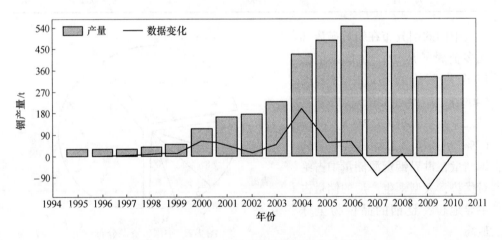

图 2-4　1994~2011年中国原生铟产量以及增长率

从ITO废靶中回收铟，采取的主要工艺是盐酸浸出，中和除锡，铟置换，锌置换铟，压团和熔铸得到粗铟，然后电解精炼得到纯度99.99%铟。日本是最大的金属材料消费国之一，其拥有先进的ITO回收技术，用以填补需求，降低成本，目前已经能从ITO产品中回收60%的二次铟。

表 2-2 2009 年铟出口商及配额

铟资格出口商	配额数量/kg	铟资格出口商	配额数量/kg
五矿有色金属	2827	南京三友电子材料	5883
江苏顺天国际集团	955	广西铟泰科技	8031
南京对外经贸	17188	湘潭正潭有色金属	7663
温州冶炼总厂	833	柳州英格尔金属	4326
柳州华锡集团	17983	水口山有色金属	2272
锌业股份	12026	株洲科能新材料	7378
株冶集团	26335	昆明华联铟业	2247
锡矿山闪星锑业	977	广西堂汉锌铟	702
云南乘风有色金属	2722	青海西部铟业	1236
湖南经仕集团	4363	广西德邦科技	6552
南京锗厂	7301	合计	139800

表 2-3 显示，从 2006 年开始，由于再生铟产量突增，日本超过中国成为世界最大的精铟生产国，也令再生铟产量的比重近几年都保持在 50% 以上。但是，再生铟的供给毕竟是存在瓶颈的。据估计，未来全球原生铟加上再生铟的总供给量在 1100~1400t 的范围内波动，如果中国对铟的收紧力度进一步加大的话，预计铟的供给将会趋于下降。

表 2-3 2006~2009 年全球再生铟供给情况 (t)

指　　标	2006 年	2007 年	2008 年	2009 年
世界合计	1316	1468	1420	1149
原生铟产量	622	637	635	563
再生铟产量	694	831	785	586
再生铟产量比重/%	52.7	56.6	55.3	50.7

相对于供给的收紧趋势，社会对铟的需求却日益加大。我国大力整顿铟矿开采，且从战略高度收紧铟的供给，同时下游需求恢复，因此，铟价得以回升。尤其是从 2010 年 6 月~2011 年 5 月，铟价从 560 美元/kg 上涨至 840 美元/kg，涨幅超过 50%。

从下游需求看（图 2-5），目前铟 80% 用于 ITO 靶材生产。ITO 俗称铟锡氧化物，是一种具有良好导电性能的金属化合物，具有可见光透过率 95% 以上、紫外线吸收率 70% 以上、对微波衰减率 85% 以上的优点，且导电和加工性能好，膜层耐磨和耐腐蚀，是目前不可替代的透明导电膜。

ITO 膜还可利用磁控溅射等方法镀在各类基板材料（基板材料包括钠钙玻璃、

硼硅玻璃、PET 塑料等）上作为导电的电极，其广泛应用于 LCD、OLED、PDP、触摸屏等各类平板显示器件。

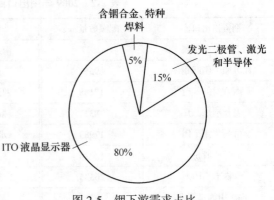

图 2-5　铟下游需求占比

随着平板电脑、智能手机终端的快速增长，如图 2-6 所示，对不同尺寸的液晶面板需求旺盛，拉动 ITO 靶材需求快速扩张，最终刺激对铟需求的增加。液晶面板行业是铟的最大消费者。

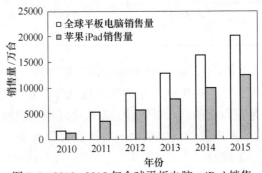

图 2-6　2010~2015 年全球平板电脑、iPad 销售

此外，铟在 LED 半导体制造领域以及太阳能光伏发电领域的需求增长潜力也不可小视，如图 2-7 所示。

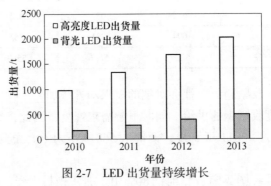

图 2-7　LED 出货量持续增长

LED（light-emitting-diode，即发光二极管）是一种能够将电能转化为光能的半导体，铟是制造 LED 所需的重要原材料。与传统光源相比，LED 具有节能、环保、寿命长的优势，堪称照明行业的“二次革命”。因此，美国、欧盟、日本、澳大利亚等发达国家已经率先制定了推广 LED 灯的时间表，利用政府职能

推动 LED 灯的使用。

太阳能领域技术上已经发展到了第三代，即铜铟镓硒 CIGS 等化合物薄膜太阳能电池及薄膜 Si 系太阳能电池。2011～2015 年全球 CIGS 薄膜电池铟需求量如图 2-8 所示，CIGS 电池具有性能稳定、抗辐射强、成本低等优点，在地面阳光发电以及空间微小卫星动力电源的应用上均具有广阔的市场前景。

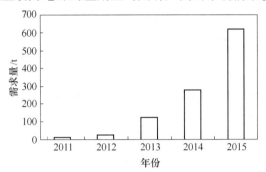

图 2-8　2011～2015 年全球 CIGS 薄膜电池铟需求量

近几年铟的需求量见表 2-4。综合来看，由于 ITO 靶材、LED 芯片以及 CIGS 光伏薄膜电池的需求持续增长，预计未来铟的需求量有望保持 10%～15% 的增速，可是强劲的需求对应的却是供给保持稳定(1100～2000t)，所以未来铟资源的供需缺口将逐年加大，逐步推高铟价走势，近年铟的价格走势如图 2-9 所示。

表 2-4　2011～2015 年铟需求量　　　　　　　　(t/a)

铟下游领域	2011 年	2012 年	2013 年	2014 年	2015 年
ITO 靶材	1250	1453	1680	1882	2108
CIGS 薄膜电池	10	28	125	280	620
LED 芯片	20	30	45	72	100
化合物	128	143	167	185	210
其他半导体行业	35	39	58	89	110
合　计	1443	1693	2075	2508	3148

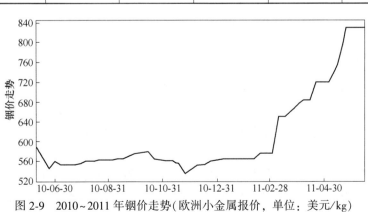

图 2-9　2010～2011 年铟价走势(欧洲小金属报价，单位：美元/kg)

2.4　铟的金属基合金

铟与许多金属可以形成合金，铟在其合金中的化学行为是与它在周期表中的位置相一致的。

铟通常能增加基质金属的强度、硬度和抗腐蚀性。尤其在硬化锡、铅方面特别有效。在富铟的合金中，铋是最有效的硬化剂，其次是镉，再次是铅。铟合金也包括许多相对低熔点合金。

铟与铅、锡、铋和镉的低熔合金(47℃) 广泛使用在外科的铸件、制模、透镜的保护方面和制作电器保险丝等。In24%/Ga76%合金在 16℃熔化并用于核反应堆以循环使用 γ 射线的活性，In5%/Ag15%/Cd80%的合金用于控制棒。锡/铟和铅/锡焊料合金的熔点在 100~300℃ 范围内，而且对碱呈现良好的抗腐蚀性，50%锡-铟合金能润湿玻璃、石英和许多陶瓷。

在大多数轴承合金中，铟更像是一种复合(或并合) 材料而不是一种真正的合金组分。在使用中，铟通常被放置在基底金属上并通过加热扩散进入基底金属。一些典型的轴承合金有：Ag/Pb/In，Ag/Tl/In，Pb/Cd/In，Cd/Ag/Cu/In，Pb/Sn/In 和 Pb/Sn/Sb/As/In。这些金属可以根据需要按不同比例组合。

铁磁合金也被命名为 Heusler 合金，用途最广的是 Cu/Mn/In 合金。其中 Cu/Mn 比是 2/1，而铟含量以 5%(原子) 的梯度变化于 0~60%(原子) 之间。

应用于牙科和宝石的含铟合金具有下列的组成：

5%~65%Au/2%~30%Pd/10%~15%Ag/10%~20%Cu 和 0.5%~5%In。

装饰用铟合金。用作饰物的 Au/Ag/Pd/Cu 的合金中加铟可提高饰物的硬度及耐久性，增加色彩。通常使用的 Au75/Ag20/In5 的合金俗称为"绿金"。

In/Tl 和 In/Cd 系列合金可作新一代的记忆合金。

硒铟铜($CuInSe_2$) 多晶薄膜太阳能电池属于技术集成度很高的化合物半导体光伏器件，由在玻璃或廉价的衬底上沉积多层薄膜构成。薄膜总厚度约为 2~3μm，具有高转换效率、低成本、无衰退等综合性能。这种电池未来可广泛应用于太阳能电站、节能建筑及航空航天等，有着巨大的市场需求。

2.5　ITO

ITO (indinm-tin oxide) 是一种铟(Ⅲ族) 氧化物 (In_2O_3) 和锡(Ⅳ族) 氧化物 (SnO_2) 的混合物，通常质量比为 90%~95% In_2O_3，5%~10% SnO_2。它在薄膜状时，为透明无色；在块状时，呈黄偏灰色。它是铟的主要消费领域，占总消费量的70%以上。

氧化铟锡主要的特性是其电学传导和光学透明的组合，然而，在薄膜沉积中需要作出妥协，因为高浓度电荷载流子虽然会增加材料的电导率，但会降低它的透明度。氧化铟锡薄膜通常采用电子束蒸发、物理气相沉积，或者一些溅射沉积技术的方法沉积到表面。

ITO 主要用于制作液晶显示器、平板显示器、等离子显示器、触摸屏、电子纸等，以及有机发光二极管、太阳能电池、抗静电镀膜、EMI 屏蔽等的透明传导镀膜。

ITO 也被用于各种光学镀膜，最值得注意的有建筑学中红外线-反射镀膜（热镜），汽车的钠蒸气灯玻璃等。其他应用还包括气体传感器、抗反射膜和用于 VCSEL 激光器的布拉格反射器。

ITO 薄膜应力可在高于 1400℃ 的环境中使用，如气体涡轮、喷气引擎以及火箭引擎。

ITO 作为纳米铟锡金属氧化物，具有很好的导电性和透明性，可以切断对人体有害的电子辐射、紫外线及远红外线。因此，喷涂在玻璃、塑料及电子显示屏上后，可在增强导电性和透明性的同时切断对人体有害的电子辐射及紫外线、红外线。

透明导电薄膜的应用主要包括以下几方面：

（1）用于平面显示。由于 ITO 薄膜既导电又透明，具良好的刻蚀性，因此 ITO 导电玻璃被大量用作平面显示器，如液晶显示（LCD）、电视发光显示器（ELD）、电视彩色显示（ECD）等。LCD 显示技术是目前最成功的平面显示技术，与以往的显像管（CRT）相比，它具有身薄、轻量、功耗小、辐射低、没有闪烁等优点，近年来得到迅速发展，被广泛应用在台式 PC 显示器、电视、笔记本电脑和手机等领域，这四个领域占 LCD 总市场的 80%，市场规模达 1000 亿美元以上。

（2）用于太阳能电池。ITO 薄膜用作异质结型（SIS）太阳能电池的顶部氧化物层时，可以使太阳能电池得到高能量转换效率，如 $ITO/SiO_2/P-Si$ 太阳能电池可以产生 13%~16% 的转换效率。ITO 薄膜还可以用作 Si 基太阳能电池的反射涂层以及用作 P-I-N 型和异质结型 α-Si 基太阳能电池的透明电极。

（3）用于热镜。ITO 薄膜对光波的选择性（即对可见光透明和对红外线光反射）使其大量用于热镜，可以使寒冷环境下的视窗或太阳能收集器的视窗将热量保持在一封闭的空间里而起到热屏蔽作用。用 ITO 透明玻璃制作寒冷地区大型建筑幕墙玻璃是用于热镜的典型实例，采用这种幕墙玻璃可以大量节约高层建筑的能源消耗。

（4）用于表面发热。ITO 薄膜既导电又透明，是一种典型的透明表面发热器。这种透明表面发热器可以用于汽车、火车、电车、航天器等交通工具的玻璃以及陈列窗、滑冰眼镜等的玻璃以防雾防霜，还可以用作烹调用加热板的发热体。

2.6　纳米级 ITO 粉

合成纳米级 ITO 粉，不仅可以改善靶材烧结性能，为高性能靶材提供原材料，而且可以制成电子浆料，喷涂在阴极射线管上，充当一个有效的电磁干扰隔离屏。ITO 纳米粉还可以制成隐身材料。随着现代侦察技术的发展，侦察制导波段的多元化，对隐身材料的要求也越来越高。为了同时对抗雷达和热成像技术的侦察，要求隐身涂料在可见光波有"迷彩"作用，在红外波段具有低辐射率，在微波毫米波段具有强吸收特性。研究表明，掺杂锡的 In_2O_3 在某种程度上可以满足上述要求，可实现可见光、红外线及微波等波段隐身的一体化，已引起人们的关注。

2.7　半导体铟化合物的用途

含铟半导体器件结构复杂，制备工艺要求高，如精密半导体超薄膜技术中纳米级人工立体结构技术，以及以 InP，InAs 作原材料的高温超高纯粉状材料、单晶和多晶材的制备等。InP 与含铟半导体的粉体材料的制备是相当重要的。

目前在光通信及红外线器中应用，InGaAs 用于光通信光波段（1.3~1.7μm）激光器，GaInP 作发光元件，InAs 及 InAsP 作霍尔元件，InSb 作红外探测器用于制导器及装备红外热成像仪，InP 可用于制作大功率激光器。

2.8　焊接剂方面的应用

铟与银、铋和铅等金属可形成一系列熔点介于 47~234℃ 的金属焊接剂，俗称软合金。铟焊料具有较好的润湿玻璃性能，且对某些贵金属基片的渗透较弱，可主要用于电子元件等，如用在高真空系统中作焊接玻璃-玻璃、玻璃-金属及电子器件的焊接剂；In/Cu32/Zn15/Cd20/Ni2/Ag30.5 具有良好的导电性，又有较优的力学性能和防腐能力，故是机械工业中焊接钢、铁及有色金属的焊料；某些铟基低熔合金，如 In/Sn25~37.5/Pb25~37.5，In/Sn75，In/Sn50 及 In/Pb50 等具有抗碱腐蚀特性，可作氯碱工业化工设备的焊接剂。含微量铟组成为 Zn30/（Sn+Mn）10/Ag7 及余量为 Cu 的焊料，可作仿金焊料。

2.9　涂层上的应用

铟及铟基合金具有耐磨、耐腐及机械性能良好的特性，故常用作控制仪表、地球物理仪、监测辐射仪及红外仪等的涂层，如 In/Zn/Al 作为航空及汽车工业中的防腐涂层；纯度大于 99% 的铟作为高速发动机的轴承及传统装饰纪念品的涂层；如今由于铝导线在电力工业中的发展，用铟作为铝线接头和连接器的涂层，可保证高导电率及良好的机械性能。涂盖方法有：（1）电镀；（2）成为液体喷涂金属；（3）铟蒸气的冷凝；（4）铟粉熔化和扩散至受热物体的表面；（5）应用合适的载体（如石油中乳化的铟），然后把载体在真空中或在惰性介质中沸腾脱除。铟的电沉积已使用多年。沉积通常是通过热处理使铟熔化进入基底金属，从而防止涂层剥成薄片和脱落。它还可使金属产生高度的抗腐蚀性。把铟涂盖在引擎轴承中可消除由油引起的腐蚀，且使表面得到很好的润滑。

2.10　用于低熔点合金

铟基低熔点合金是制作热信号及热控制器件的材料，可用于弱电器件及光学工业；在特殊真空仪器中可作为可动元件的特殊润滑剂；可作为自动消防栓；作为异型薄管的弯曲处的固型填充物，不会发生如用砂时的易滑动，或用树脂或铅的易断裂，没有后者难于清洗及清除之弊；或作珠宝加工的支撑夹具，便于精加工；无论作充填物或作夹具材用，只需加热到其低熔点的温度时，即可与主体分离；还可作为铸造模型的母型材；制作焊料，如作玻璃-金属间的焊剂，In/Me 焊剂远较 Pb/Sn 及 Au/Sn 优越，经登月舱在月球上应用，表明铟材在低温下的延展性十分可靠且不脆化与开裂；铟的二元、三元等合金具有较高高温抗疲劳强度。

2.11　原子能工业方面的应用

铟在慢中子作用下具有易激发力的特性，故可用作测定反应堆中子流和其能量的指示剂；In/Ag15/Cd80，In/Ag80/Cd5 及 In/Bi/Cd 等可作核反应堆中吸收中子的核控制棒；In/Ca/Cd 低熔合金可作原子能工业中的冷却回路材料。

2.12　化工工业上的应用

金属铟可作为催化剂用于在液态 N_2O_4 进行乙腈爆炸氧化反应中；于 100 ~ 400℃ 间可使氢和重氢作用而产生出 HD_2；蚁酸分解采用 In/Ge 催化剂；400℃ 时酒精脱氢或脱水，以及分解 N_2O，或 在 20℃ 下的 CCl_4 液中进行 NH_3 氧化反应等可用氧化铟催化；丙烯的氧化和在空气中于 375℃ 下使用 2-3-二甲基萘生产萘，都是用 In_2O_3/Al_2O_3 作催化剂；In_2O_3/C 是使溴和氢合成 HBr 的良好催化剂。

$InCl_3$ 多用于催化取代反应，如用于 950℃ 下苯与 n-苄基氯的取代反应，只需 1min 即可获得氯二苯基甲烷与 HCl，其产出率高达 85.7%。

在 250 ~ 325℃ 和 5.1 ~ 25.3MPa 下使乙烯水合为 C_2H_5OH（气相）时，在硅胶或炭上的铟硼酸盐是一种良好催化剂；在 0 ~ 225℃ 间在环醚的聚合中常用催化剂是 In/Al_2O_3；In_2O_3 和 In_2S_6 是用 Li_2O/NiO 离解 N_2O_4 的助催化剂；日本研究用 In_2O_3 作催化剂，使煤、木炭及焦油在 300 ~ 600℃ 下发生氧化，从水中提取氢作新能源。

2.13　光纤通信方面的应用

铟的潜在市场是在光纤通信中。光导纤维用光而不是用电传送信号，在同一时间光导纤维比铜线传送的信息要多得多，且需要的区间信号增强装置少。铟的磷化物可用作外延生长四元半导体铟/镓/砷化物/磷化物的衬底，此多层装置可作为发射光信号的发射二极管。

2.14　电池防腐方面的应用

电池负极材料使用的锌粉腐蚀时会产生氧气，使电池的性能和寿命降低。为防止腐蚀，原来添加汞，但是处理用完的干电池时会出现公害问题，因此，从1984年开始的以实现无汞为目的而进行的负极材料的开发，为铟的使用开辟了新的领域。日本的锰电池和碱性锰电池在1992年实现了无汞化，在该用途中，铟的添加量约为 1×10^{-4}。

2.15　现代军事技术中的应用

铟是现代高科技武器装备不可缺少的重要基础材料之一，美国国防后勤局（DLA）很早就将铟纳入国防储备。在现代军事高技术中，含铟等稀散金属的元器件主要应用于电子和信息装备方面：从军事指挥到武器制导，从屏幕显示到电子对抗。

红外线成像仪（靠目标与背景的不同热辐射成像）与其他器件相结合组成红外线光电系统，是一种多传感器的智能系统，是一种全天候作战工具。美国装备到军队的热成像仪有100多种，并在海湾战争中广泛使用。红外热成像仪的眼睛是红外探测器，主要采用 CdSb，InSb，InAsSb/Si 等。更新一代的 InSb 元器件，具有更高的灵敏度和分辨率、更远的使用距离，正在研发之中。

3 铟的资源及富集

3.1 铟的地质资源

3.1.1 铟的地球化学性质

3.1.1.1 铟的地球化学特征

对于铟的地球化学性质来说，认为性质最为相近的元素首先是锡(Ⅱ)、镉，其次是铁、镓、铊，再次为锌、铜和铅。这种近似性可以用图 3-1 来表示。

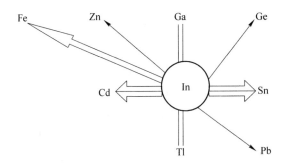

图 3-1 铟的相近元素的关系示意图

目前发现了铟的 5 个独立矿物，即自然铟(In)、硫铟铁矿($FeIn_2S_4$)、硫铟铜矿($CuInS_2$)、硫铜铟锌矿($(Cu，Zn，Fe)_3(In，Sn)S_4$)及水铟矿($In(OH)_3$)，但这些矿物在自然界产量很低，铟基本以杂质成分分散在其他元素的矿物中。由于具有很大的与硫的亲和性，故铟主要富集在硫化物中，同时也存在于某些氧化物及硅酸盐矿物中。在含氧化合物和硫化合物中受不同元素的控制。

含氧化合物中的铟同 Fe^{2+} 关系最为密切，角闪石含铟最富，为 $5.8×10^{-6}$，其他大部分硅酸盐中含量低于 $1×10^{-6}$，辉石中为 $3.1×10^{-5}$，云母中也会有铟；锡石经常含铟，其量为 $(0.5~100)×10^{-6}$；磁铁矿、锰矿等中也会含铟。

最常遇到的硫化矿物中的铟，是在以硫的四面体配位为特征的矿物之中，如在闪锌矿、黄锡矿、黝铜矿及锗石中。有关研究表明，铟在硫化物中并不跟随固定的某元素，而主要与晶格类型有关，凡具四面体配位晶格的都富集铟，是铟的重要富集矿物，其中最重要的载体矿物是闪锌矿。

铟的地球化学典型特征是它仅仅富集在热液硫化物成矿作用中。铟的宇宙丰度相对于硅（$Si = 10^6$）的原子数为 0.11。在地壳中平均含量为 1×10^{-5}，是地壳中分布很少的元素，且分散程度很大，可以说是最分散的元素之一。

3.1.1.2　内生作用中铟的地球化学性质

铟的平均含量由超基性岩(橄榄岩和辉石岩) 和基性岩(辉长岩、玄武岩) 向中性岩和酸性岩(花岗岩) 增高。

在所有场合下，岩石中铟含量的增加都与铁的总含量 （$FeO + Fe_2O_3$） 成正比，Fe/In 比值相对保持常数。研究还表明，不同岩浆岩区域的同一类型岩浆岩，铟的平均含量不相同。

当岩浆结晶作用时，少量的铟能转移到残余的溶液中。无论是哪种伟晶岩，铟的含量都很低。在岩浆期交代作用的产物中，铟也并非都发生堆积，且通常量很小；富含铟的常常是酸性交代作用的产物，特别是含锡的伟晶岩和云英岩矿床中，铟主要以混入物形式进入锡石中[$(2 \sim 47) \times 10^{-6}$]。在接触交代作用中，铟主要与 Fe^{2+} 有关，二价铁发育的地段铟也较富集；同时当硫化物形成时，铟与它联系而聚集于高温闪锌矿中。

在热液作用中，铟的活动表现与锌密切相关，当热液矿床中铟总含量增高时，铟在闪锌矿中含量也特别高；同时闪锌矿共生的黄铜矿、方铅矿等也较富铟，在这些矿物中铟与周期水平方向上的相邻元素 （Ag、Cd、Sn、Sb） 等共生。有关研究还表明，铟在热液作用中的地球化学行为还具有明显的区域性特征。此外，硫化物矿物中铟的最高含量相应地处于最低的 O∶S 比值环境。

还有研究指出，矿石的含铟性常取决于其含锡性的程度，一般矿石中锡含量高，则硫化物中铟的含量亦高。因此，锡矿床含铟系数最大，而含铟最小的是不含锡的硅酸盐-硫化物矿石。

3.1.1.3　表生作用中铟的地球化学

在地表风化及沉积作用过程中，三价铟的地表活动性能不大，属于搬运不远，易发生氢氧化物沉淀的元素。

原生硫化矿中的铟，在氧化带中经氧化后，主要呈硫酸盐形式进入水溶液中，在酸性溶液中，能发生迁移。如果是在碳酸岩矿床中，会水解沉淀下来。故铟在氧化带中会形成某种程度的集中，在某些硫化矿床氧化带的矿物 （如褐铁矿） 中常富含铟，甚至达到工业品位；已发现有的锡石多金属矿床的某些氧化带矿物含铟达 0.59%，还发现铟存在于铁的氢氧化物、含水锡石、锑酸铅矿中，但铟含量在锌的次生矿物菱锌矿、锆矾等中只有闪锌矿的 1/10 ~ 1/100。

由于岩石中分散状态的铟在风化后迁移不远，多进行原地残积，因此风化成因的三水型铝土矿中常含铟。铟和铝的水解条件相同，在沉积作用中它们同时富集在铝土矿中，为所有沉积物中含铟最高者。同时在含 Fe^{3+} 及 Mn^{4+} 的氧化沉积物中，铟也常被富集。已发现在某些煤灰中有铟的显著富集。

3.1.2 铟矿物种类

目前已发现有五种独立的铟矿物，即自然铟、硫铟铜矿、硫铟铁矿、硫铜铟锌矿、水铟矿。其主要特征见表3-1。

表 3-1 铟矿物的主要性质和特征

名　称	分子式	晶系	含 In/%	密度/g·cm^{-3}	硬度	特　征
自然铟	In	正方				粒状，黄灰色金属光泽
硫铟铜矿	CuInS$_2$	正方	47.8		142	呈片状或不规则包体，灰色，稍带黄
硫铟铁矿	FeInS$_4$	等轴	59.3	4.67	309	粗粒状，铁灰色，金属光泽，溶于浓 H$_2$SO$_4$
硫铜铟锌矿	(Cu, Zn, Fe)$_3$(In, Sn)S$_4$	正方		4.45	4	带绿的铜灰色金属光泽
水铟矿（羟铟石）	In(OH)$_3$	等轴	80	4.34		带橙黄的黄褐色，均质

自然铟见于云英岩化和钠长石化的花岗岩中，与自然铅紧密共生。可能是含铟的黑云母花岗岩钠长石化过程中，在碱性交代作用条件下，黑云母分解析出铟形成。

硫铟铜矿产生于强烈变质岩石的多金属矿脉，含铜黄铁矿矿床，锡矿床，铜、锡、铁矿床等矿床中。与铜的硫化物、斑铜矿、砷黝铜矿、黄铜矿、黄锡矿、毒砂、黄铁矿、方铅矿、锡石、假象赤铁矿化的磁铁矿、铁尖晶石及其他碳酸盐、石英等脉石矿物共生。在斑铜矿和黄铜矿等矿物中呈包体。

硫铟铁矿见于由胶状锡石和石英组成的矿石中，多半见于充填在锡石的同心带状、肾状集合体之间的石英之中。有时与毒砂、黄铁矿、黄铜矿等共生。

硫铜铟锌矿在带状构造矿脉中可产出。共生矿物有黄锡矿、闪锌矿、黄铜矿、锡石、钴毒砂、硫银铋矿、石英、方解石等。

水铟矿可见于锡矿床的光片中，矿石由胶状锡石和石英组成，并含有硫铁铟矿。该矿物为硫铁铟矿的次生变化产物。共生：锡石、毒砂、黄铜矿、黄铁矿、铁的氢氧化物等。

3.1.3 含铟的矿物

很多矿物中都会含有不同量的铟，见表3-2。

表 3-2 含铟的矿物

矿物	铟含量/10^{-4}	矿物	铟含量/10^{-4}
长石	0.0032~280	黄铜矿	0.04~1500
斜长石	0.0021~3.0	黄锡矿	5~1500
石英	0~2.0	磁黄铁矿	0.5~90
黑云母	0.02~180	黄铁矿	0.4~35
白云母	0.50~300	毒砂	0.3~20
辉石	0.0017~1.1	方铅矿	0~0.34
角闪石	0.02~5.80	斑铜矿	0.0001
绿帘石	0.0059	圆柱锡矿	0.00054
石榴石	0.0026~18	胶锡石	0.001~0.005
橄榄石	0.0002~18	辉锑锡铅矿	5~1200
磁铁矿	0~12	硫锡铅矿	1450~2150
钛铁矿	0.029	黝铜矿	0~175
黑钨矿	0~0.16	菱铁矿	1~160
绿泥石	0.23~4	萤石	1~60
电气石	0.102~8	六方黄锡矿	0.14~0.24
锡石	0.50~50	正方黄锡矿	0.0004
木锡石	5800~13500	陨石	0.004~0.604
闪锌矿	0.50~810	海水/mg · L^{-1}	0.0021

3.1.4 铟矿床

3.1.4.1 铟矿床的特征

铟矿床的特征如下：

（1）分散元素成矿域和矿床密集区主要分布于克拉通周边的沉积区，位于地壳盖层较厚的地域，如中亚成矿域、中国江南古陆周边、西秦岭地域等。

铟在中国分布的一个显著特点是较为集中，集中分布在云南、广西、内蒙古、青海等 4 省区的铅锌矿床和铟多金属矿床中。

国家储委稀散金属储量统计报告表明，59 处铟矿分布在 15 个省区，已探明的铟资源主要集中于西部地区的广西、云南和青海，这 3 省储量约占全国的80%。其中广西储量是全国第一位，广西南丹大厂矿区多金属矿山铟含量高、储量大，是世界罕见的特大特富铟矿床，被誉为"铟都"。铟元素在中国还未发现独立矿床，仅在俄罗斯和法国有独立矿床的报道。

（2）铟、碲、铼与其他分散元素(镉、铊、硒等的成矿温度（100~200℃））

相比成矿温度偏高（200~300℃）。

（3）铟元素在表生作用下，在矿床氧化带内以氢氧化物、氧化物（水铟石）等形式富集，以胶体吸附（褐铁矿吸附铟、硒等）形成超常富集。

（4）铟的富集与 Sn、Zn、Pb、Sb 等元素有关，以与 Cu、Ge、Se、Te、Cd 等元素共生为特征。需要指出的是，在含多个分散元素的矿床中，这种情况很普遍，往往是少数分散元素有很高的富集程度。

3.1.4.2 铟矿床的类型

在地质学界，因受传统矿床学的影响，以及对分散元素独立矿床这一研究领域尚处于起步阶段，对分散元素独立矿床尚有不同理解：有的以分散元素的品位为依据，有的以经济价值为标准；甚至矿床的概念本身就包含有地质和经济的双重意义。因此，许多学者认为仅以品位或经济价值作为分散元素独立矿床的界定标准有失偏颇，并且认为将分散元素的经济价值占矿床总价值一半以上作为重要的界定标准从实际情况看有些偏高。有些学者对比了国内外分散元素伴生和独立矿床中分散元素的经济价值，考虑分散元素和独立成矿的难度、广泛的工业用途，认为可以分散元素所占经济价值比例大于或等于20%，作为划分分散元素伴生矿床和分散元素独立矿床的标准，这一标准已基本为矿床学家接受。根据这一标准，广西大厂锡矿部分矿体可作为铟的独立矿床来研究。

长期以来，分散元素多被作为其他矿床的伴生组成进行研究，研究重点集中在赋存状态、与主元素及其他元素的相关关系等方面，而对其成矿机制、控矿规律、成矿系列的研究很少涉及。近些年来，随着中国一批批分散元素独立矿床的发现，以及镓、铟等元素应用领域的拓宽，需求量的增加，利用价值的提高，分散元素成矿，特别是分散元素独立成矿这一问题，逐渐引起矿床学家的重视。他们不仅提出了分散元素独立矿床和分散元素的成矿机制和找矿方向，并在生产实践中得到了充分的印证，打破了长期以来"分散元素不能形成独立矿床，只能以伴生元素存于其他元素形成的矿床内"的论断。涂光炽等认为："在一定地质地球化学条件下，分散元素不仅能发生富集而且能超常富集，并可以独立成矿，而且，分散元素可以通过非独立矿物形成富集独立矿床。"

按如上理论划分，表 3-3 列出了铟的矿床类型及成矿特点。表 3-4 和表 3-5 按铟作为伴生组成进行划分。

表 3-3 铟的矿床类型及成矿特点

矿床类型	产出特点	矿物种类	产地	独立/伴生
铟锡锌矿床	晚三叠纪侏罗纪砂岩、页岩、鞭灰岩内	硫铟锡锌矿、硫铁铟矿、硫铟铁矿、黄铟矿、锡石铁闪锌矿	俄罗斯雅库特、法国阿利	独立矿床

续表 3-3

矿床类型	产出特点	矿物种类	产地	独立/伴生
钨锡铅锌铟矿床	钠长石化、云英岩化花岗岩(中生代)	自然铟、黑钨矿、锡石、快闪锌矿	俄罗斯外贝加尔	独立矿床
原生锡锌铟矿床	白云质灰岩、白云岩、灰岩与花岗岩接触带	含铟锡石、含铟铁闪锌矿、黄铟矿	云南个旧都龙、广西南丹	伴生矿床
次生铟锌铟矿床	原生锡、多金属矿床氧化带	赤铁矿、水赤铁矿、褐铁矿、氢氧铟石	云南个旧	伴生矿床

表 3-4　铟赋存的典型矿床

主金属	矿床规模	矿床成因	伴生稀散金属	规模	实例
Cu	砂卡岩铜矿	接触交代	Ga、In、Ge、Re	小-中	铜绿山、城门山
	细脉浸染铜矿	中湿热液	Ga、In、Ge、Tl	大型	德兴(中国)
	砂卡岩多金矿	接触交代	Ga、In、Ge、Tl	小-中	八家子、连南
	多金属矿	高中湿热液	Ga、In、Ge、Tl	大	白银、扎伊尔
Pb-Zn	脉状多金属矿	低湿裂隙充填	Ga、Tl	小-中	桃林、铜仁(中国)
	黄铁矿	火山沉积	Se、Te、In、Ga、Ge	中-大	祁连山(中国)
	多金属矿	中低湿热液	Se、Te、In、Tl	小-中	凡口、常宁(中国)
Sn	多金属矿	接触交代	In、Ge、Ga	中-大	个旧(中国)
	砂卡岩型锡矿	高温热液	In、Ga、Ge、Se、Te	小-中	大厂(中国)
	石英脉锌锡矿	中温热液	In、Ga、Ge、Te	中-大	个旧(中国)
	锡石-硫化矿物	残坡积	In、Ga、Ge	小-中	大厂(中国)
Au	砂锡矿	火山汽液	In、Tl	中-大	台湾(中国)

表 3-5　中国伴生铟矿床共生特点

矿床名称	主金属元素	共生元素
凡口铅锌矿床	Pb、Zn	Cd、Ga、In、Ge、Tl
个旧锡多金属矿床	Sn、Zn、Cu	In、Ga、Ge、Cd
大厂锡多金属矿床	Sn、Zn、Pb、Sb	In、Cd、Ga、Ge
都龙锡多金属矿床	Sn、Zn	In、Cd
万山汞矿	Hg	In、Se、Te、Cd
箭猪坡锑多金属矿床	Sb、Sn、Pb	Cd、Tl、In、Ga、Ge、Se、Te
七宝山铁铟多金属矿床	Fe、Cu、Pb、Zn	Ga、Ge、In、Te、Cd

3.1.4.3　铟矿床的工业评价

对铟矿床的工业评价见表3-6,表3-7给出了中国最佳的铟工业矿床。

表3-6　铟矿床的工业评价

矿床	铟的主要载体	铟品位/g·t⁻¹	评　价
热液充填交代矿床	石灰岩中的黄铁矿	1000	可独立开采
	赤铁矿	1000	可独立开采
高温热液矿床	含钴锌铜的锡石或黑钨矿	100~300	可综合回收
	铜钼矿	10~30	可综合回收
	辉锑矿	20~40	可综合回收
多金属硫化物矿床	含锌褐铁矿等硫化物	10~30	可综合回收
	多金属硫化物	5~10	可综合回收

表3-7　中国最佳铟工业矿床

矿产类型	铟品位/g·t⁻¹	利用情况	矿产地	矿床铟品位/g·t⁻¹
锡锌铟矿	20~120	已用	广西大厂	1120
铅锌矿	3~60	已用	青海锡铁山	60
锡锌铟	40~100	已用	云南都龙	52
硫化铜矿	2~40		湖北吉龙山	40

3.1.5　铟储量

据美国地质局的调查统计,2000年的世界铟储量(以锌矿床为基础)统计结果见表3-8。

表3-8　2000年探明的铟储量　　　　　　　　　(t)

国家(地区)	工业储量	综合储量
美国	300	600
加拿大	700	2000
中国	400	1000
俄罗斯	200	300
秘鲁	100	150
日本	100	150
其他国家(含欧共体)	800	1500
合计	2600	5700

　　如果将铜、锌和锡矿的含铟量计入在内，目前有经济价值的铟总储量已超过10000t。

　　由于资料掌握不准，表3-8的储量对中国铟储量计算明显偏低。我国铟资源拥有量居世界第一，已探明的铅储量为3573万吨，锌储量为9379万吨，与铅锌矿共生的铟储量为8000t左右。已知的铟矿产资源分布于10多个省区，集中分布在广西、云南、广东和内蒙古4省区（占全国已探明储量的82.9%，占保有储量的84%）。我国铅锌矿床的含铟率高于国外，随资源勘探工作的深入，可开发的铟资源将继续增加。

3.2　铟矿物的选矿富集

3.2.1　多金属矿选矿过程中铟的分布

　　20世纪，苏联的学者曾研究过铟等稀散金属在多金属矿选矿过程中的走向，见表3-9，表中给出了铟在选矿产品的品位与分配表。表3-10列出了铟在选矿产品中的富集数据。由两个表可以看出，铟在锌精矿中富集较好，高的可达21~47倍，其次富集在铜精矿中。

表3-9　铟在多金属选矿产物中的分布

工厂	项目	给矿	产出物				无名损失
			铜精矿	锌精矿	黄铁矿	尾矿	
1	产出率/%	100	11.45	1.78	58.85	23.31	4.61
	铟品位/g·t⁻¹	4	9	17	3	4	—
	铟分布/%	100	25.6	7.4	43.9	23.1	
2	产出率/%	100	8.8	0.10	91.1	—	
	铟品位/g·t⁻¹	1	9	47			
	铟分布/%	100	79	5.0	16.0		
3	产出率/%	100	10.98	1.73	85.4	—	1.98
	铟品位/g·t⁻¹	3.2	9	68	1		
	铟分布/%	100	32.3	39.3	28.4		6.2
4	产出率/%	100	11.6	2.1	61.8	20.6	3.9
	铟品位/g·t⁻¹	2.5	11	30	1	1	
	铟分布/%	100	50.8	25.0	24.2	24.2	
5	产出率/%	100	8.3	1.2	19.5	70.9	
	铟品位/g·t⁻¹	4.9	34.9	55.6	2	1.9	—
	铟分布/%	100	54.5	12.6	7.4	25.5	8.2

表 3-10　铟在选矿产品中的富集数据

工厂	物料	选矿产品				
		铜精矿	锌精矿	优先选出的铜精矿	优先选出的锌精矿	混选出的铜精矿
1	铜锌矿	—	13.5	4.0	—	16.0
2	多金属矿	—	—	—	47	9.0
3	多金属矿	—	—	2.8	21.1	—
4	多金属矿	4.4	12.0	—	—	—
5	多金属矿	—	11.3	8.2	—	2.7

3.2.2　铟在选矿产品中的分布

研究表明,在选别多金属矿或铜锌矿时,铟在锌精矿中富集超过 20 倍,在铜锌混合精矿中富集 5 倍左右。表 3-11 列出了铟在选矿产品中的分配情况。

表 3-11　铟在选矿中的分配

项目	物料	工厂 A		工厂 B		工厂 C		工厂 D	
		品位/g·t⁻¹	分配/%	品位/g·t⁻¹	分配/%	品位/g·t⁻¹	分配/%	品位/g·t⁻¹	分配/%
投入	多金属矿铜	—	—	16	100	8	100	5	100
产出	铜精矿	12	393	—	—	—	—	30	25.7
	铜铅精矿	—	—	8	6.2	20	26.6	20	53.2
	黄铁矿	<1	—	5	3.2	4	13.9	—	—
	锌精矿	30	32.0	35	86.4	130	44.3	68	11.8
	砷精矿	—	—	—	—	2	15.2	—	—
	尾矿	<1	8.7	2	4.2	—	—	2	9.5

铟在锡矿的选矿过程中主要富集在锡精矿中。在铅锌矿的选矿过程中主要富集在铅精矿,其次富集在锌精矿中。

3.2.3　含铟锌精矿成分

锌精矿是最主要的铟来源,表 3-12 列出了中国一些选矿厂的化学成分。

表 3-12　中国一些选矿厂所产含铟锌精矿化学成分　　　　（%）

地名	Zn	Pb	Cd	S	Fe	Cu	As	CaO	SiO₂	Ag(1)	In(1)	Ge(1)
大宝山	44.5	0.4	0.28	29	11.6	0.55	0.47	2.9	5.44	44	210	5

地名	Zn	Pb	Cd	S	Fe	Cu	As	CaO	SiO$_2$	Ag(1)	In(1)	Ge(1)
青城子	53.5	0.8	0.35	31.5	7.5	0.4	0.16	0.91	1.8	274	65	6
小西林	48	1.0	0.4	32	14	0.4	0.03	0.05	0.38	126	140	5
大新	58	0.8	0.4	30.5	4.5	0.1	0.014	0.5	4.56	62	53	60
大厂	46.5	1.03	0.35	31.7	12	0.53	0.7	0.97	1.5	302	670	5
八家子	46	0.78	0.24	30	4	0.69	0.05			258	110	9
锡铁山	44	1.37	0.32	33	15	0.25	0.07			39	9	5
都龙	38.6	2.65	0.1	29.3	11.59	1.11	0.35		12.12	200	280	—
蒙自	45	1.20	0.2	30.5	13.5	0.45	0.96	1.2	3.5	300	380	

　　由表 3-12 可以看出，含铟最富的锌精矿生产厂区为大厂（670g/t）、都龙（280g/t）和蒙自（380g/t），其相应的选矿矿石来源分别出自广西南丹、云南马关都龙和云南蒙自白牛场矿区，皆属中国迄今所发现的最大的几座含铟多金属矿床。

4 铟的来源及冶炼原理

4.1 铟原料的主要来源

前已述及，铟矿物多伴生在有色金属硫化矿物中，特别是硫化锌矿，其次是方铅矿、氧化铅矿、锡矿、硫化铜矿和硫化锑矿等，铁矿石中也能找到。铟在一些有色金属精矿中得到初步富集，但由于品位仍相当低，一般尚不可直接用于提铟。在有色金属精矿冶炼和高炉炼铁过程中，铟依其行为与走向不同，会在某些生产工序和中间产品或副产品中得以相当程度的富集，成为提铟的主要原料，如炉渣、浸出渣、溶液、烟尘、合金和阳极泥等。

按主金属原料来源和生产工艺的不同，将可能产出供提取原生铟的原料初步归结为 10 类主金属(原料)、13 种铟富集物，见表 4-1。一些化工生产过程，如硫酸工业和锌化工盐的渣，也可能成为提铟原料。

此外，由铟的再生资源回收再生铟已逐渐成为铟的主要供应源之一。

表 4-1 原生铟的生产原料

主金属	主产品	主金属冶炼工艺	富铟物生产工序	铟富集物
硫化锌精矿	精锌	火法炼锌	焦结工序	焦结尘(1)、硬锌(2)
			精馏工序	粗铅(3)
铅锌混合矿	精锌、铅	密闭鼓风炉	鼓风炉熔炼	粗锌、粗铅(3)
			精馏工序	硬锌(2)、粗铅(3)
硫化锌精矿	电解锌	湿法炼锌	常规浸出法	中性浸出渣(4)
			黄钾铁矾法	黄钾铁矾渣(5)
			针铁矿法	针铁矿渣(6)
硫化铅精矿	精铅	还原熔炼	鼓风炉熔炼	炉渣烟化尘(7)
			火法精炼	铜浮渣反射炉尘(8)
氧化铅矿	精铅	还原熔炼	鼓风炉熔炼	烟尘(7)、炉渣烟化尘(7)
			火法精炼	铜浮渣反射炉尘(8)

主金属	主产品	主金属冶炼工艺	富铟物生产工序	铟富集物
锡精矿	精锡	还原熔炼	粗锡熔炼	锡二次尘(9)、炉渣烟化尘(7)
			火法精炼	焊锡(10)
硫化铜精矿	电解铜	火法炼铜	铜锍熔炼	铜烟尘(11)
			吹炼	铜转炉尘(11)
脆硫锑铅矿	精锑	火法炼锑	鼓风炉原料	精矿(2)、锑鼓风炉尘(12)
			反射熔炼	铜浮渣(2)、反射炉尘(8)
铁矿石	生铁	高炉冶炼	煤气净化	瓦斯泥(灰)(13)
锰矿石	锰铁	高炉冶炼	煤气净化	布袋尘(13)

注：(1)~(13)代表13种铟的富集物。

铟属于地壳中稀散元素之列，它本身不能形成独立矿物，在天然条件下很分散地分布在其他矿物中，其在地壳中的含量为 $10^{-5}\%(0.1\times10^{-6})$。

铟在硫化矿物（主要是闪锌矿）以及呈铅和锌的硫代锡酸盐及硫代锑酸盐的一些矿物中有较多的含量。在许多含硫的矿物中最常见铟，说明了铟的亲硫性。在较少的情况下，铟与其他类矿物发生联系，如锡石、黑钨矿及普通角闪石中有铟存在。除了铅和锌的硫化矿之外，锡也起着一定的结合作用。有利于铟的富集，有些稀有矿物如圆柱锡矿（$Pb_6Sb_6Sn_2S_{12}$）和辉锑锡铅矿（$Pb_5Sb_6Sn_2S_{12}$）中含铟较多，如玻利维亚的圆柱锡矿含铟达 $0.1\%\sim1.0\%$。

铟的主要来源是闪锌矿，铟在闪锌矿中的含量范围为 $0.001\%\sim0.1\%$。

铟在自然界中与锌、铅、锡等元素有很密切的关系，这可用它在周期表中的位置来解释，如图 4-1 所示。

由图 4-1 可知，铟与镉相邻，其原子半径相近，故易形成类质同象，与锌和铅的结合是因为在周期表内位于对角线内，所以，它们的性质具有普遍相似性，与镓结合是因为它们属于同族。

除闪锌矿含铟（$0.001\%\sim0.1\%$）比较高以外，圆柱锡矿含铟 $0.1\%\sim1\%$，辉锑锡矿（$Pb_5Sb_6Sn_2S_{12}$）中含铟 0.1%，黄锡矿（Cu_2FeSnS_4）中含铟 0.1%，都是含银比较高的矿物。

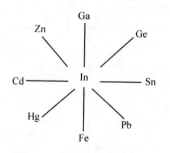

图 4-1　铟的地球化学星座

阿布拉莫夫研究了苏联和其他国家矿床中铟在闪锌矿中的分布规律（见表 4-2），发现在闪锌矿的变种中常常能找到铟。

表4-2 铟在闪锌矿变种中的聚变

闪锌矿的变种	矿样总数	<0.01%	0.01%~0.1%	>0.1%	未发现
铁闪锌矿	75	49	8		48
闪锌矿	90	42	9	2	37
纯闪锌矿	63	25	2		36
贝壳状的闪锌矿	8	5			3

从表4-2中可以看出，通常无规则结晶的闪锌矿及含铁和锰高的铁闪锌矿含铟最富。

虽然某些闪锌矿是含铟矿石，但即使是铟在这些矿石中最富，也不能组织铟的独立工业开采，因此，铟只能在重有色金属工厂冶炼时作为综合利用原料的副产品回收。一般原料的铟含量达0.002%就有工业价值。

在浮选一般铜、铅、锌矿时，铟由于与闪锌矿共生，参与闪锌矿一起选出，铟在原料中的含量为0.0002%~0.002%，在浮选多金属矿时铟的分布见表4-3、表4-4。

表4-3 铟在浮选铜铅锌矿物时的分布

产品名称	产出量/%	铟的分布/%
矿石	100	100
铜锌精矿	8.77	79
锌精矿	0.11	5
黄铁矿尾矿	91.12	16

表4-4 铟在有先浮选铜铅锌矿物时的分布

产品名称	产出量/%	铟的分布/%
矿石	100	100
铜精矿	12.81	39
锌精矿	6.77	52
黄铁矿精矿	27.77	0.3
尾矿	52.65	0.7

从表4-3、表4-4中可以看出，大部分铟在锌精矿中，铜矿中也含有锌及铟。

从以上情况进一步可以看出，铟的主要原料来源于闪锌矿。锌的提取方法有火法和湿法两种。无论采取哪种方法，锌精矿都需要经过焙烧过程，焙烧都采取沸腾层焙烧炉。湿法炼锌采用的焙烧温度为850~870℃，火法炼锌采用的温度为1050~1100℃，在氧化焙烧过程中，铟绝大部分留在焙砂中；在铅冶炼过程中的浮渣和烟尘，也是提取铟的原料。

4.2 铟在铅冶炼过程中的行为

铅在冶炼过程，首先将铅精矿（PbS）进行烧结焙烧，然后将烧结块在鼓风炉进行还原熔炼，得到粗铅，再经火法初步精炼，电解精炼，即得到电铅。

铟在烧结温度下（800~1000℃）很少挥发，绝大部分铟呈氧化物进入烧结块中。在鼓风炉还原熔炼时，一部分氧化铟被还原成金属铟进入粗铅，另一部分进入烟尘。一般进入炉渣和粗铅的铟大致相等，有约20%的铟进入烟尘。

鼓风炉烟尘一般返回烧结配料，炉渣在烟化炉进行烟化处理，使铟富集在氧化锌烟尘内，此烟尘可作提铟的原料。

当粗铅进行火法精炼时，粗铅中的铟几乎全部进入浮渣，浮渣在反射炉内用铁屑-苏打法处理时，绝大部分铟挥发进入烟尘，此烟尘含铟达0.1%~1.5%。

因此，在铅冶炼过程中，烟化炉氧化锌烟尘、浮渣反射炉烟尘均可作为提铟的原料。铅冶炼过程中铟的来源如图4-2所示。

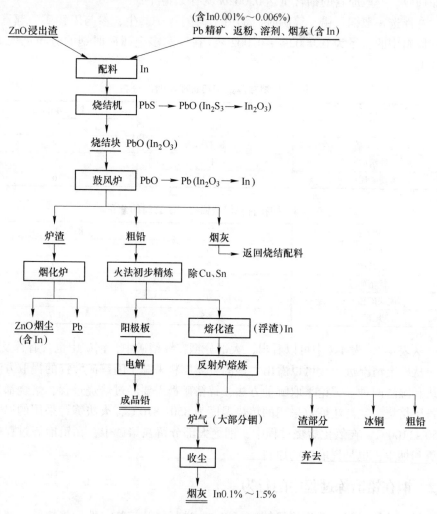

图 4-2　铅冶炼过程铟走向流程

4.3 铟在火法炼锌过程中的行为

4.3.1 铟在火法炼锌过程中的走向

火法炼锌的主要过程为锌精矿经过氧化焙烧后，再制成团，经焦结而得焦结块，焦结块在竖罐蒸馏得到粗锌，粗锌经精炼得到精锌。在氧化焙烧时，铟主要呈氧化物留在焙砂中，也有少量铟（约4%）由于低价氧化铟在作业温度（850~930℃）具有很高的蒸气压，而挥发进入烟尘。在焦结时，温度一般控制在800~900℃，因为焦结配料时加入还原剂——碳，故在焦结过程中，系统为还原性气氛，一部分 In_2O_3 被碳还原成 InO 和 In_2O，他们在800℃时已有很高的蒸气压，因而约有20%~25%的铟被炉气带入焦结炉烟尘中，焦结块在蒸馏炉（竖罐）蒸馏时，铟与锌一起被碳和一氧化碳还原成金属，由于蒸馏过程的温度是在1200~1300℃下进行，因此时铟的蒸气压达0.8~1mmHg，因此约有占焦结块中70%~80%的铟与锌一起挥发并冷凝在粗锌中，其余20%~25%的铟留在残渣中。在粗锌精馏时，由于铟的沸点比较高，所以，它和沸点比较高的铅一起富集在铅塔内，成为"高铟铅"，其中含铟0.6%~1.2%，而精馏的纯锌含铟在0.0001%以下。

锌精矿火法精炼与铟走向流程如图4-3所示。

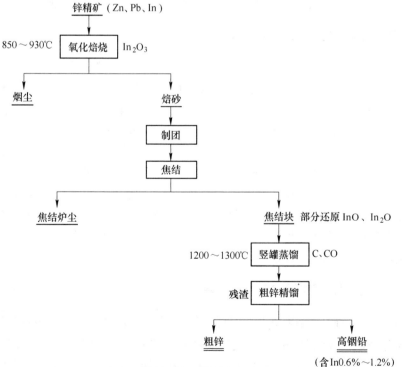

图 4-3　锌精矿火法精炼与铟走向流程

因此，在火法炼锌过程中，铟主要富集在焦结炉烟尘及粗锌连续蒸馏所得的高铟铅中，它们可以作为提铟的原料。

4.3.2　铟在火法炼锌过程中的分配

（1）焙烧过程。对锌精矿进行氧化焙烧脱硫时，由于过程为1000℃以上的强氧化性气氛，在此条件下铟基本不挥发，而呈In_2O_3态保留于焙砂及焙尘中。

（2）焦结过程。对焙砂、焙尘加煤和黏结剂制成的团矿进行焦结时，由于焦结过程为850℃下的弱还原气氛，团矿中的In_2O_3极易被还原为易挥发的InO进入焦结尘，此时铟分配进入焦结尘为61.6%，含铟品位达4130g/t，比精矿原料富集了76倍，比生团含铟（34g/t）提高了121倍。

（3）蒸馏过程。对焦结团矿进行竖罐蒸馏时，由于过程为1350℃的强还原气氛，焦结矿残存的In_2O_3与In_2O等均被还原成金属铟，并易随锌蒸气流被带入冷凝系统，进入蒸馏产品粗锌、蓝粉等中，仅有少量铟未被还原而随罐渣带走。

（4）精馏过程。在锌精馏塔1200℃的温度下，铟的蒸气压很小，在铅塔中几乎不蒸发，而是与其他高沸点金属（铅等）一起进入铅塔的熔析炉，然后借助铅对铟的良好捕集作用富集于粗铅与硬锌中，含铟品位分别达4600g/t和1270g/t，比粗锌富集率分别高110倍和3倍，成为另两种重要的铟富集物。

4.4　铟在湿法炼锌过程中的行为

湿法炼锌是锌冶炼的主导冶炼技术，目前全球金属锌产量中湿法炼锌占80%以上。常见的湿法炼锌是在低温（25~250℃）及水溶液中进行，可基本概括为3个过程：（1）浸出。用稀硫酸溶解锌矿物中的锌等有价元素，转入水溶液。（2）净化。去除浸出液中有害杂质。（3）电解。从净化液中沉积锌。

世界上的湿法炼锌厂多数采用连续复浸出流程，即第一阶段为中性浸出，第二阶段为酸性或热酸浸出。酸性浸出的浸出渣一般用火法还原挥发处理回收锌和铟、锗等，热酸浸出产出的Pb-Ag渣送铅厂回收铅、银，铁渣多送回收铟。

由于热酸浸出可使渣中的铁酸锌溶解，从而提高了锌、铟等的浸出率，进入溶液中的铁能用黄钾铁矾法、针铁矿法或赤铁矿法等从溶液中有效分离，因此热酸浸出法得到了广泛应用。

4.4.1　中性浸出过程中铟的走向与富集

铟在锌焙烧矿中是以In_2O_3形态存在，在中性浸出初期，由于溶剂酸度较高，有相当部分铟会被硫酸分解，形成硫酸铟进入溶液。随着焙烧矿的不断加入，矿浆pH值不断升高，进入溶液的硫酸铟又水解沉淀析出，在标准状态下，In^{3+}水解的 pH 值为 2~3。在中性浸出的终点 pH 值为 5.0~5.2 时，与水解析出的氢氧化铁胶体共沉淀，其主要反应为：

$$In_2O_3 + 3H_2SO_4 === In_2(SO_4)_3 + 3H_2O$$
$$In_2(SO_4)_3 + 6H_2O === 2In(OH)_3\downarrow + 3H_2SO_4$$

4.4.2 黄钾铁矾法除铁过程中铟的走向与富集

热酸浸出过程的实质是将锌焙烧的中性浸出渣用高温、高酸浸出，目的是将在中性浸出阶段尚未溶解的铁酸锌及少量其他尚未溶解的锌化合物、铟等化合物溶解，进一步提高锌的浸出率和尽可能高的铟等有价金属的回收率。

热酸浸出时的反应温度为 90~95℃，始酸大于 150g/L，终酸 40~60g/L，此时所发生的主要化学反应为：

$$ZnO \cdot Fe_2O_3 + 4H_2SO_4 === ZnSO_4 + Fe_2(SO_4)_3 + 4H_2O$$
$$ZnS + Fe_2(SO_4)_3 === ZnSO_4 + 2FeSO_4 + S\downarrow$$

反应结果得到含锌、铟等的高铁溶液。为从此溶液中沉出铁，已成功使用了黄钾铁矾 $[KFe_3(SO_4)_2(OH)_6]$ 法、针铁矿（FeOOH）法和赤铁矿（Fe_2O_3）法等新的除铁方法。

几种方法中黄钾铁矾法是使用较广的一种，该法是在温度 95℃，保持溶液 pH 值在 1.5 以下，向高浓度的溶液中加入 $Fe_2(SO_4)_3$ 碱离子（Na^+ 或 K^+，NH^{4+} 等），并加入晶种，使之发生下列反应：

$$3Fe_2(SO_4)_3 + 12H_2O + Na_2SO_4 === Na_2Fe_6(SO_4)_4(OH)_{12}\downarrow + 6H_2SO_4$$
$$3Fe_2(SO_4)_3 + 14H_2O \longrightarrow (H_3O)_2Fe(SO_4)_4\downarrow + 5H_2SO_4$$

反应所生成的水解产物为黄钾（钠）铁矾，是一种含水碱式硫酸盐的复盐，类似于自然界中黄钾铁矾一类的矿物，呈晶体状，易沉淀和过滤，不溶于酸。此时，溶液中所含的铟一起沉淀进入铁矾，并得到富集。

4.4.3 针铁矿法除铁过程中铟的走向与富集

使铁从热酸浸出液中以针铁矿析出的条件是：溶液中含 $Fe^{3+}<1g/L$，pH = 3~5，较高温度（80~100℃），分散空气，加入晶种。其操作程序是在所要求的温度下，将溶液中的 Fe^{3+} 用 SO_2 或 ZnS 先还原成 Fe^{2+}，然后加 ZnO 调节 pH 值在 3~5，再用空气缓慢氧化，使其呈 α-FeOOH 析出。此时所发生的反应为：

还原：　　　　　$Fe_2(SO_4)_3 + ZnS === 2FeSO_4 + ZnSO_4 + S\downarrow$

或　　　　　$Fe_2(SO_4)_3 + ZnSO_3 + H_2O === 2FeSO_4 + ZnSO_4 + H_2SO_4$

氧化：　　$2FeSO_4 + 1/2O_2 + 2ZnO + H_2O === 2FeOOH\downarrow + 2ZnSO_4$

所以，针铁矿法沉淀铁包括 Fe^{3+} 的还原及 Fe^{2+} 的氧化两个关键作业。

各工序所控制的条件为：

还原：(95 ± 5)℃，$4\sim5h$终点 $Fe^{3+}=1.5g/L$；

预中和：(85 ± 5)℃，$1h$，终点 $pH=2.0$；

中和沉铟：$70\sim75$℃，$1h$，终点 $pH=4\sim4.6$；

氧化除铁：(85 ± 5)℃，$3.5h$，终点 $Fe^{2+}<1g/L$。

4.4.4　赤铁矿法除铁过程中铟的走向与富集

该法是在高压釜内于高温（200℃）条件下通过高压空气，使 Fe^{2+} 氧化成赤铁矿沉淀，按其形成条件，温度愈高，愈有利于在较高酸度下沉铁。

主要包括以下几个阶段：

（1）还原浸出。锌浸出渣调浆配液进入卧式机械搅拌加压釜，用 SO_2 作还原剂，维持压力为 $152\sim202kPa$，浸出温度为 $100\sim110$℃，$3h$。反应式为：

$$ZnO\cdot Fe_2O_3+2H_2SO_4+SO_2=\!=\!=ZnSO_4+2FeSO_4+2H_2O$$

浸出渣中伴生金属同时溶解，锌、铁、镉、铜的浸出率大于 $90\%\sim95\%$。

（2）除铜沉铟。还原浸出矿浆送除铜槽，通 H_2S 除 Cu，As，得含 Au，Ag 的铜精矿；在两段石灰中和（$pH=2$ 及 $pH=4.5$）回收锗、镓、铟。

（3）高压沉铁。除铜后液经两段中和后送入高压釜内，蒸气加热至 200℃，鼓入纯氧，釜内压力 $2000kPa$，停留 $3h$，Fe^{2+} 氧化，呈 Fe_2O_3 沉淀，其反应式为：

$$Fe_2SO_4+O_2+H_2O=\!=\!=Fe_2O_3\downarrow+H_2SO_4$$

除铜沉铟所得之二次石膏含 In0.05%～0.2%、Ga0.05%～0.1%、Zn8%、Fe4%，可供进一步综合回收提取铟、镓等有价金属。

湿法炼锌的主要过程是锌精矿、硫化矿，经硫酸化焙烧，焙砂经中性浸出和酸性浸出，中性浸出液经净化除杂质（铜、镉、钴等）后进行电积，最后得到电锌。在硫酸化焙烧过程中铟绝大部分保留在焙砂中，焙砂进行中性浸出时，由于中性浸出时的 pH 值约为 5.2，而在 $25\sim65$℃内，$In(OH)_3$ 开始沉降的 pH 值为 $3.6\sim4.05$，在 $pH=4.67\sim4.85$ 就完全析出。因此，大部分铟留在不溶残渣内，但仍有一部分铟进入溶液，当用锌粉置换法净化溶液除去铜、镉时，所得铜镉渣中含有铟和其他稀散金属，中浸渣中的铟在酸性浸出时，部分溶解酸性浸出液，随酸性浸出液返回中性浸出工序，而另一部分保留在酸性浸出渣中，浸出残渣主要含有铁、锌、铅，还有铟、镉、镓及贵金属（如银）。为了提高锌的回收率，酸浸残渣一般是与碳（我厂用焦粉）混合用升华法在回转窑内进行烟化，在烟化过程中铟还原成 In_2O，它挥发出来后再与空气作用氧化成 In_2O_3，然后收集在布袋收尘器和电收尘器中，得到的升华物（烟尘）主要是 ZnO。

通常氧化锌含锌 $56.5\%\sim67.9\%$，铅 $9.62\%\sim12\%$，铟 $0.07\%\sim0.065\%$。

当酸浸残渣中铅及贵金属的含量高时，可以直接将残渣送往铅鼓风炉熔炼，而附带从铅系统的副产品中回收铟。

因此，在湿法炼锌过程中，挥发窑（即回转窑）所产的氧化锌烟尘及铜镉渣，可以作为提铟的原料。铟在湿法炼锌过程中的行为如图4-4所示。

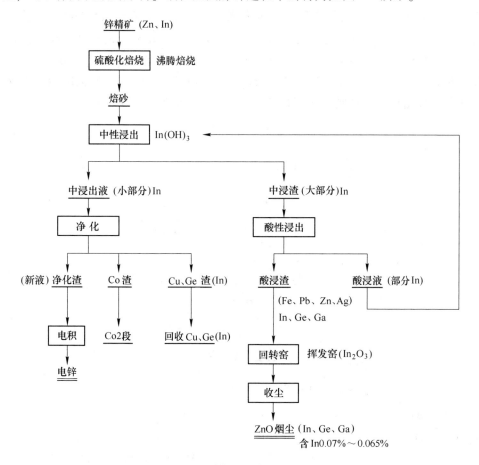

图 4-4　湿法炼锌过程中铟的行为流程

近年来，为了提高锌浸出率和回收率，采用热酸浸出和黄钾铁矾法处理浸出液，当采用此法时，可以从两方面回收铟。

（1）从热酸浸出液中回收铟。热酸浸出时，约有60%的铟进入溶液，浸出液经黄铁钾矾法除铁以后用中和沉淀铟的方法，使铟富集在氢氧化物中，再重复酸溶、置换，即可获得海绵铟。

（2）热酸浸出后浸出的渣用回转窑处理，铟呈氧化物和锌一起进入氧化锌烟尘。

从氧化锌烟尘中回收铟，从国内的情况看一般都是分两步进行，第一步，对氧化锌烟尘的酸浸液以锌粉置换得到铟的富集渣（即置换渣）；第二步，从富集渣中提取金属铟。

4.5 炼锡过程中铟的行为

自然界中的锡矿物有 50 多种，多为氧化物形态，如锡石（SnO_2），少数呈硫化物形态，如黝锡矿（Cu_2FeSnS_4）、辉锑锡铅矿（$Pb_3Sb_2Sn_3S_{14}$）、圆柱锡矿（$Pb_3Sn_4Sb_2S_{14}$）、硫锡矿（SnS）等。通过选矿富集得到含 Sn 大于 40% 的锡精矿，铟在锡精矿中的含量一般为 30~150g/t。锡精矿经过炼前处理去除硫等杂质后进行还原熔炼，其原则工艺流程及过程中铟的走向如图 4-5 所示。

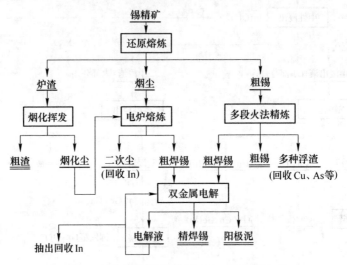

图 4-5　锡精矿火法冶炼原则流程及铟的走向

结果表明，在还原熔炼时，原料中约有 50% 的铟进入烟尘，有 35% 的铟进入粗锡，此烟尘在进行二次熔炼产焊锡时，铟会在焊锡和二次尘中得以富集，成为提铟的原料。在粗锡火法精炼时，铟分布于各种精炼浮渣或进入焊锡，云锡冶炼厂对此检查结果如下：铟入碳渣占 4.7%，入硫渣 19.8%，入铝渣 18.2%，入铅浮渣或焊锡占 44%，入精锡 0.7%。铟主要集中分配在与铅有关的二次尘、铅浮渣、焊锡及焊锡电解液之中，这与铅对铟的良好捕集作用有关。

电解锡过程中铟的行为取决于阳极的其他组分和其相应的含量，当酸性电解液中各组分浓度低(约为 0.1%)，而铅是主要杂质时，铟溶解并留在溶液中，直到其浓度达到电积电势与主体金属锡离子的电势一样，发生共同沉积。当然，在工业上由于电解液中有添加剂，产生极化作用，会影响其电解电势。在用氟硅酸溶液对焊锡进行双金属（Pb-Sn）电解精炼时，阳极含锑、铋、铟和贵金属，铟进入溶液，其浓度必须小于 5g/L，否则铟与锡发生共沉积。对此，美国金属精炼公司采用沉积或萃取法处理酸性电解液，除去其中的铟；我国各炼锡厂均在氟硅酸电解液循环使用相当时间后，抽出予以萃取回收铟。

4.6 炼铜过程中铟的行为

自然界中的铜矿物多呈硫化矿形态产出，如辉铜矿（Cu_2S）、斑铜矿（Cu_3FeS_2）、黝铜矿（$Cu_{12}Sb_4S_{13}$）、铜蓝（CuS）、黄铜矿（C_3FeS_2），对经过浮选产出含 Cu>20% 的硫化铜精矿进行火法冶炼，铜精矿含铟为 0.0001%~0.0054%。

各炼铜厂采用的工艺流程的主要区别是造锍熔炼炉不同，有传统的反射炉、密闭鼓风炉，还有近代陆续出现的白银炉、诺兰达炉、闪速炉、Ausmeit 炉等，但其过程中铟的走向基本一致。炼铜过程中铟的走向如图 4-6 所示。

熔炼铜锍时炉料中的铟 20%~40% 转入铜锍；吹炼铜锍时仅有 8%~15% 的铟进入烟尘并达到相当富集程度，80%~90% 的铟转入吹炉渣。由此可见，吹炉烟尘与吹炉渣是铟的富集物，可以成为铟的提取原料。

4.7 高炉炼铁过程中铟的行为

铁矿中含铟约为 0.0004%~0.0045%，在铁矿烧结过程中，大部分的铟、铊与镓留在烧结块中，小部分进入烧结尘。在高炉炼铁时，烧结块中的铟基本上转入高炉煤气，而逸出炉外。在对高炉荒煤气进行湿式或干式除尘净化过程中，铟可与锌、铅、铋、铊、镓等一起被捕集入高炉烟灰，俗称瓦斯泥（灰），当铟等有价金属品位富集到了相当的程度，可成为综合提铟的原料。

炼铁工艺流程及铟的走向如图 4-7 所示。

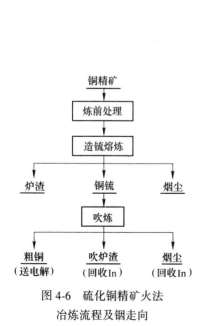

图 4-6 硫化铜精矿火法
冶炼流程及铟走向

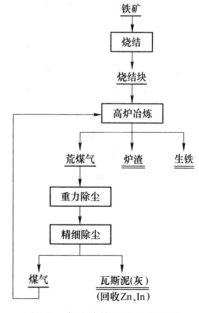

图 4-7 高炉炼铁流程及铟走向

　　瓦斯泥(灰) 这一高炉副产品, 含有价元素多, 含有害元素少, 综合利用意义很大。对它的处理, 一般是通过高温还原挥发, 使易挥发的锌、铅、铟、铋等富集入挥发尘, 再用湿法分别提取, 挥发残渣则可经磁、重选矿等手段予以回收铁精矿, 选矿尾矿则可送水泥厂配料使用。经充分的处理, 瓦斯泥可完全做到物尽其用, 无任何废弃物。一般而言, 年产百万吨的一座钢铁厂年产出瓦斯泥(灰) 可达 10000~14000t, 我国可供利用的瓦斯泥(灰) 数量惊人。

　　一些锰矿亦含铟, 在高炉炼锰时铟的行为与分布与高炉炼铁相似。

4.8　铟的二次资源

　　从矿石原料生产出的铟称为原生铟, 由二次资源生产出的铟叫做再生铟。铟的二次资源主要是在铟制品的生产过程和使用过程中产生的下脚料、废品、旧品、元器件等, 可以将其基本划分为如下 9 类:

　　(1) ITO 靶材废料。靶材溅射镀膜率一般仅 70% 左右, 余为废靶, 在靶材生产过程中也会产生边角料、切屑和废品, 皆为铟二次资源的最大来源。

　　(2) 半导体切磨抛废料、半导体器件。

　　(3) 含铟合金加工废料, 废焊料合金线, 多为 In-Pb-Sn 和 In-Ga-Ge 合金。

　　(4) 废催化剂。

　　(5) 含铟废仪器、硒鼓、锗和硒整流器。

　　(6) 废旧电视机、手机、游戏机。

　　(7) 含铟干电池、蓄电池。

　　(8) 含铟电镀液废水。

　　(9) 腐蚀液。多指制造二极、三极管使用高纯铟前, 先用硝酸或盐酸腐蚀表面氧化所得之腐蚀液, 属硝酸铟或氯化铟溶液。

　　与从矿石原料生产原生铟相比, 从二次资源回收再生铟具有如下优点:

　　(1) 处理工艺较简单, 从而节约基本建设投资。

　　(2) 能耗少, 效率高。

　　(3) 降低了对不可再生矿产资源的耗费。

　　(4) 减少了环境污染。

5 铟的冶炼方法

在各种含铟原料中，铟的含量以及主要金属（铅、锌等）的含量都有很大的差别，例如用回转窑挥发所得氧化锌烟尘和浮渣反射炉的烟尘由锌、铅等元素的氧化物组成。铅鼓风炉、焦结炉烟尘等除含有氧化物之外，还含有一些金属硫化物，铜镉渣中有金属海绵物存在。

5.1 水冶铟

5.1.1 置换铟法

置换铟法古老，但简单、经济、适用，是当今各国通用的提铟工艺，更是中小型企业获取商品粗铟的工艺。

含铟原料经过酸浸得到含铟溶液（如液中铟含量较低，则通过萃取得到的富铟溶液），在置换铟之前视溶液中杂质状态采用不同手段除杂：（1）加铁屑除铜与砷时，需保持溶液中 $[Cu]/[As]=1\sim2.5$（如铜不足时，宜补 $CuSO_4 \cdot 5H_2O$），游离酸 $15\sim30g/L$ 及 $70\sim90℃$，使铜与砷以 Cu_3As_2 形态除去；应控制溶液中残留砷小于 $0.02g/L$，以保证之后置换铟时不妨碍置换铟，且不出现 AsH_3 毒害。（2）按化学计量加入锌粉除铜、砷与镉，控制终酸 $1.5\sim2.5g/L$，$85℃$ 下置换，除去杂质。（3）加先期置换获得的粗海绵铟去置换除铜、铅、锡等。（4）向溶液通入 H_2S 使铜、砷与锑等呈 MeS 入渣而除去，然后送去置换铟。

（1）置换铟的机理。利用比铟的电极电位（表 5-1）更负的金属 Me（通过常用的锌和铝）从溶液中将铟还原成金属，此反应为放热反应：

$$In^{3+} + Me \Longrightarrow In + Me^{3+} + Q$$

表 5-1 金属的标准电极电位 （V）

金属电极	Al^{3+}/Al	Zn^{2+}/Zn	Ga^{3+}/Ga	Fe^{2+}/Fe	Cd^{2+}/Cd	In^{3+}/In	Tl^+/Tl
标准电极电位	−1.60	−0.763	−0.53	−0.44	−0.403	−0.342	−0.336
金属电极	Sn^{2+}/Sn	Pb^{2+}/Pb	As^{3+}/As	Cu^{2+}/Cu	Te^{4+}/Te	Tl^{3+}/Tl	Te^{6+}/Te
标准电极电位	−0.136	−0.126	+0.248	+0.337	+0.53	+0.72	+1.02

（2）置换的技术控制。1）如从 $HInCl_4$ 溶液中置换铟，宜加入 NaCl 或 HCl 以利于发生置换，使溶液中氯离子浓度约达 $20g/L$，pH 值为 $1.5\sim2$，温度 40~

50℃（属放热反应，不宜高），置换槽保持负压抽风，用锌、铝片置换（如用锌，其置换后液为 $ZnCl_2$ 液，可调整 $ZnCl_2$ 品位以制得商品 $ZnCl_2$ 出售），不出现 AsH_3 毒害。2）如从 $In_2(SO_4)_3$ 溶液中置换铟，也宜加 NaCl 使氯离子浓度达 5~10g/L，保持 H_2SO_4 1.5~2.50g/L、温度 30~40℃，用锌/铝片置换。一般约 8~24h 置换完成，刮取得含铟约 90%~95% 的粗海绵铟，储于水中以防氧化。

铸型时从水中捞取，经压团，放入不锈钢锅内，上覆盖约为铟重 50%~60% 的碱，加热至 320~350℃，熔炼 2~3h，使杂质（Me′）入渣，并获得含铟 99% 以上的粗铟，经电解得 99.99% 铟。

$$Me'(\,Ⅱ\,)/2Me'(\,Ⅲ\,) + 2NaOH \Longleftrightarrow NaMe'O_2/NaMe'O_2 + H_2$$

例如，在锌生产的净化 $ZnSO_4$ 溶液过程中，因加入锌粉置换除铜镉，结果产出了富含铟的铜镉渣。此渣经用稀酸溶液除铜和锌后，得到更富含铟的滤渣。该渣成分为 In 0.01%~0.04%、Cu 20%~28%、Cd 17%~20%、Zn 7%~10%、Pb 4.8%、Fe 0.2%~1.5%、Ti 0.02%~0.03% 及 SiO_2 8% 等，用 20% 的硫酸溶液浸出，有近 90% 的铟转入溶液。根据各金属不同的还原电位，先加入不足量的锌粉置换除去大部分铜，之后将过滤后的溶液加热到 80~85℃，用铁置换除去余下的铜，随铜损失的铟约达 3%~5%，滤液用碱中和至含 $H_2SO_4$1.5~2.5g/L，然后才加入锌粉置换铟，获得成分为 In 1%~2%、Cu 40%、Zn 5%~8% 及 Cd 20%~30% 的铟富集物，将它氧化焙烧，用 20% 的 H_2SO_4 溶液浸出，再重复酸溶—置换提铟。

某公司采用多次处理含铟的锌焙砂或 ZnO 烟尘，经通 H_2S 除铜、砷、锑与锗后，用锌板置换得海绵铟，继转入 HCl 溶液，加 $BaCl_2$ 脱 SO_4^{2-}，再通过 H_2S 除杂后电解的方法得铟。

实践表明，在 4~5mol/L HCl 介质及常温下，用锌板置换只需 4~5h 即置换完全，由于置换后液富含 $ZnCl_2$，可稍加锌粉，在置换后即制得可作商品出售的副产品 $ZnCl_2$。置换得到的粗海绵铟经压团，用碱覆盖约 350℃ 下熔铸，便可得到纯度为 99.5% 的粗铟。这种粗铟再套以隔膜，采用含铟 80~100g/L、食盐 100g/L、pH 值为 2~2.5 的电解液，在电流密度 60~80A/m^2、槽压 0.25~0.35V 的条件下电解 1~2 次，便可得到纯度 99.99% 的金属铟，电流效率可达 95%~99%。

有人提出锌汞齐（锌溶入汞）代 Zn 去置换铟，且添加卤离子，有助于锌汞齐置换铟，但此时金属析出电位向电负性方向移位，故溶液中的 Sn、Pb、As、Cu、Bi 等杂质将随铟转入锌汞齐。

5.1.2　水解法

水解法是基于各种金属盐类生成氢氧化物沉淀的 pH 值不同，通过调节 pH

值使铟与其他金属分离，而富集得到铟的一种方法。

铟开始沉淀的 pH 值为 3.06~4.05，在 pH 值为 4.67~4.85 时沉淀完全。

铟和其他元素的氢氧化物开始析出的 pH 值和阴离子浓度的关系如图 5-1 所示。

从图 5-1 可以看出，当溶液的 pH 值等于 2 时，溶液中 In^{3+} 的含量在 10g/L 以上时也不水解；当 In^{3+} 含量为 2g/L 时，溶液中和至 pH 值等于 3 时 $In(OH)_3$ 开始沉淀，到 pH 值等于 4.8 时溶液中铟含量将不超过 1mg/L，即基本完全沉淀。因此，如果将含有 Sn^{4+}、Fe^{3+}、Zn^{2+}、Cu^{2+}、In^{3+} 等离子的溶液中和至 pH 值等于 0.45~2，则 Sn^{4+} 能部分沉淀下来；再将溶液中和至 pH 值等于 4.8，则 Fe^{3+} 和 In^{3+} 一道沉下来，而 Zn^{2+} 和 Fe^{2+} 及部分 Cu^{2+} 保

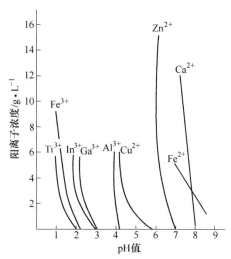

图 5-1 金属氢氧化物析出的 pH 值与阳离子浓度的关系

留在溶液中，这样利用分步中和法可使铟分别与 Sn^{4+}、Zn^{2+}、Fe^{2+}、Ca^{2+} 及 Cu^{2+} 分离。同时，如果先用铁屑将 Fe^{3+} 还原成 Fe^{2+} 更有利于铟与铁分离。

In^{3+} 水解时，往往有时生成胶状，因此，在生产过程中，应创造条件使胶粒能很好地凝聚，通常采用将溶液加温（50~60℃），并适当搅拌的方法。

采用中和剂应视具体情况选择，一般采用 Zn 和 NaOH，也可采用 Na_2CO_3 或 NH_4OH。运用碳酸钠进行中和，除生成 $In(OH)_3$ 外，还生成碱式碳酸铟；运用 NH_4OH 进行中和，除生成 $In(OH)_3$ 外，还能与 Cu^{2+}、Zn^{2+}、Ca^{2+} 形成络离子，而使其水解 pH 值升高，更有利于铟与这些杂质分离。

5.1.3 选择性溶解及沉淀法

5.1.3.1 硫化物沉淀法

硫化物沉淀法基于许多金属的硫化物难溶于水，其饱和溶液中的溶度积接近常数。如 25℃时 FeS 溶度积 $C_p = [Fe^{2+}] \cdot [S^{2-}] = 3.7 \times 10^{-19}$，那么就控制金属硫化物的沉降过程。而 H_2S 水溶液是弱电解质，可按下列方程式电离：

$$H_2S \Longrightarrow HS^- + H^-$$

$$HS^- \Longrightarrow S^{2-} + H^+$$

因此，在 H_2S 饱和溶液中或金属硫化物溶液中控制 pH 值就能控制溶液中

$[S^{2-}]$ 的浓度，相应地控制溶液中各金属的浓度。

因此，控制不同的 pH 值，可以使铟先后与 Cu、Cd、Pb、As、Zn、Mn、Fe 等杂质分离。

5.1.3.2　氢氧化物沉淀法

在加热情况下，用苛性钠溶液处理氢氧化物沉淀时，由于 $Sn(OH)_4$、$Pb(OH)_2$、$Zn(OH)_2$ 等两性氢氧化物可溶于过量的 NaOH 中，而 $In(OH)_3$ 则不溶，这样就可从沉淀物中除去 Zn、Pb、As 等杂质。

$$In^{3+} + 3OH^- \rightleftharpoons In(OH)_3 \downarrow$$

5.1.3.3　氨水沉淀法

以氨水处理含铟溶液时，铟与铁、铅共同沉淀，而铜、镉与锌成氨盐留在溶液中。

$$In^{3+} + 3NH_3 \cdot H_2O \rightleftharpoons In(OH)_3 \downarrow + 3NH_4^-$$

5.1.3.4　砷酸盐或磷酸盐沉淀法

以砷酸盐或磷酸盐形态从弱酸介质中沉淀铟，铟的砷酸盐在 pH = 3.7 时能完全从溶液中析出，其磷酸盐在 pH = 3.2 时完全析出，其反应为：

$$In^{3+} + AsO_4^{3-} \rightleftharpoons InAsO_4 \downarrow$$

$$In^{3+} + PO_4^{3-} \rightleftharpoons InPO_4 \downarrow$$

大部分锌、镉、铅及铁（二价）均留在溶液中。

5.1.4　硫酸化提铟法

硫酸化焙烧法能使料中的铟等转变为硫酸盐，同时除去有害的氟、氯和砷等杂质，从而简化生产流程。硫酸化焙烧有湿式和干式之分。

5.1.4.1　湿式硫酸化焙烧

较多企业采用湿式硫酸化焙烧，其流程如图 5-2 所示。该流程把成分为 In 0.006%、Ge 0.004%、Pb 2.26%、Zn 6.64%、As 1.23%、Cu 1.74%、Cd 0.31%、Fe 23.45% 及 SiO_2 15.20% 的原料，配入料重 110% 的硫酸，在直径 1m、倾角 50°~55° 及转速 0.68m/s 的设有抽风系统的圆盘制粒机上制粒，制粒过程是放热反应，故过程中料温可达 210℃，有 5%~10% 的砷挥发，获得 3~5mm 的粒料，将粒料投入沸腾焙烧炉中，在 300℃ 下进行硫酸化焙烧，过程中 85% 的砷及 90% 的硒转入烟气。在焙烧过程中铟及其他金属生成硫酸盐：

$$In_2O_3 + 3H_2SO_4 \rightleftharpoons In_2(SO_4)_3 + 3H_2O$$

$$Me'O + H_2SO_4 \rightleftharpoons Me'SO_4 + H_2O$$

而料中的氟和氯除在制粒过程中挥发一小部分外，大部分在硫酸化焙烧过程中挥发，两个过程的总脱氟、氯率各达 80%~95%。料中硒呈 SeO_2 形态挥发，

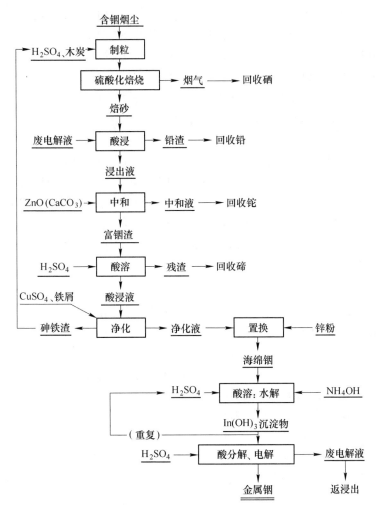

图 5-2 湿式硫酸化焙烧提铟工艺流程

在淋洗塔中被水吸收后，被过程中所产生的 SO_2 还原得单体硒而被回收。砷的挥发脱除程度，取决于所添加的还原剂木炭数量及焙烧温度，一般配入料重 1%~3% 的木炭，在 300℃ 下焙烧脱除得比较干净。过程中砷生成 As_2O_3：

$$Pb_3(AsO_4)_2 + 3H_2SO_4 \Longrightarrow 2H_3AsO_4 + 3PbSO_4$$

$$2H_2SO_4 + C \Longrightarrow CO_2 + 2H_2O + 2SO_2 \uparrow$$

$$3H_3AsO_4 + S \Longrightarrow 3H_3AsO_3 + SO_3 \uparrow$$

$$2H_3AsO_3 \Longrightarrow 3H_2O + As_2O_3 \uparrow$$

$$In_2O_3 + 3H_2SO_4 \Longrightarrow In_2(SO_4)_3 + 3H_2O \uparrow$$

在焙烧过程中有 96%~100% 的重有色金属（以 Me' 表示）也生成硫酸盐：

$$Me'O + H_2SO_4 \Longrightarrow Me'SO_4 + H_2O$$

硫酸化焙烧产出的焙砂，用废电解液(及其他返回溶液)，在液固比为 3 : 1、终酸为 10g/L 并加温至 85~90℃ 浸出 1h，过程中 82% 的铟转入溶液，获得成分为 In 0.012g/L、Tl 0.18g/L、Zn 42g/L 及 Cd 15g/L 的酸浸出，之后在 45~50℃下用 ZnO 中和此液到 pH 值为 3.0~3.5，溶液中 $In_2(SO_4)_3$ 发生水解，有人说水解始于 pH 值为 1.7~3.0 或 pH 值为 3.5~4.0，具体 pH 值取决于溶液中铟的浓度。溶液中的铟与硒碲等几乎全部沉淀析出：

$$In_2(SO_4)_3 + 6H_2O \Longrightarrow 2In(OH)_3 + 3H_2SO_4$$

所得的中和渣富含铟达 0.2%~0.6%，余为 38% 锌及 2% 镉等。用硫酸溶解此中和渣富铟渣，当控制终酸为 30~40g/L 时，铟溶解入液，而碲却不溶残留在渣中。向酸浸液中添加定量的 $CuSO_4$，于 70~80℃ 下加入铁屑置换除砷。在含残酸 5g/L 及 50~70℃ 条件下往过滤后的溶液加入锌粉/板置换铟，得到的海绵铟经酸溶与水解重复处理后，通过电解得纯度 99% 的金属铟，回收率达 80%；或所得海绵铟经碱熔铸得纯度大于 99% 的金属铟。

5.1.4.2　干式硫酸化法

由于湿式硫酸化焙烧需配入浓硫酸，因而操作条件恶劣，污染环境与危害自身；而固态硫酸盐不仅易于运输，腐蚀性不大，且劳动条件较好，故后来发展了用 $FeSO_4$ 代替浓硫酸的干式硫酸化法。

在 500~600℃ 下向含铟物料中加入 $FeSO_4$ 进行干式硫酸化焙烧，料中 90% 以上的铟发生如下化学反应并生成 $In_2(SO_4)_3$：

$$In_2O_3 + 6FeSO_4 + 3O_2 \longrightarrow 2In_2(SO_4)_3 + 3Fe_2O_3$$

$$2In_2S_3 + 6FeSO_4 + 1/2O_2 \longrightarrow 2In_2(SO_4)_3 + 3Fe_2O_3 + 6SO_2$$

$$4In + 6FeSO_4 + 1/2O_2 \longrightarrow 2In_2(SO_4)_3 + 3Fe_2O_3$$

物料中的铅、锌及镉等也发生类似的化学反应，生成相应的硫酸盐。然后转入溶液采用中和溶解、萃取、离子交换法等提铟。

5.1.5　电解铟法

电解铟法分含铟 Pb 基合金(Pb-Me-In) 的电解与粗铟电解两个工艺过程，前者为铟与杂质分离富集，后者为提纯产品，电解工艺如图 5-3 所示。

5.1.5.1　Pb-Me-In 电解

原料为含铟的粗铅或 Pb-Sn、Pb-Sb 等。波兰曾以含铟粗铅或 Pb 基合金作阳极，套以隔膜，放入含氨基磺酸(H_2SO_2OH) 100g/L、氨基磺酸铅 $[Pb(H_2NSO_3)_2]$ 80g/L 及明胶 0.4g/L 的电解液中，采用电流密度 110A/m^2，槽电压达 0.2~0.3V 下电解得纯铅或纯铅基合金，铟富集于阳极泥。

俄罗斯某厂用此法从含铟的 Pb-Sb 合金中提铟，以纯铅或不锈钢作阴极，电解液为氨基磺酸 28~65g/L，氨基磺酸铅 20~60g/L，另加 β-萘酚与明胶，在

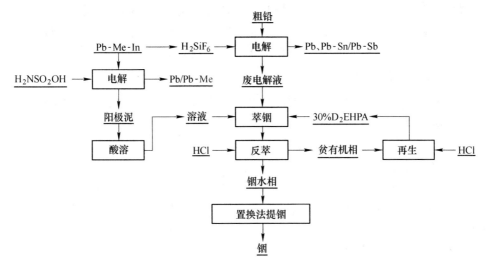

图 5-3 电解法工艺流程

$100 \sim 150 \mathrm{A/m^2}$，槽电压达 $0.2 \sim 0.3\mathrm{V}$ 下电解得到纯铅，从阳极泥中回收铟。此法简易、产品质佳，且无污染。

H_2NSO_2OH 易造，其一为氨合成法：

$$3NH_3 + 2SO_2 \longrightarrow NH(SO_2ONH_4)_2$$

$$NH(SO_2ONH_4)_2 + H_2O =\!=\!= NH_2SO_2OH + (NH_4)_2SO_4$$

另一法为尿素溶于加油 $60\% \sim 70\%$ 发烟硫酸的 H_2SO_4 中：

$$NH_2CONH_2 + H_2SO_4 + SO_3 =\!=\!= 2NH_2SO_2OH + CO_2$$

5.1.5.2 硅氟酸电解法

我国与加拿大等采用硅氟酸电解法，且均已工业化。

我国用硅氟酸电解 Pb-Sn 合金时，铟基本转入废电解液（含 H_2SiF_6 $210 \sim 260\mathrm{g/L}$，Sn $125 \sim 140\mathrm{g/L}$，Pb $50 \sim 60\mathrm{g/L}$，In $6.5 \sim 7.5\mathrm{g/L}$）中。从废电解液回收铟可利用 30% 的 D_2EHPA 对 In 与 Sn 的萃取动力学差异，在 O/A = 1/4、3 级、40℃条件下定量萃铟，然后用 6mol/L HCl 反萃完全，萃余液可直接返回硅氟酸电解 Pb-Sn，获得铟水相经加 Na_2CO_3 调至 pH 值为 $3.0 \sim 3.5$ 时中和沉出杂质锡，继续用前期所得海绵铟置换再除锡后，调整 pH 值为 $1.0 \sim 1.5$，于 65℃下用锌板置换得海绵铟，碱液铸得粗铟，铟回收率约 $70\% \sim 80\%$。

加拿大 Cominco 的含铟与锑的烟尘，配以炭与锑渣，送入回转炉内熔炼，过程中加铁屑使砷造黄渣而除去，同时熔炼产出 Sn-In-Sb-Pb 合金，经铸得阳极板后，选用 H_2SiF_6 电解液电解，产出 Sn-Pb 合金、废电解液与富铟的 In-Sb 阳极泥，废电解液经净化回收 H_2SO_4 与产出的铟与锡的氢氧化物，后者与 In-Sb 阳极泥合并送往硫酸化焙烧，加水浸出得 $In_2(SO_4)_3$ 溶液，采用该厂之前所产的海绵铟置换除铜，用 Al 或 Zn 板置换得铟，经熔铸、电解得 99.99% 金属铟。

有人利用此硅氟酸电解电溶 Pb-Me-In 合金，阴极析出铅，而使 In、Fe、Zn、Sn 进入溶液；入阳极泥的为 Ag、Cu、As、Sb 与 Bi 等。

5.1.5.3　粗铟电解

含 In90% 左右的粗铟在 H_2SO_4 或 HCl 介质中电解得 99.99% 铟，阴极使用纯铟片、钛片或石墨。

A　典型的 $In_2(SO_4)_3$ 电解

电解液含 In 40~100g/L、NaCl 80~100g/L，控制 pH 值为 2.0~2.5（含铟较低时，必须让液中杂质很少），添加剂（如明胶、甲酚、甘油或聚丙酰胺）约 0.1~1.0g/L，粗铟为阳极，纯铟为阴极，在 300~500A/m^2 及 20~40℃下电解得 99.99% 铟。

B　典型的 $InCl_3$ 电解

电解液含 In 20~80g/L，NaCl 100g/L（如用 NH_4Cl 只需 50g/L），添加剂同前，在 pH 值为 2.0~2.5/60~100A/m^2、0.25~0.4V 及室温下电解得 99.99% 铟。得到的电解铟如杂质铊多，可配以 NH_4Cl 与 $ZnCl_2$ 为铟重的 1.5%~2.0% 与 4.5%~5.0% 于 280℃下熔炼使铊入浮渣而综合回收。如其含镉与铊等杂质时，还可用碘化法除杂：170~200℃下加 I_2、KI 及甘油（选 $w_{粗铟}/w_{KI} = 1:0.15$ 及 $w_{KI}:w_{I_2}:w_{Cd} = 5:3:1$ 或按 $w_{粗铟}:w_{KI}:w_{甘油} = 1:0.06:0.3$）使镉以 K_2CdI_4、铊以 TiI_3 溶入甘油而除去；或在 900~1000℃下，20~50Pa 真空挥发 2h，粗铟中的镉与锌可挥发各除去近 99%、铊与铋近 90%、铅近 75%。

有人采用含 $InCl_3$ 30~50g/L、NH_4Cl 100g/L 及适量甘油的电解液，以镍片为阴极电解得金属铟粒。也有人认为最好选用纯铟片作阴极，在 pH 值为 2.0~2.5 及电流密度为 70~100A/m^2 条件下电解含铟 90~100g/L、食盐 100g/L 及明胶 0.5~1g/L 的溶液，结果得纯度 99.99% 的铟。

C　碱液盐电解

原料为氧化铟，温度为 400~500℃，铟电积于铁电解槽（也即是阴极）底，因含钠高，故电铟要水洗除钠；另在 250℃电解熔融 InCl 得铟。

5.1.6　萃取铟法

近年国内外多采用萃取法提铟，如从硫酸介质中萃铟，选用 D_2EHPA，Versatic911H 等萃取剂萃铟的工艺已用于工业实践。

5.1.6.1　在硫酸介质中

D_2EHPA 在硫酸浓度为较大范围内均可定量萃铟，它的萃取率与硫酸浓度的关系如图 5-4 所示。

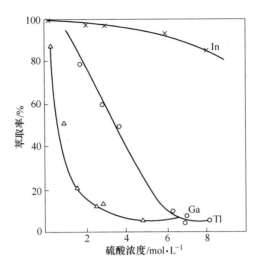

图 5-4　D_2EHPA 的萃取铟率与硫酸浓度的关系

其萃铟机理为：

$$In^{3+}(A) + 3[H_2A_2](O) \Longrightarrow [InA_3 \cdot 3HA](O) + 3H^+(A)$$

实践表明，选用 $0.56 \sim 0.66mol/L\ H_2SO_4$ 溶液为好。采用 $30\% D_2EHPA/$煤油的有机相、相比 $A/O = 1/2$，经 3 级萃取，就能完全萃取铟。然后在相比 $O/A = 15/1$ 下，用 $6mol/L\ HCl$ 进行 3 级反萃，反萃铟大于 99.3%，反萃机理如下：

$$[InA_3 \cdot 3HA](O) + 4HCl(A) \Longrightarrow HInCl_4(A) + 3[H_2A_2](O)$$

在硫酸介质中用 D_2EHPA 萃取铟能与众多的杂质分离，仅 Fe^{3+} 例外，在萃取过程中 Fe^{3+} 与 In^{3+} 同时萃入有机相，而在反萃铟时，Fe^{3+} 与 In^{3+} 均被反萃入铟水相，少部分 Fe^{3+} 在贫有机相中积累，积累会影响萃取效率。为控制并除 Fe，常在再生段用 7% 草酸处理贫有机相以除铁；也可先用 $1.8mol/L$ 盐酸处理，接着用水洗，然后用 $20\% \sim 30\%$ 的 NaOH 洗涤除铁；或者在萃取段，利用萃取动力学的差异，添加聚醚来抑制 Fe^{3+} 的萃取。

由于液温过低和溶液含有丹宁类等物，或锌浸出渣的浸出时间过长，都会导致产生过多的 $PbSO_4$ 微粒悬浮在溶液中，在此情况下用 D_2EHPA 萃取铟就有可能产生乳化，从而危及萃取铟过程的进行。采取控制萃取温度、进一步净化溶液、添加表面活性剂、缩短浸出时间以及降低搅拌强度等措施可避免乳化。

含铟烟尘可用两种水冶工艺处理：其一为 H_2SO_4 压煮酸浸-萃取提铟；另一为中性浸出和高酸 H_2SO_4 浸出后，通过置换或萃取提铟。提铟工艺流程如图 5-5 所示，具体介绍如下。

（1）图 5-5 中的提铟工艺 1。从前多用此法，即含铟的转炉尘经弱酸浸出去锌后，浸出渣转用高酸（有人在硫酸化焙烧后用水浸）浸出，过程中铟入液而

铅以 $PbSO_4$ 形态入铅渣，达到铅铟分离。然后按图 5-5 所示的工艺 1，经多次中和或置换富集铟后，将铟转入硫酸或盐酸介质，加锌或铝片置换得粗铟，最后通过电解得纯铟；或按图 5-5 所示工艺 2，用 D_2EHPA 萃取酸浸液中的铟。

（2）图 5-5 中的提铟工艺 2。一种高压酸浸提铟法，将上述的含铟的铜转炉烟尘，投入盛有含 $3mol/L$ H_2SO_4 溶液的压煮器中，在液固比为 4：1/120℃、117.0kPa 压力的工艺条件下压煮 2h，压煮过程中烟尘中大于 80% 的铟、锌和砷等以约 40% 的铋及约 70% 的铁进入酸浸出液，浸出液成分为 In 0.03g/L、Bi 1.38g/L、Fe 4.5g/L，用 ZnO 将浸出液预中和至 pH 值为 1.5～2.0 除铋后，溶液成分为 In 0.01～0.05g/L、Bi 0.07～0.60g/L、Fe 4～7g/L、Zn 45～61g/L，直接用 $20\%D_2EHPA$ 萃取铟，但 Bi^{3+}、As^{3+}、Fe^{3+} 与 Zn^{2+} 会随 In^{3+} 共萃，宜先用 $4mol/L$ H_2SO_4 溶液洗脱 As^{3+}、Fe^{3+} 与 Zn^{2+}，再利用 Bi^{3+} 远比 Cl^- 形成亲水配合物的稳定性大的特性，采用 H_2SO_4+NaCl 100g/L（其浓度选择以洗脱时损失铟最低为准）混合液去洗涤负载有机相，将 Bi^{3+} 等杂质洗脱，然后用 $6mol/L$ HCl 溶液在 $O/A=5/1$ 时一级反萃，获得铟的水相，然后再用铝片置换得海绵铟，将海绵铟压团后，经加碱熔铸，得 98% 的粗铟，电解得纯铟。

以上从转炉烟尘回收铟的方法，虽属可行，然而所能回收到的铟量还不到铜精矿中的 10%，故铟回收不充分。

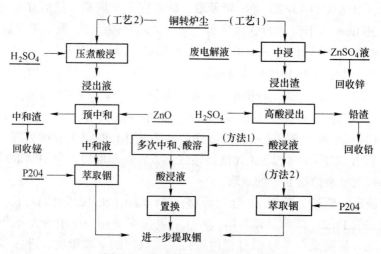

图 5-5　酸浸-萃取法提铟工艺流程

（3）离心萃取。采用铁矾法提锌而处理高含铟约 0.1% 的锌精矿时，矿中铟约 95% 进入热酸浸出液，该液成分为 In 0.12～1.00g/L，Fe 15～20g/L，H_2SO_4 15～25g/L。基于液中 In^{3+} 与 Fe^{3+} 在 D_2EHPA/煤油进行离心萃取 1min，萃铟率大于 90%，而萃铁率小于 4%，富铟有机相经用 $4mol/L$ HCl+$3mol/L$ $ZnCl$ 反萃（O/A=15，4 级），反萃铟率大于 99%，获得含铟 20g/L 与铁小于 1g/L 的铟水相。

然后经置换与电解得99.99%铟。或者向热酸浸出液加入 Na_2SO_4 进行沉矾处理，使液中铟与铁共沉淀，所得含铟铁矾渣（In0.31%，Zn4.52%）经高温回转窑挥发焙烧，渣中铟挥发约90%，而渣中铁基本留存在窑渣中，铟铁大体分离，收尘（尘含In2.83%，Zn50%）后先中性浸出分锌，后酸浸铟，含铟铁矾渣中的铟转入酸浸液，可采用萃取或离心萃取，经置换与电解得99.99%铟，铟回收率达75%。

有人直接从 Zn 酸浸液（锌浸出渣经回转窑挥发后烟尘经酸浸所得）中采用离心萃取铟与锗，酸浸液成分为 In 0.23~0.28g/L、Ge 0.15~0.20g/L、Zn 122~128g/L、Fe 1.0~3.4g/L、As 1.0~1.5g/L 与 H_2SO_4 16.4~18.6g/L，采用 30% D_2EHPA/煤油离心萃取铟，后以 6mol/L HCl 反萃铟；萃液用 30%N235 离心萃取锗后以 5mol/L NaOH/NH_4OH 反萃锗。3 级取铟与锗的萃取率分别大于 97.6% 与 93.6%，铟富集超过 200 倍，并消除了 AsH_3 的隐患，但是反萃液铟与锗含量低，需再富集；因处理液量大，试剂耗量大，带来沉重的成本压力；另外萃余液返锌系统必须长时间澄清分相，众多原因导致该工艺未能工业化。

5.1.6.2 在盐酸介质中

用 D_2EHPA、N503、TBP、TOA/MiBK 等萃取剂都可定量萃取铟，反萃铟水相可经锌粉置换、碱熔铸后通过电解得纯铟。

日本东邦锌公司小名滨冶炼厂原先用 D_2EHPA 萃取铟，以盐酸反萃的工艺；后改用 D_2EHPA+TBP 萃取铟，接着用硫酸反萃的工艺，铟的萃取分配比随 TBP 与盐酸的浓度增加而增大，到含 6.3mol/L HCl 时最大。有人研究出在 2.1~4.1mol/L 与 8.1~9.1mol/L HCl 介质中用 TBP/苯定量萃铟，低酸时铟以 $InCl_3 \cdot nTBP$ 形态被萃，而在高酸时则以 $HInCl_4 \cdot nTBP$ 形态被萃取，但三价镓、铊、铁，五价钒重金属等也被萃，需酌情加酒石酸抑制钒，并还原 Fe^{3+} 为 Fe^{2+}，在洗涤时用 6mol/L HCl 洗去。

据日本报道，在 pH 值为 2.5~3.5 硫酸或盐酸介质中，可用 Versatic911H 只萃取铟与镓，而不萃取铜、锌、砷及铝等，达到铟与杂质的分离。

建议在 HCl 介质中用 N，N-二（1-甲庚基）乙酰胺（我国称 N503，以羰基为官能团的弱碱性萃取剂）萃取铟，萃取效果好而经济，且萃取选择性较优，萃取铟的能力较 P350、TBP、MiBK 等强。从电解锡的"油头水"萃取铟，可不需用碱中和而直接萃取铟。研究表明：料液含镓、铟、铊各为 1g/L，在 4.5~7.5mol/L HCl 中用 20%~40% N503/煤油可定量萃铟，但 Ga^{3+}、Tl^{3+} 随 In^{3+} 也被萃取，如图 5-6 所示。

萃取铟的机理属洋盐萃取：

$$In^{3+}(A) + H^+(A) + Cl^-(A) + N503(O) \longrightarrow [HInCl_4 \cdot nN503](O)$$

式中，$n=1~3$，酸浓度低则 n 高。用 20%~40% N503 从含 In 1g/L、Sn 2~4g/L、

HCl 2.6~6.0g/L 溶液中于 O/A = 1/
（3~4）下经 3 级即可定量萃取铟，
萃铟率达 98.0% ~ 99.5%，用
1mol/L HCl，O/A = 10/1，4~6 级反
萃，反萃铟率达 96% ~ 99%，获得
含铟 20~40g/L 的铟水相，经 Zn 或
Al 置换后电解得 99.99% 铟。贫有
机相用 0.1mol/L HCl 再生后返用。

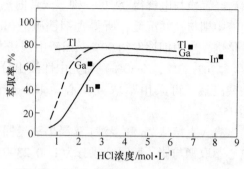

图 5-6　N503 对镓、铟、铊的萃取曲线

5.1.7　离子交换提铟法

20 世纪 60 年代联邦德国杜伊斯堡（Duisburg）铜厂采用钠型亚氨二醋酸弱
酸型阳离子树脂从含铟的锌镉渣的酸浸液中提铟，如图 5-7 所示。

含铟的 Zn-Cd 渣配上 10%NaCl 于 600℃下氯化焙烧，水浸出后加锌粉置换得
富含铟的 Zn-Cd 渣，用 H_2SO_4 溶解此渣，控制终酸 pH = 2.5，则铟转入溶液，过
滤后滤液直接泵入装有 Lewatit SP100（IDA-Na）的交换塔吸附铟：

$$3IDA\text{-}Na + In^{3+} = (IDA)_3\text{-}In + 3Na^+$$

树脂饱和后，经水洗涤，以 1~2mol/L H_2SO_4 解吸：

$$2(IDA)_3\text{-}In + 3H_2SO_4 = In_2(SO_4)_3 + 6IDA\text{-}H$$

从解吸的铟液中提铟，采用置换、电解法得铟。而解吸后的 IDA-H 树脂，加
NaOH 再生转型后返用：

$$IDA\text{-}H + NaOH = IDA\text{-}Na + H_2O$$

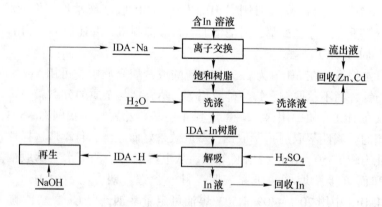

图 5-7　离子交换法工艺流程

为了综合利用资源，通过离子交换塔的流出液与洗涤液合并后送入交换塔，
在 pH = 4 下吸附锌，然后用硫酸解析锌得 $ZnSO_4$ 溶液，同时得到富含镉的流出

液，从后者综合回收镉。

此法具有铟与杂质分离效果好、简易、无污染及可综合回收锌与镉的优点，发展前景取决于树脂价格与质量。

5.1.8 中和溶解提铟法

美国某厂用硫酸浸出氧化焙烧锌精矿产出的焙砂或氧化锌烟尘，浸出终酸控制在 1~3g/L，在浸出过程中锌进入浸出液，而铟则残留在浸出渣中。该厂采用中和溶解法从锌浸出渣中提铟，该工艺包括：用含硫酸 20~25g/L 的溶液浸出锌浸出渣，使铟进入酸浸出液，然后用 ZnO 将其中和到含残酸 1~5g/L 时，加入 Na_2HSO_3，促使溶液中的 As^{4+} 和 Fe^{3+} 转为低价状态，注意负压操作（因有 SO_2），与此同时铟以硫化物形态沉淀析出，此富铟沉淀物经碱浸除锌后，再用高酸溶液（硫酸 120~150g/L）溶解，铟进入溶液，经过滤后再次往过滤液通入 H_2S 使重金属 Cu、As、Sb 与 Ge 等以硫化物形态除去，净化所得的 $In_2(SO_4)_3$ 溶液，用锌粉置换得海绵铟，经碱熔铸后，电解制取铟。

5.1.9 液膜提铟法

液膜提铟法尚处于研究中，多试用于分析。如报道用流动载体 5%P291（即二(二异丁基甲基磷酸)，以 HL 表示)/煤油，4%L113 表面活性剂，40%石蜡增膜剂构成液膜；外相料液 pH 值为 3~4、15~36℃；内相为 0.15~0.25 mol/L H_2SO_4 和硫酸肼，其间反应机理可述为：

$$In^{3+} + 3(HL)_2 \Longrightarrow In(HL_2)_3 + 3H^+$$

In^{3+} 迁移率可达 99.5% 以上。该研究也查明用 P507、P350 代替 P291 也可得 In^{3+} 迁移率大于 99.3% 和 99.1%；另有用 D_2EHPA/煤油作流动载体，或以 OP-4/OP-7、LMS-2 作表面活性剂，以 5~6mol/L HCl 为内水相，进行液膜富集铟，其迁移 In^{3+} 的机理描述为：

$$In^{3+} + 3(HA)_2 \Longrightarrow In(HA_2)_3 + 3H^+$$

其相应的 In^{3+} 迁移率仅 80%~88%，但 Fe^{2+} 几乎趋于零。

5.1.10 氧压浸出提铟法

将含铟硫化精矿直接投入高压釜，控制液固比为(5~6):1，在 105~110℃，氧压为 0.4~0.6MPa，初始 H_2SO_4 150~160g/L，终酸 2~15g/L 下进行热压浸出含铟硫化精矿 5~6h，精矿中铟基本转入溶液。可用 D_2EHPA/煤油萃取提铟，铟回收率可大于 80%。

5.2　火冶铟

5.2.1　氧化造渣提铟法

　　基于铟对氧的亲和力大大超过铅对氧的亲和力的原理，使铟氧化造渣富集于氧化浮渣中。氧化造渣法提铟工艺流程如图 5-8 所示。

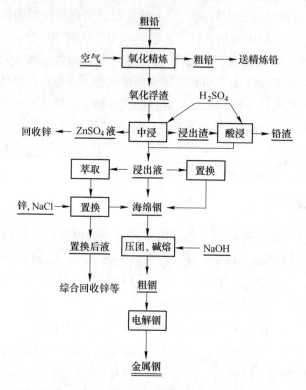

图 5-8　氧化造渣法提铟工艺流程

　　粗锌精馏过程中产出含铟 0.4%～1.2% 的副产物——粗铅，将此含铟粗铅投入反射/坩埚炉内熔化后，当炉温达到 800～850℃ 时，即向熔池鼓入空气 1～2h，最先氧化的是锌，当锌在渣与铅液中达到平衡后，铟与锌一道被氧化，同时镉、砷及部分铅也被氧化，并共同在铅液上形成一层带黄色的氧化浮渣层。此浮渣含铟达 1%～5%，其余为 80%～90% 的铅，以及少量的锌、镉、锡及铁等，浮渣率约 20%～25%。此浮渣经粉碎后筛选，除去部分金属铅，可得到含铟达 2%～7% 的铅浮渣。这种浮渣宜采用水冶法提铟；或转入硫酸介质中萃取铟，反萃的铟水相经置换、电解得金属铟；或经直接置换后电解生产金属铟。

　　含铟 2%～7% 的氧化浮渣，先用稀硫酸溶液中浸到 pH＝5.2 除锌，浸出渣再经浓硫酸浸出，酸浸的终酸控制在 $15\sim20g/L$ H_2SO_4（有用 20% H_2SO_4 浸出，终酸控制在 $80\sim100g/L$），获得的酸浸液含铟达 $10\sim20g/L$，可直接采用锌或铝片置换得海绵铟，熔铸得 $95\%\sim99\%$ 粗铟。而后经电解（含铟 $80\sim100g/L$ 的 $In_2(SO_4)_3$ 电解液，pH 值为 $2\sim3$，液温 $40℃$，选用电流密度 $50A/m^2$、槽压 $0.2\sim0.3V$）得 99.99% 铟。此法工艺简短，生产稳定，只经中浸脱锌—置换—电解就得 99.99% 铟，回收率为 80%。

除我国用于工业生产外，国外从含铟的铅基合金中回收铟，也是用此氧化造渣法生产铟，使合金中的铟入氧化铅浮渣，然后通过酸浸使铟转入硫酸介质，接着经置换、碱熔、电解而得纯度为 99.99% 的金属铟。此法广为采用。

5.2.2 氯化造渣提铟法

比利时的荷博肯（MHO）与秘鲁的中央矿业公司（Centromin Peru SA）从粗铅回收铟，在用哈里斯法（Harris process）精炼含铟 $0.6\%\sim1.2\%$ 的精铅时，先在低温 $450\sim600℃$ 将铜造渣进铜浮渣而除铜，然后在较高温度 $750\sim850℃$ 下使铟与锡还原成金属，其后氯化而转入含铟 2.7% 的 In-Pb-Zn-Sn-Cl 氯化物的 Pb-Sn 浮渣中，从此含铟浮渣提铟。提铟工艺如图 5-9 所示。

浮渣经水淬湿磨（也利用补加 HCl 重溶中和渣的上清液）浸出，用 NaOH 中和到 pH = 2.8 除去大部分锡，滤液用 H_2SO_4 再加和到 pH

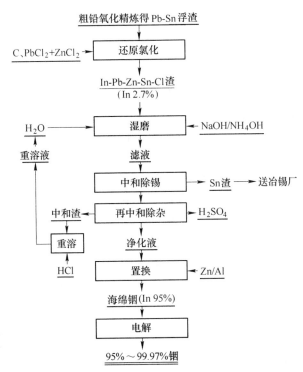

图 5-9 还原氯化造渣提铟工艺流程

值为 $1.5\sim2.0$，滤液先以前工序得的粗海绵铟置换去贱金属后，再用锌板置换铟，获得含 In 95% 的海绵铟，经碱熔铸后，通过二次电解得 99.97% 的金属铟。显然，此工艺比氧化造渣法提铟工艺复杂。也可用硫酸加食盐溶解水淬渣，使渣中的铟转入溶液，然后用 D_2EHPA 萃取铟；或酰胺类的 N，N-二-（甲庚基）乙酰胺（N503）萃铟；酰胺萃取剂与铟的配合阴离子缔合进入有机相。铟的回收率高，成本较秘鲁厂使用的方法低。

5.2.3　合金—电解铟法

　　加拿大的特累尔（Trail）铅精炼厂于 1941 年就着手用合金—电解法从精炼铅的氧化浮渣中提铟的研究，到 20 世纪 50 年代用于生产，已达每月产铟 1.1t/m 的水平。合金—电解法提铟工艺流程如图 5-10 所示。

　　精炼铅产出的氧化浮渣，在反射炉还原熔炼过程中，铟从浮渣富集到炉渣。反射炉炉渣含铟可达 2%～3%。在用选矿工艺选别铜精矿时，铟进入尾矿。将此铟尾矿配以 17% 的石灰石和 8% 的焦炭，投入设有 3 根直径 150mm 石墨电极的 100 kV·A 矩形电炉中，于 1480～1590℃下进行还原熔炼，产出含铟的锡合金，该合金成分为 In 5%～6%、Pb 68%～78%、Sn 10%～15%、Sb 4%～6% 及 Cu 2% 等，也产出成分为 In 3.1%、Pb 37.8%、Zn 29.8%、Sn 2.8% 及 SiO_2 1.4% 的烟尘。此铅锡合金在用 10% 浓度的 H_2SiF_6 配成含 $PbSiF_6$ 达 60～80g/L 的电解液中进行电解，得到含锡 8% 的铅锡合金可作产品出售；有文献说铟转入阳极泥，其阳极泥富含 In 21%～33%、Sb 25%～37%、Pb 3%～10%、Sn 10% 及 Cu 8% 等，成为提铟原料。报道说阳极泥中的铟主要以 InSb 形态存在，为了分解它，将阳极泥干燥并粉碎后，配入浓硫酸，投入鼓形回转炉，在 300℃下进行硫酸化焙烧，过程中铟与铜等转为硫酸盐：

$$2InSb + 3H_2SO_4 + 3O_2 =\!=\!=$$
$$In_2(SO_4)_3 + Sb_2O_3 + 3H_2O$$

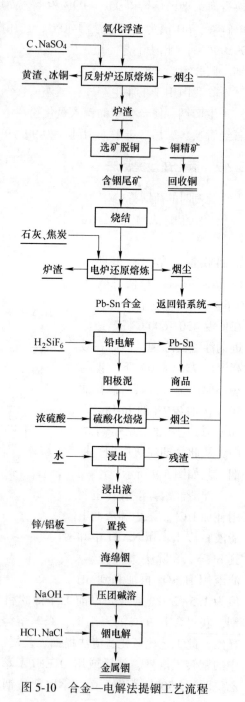

图 5-10　合金—电解法提铟工艺流程

而砷、锡及锑等则转变为氧化物，部分挥发入烟气。然后用水浸出焙烧产物，铟、铜及部分锡转入溶液。滤液用碱调整 pH=1 时，用粗铟板置换去铜，继续用 NH_4OH 调整 pH=1.5 后，用锌板置换得海绵铟：

$$In_2(SO_4)_3 + 3Zn === 3ZnSO_4 + 2In \downarrow$$

获得的海绵铟经压团后加碱进行碱熔铸，过程中重金属与铝等杂质（Me′）与碱作用生成盐而进入渣，从而与金属铟分离：

$$2Me' + 2NaOH + O_2 === 2NaMe'O_2 + H_2 \uparrow$$

$$Me' + 2NaOH === Na_2Me'O_2 + H_2 \uparrow$$

熔铸得到的粗铟阳极，在 HCl+NaCl 的电解质中，于 pH 值为 2.0~2.2 和高于 25℃ 条件下电解，便获得纯度达 99.97% 的电解铟。电解铟经蒸馏除镉后，再电解即可获得纯度 99.999% 的精铟。

此法存在过程冗长，湿法火法交替，铟回收率低（仅电炉熔炼的铟的回收率就低至 60%）等缺点。In_2O_3 在 850℃ 以上会离解为 In_2O，后者在 650℃ 以上就开始挥发。而在高于 950℃、炉气含 $CO/(CO+CO_2) \geqslant 70\%$ 时，铟的挥发率超过 90%，后来加拿大改用弱还原熔炼就是为了减少铟挥发入烟气的损失。

5.2.4　选冶联合提铟法

日本公司的电锌厂采用选冶联合法回收锌浸出渣中的铟与镓。

含 In 0.03%~0.04% 的锌浸出渣在回转窑内干燥到残留水分 10% 后，配以返料及焦粉制团，经烧结后投入电炉于 1300~1400℃ 下还原熔炼挥发锌，获得含铟达 0.05%~0.15% 的富铟灰渣（或窑渣）。渣经磁选后，其中大部分的铟和镓都富集在磁性产物中（送精炼厂处理），磁性产物在 3 台（两台 6600kV·A/台 与一台 3300kV·A/台）电炉中熔炼，产出含铟生铁与布袋尘，与补充熔炼布袋尘所产出的生铁（Ⅱ）合并后熔铸成阳极，采用由 $FeSO_4$、$(NH_4)_2SO_4·H_2O$（含 Fe 50g/L、pH 值为 2~2.5）组成的电解液，以不锈钢片为阴极，在电流密度 100~150A/m²、槽压 1~2.2V、液温 60℃ 条件下电解铁，除获得电解铁外，还获得富含铟与镓的阳极泥。此阳极泥含铟 0.1%~0.2% 及镓 0.1%，转运回安中电锌厂回收铟与镓。目前，未见如何回收铟的报道。但据分析，该厂可能采用酸溶后，用 3%D_2EHPA+12%TBP 萃铟，反萃的铟水相，经铝片置换铟，所得海绵铟经酸溶后，通过多次电解制得金属铟。回收铟过程中物料组成变化见表 5-2。

表 5-2　选冶联合法中各物料组成变化　　　　　　　　　　（%）

产物	In	Zn	Pb	Te	S	Cu
锌浸出渣	0.03~0.04	20~22	3.0~4.5	23.5~26.5	5.0~25.0	0.6~0.8
烧结块	0.04~0.06	24.5~25.5	3.5~4.5	29.5~31.5	0.3~0.5	0.3~0.5

续表 5-2

产物	In	Zn	Pb	Te	S	Cu
窑渣	0.05~0.15	8~10	3.2~4.5	45~49	0.5~0.6	0.3~0.5
生铁				89~95	0.05~0.15	2~2.5
布袋尘	0.07~0.18	52.4~54.0	17.5~23	1~1.2		0.08~0.12
阳极泥	0.1~0.2			25~30		15~18

产物	Ag	Au	Ga	SiO_2	CaO	Al_2O_3
锌浸出渣	0.028~0.033			1.8~3.5	0.5~1.5	0.4~1.8
烧结块				6.5~7.5	2.0~3.5	
窑渣	0.037~0.048			10.5~14.5	2.0~3.5	4.5~7.5
生铁						0.05~0.15
布袋尘	0.115~0.145					
阳极泥	0.06~0.09	0.0001	0.1			

此法能综合回收铟、镓、铁、铜、锌及银，缺点是过程冗长和回收率低。

5.2.5　氯化挥铟法

日曹熔炼公司的锌浸出渣富含铟与镓，其中灰色的为铟与镓，配入料重30%左右的煤粉，投入回转窑于1300℃高温下还原挥发铟与镓。该厂曾将回转窑挥发物配以定量的食盐和硫黄进行氯化挥发，此时回转窑挥发物内的铟便富集在氯化物尘中。此氯化物用硫酸浸出，锌与镉转入溶液，滤液用锌粉置换回收镉，后用$Ca(OH)_2$中和以回收$Zn(OH)_2$，$Zn(OH)_2$作返料回回转窑处理。浸出渣含铟约0.25%，用浓硫酸浸出，铟进入溶液，也用$Ca(OH)_2$中和获得$In(OH)_3$沉淀，此沉淀物含铟达6%，经硫酸溶解，滤液以锌板置换得含铟达85%及含镉高达7.8%的海绵铟，此海绵铟经真空蒸馏除镉后获得含铟99%的粗铟，再经电解得纯度为99.99%的电解铟。氯化挥发提铟法过程中各产物的组分见表5-3。

表 5-3　氯化挥发提铟过程中各产物组分　　　　　　　　　　（%）

产物	产出率	In	Ca	Zn	Pb	Cu	Te	S	Au	Ag
锌浸出渣	100.0			22.0	3.4	0.8	28.7	5.5	0.00008	0.0320
回转窑挥发物	30	0.089		61.9	9.0	0.06	3.1			
窑渣	35		0.01	1.32	0.64	1.39	49.3	4.7	0.00015	0.0527
氯化物尘	55	0.307		8.67	4.44					
氯化残渣	3.3~5.4	0.037		71.8	1.36					

产物	产出率	In	Ca	Zn	Pb	Cu	Te	S	Au	Ag
酸浸出渣	7.4~8.2	0.25		1.6	55.0					
粗铟	1.4	99		0.5	0.13					

产物	产出率	Cd	As	F	Cl	SiO$_2$	CaO	Al$_2$O$_3$	C
锌浸出渣	100.0	0.28				2.8	1.8	3.5	
回转窑挥发物	30	0.18	0.05			2.3			0.8
窑渣	35	0.005				21.8	3.7	6.9	10.2
氯化物尘	55	4.34		0.365	12.5				
氯化残渣	3.3~5.4	0.051		0.0035	0.028				
酸浸出渣	7.4~8.2	0.52							
粗铟	1.4	0.002							

此法经两次挥发（先还原后氯化挥发），接着湿法冶金处理，这种水火冶金交替，多次液固分离，回收率自然不会高，但此法实用。

用回转窑处理含铟的锌浸出渣，挥发铟的效果不够好，研究表明：渣中90%以上的铟、锗与镓以类质同象存在于占渣重50%~72%的铁酸锌中，在回转窑挥发的条件下难于使铁酸锌完全分解，加之不免会再次生成铁酸锌，这些都是铟、锗和镓的挥发效果不好的主要原因。

有人将含铟的锌精矿，配以一定量的食盐直接氯化挥发铟，收得的氯化物尘，用盐酸溶解得 InCl$_3$ 溶液，经电解得铟。

5.2.6 烟化提铟法

有文献介绍，含铟的锌浸出渣及炼锡炉渣等宜通过烟化法提铟。即向高温熔融渣中吹入带有煤粉的空气，把高价氧化铟还原为易挥发的低价氧化铟，在此过程中挥发入烟尘。表5-4列出了铟在烟化过程中的分布状况。

表 5-4　铟在烟化过程中的分布　　　　　　　　（%）

原料	原渣含铟	产物含铟		铟挥发率
		烟尘	烟化渣	
锌浸出率	0.0019		<0.0001	97~100
锡渣	0.007	0.006~0.01	0.0007	约90

在苏联、加拿大等国，烟化法已成为通用的方法。苏联用烟化法处理的含铟渣的典型成分为 In 0.004%、Ga 0.0021%、Zn 56.25%、Pb 16.0%、Cu 0.78%、Te 0.28%、As 0.66%及S 2.66%。经研究表明，烟化尘中的铟主要以氧化物形态

存在。用 200g/L 的 NaOH 碱液，在液固比为 3∶1 和 80℃条件下浸出烟化尘 3h，铅和锌等进入溶液，铟留在浸出渣中。此渣经氧化焙烧，可使渣中残余的 In_2S_3 等转为 In_2O_3，与此同时也除去了砷和碳。焙砂用硫酸浸出，浸出液经水解等处理富集后进一步提铟。表 5-5 列出了有关碱浸烟化炉尘的用碱量与铟在原料及产物中分布的数据。

表 5-5　用碱量与铟等浸出率的关系

用 NaOH 量/g·L^{-1}		75	150	200	250
烟化炉尘主要成分/%	In	0.006	0.009	0.01	0.03
	Pb	0.5	0.63	0.78	1.72
	Zn	75	79	90	46
碱浸液主要成分/%	In			0.008	0.0026
	Pb	10.7	11	12.2	12.6
	Zn	5.3	18	28	53.8
浸出率/%	In			19	55.6
	Pb	93	94	95	98
	Zn	10.2	35	68	95.6
产出渣率/%		66	40.7	20	0.6

从表 5-5 中可以看出，铟的回收率低，用 200g/L NaOH 浸出时，铟的损失量为原料中铟的 20%，且酸碱耗量大。含铟 0.0008% ~ 0.0012% 的铜转炉渣投入烟化炉，在高温下其中的铟发生如下反应：

$$In_2O_3 = 2InO + 1/2O_2$$
$$2InO + CO = In_2O \uparrow + CO_2 \uparrow$$
$$4InO + C = 2In_2O \uparrow + CO_2 \uparrow$$

过程中除 80% ~ 90% 的铟挥发入烟尘外，大部分的铊、硒及碲等也转入烟尘，铟在尘中可富集到 0.016% 以上，可按前述方法从此烟尘中回收铟。

采用烟化法，在技术上是可行的，主要存在能耗与环保的问题。

5.2.7　真空蒸馏提铟法

利用低沸点的粗金属与高沸点铟的特性，在某选定蒸馏温度下，将易挥发的粗金属蒸馏挥发而与铟分离。

鉴于硬锌熔点约为 700℃，锌的临界压强为 39.99Pa，将粗锌经蒸馏塔产出含铟与锗品位各达 0.13% 的硬锌，可采用真空蒸锌富集铟与锗的工艺技术：稍高于 700℃使硬锌熔融，控制 40 ~ 107Pa，真空蒸馏 16h。锌蒸汽经冷凝得粗锌而使铟与锗富集于真空炉炉渣,渣含铟 0.5% ~ 1.5% 与锗 0.5% ~ 2.5%,可用碱土金属氯化蒸馏法得锗,从氯化残液经稀释分离铅,滤液加入铁屑除杂,经用 TBP 与 D_2EHPA 先后萃取铟,得含铟 100g/L 的铟水相经置换、熔铸得纯度大于 99% 的铟;而铅不需要蒸馏,有人采取熔析手段回收铅,从而增高经济效益;铟、锗与锌的直收率分别达 88%、96% 与 90%。

据文献报道,ISP 中的 B 塔含铟底铅,经碱熔造渣与铅分离:

$$2In + 6NaOH + 3/2O_2 == 2Na_3InO_3 + 3H_2O$$

加水溶解: $$Na_3InO_3 + 3H_2O == In(OH)_3\downarrow + 3NaOH$$

得到含铟达 30% 的沉淀物、渣,可酌选前述相关工艺回收铟。

在 600~950℃ 与 1~0.5Pa 真空度下蒸馏分出,获得的铟产品含上述杂质各为 0.001%,如大部分的 Zn、Cd、As、Sn,甚至小部分 Cu、Fe、Ni 被蒸馏分出,获得的铟产品含上述杂质各为 0.001% ~ 0.0001% 或以下,如采用高于 1050℃ 的蒸馏制度,还可将 Pb、Tl、Te、Bi 等杂质蒸馏分出。含铟物料也可酌情用此法除杂而提纯铟。

5.2.8 碱熔—汞齐法提铟

苏联某厂用汞齐法从精炼铅的含铟烟尘中提铟,使含铟烟尘进入碱,在 559℃ 下熔炼,产出物经硫酸浸出,滤液用 NaHPO₄ 调整 pH = 3.5,铟便以磷酸盐形态沉淀析出,沉淀物含铟可达 2% ~ 5%,再经硫酸溶解、置换,最后用汞齐法提纯得铟。

6 电铟生产实例

铟具有许多优良的特性，其用途日益广泛，故产量也不断增加，目前，国内电铟的产量在 10t 左右。

如前所述，铟是一种稀散金属，在地壳中的含量很少（0.1×10^{-6}）且分散，没有独立的矿床。由于铟具有一定的亲硫性，在许多的硫化矿中常有铟的存在。铟的主要来源是闪锌矿，其次在铅、锡、铜矿中也有一定数量的铟。因此，生产铟主要是由锌及锡铜冶炼过程中的中间产物中富集和提取铟。

本章论述国内从锌、铅、锡等主要金属冶炼的中间产物中提取铟的几种实用工艺流程。

6.1 从铅浮渣反射炉中提取铟

在铅冶炼过程中，大约 30%左右的铟富集在铅浮渣反射炉烟尘中，是回收铟的原料之一。从浮渣反射炉提取铟的工艺流程如图 6-1 所示。

（1）烟灰的一般成分（%）

In 0.5~1.5   Pb 15~30   Fe 0.4~2.5   Cu 0.3~1.5
Cd 0.2~1   Zn 4~6   As 5~8   SiO$_2$ 1~3

（2）烟灰的物相分析。In 呈 In$_2$O$_3$ 约80%，In$_2$S$_3$ 约 20%，In$_2$(SO$_4$)$_3$ <1%，InAsO$_4$微量。

（3）生产工艺。某综合工厂是以铅浮渣反射炉烟灰为原料提取铟，每年可产粗铟 500~600kg。浸出是在 6m^3 钢衬瓷砖罐中进行，机械搅拌，以硫酸和食盐为溶剂，进行酸性浸出，始酸 55~65g/L H$_2$SO$_4$，浸出时间 2~3h，液固比（8~10）:1。温度 90~100℃，Cl$^-$ 40~50g/L。终酸 H$_2$SO$_4$ 40~50g/L，Cl$^-$ 40~50g/L。In>0.5g/L，Fe^{3+}<0.5g/L，终点加入骨胶与 3 号凝聚剂，然后进行压滤，浸出液通过萃取、置换、铸型最后得到 97%~99% In 的阳极板，送车间作电解铟的原料。

由于铅浮渣反射炉烟尘的主要成分是铅而不是锌，在烟尘中大部分呈氧化铟（60%~80%）存在外，还有一部分呈硫化铟(20%~25%)，而其他形态的铟只有一少部分，由于 In$_2$S$_3$ 难以被 H$_2$SO$_4$ 浸出，为提高浸出率，故浸出时加入食盐，这是因为，盐酸能与许多金属硫化物起作用生成盐，而盐实际上起盐酸的作用，这样可大大提高浸出率。但由于有氯离子，设备防腐就成了一个问题，同样因为有了氯离子，萃余液也无法返回锌系统而只好采取分步中和除砷、镉后排放。假如，在浸出时不加食盐，而加入氧化剂锰粉，使硫化铟氧化也能提高浸出率，这样，设备只需衬铅皮就行，萃余液亦可返回锌系统，萃余液中酸也可得到利用，镉可以从锌系统得到回收，这样的工序简单而又经济。

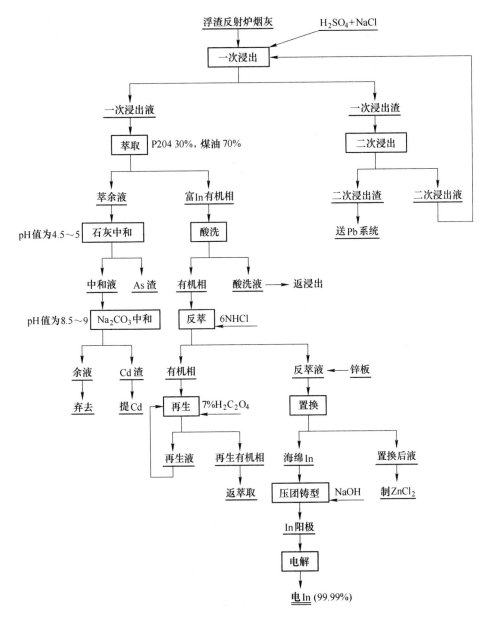

图 6-1　从铅浮渣反射炉烟尘中回收铟的工艺流程图

6.2　从炼锡反射炉烟尘中提取铟

炼锡反射炉烟尘含铟可达 0.02%，也可以作为回收铟的原料。从炼锡反射炉烟尘中富集和提取铟的流程如图 6-2 所示。

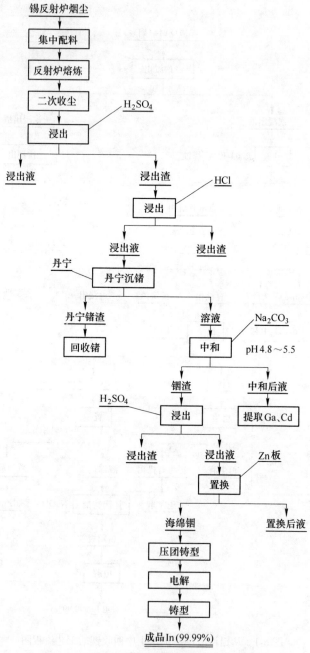

图 6-2　从锡反射炉烟尘中富集和提铟的流程

　　将炼锡反射炉长期积存起来的烟尘，集中配料，在反射炉中进行一次专门熔炼，一方面可以回收锡，另一方面可以使铟得到富集，以利于下一步回收铟，熔炼得到第二次烟尘，用低酸浸出，使锌转入溶液，含铟浸出渣用盐酸浸出，铟以及镓、锗、镉等以氯化物进入溶液。以丹宁沉淀分离锗以后，用碳酸钠中和至pH＝4.8～5.5，便可获得铟渣，锗渣经酸浸、置换、电解后得电锗。

　　除上述几种生产铟的方法外，还可以从铜转炉烟尘、无线电厂废液、废料中回收铟，其基本原理和方法与前述大同小异，在此不另作介绍。

6.3　从火法炼锌的高铟铅中回收铟

　　火法炼锌有平罐炼锌和竖罐炼锌两种方法。在竖罐炼锌时铟主要富集在焦结炉所产生的 ZnO 烟尘和粗锌精馏时产的高铟铅中。在平罐炼锌时，铟大部分富集在高铟铅中，故火法炼锌的焦结炉烟尘和高铟铅是回收铟的主要原料。

　　从精馏塔所得到高铟铅中回收铟采用如图 6-3 所示流程。

　　高铟铅中含 In 0.5%～0.8%，在 700～750℃ 的操作温度下，向熔化了的铅（铅的熔点 327.4℃）中吹风，使铟氧化成氧化物，而进入浮渣，其浮渣中含铟1.5%～3.5%，浮渣经浸出—沉淀—再浸出后，除去大部分杂质，铟本身也得到了富集，第二次浸出液铟可以达到4～8g/L。

　　这种浸出液可以用铝板进行置换，即得海绵铟，压团铸型后的粗铟，因含镉比较高（0.1%左右），必须进一步用真空蒸馏除镉，铸阳板后进行电解精炼，即得电铟。

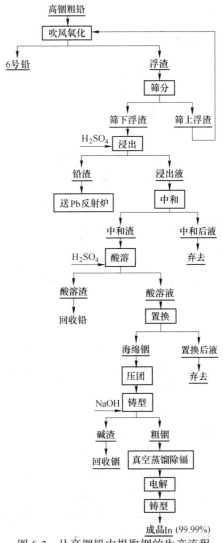

图 6-3　从高铟铅中提取铟的生产流程

6.4　从湿法炼锌过程中提取铟

湿法炼锌过程中，精矿中的铟在进行沸腾焙烧（即硫酸化焙烧）时，绝大部分铟留在焙砂中。焙砂在浸出时铟随锌一起进入溶液，当浸出终点酸度降低时（pH=5.2~5.4），绝大部分铟沉淀进入浸渣，也有一少部分进入溶液中，当浸出液净化时，铟进入铜镉渣，浸出渣除含铟外，还有大量的锌和其他金属。浸出渣一般经回转窑（即挥发窑）处理后的氧化锌烟尘，进一步回收锌及铟等金属。

由于各个厂所用的锌精矿都不一样，故以氧化锌烟尘获得的铟富集渣其成分差异很大，因此，从富集渣中提取金属铟的工艺流程也就不同，目前采用的有两种流程。

6.4.1　用碱洗、净化、置换法提取铟

沈阳冶炼厂是国内一个老冶炼厂，从锌系统氧化锌烟尘中富集和提取铟有20多年的历史，从生产实践中积累了不少经验，对生产流程也不断改进，已趋完善。此流程工序较少，能综合回收铟、锗和镉，且回收率较高（约90%），其产量也较大。

用碱洗、净化、置换法回收铟工艺流程如图6-4所示。

6.4.1.1　选用流程的依据

选用此流程，主要是由富集渣的成分决定的。富集渣的一般成分为(%)：

In 2~5　　　Co 1~4　　　As 13~16　　　Pb 2~5　　　Zn 16~20

Cd 13~20　　Fe 0.8~1　　SiO_2 0.5~1　　H_2O 45~55

富集渣的主要特点是含 As、Cd 特别高，此种渣未作过物相分析，铟在渣中的存在形式为氧化物、砷化物、砷酸盐，同时根据置换法的原理和铟的性质，还可能有一部分铟呈金属海绵和金属化合物（如砷化铟、锌化铟）的形态存在，根据过去试验的情况看，选用硫酸浸出其浸出率低，最低仅30%，为使铟转化为易溶于硫酸的 $In(OH)_3$，并除去一部分杂质和富集铟，其过程先使砷、锌、铅、锡等与氢氧化钠、硝酸钠作用生成相应的盐进入溶液与铟分离，镉与硝酸钠作用生成氧化镉与铟一道沉淀。铜铁不参与反应，留在碱洗渣中。

6.4.1.2　碱洗

碱洗过程的主要反应：

$$3InAs + 6NaOH + 9NaNO_3 \longrightarrow 3Na_3AsO_4 + 3Na_3InO_3 + 9NO + 3H_2O$$

$$3As + 5NaNO_3 + 4NaOH \longrightarrow 3Na_3AsO_4 + 5NO$$

$$3Zn + 2NaNO_3 + 4NaOH \longrightarrow 3Na_2ZnO_2 + 2NO + H_2O$$

$$3Sn + 4NaNO_3 + 4NaOH \longrightarrow 3Na_2SnO_2 + 4NO + H_2O$$

$$3Pb + 2NaNO_3 + 4NaOH \longrightarrow 3Na_2Pb_2 + 12NO + 2H_2O$$

$$H_2SiO_3 + 2NaOH \longrightarrow Na_3SiO_3 + H_2O$$
$$In + 2NaOH + NaNO_3 \longrightarrow Na_3InO_3 + NO + H_2O$$

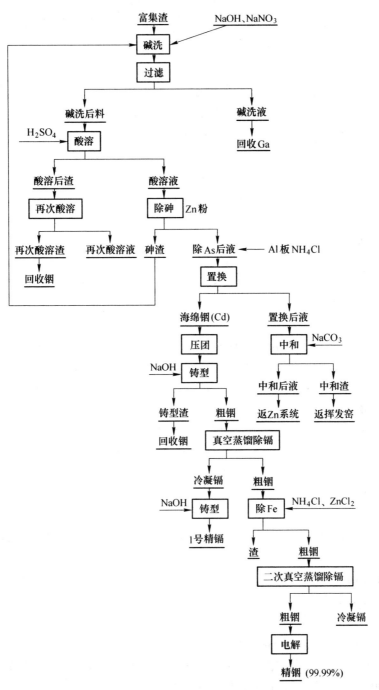

图6-4 用碱洗、净化、置换法回收铟工艺流程

Na_3InO_3 不稳定，煮沸或静止过久即沉淀。

$$Na_3InO_3 + H_2O \longrightarrow In(OH)_3 + NaOH$$

碱洗时氢氧化钠用量对铟的回收率和杂质的净除率有重要的影响，随着碱量的增加，杂质除去率也显著提高，但铟的损失也相应增大，当碱与料渣之比采用 2∶3 时，铟镉回收率在 98% 以上，砷、锌、铅、锡的脱除率在 75%～80%。

硝酸钠作为氧化剂加入，其量为渣量的 6%，但用硝酸钠作氧化剂会使溶液中硝酸根离子增加，影响溶液的综合利用，生产中应探索使用其他氧化剂。

为了提高铟的回收率，使铟酸钠水解有足够的时间，必须保证碱洗沉淀时间在 4h 以上，碱洗后物料含铟、镉可以提高 1 倍。

6.4.1.3　酸溶

铟镉的氢氧化物易被硫酸溶解进入溶液，硫酸铅仍留在渣中，铜以单质状态存在，与硫酸作用甚微，绝大部分留在渣中，为了降低渣含铟，酸溶应反复进行 2～3 次，这样渣含铟可以降至 0.2% 以下。

酸溶的主要反应：

$$2In(OH)_3 + 3H_2SO_4 =\!=\!= In_2(SO_4)_3 + 6H_2O$$

$$2In + 3H_2SO_4 =\!=\!= In_2(SO_4)_3 + 3H_2$$

$$CdO + H_2SO_4 =\!=\!= CdSO_4 + H_2O$$

$$Cd + H_2SO_4 =\!=\!= CdSO_4 + H_2$$

$$Na_2ZnO_2 + H_2SO_4 \longrightarrow ZnSO_4 + 2H_2O + Na_2SO_4 + 3H_2O$$

稀硫酸对锡几乎无作用，热的浓硫酸使锡氧化成硫酸锡。

$$Na_2SnO_3 + 3H_2SO_4 =\!=\!= Sn(SO_4)_2 + Na_2SO_4 + 3H_2O$$

$$Na_2PbO_2 + 2H_2SO_4 =\!=\!= PbSO_4 + Na_2SO_4 + 2H_2O$$

$$Pb + H_2SO_4 =\!=\!= PbSO_4 + H_2$$

$$2Na_3AsO_4 + H_2SO_4 \longrightarrow 8As_2(SO_4)_5 + 3Na_2SO_4 + 8H_2O$$

$$2Cu + 2H_2SO_4 + O_2 =\!=\!= 2CuSO_4 + 2H_2O(在空气作用下)$$

酸溶解时，硫酸用量与物料含砷高低有关，一般配料比为 1∶(0.6～0.8)，若含砷高，酸可适当增加，反应过程中生成的硫酸铟其溶解度与酸度成反比，故酸度不宜过高，也不宜过低，因为酸度太低，过滤比较困难，酸度最好控制在 120～150g/L。

为保证铟、镉浸出率采用 (2～3)∶1 的液固比，温度在 80℃ 以上，高温作用时间不应少于 3h。

6.4.1.4　除砷

酸溶以后，溶液中含有的砷，在铝板置换时，会使铟置换不完全，为了使置换作业能顺利进行，必须把砷除掉，除砷时，需调整溶液的酸度为 100～150g/L，加热至 80℃ 以上，用锌粉置换，使溶液中含砷 0.015g/L 以下。

在高酸的情况下，铟的阴极电极随着过量的硫酸浓度的增加，而很快移至负电性一边，形成络离子，不被锌粉置换，留在溶液中，其正电性的金属砷、铜、铅、锡可以置换进入渣中，其反应为：

$$3In^{3+} + SO_4^{2-} \longrightarrow [In(SO_4)_2]^-$$
$$Zn + CuSO_4 \Longrightarrow Cu + ZnSO_4$$
$$Zn + H_2SO_4 \Longrightarrow ZnSO_4 + H_2$$
$$As + 3[H^+] \Longrightarrow AsH_3$$

Cd、Pb、Sn 等反应与 Cu 相同，但 Cu 电位较负，在锌粉不过量的情况下仅少量被置换。

除砷过程中，其终酸不应低于 50g/L，一般控制在 50～100g/L，否则除砷时，铟也会被置换入渣。

除砷时因有 AsH_3 产生，应注意现场通风，防止中毒。

6.4.1.5 置换

从除砷溶液中置换铟，可以采用锌板和铝板。溶液中除铟离子外，还有大量的镉离子时，以锌板为好，既可以得到疏松的海绵物，又可以将置换后液返回锌系统。若系统宜用铝板置换，而采用锌板置换，则置换物致密，不易剥离，置换速度减慢。

置换主要反应为：

以锌板置换：
$$3Zn + In_2(SO_4)_3 \Longrightarrow 2In + 3ZnSO_4$$
$$Zn + CdSO_4 \Longrightarrow Cd + ZnSO_4$$

以铝板置换：
$$2Al + In_2(SO_4)_3 \Longrightarrow 2In + Al_2(SO_4)_3$$
$$2Al + 3CdSO_4 \Longrightarrow 3Cd + Al_2(SO_4)_3$$

为了保证铝板的活性，常用氢氧化钠或盐酸将铝板洗干净，并往溶液中加入 5g/L 的氯化钠。

置换后液含铟控制在 0.05g/L 以下，置换所得的铟、镉海绵物含水分相当多，需经压团。在用 NaOH 作覆盖剂的情况下，熔化铸型得到铟、镉合金锭，其中含铟 5%～10%，镉 90%～95%。

6.4.1.6 一次真空蒸馏除镉

利用两者的沸点不同，采用真空蒸馏的方法。将铟镉合金锭装入不锈钢桶内，放入真空蒸馏炉，密封后，抽真空(真空度一般为 10^{-2} mmHg)，煤气升温至 800℃(镉的沸点 765℃)，保温 4h，自然降温到 350～400℃时出炉铸锭，镉在蒸馏过程中挥发进入冷凝器，冷凝后铸锭，即可达到 1 号精镉的标准(即 Cd 99.995%)，铟的沸点高(2075℃)，在蒸馏时(800℃)不挥发。蒸馏后的品位可以达到 95%～97%，镉可以降至 0.1% 以下。

6.4.1.7　除铊

蒸馏后的粗铟含铊在 0.05% 左右，应采用专门措施除铊。现采用加 NH_4Cl 和 $ZnCl_2$ 的办法除铊，其原理是基于各种杂质存在，$ZnCl_2$ 和 NH_4Cl 以 3：1 组成的熔体中，具有选择性的溶解度，而达到分离杂质的目的。实践证明，首先进入熔体的是铊，铟也有一部分进入熔体，但可以利用 InCl 不稳定而回收铟，InCl 的生成可以用以下铟与盐相互之间发生的反应来解释，In 与 NH_4Cl 作用生成 $InCl_2$。

$$In + 2NH_4Cl \Longrightarrow InCl_2 + 2NH_3 + H_2$$
$$In + InCl_2 \Longrightarrow 2InCl$$

除铊后的渣用水洗使 $InCl_2$ 等部分水解，然后以盐酸处理，生成金属颗粒状的铟时及时取出，其余的铟以 $InCl_3$ 的形态进入溶液，溶液以 Na_2CO_3 中和（pH＝8~10），因水解沉淀，$In(OH)_3$ 再以 H_2SO_4 浸出，Al 板置换，In 即得到回收。

除铊过程是在搪瓷盆中进行，应有机械搅拌，其配料比以 In：$ZnCl_2$：NH_4Cl 等于 1000：45：15 为宜，操作温度为 260~280℃，时间 1h 以上。

在生产实践中发现，在除铊过程中，亦能除去一部分 Pb、Sn（约 50%~60%），除 Tl 后铟中 Tl 可以降到 0.002% 以下。

6.4.1.8　二次真空蒸馏

粗铟经过第一次真空蒸馏除镉，其中镉仍有 0.1% 左右，为满足电解的需要，应进行第二次真空蒸馏，条件与第一次蒸馏相同，但应在另一个蒸馏炉内进行，其镉可以达到 0.002% 以下。

第一次蒸馏后的铟，铸成阳极，在硫酸介质中电解精炼，即得电铟。

该厂前几年曾试图改用萃取法以取代碱洗，用硫酸直接浸出，但不够理想，浸出率低，加之料中含镉高，如用萃取法萃铟，以后还得专门回收镉，流程反而复杂，而现流程其铟镉可一次得到回收，效果也令人满意，故仍采用上述流程。

6.4.2　用萃取法提取铟

在湿法冶金方面，从世界发展的趋势看，倾向于采用比较先进的溶剂萃取法，近几年来，溶剂萃取法在湿法冶金中的应用已发展成为一门新技术。由于溶剂萃取具有生产能力大、回收率高、产品成本低、操作简便、易于连续作业，便于机械化自动化等一系列优点，所以它不仅是提取核原料的重要方法，而且也成为有色金属湿法冶金中的重要手段。由于溶剂萃取法还能处理各种低品位、低浓度的物料，故成为冶金工业综合利用的有效方法。

由于液-液萃取（即溶剂萃取的一种）具有一系列不可比拟的优点，国内外在综合回收铟方面已广泛采用液-液萃取法，在萃取剂的选择上，目前以使用 P204 最为广泛。用 P204 在硫酸体系中进行萃取适用的酸度范围也比较大，工艺比较成熟，且便宜。国内已成为正规产品。防腐和劳动条件都比较好，故国内外都采用 P204 作萃取剂。虽然能萃取铟的萃取剂有不少（如 N503 等），但由于种种原因，都不够理想，仍有待于今后的发展。

6.4.2.1 铟生产的原料

某厂锌精矿中的铟(锗、镓) 在湿法冶金过程中，主要富集于浸出渣挥发窑所产的氧化锌中（In 0.04%～0.08%），铅系统的铟主要富集在烟化炉所产的氧化锌中（In 0.03%～0.05%) 和浮渣反射炉所产的烟尘中（In 0.5%～1.5%），反射炉烟尘可以单独回收铟，而烟化炉氧化锌与挥发窑氧化锌混合，经多膛炉除氟、氯后返回锌系统，氧化锌中浸后（中浸渣）经酸浸（终酸 20～25g/L），其酸浸液（In 0.02～0.3g/L) 以锌粉进行置换，所得置换渣即为回收铟（锗、镓）的原料，富集流程如图 6-5 所示。

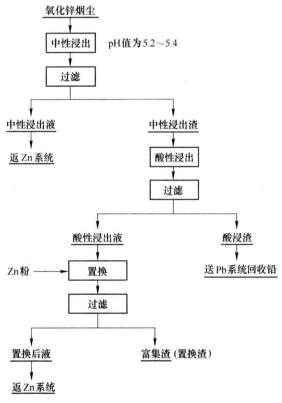

图 6-5　从氧化锌烟尘中富集铟的流程

从置换渣中回收铟的流程如图 6-6 所示。

置换渣成分如下(%)：

In 1～3　　Ge 0.05～0.1　　Ga 0.05～0.1　　Zn 20～30　　Cu 4～8

Cd 1～3　　Fe 0.5～2　　As 4～7　　Pb 0.5～1.5

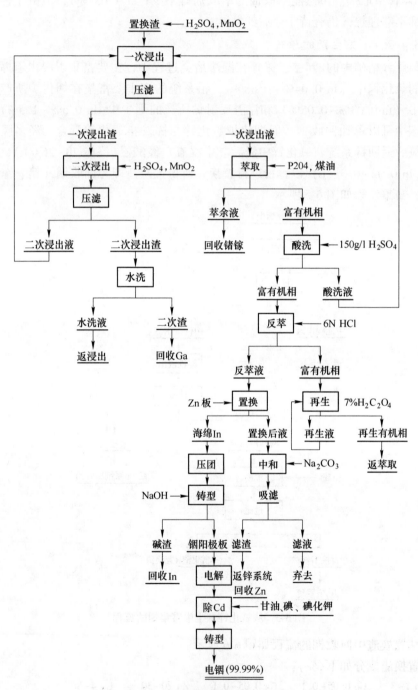

图 6-6　从锌系统回收铟工艺流程

6.4.2.2 浸出

A 浸出条件的选择

a 浸出试剂的选择

置换渣中的铟、锗、镓经物相分析，结果分别见表6-1、表6-2。

表6-1 铟的物相分析结果

物相名称	$InAsO_4$	In_2O_3 + 难溶物	In_2S_3 + In	总计
含量/%	96.2	5.8	微	100

表6-2 锗的物相分析结果

物相名称	$MGeO_3$	GeO_2	难溶 Ge	GeS_2	总计
含量/%	48.2	33.3	7.4	1.8	100

镓未作物相分析，估计多呈 Ga_2O_3 形态存在。

浸出过程是指用浸出剂（水、酸等）使矿物（或渣）中的有价金属转入溶液，进而从溶液中回收有价金属的过程。

根据置换渣的物相分析，其铟绝大部分是呈 $InAsO_4$ 的形态存在，而 $InAsO_4$ 易与 H_2SO_4 作用生成易溶于水的 $In_2(SO_4)_3$ 和 H_3AsO_4，In_2O_3 也能很好地与 H_2SO_4 作用，只有 In_2S_3 难以溶出，但其数量很少，故选用 H_2SO_4 作浸出剂，可以取得比较满意的效果。为了提高浸出率，在生产实践中采用二次逆硫酸性浸出，考虑到置换渣中铟锗有一小部分呈硫化物的形态存在，众所周知，硫化物不易被硫酸浸出，为了进一步提高浸出效果，在第一次浸出过程加入适量的锰粉，第二次浸出加入 10%~15% 锰粉，使硫化物转化能被 H_2SO_4 浸出的氧化物。过去曾在第一次浸出后期加 Zn 粉，以还原 Fe^{3+}。自1979年以来，由于置换渣含铁比较低，浸出液中含 Fe^{3+} 0.5g/L 以下，在允许的范围内，故不必加锌粉还原，这样就减少了 AsH_3 的产生，对改善劳动条件也是有利的。

b 浸出实际控制技术条件

（1）一次浸出：液：固 = (8~10)：1。

（2）始酸 H_2SO_4 70~90g/L；MnO_2 7.5%(为干渣量)。

（3）操作温度 95℃以上，时间 4h。

c 关于一次浸出液的酸度

浸出工序的目的是为下一工序萃取准备合格的料液，而 P204 在相当大的范围内（25~100g/L）能够很好地萃取铟，在酸度过低时，有比较多的锌、镉等杂质会萃入有机相，影响铟的纯度。在酸度过高时会影响 In 的萃取效果。P204 对金属离子的萃取与平衡水相酸度的关系如图6-7所示。

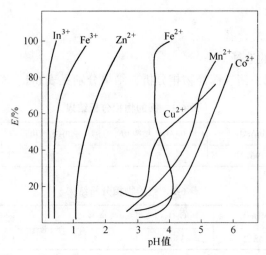

图 6-7　P204 对金属离子的萃取与水相平衡酸度的关系

　　P204 萃取金属离子的规律是由高价到低价，即 $Me^{3+} > Me^{2+} > Me^+$，萃取同位离子时，随着离子半径的减小分配比增大(萃取率提高)。因此，只要控制适当的酸度和介质条件，可以达到萃取和分离金属的目的。

　　从图 6-7 可以看出，Fe^{3+} 与 In^{3+} 的曲线很接近，也就是说在萃取过程中，Fe^{3+} 亦可被萃取，Fe^{3+} 被萃取后，在有机相中逐渐积累，最终使有机相完全丧失萃取能力。为了使有机相保持它的萃取能力，需要经常再生有机相，但需消耗一定的试剂。对 Fe^{3+} 的萃取效率是随着料液酸度的提高而降低的，从控制 Fe^{3+} 的角度来说，希望酸度高一点好，但萃余液下一步要回收 Ge、Ga，需要用碱液中和，综合考虑，终酸控制在 35~45g/L 比较恰当。而浸出前其底液的酸度应根据其对浸出液终酸的要求和置换渣的耗酸量来决定。

　　d　液固比、操作温度、时间等条件的确定

　　浸出过程有一个液固比的选择问题，所谓液固比，即浸出液(包括酸、水)和被浸出的固体料 (以干渣量计) 之重量比，液固比主要取决于原料的性质(如可溶物的数量多少等因素)，总的要求是原料中要回收的有价金属被浸出来，液固比的一般范围是(1~10):1，该厂的置换渣可溶物多(50%以上)，为了最大限度地提高铟的浸出率，故选用的液固比是(8~10):1。

　　浸出过程实质上是一个物质传递过程，也是一个化学反应过程。为了增加反应物的接触机会，加速反应的进行，浸出过程是在机械搅拌的情况下进行的，一般说搅拌强度大些好，提高浸出温度可以增加各反应物的反应速度，对浸出也是有利的。而且温度尽可能高些好，在生产中将温度控制在 95℃ 以上，浸出时间也应注意，按正常情况看，一般在 1h 内反应最快，后来逐渐减慢。为了保证有价金属的浸出，浸出时间不应太短，当然太长也没必要。二次浸出一般以浸出液显示铜色为好，浸出时间控制在 4h 左右。

B 浸出过程的主要反应

通过浸出使置换渣中有价金属转入溶液，得以回收，其主要反应如下：

铟： $2InAsO_4 + 3H_2SO_4 =\!=\!= 2H_3AsO_4 + In_2(SO_4)_3$

$In_2O_3 + 3H_2SO_4 =\!=\!= In_2(SO_4)_3 + 3H_2O$

$In_2S_3 + 3H_2SO_4 =\!=\!= In_2(SO_4)_3 + 3H_2S$

镓： $Ge_2O_3 + 3H_2SO_4 =\!=\!= Ge_2(SO_4)_3 + 3H_2O$

锗： $MO \cdot GeO_2 + 2H_2SO_4 =\!=\!= GeOSO_4 + MSO_4 + 2H_2O$

$MO \cdot GeO_2 + 3H_2SO_4 \longrightarrow GeO(SO_4)_2 + MSO_4 + 3H_2O$

$GeO_2 + 3H_2SO_4 \longrightarrow GeOSO_4 + H_2O$

$GeO_2 + 2H_2SO_4 \longrightarrow GeO(SO_4)_2 + 2H_2O$

GeS 及 GeS₂ 在硫酸中难溶，但在氧化剂 MnO₂ 的参与下能发生下列反应：

$GeS + MnO_2 + 3H_2SO_4 \longrightarrow MnSO_4 + GeOSO_4 + H_2O + H_2S$

$GeS_2 + 2MnO_2 + 3H_2SO_4 \longrightarrow 2MnSO_4 + GeO(SO_4)_2 + 3H_2O + 2S$

$S + 3MnO_2 + 2H_2SO_4 =\!=\!= 3MnSO_4 + 2H_2O$

砷： $2MAsO_4 + 3H_2SO_4 =\!=\!= M_2(SO_4)_3 + 2H_3AsO_4$

$M_2(SO_4)_3 + 3H_2SO_4 \longrightarrow 3MSO_4 + 2H_3AsO_4$

$M_3As_2 + 3H_2SO_4 \longrightarrow 3MSO_4 + 2AsH_3$

$As_2S_3 + 6MnO_2 + 5H_2SO_4 \longrightarrow 6MnSO_4 + 2H_3AsO_4 + H_2S$

C 浸出的实践

浸出过程是一个周期性作业过程，在 15m³ 钢筋混凝土衬环氧玻璃布瓷砖的浸出罐内，采用机械搅拌，蒸汽直接加温，浸出开始前，按照每罐投料量和液固比配好底液(包括萃余液、酸洗液)，按照始酸的要求加好酸，并进行滴定酸度，开蒸汽加温(配底液时应考虑蒸汽带入的蒸汽水)，当温度升至 60~70℃时，启动排风机、搅拌机后，开始加料，加锰粉。在温度达到 95℃以上时保持 4h。在过滤前 0.5h 应取样(浸出液)检查 Fe^{3+}，检查的方法使用硫氰酸氨（NH₄CNS）或硫氰酸钾（KCNS）来检查 Fe^{3+}，Fe^{3+} 与 NH₄CNS 或 KCNS 作用生成赤血盐 $Fe(CNS)_3$，其颜色为血红色，以颜色深浅来判断 Fe^{3+} 高低，即颜色越深(呈黑红色)含 Fe^{3+} 愈高；颜色愈浅，含 Fe^{3+} 愈低。检验步骤：使用滤纸在清亮料液中浸湿，然后往湿滤纸上面滴 1~2 滴 NH₄CNS 或 KCNS 溶液，立即变色，如果是淡红色，则 Fe^{3+} 在 0.3g/L 以下，不必加锌粉；如果颜色深，以至墨黑色，则应加锌粉还原 Fe^{3+}，其反应为：

$$Zn + Fe_2(SO_4)_3 =\!=\!= 2FeSO_4 + ZnSO_4$$

除加 Zn 还原外，也可以用亚硫酸钠（Na₂SO₃）来还原。

为了在压滤前除掉一部分可溶性硅胶，以保证压滤后料液清亮，在压滤前，必须加入已用热水溶化了的骨胶溶液，骨胶加入量为 $0.5 \sim 1 g/L$，加入后适当搅拌，然后压滤。骨胶能使浸出液中的小颗粒凝聚成大颗粒，在压滤时减少渣的透滤现象，以满足萃取时对料液的要求（即料液清亮，含 Si 少）。

一次浸出渣按上述过程作二次浸出，第二次浸出压滤完毕需要用水洗压滤机中渣至出冷水为止，然后用高压风将压滤机中的渣吹干，拆装压滤机，第一次浸出渣返回作第二次浸出。第二次浸出的始酸高，目的是为了提高浸出率。第二次浸出渣含 In 约 0.3%，含 Cu 在 5%~20%送 Cu 车间回收 Cu。

一次浸出液、二次浸出渣需取样化验。

第一次浸出液一般成分（g/L）：

In 1.5~3　　　　Ge 0.01~0.1　　　Ga 0.02~0.07　　　　As 1~5

Zn 15~30　　　$Fe_{总}=0.5 \sim 1.5$　　　Cd 2~5　　　　　　Cu 1~4

二次浸出渣含 In 是一个很重要的指标。需要严格控制。第二次浸出渣中铟已无法回收，是直接影响铟回收率的主要因素，期望渣率小，渣含 In 低。

近几年来，由于富集过程中 ZnO 酸浸液未经过滤，抽上清液富集时上清液不清，或抽液管放得太低，抽过来一部分难溶的铅渣，使置换渣品位相对降低，质量变差，因此，二次浸出渣率由原来的 20%~25%上升到 45%~50%以上。同时置换过程终点控制不好，Zn 粉过量，带来大量过剩的锌粉。置换渣堆放场地小，置换渣常常未经充分自然氧化，而富集渣拖来马上就用，还有操作人员技术水平不一，操作条件控制不准等，都直接影响二次浸出渣的 In 含量。

如何降低二次酸浸渣含 In、提高浸出率可从以下几个方面考虑：

（1）富集过程中 ZnO 酸浸出液应经过滤，避免带来难溶铅渣，增大渣率。

（2）富集过程严格控制置换终点 pH 值，避免带来大量过剩锌粉。

（3）浸出作业严格按技术操作规程进行操作，保证操作质量。

（4）要建立一个比较大的渣场，堆放置换渣，使置换渣尽量堆放时间长一些，氧化好一些，避免使用新鲜的置换渣。

（5）根据置换渣含 In 量适当调整液固比。置换渣含 In 高、二次渣含 In 高时，可适当增大液固比。

（6）二次浸出时尽量做到使二次浸出液显示铜色，使浸出比较完全。

（7）压滤完毕后应用水洗压滤机中的二次渣，尽量回收渣中可溶性 In，渣尽量吹得干些，减少渣中水分带走铟。

D　防止 AsH_3 中毒，保证操作安全

由于置换渣中含砷高（5%~7%），还有一部分在富集时剩余 Zn 粉，故在浸出进料时有可能产生砷化氢。砷化氢是一种无色、具有大蒜味的剧毒气体。因此，酸性浸出除要防止酸伤害人以外，还要防止砷化氢中毒。

产生砷化氢有两个条件：其一是砷化物存在；其二是有氢气产生。只有具备这两个条件时才会产生。当进料时，料液中剩余 Zn 粉和加 Zn 粉还原 Fe^{3+} 时，Zn 粉与酸直接作用产生氢气。反应如下：

$$Zn + H_2SO_4 = ZnSO_4 + H_2$$

因此，进料时和加 Zn 粉还原 Fe^{3+} 时，可能产生 AsH_3，故浸料和加 Zn 粉还原时，浸出罐应封闭和开动排风机，现场也要通风良好，进料时注意站在上风方向，戴好防毒用品，以避免中毒。

大气中微量的 AsH_3 可直接用溴化汞浸过的滤纸检查，其反应为：

$$AsH_3 + 3HgBr_2 = 3HBr + As(Hg \cdot Br)_3$$

高时：

$$AsH_3 + 3HgBr_2 = 3Hg + 3HBr + AsBr_3$$

AsH_3 与溴化汞在滤纸上形成黄色的色斑，色斑的强度与 AsH_3 量成正比。

为慎重起见，浸出罐周围可贴上几条溴化汞纸，以检验是否有 AsH_3 冒出，个人应戴好防毒口罩，搞好个人防护。

6.4.2.3 萃取

A 萃取剂的基本概念

a 水相

（1）原液。即指萃取时的原始溶液，即置换渣第一次浸出液，即含铟的料液。

（2）反萃液。或称反萃剂，它是指能够破坏有机相中萃取络合物的结构，生成易溶于水的化合物或生成既不溶于水也不溶于有机相的沉淀，而使萃取金属从有机相中分离出来的试剂。

（3）洗涤液。即酸洗液，负荷有机相（指含有萃取金属的有机相）在反萃取前，为了除去机械夹带的或部分萃取的杂质，通常用低酸度的溶液进行洗涤，低酸度的溶液即洗涤液（也叫洗涤剂）。

（4）再生液。能够恢复有机相萃取能力的试剂叫再生剂。

b 有机相

有机相包括萃取剂和稀释剂两方面：

（1）萃取剂。指能够与被萃取金属结合，使金属转入有机相中的有机试剂，如 P204、A101、H106、TBP、N235、N503 等都是萃取剂。

萃取剂可按本身组分分为含氧萃取剂、含磷萃取剂、含硫萃取剂、含氮萃取剂等类型；又可按萃取剂与被萃取金属的结合方式分为螯合萃取剂、中性络合萃取剂、离子萃取剂（包括氧离子萃取剂、阴离子萃取剂）；还可按萃取剂本身的酸碱性分为酸性萃取剂、中性萃取剂和碱性萃取剂。

（2）稀释剂。在萃取过程中，为改善萃取剂的物理性能（减小比重、降低黏度）和提高萃取剂的萃取能力（提高萃取剂和萃合物的油溶性）而把萃取剂溶在一些有机溶剂中。这种与被萃取金属没有结合的有机溶剂叫稀释剂。如煤油、重溶剂油、二甲苯、四氯化碳、氯仿等。其中用得最多的是煤油。

c　分配比与萃取能力

分配比 D 表示金属元素 Me 在有机相中的总浓度和水相(指萃余液)中总浓度的比值,即 $D=[\sum Me]_{\text{有}}/[\sum Me]_{\text{水}}$。

分配比 D 可由试验测得,非常数,分配比越大越好,对萃取铟来说 $D>280$。

萃取效率 E 是金属萃入有机相的总量与原液中金属总量的百分比,即

$$E = \frac{\sum[Me]_{\text{有}}}{\sum[Me]_{\text{水}} + \sum[Me]_{\text{有}}} \times 100\% = \frac{[Me]_{\text{有}} \cdot V_{\text{有}}}{[Me]_{\text{水}} \cdot V_{\text{水}} + [Me]_{\text{有}} \cdot V_{\text{有}}} \times 100\%$$

$$= \frac{D}{D + V_{\text{水}}/V_{\text{有}}} \times 100\%$$

式中　　$[Me]_{\text{有}}$——有机相中的金属 Me 的浓度;

　　　　$[Me]_{\text{水}}$——萃余液含金属 Me 的浓度;

　　　$V_{\text{水}}$,$V_{\text{有}}$——分别指有机相和萃余液的体积。

从上式可以看出,分配比愈大,$V_{\text{水}}/V_{\text{有}}$ 愈小(即有机相体积愈大),则萃取效率愈高。当两相体积相等时,即 $V_{\text{水}} = V_{\text{有}}$

$$E = \frac{D}{D + 1} \times 100\%$$

除增加有机相体积外,增加萃取次数,亦可提高萃取率。

d　萃取

利用有机溶剂与水溶液混合,使水溶液中的溶质(有价金属)转入有机相,以达到分离和富集有价金属的过程叫萃取。

e　相比

在萃取过程中,为了保证萃取效率,有机相与水相必须按一定的比例进行混合,所谓相比,即是有机相与水相之体积比(亦即流量比)。一般以"O"代表有机相,以"B"代表水相,则相比写成 O/B 的形式。相比的大小取决于两个因素:萃取剂的浓度高低,由于萃取剂浓度不同,其饱和容量也不一样;萃取原液(料液)含被萃取金属(如铟)的多少。

在生产过程中应根据具体情况选择合适的相比。

f　平衡时间、停留时间、分相时间

(1)平衡时间。指在有机相和料液混合,以发生化学反应开始至化学反应达到平衡所需的时间,平衡时间可以通过实验测得。

各种化学反应所需的平衡时间都不一样,而 P204 萃铟的平衡时间众说不一,有的认为在很短的时间内即可建立,有的则认为需要较长的时间。该厂在流程试验中,对萃取体系进行了测定,其结果表明,平衡在 3min 内达到。

（2）停留时间。指有机相、料液混合液在混合室中实际停留的时间。它与混合室有效体积和有机料液的流量有关，在生产中停留时间应等于或大于平衡时间，就萃铟来说，停留时间应在 3min 以上，一般控制在 3~5min，太短萃取反应不彻底，会影响萃取效率；太长，没有必要，时间过长反而会导致一些杂质金属被萃取（如 Fe^{3+} 在 P204 萃取中是慢过程，时间长，Fe^{3+} 萃取多一些），影响萃取。生产中实际停留时间的计算：

$$停留时间 = \frac{混合室有效体积(L)}{有机相流量(L/min) + 料液流量(L/min)}$$

在一般情况下有机相和料液的流量不一样，但在混合室停留时间一致。

（3）分相时间。指有机相和料液混合一定时间后，停止搅拌（或分液漏斗停止振荡）至完全分好相（两相界面清楚）所需时间。

分相时间短一些好，最好是在 1min 内，分相时间短，易于操作，有机相损失也小；分相时间长，给操作带来困难，严重时无法进行操作，这是所不希望的。

B 萃取工艺过程的主要阶段和基本步骤

a 萃取工艺过程的主要阶段

萃取工艺过程一般可分为萃取、洗涤、反萃三个阶段，如图 6-8 所示。

b 萃取的基本步骤

萃取过程从物理角度来看，实质上是一个物质传递过程。其方法是使用不混溶的水相和有机相接触，使被萃取的金属由水相转入有机相(反萃取则反之)，为了创造物质传递的条件。

萃取操作包括如下三个基本步骤：

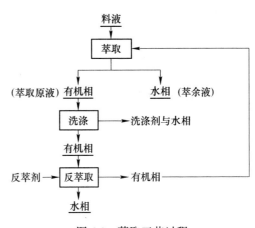

图 6-8 萃取工艺过程

（1）使有机相与水相充分接触；

（2）使有机相与水相进行分离；

（3）负荷有机相进行反萃，再生有机相循环使用。

c 萃取的方式

根据有机相和水相接触方式，萃取作业可分为间歇式和连续式两种。

（1）间歇式。又可分为单段接触式、多段接触萃取、微分间歇萃取、间歇分级萃取 4 种。间歇式萃取在生产中用得不多。

（2）连续式。又可分为单段和多段接触萃取、连续逆流多级萃取和连续逆流分级萃取 4 种，生产中用得较多的是连续逆流多级萃取。

C　萃取设备与计算

a　萃取设备

随着溶剂萃取工艺的迅速发展，出现了许多类型的设备，但不论哪种类型的设备，都是从保证物质有效传递的角度来考虑的。

在选择萃取设备时必须考虑以下三个要点：

（1）有效接触所需的级数；

（2）通过的流量；

（3）停留时间。

目前已出现的萃取设备尽管有 10 多种，但概括来说，可分为塔式和箱式两大类，据目前国内情况来看，使用萃取塔的工厂很少，而普遍认为箱式水平萃取箱是一种新型、标准的萃取设备，在国内普遍使用。

箱式水平萃取槽（该厂铟萃取属这一种）的特点是各级的混合室、澄清室都在同一水面上，因而结构紧凑，产量伸缩性大，相比可自由调节，易于操作，维修方便；但占地面积较大。

b　萃取槽的计算

萃取槽的计算步骤：

（1）现根据需要处理的料液（即萃取原液）量计算流量（L/min）。

（2）根据有机相饱和浓度、料液含有价金属等方面情况选择适当的相比。

（3）根据相比计算出有机相的流量（L/min）。

（4）由平衡时间即可计算出混合室所需的有效体积(L)。

$$V = \left[Q_{料} + Q_{有} \right] Z$$

式中　　V——混合室有效体积，L；

　　　　Z——平衡时间，min；

$Q_{料}$，$Q_{有}$——分别为料液、有机相的流量，L/min。

（5）澄清室体积（L）。一般混合室体积（L）与澄清室体积（L）之比为 1:4，即澄清室体积等于混合室体积的 4 倍。

（6）根据选择混合室合理尺寸比：长:宽:高=1:1:1.5，计算出混合室的长、宽、高。

根据萃取所需技术求出萃取箱的总长、宽和高。

D　P204 及一些常用萃取剂

由于 P204 具有来源广、价格便宜、选择性强等一系列优点，故采用 P204 来萃取分离和富集铟的工艺在国内外已广泛采用，工艺流程比较成熟。

P204 是二（2 乙基-己基）磷酸的代号，国外商品名称：EHPA。

P204 的结构式如下：

$$
\begin{array}{c}
C_2H_5 \\
| \\
C_4H_9-CH-CH_2-O \\
{}>P<{}^{O}_{OH} \text{(官能团)} \\
C_4H_9-CH-CH_2-O \\
| \\
C_2H_5
\end{array}
$$

可用 $R=C_4H_9-CH-CH_2$，则可简写为 HR_2PO_4。
${}|$
C_2H_5

P204 的分子量为 322.4，比重（25℃）为 $0.969 \sim 0.972 \text{g/cm}^3$，水溶性为 $11.8 \sim 100 \text{mg/L}$。P204 出厂规格不一，上海工农兵化工厂出的含二（2乙基-己基）磷酸在 96% 以上（而广州产的则为 93%），亚磷 ≤1%，其余尚有部分单烷基和焦烷基磷酸。

P204 是一种烷基磷酸，属于弱酸性阳离子萃取剂。

P204 在生产实践中使用时必须加入稀释剂煤油，原采用 200 号磺化煤油（油漆油），这种煤油燃点低、易着火、不安全，现已改用溶剂煤油，牌号 SY1029-65S，密度 0.81g/cm^3，芳香烃含量约 10%。如果没有以上两种煤油亦可采用普通煤油代替，但普通煤油中含有不饱和的"氢键"，在萃取时会造成乳化，影响萃取操作，故普通煤油在使用前应经过"磺化"处理，方法比较简单，在煤油中加浓硫酸，搅拌后即可使用。如果仅在正常生产中补加一点煤油的话，则不用"磺化"处理。

在生产中 P204 与煤油的比例（体积比）有一定的范围，一般 P204 萃取铟为 $30\% \sim 50\%$ P204，$50\% \sim 70\%$ 煤油，浓度以 $25\% \sim 35\%$ 为适宜，浓度大了，由于有机相黏度和比重增加，造成分相困难，当然太低了也不好，该厂按 30% P204，70% 煤油配有机相，几年来，操作正常，效果很好。

E 萃取实践

某厂采用箱式水平萃取槽，萃取槽使用硬聚氯乙烯塑料制作，共 12 级，每台由 2 个电机带动，以 1 根宽为 71mm 平皮带传动，搅拌杆用胶木和玻璃钢制作，流量使用盘式稳压计量装置来控制，有机相、反萃液、酸洗液、再生液等都是用 102 型立式塑料泵输送。

a 萃取条件的控制

在生产实践中，萃取实际控制的条件 O/B = 1/2，三级逆流萃取，停留时间 $3 \sim 5 \text{min}$。日处理量 $2\text{m}^3/$ 台，有机相按 30%P204，70% 煤油配置。

萃取相比是有机相与料液体积之比，相比的选择应根据有机相饱和浓度和料液含铟量来决定，P204 浓度不同，有机相饱和浓度也不一样，30%P204，70%煤油，这种有机相饱和浓度根据以前测定大约是 15g/L 左右，为了保证有机相足够的萃取能力和高的萃取效率，负荷有机相（富有机相）中含 In 不宜太高，从生产实践来看，以含铟 5~6g/L 为适宜，偏高了萃取效率降低，萃余液含铟会相应增加，这是不利的。该厂料液含铟 2~3g/L，O/B = 1/2 时，负荷有机相中含铟 4~6g/L，这样萃余液中含铟可以保持在 0.005g/L 以下。

萃取反应式：$In_{(水)}^{3+} + 3HR_2PO_{4(有)} \Longrightarrow In(R_2PO_4)_{3(有)} + 3H_{(水)}^+$

有机相和料液在混合室中停留时间为 3~5min，因平衡时间只有 3min，故停留时间只要超过 3min 就行，停留时间太长（处理量减少），没有必要，对该厂来说反而有害，因该厂原料含 Fe 比较高，在浸出过程中必然有一部分 Fe 氧化成 Fe^{3+}，前面已经提过，控制适当的酸度可以控制有机相对 Fe^{3+} 的萃取，还可以从动力学的观点出发，适当缩短停留时间来控制 P204 对 Fe^{3+} 的萃取率。因为生产实践已证明 P204 萃铟的平衡时间很短，是一个快过程，P204 萃铁（Fe^{3+}）则平衡时间很长，是一个慢过程，因此可以通过控制停留时间来控制铁。根据以往经验和实践，时间不应超过 5min。

b　酸洗

酸洗的目的：有机相在萃取过程中除萃取铟外，还有机械的夹带或部分淬入其他金属杂质，为了提高海绵铟的质量，在反萃前必须用适当的洗涤剂，将负荷有机相进行洗涤，以除去重金属杂质（如 Zn、Pb、Sn 等）。

该厂采用 150g/L 硫酸溶液进行洗涤，酸度高对洗涤有利，但也洗下来一些铟，这是不希望的；酸度太低效果不好，因此酸度要适宜，从该厂来看，酸度 130~150g/L 比较好。

酸洗实际控制条件：

酸洗液：150g/L H_2SO_4；2 级逆流萃取；O/B = 4/1。

如果粗铟含杂质高，可以加强酸洗，即适当调整相比和酸度。

经酸洗后的酸洗液成分：

In 0.05 ~ 0.1g/L，Cu 0.06 ~ 0.11g/L，Cd 0.008 ~ 0.015g/L，Fe 0.05 ~ 0.2g/L。

为了回收酸洗液中的铟和酸，酸洗液应返回浸出。

c　反萃取的操作条件和要求

在 P204 萃取铟的工艺中，国内一般都选用盐酸作反萃剂，为了减少盐酸的消耗，可以在盐酸中加入氯化锌或食盐，以增加氯离子的浓度，反萃取效果也可以，该厂仍采用纯盐酸作反萃剂，盐酸的浓度对反萃的效果有直接的关系，根据测定，盐酸浓度在 4.5N 以上时，反萃效果比较理想，而在 4.5N 以下时，反萃不彻底，当然高反萃更好；但浓度大，酸雾也大，影响劳动条件，也没有必要。

目前，反萃取控制条件：反萃剂 6N HCl；O/B =（15 ~ 20）/1；三级逆流反萃。

反萃可用下列反应式表示：

$$In(R_2PO_4)_{3(有)} + HCl_{(水)} \longrightarrow HR_2PO_{4(有)} + HInCl_{4(水)}$$

反萃液的含铟量应适当控制，总的要求是反萃液含铟在不影响反萃效果（即反萃率）的前提下，含铟越高越好。这样，既可以减少盐酸和锌块的消耗，有利于降低成本；还可以减少至缓和置换后液的处理量。但是，含铟太高也是不行的，反萃不彻底，会引起萃余液含铟高，一般反萃液含铟 60~80g/L 比较恰当。

反萃液的一般成分（g/L）：

In 0.1~0.6   Cu 0.01~0.06   Cd 0.01~0.04   Fe 0.1~0.6   Zn 0.2~1.5

Bi 1~2   Sn 0.02~0.05   Pb 0.002~0.02   Tl 0.0002~0.0004

As 0.06~0.15 HCl 180~190

d 有机相的再生

在萃取过程中，Fe^{3+} 在有机相中逐渐积累，影响 P204 的萃铟能力，必须进行再生。

再生的方法有两种，即经常性再生和集中再生。该厂因料液含比较高（控制 Fe^{3+} 在 0.3g/L 以下），有机相采用连续再生，其再生也可用 8~10N 的浓盐酸洗，有效果，但劳动条件很差。如今普遍使用的是 $H_2C_2O_4$(草酸) 或 $[(NH_4)_2C_2O_4]$（草酸铵），其吸铁的方法可以集中洗或连续洗。

集中除铁的方法是：当有机相含铁在比较高（Fe^{3+} 5g/L 以上）的情况下，全部有机相集中进行一次处理。

草酸与铁的络合稳定常数如图 6-9 所示曲线。

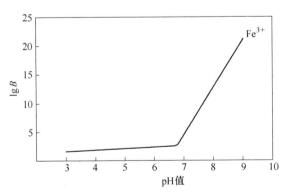

图 6-9 草酸和 Fe^{3+} 络合常数与 pH 的关系

由图 6-9 可知，随 pH 值的增大，络合稳定常数也增大，因为有机相本身是弱酸性，所以用氨水调节有机相的 pH 值，使草酸和有机相混合时 pH 6~7 左右，通过机械搅拌后分层，即可见三相，低层为草酸溶液，中层为 P204，上层为煤油，分出的草酸溶液加温至 70~75℃，即有 Fe(OH)₃ 絮状沉淀，过滤去掉

$Fe(OH)_3$，溶液下次再可用。有机相分层可用 3N HCl 接触 24h 后又变为一相，除 Fe^{3+} 效率可达 95%左右。如果用 $(NH_4)_2C_2O_4$，因溶解度小（常温时 9%），要洗 2~3 次才能合格(效率 90%)。

使用草酸，在反萃后即连续进行再生，再生后的有机相返回使用，这样有机相可以经常保持正常的萃取能力。

再生实际控制条件：再生液 7%$H_2C_2O_4$；$O/B = 4/1$；三级逆流。

再生反应式：

$$Fe(R_2PO_4)_{3(有)} + H_2C_2O_{4(水)} \longrightarrow Fe_2(C_2O_4)_{3(水)} + H_2R_2PO_{4(有)}$$

再生液适当补充可以循环使用，在草酸液含铁比较高（5~7g/L）的情况下，再集中回收草酸。

回收草酸有两种办法：

(1) 中和沉淀——硫酸分解法。

在微酸性（pH = 1.5±）介质中，草酸钙的溶度积小，因此，可以向草酸液中加入 $Ca(OH)_2$，生成 CaC_2O_4 沉淀使草酸与铁分离。

$$H_2C_2O_4 + Ca(OH)_2 \longrightarrow CaC_2O_4 + 2H_2O$$

经过滤后用 1:1 的硫酸分解 CaC_2O_4，而得再生草酸。

$$H_2SO_4 + CaC_2O_4 \longrightarrow CaSO_4 + H_2C_2O_4$$

此法除铁率可达 80%，90%的草酸得到回收，回收后的草酸适当的补充一些，可以返回使用。

(2) 铁屑还原——离子交换法。

含铁高的草酸，首先用铁屑将 $Fe_2(C_2O_4)_3$ 还原成 FeC_2O_4，然后用 734 号阳离子交换树脂进行交换除去 Fe^{2+}，交换后的草酸液加以补充返回使用，此法效果还可以，只是还原时间和速度不易掌握，时间短了，还原不彻底；时间长了，铁屑反把草酸消耗了，增加了交换的负担，影响回收。

因草酸本身有毒，生产中一定要设法回收，不应排放。

e　铟萃取箱各种溶液进出与走向

铟萃取箱各种溶液进出口与走向如图 6-10 所示。

f　萃余液的处理

浸出液经 P204 萃 In 后其 Ge、Ga 仍留在溶液中，一般含 Ga 0.001~0.05g/L，Ge 由于锌系统坑口矿（含 Ge 高）减少了，因而过去有所降低，仅 0.05~0.02g/L，萃余液无论用 Na_2CO_3 中和回收 Ge、Ga 或采用加氧肟酸萃取 Ge、Ga 都必须调整萃余液的 pH 值。

由于萃余液含 H_2SO_4 在 35~45%g/L，中和时耗碱较多，1978 年以来该厂为了降低酸碱的消耗量，将萃余液返回使用一次。通过生产实践证明，返回使用一次对浸出液、萃取效率及铟质量都无不良影响，萃余液返回使用一次有三个

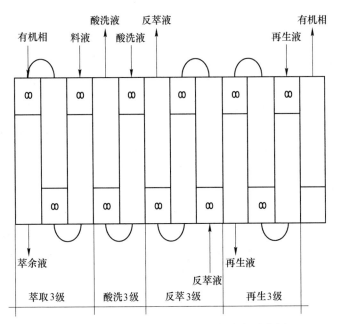

图 6-10 铟萃取箱各种溶液进口与走向示意图

好处：

（1）降低了酸碱的消耗，酸碱的单耗几乎降低了一半，降低了成本；

（2）提高了 Ge、Ga 在萃余液中的含量，返回一次，Ge、Ga 实际上富集了一次，因此有利于下一道工序 Ge、Ga 的回收；

（3）减少了工作量，减轻了劳动强度。

萃余液返回使用一次后，总金属离子浓度会增加，当提高到一定的程度后，势必对浸出率、萃取率和铟的质量产生不利影响，因此只能返回一次，同时作第二次浸出时最好不要返萃余液。

g 降低萃余液含铟

萃取中萃余液含铟是重要指标之一，萃余液含铟的高低直接反映萃取效果的好坏，为了提高回收率，必须降低萃余液含铟。

实践中要求萃余液含铟控制在 30mg/L 以内。

降低萃液液含铟可以从以下几个方面考虑：

（1）加强责任心，严格操作，做到勤观察、勤检查及时处理故障；

（2）严格按操作要求控制各种料液的流量（主要是料液、有机相、反萃液）；

（3）根据萃余液含铟情况及时调整各段相比流量；

（4）做到各种料液畅通无阻，液面、相面已正常，流量稳定、进出口平衡、搅拌正常；

（5）料液清亮，不乳化，消除乳化的产生。

降低萃余液含铟的途径很多，有待于进一步探讨。

F　萃余液乳化现象的消除

a　乳化现象产生的原因

（1）机械夹杂固体颗粒造成乳化。在浸出压滤中常因压团设备本身不配套或者操作者本身责任心不强带入机械杂质。这些杂质经分析主要是 $PbSO_4$、$CuSO_4$ 等，其中 Cu 占渣成分 15%～20%，Pb 占 5%～7%，这些杂质使料液混浊或是在萃取过程中产生 $Fe(OH)_3 \cdot SiO_2 \cdot nH_2O$ 等，都可能引起乳化。

（2）有机相的组分为乳化剂。有机相中存在的表面活性物质又可能成为乳化剂，这些表面活性物质来源于萃取剂本身和稀释剂，在 In 生产中应使用磺化煤油，但实践中常因缺少资源改用普通煤油，又未经"磺化"处理，因而煤油中的不饱和烃以及煤油与无机酸作用所产生的一些杂质都可能成为乳化剂。

（3）料液中金属离子浓度对乳化的影响。料液中金属离子浓度过高，则使有机相中金属离子浓度提高，从而黏度增加，引起乳化。在生产实践中，特别是当萃余液返回使用一次以上时，$ZnSO_4$ 浓度由 70～80g/L 上升至 120g/L 以上（在常温下萃取），尤为显著，萃取无法正常进行。

（4）萃取剂浓度的影响。由于 P204 的极性基团之间的氢键作用，可以相互连成一个大聚合分子，他们的存在使有机相在混合时，使整个分散系的黏度增加，使乳化液稳定，难于分层。所以在萃取使用 P204 时必须稀释到一定程度，萃取剂的浓度不能太高，实践中一般使用 25%～30%P204，70%的煤油，并进场补充挥发损失部分的煤油。

（5）水相成分对乳化的影响。萃取时，料液中除 In^{3+} 离子外，还有 Zn^{2+}、Cd^{2+}、Sn^{2+}、Fe^{3+}、Mn^{2+} 等杂质金属离子（电解质），此外有机相中的一些表面活性物质也或多或少在水相中有一定溶液，它们的存在都可能成为产生乳化的原因。

（6）料液中可溶性 SiO_2。导致产生三相的原因主要是可溶性 SiO_2，溶液中有 SiO_2，即使经过很好的过滤，也会造成乳化，因为 SiO_2 胶体用过滤是无法解决的。

当溶液中有胶体存在时，萃取过程中在两相之间将有大量的黏性物质存在，以至相区逐渐减少，使过程无法正常进行。为什么胶体会产生三相，有人设想：SiO_2 胶体粒子的电荷由于胶体本身的表面电离而产生，以下结构式表示胶体团：

$$\underset{\text{胶团}}{\underset{\text{粒子}}{[SiO_2]_m}} \cdot nSO_3^{2-} \cdot \underset{\text{胶团}}{\underset{\text{粒子}}{2(n-x)H^+}} \cdot 2xH^+$$

n 表示 $(SiO_2)_m$ 胶核表面具有 n 个 SO_3^{2-} 离子，在 n 个 SiO_2 离子周围有 $2n$ 个 H^+ 被吸附，根据电层原理其中有 $2(n-x)$ 个 H^+ 处在吸附层与胶核构成的胶体粒

子，其余 $2x$ 个则分布其中，整个胶团呈中性，当与 P204 分子相遇时，分子中的 OH 相邻的氧

$$R—O\diagdown\underset{R—O\diagup}{\overset{\displaystyle O}{P}}\diagup OH$$

即酰基与胶体分子中的 H^+ 有机会生成氢键，而组成分子化合物，这种物质是疏水中，比水轻、比油重，所以夹在中间形成三相。

（7）温度的变化。在适当的温度下，萃取正常操作的料液，当温度降低很多时亦可能乳化，这是由于温度下降，液体的密度上升，黏度变大，从而分层困难，而造成乳化。如 1975 年底，因外面冰冻，室内温度太低，以致使萃取无法进行。

（8）水相的酸度。在水相酸度发生变化时，一些杂质金属离子可能水解，生成氢氧化物，它们是亲水性的表面物质，常常可能成为水包油型乳状液的稳定剂，其中有些金属离子还可能在水相生成长键的无机化合物，使黏度增加，分层困难。

b 乳化的预防和消除

（1）料液的预处理。加强过滤，尽量除去料液中悬浮的固体微粒及可溶性硅酸等有害杂质，含硅酸的溶液极难过滤，可加入适量的牛胶（$0.5\sim1g/L$），牛胶可使 SiO_2 从溶液中除去，原理是动物胶有胺基与 COOH 基两种基团在酸溶液中发生如下反应：

$$Rn—C\diagup\overset{\diagup NH_2}{\diagdown COOH} + H_2SO_4 \longrightarrow Rn—C<\overset{NH_3^+}{COOH} + SO_4^{2-}$$

从上式可以看出，由于胺基上吸收一个 H^+ 而呈正电性，而 SiO_2 胶体带负电性，正负电荷中和使胶体失去电性凝聚而沉淀，实践中发现当料液中 $SiO_2>0.5g/L$ 时，就容易乳化，因此必须加入适量的牛胶使 SiO_2 降到 $0.5g/L$ 以下。加胶的办法：将溶液加温至 $90\sim95℃$，然后在压滤停搅拌前加入已溶化了的牛胶溶液，停止片刻，即可压滤。同样加入过多的牛胶也会引起乳化，故牛胶必须定量酌情加入。

在萃取时用料液时，必须使料液有充分的澄清时间。

（2）有机相的预处理和组分的调整。新的有机相或使用一段时间后的有机相，由于其中有可能引起乳化的表面活性物质存在，所以应在使用前进行预处理，处理的方法可用水、酸、和碱液洗涤。

在生产中采用 $150g/L$ H_2SO_4 洗液和 7% $H_2C_2O_4$ 洗涤有机相。必要时采用 NaOH 洗，P204 的皂化反应为：

$$H_2P_2PO_4 + NaOH \longrightarrow NaR_2PO_4 + H_2O$$

在酸性、中性、碱性溶液中都比较稳定，它们的钠盐也比较稳定，考虑到水解沉淀可以除去很多杂质，使用 NaOH 来洗涤有机相可使 P204 由"氢键"变成钠型(即钠盐)，而积累在有机相中致使其老化的所有杂质都水解沉淀，故可使有机相再生。

(3) 化学破乳法。加入聚醚（南京塑料厂生产，牌号 22064）或 Sp 酸等来除去或抑制某些导致乳化的有害物质的方法，破坏乳化的产生。

控制工艺条件破乳：

1) 控制相比。可以利用乳状液的转型达到破乳的目的。

2) 酸度。溶液的 pH 值升高时，某些金属离子会水解，生成氢氧化物沉淀，前面已述新鲜的氢氧化物的沉淀是良好的乳化剂，所以萃取过程中酸度的控制是主要的，必要时在不影响萃取作业正常进行的前提下，可以加酸破乳。

3) 温度。提高操作温度，可以降低黏度，从而有利于破乳，但温度高会增加有机相挥发损失，引起设备制造商的困难，大多数情况下，还会降低分离系数，所以除了在冬季采用必要的保温措施来预防乳化外，一般不采用提高作业温度的办法防止乳化。

4) 搅拌。过激烈的搅拌也会造成乳化，为了预防这种原因造成乳化，应该适当降低搅拌速度；但转速过低，混合不均，这可以采取降低转速、大桨叶的办法加以克服。

总之，乳化的原因是多方面的，必须认真对待。

c　有机相的再生问题

铟萃取时用 P204 作萃取剂，而有机相在长期使用过程中常因 Fe^{3+} 在有机相中积累或机械夹带料液中杂质，引起萃取能力降低，以致最后完全丧失萃取能力。这种现象，即通常所说的老化。由于"老化"有机相变为酱油色，萃取能力由 99% 下降至 50%～60%，这种"老化"的有机相采用 $H_2C_2O_4$ 或 10N HCl 洗，效果都不明显，考虑到 P204 是一种弱酸性阳离子萃取剂，可简写成 HR_2PO_4，P204 可以用 NaOH 使之皂化，而变成钠盐，皂化反应式：

$$HR_2PO_4 + NaOH \longrightarrow NaR_2PO_4 + H_2O$$

它的钠盐比较稳定，杂质可通过水解沉淀除去。目前，此法已用于生产。换回了大量"老化"了的有机相，方法是用含 NaOH 30%～40% 碱性溶液，以有机相：碱液＝1：(1~2)(体积比) 进行洗涤，温度 50~60℃，搅拌 30min 以后，很快分相，有机相的颜色马上变清亮，碱性溶液中产生大量略带灰色的白色沉淀。处理后有机相中有磷酸(HR_2PO_4)，由处理前的 129.79g/L 上升至 315.85g/L，完全恢复了有机相原有的萃取能力，效果十分理想。近几年来，用这一方法处理回收了大量的有机相，为国家节省了大量的资金。

d 乳化物的处理

萃取过程中因料液不清，料液中含 Si、Sn 高，煤油质量不好，P204 浓度大，金属离子浓度大等原因，而产生乳化。乳化物是有机相和水相形成的稳定而均匀的黏性胶体混浊物。在铟萃取过程中或多或少总会产生一些乳化物，严重时可以使萃取无法进行；且乳化物中含有大量的有机相，如不处理，会造成有机相的浪费。为了回收乳化物中的有机相，必须设法处理乳化物，乳化物静置一段时间或加破乳剂——聚醚进行处理都可回收部分有机相，但不彻底。该厂采用浓烧碱洗乳化物效果十分理想。此法是用 30~40g/L 的 NaOH 溶液从乳化物：碱液 = 1∶1（体积比），温度 60~70℃，搅拌 30~60min，至有机相全部从乳化物中分离出来为止。萃取过程中产生乳化的原因很多，消除乳化的办法也不少，而生成乳化物的机理在目前尚不太清楚，该厂认为采用烧碱洗效果好，主要是碱破坏了乳化物的结果，而使有机相从乳化物中分离出来。

6.4.2.4 置换

A 置换

反萃液可以用铝板或锌板进行置换，而获得海绵铟。用铝板进行置换，反应速度太快，容易冒槽，不易掌握，需在置换前调酸，至 pH = 0.5 左右为好，置换后液中的铝不好回收；锌板置换，反应速度比较慢，置换前不需调酸，易操作，故常用锌板或锌片（析出锌）置换，一般在 24h 之内可以置换完全。但在含铟太高的情况下，反应慢，置换出来的海绵铟应及时捞出来，不宜泡在置换槽里，因后期铅、锡也会被置换出来，混入海绵铟，影响粗铟质量。

B 置换反应与要求

铝板、锌板之所以置换铟是由于铝（标准电位 -1.7V）、锌（标准电位 -0.76V）的标准电位比铟（标准电位 -0.34V）更低，因为负电性金属可置换正电性金属。

铝、锌板置换铟的反应：

$$InCl + Al === In + AlCl_3$$
$$2InCl_3 + 3Zn === 2In + 3ZnCl_2$$
$$2Al + 6HCl === 3H_2 + 2AlCl_3$$
$$Zn + 2HCl === H_2 + ZnCl_2$$

置换后液含铟最低可达 0.001g/L 以下，一般要求小于 50mg/L，置换后液中的铟无法回收，应尽量置换完全。

由于反萃液含有一定的砷，在置换过程中，可能产生剧毒的气体 AsH_3，同时置换时产生的气体特别臭，故宜在抽风罩中进行置换。

C 置换操作

置换时在 3 个容积为 3000mm×600mm×600mm 钢衬胶的置换槽内进行。置换前先将干净的锌块放入置换槽内，然后将反萃液用皮管放入置换槽，放下抽风罩，防止 AsH_3 溢出。置换最后 2~3d 适当放些铝板，使置换完全，取样化验置换后液。置换后液合乎要求，将槽中上清液抽入澄清槽，再用铝板继续置换，将置换出的海绵铟捞出水洗、压团。

为了提高海绵铟的纯度必须用水洗出夹杂在海绵铟中的锌块、海绵铟细泥，这部分细泥含铅锡比较高，但为了提高回收率，工作必须细致，不要将海绵铟洗掉，做到点滴回收。

D　置换后液的处理

(1) 粗氯化锌。为了回收置换液中的锌，可以加入锌粉，进一步除去杂质，再加入氯酸钾($KClO_3$)、碳酸钙（$CaCO_3$）与氯化（$BaCl_2$）净化除去铁（Fe^{3+}）、硫酸根(SO_4^{2-})，加热浓缩蒸干，即获得白色颗粒状的氯化锌($ZnCl_2$) 成品。由于铁和硫酸根高，加入 $KClO_3$ 与 $BaCl_2$ 也贵，故氯化锌成本较高，不经济。

(2) 置换后液的处理。将置换后液用 Na_2CO_3 中和、吸滤，滤渣送锌系统回收锌，滤液可以排放。

6.4.2.5　压团、铸型和碱渣的处理

A　压团

海绵铟由于含水分很高，在铸阳极前必须将海绵铟压成团块，以除去大部分水分(团块铟含水分约 5%)。

B　铸型

团块铟必须熔化铸成阳极才能电解。熔化是在固碱（NaOH）覆盖下进行的。加 NaOH 有两个作用：其一是防止铟在高温下氧化，起覆盖作用；其二是两性元素能与 NaOH 作用生成盐而进入渣，可以提高铟的品位，起造渣作用。

熔化铸型：先将固碱熔化后，慢慢加入团块铟，待全部熔化后加以搅拌，尽量使对电解有害的杂质 Pb、Sn、Zn、Cd 进入碱渣，然后撇去大部分碱渣(留一部分保护铟)，铸成阳极，操作温度 350~400℃。

铸型碱渣中含铟比较高，其原因有两个：

(1) 机械夹带。在熔化过程中，铟与水汽作用生成氧化铟，而氧化铟与碱作用生成铟酸纳入渣。

(2) 铟与杂质和碱的反应：

$$2In + 3H_2O(g) \Longrightarrow In_2O_3 + 3H_2$$
$$In_2O_3 + NaOH \longrightarrow Na_3InO_3 + H_2O$$
$$Zn + 2NaOH \Longrightarrow Na_2ZnO_2 + H_2$$
$$Sn + NaOH \longrightarrow Na_2SnO_3 + H_2$$
$$2Al + 6NaOH \Longrightarrow 2Na_3AlO_3 + 3H_2$$

C 碱渣处理

碱渣需要处理，以回收其中的铟。方法是：将碱渣用水洗至中性，颗粒的金属铟可以直接回收，铸成阳极，而渣用 3N HCl 或硫酸浸出，浸出液用锌板置换即可。浸出最好用硫酸，因硫酸铅不溶于水，可以附带除去，对电解有利。

D 阳极的一般成分（%）

In 97~99   Cu 0.02~0.06   Cd 0.01~0.04   Pb 0.01~0.1

Sn 0.04~0.3   Bi 1~1.5

6.4.2.6 电解

A 电解的定义与实质

a 概述

通过前面一系列的冶炼过程，已获得粗铟，但粗铟中还含有 1%~3% 的杂质，还不能在工业上应用，必须进一步提纯，通常采用电解精炼。

b 定义

所谓电解，是指直流电通过电解质溶液，而引起氧化、还原的过程。

c 实质

电解是利用各种金属元素标准电位不同，达到分离提纯金属的目的。

B 铟电解的基本原理

铟电解精炼是粗铟阳极在电解槽中，借直流电的作用，进行电化学反应，从阴极上获得纯铟的过程。

根据电离理论，电解液中各组分在溶液发生如下电离：

$$In_2(SO_4) =\!=\!= In^{3+} + 3SO_4^{2-}$$

$$H_2SO_4 =\!=\!= 2H^+ + SO_4^{2-}$$

$$H_2O =\!=\!= H^+ + OH^-$$

在通电前，电解液中的阴阳离子处在无秩序的热运动中，当直流电通过电解液后在外界电场的作用下，阳离子移向阴极，阴离子移向阳极，与此同时，在电极与电解液界面上发生相应的电化反应。

在阳极上，铟失去 3 个电子，以三价阴离子形式进入电解液中。

$$In - 3e =\!=\!= In^{3+}$$

在阴极上，电解液中的铟离子获得电子还原成金属铟，并在阴极上析出。

$$In^{3+} + 3e =\!=\!= In$$

很显然，随着电解过程的进行，阳极会逐渐溶解，阴极则因金属铟的析出而逐渐变厚。

在电解过程中，存在于阳极中比铟较正电性的杂质金属，如铜、铅、锡等均不溶解，保留在阳极表面，形成海绵状的阳极泥层，随着电解过程的进行、铟的不断溶解，其阳极泥也不断变厚。

在电解中，阳阴极上不会析出氢气和氧气。

C　铟电解精炼技术条件的控制

铟电解精炼实际控制的技术条件如下。

a　电解液的成分

该厂铟电解主要是用硫酸铟电解液，In 以 $In_2(SO_4)_2$ 存在。

电解液中 In 含量一般为 $40\sim100g/L$，生产中常采用 $80\sim100g/L$。

(1) 当电解液中含铟量太高的情况下，一方面铟盐会水解，另一方面特别是采用高电流密度和高 pH 值电解时，由于阳极浓差极化，往往发生 In 及杂质（如 Sn 等）盐内的水解沉淀，若阳极沉淀物洗涤不良，必然影响阴极的质量。

(2) 当然 In 的浓度过低也不适合，因为通常电流密度下，温度较低，电解液又不循环流动，产生阴极浓差极化的条件下，过低的铟浓度使氢和某些杂质析出，使阴极电流效率和铟纯度下降。

(3) 氯化钠（NaCl）。生产实践中一般采用含 NaCl $80\sim100g/L$ 的电解液。

因为铟电解液酸度一般不高（pH 值为 $1\sim3$），比电阻较大，故需加入 NaCl，改善溶液的导电性和提高氢的超电压，以提高电流效率。

但应指出，加入某些不参与阴极过程的导电盐类，由于增大溶液中离子浓度，将使 In^{3+} 的活度下降，而且 Na^+ 在阴极上的吸附会降低双电层中的 In 离子浓度，这些都会使 In 的析出电位向更负电性方向移动，特别是随着 NaCl 含量逐渐增高，生成铟的络合物的趋势也愈来愈大，更会使铟的平衡电位显著降低，因此，过多加入 NaCl 是不适合的。冬天时，室内气温低，又没有及时安装暖气，导致电解槽内阴极与阳极产生大量结晶物（白色，类似冰块），经分析，这种结晶物就是 $Na_2SO_4 \cdot nH_2O$，它的产生使槽压升高，阴阳极短路，给操作带来麻烦，因此必须控制电解液 Na^+ 中浓度。

(4) 添加剂明胶。添加剂明胶一般控制在 $0.5\sim1g/L$。

加入添加剂明胶可以获得致密的金属。因为在一定的电位下，这些添加剂被阴极表面吸附，使 Me^{2+} 放电过程受阻碍，因阴极极化增高，结晶不易长大，故有助于获得细结晶的阴极沉积物。此外，表面活性添加剂主要吸附于沉积物表面的活性点，如结晶的尖角、棱上，结果使该点电化学反应受阻碍，使电流在阴极上重新分配，而在其他地方产生新的结晶中心和继续成长，因此有助于获得表面平整的沉积物。

此外，过多的添加剂可能使阴极沉积物被污染，而且会使槽压过分增加，因此，添加剂加入必须适量。

b　电解液的酸度

生产中一般控制 $pH=2\sim2.5$。

电解液的酸度对电解过程有很大影响。

溶液 pH 过低，不仅使氢的平衡电位直线增高，而且还会使氢的超电压直线降低，这显然会使 In 的电流效率下降，从而使电解 In 的纯度降低。

若 pH>3（1g 离子/L 时）则铟盐会发生水解，也是不允许的。

即使 pH=0~3 范围内，pH 对 In 的纯度也有相当大的影响，一方面在此范围内采用较高的 pH，可使某些杂质（如 Sn、Pb）或 In 水解胶体生成沉淀，可能使 Pb、Sn 通过沉淀吸附而玷污阴极的可能性增大；但与此同时，由于 Pb、Sn 与 In 共同水解沉淀，可以降低溶液中 Pb、Sn 浓度，从而使他们通过电化放电途径污染阴极 In 的可能性减少。由于这两种正好相反的影响，使得在其他电解条件不同的实践中，pH 值对 In 的纯度影响出现了相互矛盾的结果。

c 电解液的温度

在铟电解过程中，溶液中杂质的浓度应控制低一些，可以认为很多杂质都有可能在极限电流下放电。因此若温度升高，扩散加速，杂质通过电化污染阴极铟的可能性增加。此外，溶液温度提高，氢超电压显著下降，但对化学极化很小的铟则影响不大，反而降低铟的电流效率和影响阴极铟的纯度。故生产中一般控制温度为 20~30℃，最高不得超过 35℃为好，否则必须采取冷却降温措施。

d 电流密度

铟电解除控制电解液成分外，还要控制适宜的操作条件，如电流密度、电解液温度、槽压等条件。

电流密度是铟电解的主要技术条件之一，电流密度用 D_k 表示。

铟生产中一般控制 40~70A/m²。

D_k：单位电极有效表面通过的电流强度，称电流密度，A/m²，可以用下式计算：

$$D_k = A/2LW(n-1)$$

式中 A——电流强度，A，即总电流；

L——阳极有效长度，m；

W——阳极有效长度，m；

n——阴极片数。

电流密度的选择，主要取决于铟中杂质含量。含杂质高，则 D_k 宜低；反之 D_k 可以较高，D_k 大，槽压相应增高，电耗升高，电效降低，还会影响析出铟的质量，为保证质量一般开 50A/m²，若控制得当，可开到 100A/m²。

e 槽电压

槽电压是指一个电解槽的相邻两片阴、阳极之间的电压降。对铟电解来说，槽电压包括电解液的电阻、接触电阻、导线电阻、阳极泥层和浓差极化所造成的电压降。其中电解液是主要的(约占 50%~60%)。所以要降低槽电压，除将各接触点擦干净外，更主要的是从电解液方面着手，尽量降低电解液的比电阻。

在铟电解过程中，槽电压需严格控制，如果槽压控制不当，直接影响析出铟的质量。若槽压高，为已进入电解液中的正电压性杂质的析出创造了条件，势必影响铟的质量，为了保证产品质量，槽压应尽量控制低些好。

综合起来，槽电压与电解液成分（包括含 In、NaCl、明胶）、电解液的温度、酸度（pH）、电流密度 D_k 周期、极距、阳极品位等因素有关。适当提电解液的温度，降低电流密度，减小极距，缩短周期，适当加一些 NaOH，少加一点明胶，电解液适当加以搅拌，提高铟极品位，导电棒擦得亮一些等，都有利于降低槽压，在生产中槽压应控制在 0.2~0.35V，最好在 0.3V 以下。

f　极距

阴阳极间 6~7cm，同极间 2~3cm。

电解时如果阴阳极平整，在不易发生短路时，极距宜短一些，这样可以相应降低槽压，对质量有利。

g　周期

周期指装槽到出槽实际的通电时间，电解周期不宜过长，如果周期长，阳极溶解得多，阳极泥相应增厚，影响阳极泥层和附近铟离子的扩散，势必升高槽压，对质量不利。一般老槽槽压高些就是这个原因。

h　电解液的搅拌

铟电解时，由于规模小，电解液一般都不循环。但随着电解过程的进行，阴极附近铟离子贫乏，而阳极附近铟离子浓度增加，造成浓差。还有电解液中铟离子由于比重大，亦有分层现象，因此造成浓差极化，使槽压升高。为了消除浓差极化，一般每隔 1h 可在阴阳极间用玻璃棒适当搅拌电解液，但应注意，应靠近阴极搅拌，切勿将阳极泥搅下来，否则对质量不利。

i　电解液中杂质含量

$$Cd<1g/L,\ Pb、Sn<0.01g/L$$

电解液含 Cd 到一定程度后（1g/L 以上）会引起析出铟含镉高，电解液中的镉可以用两种方法除去：

（1）可以用 N235 加煤油萃取镉；

（2）可以用 717 号树脂交换除镉。

该厂采用 N235 萃取净化法。

电解液中的铅、锡时不易除去。但在 Pb、Sn 较高时，在装槽前，加入适量的氯化锶（$SrCl_2$）产生沉淀，可除去一部分。也有络合作用使 Pb 变成络阴离子移向阳极，而不影响阴极质量。另外还可加入碘化钾使 Pb、Sn 变成碘的络合物，使其电位变负，不易析出，加 KI 还可以使阳极泥致密，但槽压会升高。

D　铟电解精炼过程中的杂质行为

粗铟中一般含有 Ag、Cu、Pb、Zn、Sb、As、Sn、Tl、Cd、Fe、Al 等杂质。

根据各种杂质和 In 的标准电位的不同可以分为以下三种。

a　正电性金属杂质

正电性金属杂质包括 Cu、Ag、As 等这些杂质，由于标准电位正值很大，而铟阴极溶解时极化值又很低，因此，这些杂质将不溶解，基本上全部进阳极泥中。若采用流动隔膜将阴阳极空间分开，或用滤纸和耐酸纤维织物袋（尼伦袋）将阳极包住，即可防止玷污阴极产物。

b　负电性杂质金属

此类杂质与 In 一道在阳极氧化，而进入电解液中。但这类杂质电性都很大，而浓度比较低，一般不会在阴极上析出。常见的杂质有 Al、Fe、Zn 等。

c　标准电位与 In 相近的金属杂质

这类杂质有 Sn、Pb、Cd 等。

Pb 的电位高于 In，故大部分阳极中的 Pb 保留在阳极泥中，少量进入溶液，而可能在阴极上析出。当采用 H_2SO_4 溶液时，溶液中的 Pb^{2+} 浓度还受 $PbSO_4$ 溶解度的限制。

Sn 的电极电位高于 In，但也有部分溶解进入电解液中，并与 In 一道在阴极上析出，在溶液中含 Sn 很低的条件下，Sn 离子将在极限电流密度条件下放电析出。提高电流密度是有利的，因此当阳极含锡较高时，应采用较低的电流密度，以免过量的锡进入溶液。

此外，阳极对锡的行为也有影响，实践表明，当阳极含锡较高时，宜采用较高的 pH（对于硫酸铟电解液 pH = 2 ~ 2.5）方能获得含锡低的阴极沉积物。

E　电解的实践

a　电解液的制备

铟电解所用的电解液由硫酸铟 $[In_2(SO_4)_3]$ 和游离的硫酸的水溶液组成。

电解液的制备主要是制备硫酸铟，即造电解液。方法比较简单，首先，将成品铟（99.99% 以上）水淬成海绵或粒状，然后进行酸溶，造电解液应用化学纯硫酸，按铟与硫酸反应：$2In + 3H_2SO_4 \rightarrow In_2(SO_4)_3 + H_2$ 计算配酸。实际加入比理论约多 2% 的 H_2SO_4，再加入一定体积的蒸馏水（注意：需将浓 H_2SO_4 往水中注入），将水淬铟放在烧杯中，加热到 90% ℃ 以上，并防止冒槽，待铟熔化后，适当保留一点金属铟（让 In 置换 Pb、Sn）停放一段时间后，过滤除去沉淀物，再调 pH 和要求的铟量，按要求加入明胶和氯化钠，即可待装槽用。

电解液选用下列成分：

In 80 ~ 100g/L	NaCl 80 ~ 100g/L	pH = 2 ~ 2.5
明胶 0.5 ~ 1g/L	Cd < 1g/L	Pb、Sn < 0.01g/L

b　电解作业

将粗铟铸成阳极，以钛板作阴极，然后将阴阳极按一定的距离装入盛有硫酸铟和游离硫酸组成的电解液的电解槽中，通入直流电进行电解，铟不断自阳极溶解进入电解液，并在阴极上连续放电析出，而其他正电性杂质不溶解，保留在阳极上，形成阳极泥，电解一段时间后，将阴阳极取出，剥下析出铟，洗刷干净，熔化、除镉后铸成成品，洗净残极阳极泥，重铸成阳极，再返电解，阳极泥处理后回收铟。

c　装槽

目前使用的电解槽有硬塑料和有机玻璃制作的两种。

电解槽尺寸 260mm×410mm×530mm，其中 4 个有机玻璃，20 个塑料槽，阴极为 2mm 的钛板制作，尺寸 210mm×360mm，阳极规格 180mm×300mm，每一块重 3~5kg，槽间导电板用紫铜板。

装槽前必须对阴阳极用离子交换水（水的电阻在 3 万欧姆以上）洗刷干净；导电板可用稀硫酸浸泡，再用蒸馏水洗干净；阳极为防止阳极泥污染，用涤纶布袋装起来(阳极包滤纸一张)，但布袋必须反复洗干净。装槽时按 6~7cm 极距装。每槽装阳极 5 片，阴极 6 片，电极连接为复联法，槽与槽相互为串联，槽内阴、阳极为并联，装好槽后，启动硅整流器，通直流电 30~35A，然后用槽压表检查阴阳极各接触点的接触情况，接触不好的应及时处理，保证接触良好，槽压应调整至 0.3V 以下，装好槽后只需检查槽压和搅拌电解液，并定期补充 pH = 2~2.5 所需的水。

为防止外界污染，全部电解槽都放在玻璃防尘罩内。

d　出槽

先关掉硅整流器，放掉电解液(一定要滤干阴阳极板上的电解液)，依次取出阴极、阳极，剥下析出铟，用蒸馏水（或去离子水）洗 2~3 次，然后滤干水，放甘油熔化，除镉铸成成品。阳极取下布袋，洗下阳极泥，残极重铸阳极，布袋要认真细致地洗干净，待用。阳极泥和洗水集中处理。其渣用硫酸浸出，锌板置换，即回收铟。

出装槽的关键问题是操作要认真、细致、负责，洗扫一定要干净，否则成品质量无法把握，同时还要注意点滴回收，提高回收率。

如果电解液中含 Cd、Zn 高，应采用 N235 萃取除 Zn、Cd 后再装槽。

N235 萃 Cd 实践证明，有机相的配置：15% N235 + 80% 煤油 + 5% 仲辛醇，步骤：萃取 O/B = 1/(1~1.5)，水洗 O/B = 1/1，碱洗(反萃) O/B = 2/1，酸化 1~2N HCl 或 H_2SO_4，酸化至 pH 为 2.5，整个过程在单级萃取箱间断进行，电解液经净化含 Cd 在 0.01g/L 以下。

e　析出铟除镉和铸成品

析出铟含镉一般在 0.0005%~0.004%，有时因电解液中含镉高，析出铟含镉会更高，故在铸成品前需进行除镉。

除镉采用甘油、碘、碘化钾效果好，此法基于 Cd 与碘及碘化钾作用，生成能溶于甘油的络合物—镉碘酸钾，其反应式：

$$KI+I_2+Cd \longrightarrow KCdI_3$$

洗净后的析出铟，用化学纯（或工业纯）甘油覆盖，在搪瓷盆中熔化(160~180℃)，先加 KI，碘分次加入，加至不褪色位置。反复 1~2 次。镉可以除至 0.0001~0.0003，每 20kg 铟加甘油 1~1.5kg，KI 100~150g，除镉后，扒掉渣，擦干净铟表面的甘油，用酒精烧去残余的甘油（每 20kg 铟加酒精 50~100mL 左右），再铸成长条形锭，每锭重 500~600g。

析出铟如含铊（Tl）高，可用 NH_4Cl、$ZnCl$ 除 Tl。

F　产品质量问题

从产品化学成分来说，铟质量好坏直接反应电解的工作质量、电解条件控制的好坏。在电解过程中应设法保证电铟质量，必须严格按技术操作过程操作，关键是控制好槽压，对析出铟影响较大的杂质是 Cd、Zn、Sn，针对不同杂质、不同情况，应采取不同措施，达到稳定产品化学成分的目的。

从产品物理规格方面，摸索了铸型合适的模温与浇注液温，采取用酒精烧去残余甘油，消除残留在锭表面的甘油印子的方法，提高了铟锭的外观质量。

7 高纯铟的制备

7.1 概述

前面已经提到铟是半导体锗的掺杂元素，纯度不低于 99.999%，但是，铟作为化合物锑化铟的原料时，则要求更高的纯度，即总杂质量不超过 10×10^{-6}。

高纯铟的制取法有汞齐法、离子交换净化电解法、用萃取法提纯过的溶液中沉淀的方法，除 Cd 后的二次电解法等。从目前国内几个生产高纯铟（99.999%）的单位来看，多采用除 Cd、Tl 后的二次电解法。

7.2 除 Cd、Tl 后的二次电解法提取高纯铟

从前面内容已经知道，采用各种不同的方法获得粗铟（96%～98%）后，用化学法或物理法除去镉和铊以后，在硫酸盐溶液中进行电解，一般电解一次可获得含铟 99.99% 以上的成品铟，为了获得高纯铟，一般都以第一次电解的成品铟作原料，但由于 Cd、Tl 与 In 的标准电位十分接近，在电解过程中难以全部除去，故成品铟中含 Cd、Tl 仍比其他杂质高 $(10 \sim 20) \times 10^{-6}$，为了再电解一次就能获得 59% 铟，在第二次电解前必须进一步除 Cd、Tl。除 Cd 可用真空蒸馏法，操作条件：真空度 10^{-3} mmHg，温度 900～950℃，恒温 2h，Cd 可以降到 0.1×10^{-6}，Tl 小于 2×10^{-6}。除 Cd、Tl 后还可以用 20% 碘化钾的甘油溶液加入碘，在 20% 碘化钾的甘油溶液中，镉和铟的负电压相差 -0.23（铟为 -0.67V，镉为 -0.804V），故完全可以分离铟中的镉。碘化钾、碘与镉生成络合物（$KCdI_3$），而与铊生成难溶化合物，铊可以用加 $ZnCl_2$、NH_4Cl 除去，用甘油保持铟熔化，去掉甘油后加入 $ZnCl_2$ 和 NH_4Cl，搅拌 1h，操作温度 260℃，操作 1～2 次，Tl$<2 \times 10^{-6}$，Pb 可达 1×10^{-6}，Sn$<0.5 \times 10^{-6}$。

除 Cd、Tl 后的 49% 铟铸成阳极，阴极可用压成或倒制而成的始极片，电解槽可用有机玻璃制成。

电解液控制成分：

In 60～80g/L，NaCl 60～80g/L，明胶 0.2～0.5g/L，pH 值为 2～2.5。

电解液用特制硫酸和电渗水或离子交换蒸馏水配制（电阻 50 万欧姆以上）。

电解操作条件：

$D_k = 30 \sim 50$A/m^2；温度 20～25℃；极距 6～7cm；槽压 0.2～0.35V。

电解液每隔 1h 搅拌 1 次，阳极内包一层滤纸，外套涤纶布袋，以防止阳极污染阴极。

金属铟一般不单独使用，作为商业用途的铟呈铟合金、铟盐、半导体化合物和其他铟化合物形态，其中最大宗用途为铟锡化合物（ITO）。随着人类物质文明的进步和科学技术的日新月异，铟的用途还在扩大，产品、品种不断推陈出新。本章择要介绍目前的主要铟制品及其加工制备。

7.3　高纯铟和超纯铟

7.3.1　产品规格

通常将 5N 铟（99.999%）称为高纯铟，6N~9N 铟（99.9999%~99.9999999%）称为超高纯铟，它们的形态可以是锭、丝、箔、粉、条、棒等。

7.3.2　主要用途

用于制备磷化铟、锑化铟、砷化铟等半导体化合物，用作荧光体材料和高档 ITO 靶材的原料、半导体掺杂剂、焊料及制备 In_2O_3 的原料；用于锗晶体管，它既是一种掺杂剂，又是把引出线连到晶体上的媒介。

7.3.3　制取方法

7.3.3.1　升华法

升华纯化主要是利用 In_2O 或 $InCl_3$ 的升华来达到纯化铟的目的。将表面氧化的铟放入石英坩埚中，压强为 $1 \times 10^{-4} Pa$，于 200℃ 下熔化，在 800℃ 下加热使 In_2O 升华，在 80℃ 下保温，可完成铟的纯化工作。也可通过 $InCl_3$ 的升华除去部分杂质，然后和铟生成 $InCl$，再发生歧化反应达到纯化目的。该方法纯化效果好，但设备昂贵，只适于少量样品的处理。

7.3.3.2　区域熔炼法

由于铟具有较低的蒸气压，采用区域熔炼的方法，可使其他一些不能和铟起作用的杂质挥发，如 Au、Ag、Ni 等，尤其适于铟汞齐精炼后的处理。将汞齐电解后的铟置于涂碳的石英皿中，在温度 600~700℃，真空度 1.33×10^{-3} ~ $1.33 \times 10^{-2} Pa$ 下，处理 3~4h，汞含量可降低至 $0.08 \mu g/g$。但 S、Se、Te 等对铟具有更高的亲和力，不能用区域熔炼法分离。

区域熔炼法操作方便，效率较好，适于制备高纯铟，但为了得到短的熔区，在铟的低熔点下，必须付出较大的冷却费用。

7.3.3.3　真空蒸馏法

真空蒸馏法在 950~1000℃ 下，将铟进行真空蒸馏，保温 2~4h，可降低镉含

量达 $10\mu g/g$，Fe、Cd 的去除率达 98%，在 $5\times10^{-6}kPa$ 的真空中对铟进行真空蒸馏，铟纯度达 99.999%。该方法的费用较大，仅能处理少批量样品。

7.3.3.4 金属有机物法

有人研究了用 $InCl_3$ 的吡啶络合物净化铟的方法，产品经分析不含 Fe、Sn、Pb 等杂质。采用 $Al(C_2H_5)$、$In(C_2H_5)_3$ 和 $C_6H_5CH_2N(CH)_3F$ 作为电解液得到高纯铟。该方法得到的产品纯度高，但烷基铝、烷基铟价格昂贵。

7.3.3.5 离子交换法

有人提出了用离子交换法提纯 $InCl_3$ 溶液，将 $InCl_3$ 溶液以一定的空间流速通过强碱性的阴离子交换树脂，Cu、Tl、Cd 等杂质被吸附，从而获得较纯净的 $InCl_3$ 溶液，再置换得海绵铟，精炼产品纯度可达 99.9998%。

7.3.3.6 萃取法

用乙醚进行二次萃取后，再用氨水中和 In 的 HCl 溶液，得 $In(OH)_3$ 沉淀，将沉淀用氢还原，或配制成电解液电解可得到纯度大于 99.9995% 的高纯铟。或用烷基磷酸萃取铟，用 HCl 从有机相中反萃铟，最后用铝或锌置换，沉淀成为海绵铟，通过进一步精炼可得到 99.999% 的铟。用螯合剂萃取水溶液中的铟，萃取率可达 100%，萃取后铟可被电解析出。萃取法同离子交换法一样，均要求将铟转入溶液，纯化溶液后析出金属铟。

7.3.3.7 低卤化合物法

将铟转化为 InCl 来纯化铟是最方便的。InCl 的特征是能歧化为 $InCl_3$，在水溶液中歧化程度更大，为此，用水处理粉碎后的 InCl。为防止铟歧化后的 $InCl_3$ 水解，应事先加酸使水酸化，洗涤沉淀铟，然后熔铸成锭。低卤化合物法易于合成、效果好，但是，至今还未能控制好 InCl 歧化析出铟的速度，导致析出的铟不是小的晶体（小晶体容易过滤），而是海绵铟（包含有较多的母液）。所得的海绵铟需借助于机械压密，然后在甘油层下熔化，铟中的残留母液进入甘油相，方可得到高纯铟锭。

7.3.3.8 电解精炼法

电解法是在生产实践中最常用的方法，也易于实现工业化，我国目前生产 4N（99.99%）精铟的企业都采用电解精炼法。

电解法按照电极状态的不同，可以分为两大类：液体铟汞齐电解法及固体铟阳极电解法，而通常所说的电解精炼法是指固体铟阳极电解法。

7.4 细铟粉

7.4.1 产品规格

细铟粉产品化学质量同精铟或高纯铟，粒度为 -0.125mm 占有率大于 98%。

7.4.2　主要用途

细铟粉主要用于制备 ITO 制品及电子行业等。

7.4.3　制备方法

细铟粉制备的方法有常压蒸馏法、真空蒸馏法及雾化法、一价铟离子歧化法等。

雾化法工艺、设备简单、细粉率高、操作方便、成本低，操作程序如下：

（1）首先将沉淀室充满惰性气体；

（2）将金属铟熔融至 2500℃，引入不锈钢坩埚；

（3）让金属铟液流到充满惰性气体的喷嘴，控制一定的气压，使金属铟液垂直降落并与横向的惰性气体交叉产生雾化，从而产生铟粉；通过密闭的收集器收集铟粉，人工周期取出筛分，合格品密封包装，筛上物返回上述系统。

7.5　三氧化二铟

7.5.1　产品规格

三氧化二铟及高纯三氧化二铟产品标准见表 7-1、表 7-2。

表 7-1　三氧化二铟产品标准

指 标 名 称	指标/%
三氧化二铟（In_2O_3）	≥99.0
氯化物（Cl）	≤0.001
硫酸盐（SO_3^{2-}）	≤0.002
氮化物（N）	≤0.003
铁（Fe）	≤0.01

表 7-2　高纯三氧化二铟产品标准

指 标 名 称	指标/%
三氧化二铟（In_2O_3）	≥99.999
Cd、Ca、Cu、Fe、Ni、Pb、Sn、Tl 总量	≤10×10^{-4}

7.5.2　主要用途

三氧化二铟可用于玻璃、陶瓷、化学试剂、无汞碱性电池的添加剂，最大用途是用于制备 ITO 制品。

7.5.3　制备方法

三氧化二铟的制备方法很多, 主要有:

(1) 高频吹氧法; (2) 硝酸盐煅烧法; (3) 氢氧化铟分解法; (4) 碳酸盐煅烧法; (5) 硫酸盐煅烧法。

硝酸盐煅烧法的工艺流程为:

原料铟→熔化→泼片→水洗→溶解→浓缩→煅烧→研磨→封装→产品。

氢氧化铟分解法的工艺流程为:

在空气中加热氢氧化铟到 850℃, 直至恒重, 再在 1000℃ 下加热 30min , 即得黄色 In_2O_3 产品。

纳米三氧化二铟的制备程序为: 浸泡硫酸铟→热解。

7.6　氢氧化铟粉

7.6.1　产品规格

氢氧化铟粉质量要求见表 7-3。

表 7-3　氢氧化铟粉质量要求

杂质成分	Al	Fe	Cd	Tl	Cu	Sn	Pb
含量	≤1.0×10⁻⁴	≤1.0×10⁻⁴	≤0.5×10⁻⁴	≤1.0×10⁻⁴	≤0.5×10⁻⁴	≤1.0×10⁻⁴	≤1.0×10⁻⁴

7.6.2　主要用途

氢氧化铟粉用于太阳能电池、液晶显示材料、低汞和无汞碱性电池的添加剂等。

7.6.3　制备方法

氢氧化铟粉一般采用湿法制备工艺, 其操作程序如下:

(1) 将高纯金属铟 (5N) 在不锈钢坩埚中熔化, 泼片, 用去离子水洗涤;

(2) 用高纯稀盐酸溶解金属铟片;

(3) 将所得之氯化铟溶液加热到 100℃ 左右, 搅拌, 加入高纯氨水中和溶液, 至 pH 值为 8~9, 制得 $In(OH)_2$ 沉淀;

(4) 在 100 ℃ 下陈化 6~7h;

(5) 过滤沉淀, 用去离子水洗涤沉淀至上清液无沉淀;

(6) 过滤沉淀, 并于 50~60℃ 下烘干;

(7) 研磨, 包装产品。

7.7 高纯硫酸铟

7.7.1 产品规格

高纯硫酸铟产品规格见表7-4。

表 7-4 高纯硫酸铟产品规格

指标名称	指标
硫酸铟 $[In_2(SO_4)_3]$	≥99.999%
粒度	−80目

7.7.2 主要用途

高纯硫酸铟主要用于电镀铟。

7.7.3 制备方法

一般采用湿法制备工艺，其操作程序包括：

（1）用高纯稀硫酸溶解高纯金属铟或高纯氧化铟；

（2）加热浓缩硫酸铟溶液，制得 $In_2(SO_4)_3 \cdot 5H_2O$；

（3）在500℃下焙解5h，脱除结晶水，制得无水高纯硫酸铟。

7.8 半导体铟化合物

半导体铟化合物是最重要的铟化合物和最主要的铟消费。包括 AⅢBⅥ 型化合物、AⅢBⅥ 为主的固溶体、ITO、AⅠ、BⅢ、C₂Ⅵ型的铟化物等。这里着重介绍 AⅢBⅥ 型化合物中最重要的 InSb、InAs 和 InP。

7.8.1 锑化铟单晶

7.8.1.1 产品规格

锑化铟单晶在室温下为银灰色固体，具有闪锌矿型晶体结构，晶体常数 $a = 0.64796nm$，密度 $5.78g/cm^3$，在300K时晶带宽度0.18eV。

7.8.1.2 主要用途

锑化铟单晶主要用于制造惯性小的霍尔效应发生器，红外探测仪的滤光器，高灵敏度的光接收器，各种辐射装置、热电发生器和冷却器等。

7.8.1.3 制备方法

制备锑化铟单晶的操作程序包括如下三道步骤：

（1）合成锑化铟多晶。即将高纯铟和高纯锑置于一石英或石墨制成的容器内，在真空或氢气气氛下熔炼。

（2）提纯锑化铟产品。采用多次区域熔炼方式除去杂质，得到高纯锑化铟。

（3）采用熔融体直拉法制备掺杂锑化铟单晶。

7.8.2　砷化铟单晶

7.8.2.1　产品规格

砷化铟单晶常温下为银灰色固体，具有闪锌矿晶格结构，晶格常数 $a=$ 0.6nm。密度 $5.066g/cm^3$（固相）。300K 时能隙为 0.45eV，为直接跃迁型。砷化铟中电子、空穴迁移率比值达 70，电子迁移率高，在 300K 时可达 $3300cm^3/$ $(V \cdot s)$。

7.8.2.2　主要用途

砷化铟单晶与锑化铟单晶类似，主要用于制造霍尔效应发生器、各种类型的光接收装置和辐射装置（二极管、激光器）等。

7.8.2.3　制备方法

制备砷化铟单晶的操作步骤：

（1）合成砷化铟多晶。即将高纯铟和高纯砷混合置于一密封并抽真空的石英容器中（砷应适当过量），再放在一台单区式或双区式的加热炉中进行熔化。

（2）制备掺杂砷化铟单晶。常用常规定向结晶法和液封直拉法。掺杂剂多为碲、硒或锌。

7.8.3　磷化铟单晶

7.8.3.1　产品规格

磷化铟单晶为深灰色结晶，具有闪锌矿晶格结构，晶格常数 $a=4.787g/cm^3$。室温时能隙 1.35eV，为直接跃迁型。

7.8.3.2　主要用途

InP 近几年已成为非常重要的半导体材料之一，主要应用于光电子技术和微波技术领域，而另一大有发展前途的应用领域是太阳能动力技术。

7.8.3.3　制备方法

磷化铟单晶的制备操作步骤：

（1）合成磷化铟多晶。合成操作是让高纯的磷蒸气与熔融高纯铟直接发生作用，多采用水平定向结晶法和区域熔炼法。

（2）制备掺杂磷化铟单晶。一般采用高压溶液提拉法，即将盛有磷化铟多晶的石英坩埚置于高压设备内，用电阻丝或高频加热，惰性气体保护（压力 $3 \times$ 10^6Pa）下让晶体生长。为了提高 InP 单晶质量，降低位错密度，可通过掺杂

（如 Sn、S、Zn、Fe、Ga、Sb 等）以减少位错。掺杂是往多晶中放入中间掺入物，使之在熔融和结晶过程中得以扩散实现。

7.8.4 以 InB^V 为主的固溶体

许多 InB^V 型的三元或四元固熔体半导体都具有直接带间跃迁的特性，其许多重要的物理参数还能随成分的改变而发生平稳变化，从而使已制成的光电子装置得以大幅度地强化各项功能，扩大适于仪器运行的光谱区间，并提高功效参数。

这类材料目前主要用于制作各式光电子仪器（如相干和非相干辐射源）、各种光接收装置。最具前景的应用则是在集成光学仪器和太阳能领域。

这些固溶体，如 $In_{1-x}Ga_xP$、$In_{1-x}Ga_xAs$、$In_{1-x}Ga_xAs_{1-y}P_y$、$In_{1-x}Ga_xAs/InP$、$In_{1-x}Ga_xAs_{1-y}P_y/InP$ 等结构形式的，皆已获得实际应用。

这类固溶体的制备方法最常用的为外延法，包括在卧式或立式反应器内于氢气气氛中进行的液相外延法，还有气相外延法和分子发射外延法。

7.8.5 A^{I}InB$_2^{VI}$ 型的半导体化合物

这类化合物的晶格均为黄铜矿型，其特点是能带之间跃迁的直接性和由此产生的光吸收系数值较大。它们在光电子学的多个领域都有应用潜力，如用于制造非线性光学仪器、光电接收器、光电二极管和太阳能电池等。

目前，研究得较多的这类化合物中，主要有 $CuInS_2$、$CuInSe$、$CuInTe_2$、$AsInS_2$、$AgInSe_2$ 等。

它们的制备难以采用通常制备单晶的工艺，而是采用在基质材料上沉积成薄层的办法，如用磁控活化雾化法制备 CuInSe 薄膜。

7.9 ITO(铟锡氧化物)

铟锡氧化物（indium-tin oxide）简称 ITO，是最重要的铟材料，它包括 ITO 粉末、纳米 ITO 粉、ITO 靶材及 ITO 透明导电薄膜。

7.9.1 ITO 粉

7.9.1.1 用途及质量要求

ITO 粉主要用于制备 ITO 靶材，质量要求如下：纯度：4N 或 5N 含量：$In_2O_3/SnO_2 = (90\sim95)/(10\sim5)$，杂质含量要求见表 7-5。

表 7-5 我国某厂 4N ITO 粉杂质含量要求参数

杂质成分	Cu	Al	Fe	Pb	Tl	Cd	Zn	Si
含量（≤）	3×10^{-4}	10×10^{-4}	10×10^{-4}	3×10^{-4}	3×10^{-4}	3×10^{-4}	3×10^{-4}	30×10^{-4}

（1）平均粉粒径：

1）对低密度靶材（相对密度 95%~96%），要求小于 1~3μm；

2）对高密度靶材（相对密度不小于 98%），要求小于 0.1μm；

3）对超密度靶材（相对密度不小于 99%）。

（2）外观颜色：浅蓝色。

（3）结构：单一立方 In_2O_3 相。

7.9.1.2　制备方法

目前应用的制取 ITO 粉末的方法有尿素沉淀法、共沉淀法、有机溶剂共沸法、有机溶剂共沉淀法、喷雾燃烧法等。前两种方法试剂易于获得、工艺较成熟、应用较多。前四种称为湿法制粉，后一种称为干法制粉。

A　尿素沉淀法

在高温溶液中，添加均相沉淀剂尿素，利用尿素在水溶液中加热分解，其反应如下：

$$H_2NCONH_2 + 3H_2O \longrightarrow 2NH_3 \cdot H_2O + CO_2$$
$$NH_3 \cdot H_2O =\!=\!= NH_4^+ + OH^-$$

加热分解时，分解产生 OH^- 使溶液的 pH 值逐渐升高，开始时分解速度较慢，当 pH 值升至 3~6 时反应速度加快，并使溶液发生均相沉淀。

有人采用此法制取氧化铟细粉，并进行了各种条件的优选试验，获得球状 0.6~1.2μm 的微粒。其工艺流程及控制条件如图 7-1 所示。

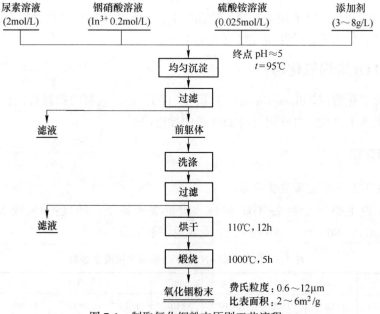

图 7-1　制取氧化铟粉末原则工艺流程

B 共沉淀法

按图 7-2 所示流程,首先将金属铟在硝酸溶液中溶解,然后将此溶液和硫酸锡溶液按 $In_2O_3 : SnO_2 = 9 : 1$ 的比例混合,强烈搅拌均匀。在底溶液中加入添加剂,调整 pH 值,在一定温度下,将铟锡盐溶液和 $(NH_4)_2CO_2$ 同时加入反应器中进行反应,控制反应酸度,通过强烈搅拌生成 ITO 复合粉,经洗涤、烘干、煅烧、筛分后获得比表面积为 $36m^2/g$ 的超细粉末。

另据报道,可在硝酸铟、氯化锡的溶液中加入 25% 的氨水进行共沉淀。反应温度为 70℃,终点 pH 值 7.5~8 时,停止滴加氨水,在该温度下搅拌老化 2h,沉淀,经过滤、洗涤、烘干、煅烧等工序获得球形粉末,颗粒平均粒径为 29nm,比表面积为 $28.9m^2/g$。

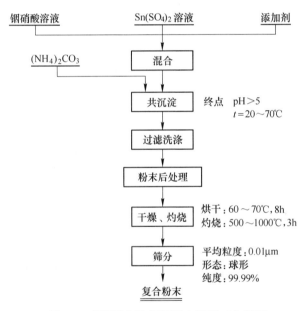

图 7-2 共沉淀制取铟锡粉末原则工艺流程

C 喷雾燃烧法

该法通过在氧气或空气中喷射铟锡金属溶液,让金属微粒在高温下氧化而制得 ITO 粉末。此法在国外已实现工业化生产。

铟锡金属熔点低,流动性好,金属细流很易被高速气流冲击雾化。此法能制备平均粒径 $0.1\mu m$ 以下,比表面积 $10m^2/g$ 以上,凝聚程度小、粒度均匀的高纯 ITO 超微粉。

7.9.2 纳米 ITO 粉

目前,制备超细粉末的方法很多。如液相共沉淀法、熔体雾化燃烧法、减压-

挥发氧化法、喷雾热分解法等。由于液相共沉淀法简单实用,设备投资少且粉体粒度小,成分可控,因而成为纳米级超细粉体制备的主要方法之一。

采用液相共沉淀法成功制备了纳米级 ITO 粉末。通过在底液中添加某种分散剂,有效地防止了团聚现象的发生,经多次水洗后在热处理前已无分散剂的存在,所制得的 ITO 粉末粒径达 40~50nm,呈球状。

所采用的制备工艺流程如图 7-3 所示。

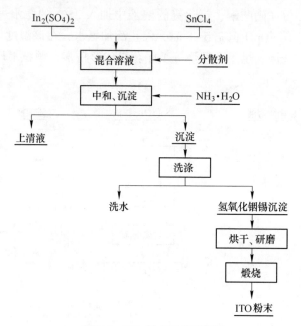

图 7-3　ITO 粉末工艺流程

将纯度 99.993% 以上铟用 4mol 硫酸溶解,$SnCl_4 \cdot 5H_2O$ 用高纯水溶解,将此两溶液按一定配比配成混合溶液,并在底液中添加分散剂,搅拌均匀。于 75℃下向所配溶液中缓慢加入 25%~28% 的纯氨水,同时开动搅拌;直到溶液的 pH 值为 8.0 时停止加氨水,继续搅拌 30min;静置沉降后将沉淀用热水洗涤至无 Cl^- 为止;经过滤、烘干、研磨、过筛后于电炉中煅烧即得 ITO 粉末。

7.9.3　ITO 靶材(铟靶)

以 ITO 粉末为原料,通过一定的加工工艺将之制成 ITO 棒材,谓之 ITO 靶材(ITC 陶瓷靶),有了 ITO 靶材才能进一步制造 ITO 透明导电薄膜玻璃。

国外制靶工艺皆以专利的形式报道,其生产工艺方案如图 7-4 所示。

7.9.3.1　热等静压法

将 ITO 粉末放于不锈钢包套中,经 100MPa、800~1000℃热等静压,可制备

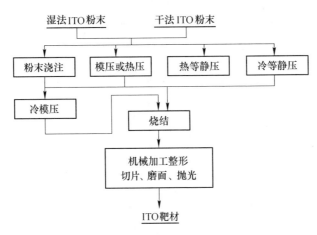

图 7-4 ITO 靶材生产几种工艺方案

相对密度达 98% 的超高密度陶瓷靶材。但此法成本高，且粉末在高温时热分解放出氧气，陶瓷靶应力大，易开裂，包套难度大，需解决氧气逸出问题。

7.9.3.2 冷等静压法

将 ITO 粉末用等静压压成大块陶瓷靶坯体，然后在 0.1~0.9MPa 纯氧环境中用 1500~1600℃ 高温烧结，可产出相对密度为 95% 的高密度 ITO 靶材。但使用纯氧生产带有一定的危险。

7.9.3.3 热压烧结法

热压烧结法可生产相对密度达 91%~96% 的 ITO 陶瓷靶。但由于陶瓷靶尺寸大，易发生热应力开裂，因此对热压机的温度均匀性、压力稳定性等均有较高的要求，且成本高，不能连续生产。

日本住友金属矿业公司采用湿法制粉工艺，通过大于 100MPa 压力模压，在不同压力下成形和不同温度下烧结，其靶材密度见表 7-7。采用干法制粉，平均粒径为 0.1μm 以下，凝聚度小，比表面积为 $10m^2/g$ 以上，烧结性良好，粒度分布波动小，与 SnO_2 粉末的混合状态好，经 300MPa 冷等静压，在 1500℃ 10 个大气压（1atm=101.325kPa）下保持 6h 烧结，其靶材指标见表 7-6。

表 7-6 靶材指标

试样号	比表面积 /$m^2 \cdot g^{-1}$	烧结温度 /℃	靶材相对密度/%		
			形成压（×100）/MPa	形成压（×150）/MPa	形成压（×300）/MPa
1	2.2	1100	55.5	58.3	62.8
2	5.8	1010	55.5	60.1	63.8

续表 7-6

试样号	比表面积 /$m^2 \cdot g^{-1}$	烧结温度 /℃	靶材相对密度/%		
			形成压（×100） /MPa	形成压（×150） /MPa	形成压（×300） /MPa
3	12.1	980	60.0	64.8	68.3
4	31.5	830	75.8	81.7	88.3
5	39.4	570	83.1	88.0	94.5
6	55.5	500	80.0	85.0	88.8
7	33.0	600	70.1	73.2	76.0

表 7-7　靶材密度

试样号	粉末粒径/μm	靶材相对密度/%	烧结后结晶粒径/μm
1	0.05	98	35
2	0.08	95	32
3	0.09	95	30
4	0.24	85	9
5	0.59	78	5

由此可见，ITO 靶材的成形方案选择不同，粉末粒径和成形压力的变化以及烧结温度的改变都会影响靶材的密度，在现有成形技术中，热等静压设备昂贵，成本较高；粉浆浇注成形难以获得密度高而均匀的靶材；粉浆浇注加冷等静压成形，可获得较高密度的靶材，但需要非常细的粉末，如要求颗粒的比表面积达到 $39.4 m^2/g$（粉末粒径相当于 21nm，才能使靶材的相对密度达到 94.5%），这势必使制粉的成本急剧上升，因此有必要引入新的成形工艺。

钟毅等建议采用爆炸成形工艺。该工艺能在几微秒（$10^{-6} s$）内产生非常大的压力，可达 $100 \times 10^3 MPa$，比等静压要高出 300 倍。爆炸震动波的穿行将引起粉末颗粒间的剪切。由于温升可能伴随着粉末表面间的熔化，可使粉末粒子间达到理想的黏结和高的压坯密度。爆炸过程已包含了烧结工序，使形成的靶材仍保留其粉末的晶粒度，不丧失粉末本身的优良性能。

7.9.4　ITO 薄膜

ITO 靶材是制造导电薄膜的主要材料，用透明的均匀非晶 SiO_2 涂层的钠钙玻璃或聚合物材料（如塑料为衬底材料），通过物理气相沉积或化学气相沉积的方法，将 ITO 靶材镀在玻璃表面层上，就成为透明的导电薄膜。

7.9.4.1 ITO 薄膜的结构与性能

A ITO 薄膜的结构

ITO 薄膜材料是复杂的立方铁锰矿型结构（即立方 In_2O_3 结构，方向是大多数明显取向）的多晶体，组成多晶体的大晶粒中含有亚晶粒区，这些亚晶区并非明显的晶粒，而是小角间界或相畴间界，并不影响材料的电学性能。

B ITO 薄膜的电学性质

ITO 薄膜实际上是一种高度简并的 n 型半导体，这归因于其高载流子密度（$10^{21} cm^{-3}$）和相当低的电阻率（$10^{-4}\Omega \cdot cm$），如此高的载流子浓度是由于两种不同的施主——替位式四价锡原子和氧空位分布于材料中，使 ITO 薄膜电阻率很接近于金属导体，这一关键参数正比于载流子浓度和载流子迁移率的乘积，所以，很明显它取决于材料的微结构。

C ITO 薄膜的光学性质

ITO 薄膜在 400~800nm 范围内是高度透明的，其透射率在 90% 以上。在 580nm 下的折射率为 1.8~1.9（此时非掺杂 In_2O_3 的折射率约为 2）。如此高的可见光透射率与低的电阻率结合，使 ITO 薄膜成为典型的透明导体材料。

7.9.4.2 ITO 薄膜的主要制备方法

A 物理气相沉积(PVD)

采用 PVD 技术有 EB 蒸发、HDPE 蒸发和 DCSF 溅射等，可沉积出较高质量的 ITO 薄膜透明导体材料。

a EB 蒸发工艺

EB 蒸发技术一般被作为 ITO 薄膜沉积的参照工艺，因为该技术没有高能入射粒子轰击生长面的问题。在沉积时，原材料由电子束聚焦而被加热、蒸发并随即沉积于衬底上，从而生成 ITO 薄膜。在此技术中，生长面处的最大分子热能为 0.2~0.3eV。EB 工艺能在较低的沉积温度（即 35℃ 衬底温度下）沉积出低阻 ITO 薄膜。但沉积温度低于 350℃，则沉积出的 ITO 薄膜电阻率太高，以致不能作为透明导体材料使用。

b DCSP(低压直流溅射) 工艺

将 ITO 薄膜材料在加热到 200℃ 和 400℃ 的衬底玻璃上，以 2nm/s 的沉积速率，以质量分数为 10%SnO_2 和 90%In_2O_2 烧结的 ITO 氧化陶瓷为靶材，在总压力为 0.13Pa 的 99%Ar+1%O_2 混合气体中进行溅射制备。制得的 ITO 薄膜电阻率为 $2.7\times10^{-4}\Omega \cdot cm$，载流子浓度为 $6.8\times10^{20}/cm^3$ 霍尔迁移率为 $34cm^2/(V \cdot s)$。德国直流磁控溅射制得 ITO 薄膜的最佳工艺参数见表 7-8。

此法工艺参数可控制，并可在大面积衬底上均匀成膜，因此应用广泛。

表 7-8　直流磁控溅射制备 ITO 薄膜的工艺参数

衬底	总压力（氩气）/Pa	靶电压/kV	偏压/V	靶材-衬底距离/mm	溅射周期/min	衬底温度/℃	氧分压/Pa
光滑玻璃	3	1.7	-50	27	90	400	0.16

c　HDPE（高密度等离子体蒸发）工艺

使用 50%Ar+50%O$_2$ 总压力为 0.1Pa 的混合气体，衬底温度为 200℃。以弧光放电法蒸发原材料，所生成的高能粒子被入射到生长面上，从而生长生出 ITO 薄膜。该膜的电阻率为 $1.8×10^{-4}\Omega \cdot cm$，载流子浓度为 $1.4×10^{21}/cm^3$，霍尔迁移率为 $25cm^2/(V \cdot s)$。

上述三种工艺，沉积膜厚度为 200~400nm，已经用于商品工业生产。

B　化学气相沉积(CVD)

化学气相沉积（CVD）法是以气态反应物在衬底表面发生反应而沉积的成膜工艺。如采用铟锡有机金属化合物作为原材料，则称为 MoCVD 法。以乙酰丙酮铟 $[In(C_5H_7O_2)_3]$ 和四甲基锡 $[(CH_3)_4Sn]$ 作为原材料，通过化学气相沉积热分解和原位氧化制取 ITO 薄膜，其反应为：

$$2In(C_5H_7O_2)_3(g) + 36O_2 \rightarrow In_2O_3(s) + 21H_2O(g) + 30CO_2(g)$$
$$(CH_3)_4Sn(g) + 8O_2 \rightarrow SnO_2(s) + 4CO_2(g) + 6H_2O(g)$$

MoCVD 法可以制备低电阻率、高可见光透射率的 ITO 薄膜，但因需预先制备高蒸发速率的反应躯体，因此成本较高。

C　溶胶—凝胶(SOL-GEl)

将异丙醇铟 $[In(OC_3H_7)_3]$ 和异丙醇锡 $[Sn(OC_3H_7)_4]$ 溶于无水酒精中，超声混合后在 60℃ 下加热 16h，然后用旋涂法（spin conting）在抛光玻璃表面上制模，盘转速为 1000r/min，旋涂时间为 20s。膜中的溶剂在高速空气中被蒸发排除，最后在电炉中热分解而变为均匀的 ITO 薄膜。此法优点是能大面积沉积成膜，缺点是有机醇盐的成本高。

此法也可以采用浸涂法(dip-coating)，即将衬底（或称基板）插入含金属离子的溶液中，然后以均匀速度将衬底提拉出来；在含有水分的空气中，水解和聚合反应同时发生，最后通过热处理形成 ITO 薄膜。实践表明该工艺在玻璃两面制成的 ITO 薄膜的热性能优于传统镀银薄膜。

7.10　TMIn

7.10.1　产品规格

三甲基铟 $In(CH_3)_3$，简称 TMIn，是重要的铟有机化合物，白色针状结晶，熔点88℃，沸点136℃。

我国某研究所制备的 TMIn 杂质含量(%) 为 S 0.2~0.7、Mg 0.021~0.23、Fe 0.13~1.4、Zn 0.19~2.1，由此制得的 InP 薄膜的迁移率达 63300cm²/(V·s)(77K)。

7.10.2　主要用途

三甲基铟是一个重要的铟源，因其蒸气压高（4℃时达 1040Pa），分解程度适中(300~400℃)，被广泛用于通过化学气相沉积法（MoCVD）制备 InB^V 族半导体薄膜，如 InP 的 MoCVD 工艺生长：

$$In(CH_3)_3 + PH_3 \longrightarrow InP + 3CH_2(H_2，600 ~ 700℃)$$

7.10.3　制备方法

TMIn 制备方法颇多，常用高纯铟、镁与碘甲烷反应获得。反应式为：

$$2In + 5Mg + 8CH_3I \longrightarrow 2(CH_3)_3In \cdot OEt_2 + 3MgI_2 + 2CH_2MgI(Et_2O)$$
$$(CH_3)_3In \cdot OEt_2 \longrightarrow In(CH_3)_3 + Et_2O$$

制备程序分为三步：

第一步，合成 TMIn、乙醚络合物(CH$_3$)$_3$In·OEt$_2$；

第二步，将 TMIn、乙醚络合物在苯中解络；

第三步，升华提纯 TMIn。

7.11　铟合金

除了铍和几个难熔金属外，铟和周期表中的大多数元素皆可以形成各种类型的合金。铟在其合金中的化学行为是与它在周期表中的位置相一致的。

铟合金的生产在电加热或其他加热方式的坩埚中进行。精确配料的合金成分经熔化搅拌均匀，控制适当的温度，即可在相应的模子中浇铸成合金条、锭等。如果要加入一些微量或高熔点合金成分，往往需先制成中间合金再适量加入。为了防止氧化，合金的熔化须在惰性物质覆盖下进行，可使用石蜡、苛性碱等，最常用苛性碱。

8 含铟物料综合利用研究

8.1 概述

8.1.1 项目的技术原理分析

8.1.1.1 铟在锌、铅、锡生产过程中的行为

在提取金属铟的过程中，由于铟无独立的矿床，只能从锌、锡、铅、铜等产品冶炼过程中以副产品的形式回收，因此提取铟的主要原料是铅、锌和锡冶炼过程中的副产物，如湿法炼锌的浸出渣，火法炼锌的精馏渣，粗铅精炼的浮渣，铜、铅、锌、锡和钢铁冶炼的烟尘，铜和铅电解的阳极泥，硫酸厂的酸泥等。故有必要研究铟在锌、铅、锡生产中的行为和走向。

A 铟在锌生产过程中的行为

在氧化焙烧锌精矿时，焙烧的温度为 850~930℃，大部分的铟留在锌焙砂中；之后，锌焙砂可以用火法或湿法冶金进行处理。

a 火法冶金生产金属锌

火法生产金属锌的主要过程为锌焙砂氧化锌的还原。还原过程用碳作还原剂及加热，在挥发炉中温度为 1200~1300℃时进行。锌焙砂在入炉还原之前和碳混合，然后在烧结机上进行烧结，烧结的温度为 1100~1200℃。或者是将焙砂和碳混合后压块，然后将团块在 900~1000℃时进行结焦。烧结时，铟气化挥发程度的不大。如果不进行烧结，而是采用压团和结焦，则在团块结焦时部分铟（5%~10%）会以 In_2O_3 和 InO 和的形态挥发富集在烟尘中。

当在还原炉中还原烧结块或结焦块时，大约会有 70%~90% 的铟和锌一起挥发。因为在 1200~1300℃ 时铟的蒸气压的数值已经相当的大（89~300Pa）。5% 左右的铟残留在还原渣中。剩余部分的铟则分布到挥发物中（烟尘）。粗锌中含有 0.002%~0.15% 的铟，其高低取决于原料精矿中铟的含量。

粗锌在精馏塔中精炼时，铟与高沸点的金属留在蒸馏的残留物（硬锌、底铅及其他馏分物）中，因此，火法炼锌生产过程中提取铟的原料是粗锌精馏时产出含铟锌物料。

b 湿法冶金生产金属锌

湿法冶金生产金属锌包括锌焙砂（氧化锌）的硫酸中性浸出，硫酸锌溶液的净化除杂（铜、镉、钴和氯）。

锌焙砂的浸出分为两个阶段——中性浸出和酸性浸出。在中性浸出时，金属锌首先进入溶液，此时进入溶液的锌是电解沉积的主要部分，大部分的铟残留在不溶解的中浸渣（锌滤饼）中，因为中性浸出终点溶液的 pH 值为 5.2，已接近锌开始水解的值，而铟完全水解的值为 4.67~4.85，此时铟已经完全水解。另外，中性浸出的滤饼中还富集了铁、稼、锗等其他的组分和硫酸铅。

有时会有很少量的铟水解不完全，留在中性浸出的硫酸锌溶液中，当用锌粉净化溶液除铜和镉时，铟也被置换进入铜镉渣中，这就是铜镉渣中含铟的原因。大部分的锌浸出渣采用氧化挥发的方法从固体的物料（威尔兹法）或液体渣（烟化法）挥发锌。铟也会挥发进入烟尘中。

收集得到的烟尘由氧化锌、氧化铅、氧化镉以及其他的元素的氧化物构成，一般的组成为 40%~60%Zn；4%~8%Pb；0.3%~0.4%Cd。烟尘中富集了稀散金属铟、镓、锗。铟在烟尘氧化物中的含量在十万分之几到千分之几范围内波动。

在铜镉渣中的铟可以在回收镉的时候顺便提取出来。因此从湿法炼锌过程中提取金属铟的原料是威尔兹法和烟化法的烟尘氧化物以及铜镉渣。

B 铟在铅生产过程中的行为

铅的生产由以下一些过程组成：铅精矿的烧结焙烧；烧结块还原熔炼得到的粗铅和炉渣粗铅的精炼。

在烧结机上烧结时铟的挥发很小。在还原熔炼时铟在熔炼产物粗铅和铅渣中几乎均匀分布，部分铟进入烟尘。表 8-1 为某厂冶炼粗铅时铟的分布情况。

表 8-1 某厂铅熔炼时金属铟在各种中间产物中的分布和含量

熔炼产物	铟含量/%	铟的分布/%
粗铅	0.001~0.002	30~40
熔炼渣	0.001~0.0015	40~45
烟尘	0.008~0.01	20~25
返料（冰铜、炉渣和净化渣）	0.0015~0.002	5

熔炼的铅渣部分返回配料后烧结。剩余的铅渣一般用威尔兹法进行挥发处理，此时铟、铅和锌都会挥发以氧化物形式进入烟尘中。

在粗铅精炼的过程中，精炼除铜（熔析和加硫法）和锌（空气氧化造渣）以及除去其他的杂质。大部分的铟（80%~90%）进入除铜渣和铅液表面的氧化渣（浮渣）中。铟在其中的含量为万分之几到千分之几。

除铜渣一般在反射炉中进行熔炼。此时得到粗铅、冰铜（主要是硫化铜）、炉渣和烟尘中，含铟最高的是烟尘（0.1%~0.4%）和炉渣。

因此，在铅生产过程中提铟的原料是粗铅精炼的中间产品（除铜渣和氧化渣）以及其他的中间产品（如烟尘、反射炉熔炼除铜渣产出的炉渣）。

C 铟在锡生产过程中的行为

锡的生产包括精矿（焙烧矿）的还原熔炼和粗锡的精炼。

锡精矿中的铟分布在烟尘（75%）、粗锡（20%）和粗锡（0.1%）中。

还原熔炼得到的烟尘一般要进行处理（熔炼或者还原焙烧）。此时，大部分的铟富集在二次烟尘中。

当含铟粗锡进行可溶阳极电解精炼时，铟在电解液中累积，其浓度可以达到18~20g/L，然后可通过萃取、反萃、置换等技术提取铟。

因此，从锡生产过程中提取铟的原料是烟尘和废电解液。

8.1.1.2　金属铟传统的生产方法及过程

回收金属铟使用的物料特点是基本都含有铅、锌等。如火法炼锌的含铟物料、湿法炼锌的滤渣挥发物（威尔兹氧化物）和铅的熔炼渣、烟尘等。物料中金属铟的含量在很大的范围内波动，从十万分之几到千分之几。铟的回收主要分为三个阶段：含铟不低于1%~2%的富铟矿的制备，粗铟的制备，粗铟的精炼。

A　富铟矿的制备

为了使金属铟转入溶液中，一般采用硫酸对初始的物料进行两段浸出。首先进行中性浸出（浸出终点的pH值为5.2），此时大部分的金属锌进入溶液中，而铟残留在不溶解的中浸渣中；然后对中浸渣进行酸性浸出，使铟转入溶液中。此时大部分的铅以$PbSO_4$的形式残留在不溶解的酸性渣中，另行处理。为了更好地使铟转入液体中，有时要对原料进行预先硫酸化。硫酸化焙烧时部分砷以As_2O_3的形式除掉。

硫酸化焙烧的产品（焙砂）用水或者稀硫酸浸出，铟和其他的金属一起进入溶液中。硫酸铅基本上留在不溶解的渣中。

铟在硫酸溶液中的含量波动在0.1~10g/L之间，主要与初始原料的组成和特性有关。

为了浓缩液体，净化除杂，析出含铟的精矿，可采用各种不同的方法：难溶铟化合物的沉淀法、部分杂质沉淀和溶解法、萃取法、置换法、离子交换法等。

水解法制备铟的化合物应用广泛，用此法可以获得初级的富铟精矿，在一定的pH条件下金属铟水解，其他的金属，如锌、镉、铜、铝、铁等元素，在一定的条件也会进行水解，见表8-2。

表 8-2　某些元素水解的值

元素	价态	水解 pH 值	元素	价态	水解 pH 值
锌	+2	5.2~6.5	铊	+3	3.0~3.5
铁	+2	5.5~7.5	铜	+2	5.5~6.05
铁	+3	2.5~3.0	镉	+2	8.0
铝	+3	4.1~5.0	锡	+2	2.0~3.0
镓	+3	3.4~4.5	锡	+4	0.45~2.0
铟	+3	3.5~4.8			

在 pH≈5.0 的中性溶液中，在加热的情况下水解产出水解的铟，水解铟在溶液中的溶解度非常小，只有 $3.67×10^{-5}$ mol/L（0.006g/L）。

通过调整溶液的值，可以使锌、铜和镉与铟分离。通过反复的溶解和中和可以得到富集铟的沉淀物。中和溶液调 pH 值可以加入氧化锌或碱。

人们采用各种辅助方法分离杂质富集金属铟。

（1）当用热的碱溶液处理水解得到的铟精矿时，杂质形成可溶的钠盐进入溶液中。这些杂质是铝、镓、锌、铅、锡、锗。在这种条件下，铟以氢氧化物的形式留在不溶解的渣中，从碱液中可以分离出镓和锗的化合物。

（2）为了净化硫酸溶液脱除元素砷，可以使砷形成难溶的 As_3O_4，预处理向溶液中加入高锰酸钾并搅拌使全部砷转为五价的状态。

（3）杂质铜、锑在硫酸溶液中形成硫化物进入渣中而得到脱除。可以方便地采用硫化锌作为沉淀剂，因为在这种情况下能够排除其他杂质离子的进入。

萃取法回收铟的应用显著地提高了铟的回收率，有利于铟的富集。铟的分配系数在酸度变大时下降。硫酸铟溶液中的大部分组元 Zn，Cd，Cu，Ni，Mn，As 和 F^{2+} 的分配系数随酸度的升高变化很小，当 pH<0 时为 10^{-3}～10^{-4}。

三价铁、锡、二价锑、砷和铟会一起被萃取出来。因此在萃取之前，应该用铁屑还原三价铁。

铟的萃取过程可以描述为：

$$3[HR_2PO_4]_2 + In^{3+} \longrightarrow In(R_2PO_4)_3 \cdot 3HR_2PO_4 + 3H^+$$

采用 P204 作萃取剂在煤油（0.3～0.35H+1g/L）中进行萃取。

萃取和反萃取的过程在萃取箱（搅拌机—沉清槽）中进行，萃取最好在盐酸浓度为 8～10g/L，有机相和水相比为 20：1 的条件下进行。这样一来，铟在液体中的浓度可大约增加 800 倍。获得的萃取液中含铟 25～55g/L，铟的含量取决于溶液中铟的浓度。从原始的溶液进入到萃取液中，铟的回收率为 95%。

萃取法特别适用于含铟较低的溶液，可以明显提高铟的回收率及富集程度，在铟的提取生产中应用广泛。但萃取法同样也有一些缺点和不足，在使用中需要注意：（1）生产过程复杂，操作条件苛刻，增加了生产成本；（2）其他元素的共富集问题；（3）萃取中萃取剂的乳化及再生；（4）大量萃余液的处理；（5）生产中的空气污染及防火问题等。

B 粗铟的提取

粗铟可用金属锌板、铝板、锌粉从预先经过净化的溶液中置换提取。置换过程是用电位更负的金属从溶液中置换出电位较正的金属。任何一种排在前面的元素理论上都可作为置换剂置换后面的元素。

由上述可以看出，铟可以被锌、铝、铁置换，而实际常选用锌、铝作置换剂，因为锌、铝的标准电位比铟低许多，置换反应可进行的更完全。

铟的置换速度和置换的程度取决于溶液中硫酸的浓度锌离子和金属铟的浓度。

从电位和浓度的关系可以看出,阴极电位随金属离子浓度的减少而下降。

$$\varphi = \varphi^\ominus + \frac{RT}{nF}\ln C$$

式中　$\varphi^\ominus$——标准电位

C——溶体中离子的体积克分子浓度;

n——离子的化合价;

F——法拉利常数。

金属离子浓度的减少导致置换时还原金属和被还原金属之间的反应随之下降,从而使置换变慢,甚至停止。

置换得到的海绵铟用水洗净,压成块,在氢氧化钠保护下熔炼。得到的金属粗铟的成分与溶液中的杂质成分有关,一般为96%~99%。

C　粗铟的精炼

粗铟中含有一系列的杂质 Cd, Pb, Al, Zn, Sn, Cu, Fe, Tl 等,由于铟在半导体电子行业中应用纯度的要求,必须进行粗铟的精炼。

实际生产过程中人们采用以下的几种方法单独或联合流程来精炼粗铟:化学法、电化学法、真空蒸馏法、区域熔炼法和熔体拉晶法。

a　化学法

海绵铟的熔炼是在 320~350℃ 不锈钢坩埚中碱层覆盖下进行的,这是铟的第一阶段熔炼,可使铅、锌、锡、铝、镓等杂质进入熔融的碱液中除去。

粗铟用 $ZnCl_2$ 和 NH_4Cl 的混合熔盐层覆盖在 250℃ 下进行更进一步的熔炼, $ZnCl_2$ 和 NH_4Cl 按重量比 3:1 加入。在熔体中铊首先反应进入渣层,反应式为:

$$NH_4Cl + Tl = TlCl + NH_3 + 1/2H_2$$

在此条件下全部的铊、部分镉和铟进入渣(融熔盐)。铟会以 $InCl_2$ 和 $InCl$ 的形态进入熔炼渣,造成铟的回收率降低,每一次处理过程铟的回收率降低2%~3%。经过上述的净化,铟中的铊含量可降到 $(1~3)\times10^{-4}$%。

从金属铟中脱除铊、镉的另一化学净化方法,是基于镉和铊对碘元素的亲和力比铟大的原理,使碘和铊以及镉形成化合物形式溶解在甘油中,从而使镉和铊与金属铟分离。操作时把需要净化的金属铟在甘油覆盖下加热熔化,再向甘油中加入碘化钾和碘。熔炼温度为 200℃ ,甘油的沸腾温度为 290℃ ,发生反应如下:

$$Cd + I_2 + 2KI = K_2CdI_4$$

另外一种类似的方法是在 160~170℃ 的甘油氯化氨 (15%~17%) 熔体中熔炼金属铟,除了氯化铊和氯化镉之外还可以使锌和铁的化合物进入甘油液体中。上面列举的杂质在熔炼后的含量从百分之几降低到 $(1~6)\times10^{-4}$%。铟进入到甘

油中的损失为 $1.8\% \sim 2.2\%$。

铟的深度净化脱铅可以采用向氯化铟溶液中加入硫酸钡，使液体中形成硫酸铅沉淀的方法来实现。为此还要向溶液中补充加入硫酸和氯化钡，形成相当难溶解的 $BaSO_4$，少部分含碘的杂质进入硫酸钡的晶格中和硫酸钡一起沉淀下来。经过此方法处理之后得到的铟含铅不大于 $2 \times 10^{-5}\%$，还能够脱除部分锡。

b　电化学法

电化学精炼铟过程可以有效脱出一系列的杂质，达到提纯粗铟的目的，电解过程中粗铟是可溶阳极，金属杂质 Sn、Pb、Sn 大部分进入阳极泥中，金属杂质 Al、Zn 等留在电解液中。

精炼在弱酸性（pH = 2 ~ 3）溶液体系中进行，电解液的组成不尽相同。主要采用硫酸体系电解，用铟屑溶解在硫酸中的方法来制备龟解液。为了提高导电性在电解液中添加氯化钠。电解液的组成一般为 In $60 \sim 80g/L$。NaCl $60 \sim 80g/L$，为了保证获得致密的阴极铟向电解液中加入动物胶。阳极粗铟装入滤袋中，防止细小的铅、锡、铜的颗粒进入阴极。阴极极板既可以用纯铟制成，也可以用钛板。

提纯后的阴极金属铟经冲洗后放到甘油中进行重熔。金属铟经过两次电解可以使杂质的含量小于 $1 \times 10^{-4}\%$。

国外部分工厂采用汞齐精炼，过程包括汞齐铟的获得、汞齐合金在阳极上的分解、铟在阴极上的析出。每一个过程都有金属铟与杂质分离提纯的作用。电解时阳极粗铟溶解到汞中(阳极——粗铟，阴极——汞)，电解时铝、钒、钛、硅、碱金属以及碱土金属等一系列杂质不会在阴极上析出，从而使铟与杂质分离。

铟在汞中的溶解度很大(57.5%，重量比)，有利于电解过程，当汞中含铟大于 35% 时汞齐合金仍然是液体。

当正极的汞齐合金分解时，重金属 Cu，Bi，Pb 等杂质被净化脱除。当阴极析出纯铟时，杂质残留在电解质中。

因此，当阴极过程和阳极过程相互结合时，就能够脱除几乎所有的杂质，使铟提纯到相当高的纯度。而镉和铊的情况例外，因为它们的电位与铟接近，通过电解的方法不能有效去除，必须结合其他方法(化学法或真空蒸馏法)。但由于汞的蒸发对人体的伤害，该法已逐渐被淘汰。

c　真空蒸馏法

采用真空蒸馏法可以去除金属铟中的低沸点杂质，如镉、锌、汞、砷、铅、铊等。该法可以取代化学法，由于没有现成的技术和设备，影响了该技术的推广和使用。因此有必要针对不同的物料，进行真空蒸馏理论、工艺及相关设备的研究。

d　区域熔炼和熔体拉晶法

为了从粗铟制备高纯的金属铟，一般需要采用各种有效脱除杂质的净化方法，利用区域熔炼和熔体拉晶法这两种方法可以获得半导体电子材料行业所需要的高纯金属铟。具体采用什么样的工艺取决于对金属铟中杂质的纯度要求，有时需要几种方法交替使用，多次循环进行。

8.1.2　含铟物料提取方法

在火法炼锌过程中焙砂中的铟在锌精馏过程中主要富集于硬锌中，硬锌经蒸馏提锌后，铟富集于底铅和合金渣中。传统工艺对这一物料的处理方法是粗铅氧化造渣，使铟富集在氧化渣中；合金渣经破碎氧化，然后氧化渣用硫酸浸出，浸出液经净化后，萃取提铟。此传统工艺的缺点有，氧化过程需要加大量的碱和一些氧化剂（如 $NaNO_3$），是碱消耗量大、费用高，打渣时带有金属铅颗粒，用硫酸浸出时，为提高浸出率常加入盐酸和氟氢酸，浸出液含铟在 $0.2 \sim 2g/L$ 之间，酸度在 $30 \sim 90g/L$ 之间，萃余液由于含有多种阴阳离子，不能返回使用，处理这些萃余液会产生大量的渣子而且费用高，很难处理合格，目前此工艺已淘汰。在此背景下产生了电解工艺，其和原工艺相比有如下创新点：

（1）提铟首先要使铟离子化进入溶液，新工艺铟离子化，采用电化学方式，不带入新的有害阴阳离子。铅电解过程中主要成本是电耗，每吨铅电耗 $200 \sim 300kW \cdot h$ 之间，铟在此过程中大部分离子化进入电解液，其过程生产成本仅在 200 元/t 铅；在氧化过程中需耗煤、气和辅料，过程对操作环境和人有害，其渣要经磨细才能浸出，而为保证较高浸出率，要多次浸出，需耗蒸气、电能及各种辅料，处理 1t 粗铅，铟离子化成本在 $4000 \sim 5000$ 元/t，且铟浸出液含有大量阴阳离子，在萃取前需对浸出液作深度净化处理才能进入萃取，成本仅为氧化造渣工艺的 $1/20 \sim 1/15$。

（2）铟可以在电解液中富集到 $100 \sim 80g/L$ 而不会在阴极上析出，通常富集在 $40g/L$ 时进行萃取作业；而传统工艺浸出液含铟在 $0.2 \sim 2g/L$，平均在 $1g/L$ 左右。萃取体积仅为传统工艺的 1/40，以萃余液可以返回电解作业而不影响电解，传统工艺萃余液因含阴阳离子多而无法继续使用，只能作为废水处理。

（3）传统工艺废水处理费用大，由于含高酸多金属离子和多种阴离子，处理时将产生大量的弃渣，由于含有多种重金属离子，如镉、砷、弃渣，处理水很难处理合格。处理水无法循环使用，这也是传统工艺在环保越来越严格的情况下的致命伤。而新工艺电解液，或氯化液可以循环使用。

（4）铟金属收率明显提高。传统工艺是氧化造渣，硫酸介质浸出，在物料粒度上很难保证达到湿法浸出要求，造成铅粒需反复回炉；且要提高铟浸出率需加入多种试剂如（HCl 和 HF），但由于主要为硫酸介质，硫酸铅的包裹，铟很难达到较高的浸出率。新电解工艺是在硅氟酸介质中，铅是可溶的，即使阳极泥和尘的处理也是在氯盐介质下，保证了铟的高浸出率。传统工艺铟回收率 91%，而新电解工艺铟回收率可达 95%。

（5）其他金属收率上升，回收价值增大。传统工艺除铟外，仅有铅、银可以计价，而铅一部分为粗铅，一部分为硫酸铅渣，银也是分散在粗铅和硫酸铅渣中；新电解工艺铅基本转化为牌号铅，少部分存在阳极泥的铅可转化为碳酸铅，作为电解补充最终成为电铅；银集中在阳极泥中，最终可以达到 3 号 Ag，铅 Ag 收率是传统工艺无法相比的。铅和银成为牌号，产品经济价值也大幅提升。另外铜、铋可以富集在铜铋渣中，两者含量大于 50%，作为矿出售，锡最终富集在电解铸锭渣中，可作为锡物料。新电解工艺达到了综合回收有价金属的目标。

（6）新电解工艺是被淘汰的氧化造渣工艺的理想替代工艺。

8.2 国内外相关技术比较

节能、环保是当今世界的主题之一，世界各国都大力支持并投资于具有节能、环保性质产业的研发和产业化。发光二极管（尤其是照明用 LED）、含铟太阳能电池等产品具有节能和环保双重属性，因此目前众多国家都高度重视这两种产品，并希望它们能大规模产业化。国际上含铟太阳能电池技术已经成熟并且已大规模生产，未来 10~15 年将成为太阳能电池领域的主流。照明用 LED 其白光产生技术已经突破并屡有创新，发光效率已经有巨大的进步，2006 年底日本公司的实验室已经突破了 150lm/W 这一指标；2007 年 6 月，Philips lumileds 提出 3~4 年内实现 200lm/W。在理论上，LED 的发光效率达到 150lm/W 就足以用于照明领域。众多专家指出未来 5~10 年，LED 完全有望进入普通照明领域并逐渐取代传统照明。含铟电脑芯片目前仅处于研发的初级阶段，一旦产业化，其需求量将会非常巨大，故作为其不可缺少材料之一的磷化铟的前景将会非常好。

综上所述，未来在耗铟方面，ITO、LED、含铟太阳能电池将形成三足鼎立的局面。从更长远来看，含铟电脑芯片有可能成为又一发展方向。

8.2.1 铅冶炼系统中铟的回收

铅精矿熔炼时，铟分布于炉渣和粗铅中。粗铅火法精炼熔析除铜时，其中大部分的铟进入铜浮渣中。在浮渣的反射炉熔炼过程中，大部分的铟进入烟尘，成为铅系回收铟的主要原料。除从铅烟灰中回收铟外，铅浮渣反射炉烟尘也是提取铟的原料之一。

20 世纪 60~70 年代，从粗铅中提取铟主要采用氧化还原法，分为氧化、浸出、置换、熔炼和精炼几阶段，过程比较烦琐，而且效率不高。简要工艺过程如图 8-1 所示。

葫芦岛锌业股份有限公司是使粗铅中含量为 0.5%~0.8% 左右的铟经过高温熔化、鼓风氧化后进入浮渣中，经过球磨机球磨后筛分成 60 目的含铟物料，作为生产精铟的原料。通过技术改进，2009 年 7 月浮渣含铟品位达到 1.8% 以上，粗铅中铢的回收率达到 94%。铅烟灰中回收铟主要采用浸出法，蒋新宇等采用硫酸化焙烧-水浸工艺处理某厂铅系统含铟 0.4%~0.7% 的铅烟灰，铟的回收率提高至 88% 以上，采用此方法处理铅烟灰可大大提高铟的浸出率，并为萃取工序提供质量合格的料液。姚昌洪用 H_2SO_4+NaCl 浸出铅锑烟灰，铟的浸出率可达 80% 以上。铅浮渣反射炉烟尘中铟大部分以 In_2O_3 和硫酸铟形态存在。刘郎明认为盐酸中的 Cl^- 对萃取效率影响很大，考虑到铅浮渣反射炉烟尘中 In_2S_3 含量很少，因此不必使用盐酸作 In_2S_3 的溶剂。工艺选择直接用硫酸浸出烟尘，此方法的优点是既能提高铟的浸出率，又能避免 Cl^- 对萃取效率的影响。研究采用二段硫酸浸出→P204 + 煤油萃取→酸洗（H_2SO_4 150g/L）→反萃（HCl）→锌板置换→压团熔铸（NaOH）→电解精炼的工艺流程处理铅浮渣反射炉烟尘回收铟，在株洲冶炼厂已应用于生产，经济效益明显。

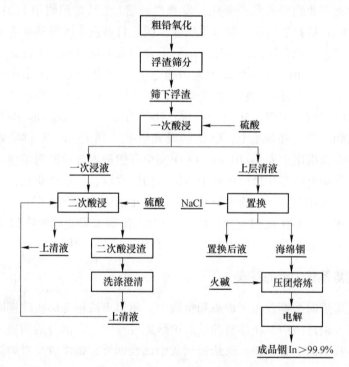

图 8-1　氧化还原法生产铟流程

8.2.2　锌冶炼系统中铟的回收

锌冶炼系统中铟的回收都要经过含铟物料的浸出和浸出液中铟的回收两个主要工序。锌精矿含铟一般为 0.003%~0.013%，在湿法炼锌中，当锌精矿进行焙烧时，由于矿石中的铟被氧化成难挥发的氧化铟，矿石中 95% 以上的铟留在焙砂中。焙砂经中性、低酸和高酸浸出，铟集中在低酸浸出液中，因此，可以通过溶剂萃取、树脂交换、中和沉铟等方法从浸出液中直接回收铟。另外，锌渣氧粉是一种贫铟物料，由锌冶炼厂鼓风炉或回转窑高温焙烧锌矿冶炼渣，然后收集挥发组分、粉尘和烟尘获得。目前，国内外对贫铟物料中铟的回收多采用先高温挥发富集，然后酸浸提取，再经萃取—反萃—置换—熔铸—粗铟电解的工艺方法最后获得金属铟。韦岩松等对广西南丹某厂锌渣氧粉的研究发现，加压和加入氧化剂高锰酸钾对锌渣氧粉的浸出有较好的强化作用，能明显提高铟的浸出率。在最佳工艺条件下，锌渣氧粉的铟浸出率可达 90.60%。我国株洲冶炼厂生产铟的主要原料是锌挥发窑氧化锌烟灰，采用的方法是氧化锌烟灰经一段中浸和一段酸浸后，用锌粉从酸浸液中将铟置换沉淀，置换渣即为提铟原料。该工艺的优点是操作条件易于控制和掌握；缺点是流程长，铟的回收率低。

8.2.2.1 浸出料液中铟的溶剂萃取分离

目前，从铅-锌冶炼厂的副产物中回收铟采用的较为广泛的方法是萃取法，它是一种高效分离提取工艺。通常萃取法回收铟的简易工艺流程如图 8-2 所示。

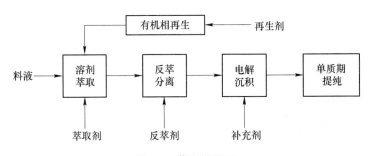

图 8-2 萃取铟流程

根据酸浸介质的不同，采用的萃取剂类型各异。酸性磷型萃取剂（如 P204、P507、P538、P5708、D2EHMTPA、D2EHDTPA 等）是从硫酸介质中萃取或富集铟常用的萃取剂。在盐酸介质中常用的铟萃取剂有胺类萃取剂：亚砜类萃取剂、中性氧磷萃取剂等，如 N235、N263、石油亚砜、TBP。萃取法提铟工艺常用的萃取剂、有机溶剂及萃取参数见表 8-3。

表 8-3 萃取铟常用试剂和参数

项　目	选用试剂和参数
常用萃取剂	P204（二（2-乙基己基）磷酸）、P350（甲基膦酸二甲庚酯）、P507（2-乙基己基磷酸-2-乙基己基酯）、P5708（烷基膦酸单-2-乙基己酯）
有机溶剂	一般为磺化煤油（200 号溶剂油）

项　目	选用试剂和参数
有机相/水相	一般为 1：10
反萃相	3mol/L HCl-ZnCl$_2$
反萃相/有机相	1：1
有机相/再生相	5：1，再生时间为 3～5min
点解补充成分	动物胶和 NaCl
电极选用	阳极为不溶电极（石墨、钛）
阴极	较薄的铟板
提纯	在铟熔化状态下在 170～200℃下提纯
除铊试剂	在甘油中通 HCl
除镉试剂	在甘油中用碘及碘化钾

　　在实际生产中，传统萃取剂 P204 分离回收铟工艺存在分离难、有机相易乳化、萃取剂易老化、回收率不高等问题。因此需寻找一种性能优良，具有高选择性、分离效果好、流程短、易于连续化、自动化作业等特性的萃取剂，开发新的萃铟工艺正日益受到研究者的重视。国外用于铟萃取的新型萃取剂有 DS5834（类似于单脂一磷二酸）、三烃基磷酸及其与二酸磷氧化物的混合物 C-2HPP，Cyanex301 等。国内王靖芳用 P507 从硫酸体系中（起始水相 In^{3+} 0.9500mg/mL）萃取铟，起始水相 pH 等于 1.32 时，铟萃取率达 98.95%。史爱芹等用 30% P507 + 70%磺化煤油萃取分离含铟的浸出液，在 O/A = 1：1、酸度 1.5mol /L、萃取时间 10min 条件下，铟的一级萃取率达 99%以上，铁的萃取率在 20%以下，经过草酸的洗涤，铁的洗涤率为 99.99%，可以满足有价金属铟富集分离的目的。刘厚凡等在硫酸体系中用 P507 萃铟，铟的一级萃取率在 99%以上，用 2mol/L HCl 反萃，反萃率在 98%以上，达到富集铟、分离锌锰的目的。许秀莲等通过添加适量酸性二聚体 D 改良 P507 得到改良萃取剂 P507D，加强了对铟的萃取能力，反萃及再生性能也超过了 P204。张瑾等研究了 P204-Cyanex923 混合萃取剂萃取铟，使得对铟的反萃取容易。刘祥萱等研究了 P5708、P350 混合萃取剂萃取分离铟、铁的最佳工艺条件，对锌置换渣浸出液和模拟液进行试验。经萃取、洗涤和反萃取三步处理，铟的回收率大于 90%，除铁率大于 98%。

8.2.2.2　浸出料液中铟的树脂交换分离

　　目前用于含铟溶液中铟分离回收的树脂主要有螯合树脂和萃淋树脂两类。与离子交换树脂相比，螯合树脂与金属离子的结合能力更强，选择性也更高，具有吸附容量大、干扰少和稳定性好等优点。主要有以下两类树脂：（1）磷酸类螯合树脂，如氨基甲基磷酸螯合树脂、氨基亚甲基磷酸螯合树脂等，对铟具有良好的吸附性能。Masaaki 等以螯合树脂 MC-95 从锌矿废渣的硫酸浸出液中（组分为 $In10^3mg/L$，Fe^{3+} 2.1g/L，Fe^{2+} 4.1g/L，Ni 8.1mg/L，pH 0.7）回收铟。通过将浸出液中 Fe^{3+} 还原为 Fe^{2+}，使树脂对铁几乎不吸附，而使 In 的吸附量提高 1.5~2.0 倍。刘军深等研究了螯合树脂 D418 对铟和镓的吸附性能，在 H_2SO_4 介质中 D418 对铟一直保持较高的吸附率，吸附于树脂上的铟可用 4mol/L 的 HCl 溶液洗脱。文献研究了氨基甲基磷酸螯合树脂吸附铟的性能和机理。结果表明，其吸附符合 Frundlich 等温吸附式，吸附表观速率常数为 $1.5×10^{-5}s^{-1}$，树脂功能基团与 In^{3+} 的摩尔比为 2:1。Fortes 等研究了三种螯合树脂（功能基团分别为亚氨基二乙酸、二膦酸和氨基磷酸）吸附湿法炼锌过程中形成的硫酸铟浸出液的性能。间歇试验表明，亚氨基二乙酸螯合树脂可用于硫酸铟浸出液的分离提纯。（2）羧酸类螯合树脂，此类树脂中最重要的品系是氨基羧酸类，其中最主要的商品螯合树脂是亚胺二乙酸基树脂。此外，用于分离回收镓铟的螯合树脂还包括多胺类、吡啶类、西佛碱类等许多品种。

萃淋树脂技术兼有溶剂萃取法的选择性和离子交换法的高效性，具有合成简单、萃取剂流失少、柱负载量高、传质性能好等优点，近年来该技术已开始用于稀土、贵金属的分离和分析中。刘军深等研究了硫酸介质中铟、镓、锌 3 种离子在二（2-乙基己基）磷酸萃淋树脂（CL-P204）上的吸萃和洗脱性能。CL-P204 萃淋树脂对铟的静态和动态吸附容量分别为 48.5mg/g，47.3mg/g。在此基础上，他们以有限元法研究了树脂在硫酸介质中吸萃铟过程中 In^{3+}/H^+ 的离子交换动力学。结果表明，交换速度随温度的升高、铟离子浓度的增大和树脂粒度的减小而增大，并求得了 In^{3+}/H^+ 离子交换过程中铟离子在树脂上扩散的有效扩散常数、表观扩散活化能和活化熵，分别 $1.57×10^{-10}m^2/s$，11.9kJ/mol，-84.1J/(mol·K)。刘军深等以悬浮聚合法制备了 2-乙基己基磷酸单脂萃淋树脂（P507 萃淋树脂），表明在 pH 值为 1.0~1.5，吸附时间 2h 时，树脂对铟（Ⅲ）有良好的吸附效果，其吸附行为符合 Langmuir 和 Freundlich 模型。

8.2.2.3 浸出料液中铟的液膜萃取分离

液膜分离技术是利用模拟生物膜的选择透过性特点来实现分离的，金属离子可从低浓度迁向高浓度，萃取和洗脱可同时操作，具有选择性高、传质速度快、反应条件温和等优点，特别适用于低浓度物质的富集和回收。液膜技术亦是高效提取和回收铟的新方法之一，主要有支撑液膜和乳状液膜两种。支撑液膜是利用界面张力和毛细作用，将膜相吸附在多孔物质的空隙内得到。用作分离时，料液和接受相分处于膜的两侧，在载体的作用下，被迁移的物质穿过液膜进入接受相。汤兵等建立了氧化还原-结晶液膜体系提取铟，即在液膜内水相中加入还原剂，利用液膜的选择性迁移和还原剂的选择性还原实现湿法炼锌系统中微量铟分离与还原，可在液膜内水相中结晶直接得到金属单质铟。以 P204 和环烷酸为流动载体，LMS-2 为表面活性剂，液体石蜡为膜的增强剂，煤油为膜的溶剂，硫酸和硫酸肼水溶液为内相试剂的液膜体系，外相试液的酸度为 pH 值为 0.5~1.5，迁移富集铟。实验表明，铟的迁移率为 96.2%，金属铟的回收率为 89.6%。乳状液膜是利用表面活性剂将两互不相溶的液相制成乳液，然后将乳液分散在第三相而得到，其乳珠颗粒小，传质面积巨大。分离过程中，料液及接受相可根据需要分别置于乳珠的内外，被迁移的物质在流动载体的作用下经过液膜进入接受相，迁移完毕，经破乳可得到浓缩液，膜相可以重复利用。冯彦琳等人用以 P507 为流动载体的乳状液膜提取铟，结果表明，P507-L113A-煤油乳状液膜体系可高速、有效地迁移铟。对含铟 0.200g/L 的模拟料液，铟提取率可达 99% 以上。液膜分离技术具有许多优点，受到越来越多的重视，但作为一项新的分离技术应用于铟的提取和回收，目前仍有许多不够完善的地方。

8.2.2.4　浸出液中铟的中和沉淀

当采用"热酸浸出→针铁矿法"炼锌时，铟的提取方法是：在还原与中和的上清液中，加入氧化锌粉经两段中和沉铟，其铟渣即为提取铟的原料。周存等针对来宾冶炼厂锌精矿高铟高铁的特点，采用两段锌精矿还原酸浸→中和沉铟→赤铁矿沉铁工艺，该工艺具有环境好，铟回收率高，渣量小，可加碱式碳酸锌中和的优点。终点 pH 值为 5，50℃ 条件下中和沉铟，铟沉淀率为 95%，铟渣品位 3.26%。

8.2.3　ITO 靶材中铟的回收

ITO 靶材溅射镀膜利用率一般为 30%，剩余部分成为 ITO 废靶，ITO 靶材生产中也产生边角料、切屑、废品等。将废料用盐酸溶解过滤，滤液用锌粉分别除杂和置换，得到海绵铟，海绵铟经碱煮提纯得到 99.5% 的金属铟，最后电解提纯至 99.995% 金属铟，总回收率达到 93% 以上。铟的回收工艺如图 8-3 所示。

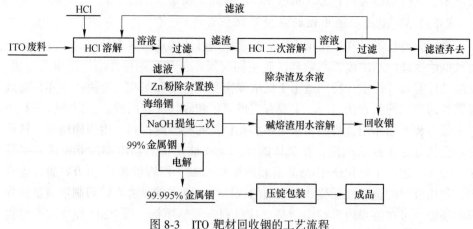

图 8-3　ITO 靶材回收铟的工艺流程

8.3　铟综合回收技术实例分析

8.3.1　技术目标

（1）分析含铟物料中铟的赋存状态，确定含铟物料的富集工艺；

（2）确定富铟渣二次浸出工艺参数，铟的浸出率大于99%；

（3）确定铟中和沉淀的最佳 pH 值、中和剂种类和加入量；

（4）获得最佳的萃取体系（萃取剂、稀释剂及添加剂的组成和成分）、萃取和反萃的最佳工艺参数，金属铟的直收率达到90%；

（5）实现废渣中铟、镉、铅、铁、金、银等元素的回收和富集，实现工艺闭路循环和废弃物的零排放；

（6）制定具有自主知识产权的铟冶炼工艺操作规程。

8.3.2　试验方案的确定

在对目前市场的系列锌粉产品(冶金还原锌合金粉、鳞片状锌粉、无汞锌粉）进行分析检测及相关参考文献的吸收消化的基础上，制定了制备冶金还原锌合金粉、鳞片状锌粉、无汞锌粉系列锌粉的初步试验方案，如图8-4~图8-6所示。

该项目在含铟物料工艺矿物学研究的基础上，对铟浸出工艺、中和沉铟工艺、萃取工艺、浸出渣综合治理工艺进行研究，掌握全湿法对富铟物料进行铟冶炼的关键工艺技术。针对目前云南省天浩希贵有限公司采用的含铟物料(见表8-4)，研发的工艺路线如图8-4~图8-6所示。

表 8-4　含铟物料类型

序号	原 料 来 源
1	锌电炉冶炼底铅
2	火法冶炼锌硬锌、坩埚铅、浮渣
3	各种铜、锑、锡、铅冶炼含铟渣
4	锌湿法冶炼中的含铟浸渣

8.3.3　云南省含铟物料工艺矿物学研究

为全面掌握云南省含铟矿物中铟的赋存状况，跟踪云南冶金集团的1个铜矿样和9个会泽铅锌选矿厂流程，考查样品的 QEMSCAN 专家系统分析结果。系统研究了铜矿样及会泽铅锌矿矿样的物质成分构成，同时采用该分析方法，研究了生产企业几种较有代表性的物料铟的赋存状况，为后续冶金工艺的制定提供了理论依据。

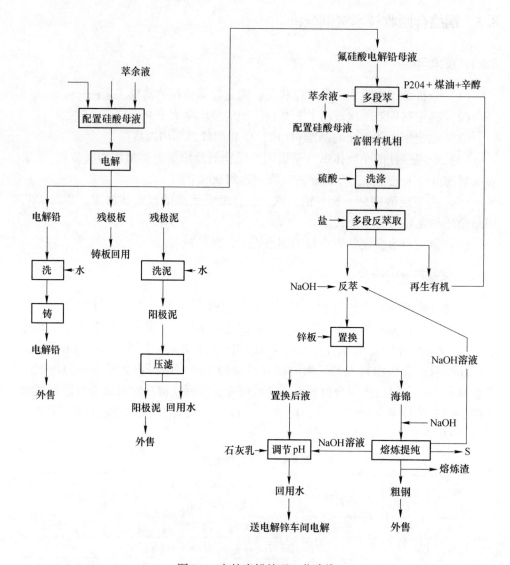

图 8-4 电炉底铅处理工艺路线

8.3.3.1 云南省含铟矿物工艺矿物学研究

（1）黄铜矿物质成分组成：

1）硅酸盐。主要硅酸盐包括 K 形长石，占 33.6%，石英占 28.05，斜长石占 17.7%。提供的样品平均粒度为 71μm。

2）含铜矿物。样品中仅有的含铜矿物为黄铜矿，占 3.0%。黄铜矿平均晶粒为 24μm。它主要存在在 +150μm 粒级，占 61.3%。

3）与黄铜矿共生的矿物相。在 +150μm 粒级，黄铜矿主要与 K 形长石、石

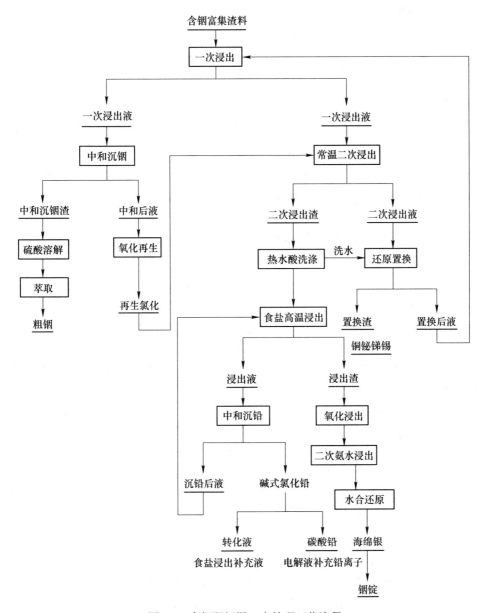

图 8-5　富铟阳极泥、尘处理工艺流程

英共生，各占 29%、22%。而在其他粒级中，与背景共生的黄铜矿表明是已解离了的。

4）黄铜矿解离度。近 41.4% 的黄铜矿中超过 90% 被解离；在 +150μm 中占 20.2%，−150μm ~ +74μm 占 8.7%，−74μm 占 12.4%。超过 80μm 的解离了的黄铜矿占 19.2%，小于 20μm 的解离了的黄铜矿占 12.7%。47.6% 的黄铜矿在

+150μm粒级中有近43.2%的包裹在硅酸盐内。47.6%的黄铜矿晶粒是包裹在硅酸盐中，其中小于60μm的约占45.8%，是夹杂于硅酸盐中。说明对于60μm以上，再磨并没有显著地解离硅酸盐中的黄铜矿。

5）含黄铜矿的颗粒。86.5%的含黄铜矿颗粒是硅酸盐，包含有47.6%的黄铜矿。3.4%的含黄铜矿颗粒是解离了的黄铜矿，并有2.4%是两相共生的黄铁矿和黄铜矿。

（2）九个会泽铅锌选矿厂矿样物质成分分析：

1）浮选给矿样品。浮选给矿中闪锌矿占12.6%，方铅矿占36.6%，黄铁

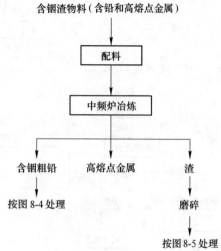

图8-6　含高铟的铅金属渣、铁合金渣、铜锑合金渣处理工艺流程

矿占27.1%，主要脉石矿物为白云石，占12.5%，方解石占6.9%。并有极小部分的含碳氧化锌，约2.4%。平均粒度为13μm。

浮选给矿中，75.3的方铅矿被解离，12.2%的方铅矿中高达60%是被包裹的。91.6%的闪锌矿被解离，黄铁矿被解离约87.5%。

2）硫化铅粗精矿样品。在两个流程中，硫化铅粗精矿中仍然有锌。如再磨，则有9.1%；不再磨，则为13.6%。与不再磨相比，再磨使得硫化铅粗精矿的平均粒度从18μm降到12μm。在平均晶粒上，黄铁矿的平均晶粒从22μm降到14μm，闪锌矿的平均晶粒从13μm降到了10μm。

再磨使得硫化铅精矿中方铅矿的解离度从73.4%提高到80.9%。也使得硫化铅粗精矿中黄铁矿的解离度从78.4%提高到85.8%。结果显示再磨并没提高硫化铅粗精矿中闪锌矿的解离度。

3）硫化铅精矿样品。不再磨与再磨相比，硫化铅精矿中的方铅矿有了略微提高，从86.0%提高到87.6%。损失到硫化铅精矿中的闪锌矿也降低了。再磨降低了方铅矿的晶粒，从8μm降到3μm，黄铁矿的晶粒从17μm降到7μm。

再磨，硫化铅精矿中的闪锌矿解离度为43.9%，而不磨则为70.1%。这表明再磨提高了方铅矿的解离度及铅精矿品位。结果显示，再磨并没有改变硫化铅精矿中方铅矿的共生。再磨流程中，硫化铅精矿中的黄铁矿大部分是解离的；而不再磨流程中，则大部分是与方铅矿共生的。如再磨，则硫化铅精矿中51.5%的黄铁矿里有超过15%的解离了的方铅矿；如不再磨，则硫化铅精矿中67.5%的黄铁矿里有超过15%的解离了的方铅矿。

4）锌精矿样品。再磨最主要的影响是在锌精矿产品中。锌精矿中的闪锌矿从36.2%提高到了69.2%，方铅矿有了略微降低，从15.9%降到12.1%，黄铁矿也从43.8%降到了16.9%。

再磨使得锌精矿中闪锌矿的解离度从55.8%提高到75.7%。再磨流程中，损失到锌精矿中的方铅矿主要是解离的或与闪锌矿共生，解离的占41.4%，与闪锌矿共生的占25.2%。不再磨，则锌精矿中有35.4%的方铅矿是解离的，25.8%的方铅矿是被包裹在多相硫化物中，与黄铁矿共生的占14.9%，与闪锌矿共生的占10.4%；再磨，解离了被包裹在其他硫化物中的方铅矿，并使损失到锌精矿中的方铅矿从15.9%降到12.1%。锌精矿中黄铁矿也从43.8%降低到16.9%，再磨，锌精矿中黄铁矿较多与闪锌矿共生；而不再磨，则更多的是解离的。

5）硫精矿样品。硫精矿在两种流程上并没显示出太大的变化，经再磨后，硫精矿中的黄铁矿从90.9%降到了89.9%，方铅矿从0.7%升高到1.2%，闪锌矿从1.1%升高到1.7%。

不再磨与再磨相比，硫精矿中方铅矿的解离度有很大差别，15.0%解离，77.6%被包裹和50.8%解离，17.7%被包裹。这说明再磨使得方铅矿在硫精矿中有了较高的富集，很多解离了的闪锌矿损失到硫精矿中，从1.1%增高到1.7%。在两个流程中，大部分损失到硫精矿中的方铅矿是与黄铁矿共生的。再磨流程中，硫精矿中的黄铁矿有更高的解离度。

8.3.3.2 含铟铜渣的 QEMSCAN 分析结果

QEMSCAN 的扫描电镜系统可以对每一个扫描区域进行定向矿物的搜索，并只分析事先指定的矿物种类。这种模式可以对微量元素的分析提供最大的模本。在该项目中利用电镜扫描模式在铜矿样中找到了一些含有金、铟的矿物。

五个含金矿物被发现。如图 8-7、图 8-8 QEMSCAN 的物相图及背散射光电子扫描相图（BSE 图）所示。

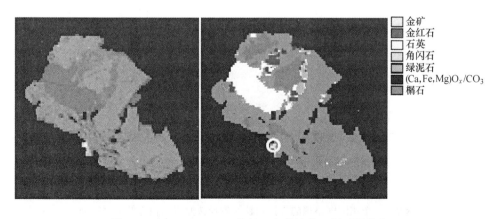

图 8-7 在−150~+74μm 粒级，金晶粒处于榍石颗粒中

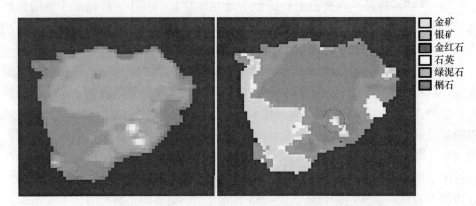

图 8-8　在−150~+74μm 粒级，金银共生于金红石结构中

金矿
银矿
金红石
石英
绿泥石
桐石

扫描电镜的分析模式(SMS 分析模式) 也可用来发现样品中含银的矿物。在测量中，意外发现了一种含钍的矿相。在分散能谱分析系统中（EDS）钍的光谱一般与银的光谱重合，使得系统自动区分它们非常困难。在这方面需进一步的研究。

8.3.3.3　铅锌冶炼渣 QEMSCAN 分析结果

在铅锌样中，通过 SMS/PMA 分析找出了一定数量的含铟矿物。图 8-9 显示的是在一个相图网格里所有样品中的含铟颗粒。在图 8-9（a）的相图中，通过把其他物相变成灰色突出了铟晶粒。

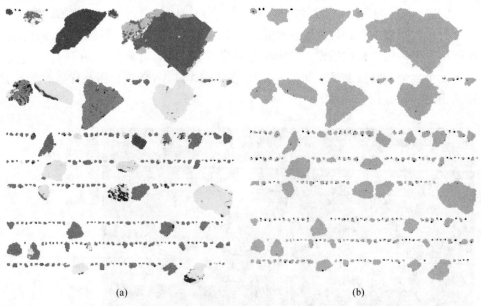

(a)　　　　　　　　　　　　(b)

图 8-9　一个相图网格里的含铟颗粒（颗粒按照表面积降低顺序排列）

图 8-10 是含铟渣料的背散射光电子扫描相图（BSE 图）与 QEMSCAN 人工着色的物相图的对比。在银物相中有 100 万个光谱计点被收集。

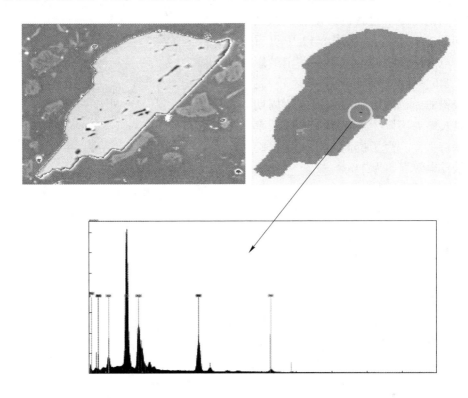

图 8-10　含铟渣料的 QEMSCAN 物相图及相应的背散射光电子扫描相图（BSE 图）

8.3.4　含铟物料富集工艺研究

8.3.4.1　电解溶铅、铟

固定电解温度 25℃，电极极距为 4cm，添加剂加入量 0.5kg/t，采用单因素试验法考察了电流密度、电解周期以及铟初始浓度对电解溶铅、铟过程的影响。

A　电流密度对电溶过程的影响

控制电解周期为 48h，考察了电流密度对电解过程的影响，结果如图 8-11 所示。从图 8-11 可以看出，随着电流密度的升高，金属铟的电溶率开始由 61.68% 显著增大至 98.19%，但当电流密度达到 155A/m² 后，金属制的电溶率逐渐下降，且电流效率下降的较快。但电流密度对阴极铅的品位和析出率影响较小，在 97.9%~98.5% 和 98%~99.9% 范围内平稳渡动，当电流密度高于 200A/m² 时，电流放率和阴极铅的品位才有所下降。综合考虑，确定最佳电解电流密度为 155A/m²。

B　电解周期对电解过程的影响

选定电流密度为 155A/m²。考察了电解周期对电解过程的影响，试验结果如图 8-12 所示。从图 8-12 中可看出，电解周期对铟电溶率有一定的影响，24h、48h 时铟的电溶率比较高；阴极铅的品位随电解周期随电解周期的延长略有下降，析铅率和电流效率则保持平衡。为了挺高生产效率，确定最佳电解周期为 24h。

C　电解液循环对电解过程的影响

固定电流密度为 155A/m²，电解周期 24h，考察了电解液循环量对电解过程的影响，试验结果如图 8-13 所示。

由图 8-13 可知，随电解液循环量的增大，铟电溶率、铅析出率都逐渐增大，电流效率更是由 86.18% 显著地增加至 99.91%；阴极铅的品位却基本保持稳定，在 98.88%~99% 范围内波动。综合考虑各方面因素，确定最佳电解液循环量为 100mL/h。

D　铟初始浓度对电解过程的影响

固定电解周期为 48h，电流密度为 155A/m²，考察铟初始浓度对电解过程的影响，试验结果如图 8-14 所示。由图 8-14 中可知，随着铟初始浓度的增加，金属铟的电溶率显著上升。当电解液中铟初始浓度达到 1.859g/L 时，铟的溶出率达到 99.37%，基本溶出完全；而铟初始浓度对阴极铅的品位和铅的析出率影响较小，分别在 97%~99% 和 99%~99.8% 内波动；随着铟初始浓度的增加，电流效率由 93%~95.5% 增加至 99.95%。

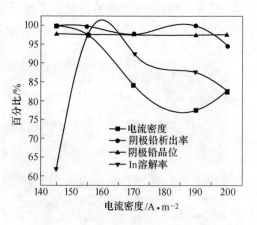

图 8-11　电流密度对电解过程的影响

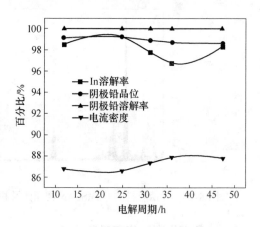

图 8-12　电解周期对电解过程的影响

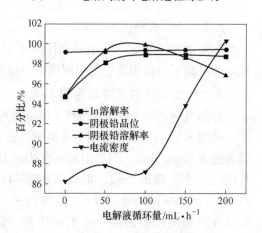

图 8-13　电解液循环对电解过程的影响

E　铅、铟电溶综合条件试验

根据条件试验结果，确定铅、铟电溶的最优条件为：电流密度155A/m²，电解周期24h，电解液循环量100mL/h，温度为室温，极距4cm。在最优条件下用极板进行了综合条件试验，试验结果见表8-5。

由表8-5可知，含铟铅合金电解溶出提铟综合试验结果良好，金属铟的平均溶出率为94.28%；金属铅在阴极的平均析出率为96.27%，阴极铅质量较好，金属铅的品位达到99.07%；而电流效率为两次试验波动较大，平均电流效率仅为89.19%，需进一步采取技术措施以提高电流效率，降低能耗。

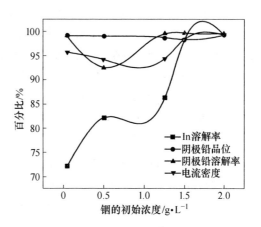

图 8-14　铟的初始浓度对电解过程的影响

表 8-5　综合条件试验有关技术指标　　　　　　（%）

样品编号	铟溶解率	铅品位	铅回收率	电流效率
1	91.00	99.01	99.02	100
2	97.55	99.13	93.52	78.38
平均值	94.28	99.07	96.27	89.19

8.3.4.2　萃取提铟

采用 P204 在硫酸体系中萃取 In 已有成熟的工艺，并且在工业生产中得到广泛应用。其操作条件为（1）有机相组成 P204 和磺化煤油体积比3∶7；（2）萃取级数为三级，O∶A=1∶4；（3）负载有机相用200g/L的硅氟酸洗涤，O∶A=1∶1，级数为四级；（4）有机相用6mol/L的盐酸反萃，O∶A=3∶1，级数为三级；（5）温度为室温，振荡与静置时间均为5min。在该条件下对该含铟铅合金电解溶出液进行了萃取试验，试验结果表明：试验的反萃效果很好，反萃率达到了110%，但萃取率只有82.82%，相对偏低。为了提高萃取率，本工艺中将萃取相比调整为 O∶A=1∶3，洗涤后液中含 In 的浓度大为降低，仅为0.00008g/L，而其中的杂质离子 Pb 与 Zn 的浓度为痕量，金属铟的萃取率达到98.69%。同时发现，在反萃液中含有的杂质离子非常少，这说明萃取的选择性很好。因此取消了萃后有机相的洗涤过程，并为了提高反萃液中铟的含量，将反萃的相比确定 O∶A=6∶1。

采用硅氟酸体系"电溶-萃取"工艺处理含铟底铅，将含铟底铅铸成阳极板，在电流密度为 140~160A/m^2、电解周期 24h、电解液循环量 100mL/h、电解前含铟 1.8g/L、25~30℃、极距 4cm 的最优条件下，铟的溶出率达到了 94.28%，金属铅在阴极的析出率为 96.27%，所得阴极铅质量较好，金属铅的品位 $w(Pb) \approx$ 99.07%，电流效率为 89.19%，以 P204 作为萃取剂从电解溶出液中直接萃取铟。

在有机相组成 30%P204+70%磺化煤油、3 级萃取、相比 O：A=1：3 的条件下铟的萃取率达到 98%以上；负载有机相采用 6mol/L 盐酸反萃，在相比 O：A=6：1、6 级反萃率接近 100%。

8.3.4.3 改进高温鼓风氧化造渣富集工艺

该项目针对含铟物料目前采用传统的高温鼓风氧化造渣富集工艺存在高温条件下，金属铅易挥发，严重污染环境，操作条件差，铟的富集倍数（约 5~6 倍左右）低、浮渣含铟品位低；后续湿法流程处理的物料量大、消耗高；产出的铅泥量大，铟量损失大，铟的冶炼回收率低等问题。

项目利用在低温碱熔过程中 $NaNO_3$ 在一定温度下发生分解反应，释放出游离氧来优先氧化含铟粗铅中的锌、铟、锡，同时熔融的氢氧化钠与锌、铟、锡的氧化物发生化学反应，将含铟粗铅放入带搅拌器的熔炼炉内，在 500~600℃温度下，在搅拌条件下，按含铟物料 3%的量加入 NaOH 和 $NaNO_3$ 混合物（M 氢氧化钠：M 硝酸钠=3：1），反应 2.5~3.5h 后，产出与熔融铅液分离良好的浮渣，使铟富集倍数达到 10~15 倍左右。

8.3.5　铟浸出工艺研究

8.3.5.1　富铟渣浸出的理论基础

从富铟渣中回收铟是以稀硫酸或电解废液作为溶剂，将原料中的有价金属溶解进入溶液。但原料中除了铟外还含有铁、铅、锌等元素，浸出过程中，金属铟、铁、锌进入溶液，会对后续工序产生不良的影响，故须在浸出的不同阶段进行杂质分离。因此，可以认为浸出作用有二：其一是将金属铟等有价金属尽可能完全溶解进入溶液；其二是在浸出过程中采用不同方法，使进入溶液的杂质与铟溶液分离开来，同时得到压滤性能好、易于固液分离的浸出矿浆，从而得到含铟浓度较高、杂质较少的溶液。

金属及氧化物溶于酸溶液的一般反应式为：

$$M + nH^+ \Longrightarrow M^{n+} + (n/2)H_2 \uparrow$$

$$MO_n/2 + nH^+ \Longrightarrow M^{n+} + (n/2)H_2O$$

根据铟渣的成分，其浸出的主要反应式为：

$$In_2O_3 + 3H_2SO_4 \Longrightarrow In_2(SO_4)_3 + 3H_2O$$

$$2In + 3H_2SO_4 \Longrightarrow In_2(SO_4)_3 + 3H_2 \uparrow$$

$$Fe_2O_3 + 3H_2SO_4 \Longrightarrow Fe_2(SO_4)_3 + 3H_2O$$
$$ZnO + H_2SO_4 \Longrightarrow ZnSO_4 + H_2O$$
$$Fe + H_2SO_4 \Longrightarrow FeSO_4 + H_2\uparrow$$
$$Zn + H_2SO_4 \Longrightarrow ZnSO_4 + H_2\uparrow$$

在浸出过程中，优先溶解进入溶液的组分，各组分的稳定范围、反应的平衡条件及条件变化时平衡移动的方向和限度，是浸出过程中需要研究的问题。

各种金属离子在水溶液中的稳定性和溶液的电位 ϕ、pH 值、离子活度、温度及压力等有关，故现代湿法冶金广泛使用电位 ϕ-pH 值图来分析浸出过程的热力学条件，电位 ϕ-pH 图是 20 世纪 50 年代由比利时的 Pourbaix 首先提出的，最早应用于金属腐蚀的研究，以后陆续有许多研究者将其用于分析湿法冶金过程热力学，并在湿法冶金中的应用范围逐渐扩大。电位 ϕ-pH 图将水溶液中基本反应电位 ϕ、pH 值、离子活度的函数关系表示在平面图（或立体图）上。

由有关资料查出的有关值见表 8-6。

表 8-6　有关 Me-H_2O 系 $\varphi_3^{\ominus}$、$\varphi_1^{\ominus}$、$pH^{\ominus}$ 数值

Me^{n+}-Me	Me(OH)$_n$	$\varphi_3^{\ominus}$	$\varphi_1^{\ominus}$	$pH^{\ominus}$
Zn^{2+}-Zn	Zn(OH)$_2$	0.417	0.763	5.58
Ag$^+$-Ag	Ag$_2$O	1.173	0.779	6.23
Cu^{2+}-Cu	Cu(OH)$_2$	0.609	0.337	4.6
BiO- BiO	Bi$_2$O$_3$	0.37	0.320	2.57
AsO$^+$- AsO	As$_2$O$_3$	0.234	0.254	-1.02
Tl$^+$-Tl	Tl(OH)	0.483	-0.336	13.9
Pb^{2+}-Pb	Pb(OH)$_2$	0.242	-0.126	6.23
Ni^{2+}-Ni	Ni(OH)$_2$	0.110	-0.241	6.09
Co^{2+}-Co	Co(OH)$_2$	0.095	0.277	6.30
Cd^{2+}-Cd	Cd(OH)$_2$	0.022	-0.41	7.2
Fe^{2+}-Fe	Fe(OH)$_2$	-0.047	-0.44	6.64
Sn^{2+}-Sn	Sn(OH)$_2$	-0.091	-0.136	0.75
In^{3+}-In	In(OH)$_3$	0.173	-0.342	3.00
Cr^{2+}-Cr	CrO	0.588	-0.913	5.5
Mn^{2+}-Mn	Mn(OH)$_2$	-0.727	-1.18	7.65

计算中假定金属离子活度等于 1，令温度等于 298K，根据上述的 Ⅰ、Ⅱ、Ⅲ类反应的化学方程式及ⓐ线（氢线）和ⓑ线（氧线）与 pH 的直线关系，便可做出（298K）Me-H_2O 系的 ϕ-pH 图，如图 8-15 所示。

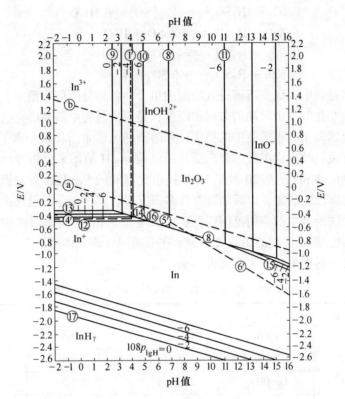

图 8-15　In-H$_2$O 系的电位 φ-pH 关系[298K($\alpha_{Me^{n+}}=1$)]

　　另外根据表 8-7 In-H$_2$O 系的反应式与方程式绘出 In-H$_2$O 的电位 ϕ-pH 值, 如图 8-15 所示。整个 In-H$_2$O 的电位 ϕ-pH 值图中, 可以 n 分为 In, In^{3+}, In$_2$O$_3$,

表 8-7　In-H$_2$O 系的反应式与方程式

直线	反　应　式	直线方程式
1	$In^{3+}+H_2O = In(OH)_2^{+}+H^{+}$	$pH = 3.88$
2	$In(OH)^{2+}+H_2O = InO_2^{-}+3H^{+}$	$pH = 6.79$
4	$In^{+} = In^{3+}+2e$	$\phi = -0.443$
5	$In^{+}+H_2O = In(OH)_2^{+}+H^{+}+e$	$\phi = -0.330-0.0295pH$
6	$In^{+}+2H_2O = InO_2^{-}+4H^{+}+2e$	$\phi = 0.262-0.1182pH$
8	$2In+3H_2O = In_2O_3+6H^{+}+6e$	$\phi = -0.190-0.0591pH$
9	$2In^{3+}+3H_2O = In_2O_3+6H^{+}$	$pH = 2.57-1/3 lgIn^{3+}$
10	$2In(OH)^{2+}+H_2O = In_2O_3+4H^{+}$	$pH = 1.93-1/2 lg(In(OH)_2^{+})$
11	$In_2O_3+H_2O = 2InO_2^{-}+2H^{+}$	$pH = 17.05+1/2 lg(InO_2^{-})$
12	$In = In^{+}+e$	$\phi = -0.139+0.0591 lg(In^{+})$
13	$In = In^{3+}+3e$	$\phi = -0.342+0.0197 lg(In^{3+})$
14	$In+H_2O = In(OH)_2^{+}+H^{+}+3e$	$\phi = -0.266-0.0197pH+0.0197 lg(In(OH)_2^{+})$
15	$In+2H_2O = InO_2^{-}+4H^{+}+3e$	$\phi = 0.146-0.0789pH+0.0197 lg(InO_2^{-})$
16	$2In+3H_2O = In_2O_3+6H^{+}+4e$	$\phi = 0.216-0.0886pH+0.0295 lg(In^{+})$
17	$InH = In^{+}+H^{+}+e$	$\phi = -1.951-0.0591 lgPInH$

$InOH^{2+}$ 及 InO_2 五个区域。根据图中铟各种价态稳定存在区域的条件可创造条件得到需要的产品。

铟的稳定区域在图中下部，即⑫线与⑧线之下。In_2O_3 有一块狭小的稳定区，为⑧线所包围的区域。在图的右上部，⑪线与⑧线所包围的区域是 InO_2^- 的存在区。⑧线之上⑩包围的区域是 In^{3+} 水解、$InOH^{2+}$ 存在的区域。

在图的左上部，⑬及⑨线所包围的区域是 In^{3+} 离子存在区（pH<2.6，电位 $\phi>-0.342$）。浸出过程就是要创造条件，使原料中的 In、In_2O_3 等跳过⑬线与⑨线进入 In^{3+} 离子区，此区域的 pH 值较低，说明使用酸浸法时，必须用较高的酸度。另外，要注意的是实际溶液中铟的含量很低，这时铟的溶解物的存在区域扩大，（⑨线向右扩，⑬线向下扩）这就是微量铟会进入溶液的原因之一。

总之，通过金属–水系电位 ϕ-pH 图的绘制、分析，可以明确几个内容：

（1）水的稳定性与电位、pH 值有关。在图中，ⓐ线以下析出 H_2，ⓑ线以上析出 O_2。

（2）图中的一点应有三线相交，表示相交的三个反应在该点达到平衡，其电位、pH 相同。图中每一根直线代表一个平衡反应式。几根线围成的区域表示某组分的稳定区。

（3）在金属-水系的电位 ϕ-pH 图中，从电化学腐蚀观点，基本可划分为三个区域：1）金属保护区，在此区域金属稳定（如 In）；2）腐蚀区，在此区域金属离子稳定（如 In^{3+}）；3）钝化区，在此区域金属的水解物或其他化合物（如 In_2O_3，$In(OH)_2^+$ 及 InO_2^- 等）稳定。而对湿法冶金而言，金属保护区是金属沉淀区；腐蚀区是金属浸出区；钝化区是净化区。图中金属稳定区愈大就愈难浸出。

铟物料的浸出，基本上是使用无机酸的酸性浸出。最常用的为硫酸和盐酸。硫酸由于价低、易得，设备防腐问题易解决，同时又往往能和主金属的提取工艺如湿法炼锌等相配合，因而使用最为广泛。

浸出过程的机理和步骤可以理解为：

（1）硫酸在固体（原料）的表面上吸附（包括孔隙及毛细管）。

（2）在二者接触的表面，硫酸与固体进行化学反应，生成硫酸盐进入溶液中。

（3）固体表面上的溶液层不断富集硫酸，并在固体表面上形成一层薄的硫酸盐饱和液层（一般称为扩散层）。

（4）硫酸盐饱和液层阻碍着铟原料与硫酸的接触。

（5）依靠饱和溶液离开界面向溶液内扩散，以及硫酸向饱和溶层的扩散作用，使原料的溶解反应继续进行。

由此可知，铟物料浸出是由两个阶段组成的，即由硫酸与铟原料中金属化合物的化学反应阶段和生成硫酸盐溶解并进入溶液的扩散阶段组成。

经以上分析，对本物料可以采取两段浸出：第一段中性浸出、第二段酸性浸出。在中性浸出阶段中，反应前期大部分铟、锌、铁等金属及金属氧化物与酸反应进入溶液，后期通过控制酸度铟水解进入不溶物中与锌、铁分离，不溶物中主要含有铟的水解物——$In(OH)_3$ 和 $PbSO_4$，铟含量比原料中提高 3~6 倍，达到铟的富集、净化的目的；而在酸性浸出过程中铟的水解物——$In(OH)_3$ 会顺利进入到溶液中与铅分离，得到的溶液已达下一步提铟的要求。这也是该工艺的创新之一，其有以下优点：

（1）简化了湿法流程，节省了生产成本；（2）未采用萃取剂，节省了投资；（3）在一个体系（硫酸）中完成全部反应，基本无废液排放，提高了铟的总回收率，而且对环境无污染。

8.3.5.2　铟浸出工艺研究

A　酸度、液固比、时间对 In^{3+} 浸出的影响

该项目在一定温度及搅拌转速情况下，采用不同溶液硫酸浓度（80g/L、120g/L、160g/L、180g/L、200g/L）、液固比（4∶1、6∶1、8∶1、10∶1）、反应时间（2h、4h、6h、8h、10h）对富铟渣进行浸出试验，并对沉淀物进行干燥、称重、化验，计算铟的浸出率：

铟的浸出率=（富铟渣含铟量-浸出渣含铟量）/富铟渣含铟量×100%

从图 8-16 可以看出，酸度、液固比、时间等因素的提高都能提高铟的浸出率，只是酸度和时间对铟浸出率的影响更为显著一些，考虑到后面的净化、置换、生产成本及可操作性，不能无限制地增加酸度、延长时间，认为合理的酸浸条件为：酸度 160~200g/L，液固比（6~8）∶1，时间 6~10h，温度 80℃左右，铟的一次浸出率都在 85% 以上，最高达到 92%。

B　温度对 In^{3+} 浸出的影响

该项目采用 80 目富铟渣物料，液固比为 10∶1，酸量过量。从实验结果可以看出温度对铟浸出率影响是显著的。通过实验结果根据相关的动力学方程计算出反应的活化能为 4.36kJ/mol，浸出过程受扩散控制。这样对于富铟渣的浸出过程可通过加强搅拌、提高浸出剂浓度、提高温度、降低矿物粒度等方法提高铟的浸出率。因此温度作为重要的影响因素，控制在 80~90℃ 比较是合理的。

C　溶液 pH 值对 In^{3+} 浸出的影响

通过对试验浸出液检测（检测结果见表 8-8），当 pH<2 时，浸出液透明清亮，对 In^{3+} 含量进行检测，In^{3+} 浓度为 80g/L；pH>2 时，浸出液开始浑浊，随着 pH 值的逐渐增大，溶液中出现大量的白色 $In(OH)_3$，pH 值为 5 的浸出液静置

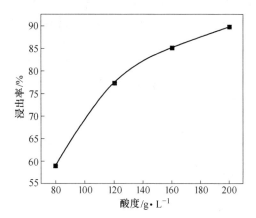

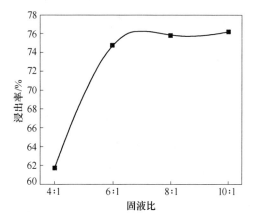

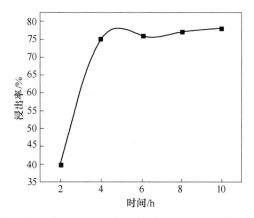

图 8-16 酸度、液固比、时间对 In^{3+} 浸出的影响

后，对其透明的上清液进行检测，In^{3+}浓度为 30mg/L，说明 In^{3+}水解比较完全，同时溶液中含有大量的 Zn^{2+}，Fe^{2+}，对沉淀物进行检测，铟比原料富集了 2~4 倍，因此在实际工业生产中，pH>5 时候，可以使铟与锌、铁等主要杂质很好分离，同时铟得到富集。

表 8-8　溶液 pH 值对 In^{3+}浸出的影响

pH	2	3	4	5	6
$In/mg \cdot L^{-1}$	80000	68000	860	30	25

8.3.6　中和沉铟工艺研究

8.3.6.1　中和沉铟理论分析

中和沉铟主要是利用铟和铁、锌水解 pH 值的差异，通过控制溶液 pH 使铟以 $In(OH)_3$ 的形式沉淀，达到分离铟的目的。中和沉铟过程中主要发生的反应如下：

$$In^{3+} + 3H_2O \Longrightarrow In(OH)_3 + 3H^+$$

$$Fe^{3+} + 3H_2O \Longrightarrow Fe(OH)_3 + 3H^+$$

$$4H^+ + 4Fe^{2+} + O_2 \longrightarrow 4Fe^{3+} + 2H_2O$$

$$ZnO + 2H^+ \Longrightarrow Zn^{2+} + H_2O$$

$$2ZnCO_3 \cdot 3Zn(OH)_2 + 10H^+ \Longrightarrow 5Zn^{2+} + 8H_2O + 2CO_2 \uparrow$$

总水解反应：

$$2In^{3+} + 3ZnO + 3H_2O \Longrightarrow 2In(OH)_3 + 3Zn^{2+}$$

或　　$10In^{3+} + 3[2ZnCO_3 \cdot 3Zn(OH)_2] + 6H_2O \Longrightarrow 10In(OH)_3 + 15Zn^{2+} + 6CO_2 \uparrow$

根据常温溶度积，可以计算出 $Zn(OH)_2$，$In(OH)_3$ 和 $Fe(OH)_3$ 沉淀平衡 pH 值。

对于 $Zn(OH)_2$，当溶液中 Zn 浓度 $[Zn^{2+}] = 80/65.37 = 1.223803mol/L$ 时，有

$$K_{sp} = [Zn^{2+}][OH^-]^2 = 2.0 \times 10^{-17}$$

$$[OH^-] = 4.05 \times 10^{-9}$$

$$pH = 14 + lg[OH^-] = 14 - 9 + 0.61 = 5.61$$

对于 $In(OH)_3$，当溶液中 In 的浓度 $[In^{3+}] = 0.126/114.82 = 1.09737 \times 10^{-3}$ mol/L 时，有：

$$K_{sp} = [In^{3+}][OH^-]^3 = 1.3 \times 10^{-37}$$

$$[OH^-] = 2.28 \times 10^{-11}$$

$$pH = 14 + lg[OH^-] = 14 - 11 + 0.36 = 3.36$$

对于 $Fe(OH)_3$，当溶液中 $Fe^{3+} = I/55.847 = 0.01791mol/L$ 时，有：

$$K_{sp} = [Fe^{3+}][OH^-]^3 = 4 \times 10^{-38}$$

$$[OH^-] = 1.31 \times 10^{-2}$$

$$pH = 14 + lg[OH^-] = 14 - 12 + 0.12 = 2.12$$

对于 $Fe(OH)_2$ 当溶液中 $[Fe^{2+}] = 20/55.847 = 0.35812mol/L$ 时，有：

$$K_{sp} = [Fe^{2+}][OH^-]^2 = 8 \times 10^{-16}$$

$$[OH^-]^2 = 2.23 \times 10^{-15}$$

$$[OH^-] = 4.73 \times 10^{-8}$$

$$pH = 14 + lg[OH^-] = 14 - 8 + 0.67 = 6.67$$

由此可知溶液中各物质水解 pH 值，见表 8-9。

表 8-9　溶液中各金属离子在相应浓度下水解 pH 值与水解产物

金属离子	In^{3+}	Fe^{3+}	Fe^{2+}	Zn^{2+}
浓度/L·mol^{-1}	1.10×10^3	0.02	0.36	1.22
水解产物	$In(OH)_3$	$Fe(OH)_3$	$Fe(OH)_2$	$Zn(OH)_2$
pH 值	3.36	2.12	6.67	5.61

通过对中和沉铟的理论分析，可以得知：

（1）在中和沉淀过程中，控制到一定 pH 值条件下，铟几乎全部水解，以氢氧化铟形式从溶液中沉淀而得以富集。而在中和沉淀过程中，溶液中的部分二价铁与空气接触生成三价铁，三价铁发生水解以氢氧化铁形式沉淀到铟渣中，降低了铟含量。加入的中和剂越多，二价铁被氧化的几率越大，生成的三价铁越多，富铟渣中的铁含量就越高；中和时间越长，溶液与空气接触的时间就越长，生成的三价铁就越多，富铟渣中的铁含量就越高。所以为了控制溶液中的二价铁被氧化，应严格控制好中和剂的加入量和中和时间。

（2）当溶液中存在 Fe^{3+} 时，若直接进行中和沉铟，则大量的 Fe 进入沉铟渣，不能实现铟铁分离，鉴于 $Fe(OH)_3$ 和 $Fe(OH)_2$ 沉淀平衡 pH 值的巨大差异，在沉铟前将 Fe^{3+} 还原成 Fe^{2+}，便可使 Fe 留在溶液中，达到铟铁分离的目的。

8.3.6.2　中和沉铟工艺研究

（1）该项目在 pH 为 4.5~5 的条件下，考察了温度为 50℃、60℃、75℃时的氧化锌中和沉铟情况（表 8-10），试验后的沉铟渣成分及各金属沉淀率见表 8-11、表 8-12。

表 8-10　不同温度下氧化锌对中和沉铟的影响

序号	温度 /℃	ZnO 理论倍数	沉铟后液成分/g·L⁻¹					沉铟率 /%
			In	Zn	Fe	Pb	Cu	
1	50	1.31	—	83.12	14.90	0.026	0.031	100
2	60	1.43	0.0014	84.68	13.80	0.013	0.015	98.81
3	75	1.33	—	81.17	13.60	0.053	0.010	100

表 8-11　铟渣的成分分析结果　　　　　　　　　（%）

序号	In	Zn	Fe	Pb	Cu	沉铟率
1	1.10	11.35	21.14	1.10	2.53	67.46
2	0.56	19.94	16.59	0.06	2.33	88.49
3	0.74	21.46	15.26	0.08	2.46	79.36

表 8-12　中和沉铟试验各金属沉淀率　　　　　　（%）

序号	以渣计				
	In	Zn	Fe	Pb	Cu
1	67.46	0.81	8.03	14.34	23.25
2	88.49	3.65	16.90	24.53	57.10
3	79.36	2.70	10.4	20.75	47.84

　　从表 8-10 可知，由 ZnO 作中和剂时，60℃时沉铟率为 98.81%，50℃和 75℃时沉铟率为 100%，而渣计沉铟率较低，这主要是因为试验所得铟渣少，铟的分布不均匀，分析误差所导致；少量铁、锌也进入渣中。

　　（2）该项目在 pH 为 4.5~5 的条件下，考察了温度为 50℃、60℃时碱式碳酸锌中和沉铟试验（表 8-13），试验后的沉铟渣成分及各金属沉淀率见表 8-14、表 8-15。

表 8-13　不同温度下碱式碳酸锌对中和沉铟的影响

序号	温度 /℃	ZnO 理论倍数	沉铟后液成分/g·L⁻¹					沉铟率 /%
			In	Zn	Fe	Pb	Cu	
1	50	1.31	—	78.44	12.00	—	0.088	100
2	60	1.29	—	78.44	12.90	0.011	0.033	100

表 8-14 铟渣的成分分析结果 （%）

序号	In	Zn	Fe	Pb	Cu	沉铟率
1	0.40	23.47	8.85	0.07	2.77	72.22
2	0.40	25.51	12.18	0.01	2.24	76.19

表 8-15 中和沉铟试验各金属沉淀率 （%）

序号	以 渣 计					以 液 计				
	In	Zn	Fe	Pb	Cu	In	Zn	Fe	Pb	Cu
1	72.22	4.78	9.97	28.30	75.46	100	3.39	21.01	100	86.99
2	76.19	5.45	14.80	45.28	65.79	100	12.61	18.35	74.53	94.93

由表 8-15 可知，中和沉铟过程中，In 全部沉淀进入渣中，大部分 Cu、Pb 也被除去，为了保证 Zn 尽量少地进入渣中，综合考虑各金属沉淀率，在反应温度为 50℃，中和剂为碱式碳酸锌时，铟的沉淀率为 100%，铜的沉淀率达到 87%，铅大部分进入渣中，而进入渣中的锌只有 3.39%。

8.3.7 铟萃取工艺研究

该项目采用氟硅酸铅电解液作为萃取原液，萃取剂用 P204 和磺化煤油按体积比为 3:7 配制而成，反萃剂为 6mol/L 的盐酸，考察萃取相比和级数对铟萃取和反萃过程的影响，氟硅酸铅电解液成分分析见表 8-16。

表 8-16 氟硅酸铅电解液成分分析

成分	In	Pb	Zn	Fe	Sn	SiF_6^{2-}
含量/%	4.59	116.40	4.85	1.50	4.24	223.29

8.3.7.1 铟萃取饱和浓度的测定

按相比 O:A=1:1 进行氟硅酸体系的铟萃取饱和浓度试验，结果发现，负载有机相中，铟浓度可以达到 20g/L，当有机相浓度达到 15g/L 后，有机相铟离子浓度增长缓慢。因此，在实际操作中，根据萃取容量为 15g/L 来选取萃取相比。

8.3.7.2 相比对萃取过程的影响

室温下，采用 3 级萃取、6 级反萃，反萃相比 O:A=6:1 的操作条件，分别采用 1:1、1:2、1:3 与 1:4 的萃取相比（O/A），对含铟为 4.444g/L 电解液进行萃取试验，以考察相比对萃取过程的影响，结果如图 8-17 所示。

由图 8-17 可看出，在萃原液铟浓度为 4.444g/L 时，萃取相比 O/A 为 1：3 要优于 1：4，即相比高有利于铟萃取。原因是对铟浓度为 4.444g/L 的萃原液而言，相比为 1：3 时，溶液中的铟即使完全萃取也未达到萃铟饱和操作浓度，故萃取率高；而当相比为 1：4 时，即使达到铟萃取的饱和操作浓度 15g/L 也不能将溶液中的铟完全萃取，故萃取率低。

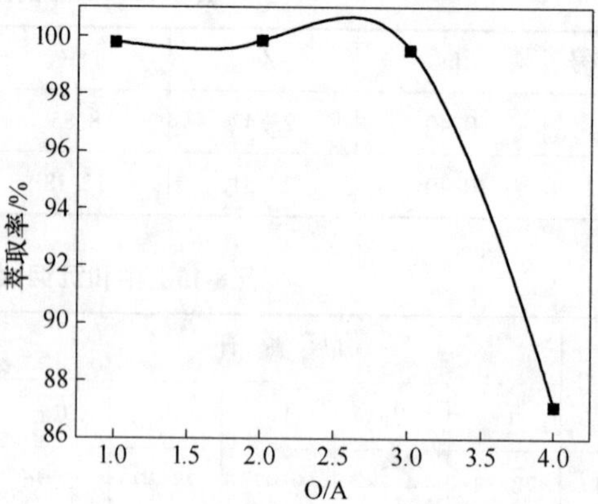

图 8-17　相比对萃取过程的影响

采用同样的操作条件，对含铟为 2.700g/L 的电解液进行了萃取相比补充试验，试验结果表明：铟萃取率均在 99%，对铟浓度为 2.7g/L 的萃原液而言，无论相比 O/A=1：3 还是 1：4，都达不到铟萃取的饱和操作浓度 15g/L，故萃取率变化不大。因此得出有机相铟浓度在未达到铟萃取操作饱和浓度 15g/L 时，相比对铟萃取过程影响不大；当有机相铟浓度大于铟萃取操作饱和浓度 15g/L 时，铟萃取率就随着相比的增加而下降。在实际萃取过程中，相比应根据萃取原液的铟初始浓度而定。

8.3.7.3　反萃试验

采用单因素试验法，分别考察反萃取相比、级数对反萃过程的影响。

A　相比对反萃过程的影响

按萃取相比 O/A=1：4，萃取级数 3 级，反萃级数 3 级。对铟含量为 4.444g/L 的电解后液进行反萃相比条件试验。试验结果见表 8-17。

表 8-17　相比对反萃过程的影响

相比	萃原液		萃余液		反萃液		铟萃取率 /%	铟反萃率 /%	铟总回收率 /%
O/A	V/mL	In^{3+}/g·L^{-1}	V/mL	In^{3+}/g·L^{-1}	V/mL	In^{3+}/g·L^{-1}			
4：1	640	4444	637	0.566	39.3	53 435	87.33	84.55	73.83
6：1	640	4444	638	0.643	26.3	60 830	85.58	65.43	56.25

从表 8-17 可知，相比 O/A 越小越有利于反萃，当反萃相比为 4：1 时，反萃率为 84.55%，高于反萃相比 6：1 时为 65.73%，但反萃液铟离子浓度只有 53.435g/L，低于反萃相比 6：1 时的 60.83g/L。

B　级数对反萃过程的影响

按萃取相比 O/A=1：4，萃取级数 3 级，反萃相比 O/A=6：1 进行反萃级数条件试验，试验结果如图 8-18 所示。由图 8-18 可知，铟反萃率最低为 84.08%，最高达 97.60%，为了增加反萃率，可以将相比为 6:1 的反萃级数由 5 级改成 6 级。

8.3.7.4 铟萃取过程中杂质元素的行为

氟硅酸铅电解液体系中，影响铟萃取的主要杂质元素为 Zn、Fe、Sn。对这些杂质在铟萃取过程中的行为进行了研究，试验结果见表 8-18。由表 8-18 知，锌在铟萃取过程

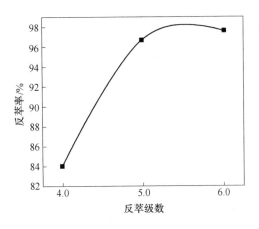

图 8-18 反萃级数对反萃率的影响

中的萃取率很高（维持 73% 左右），反萃率却很低（最高仅有 0.24%），其总收率不到 0.2%，因此，铟和锌在萃取过程中是可以实现初步分离的。铁在铟萃取过程中的萃取率和反萃率均较低（<10%），总收率仅为 0.27%，因此，在该萃取过程中铟铁分离较为理想。锡萃取率较高，为 35% 左右，反萃率也较大，高达 22.7%。电解后液的氟硅酸浓度≥200g/L，因此本试验在反萃之前就没有洗涤。从锡的总收率最高仅 6.82% 来看。在氟硅酸浓度≥200g/L，不经洗涤，也可以达到铟锡的初步分离。

表 8-18 杂质在铟萃取过程的行为

元素	萃原液		萃余液		反萃液		萃取率 /%	反萃率 /%	总回收率 /%
	V/mL	In^{3+}/g·L^{-1}	V/mL	In^{3+}/g·L^{-1}	V/mL	In^{3+}/g·L^{-1}			
Zn	1204	4.851	1207	1.300	38.2	0.208	73.13	0.24	0.17
Fe	480	1.213	470	1.179	38.2	0.042	4.83	5.69	0.27
Sn	640	4.24	637	2.98	39.3	4.71	30.04	22.70	6.82

（1）采用 P204 作为萃取剂可将 In 从含铟铅合金电解溶出液中成功萃取。在有机相组成 30%P204+70% 磺化煤油、萃取级数为 3 级、相比 O:A=1:3 的条件下，金属铟的萃取率达到 98.69%。负载有机相采用 6mol/L 的盐酸反萃，在 O:A=6:1、反萃级数为 6 级的条件下，反萃率接近 100%。

（2）萃取过程中，铁的萃取与反萃都很低，铟铁分离较为理想；锌的萃取率虽然高但反萃率低，总收率也很低，锌铟分离也不成问题；锡的萃取率与反萃率相对较高，但从锡的总收率最高仅有 6.82% 来看，在氟硅酸浓度≥200g/L 条件下，不经洗涤，也可以达到铟锡的初步分离。

8.3.8　浸出渣综合利用工艺研究

8.3.8.1　浸出脱铜

试验原料的特点是铜含量高。水浸试验表明，可溶铜约占 25%。为了选择有效的脱铜方法，考查了空气、Fe^{3+}、Cl^- 对硫酸溶液中脱铜速率的影响。

实验条件为：90℃，固：液 = 1：5，通空气，机械搅拌（以下相同），分别于 6h、8h、10h、12h 取样分析渣含铜。

实验结果显示，O_2、Fe^{3+}、Cl^- 对脱铜速率具有显著的影响。当不加入其他离子，只通空气的情况下脱铜速率变化很慢，12h 渣含铜仍然 >6%。在引入 Fe^{3+} 和 Cl^- 离子时都可以加快脱铜速度，但是考虑到加入 Fe 和 NaCl 时会给脱铜液处理带来困难，所以选用了硫酸和盐酸的混合溶液进行脱铜。盐酸的浓度对脱铜速率影响很大，当用 $1nHCl$ 时 10h 即可使渣含铜降至 0.5%，脱铜率达 99.6%。在脱铜液中没有发现贵金属的分散，Au<0.0004g/L。下面重点考查始酸浓度、温度、固液比和通气量对脱铜效果的影响。

A　酸度对脱铜效果的影响

由表 8-19 可见，渣含铜随着浸出液起始酸度的增加而降低。同时脱铜时间随酸度增加而减少。当采用 $6nH_2SO_4$，$1nHCl$ 时 8h 渣含铜已达 0.59%。

表 8-19　酸度对脱铜效果的影响

浸出液起始酸度	渣 含 铜				脱铜率/%
	6h	8h	10h	12h	
$3nH_2SO_4$，$0.5nHCl$	3.48	2.57	2.30	2.73	97.9
$3nH_2SO_4$，$1nHCl$	3.93	0.99	0.80	0.74	99.4
$4nH_2SO_4$，$1nHCl$	1.28	0.96	0.89	0.96	99.1
$5nH_2SO_4$，$1nHCl$	0.73	0.62	0.59	0.56	99.4
$6nH_2SO_4$，$1nHCl$	0.83	0.59	0.44	0.5	99.6

B　温度对脱铜效果的影响

在起始酸度 $6nH_2SO_4$，$1nHCl$，固：液 = 1：5，10L/min 空气下考察了温度对脱铜效果的影响。

由表 8-20 可见提高浸出温度对脱铜有利，以 90℃ 为宜。

表 8-20　温度对脱铜效果的影响

温度 /℃	渣含铜/%				脱铜率 /%
	6h	8h	10h	12h	
90	0.83	0.59	0.44	0.50	99.6
80	1.70	1.26	1.11	1.07	99.25

C 固液比对脱铜效果的影响

由表 8-21 可见，渣含铜随固液比增大而降低，固液比采用 1∶5 合适。

表 8-21 固液比对脱铜效果的影响

固液比 /℃	渣含铜/%				脱铜率 /%
	6h	8h	10h	12h	
1∶5	0.83	0.59	0.44	0.50	99.6
1∶4	1.19	0.84	0.75	0.57	99.5
1∶3	5.81	4.46	3.09	1.78	98.2

D 通空气量时对脱铜效果的影响

由表 8-22 可见，增加同空气量对脱铜效果没有明显影响，因为在实验条件下通空气量已超过所需的消耗量。在改变物料量的情况下空气量也应随之变动。

表 8-22 空气量对脱铜效果的影响

通气量 /L·min^{-1}	渣含铜/%				脱铜率 /%
	6h	8h	10h	12h	
2	1.17	0.57	0.37	0.35	99.74
5	1.10	0.57	0.43	0.41	99.64
10	0.83	0.59	0.44	0.50	99.60

由此确定最佳工艺条件为：$6nH_2SO_4$，$1nHCl$，固∶液＝1∶5，10L/min，机械搅拌下浸出 8h。全部贵金属都富集在脱铜渣中，作为下一步氯化原料。

8.3.8.2 脱铜渣水溶液氯化

将脱铜渣直接水溶液氯化，使贵金属全部进入溶液，银以 $AgCl$ 的形式全部留在氯化渣，并为下一步氨浸提银创造了有利条件。氯化实验在三口烧瓶中进行，水浴加热，机械搅拌，用钢瓶氯气。为了减少氯气的污染，在氯化过程中控制尾气至最小限度，并在开始氯化的三四小时内基本不放尾气。

重点考查了酸度、添加剂，固液比及时间对氯化效率的影响。

A 氯化液起始酸度的影响

固液比 1∶6，80℃下改变起始酸度进行氯化，结果见表 8-23。

表 8-23 酸度对氯化效率的影响

氯化液 起始酸度	渣 含 金 属							
	6h				8h			
	Au/g·t^{-1}	Pt/g·t^{-1}	Pd/g·t^{-1}	Se/g·t^{-1}	Au/g·t^{-1}	Pt/g·t^{-1}	Pd/g·t^{-1}	Se/g·t^{-1}
1nHCL	548	2.5	0.9	0.0033	390	0.9	0.6	0.004
3nHCL	434	2.8	2.4	0.005	350	1.8	1.0	0.0062
6nHCL	387	0.9	0.9	0.0069	258	1.5	0.9	0.0073

由表 8-23 可以看出，随着酸度的增加氯化渣 Au 含量有所下降，Pt、Pd 的含量并无明显变化，而 Se 则略有增加，但均在 0.01% 以下，所以酸度以 3N 左右为宜。

B　各种添加剂对氯化效果的影响

固液比 1∶6，80℃，在加入添加剂氯化 8h，结果见表 8-24。

表 8-24　添加剂对氯化效率的影响

编号	起始氯化液组成			氯化渣中金属含量					
	NaCl	NaClO$_3$	HCl	Au/g·t^{-1}	Pt/g·t^{-1}	Pd/g·t^{-1}	Se/%	Au/%	Te/%
1	0	0	3N	350	1.8	1.0	0.0062	45.25	0.005
2	10%	0	3N	344	<0.5	<0.5	0.0068	59.16	微
3	15%	0	0	343	1.0	1.0	0.0072	52.78	0.001
4	0	5%	2N	355	0.9	0.7	0.006	51.79	微

所试验的各种添加剂对贵金属的氯化率无明显影响。

C　氯化液的返回使用

为减少污染，使废液形成闭路循环，但尚未考查各种离子的累积情况，需进一步试验，以寻求合理的循环次数。含银 50% 左右的氯化渣是氨浸提银的原料。

8.3.8.3　从氯化渣中提银

碱浸预处理是将氯化渣按固液比 1∶5，加入不同浓度的 NaOH 溶液浸出 2h 然后按液固比 1∶10 加入氨水浓度 2∶1，室温下搅拌浸出 4h，氨浸过滤后在 50℃ 水合肼还原得到海绵铟。

氯化渣碱浸对氨浸还原银的影响见表 8-25。

表 8-25　氯化渣碱浸对氨浸还原银的影响

氯化渣 /g	碱浸预处理		氨　浸			银直收率 /%	海绵银 品位/%
	NaOH/%	温度	渣含 Ag/%	渣率/%	Au 氨浸率/%		
20	20	煮沸	45.0	38.5	67.2	67.2	—
20	10	室温	5.3	15.5	98.7	96.7	>99.98
20	5	室温	4.20	22.5	98.2	96.5	>99.98
20	2	室温	1.00	11.0	99.8	97.2	>99.98

碱浸液的浓度和温度对氨浸银的效率有一定影响，随着碱浓度的增加氨浸渣含银随之增加，渣率也略有增加，室温下银的氨浸率变化不大。经 20% NaOH 煮沸下预处理过的氯化渣氨浸率大大降低，渣含银高达 45%，这可能是由于 Ag 在

碱浸中发生转化的缘故。最佳碱度为2%NaOH，此时银的氨浸率为99.8%，直收率可达97.2%，海绵银纯度大于99.98%。

实验中发现常温碱浸预处理过滤比较慢，浸渣呈胶状。将2% NaOH溶液在80℃下浸出，然后过滤，则滤速很快。但通常是经热碱浸出后氨浸渣含银偏高。焙烧预处理氯化渣的实验在马弗炉中进行，在不同温度下焙烧2h后，将焙烧渣进行氨浸，还原得海绵银。结果见表8-26。

表 8-26　氯化渣的焙烧温度对氨浸银的影响

氯化渣 /g	焙烧温度 /℃	氯　浸			备注
		渣含银/%	渣率/%	银氨浸率/%	
20	420	6.9	28.5	94.13	海绵 Ag> 99.96%
20	350	11.1	26.0	94.4	
20	300	6.1	29.0	96.6	
20	250	3.2	28.5	98.2	

由表8-26可知，随焙烧温度的增高银的氨浸率逐渐下降，氨浸渣含银升高。当焙烧温度低于250℃时氨浸过滤困难。因此，焙烧温度以300℃左右为宜。鉴于本流程以湿法处理为特点，因此，在氯化渣预处理时选择热碱浸出的方案更合适一些。碱浸液的处理还有待研究。经过预处理的氯化渣很容易进行氨浸，对这一过程没有做更多的条件试验，直接根据以往的最佳条件进行，这里仅简单地做了氨水浓度及固液比对氨浸率影响的试验，结果见表8-27。

由表8-27可见，降低氨水浓度和减小固液比时银的氨浸率下降，渣含银增高。由于试料中银含量较高，所以适宜的氨浸条件为：固液比1:1，NH_3 水：水=1:1，室温下搅拌浸出4h。氨浸液在500℃左右的温度下用4:1水合还原，即可得到灰白色的粗颗粒的海绵银粉，纯度大于99.98%，铸锭得成品。

表 8-27　氨水浓度及固液比对氨浸银的影响

预处理条件	氨 浸 条 件	渣含银 /%	渣率 /%	银氨浸率 /%	渣率 /%
5%NaOH, s:l= 1:5, 室温, 2h	s:l=1:10, 氨水：水= 2:1, 室温, 2h	4.20	98.2	96.5	22.5
	s:l=1:10, 氨水：水= 1:2, 室温, 4h	8.00	98.0	96.8	16.0
	s:l=1:5, 氨水：水= 1:2, 室温, 4h	16.00	95.5	93.4	17.5

8.3.8.4　丹宁沉锗工艺

A　酸浸液的丹宁沉锗

a　丹宁加入量对沉锗的影响

把一定量的酸浸液加热至 70℃后加入丹宁溶液，保温 75℃搅拌 30min 后过滤，所得结果见表 8-28。

表 8-28　丹宁加入量对沉锗的影响

沉锗前液			锗量的丹宁倍数	沉锗前液		沉锗前液/%
体积/mL	Ge/mg·L⁻¹	H₂SO₄/ g·L⁻¹		体积/mL	Ge/mg·L⁻¹	
1000	192.0	24.30	34.6	1010	2.79	98.5
1000	192.0	24.30	26	1020	7.05	96.3
1000	192.0	24.30	21.6	1030	12.31	93.4
1000	192.0	24.30	17.3	1000	63.59	60.9

由表 8-28 可见，丹宁的加入量为沉量的 26 倍时锗的沉淀率已达到 96.3%。

b　酸浸液酸度对锗沉淀的影响

试验条件为：温度 75℃，搅拌 30min，丹宁加量为 34.6 倍，沉锗前液含锗 192.0mg/L，酸度 H₂SO₄ 24.30g/L，通过滴加硫酸改变酸度，观察酸度对丹宁沉锗的影响，结果如图 8-19 所示。由图 8-19 可见丹宁沉锗前液的酸度应控制在 20~30g/L，才有利于锗的沉淀。

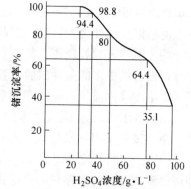

图 8-19　酸浸液酸度对锗沉淀率的影响

B　丹宁渣的焙烧锗

将丹宁锗渣于 500℃马弗炉中焙烧 2h，得到锗精矿，成分为 Ge 8.0%，Zn 13.32%，Cd 5.5%。

8.4　铟冶炼生产的环境保护与安全生产

8.4.1　概述

一般冶炼生产的污染有废气、废水、废渣、噪声、热污染和放射性污染等。

铟冶炼烟气来源于物料干燥、焙烧、熔炼等。废气中的污染物在大气中可呈气态、液态和固态。各种原料粉尘、烟尘、未燃烧的煤粒等为固态；硫酸、盐酸、焦油物质等为液态；汞蒸气、铅蒸气、锌蒸气等为气态；二氧化硫、硫化氢、一氧化碳等为气态。大量的废气排入大气，必然使大气环境质量下降，给人类带来健康危害和经济损失。因此，应对之进行治理，达标排放。

铟冶炼污水主要来自湿法浸出、净液、置换、电解等作业的洗渣、清洗滤布，地面冲洗，设备跑、冒、滴、漏，烟气洗涤，锅炉用水和化验用水的排水，雨排水等。污水可能含有一定成分的酸、碱、重金属、砷、氟、有机物等有害成分，这部分污水如不处理直接排放，危害很大。如处理得当，不仅可达标排放，处理后的污水可以部分返回生产系统使用，同时还可以从废水中回收某些有价金属。

在铟的冶炼生产作业过程中不可避免地会散发一些化学有害因素，如 Pb、As、Cd、SO_2、CO 及酸雾等有害气体，烟尘以及煤尘等，可能会对人体健康产生职业危害。因此，改善生产作业环境，防止和控制职业危害，是一项重要的工作。

此外，铟冶炼生产过程中，经常接触强碱、强酸，还有各种可燃、有毒的气、固、液等产物，是危害人体健康的。因此，必须掌握它们的危害特性，采取必要的防护措施，确保做到安全生产。

8.4.2　主要环境标准

8.4.2.1　大气环境质量标准

环境空气质量功能区分类：

一类区为自然保护区、风景名胜区和其他需要特殊保护的地区；

二类区为城镇规划中确定的居住区、商业交通居民混合区、文化区，一般工业区和农村地区；

三类区为特定工业区。

8.4.2.2　水质标准

由于重金属废水对环境造成的污染较为严重，因此，当此类废水需要排入天然水体时，应处理到允许排入水体的程度，以降低或消除其对水体水质的不利影响。我国有关部门为此制定了废水的各种排放标准，并根据废水污染危害程度把污染物分为两类。

第一类污染物能在环境或在动植物内积累，对人类健康产生长远的影响，规定此类污染物的污水必须在车间或车间处理设施排放口处取样分析，同时其含量必须符合相应规定。第二类污染物的长远影响小于第一类，规定的取样地点为排污单位的排出口，最高允许排放浓度要按地面水使用功能的要求和污水排放去向，分别执行相应规定。

8.4.2.3　废渣控制标准

有色金属工业固体废物浸出液中任一种有害成分的浓度超过鉴别标准的固体

废物，定为有害固体废物。危险废物鉴别标准如下。

A　腐蚀性鉴别

当 pH 值≥12.5 或者≤2.0 时，则该废物是具有腐蚀性的危险废物。

B　浸出毒性鉴别

固态的危险废物遇水浸沥，其中有害的物质迁移转化，污染环境，浸出的有害物质的毒性称为浸出毒性，浸出毒性作为鉴别危险废物的判据之一。

如浸出液中任何一种危害成分的浓度超过表 8-29 所列的浓度值，则该废物是具有浸出毒性的危险废物。

表 8-29　浸出毒性鉴别标准值

序　号	项　目	浸出液最高允许浓度/$mg \cdot L^{-1}$
1	有机汞	不得检出
2	汞及其化合物（以总汞计）	0.05
3	铅（以总铅计）	3
4	镉（以总镉计）	0.3
5	总铬	10
6	六价铬	1.5
7	铜及其化合物（以总铜计）	50
8	锌及其化合物（以总锌计）	50
9	铍其及化合物（以总铍计）	0.1
10	钡及其化合物（以总钡计）	100
11	镍及其化合物（以总镍计）	10
12	砷及其化合物（以总砷计）	1.5
13	无机氟化物（不包括氟化钙）	50
14	氰化物（以 CN 计）	1.0

注：本表摘自《危险废物鉴别标准——浸出毒性鉴别》（GB 5085.3—1996）。

8.5　"三废"的治理

8.5.1　冶炼烟气的治理

冶炼烟气及其污染物的产生随冶炼过程和原材料种类不同而有很大差异。按其含硫与不含硫可分为两大类：一类为含硫烟气，除含有一般物质燃烧生成的正常组分外，主要含有二氧化硫和三氧化硫；另一类为不含硫烟气，主要含有二氧化碳、一氧化碳、氮气等。目前，在炉窑之后根据不同情况采用不同的收尘方法，设置了收尘装置回收烟尘；同时，对含硫烟气也进行了不同程度的净化和利用。

分离法是将气溶胶污染物从烟气中分离出来；而对于含硫烟气，除分离其中的气溶胶污染物外，烟气还应回收其中的硫。

把固体粒子从气体中分离出来并加以捕集的设备称为除尘器。按收尘机制的不同可分为机械式除尘器、过滤式除尘器、湿式除尘器和静电除尘器。

收尘流程可分为干式流程、湿式流程和干湿混合流程三类。干式流程主要收尘设备有沉降室、旋风除尘器、滤袋除尘器和电除尘器。收尘系统大部分采用干式流程，其特点是烟尘容易处理，但投资较大，烟尘飞扬，劳动条件差。湿式流程主要设备有文氏管除尘器、冲击除尘器、泡沫除尘器、湍球塔等，回收的烟尘呈泥浆状，处理泥浆存在污水处理、设备腐蚀与堵塞等问题。在北方寒冷地区湿式流程的采用受到一定限制。干湿混合流程是在湿式除尘器前加一段或几段干式除尘器，以减少泥浆量，此种流程多用于干燥作业的收尘。对于含一氧化碳较高的烟气，应采用密闭性能好的除尘设备捕集烟尘，选择干或湿式收尘流程则不限。干式电收尘器要求烟尘比电阻为 $10^4 \sim 10^{10} \Omega \cdot cm$，如不在此范围，须采取特殊措施。烟气中含有二氧化硫、三氧化硫等成分时，对除尘设备均有腐蚀作用，尤其当烟气含水较高时腐蚀更为严重，选择流程时应充分考虑设备的防腐问题。

8.5.2 含重金属污水的治理

铟的冶炼主要是湿法冶金过程，由于原料多源自重金属冶炼过程且成分复杂，故必然产生重金属污水，对之如何处理是铟冶炼不容回避和必须引起高度重视的问题。

由于重金属难以降解和破坏，因此，人们对重金属污染愈益重视，对其污水治理和排放标准日趋严格。迄今为止，无论国内还是国外，对重金属污水的治理都不够完美和彻底，远未能杜绝重金属污水对环境的污染。

重金属污水处理可分为两大类：

第一类，使污水中呈溶解状态的重金属转变为不溶的重金属化合物，经沉淀和浮上法从污水中除去。具体方法有中和法、硫化法、还原法、氧化法、离子交换法、离子浮上法、活性炭法、铁氧体法、电解法和隔膜电解法等。

第二类，将污水中的重金属在不改变其化学形态的条件下，进行浓缩和分离，具体方法有反渗透法、电渗析法、蒸发浓缩法等。

目前国内外污水处理技术以中和法、硫化法为主，但也采用其他一些处理方法。在装备上，国外先进国家的污水处理具有较高的自动化控制水平，能保证污水处理达到预期要求；国内的污水处理在装备和自动化控制水平上赶不上先进国家，特别是只注意污水本身的处理，而忽视浓缩产物的回收利用或无害化处理，任其流失于环境中，造成二次污染。这是目前我国重金属污水处理中存在的最突出、最严重的问题。

总而言之，目前重金属污水无论采用何种方法处理都不能使其中的重金属分解破坏，只能转移其存在的位置和转移其物理和化学形态。因此，无论从杜绝对环境的污染，还是从资源合理利用来考虑，必须采取多方面的综合性措施，最根本的是改革生产工艺，加强科学管理，提高自动化控制水平和严格操作程序；尽量重复利用，提高有价金属回收率，不外排或少外排污水量；就地处理，不同其他污水混合。

参 考 文 献

[1] 王树楷，铟冶金 [M]．北京：冶金工业出版社，2006．

[2] 周令治，陈少纯．稀散金属提取冶金 [M]．北京：冶金工业出版社，2008．

[3] 周令治，邹家炎．稀散金属手册 [M]．长沙：中南工业大学出版社，1993．

[4] 稀有金属手册编委会．稀有金属手册 [M]．北京：冶金工业出版社，1995．

[5] 中国有色金属工业总公司．有色金属进展下篇．第28分册——稀散金属 [J]．1984．

[6] 冯君从．近期铟市场分析 [J]．中国铅锌信息，2002 (11)．

[7] 冯君从．货源紧张将使铟价继续坚挺 [J]．世界有色金属，2003 (7)．

[8] 冯君从．日本供应过剩量将缩小 [J]．中国铅锌锡锑，2005 (5)．

[9] 未永近志，等．铟生产流程的改进 [J]．国外锡工业，1990，17 (2)．

[10] Alfantazi A M，Fum，等．Processing of Indum：A Review [J]．Minerals Engineering，2003，16：687~694．

[11] 刘世友．铟工业资源应用现状与展望 [J]．有色金属 (冶炼)，1999 (2)．

[12] 邹家炎．铟的提取，应用和新产品开发 [J]．广东有色金属学报，2002，12 (9)．

[13] 洪托，等．铟市场形势及中国铟资源特点 [J]．云南地理环境研究，2004 (7)．

[14] 梁杏初，等．发挥铟资源优势发展铟的高新产业 [J]．广东有色金属学报，2002 (9)．

[15] 周智华，等．稀散金属铟富集与回收技术的研究发展 [J]．有色金属，2005 (2)．

[16] 吴成春．密闭鼓风炉熔炼过程中锗铟的富集及综合回收 [J]．广东有色金属学报，2002，12 (9)．

[17] 刘乾邦．ISP工艺中铟的富集规律和机理探讨 [J]．中国有色冶金，2004 (4)．

[18] 铅锌冶金学编委会．铅锌冶金学 [M]．北京：科学出版社，2003．

[19] 陈家镛，等．湿法冶金中铁的分离与利用 [M]．北京：冶金工业出版社，1999．

[20] 梅光贵，等．湿法炼锌学 [M]．长沙：中南大学出版社，2001．

[21] 陈志飞，等．湿法炼锌中钠铟铁矾的研究 [J]．矿冶工程，1981 (1)．

[22] 沈湘黔，等．杂质在黄钾铁矾炼锌过程中的行为 [J]．有色冶炼，1988 (10)．

[23] 鲁君乐，等．从含铟低的复杂锑铅矿中富集铟 [J]．矿冶工程，1993 (13)．

[24] 王吉坤，何蔼平．现代锗金属 [M]．北京：冶金工业出版社，2005．

[25] 黄位森．锡 [M]．北京：冶金工业出版社，2000．

[26] 姚根寿．浅谈烟灰综合利用中铟的回收 [J]．有色冶炼，1994 (4)．

[27] 路永锁．从炼铜厂电收尘烟灰中回收有价金属 [J]．有色冶炼，1990 (4)．

[28] 石玲斌．富铟铜渣氧化挥发铟新探索 [J]．采矿技术，2002 (12)．

[29] 张银堂，等．In2s还原挥发的热力学计算 [J]．中国有色金属学报，2002，12 (3)．

[30] 谭晓明．提高威尔兹法铟挥发率的生产实践 [J]．株冶科技，2001，29 (4)．

[31] 王树楷，FloydJM，等．赛罗熔炼技术开辟了有色金属生产的新途径 [J]．有色金属 (冶炼)，1989 (6)．

[32] 陈军辉，等．锌浸出渣挥发窑处理烟气收尘 [J]．有色冶炼，1998 (7)．

[33] 文岳中，等．固体酸化焙烧-水浸提铟的研究 [J]．稀有金属，1999 (5)．

[34] 傅崇说. 有色冶金原理 [M]. 北京：冶金工业出版社，2005.

[35] 马荣骏. 溶剂萃取在湿法冶金中的应用 [J]. 北京：冶金工业出版社，1979.

[36] 李淑兰，等. 硬锌真空蒸馏富集锗、铟的研究 [J]. 昆明工学院学报，1994，19（4）.

[37] 邓学广，等. 采用真空技术与设备从硬锌中蒸馏脱锌和富集铟锗 [J]. 湖南大学学报，2001（10）.

[38] 李洪桂，等. 湿法冶金学 [M]. 长沙：中南大学出版社，2002.

[39] 蒋汉瀛. 湿法冶金过程物理化学 [M]. 北京：冶金工业出版社，1987.

[40] 彭容秋. 重金属冶金学 [M]. 长沙：中南大学出版社，2004.

[41] 肖华利. 铟浸出工艺探讨 [M]. 稀有金属与硬质合金，2003.

[42] 黄兴钢. 25 吨改扩浸出槽搅拌系统的设计与实践 [J]. 株冶科技，2002，30（3）.

[43] 刘凡清，等. 固液分离与工业水处理 [M]. 北京：中国石化出版社，2001.

[44] 陈维平，等. 铟生产过程中除砷技术研究 [J]. 湖南大学学报（自然科学版），2001.

[45] 张启运，徐克敏，编译. 铟化学手册 [M]. 北京：北京大学出版社，2005.

[46] 李素清，等. P204 萃取分离铟铁的改进 [J]. 有色金属（冶炼部分），1982（3）.

[47] 沈华生. 稀散金属冶金学 [M]. 上海：人民出版社，1976.

[48] 杨佼庸，等. 萃取 [M]. 北京：冶金工业出版社，1988.

[49] 朱屯. 萃取与离子交换 [M]. 北京：冶金工业出版社，2005.

[50] 汪家鼎，陈家镛. 溶剂萃取手册 [M]. 北京：化学工业出版社，2001.

[51] 张成群，等. 非平衡萃取分离铟和铁的研究 [J]. 有色金属，1995（2）.

[52] 马荣骏. 热酸浸出针铁矿除铁湿法炼锌中萃取法回收铟 [J]. 湿法冶金，1992（6）.

[53] 陈尚明，等. 铟镉冶炼工艺学 [M]. 北京：职工教材编审办公室，1987.

[54] 韩翌，等. 甘油碘化钾—电解联合法粗铟提纯研究 [J]. 矿冶工程，2003（12）.

[55] 巅永年，等. 有色金属材料的真空冶金 [M]. 北京：冶金工业出版社，2000.

[56] 魏昶，等. 真空法从粗铅中脱除镉锌铋铊铅的研究 [J]. 稀有金属，2003（11）.

[57] 李铁柱. 关于影响电解铟产品因素的研究 [J]. 有色矿冶，2002（6）.

[58] 周智华. 铟电解精炼中异常行为的研究 [J]. 稀有金属，2002（11）.

[59] 宋玉林，等. 从铜烟灰中提取铟 [J]. 稀有金属，1982（1）.

[60] 杨显万，等. 湿法冶金 [M]. 北京：冶金工业出版社，2001.

[61] 冯彦琳，等. 乳状液膜法提取铟的研究 [J]. 稀有金属，1997.

[62] 刘宏江，等. 湿法沉锌中回收铟除铁液膜分离技术的研究 [J]. 广东有色金属学报，2003（11）.

[63] 汤兵，等. 氧化还原—结晶液膜法直接提取金属单质铟 [J]. 稀有金属，2000（1）.

[64] 刘军深，等. CL-P204 萃淋树脂分离铟（Ⅲ）镓（Ⅲ）锌（Ⅱ）[J]. 应用化学，1999（6）.

[65] 刘军深，等. CL-P204 萃淋树脂吸萃铟（m）的离子交换力学 [J]. 稀有金属，2003（11）.

[66] 郑其庚，等. 活性炭的应用 [M]. 上海：华东理工大学出版社，2002.

[67] 张克荣，等. 活性炭颗粒对炭的吸附 [M]. 中国卫生检验杂志，1996（5）.

[68] 邹光中，等．腐殖酸与镓铟的吸附模型 [M]．稀有金属，1999 (9)．

[69] 胡新．从硬锌综合回收锗、铟工艺浅析 [M]．有色金属（冶炼部分），1997 (5)．

[70] 郑顺德．从电炉底铅中回收铟和锗 [J]．有色金属（沉炼部分），1997 (3)．

[71] 陈立三．株冶铟冶炼过程及改造 [J]．湖南有色金属，1995 (1)．

[72] 王露娟，等．提取铟工艺流程改革试验研究 [J]．有色矿冶，2000 (4)．

[73] 马立明，等．株冶铟富集工艺的改进及应用研究 [J]．矿冶工程，2003 (4)．

[74] 包晓波，等．世界锌技术经济 [M]．北京：冶金工业出版社，1996 (9)．

[75] 陈维东．国外有色冶金工厂，铅锌（上册）（下册）　[M]．北京：冶金工业出版社，1988．

[76] 戴学瑜．某冶炼厂铟系统设计 [J]．稀有金属与硬质合金，2000 (9)．

[77] 陈阜东．某厂提铟工艺技改浅议 [J]．湖南有色金属，2001 (11)．

[78] 王令明．冶铟系统设计思路浅析 [J]．湖南有色金属，2002 (4)．

[79] 刘朗明．从铅浮渣反射炉烟尘中提铟的生产实践 [J]．中国有色冶金，2004 (3)．

[80] 余曙明，等．从焊锡硅氟酸电解液中提取铟 [J]．云锡科技，1992 (1)．

[81] 罗庆文，等．高砷锑多金属锡烟尘的处理 [J]．有色金属（冶炼部分），1989 (1)．

[82] 陈坚，等．ITO 废靶回收金属铟 [J]．稀有金属，2003 (1)．

[83] 蒋志建．从工业废料中回收铟、铜、银 [J]．湿法冶金，2004 (6)．

[84] 廖亚龙．高锑铅锡合金电解精炼除锑、萃取提铟工艺研究 [J]．湿法冶金，2000 (9)．

[85] 杨旭江．镀铟废液回收利用 [J]．电镀与环保，1994 (9)．

[86] 梁冠杰．从废水中萃取回收铟的工艺研究 [J]．岩矿测试，2001 (6)．

[87] 罗志新．锌挥发窑节能装置的使用 [C]//．全国铅锌综合利用研讨会论文集，1988．

[88] 陈国发，等．铅冶金学 [M]．北京：冶金工业出版社，2000．

[89] 汪立果．铋冶金 [M]．北京：冶金工业出版社，1988．

[90] 吴云峰．从铟锗酸浸尾渣中浮选分离铅锌金属 [J]．广西有色金属，2004 (3)．

[91] 未立清，等．铟置换后液的综合利用 [J]．有色金属（冶炼），1999 (4)．

[92] 马杨辉．铟置换后液回收氯化锌的生产实践 [J]．湖南有色金属，2004 (8)．

[93] 周智华，等．高纯铟的制备方法 [J]．矿冶工程，2003 (6)．

[94] 王洪刚，等．细铟粉的研制 [J]．广东有色金属学报，2002 (9)．

[95] 王洪刚，等．三氧化二铟的制备 [J]．广东有色金属学报，2002 (9)．

[96] 奚红杰，等．氢氧化铟粉末的研究 [J]．世界有色金属，2003 (9)．

[97] 何小虎，等．铟锡氧化物及其应用 [J]．稀有金属与硬质合金，2003 (12)．

[98] 于汉芹．ITO 超细粉末的研制 [J]．有色冶金，1999 (2)．

[99] 李玉增，等．氧化铟锡薄膜材料开发现状与产量 [J]．稀有金属，1996 (1)．

第二篇 锗 冶 金

9 锗产业发展概况

锗极分散地存在于多种矿物及岩石中，其含量不足以锗为目的直接从矿物中提取，锗的生产过程包括锗精矿制备、锗的提取、锗提纯三个阶段。

锗的现代工业生产，是以多种金属矿物冶炼主金属过程的副产物，煤燃烧后的灰分、烟尘，以及锗深加工过程中的废料为主要原料。无论以何种原料提取锗，其后续主要流程基本相同。

由多种含锗原料中提锗的过程，实际上是一个将锗富集的过程，这种富集的产物称为锗精矿，有待进一步处理。1954 年，纳米比亚楚麦布厂用浮选处理金属矿，从优先浮选获得的含 Ge0.053% 的铜、铅混合精矿中，经碱性浮选产出了锗精矿。近年来，成功开发了应用旋涡熔炼法制备富集锗烟尘，之后将富集升华的锗烟尘用盐酸处理，蒸馏出 $GeCl_4$，再用煤油萃取，再把锗从有机物中反萃出来，含锗的水溶液进一步发生水解作用，所得水解沉淀物即为富锗精矿。

云南驰宏锌锗股份有限公司（原会泽铅锌矿）是我国原料锗金属的主要生产基地之一，该公司在从铅锌矿中提取锗精矿的工艺方面具有代表性。

9.1 锗的发展简史

锗（Ge）是稀散金属。也有学者将铷（Rb）、铪（Hf）、钪（Sc）、钒（V）、镉（Cd）等包括在稀散金属的范围内。在镓（Ga）、铟（In）、铊（Tl）、锗（Ge）、硒（Se）、碲（Te）、铼（Re）七个元素组成的稀散金属中，首先发现的是碲，最后发现的是铼。虽然锗是 1886 年，由德国化学家温克莱尔（C. A. Winkler）在分析由德国弗莱堡矿业学院教授温斯巴哈（Albin Weisbach）提供的含银矿石（硫银锗矿）中发现的，但实际上，早在 1872 年，俄国著名化学家Д. И. 门捷列夫，在研究他的元素周期表的特性时，就预感到在硅与锡之间，还存在一个"类硅"的元素。温克莱尔在从该含银矿石中分离出这一类似非金属的元素后，立刻认为，这个元素就是门捷列夫所预言的"类硅"，为了纪念他的祖国德国，温克莱尔将其取名为锗 Germanium。

温克莱尔发现锗，是科学发展过程中极为重要的事件，在人类自然科学发展史上具有深远的意义和影响。因为锗的发现及其后续在各领域的广泛应用，不但证明了锗对人类发展的重要性，而且在当时，锗的发现直接验证了门捷列夫提出的"类硅"元素的存在，证明了元素周期表的准确性和可靠性。表 9-1 是门捷列夫预言的"类硅"性质、温克莱尔 1886 年报告的锗性质和现在的数据。

表 9-1　门捷列夫预言的"类硅"与锗的性质对比

性　　质	门捷列夫预言的 "类硅"（1871 年）	温克莱尔 1886 年的 报告数据	现在的数据
相对原子质量	72	72.32	72.59
密度/g·cm^{-3}	5.5	5.47	5.35
熔　点/℃	高		947
比热/J·(g·K)$^{-1}$	0.305	0.318	0.310
摩尔体积/cm^3·mol^{-1}	13	13.22	13.5
颜　色	暗灰色	淡灰白	淡灰白
化合价	4	4	4
与酸碱的反应	稍受盐酸侵蚀，能 很好地耐碱腐蚀	不溶于稀盐酸、稀 NaOH，但溶于浓 NaOH	不溶于稀盐酸和稀 NaOH， 但溶于浓 NaOH
GeO$_2$ 的密度/g·cm^{-3}	4.7	4.703	4.228
GeCl$_4$ 的密度/g·cm^{-3}	1.9	1.887	1.8443
GeCl$_4$ 的沸点/℃	100	86	84

1886 年以后，由于硫银锗矿资源非常少且未发现新的锗资源，严重限制了锗的发展，其研究工作几乎停止和瘫痪。直到 1920 年，在西南非洲的楚梅布发现了一种含锗的新矿物——锗石（含锗约 8%）后，锗的研究才得以顺利开展。

实际上，锗金属的应用是随着半导体工业的发展而发展起来的。1921 年，制成了锗检波器。

1941 年，美国迈阿密建立了第一家生产二氧化锗的工厂——易格皮切工业公司，该公司对从铅、锌冶炼过程中回收锗进行了系统的研究，同年生产出纯度为 99.9% 的二氧化锗。

1948 年，利用电阻率为 10~20Ω·cm 的高纯金属锗，制备出了世界上第一只非点接触的晶体管放大器——锗晶体管。

1950 年，帝尔和理特用乔赫拉斯基法培育出了世界上第一根锗单晶。

1952 年，美国人浦芳发明了区熔提纯技术，并应用在锗的提纯上。

1954 年，纳米比亚楚麦布厂用浮选处理金属矿，从优先浮选获得的含 Ge

0.053%的铜、铅混合精矿中，经碱性浮选产出了锗精矿。

煤中提锗始于20世纪60年代。英国开发了从烧煤尘中回收锗工艺，因不经济而停用。

20世纪50~60年代末的10年间，是锗的生产技术、产品质量、用量迅速发展的时期。例如，在质量上，1956年，还原锗的电阻率为7Ω·cm，区熔锗为30~40Ω·cm，到了1958年，还原锗的电阻率在20Ω·cm以上，区熔锗达到50Ω·cm，高纯锗单晶的少数载流子寿命突破1500μs，并且生长出了无位错锗单晶；美国锗消耗量，从1958年的11t增加到1965年的23t。

20世纪60年代前后，锗在半导体器件领域占主导地位，但20世纪70年代以后，锗的用量有所下降，这主要是由于半导体硅生产技术的不断进步以及大规模集成电路的出现，硅器件逐步代替了锗器件，使锗器件从20世纪60年代占总用量的90%下降到20世纪80年代仅占总用量的20%左右。尽管如此，在某些高频和大功率半导体器件中，仍使用锗，硅器件不可能完全取代锗器件。

锗是除硅以外最重要的半导体材料，除在半导体工业外，锗在红外光学领域、航空航天工业、高频超高频电子、光纤通信、电子器件、太阳能电池、化学催化剂、生物医学等各领域都有广泛的应用，锗是一种非常有前途的工业材料，目前全世界锗的平均年增长率仍维持在4%~6%，随着锗在其他新领域的应用，锗的市场将扩大，锗工业前景光明。

长期以来，锗的主要用途是制造半导体器件和红外光学元件，$GeCl_4$则一直作为制备高纯锗的中间产品。1993—1996年世界锗产品用途见表9-2。

表9-2 世界锗产品用途分布（折算为金属锗）

用途	1993年		1994年		1995年		1996年	
	用量/t	比率/%	用量/t	比率/%	用量/t	比率/%	用量/t	比率/%
光纤	20	26.7	21	27.6	23	28.6	27	31
树脂	17	22.7	19	25	21	26.3	22	25.3
光学	14	18.7	15	19.7	15	18.6	16	18.4
太阳能电池	5	6.7	5	6.7	5	6.3	5	5.7
荧光体	6	8	6	7.9	6	7.5	6	6.9
医学	3	4	3	3.9	3	3.8	4	4.6
BGO	2	2.6	11.3	1	11.3	11.3	1	11.1
光学玻璃	2	2.6	2	2.6	2	2.5	2	2.3
γ-探测器	1	11.3	1	11.3	1	11.3	1	11.1
其他	5	6.7	3	3.9	3	3.8	3	3.4
合计	75		76		80		87	

由表 9-2 可以看出，1993—1996 年世界锗的用量逐年增加。锗的供应量与消耗量基本持平。

2002 年，世界锗供应 90t（金属锗，下同），比 2001 年减少 2%；2003 年产量为 80t，比 2002 年减少 11%，其中比利时减少 17%，加拿大减少 25%，中国减少 11%；2003 年锗需求为 90t，与 2002 年持平。目前，锗的需求量平稳增长，未来几年，锗的供求将逐步趋于平衡，预计年需求量约为 120～150t。近几年世界范围内锗的行业消费见表 9-3。

表 9-3　近几年世界范围内锗的行业消费

年份	聚合催化物	红外光学	光纤	半导体	其他
2001	25%	15%	50%	5%	5%
2002	30%	25%	20%	12%	13%
2003	35%	25%	20%	12%	8%
2004	35%	25%	20%	12%	8%

2004 年世界锗产品用途分布，如图 9-1 所示。

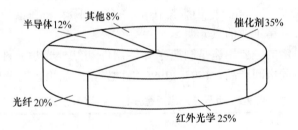

图 9-1　2004 年世界锗产品用途分布

9.2　国外锗产业发展概况

全世界大多数生产锗的企业，均在冶炼主要金属的过程中回收加工锗。苏联和美国在重金属冶炼过程中提取锗，英国首先燃烧煤获得含锗烟尘，再从烟尘中回收锗。

目前生产锗精矿、二氧化锗、金属锗的主要国家有德国、美国、日本、比利时、法国、意大利、奥地利、扎伊尔、中国和苏联。

在发达国家和非洲，从事锗精矿生产的主要公司有 6 家，生产高纯二氧化锗和区熔锗的公司有 6 家，表 9-4 和表 9-5 列出了部分发达国家锗精矿、二氧化锗及锗的生产企业。

国外锗产业的发展现状和趋势主要体现在锗提取工艺的不断完善，注重环境保护和资源综合利用；锗产品的开发和应用领域不断拓宽。

表 9-4 国外主要从事锗精矿生产的国家和企业

国 名	企业名称	生产能力/t·a⁻¹
美 国	泽西矿业锌公司	15~40
	埃格尔皮切尔工业公司	25
奥地利	布莱墨尔格矿山联合企业	5
法 国	潘纳罗英矿业公司	35
意大利	帕特索拉矿冶公司	35
扎伊尔	盖卡矿业公司	>20

表 9-5 国外主要从事锗及二氧化锗生产的国家和企业

国 名	公 司	产品名称	生产能力/t·a⁻¹	精矿来源
美 国	凯威克彼业公司	高纯锗、GeO_2	10	泽西矿业锌公司
	埃格尔皮切尔工业公司	高纯锗、GeO_2	30	埃格尔皮切尔工业公司、潘纳罗英矿业公司、帕特索拉矿冶公司
德 国	普雷乌隆格金属公司	高纯锗、GeO_2	25	潘纳罗英矿业公司、帕特索拉矿冶公司、莱墨尔格推山联合企业
	奥托维、米林公司	GeO_2	10	布莱墨尔格矿山企业
日 本	佳发金属矿公司	高纯锗、GeO_2	35	进口
	日本金属电子公司	GeO_2		进口
	东京芝蒲电气公司	高纯锗、GeO_2		进口
比利时	霍台肯-奥弗佩尔特冶金公司	高纯锗、GeO_2	50	盖卡矿业公司

在锗产品的开发和应用领域方面，近几年来的应用开发仍然主要集中在电子工业、红外光学、光纤、化工及轻工业等领域，并且消耗比例基本稳定。

9.3 我国锗产业发展概况

9.3.1 生产企业概况

我国生产锗产品的企业见表 9-6。从表中可以看出，我国生产锗产品的主要企业，其锗产品基本上是低附加值的初级产品。而国外锗产品生产企业由于锗原料的限制，基本上都是从我国采购粗四氯化锗或二氧化锗，而后进行精加工，制成光纤用四氯化锗、化工用锗催化剂、红外器件等高附加值的产品，其中一部分产品又返销到我国，赚取高额利润。

表 9-6　我国生产锗产品的主要企业

企业名称	主要产品
云南驰宏锌锗股份有限公司	四氯化锗、二氧化锗、还原锗、高纯锗、锗珠、锗粉
上海隆泰公司	四氯化锗、二氧化锗、还原锗、高纯锗
南京锗厂	四氯化锗、二氧化锗、单晶锗、单晶锗片、还原锗、高纯锗、红外光学级锗单晶
北京有色金属研究总院（国晶辉公司）	高纯四氯化锗、锗单晶、还原锗、高纯锗、探测器级锗单晶、红外光学级锗晶体
韶关冶炼厂	二氧化锗
云南临沧鑫园锗业有限公司	二氧化锗
贵阳冶炼厂	粗锗
株洲冶炼厂	粗锗
昆明北方红外科技集团	单晶锗，红外光学锗部件
昆明冶金研究院	单晶锗

9.3.2　各企业产能与产量

目前，我国各种锗产品产量见表 9-7。

表 9-7　我国各种锗产品产量

企业名称	锗产品	产量/t·a⁻¹	质量	原料
云南驰宏锌锗股份有限公司	高纯二氧化锗、还原锗、高纯锗、锗珠、锗粉、单晶锗	10	6N	自产
隆泰公司	高纯二氧化锗、还原锗、高纯锗	5~6	5N	外购
南京锗厂	高纯二氧化锗、单晶锗、单晶锗片、还原锗、高纯锗、红外光学级锗	15~20	5N	外购
国晶辉公司	高纯四氯化锗、锗单晶、还原锗、高纯锗、探测器级锗单晶、红外光级锗晶体	10	—	外购
韶关冶炼厂	二氧化锗	1~3	粗产品	外购
云南鑫园锗业有限责任公司	二氧化锗	26	粗产品	自产
贵阳冶炼厂	粗锗		粗产品	自产
株洲冶炼厂	粗锗	1~3	粗产品	外购
通力锗业公司	二氧化锗	3	粗产品	自产

从表 9-7 中可以看出，隆泰公司、南京锗厂、国晶辉公司、锗的延伸产品品种多，但是，这些企业所需的原料全部需要外购，一旦发生资源短缺，必然面临危机而失去市场竞争力，韶关冶炼厂、云南鑫园锗业有限责任公司、贵阳冶炼厂、株洲冶炼厂等，目前只能生产加工锗的初级产品；云南弛宏锌锗股份有限公司是既拥有资源，又能生产锗的较深、精产品的企业。

我国从事锗冶炼的企业主要有云南弛宏锌锗股份有限公司、云南鑫圆锗业有限责任公司、上海冶炼厂、株洲冶炼厂、南京冶炼厂、韶关冶炼厂、内蒙古锡林郭勒通力锗业公司等。

目前，我国每年的锗总产量大约 40~50t，其中 80% 左右都是以四氯化锗和二氧化锗粗原料形式出口，精、深产品数量不多。高附加值的锗单晶材料生产厂家主要有北京有色金属研究总院的国晶辉公司、昆明冶研新材料股份有限公司（昆明冶金研究院）和昆明北方红外科技集团有限公司（昆明物理研究所）。我国主要的锗金属和锗单晶生产企业、产能和产量情况见表 9-8。

表 9-8 我国主要的锗金属和锗单晶生产企业、产能和产量

生产企业名称	锗产能/产量/t	锗单晶产能/产量/t
上海隆泰公司	12/3	—
韶关冶炼厂	10/4	0.4
南京锗厂	10/6	无
云南鑫园锗业有限公司	20/10	无
云南弛宏锌锗股份有限公司	20/10	无
国晶辉公司	10/5	3/2
昆明冶研新材料股份有限公司	无	0.5/0.3
昆明北方红外科技集团	1/0.2	2.5/2.5
内蒙古通力锗业公司	2/2	无
合　计	40	5

从表 9-8 可以看出，云南在全国锗工业加工链中，无论原材料还是加工成品都居于首位，已具经营发展规模，初步形成了一定规模的锗加工产业链。

在云南省目前已形成的锗加工产业链中，其上游产品（主要包括锗的初级产品，如粗二氧化锗、还原锗及区熔锗等的冶炼等），主要由云南冶金集团总公司控股的云南弛宏锌锗股份有限公司、云南鑫园锗业有限责任公司、云南会泽东兴实业有限总公司、昆明北方红外科技集团的子公司——昆明北方光学材料有限公司以及一批相关的贸易公司组成的企业生产和销售；中游产品（主要包括锗单晶），主要由昆明北方红外科技集团控股的昆明英富莱科技有限公司和由云南冶金集团总公司控股的昆明冶研新材料股份有限公司生产和销售；下游产品（主要

包括锗材料的进一步精、深加工及应用），主要由具有世界同步先进加工工艺及设备的昆明北方红外特种工艺技术有限公司开发和应用。

国内从事锗单晶材料研究、开发和生产的企业主要有北京有色金属研究总院所属的国晶辉公司、南京锗厂、昆明冶研新材料股份有限公司和昆明北方红外科技集团有限公司。从锗材料的源头到生产加工再到最终的高端应用整条产业链综合来看，云南省具备了全方位的优势。依托这一优势，凭借昆明北方红外科技集团有限公司先进的红外加工工艺技术，可以形成专业的锗材料生产及精、深加工的红外光学组部件完整产业链的生产基地。

9.3.3　我国锗产业发展状况

9.3.3.1　锗产品的消费情况

中国是世界上最大的锗生产国和出口国。

我国每年锗的总产量大约在 40~50t，其中约 1/3 为国内消耗，2/3 以上（约 30t）出口。出口的锗产品中，大部分是以较低附加值的初级原材料产品，如粗 $GeCl_4$ 或粗 GeO_2 出口，这些锗初级产品成为其他国家的战略储备资源或精、深产品加工的原料。

目前，国内消费的锗主要用于光纤、红外光学和科学研究，还有相当部分是根据国外订单为其加工成锗的产品。

9.3.3.2　锗资源状况

锗资源有限，分布相对分散，世界可开采的锗资源比较缺乏。

中国锗资源的储量居世界首位，分布在全国 12 个省（区），其中云南、内蒙古、广东、山西、四川、广西和贵州的储量较多。

9.3.3.3　生产状况和技术现状

我国锗资源的开发利用，基本上停留在四氯化锗和二氧化锗初级原材料水平，精、加工水平较低深。虽然从初级原材料到锗单晶甚至到红外光学组部件，附加值可以提高几十倍甚至上百倍，但很显然，材料越往精细方向加工发展，所需要的技术和设备投资也就越高、越大，风险就越大，因此大多数企业只能止步于粗放式的初级生产。

锗产业的整体技术水平不高，主要反映在以下几个方面：

（1）应用技术较落后；

（2）提炼加工技术较落后，与发达国家相比，我国对锗的总体回收率不高，资源消耗量过大；

（3）掌握锗材料精、深加工和高层次应用技术的企业太少，并且规模太小，无法拉动和提高整个行业的技术水平。

10　锗及其化合物的性质

10.1　锗的性质

10.1.1　锗的物理性质

锗是银灰色的元素，极纯的锗（99.999%）在室温下很脆，但在温度高于600℃（有的文献认为高于550℃）时，单晶锗即可以经受塑性变形。锗的物理性质见表10-1。

表 10-1　锗的物理性质

性　　质	数　　值	性　　质		数　　值
原子序数	32	线性膨胀系数	100K	2.3×10^{-6}
原子量	72.6		200K	5.0×10^{-6}
晶体结构	立方体		300K	6.0×10^{-6}
密度（125℃）/g·cm⁻³	5.323	热导率/W·m⁻¹·K⁻¹	100K	232
原子密度（25℃）/g·cm⁻³	4.416×10^{22}		200K	96.8
晶格常数（25℃）/nm	0.56754			
表面张力（熔点下）/N·cm⁻¹	0.0015			
断裂模量/MPa	2.4	熔点/℃		937.4
摩氏硬度	6.3	沸点/℃		2830
泊松比（125~375K）	0.287	比热容（25℃）/J·kg⁻¹·K⁻¹		322
自然同位素丰度/%	20.4	熔化潜热/J·g⁻¹		466.5
质量数	27.4	蒸发潜热/J·g⁻¹		4602
标准还原电位/V	-0.15	燃烧热/J·g⁻¹		4006
磁敏感性	-0.12×10^{-6}	生成热/J·g⁻¹		738

Ge和Si一样属于半金属，是半导体，在电子工业中应用广泛。

高纯锗单晶在25℃时，比电阻为55~60Ω·cm，随着温度升高比电阻降低。

无论是单晶锗还是多晶锗，对 λ=2~20nm 范围内的红外线都是透明的。

当加热到350℃时，锗会从无定形转变到结晶态。

600℃时，锗开始挥发，并且随温度的升高，挥发增强，表 10-2 列出了锗的挥发速度随温度变化的一些数据。图 10-1 所示是锗的挥发速度与气氛和温度的关系。

表 10-2　锗的挥发速度与温度的关系

温度/℃	锗的挥发率/$g \cdot cm^{-2} \cdot s^{-1}$	温度/℃	锗的挥发率/$g \cdot cm^{-2} \cdot s^{-1}$
847	1.45×10^{-7}	1251	1.27×10^{-4}
996	1.41×10^{-6}	1421	1.21×10^{-3}
1112	1.34×10^{-5}	1635	1.41×10^{-2}

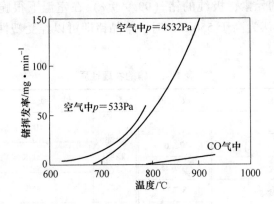

图 10-1　锗的挥发速度与气氛和温度的关系

锗在氮气中，当温度高于 800℃时，会发生升华。

锗的蒸气压力随温度的升高而增加，而且呈线性关系。在 1237～1609℃温度下，液态锗的蒸气压力随温度的变化数据见表 10-3，关系曲线如图 10-2 所示。

表 10-3　液态锗的蒸气压力随温度的变化数据

温　度/℃	蒸气压力/Pa	温　度/℃	蒸气压力/Pa
1237	0.1346	1400	1.7862
1254	0.1986	1482	1112.4127
1334	05785	1493	5.4253
1342	0.6078	1522	11.1172
1372	1.1624	1555	15.4628
1376	1.4396	1609	35.0579

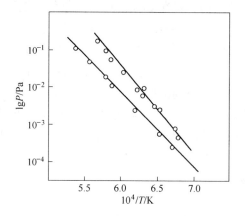

图 10-2 锗的蒸气压力与温度的关系曲线（不同作者数据）

不同温度下，锗的蒸气压 $P(\mathrm{mmHg})$[1]与温度的关系可用下列方程式表示：

$$\lg P = -20150/T - 0.91\lg T + 13.28 \qquad (25 \sim 958\,^{\circ}\!\mathrm{C})$$

$$\lg P = -18700/T - 1.16\lg T + 2.89 \qquad (958 \sim 2700\,^{\circ}\!\mathrm{C})$$

$$\lg P = -19050/T + 0.04\lg T - 9.96 \qquad (>370\,^{\circ}\!\mathrm{C})$$

$$\lg P_{\mathrm{Ge}} = -2042.02/T + 0.000258T - 2.011\lg T + 17.006$$

$$\lg P_{\mathrm{Ge}} = -18473.59/T - 0.000421T - 0.37226\lg T + 10.024$$

锗的黏度随温度升高而降低。图 10-3 所示是在 940~1250℃ 温度范围内纯锗的黏度与温度的关系曲线。

10.1.2　锗的化学性质

在常温下，锗与空气、氧或水不起作用，甚至在 500℃ 时锗也基本不氧化。

当温度高于 600℃ 时，锗才开始氧化，并且随着温度的升高按下列反应进行：

$$\mathrm{Ge} + \frac{1}{2}\mathrm{O_2} =\!=\!= \mathrm{GeO}$$

$$\mathrm{GeO} =\!=\!= \mathrm{GeO}\ (气)$$

$$\mathrm{Ge} + \mathrm{O_2} =\!=\!= \mathrm{GeO_2}$$

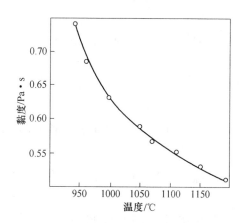

图 10-3　纯锗的黏度与温度的关系曲线

增加氧分压，有助于锗生成 $\mathrm{GeO_2}$，反之，减少氧分压则有利于气态 GeO 的挥发。

---

[1] 1mmHg = 133.322Pa。

在 800~900℃ 的温度范围内，锗在 CO_2 中可强烈氧化，发生如下化学反应：

$$Ge+CO_2 \Longrightarrow GeO+CO$$

锗在熔融时体积会缩小 5.5±0.5%，如在氢气中冷却，则锗会吸收氢。

锗易与碱相熔融形成碱金属锗酸盐，如 Na_2GeO_3 等，碱金属锗酸盐易溶于水，其他金属锗酸盐在水中不易溶解，但却易溶于酸。

水对锗不起作用。在浓盐酸以及稀硫酸中，锗较稳定，但锗可溶于热的氢氟酸、王水和浓硫酸。锗在加有硝酸的浓硫酸中，会生成 GeO_2，溶于王水时则生成 $GeCl_4$。

锗难溶于碱液中，即使是 50% 的浓碱液，锗也很难溶，但当有氧化剂参与时，锗可溶于热碱液中。

10.2　锗的硫化物

锗的硫化物有 GeS、GeS_2 和 Ge_2S_3 等。

10.2.1　硫化锗（Ⅱ）或一硫化锗（GeS）

GeS 分为棕色的无定形 GeS 和黑色斜方晶系的 GeS。在 450℃ 和惰性气氛中，无定形 GeS 可经数小时转变成晶形 GeS。

GeS 可采用湿法、干法两种方法制备。

（1）湿法是在含有两价锗化合物的酸性溶液中通入硫化氢气体制取，如在含有两价锗的热盐酸溶液中通入硫化氢气体，便立即有暗红色的沉淀物析出，冷却溶液过滤后所得到的呈光亮的沉淀物即为 GeS。

（2）干法是以锗酸盐为原料，首先将其在氮气保护气氛下在 800℃ 预热除砷，然后在 820℃ 时往锗酸盐粉末通氨气，可生成 GeS，挥发后在冷凝器内收集。此外，制备 GeS 的其他方法还有 GeS_2 的氢还原法。该法是将金属锗置于硫化氢气流中，加热到 850℃，便有 GeS 生成并挥发，挥发物为针状或片状，粉末 GeS 为黑色。

10.2.1.1　GeS 的氧化反应

在 350℃ 时，GeS 开始氧化形成 $GeSO_4$：

$$GeS + 2O_2 \Longrightarrow GeSO_4$$

当温度高于 350℃ 时，其最大可能的氧化产物是生成 GeO_2，即：

$$GeS + 2O_2 \Longrightarrow GeO_2 + SO_2$$

氧化初期反应较快，随着在 GeS 外表形成 GeO_2 膜层，氧化反应逐渐变慢。

当温度升到高于 570~650℃ 时，GeS 的氧化速度迅速增高，伴随着产生 $GeSO_4$，但氧化产物主要还是 GeO_2。

10.2.1.2　GeS 的挥发性

温度和气氛对 GeS 的挥发有较大影响，低温和强还原气氛下，GeS 易挥发。

在 800℃，中性气氛下，GeS 的挥发较少，仅有 20%，但 800℃，在氢气或一氧化碳等还原性气氛下，挥发率可达 90%~98%。GeS 的挥发率与温度关系如图 10-4 所示。

GeS 的蒸气压和离解压可按下列各式计算。

（1）GeS 的蒸气压：

$$\lg P = -8335/T + 10.612$$
$$(300\sim615℃)$$

$$\lg P = -6526/T + 9.07$$
$$(400\sim600℃)$$

$$\lg P = -6900/T + 9.081$$
$$(527\sim625℃)$$

$$\lg P = -5638/T + 7.738$$
$$(623\sim724℃)$$

$$\lg P_{GeS(1)} = -6398/T + 8.70$$
$$(617\sim662℃)$$

（2）GeS 的离解压：

$$\lg P = -13612/T + 9.527$$
$$(390\sim485℃)$$

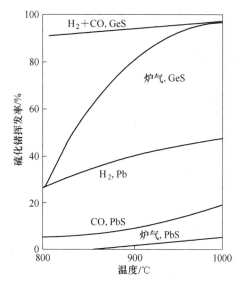

图 10-4   GeS 的挥发率与温度及气氛的关系

GeS 较易溶于稀盐酸中，而微溶于硫酸、磷酸和有机酸。

GeS 在热的稀硝酸溶液、过氧化氢水溶液、高锰酸钾、氯和溴中容易很快氧化，GeS 也易溶于碱或硫化物溶液而生成红色溶液。

常温下，GeS 与氯气反应生成 $GeCl_4$，GeS 在 150℃ 以上能和 HCl 蒸气剧烈反应。

结晶状的 GeS 是稳定化合物，即便在热沸的酸或碱中也极少溶解，也难以被氨水、双氧水或盐酸所氧化，但当其呈粉末状时，却不稳定，易溶于热的微碱液中，对此碱液用酸中和后，可生成红色的无定形 GeS 沉淀。

10.2.2   二硫化锗或硫化锗（GeS_2）

GeS_2 为一种白色粉末，不稳定，在 420~650℃升华，在 700℃时约有 15% 的 GeS_2 离解，生成易挥发的 GeS：

$$2GeS_2 + Ge_2S_3 + \frac{1}{2}S_2 \longrightarrow 2GeS\uparrow + S_2$$

GeS_2 也可采用湿法、干法两种方法制备。

（1）湿法是将 GeO_2 溶于 6mol/L 的盐酸溶液中，通入硫化氢气体，产生白

色的 GeS_2 沉淀，然后再用酒精、乙醚连续地洗涤沉淀物中残存的盐酸，可制得含 2%~3% 水分的 GeS_2，将其在 300℃、氮气保护气氛下煅烧，获得结晶粉末，化学组成与 GeS_2 接近。

（2）干法制备 GeS_2 有许多方法。如在 1000~1400℃ 下，往锗粉中通入硫蒸气，反应产物冷凝后即为 GeS_2，或者在 850℃ 温度下，往锗粉中通入硫化氢和硫蒸气的混合气体，也可制得 GeS_2。此外，在硫蒸气中挥发硫化锗（GeS），将 GeO_2 在硫蒸气中加热到 850℃，将气态 $GeCl_4$ 与硫化氢在 600~650℃ 下反应，都能制取 GeS_2。

GeS_2 的氧化反应：

GeS_2 在 260℃ 时，开始发生氧化，总的化学反应变化可表述如下：

$$3GeS_2 + 10O_2 = 2GeO_2 + Ge(SO_4)_2 + 4SO_2$$

当温度高于 350℃ 时，其氧化速度增快；在 450~530℃ 时，GeS_2 的氧化速度增加较快；但在 580~630℃ 间，GeS_2 的氧化速度减小；而当温度高于 635℃ 后，GeS_2 的氧化速度又重新增大；到 720℃ 后，约 80% 的 GeS_2 已被氧化。

在 500~530℃ 之间所形成的 $Ge(SO_4)_2$ 的最大峰值约为 32%，在此前后的温度范围内几乎不存在 $Ge(SO_4)_2$。当温度高于 667℃ 时，$Ge(SO_4)_2$ 与 GeS_2 和氧发生相互作用而生成 GeO_2。

$$GeS_2 + Ge(SO_4)_2 + 2O_2 = 2GeO_2 + 4SO_2$$

GeS_2 在中性气氛中，当温度高于 500℃ 时就明显挥发，在 700~730℃ 时挥发剧烈，图 10-5 所示是气氛和温度对 GeS_2 挥发率的影响情况，从图中可以看出，如有空气存在，GeS_2 的挥发明显减小。

在 650℃ 的真空或中性气氛中，GeS_2 将发生如下反应：

$$GeS_2 = GeS_2(g)$$
$$2GeS_2 = 2GeS(g) + S_2(g)$$
$$GeS_2 = Ge + S_2(g)$$
$$2GeS(g) = 2Ge + S_2(g)$$

在 400~600℃ 之间，GeS_2 可被氢还原，产生易挥发的 GeS，反应式为：

$$GeS_2 + H_2 = GeS + H_2S$$

GeS_2 也可在 500~700℃ 之间，在一氧化碳中很好地挥发。

GeS_2 的蒸气压可按下列各式计算：

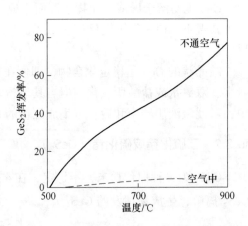

图 10-5　GeS_2 的挥发率与温度及气氛的关系

$$\lg P = -11822/T + 13.423 \qquad (400~500℃)$$

$$\lg P = -10970/T + 12.44 \qquad (460 \sim 650 ℃)$$
$$\lg P = -9931/T + 8.37 \qquad (425 \sim 550 ℃)$$
$$\lg P = -9030/T + 43.97\lg T - 139.19 \qquad (500 \sim 800 ℃)$$

GeS_2 在潮湿的空气或惰性气氛里会离解，到 800℃ 左右便离解完全。GeS_2 的离解压按下式计算：

$$\lg P = -9331.86/T + 0.37 \qquad (425 \sim 600 ℃)$$

GeS_2 不溶于水，也不溶于冷或热沸的硫酸、盐酸或硝酸中，但 GeS_2 易溶于热碱，尤其是有氧化剂存在时，如双氧水的碱液中。热氨或 $(NH_4)_2S$ 可溶解 GeS_2，并形成相应的亚酞胺锗：

$$GeS_2 + 6NH_3 == Ge(NH)_2 + 2(NH_4)_2S$$
$$2GeS_2 + 3(NH_4)_2S == (NH_4)_6Ge_2S_7$$

10.2.3 Ge₂S₃

Ge_2S_3 为黄褐色的疏松粉末，它由具有许多小孔与缝隙的细晶粒组成。728℃ 时 Ge_2S_3 熔化。

Ge_2S_3 是 GeS_2 的离解产物：

$$2GeS_2 == Ge_2S_3 + \frac{1}{2}S_2$$

Ge_2S_3 不溶于所有的酸溶液，其中包括王水和硫化碳，但易溶于氨水或双氧水。

锗硫化物的主要理化性质见表 10-4。

表 10-4 锗硫化物的主要理化性质

硫化物名称	颜色	结晶构造	硬度	比重	熔点/℃	沸点/℃
GeS	黑色	斜方	2	3.54~4.01	530~665	650~850
GeS	红、黄			3.31		
GeS₂	白色	斜方	2~2.5	2.70~2.94	800~840	904
Ge₂S₃	棕黄				728	

硫化物名称	离解温度/℃	升华温度/℃	氧化温度/℃	还原温度/℃	水中溶解度/%	易溶于
GeS	>600	>350	>300	>800	0.24	(NH₄)₂S, HNO₃, HCl
GeS						HCl, (NH₄)₂SO₄
GeS₂	>600	420~720	250	400	0.45	HCl, (NH₄)₂S
Ge₂S₃		>650			难	(NH₄)₂S, NH₃

10.3 锗的氧化物

锗的氧化物有 GeO、GeO_2 及其水合物等。

10.3.1 一氧化锗或氧化锗（Ⅱ）（GeO）

GeO 为深灰色或黑色粉末，室温下稳定存在。

当温度高于 550℃时，GeO 开始氧化形成 GeO_2，在此温度下如缺氧，则发生 GeO 的升华。

在含 6mol/L 的盐酸溶液中，用次磷酸（过量 30%）还原含 0.25~0.5mol 的二氧化锗溶液，然后用稀氨水中和，便能制得 GeO。

在空气中，潮湿的二价锗的氢氧化物容易氧化，故沉淀和洗涤需在惰性气体保护气氛下进行，此时制得的锗氢氧化物为黄色或红色的胶状物质，如果是从煮沸的溶液中进行沉淀，则制得的产物为黑褐色细粒状。如用过量的次磷酸在盐酸介质中还原 1.5~2.0mol 的 GeO_2 溶液，再用去离子水水解，可制得白色的 GeO，再与溶液接触时则转变成红色。

从含 25%硫酸的四价锗溶液中用锌或其他强还原剂，也可制得二价锗的氢氧化物，这种二价锗的氢氧化物具有微弱的酸性，且极易溶于盐酸和其他卤酸，也微溶于碱中。

GeO 在 700℃时显著挥发，据报道，815℃时 GeO 的蒸气压已达 101.33kPa。GeO 的蒸气压可按下列各式计算：

$$\lg P = -13750/T + 15.464$$
$$\lg P = -11822/T + 9.80 \qquad (640~705℃)$$

当温度高于 705℃时，GeO 的蒸气压实际上是其离解产物的蒸气压，即：

$$\lg P = -12000/T + 2.05$$

GeO 的离解按下式进行：

$$2GeO \Longrightarrow GeO_2 + Ge$$

其离解压可按下式计算：

$$\lg P = -11900/T - 1.5\lg T + 13.54$$
$$(25~487℃)$$

如果在氮气中，GeO 仅需加热到 700℃，在数分钟后即已分解。

图 10-6 是用热力学和统计学的方法得到的结果绘制出的 GeO 蒸气压与温度的关系，它们呈直线分布，其关系可用下式表达：

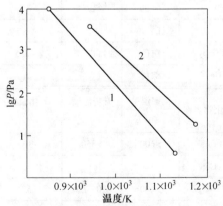

图 10-6 GeO 蒸气压与温度的关系
1—锗和 GeO_2 混合物上的压力；2—GeO 上的压力

$$\lg P = -1832.87/T + 2.061 \quad (kPa)$$

图 10-7 是 Ge-O 系图，从图中可以看出，GeO 没有稳定区。

（1）当温度低于 870℃时，在含氧原子 0~63% 重量的区域内，仅存在固相的 Ge 和 GeO$_2$；

（2）在温度为 870~940℃时，在含氧原子 0~60% 重量的区域内，存在固相 Ge 和含氧原子 0~60% 重量氧的液相锗；

（3）在超过含氧原子 60% 重量时，液相和固相 GeO$_2$ 共存；

（4）当温度高于 940℃时，在含氧原子 0~60% 重量的区域内，只存在两个液相，即 Ge(1) 和含氧量达 24.84% 的 GeO$_2$(1)。

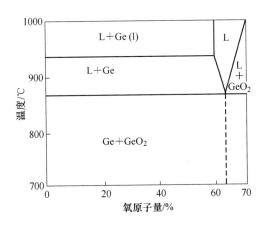

图 10-7　Ge-O 关系

GeO 在 175℃时，可与 HCl 作用，生成 GeCl$_3$ 和水；在 250℃时，可与卤族元素如氯作用，形成 GeCl$_4$ 和 GeO$_2$。

GeO 的溶解性：

GeO 略溶于水，其溶解度仅为 $(3 \sim 0.5) \times 10^{-4}$ mol/L，形成极弱的 H$_2$GeO$_2$ 酸。

更多的研究者认为，GeO 具有弱碱性，不溶于水而易溶于酸，在水溶液中所存在的 Ge^{2+}，是 Ge^{4+} 被还原的中间产物。

GeO 在稀硫酸中缓慢分解，在 4mol/L 的盐酸中微微溶解，随着盐酸浓度增高而溶解度增大。

GeO 难溶于碱，这与锗的其他氧化物或硫化物（GeS 除外）易溶于碱的性质相反。

10.3.2　二氧化锗或氧化锗（Ⅳ）（GeO$_2$）

GeO$_2$ 为白色粉末。它有三种形态，即可溶性的无定形玻璃体、六边形晶体，不溶性的四面体。它们的物理化学性质见表 10-5。

表 10-5　GeO₂ 各变形态的物理化学性质

性 质	不溶四面体 GeO₂	可溶六边形 GeO₂	可溶无定形 GeO₂
结晶构造	$a = 4.394 \sim 4.390$ $c = 2.852 \sim 2.859$	$a = 4.987 \sim 4.988$ $c = 5.653 \sim 5.640$	玻璃体
结晶形式	金红石	α-石英，β-石英	—
密度 (25℃)/g·cm⁻³	6.239	4.228	3.122 ~ 3.617
熔点/℃	1086±5	(1115~1116) ±4	—
沸点/℃	—	1200	—
溶解度/g·100g 水⁻¹	0.023 (25℃)	0.433~0.453 (25℃)， 0.55 (35)，0.62 (41℃)， 0.950~1.050 (100℃)	0.518 (38℃)
与盐酸作用	不	生成 GeCl₄	生成 GeCl₄
与 5 倍 NaOH 作用	10 倍 NaOH 在 550℃下作用 5 倍 Na₂CO₃ 在 900℃下作用	易 易	易 易
与 HF 作用	不	生成 H₂GeF₆	生成 H₂GeF₆
转变温度/℃	1033±10	1033±10	—
折射率/%	ω: 1.99；ε: 2.00~2.07	ω: 1.695；ε: 1.735	ε: 1.607

可溶性六边形 GeO₂ 在长久加热条件下，会缓缓地转变为不溶性的四面体 GeO₂，故处理含锗物料时，不宜长时间地加热。

图 10-8 所示是 GeO₂ 的晶型转变图。低温可变态的六边形 GeO₂ 是一种介稳定的化合物，具有 α-石英型晶格，加热到 1020℃ 转变为稳定的 β-石英型晶格。

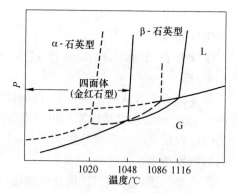

图 10-8　GeO₂ 的晶型转变

GeO₂ 可通过水解四氯化锗或碱性锗酸盐制得。此时制备的 GeO₂ 为很细的粉末，即便采用显微镜鉴定也很难确定它的晶体结构，采用 X 射线分析，可知其晶体结构属六方晶型。如将其在 380℃ 下焙烧，则转变为四方晶型（晶红石型），熔融的 GeO₂ 为玻璃体结构，即无定型 GeO₂。

GeO₂ 的挥发性：GeO₂ 在空气中很难挥发，但在还原性气氛，如 CO 中的挥发却极为明显。图 10-9 所示是 GeO_2 挥发率与温度和气氛的关系。

（1）从图 10-9 中可以看出，在 250~1100℃ 的温度范围内，GeO_2 在空气中的挥发率极小，但如果将其在 CO 中加热，当温度高于 700℃ 时，GeO_2 将被还原成 GeO 而挥发，反应式为：

$$GeO_2 + CO =\!=\!= GeO + CO_2$$

（2）温度升高，反应加剧，当温度高于 900℃ 时，其反应的剧烈程度，与 GeO_2 在碳中的情况几乎相同。

（3）值得一提的是，在温度为 500~600℃ 下，在氢气中还原 GeO_2 时，GeO_2 不是还原成 GeO 挥发，而是直接还原而产出锗金属，反应式为：

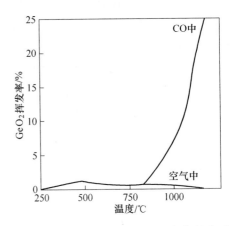

图 10-9 GeO_2 挥发率与温度和气氛的关系

$$GeO_2 + 2H_2 =\!=\!= Ge + 2H_2O$$

在氢气中还原 GeO_2，只有在 700℃ 以上时，GeO_2 才部分以 GeO 形式挥发。

（4）当温度高于 1250℃ 时，GeO_2 不受气氛影响而强烈挥发。

GeO_2 的离解压很小，在 1000~1100℃ 时，GeO_2 约有 90% 按下式离解：

$$GeO_2 =\!=\!= GeO(g) + 1/2O_2(g)$$

离解压的计算式为：

$$\lg P = -20008/T + 12.97$$
$$\lg P = -25517/T + 16.245 \qquad (1040~1150℃)$$

GeO_2 是弱酸性的两性化合物。锗在炉渣中以 GeO_4^{4+} 形态存在，为强酸性化合物。

GeO_2 可与一系列金属氧化物形成 $2MeO \cdot GeO_2$，$MeO \cdot 5GeO_2$ 等，如 GeO_2 与 Na_2S 和硫一起烧结时，形成 $Na_2GeOS_2 \cdot 2H_2O$。

GeO_2 在水溶液中可形成分子分散溶液或胶体溶液，溶液中含有组分简单的锗酸，如 H_2GeO_3，H_4GeO_4，$H_2Ge_5O_{11}$ 和 $H_4Ge_7O_{16}$ 等。H_2GeO_3 为弱酸，$H_2Ge_5O_{11}$ 酸性稍强，在 pH 值为 3.31~3.36 时，溶液中几乎不存在 Ge^{4+}。当 pH 值为 5.5~8.4 时，溶液中的 $[Ge_5O_{11}]^{2-}$ 稳定，且存在下列平衡关系：

$$[Ge_5O_{11}]^{2-} + H_2O + 3OH^- =\!=\!= 5[HGeO_3]^-$$

如溶液中加入 KCl 或 KNO_3，当 pH 值为 9.2 时，锗以 KGe_5O_{11} 形式析出；但当 pH 值大于 11 时，溶液中仅存在 $Ge(OH)_6^{12-}$。

表 10-6 是 GeO_2 在一些无机酸中的溶解度。

从表 10-6 中可以看出，一般情况下，GeO_2 在无机酸中的溶解度随着酸的浓度增加而减小，但 GeO_2 在 HCl、HBr 和 HI 中的溶解度却有一个最大值，随后其溶解度又急剧减小。GeO_2 在这些酸中溶解度的特殊变化可能是由于沉淀物组分的改变引起的，如在盐酸溶液中，当盐酸浓度增至 5mol/L 时，会形成易挥发的锗的氯络合物 $GeCl_6^{12-}$ 及 $GeCl_5^-$，而在盐酸浓度大于 8mol/L 时，这些锗的氯络合物就分解形成不溶性的 $GeCl_4$，导致 GeO_2 的溶解度下降。

表 10-6　GeO_2 在一些无机酸中的溶解度（25℃）

无机酸名称	浓度 /mol·L^{-1}	溶解度 /mg GeO_2·100mL^{-1}	浓度 /mol·L^{-1}	溶解度 /mg GeO_2·100mL^{-1}
HNO_3	2.15	221.8	6.07	54.0
	4.04	116.4	8.38	20.5
	4.97	81.0	10.57	7.5
H_2SO_4	1.08	323.2	4.11	53.6
	1.77	224.8	5.32	26.8
	2.64	136.6	6.52	2.8
	3.51	79.5		
HCl	1.04	321.2	4.03	121.2
	2.04	228.4	5.03	113.8
	3.17	168.8	6.03	164.4

熔融的 GeO_2 与碱作用将生成碱性锗酸盐，该盐易溶于水。表 10-7 列出了 GeO_2 在 NaOH 中的溶解度，其溶解度随 NaOH 浓度的增高而增大，这一性质常被用于含 GeO_2 物料的溶解。

为便于比较，将锗的硫化物和氧化物的蒸气压随温度的变化数据列于表 10-8。图 10-10 所示的是其变化曲线。

表 10-7　GeO_2 在 NaOH 中的溶解度

NaOH/g·L^{-1}	0.0	0.05	0.1	0.2	0.4	0.5	1.0	2.0	4.0
GeO_2/g·L^{-1}	4.48	4.60	5.05	5.70	7.06	7.81	11.67	17.7	23.85

表 10-8　锗的硫化物和氧化物的蒸气压随温度的变化数据

温度 /℃	蒸气压/Pa			
	GeS	GeS_2	GeO	GeO_2
489		1.453		
525	439.9			
555	973.1			
570		25.300		

续表 10-8

温 度 /℃	蒸 气 压/Pa			
	GeS	GeS₂	GeO	GeO₂
577	1866. 2	47. 300		
593		79. 100		
602	3332. 5			
611		137. 400		
612	4025. 7			
662	9091. 1			
683		380. 000		
697	9784. 2			
705			140. 0	
724	13863. 2			
788			406. 5	
816			2639. 3	
850			3796. 4	
880			4978. 8	
923			16662. 5	
1023			1106300. 0	
1027				0. 048

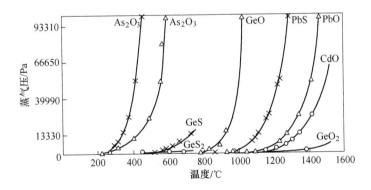

图 10-10　锗化合物的蒸气压随温度的变化曲线

10.4　锗的卤化物

锗的卤化物主要有 GeF₄、GeF₂、GeCl₄、GeCl₂、GeOCl₂、GeBr₄、GeBr₂、GeI₄、GeI₂、HGeCl₃ 等，它们的基本物理化学性质列于表 10-9。部分卤化锗蒸气

压随温度的变化曲线如图 10-11 所示。

表 10-9 锗卤化物基本物理化学性质

卤化锗	色彩	熔点/℃	沸点/℃	比重	升华温度/℃	离解温度/℃
GeF_4	气态无色	-15	-36.5（升华）	2.46~2.47	25（空气中）	>1000
GeF_2	固态白色	110	160（离解）	—		>160
$GeCl_4$	液态无色	-50~ -49.5	82.5~84	1.87~1.88	25（空气中）	—
$GeCl_2$	晶态白色 液态棕色	74.6	离解	—		>75 始, 460 完全
$GeOCl_2$	液态无色	-56	—	—		
$GeBr_4$	液态无色	26.1	180~186.5	3.13~3.132		
$GeBr_2$	晶体无色	122	离解			
GeI_4	晶体橙红色	144~146	375	4.32~4.322		
GeI_2	固态橙红或黄	240 升华	—	5.37		>210
$HGeCl_3$	液态无色	-71.1~ -71.4	73~75.2	1.93		>140

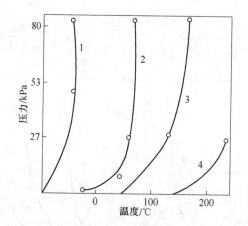

图 10-11 部分卤化锗蒸气压随温度的变化曲线

1—GeF_4；2—$GeCl_4$；3—$GeBr_4$；4—GeI_4

10.4.1 四氟化锗或氟化锗（Ⅳ）（GeF_4）

室温下的 GeF_4 为无色气体，可在空气中发生烟化并伴随刺鼻的臭蒜味。

GeF_4 在 37℃ 下冷凝为液态，在温度低于 700℃ 下不与石英起反应，加热到 1000℃ 也不离解。

GeF_4 在高于 400℃ 时可与铝、铁、镁的氯化物作用而生成 $GeCl_4$。

加热钡的六氟锗酸盐 $BaGeF_6$，能制得产率达 87% 的四氟化锗，经蒸馏后可提纯。

GeF_4 溶于稀盐酸，且易溶于水而放出大量的热，此时发生如下反应：

$$3GeF_4 + 2H_2O \Longrightarrow GeO_2 + 2H_2GeF_6 + Q$$

在 GeO-H_2O-HF 系中，存在有 $H_2GeF_6 \cdot 2H_2O$ 与 $H_2GeOF_4 \cdot 2H_2O$ 等化合物，后者也可以认为是 $GeF_4 \cdot 3H_2O$。

10.4.2 二氟化锗或氟化锗（Ⅱ）（GeF_2）

GeF_2 为固体白色物质，加热后可离解成 GeF_4。

GeF_2 是一种强还原剂，容易挥发，吸湿性强，它易溶于水并发生水解。

10.4.3 四氯化锗或氯化锗（Ⅳ）（$GeCl_4$）

$GeCl_4$ 为无色流动性液体，沸点 83.1℃。用氯气与金属锗反应，或加热盐酸与 GeO_2，皆可制得 $GeCl_4$。

$GeCl_4$ 在空气中发烟，遇水易水解，在盐酸浓度小于 6mol/L 的情况下发生如下水解反应而分解成 GeO_2：

$$GeCl_4 + 2H_2O \Longrightarrow GeO_2 \downarrow + 4HCl$$

利用该特性可制取纯的 GeO_2。

当盐酸浓度大于 6mol/L 后，上述反应则向左进行生成 $GeCl_4$，这是氯化蒸馏提纯锗的依据。

当盐酸浓度大于 7mol/L 时，$GeCl_4$ 在盐酸中的溶解度变化见表 10-10。

表 10-10 $GeCl_4$ 在盐酸中的溶解度

盐酸浓度/$g \cdot L^{-1}$	7	7.77	8.32	9.72	12.08	16.14
$GeCl_4$ 溶解度/$g \cdot L^{-1}$	37	85.36	60.83	17.84	1.83	0.88

$GeCl_4$ 与干燥的氨作用可生成 $GeCl_4 \cdot 6NH_3$。

当温度高于 160℃ 时，$GeCl_4$ 可与 SO_3 作用生成 $Ge(SO_4)_2$，在温度高于 400℃ 时，$GeCl_4$ 可与 CaO 或 SiO_2 等形成 $nMeO \cdot mGeO_2$ 和 $MeCl_2$，如：

$$GeCl_4 + 4CaO \Longrightarrow 2CaO \cdot GeO_2 + 2CaCl_2$$

加热 $GeCl_4$ 和金属锗可制得 $GeCl_2$，反应式为：

$$GeCl_4 + Ge \Longrightarrow 2GeCl_2$$

在 900℃ 的温度时，$GeCl_4$ 可被氢气还原成金属锗，反应式为：

$$GeCl_4 + 2H_2 \Longrightarrow Ge + 4HCl$$

这一性质被用于制作涂层或光电元件的锗膜。

$GeCl_4$ 能与六氢毗啶反应生成如下稳定的锗化合物:

$$GeCl_4 + 8C_5H_{10}NH \longrightarrow Ge(NC_5H_{10}) + 4C_5H_{10}NH \cdot HCl$$

$GeCl_4$ 不溶于浓硫酸,也不与浓硫酸发生反应,但氯化蒸馏 $GeCl_4$ 时,需加入硫酸,这是为了提高溶液的沸点与酸度。

$GeCl_4$ 可溶于乙醇、CS_2、苯、氯仿、煤油和乙醚等,$GeCl_4$ 能与亚硫酐很好混合,与液态磷化氢部分混合。

如前所述,$GeCl_4$ 的沸点为 83.1℃,由于它与 $AsCl_3$ 的沸点 130℃相近,因而在氯化蒸馏提纯锗时,为了不使 $AsCl_3$ 与 $GeCl_4$ 一起共同蒸馏,需加入氧化剂,如氯气等,把 As^{3+} 氧化为 As^{5+},使其沸点有较大差距,或是在有碱土金属氯化物参与的情况下,也可取得较好的蒸馏效果。

10.4.4　二氯化锗或氯化锗（Ⅱ）（GeCl₂）

$GeCl_2$ 为白色晶态或棕色液态,是不稳定化合物,稍加热后分解为 $GeCl_4$ 和金属锗。

$GeCl_2$ 能与水,或湿的氧气作用而发生水解,其反应式为:

$$GeCl_2 + 2H_2O =\!=\!= Ge(OH)_2 + 2HCl$$

与干的氧气作用,生成 $GeCl_4$ 与 GeO_2,其反应式为:

$$2GeCl_2 + O_2 =\!=\!= GeCl_4 + GeO_2$$

与氯气作用而生成 $GeCl_4$,其反应式为:

$$GeCl_2 + Cl_2 =\!=\!= GeCl_4$$

与 H_2S 在室温下作用生成 GeS,其反应式为:

$$GeCl_2 + H_2S =\!=\!= GeS + 2HCl$$

$GeCl_2$ 易溶于浓盐酸并生成较稳定的 $HGeCl_3$,其反应式为:

$$GeCl_2 + HCl =\!=\!= HGeCl_3$$

10.4.5　二氯一氧化锗（GeOCl₂）

$GeOCl_2$ 为无色液体,加热时易分解为 GeO 与氯气。

$$GeOCl_2 =\!=\!= GeO + Cl_2$$

$GeOCl_2$ 在水中极易水解,反应式为:

$$GeOCl_2 + H_2O =\!=\!= Ge(OH)_2 + Cl_2$$

10.4.6　四溴化锗或溴化锗（Ⅳ）（GeBr₄）

$GeBr_4$ 为无色液体。往锗中通入溴蒸气或用溴氢酸与 GeO_2 反应,都能制得 $GeBr_4$,后种方法较为有效,其制取 $GeBr_4$ 的产率可达90%以上。

GeBr$_4$ 是一种强烈挥发性的液体，在 26℃时蒸馏可变成白色带黄的固体，在 0℃左右时可凝固成晶状浆物。GeBr$_4$ 有过冷性能，冷却到 -18℃时也不冻结。

GeBr$_4$ 与浓硫酸无明显反应，与浓盐酸作用较强烈并放出溴，与浓硝酸强烈反应，放出氧化氮。

GeBr$_4$ 在水中会迅速水解而沉出 GeO$_2$，如向水中加入少量的 KOH，则水解反应进行得更加彻底。

GeBr$_4$ 溶于乙醇、CCl$_4$、苯和乙醚，在丙酮中缓慢分解并析出溴。

10.4.7　二溴化锗或溴化锗（Ⅱ）（GeBr$_2$）

GeBr$_2$ 为无色晶体，当溶于酒精中时成为无色液体。GeBr$_2$ 可微溶于苯及其他碳氢化合物中。加热 GeBr$_2$ 时，GeBr$_2$ 离解为 GeBr$_4$ 和金属锗。

10.4.8　四碘化锗或碘化锗（Ⅳ）（GeI$_4$）

GeI$_4$ 为橙红色晶体，用 57%的碘氢酸溶液与 GeO$_2$ 反应可以制得 GeI$_4$，其产率可达 85%。在碘蒸气中加热锗金属也能制取 GeI$_4$。

GeI$_4$ 在空气中较稳定，但如果加热时，发现它由鲜红色转变为巧克力棕色，则说明 GeI$_4$ 已开始离解：GeI$_4$ ＝ GeI$_2$ + I$_2$。

GeI$_4$ 在遇水时缓慢水解，水解产物为 GeO$_2$。

GeI$_4$ 能部分被氢气或乙炔还原，在 25%的硫酸溶液中，它能与锌作用析出锗烷，在 360℃时，GeI$_4$ 可与金属锗反应生成 GeI$_2$。

GeI$_4$ 不与浓硫酸作用，室温下在浓盐酸中溶解缓慢。

GeI$_4$ 可溶于苯、CS$_2$ 和甲醇中。

10.4.9　二碘化锗或碘化锗（Ⅱ）（GeI$_2$）

GeI$_2$ 为橙红色或黄色固体。GeI$_2$ 在空气中会氧化，当温度高于 210℃时，氧化剧烈，生成 GeO$_2$ 和 GeI$_4$，在更高温时，快速离解生成 GeI$_4$ 和金属锗。

GeI$_2$ 溶于浓的碘酸，微溶于 CCl$_4$ 与氯仿，不溶于碳氢化合物。

10.4.10　三氯锗烷（HGeCl$_3$）

锗能生成 HGeCl$_3$，HGeBr$_3$，H$_2$GeCl$_2$，HGeClBr$_2$ 和 HGeClBr 等一系列卤锗酸，其中较有实际意义的是 HGeCl$_3$。

HGeCl$_3$ 为无色可流动液体，在空气中变暗。

当加热 HGeCl$_3$ 到 140℃时，它将离解为 GeCl$_2$ 与 HCl，继续升高温度，则离解为 GeCl$_4$ 和金属锗。

HGeCl$_3$ 和溴或碘反应时，其氢被溴或碘原子所取代，生成溴酸或碘酸。

当有催化剂，如 AlCl$_3$ 参与作用时，HGeCl$_3$ 可与 GeCl$_4$ 或 GeI$_4$ 相互反应并生成相应的 GeBrCl$_3$ 或 GeICl$_3$ 化合物。

如在盐酸溶液中电解 HGeCl$_3$，则不会在阴极上析出锗，但会在阳极上沉积 GeO$_2$。HGeCl$_3$ 溶于乙醚。

10.5　锗的氢化物

锗的氢化物为褐色的固态无定形物质。主要有 GeH$_4$，Ge$_2$H$_6$，Ge$_3$H$_8$、Ge$_4$H$_{10}$ 及 Ge$_5$H$_{12}$ 等，可用 Ge$_x$H$_{2x+2}$ 表示。它们的基本性质见表 10-11，部分锗氢化物的蒸气压与温度的关系如图 10-12 所示。

表 10-11　锗氢化物的主要理化性质

性　质	GeH$_4$	Ge$_2$H$_6$	Ge$_3$H$_8$
颜　色	棕色固体、无色气体	无色液体	无色液体
密　度	1.52	1.98	2.20
熔点/℃	−164.8~−165.9	−109.0	−105.6
沸点/℃	−88.1~−89.1	29.0~31.5	110.5~110.8
离解温度/℃	>36	>215	>200
蒸气压/Pa	133.3，13330，101325	133.3，13330，101325	133.3，13330，101325
温度/℃	−163，−120.3，−88.9	−88.7，−20.3，31.5	−36.9，47.9，110.8

性　质	Ge$_4$H$_{10}$	Ge$_5$H$_{12}$
颜　色	无色液体	无色液体
沸点/℃	176.9~177.0	234.0~235.0
离解温度/℃	>100	>100
蒸气压/Pa	lg$P$=−1714.6/T+6.692	lg$P$=−1805.8/T+6.449
温度/℃	3~47	7~47

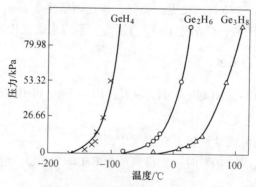

图 10-12　部分锗氢化物的蒸气压与温度的关系

单锗烷 GeH_4 可用四氯化锗和氢化铝锂反应生成，反应式为：

$$GeCl_4 + LiAlH_4 \longrightarrow GeH_4 + LiCl + AlCl_3$$

$$GeCl_4 + LiAlH_4 \longrightarrow GeCl_2 + H_2 + 2LiCl + 2AlH_3$$

$$GeCl_4 + AlH_3 \longrightarrow GeCl_2 + H_2 + AlHCl_2$$

上述反应单锗烷 GeH_4 的产出率仅为 10%～15%，低产出率的原因是除发生主反应外，还同时发生了副反应，生成了二氧化锗并产出 85%～90%的 H_2。

此外，还用四氯化锗和锂的三-丁基铝氢化物作用 4～30h，制备单锗烷，此方法的单锗烷产出率为 70%～80%，反应式为：

$$GeCl_4 + 4Li(T-BuO)_3AlH \longrightarrow GeH_4 + 4LiCl + 4(T-BuO)_3Al$$

室温下，单锗烷 GeH_4 是气体，但将其加热到 278～330℃时发生分解，其热分解等温曲线如图 10-13 所示。

单锗烷 GeH_4 的蒸气压在 -112℃时为 24kPa，单锗烷是锗的重要化合物，它在锗的低温外延和提纯中有一定应用价值。

锗与氢反应生成单锗烷的化合能接近 61112.8kJ/mol。

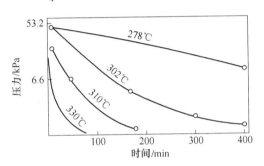

图 10-13 锗烷热分解等温曲线

加热锗的氢化物时，它们会逐渐分解为低价的氢化锗，直至生成金属锗和氢气。表 10-12 是一些氢化锗的物理常数。

表 10-12 氢化锗的部分热力学数据

化合物	溶 化			沸 腾		
	温度/℃	$\Delta H/kJ \cdot mol^{-1}$	$\Delta S/J \cdot mol^{-1} \cdot K^{-1}$	温度/℃	$\Delta H/kJ \cdot mol^{-1}$	$\Delta S/J \cdot mol^{-1} \cdot K^{-1}$
GeH_4	-165.8	836.0	7.78	-88.5	14.86	82.47
Ge_2H_6	-109.0			30.0		
Ge_3H_8	-105.6			110.7	33.49	87.0
Ge_4H_{10}				117.0	40.39	89.79
Ge_5H_{12}				235.0	47.30	92.73

锗的氢化物不稳定、易挥发，它不溶于一般的有机酸和无机酸，在稀的硝酸和过氧化氢中能很快氧化成二氧化锗。

将镁化锗加入 10%（质量分数）的盐酸溶液中，可制得各种锗烷的混合物，这些混合物由 GeH_4（单锗烷）、Ge_2H_6（二锗烷）和 Ge_3H_8（三锗烷）等组成。

将这些混合物在较高真空度和温度不超过 21℃ 时蒸馏，剩下的无色透明液体物质，可能是 Ge_4H_{10}（四锗烷）和 Ge_5H_{12}（五锗烷）。

在含锗的硫酸溶液中加入锌或镁，或者将锗镁合金溶解于盐酸溶液中，皆可制得氢化锗。表 10-13 是二锗烷的蒸气压随温度的变化关系。

表 10-13　二锗烷的蒸气压随温度的变化关系

温度/℃	-68.1	-63.0	-23.1	-10.2	0.0	6.7	12.9	18.8
压力/Pa	851.2	1130	11504	20309	31787	42613	53652	66965

二锗烷在温度超过 215℃ 时分解。三锗烷在温度超过 295℃ 时分解。四锗烷 Ge_4H_{10} 为无色流动液体，微溶于苯，在 3~47℃ 温度区间的蒸气压 $p(kPa)$ 与温度的变化可按下式计算：

$$\lg P = -\frac{228}{T} + 0.890$$

当温度或略高于 100℃ 时，四锗烷即分解成单锗烷和氢化物。

五锗烷 Ge_5H_{12} 是无色油状液体，它可在 20℃ 下，高真空蒸馏制得。在温度 7~47℃ 的区间内，五锗烷的蒸气压 $p(kPa)$ 与温度的关系可按下式计算：

$$\lg P = -\frac{264.2}{T} + 0.858$$

在 100~300℃ 的范围内，五锗烷 Ge_5H_{12} 可发生歧化反应，生成单锗烷和聚锗烷，当温度高于 350℃ 时，则生成锗和氢。

10.6　锗的硒、碲化合物

锗的硒、碲化合物主要有 GeSe，$GeSe_2$，GeTe 等。

GeSe 的离解能为 (418±61112.7)kJ/mol，升华热为 53.97kJ/mol；GeTe 的离解能为 (334.7±61112.8)kJ/mol，升华热为 191.6kJ/mol。

锗的硒化物用芒硝氧化时，可制得 GeO_2。GeSe，$GeSe_2$ 溶于碱和王水，锗的碲化合物也溶于王水。

在真空、压力为 0.0133Pa 的条件下加热锗的硒、碲化合物，GeSe 在 520~560℃、GeTe 在 600~640℃ 的温度条件下便发生显著挥发。

GeSe 在 415~596℃ 温度范围内的蒸气压 $P(kPa)$ 与温度的关系可按下式计算：

$$\lg P = -1250.9/T + 1.34$$

GeTe 在 437~606℃ 温度范围内的蒸气压 $P(kPa)$ 与温度的关系可按下式计算：

$$\lg P = -1340.73/T + 1.51$$

11 锗的战略地位和用途

11.1 锗的战略地位

锗在被发现以后的半个世纪内，始终未找到有什么重要的用途，直到第二次世界大战期间，由于军用雷达技术的发展需要，人们四处寻找适用于超短波的半导体材料，发现锗有着优良的半导体性能，才开始进行应用研究。

1942 年，美国国防研究委员会倡导对锗在军事应用上进行研究，经历 6 年艰辛，终于研制出了世界上第一只锗晶体管。为了表彰这项影响深远的重大成就，肖克莱、巴丁和布拉顿获得了 1956 年度诺贝尔奖。

锗晶体管的诞生，实际上标志着电子技术革命的开始，为人类带来了电子学上的新纪元。锗晶体管的出现，大大拓宽了锗的应用范围。从这时开始，美国一方面正式把锗作为极重要的战略材料加以控制；另一方面大规模生产，制造出大量锗半导体。

第二次世界大战期间，锗的检波特性被发现后，即被英国军方用于雷达检波器和放大器，以增强防空预警和目标识别能力，大大改善了英国防空力量。在此之前，往往是夜袭敌机飞临头上时才手忙脚乱地打开探照灯搜索目标，目标还未找到，探照灯倒成了敌机打击目标。有了雷达装备后，使预警、目标识别和打击准备的工作形成一体，敌机一来就集中探照灯和高炮对付。自此之后，锗在半导领域的应用成了热门。

锗在现代军事上的应用，最初是用于制造雷达的锗二极管，这是一种具有单向导电特性的两极器件，除取整流作用外，还具有检波、混频、开关和稳压功能，它消耗功率少，几乎没有热辐射，驱动快、体积小、可靠性高。由于这些优点，锗二极管获得了许多应用，特别适宜在要求寿命长、可靠性高的情况下使用，如在电视机、计算机和微波技术中应用，不过，这种普通二极管没有放大作用。

日本科学家江崎于奈发明了隧道二极管，因此获得了 1973 年度诺贝尔奖。隧道二极管具有开关、振荡和放大作用。通信卫星上的微波放大器都采用锗隧道二极管，因为它结构简单、漏泄功耗小、线性好、可靠性高。锗晶体管在 20 世纪 50~60 年代获得了广泛应用，对提高和改善现代军事通信技术设备的性能，尤其对实现军事电子设备的小型化起到了十分重要的作用。然而到 20 世纪 70 年代，它受到了硅晶体管的挑战。因为锗晶体管的最高工作温度只有 85℃，而硅晶体管可高达 200℃。所以硅晶体管日益排挤锗晶体管的位置，但锗晶体的载流子迁移率高于硅 2.5 倍，在高频和超高频范围，锗晶体管的性能优于硅晶体管；在低频和中功率晶体管中，锗晶体管的低压性能良好，因此也适用于以电池为电源的装置中，或要求不发热的微型电力装置中。

锗在红外光学系统的应用，是它在现代军事上最重要的应用之一。红外光学对锗的消耗量约占整个锗消费量的 20%～30%。当前各国军械技术专家都在为利用红外线技术改善装备性能展开激烈的竞争。

红外线是一种波长从 0.75μm 到 1000μm 之间的电磁频谱（可见光为 0.4～0.75μm）。红外技术就是研究利用红外线的一门技术，在军事上可用于探测、跟踪、成像、夜视制导、定位等各个方面。在红外技术中最关键的是制造能透过红外线的光学材料，这种材料不仅具有极优良的光学性能，而且有一定的机械强度，便于加工成型。锗晶体就是最佳材料之一，第一，锗在 2.0～11.5μm 波长范围内透射率极高，这个范围包括红外系统最感兴趣的两个大气窗口，即 3～5μm 和 8～12μm 窗口；第二，锗不吸湿、不软化、不溶于水，没有毒性，其物理性质几乎达到"全优"；第三，锗有极好的光学性能、非常好的均匀性、高的折射率和反射率，具有极低的本能吸收；第四，比其他红外光学材料价格低。目前，已制成锗窗、锗棱镜、锗透镜用于红外系统，如在军事上使用的热成像器件等。

进入 20 世纪 70 年代以后，锗在红外光学上的应用更日趋重要，生产和消费量也显著增加，推动这一领域急速发展的动力是美国军事技术的需求，不仅有美国的陆军、空军、海军，还有美国的火箭、导弹、宇航部门和战略情报部门。

美国每年消耗锗约 10t，主要用于制造红外监视系统，特别是用在前视红外系统中。前视红外技术或热成像技术是一种十分理想的应视技术，它能将目标自身辐射的红外线变成视频信号，并在电视屏上显示出可见的图像。这种技术完全采用被动的方式工作（即只接收目标自身的热辐射），具有很好的隐蔽性和抗干扰性，美国在 M16 步枪、坦克、飞机上等都普遍安装有这种前视红外线系统；此外，英国、德国的陆军装备上也普遍安装了这一系统。以德国为例，它在"豹式"坦克、"山猫"侦察车、"黄鼠狼"装甲运兵车三种兵器上就安装了前视红外系统 6700 多台。据美国陆军夜视实验室估计，锗在红外光学系统上的应用，目前世界年需要量约在 80t 以上，在该技术领域，美国一直处于世界领先地位。

为应对大规模战争和突发事件的需要，美国早在 1984 年便宣布将锗列为国防储备（National Defense Stockpile，NDS）资源，储备目标 30t 锗单晶，1987 年调整为 146t 锗单晶。之后美国进行大量进口，1990 年一年仅锗单晶就进口了 49.8t。虽然于 1991 年美国国防储备目标下调为 68t，并由国会授权可以从现有国防储备中以每年 4t（后增加到 8t）的数量出售（该出售计划直到 2005 年），但其进口（美国从未出口过）和国内消费的锗单晶仍然保持在每年分别 10 多吨和 30t 左右，而且其国内的锗库存（未纳入国防储备的）也已经达到 2004 年度的 540t 之多。

同样的，其他西方发达国家也在积极进行锗资源的战略储备。从美国地质调查局（USGS）的矿产年报资料中可以看到：日本是我国初级锗材料的第一大买主。日本每年仅进口的 GeO_2 材料就达到 40~50t，进口的锗单晶也达到 7t/a。此外，德、法、意、英等国对含锗的锌、铅、铜、煤等矿产原料也几乎完全依赖进口。

锗在核辐射探测器方面也获得了重要应用。目前世界大国的军队大量地装备着核动力和核武器。在核反应过程中，所发射的特征辐射需要控制和监测，这就离不开核辐射探测器。目前使用最广的就是锗 γ-射线探测器。

1962 年，世界上第一台 γ-射线探测器研制成功，其探测材料就是选用锗。因为锗有极好的探测特性，具有很高的载流子迁移率，所以探测器的分辨率高。由于使用的锗是经过锂漂移工艺处理的，所以常称这种探测器为锗（锂）探测器。这种探锄器虽然直径只有 4cm，体积只有 50cm³ 大小，可售价却高达 3 万美元以上。由于在锗中锂原子在室温下会自发移动，这种探测器必须在低温下使用和保存，于是，20 世纪 70 年代以后，人们又开始研究高纯锗探测器，1977 年 11 月，美国贝尔实验室和桑迪亚实验室已使用高纯锗探测器观测银河系的 γ-射线，并测定出行星表面上许多元素的浓度。

锗在非晶态半导体材料方面也显示了极好的应用前景。所谓非晶态，又称玻璃态，即材料内部原子处于无定形或无序状态。科学家发现非晶态材料的半导体效应是 20 世纪 60 年代科学上的最重大发现之一。它主要用于存储开关，制造逻辑电路中的开关型器件，很适合计算机使用。锗非晶态半导体在现代军事上的应用价值极其可贵，它不仅有低廉的价格，能够实现军事装备的自动化、小型化，更重要的是它有抗核辐射的优异特性。

目前，国际上新式武器不断出现，美、西欧各国的陆、海、空三军迫于实战的需要，都在迅速更新装备，普遍采用以锗透镜为主要部件的前视红外系统。从步枪、坦克直到飞机、导弹，都装上了这种前视红外系统，由此可知，锗在现代军事上的应用价值正与日俱增。

我国在红外器件方面的应用也有很大进展。华北光电技术研究所已将锗玻璃用于远望号测量船、西昌卫星发射中心和测量站，光学电影经纬仪已用于洲际导弹发射和我国第一颗通信卫星发射的追踪、搜索和弹道测量。北京建筑材料研究院用高纯二氧化锗制造红外锗玻璃，用做导弹的导流罩。

目前，锗资源已经成为一种极为重要的战略资源，我国的锗资源储量在世界上占有明显优势。目前，我国的锗产品，除满足国内需要外大量出口。美国每年进口的精炼锗总量的 40%~42%（1999 年为 5210kg，2000 年为 3290kg）由中国提供；同时，我国每年出口到日本的氧化锗占日本进口量的 1/3 以上，造成我国锗资源的流失，我国对锗资源的开发和应用应引起足够的重视。

11.2　锗在电子工业领域中的应用

20 世纪 60 年代以前，锗作为重要的半导体材料被大量使用，随后由于硅材料的崛起，致使锗材料在半导体领域中的用量急剧下降；然而由于锗在红外、光纤、催化剂、医药、食品等领域应用的不断拓宽，锗仍然保持着一定的消耗量。图 11-1 所示是锗产品的产业链发展简图。

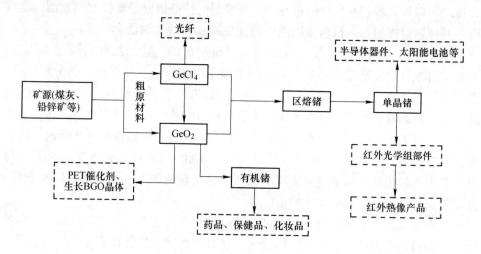

图 11-1　锗产品的产业链

长期以来，锗主要用于制造半导体器件、光导纤维、红外光学元器件（军用）、太阳能电池（主要是卫星用）等。

在电子工业中，半导体领域大量使用锗。

自 1948 年制造出第一只锗晶体管至 20 世纪 60 年代末期，95% 以上的锗都用于制造半导体器件。

20 世纪 70 年代，半导体领域仍然是锗的最大消耗领域，但进入 20 世纪 80 年代，半导体耗锗大大下降。1984 年，发达国家在电子工业中的锗使用量只占其总消耗量的 5% 左右，就连锗消耗量最大的美国，近年来用于该领域的锗也仅占 7% 左右。

尽管在电子工业领域锗的消耗比例还会减少，但由于锗器件具有其他器件所无法比拟的优越性，如，锗管除了具有非常小的饱和电阻以外，还具有几乎无热辐射、功耗极小等优点，在某些器件方面依然是其他材料所无法代替的，因而在该领域锗的消耗总量将不会继续大量下降。

美国 GDP 公司通过锗管与硅管及其他器件的性能对比研究以及实际应用情况调查，得出结论："在大功率器件中，硅管无法击败锗晶体管。由于锗晶体管超群的 VGES 特性及小电流驱动特性，故对于使用干电池的仪器，锗管仍是最佳产品。"

制备整流及提升电压的二极管、混频、功率放大与直流交换三极管，光电池和热电效应元件，特别是高频与大功率器件等都非锗莫属。我国近几年锗、硅分立器件产量见表 11-1。在半导体工业中，锗将还有一席之地，不会被硅全部代替。

表 11-1 我国近几年锗、硅分器件产量

名称		单位	1990 年	1991 年	1992 年	1993 年	1994 年	1995 年
二极管	锗	万只	19400	16859.3	24362.1	15780.2	19647	14489.3
	硅	万只	210000	360367.8	373958.2	476330.6	710479.2	8108913.9
三极管	锗	万只	1900	875.3	2177.1	1356.6	526.8	286.9
	硅	万只	5300	58212.1	736813.3	108689.5	192677.5	238258.1

11.3 锗在红外光学领域中的应用

锗材料是制作红外器件最重要的原料，红外器件被广泛应用于军事、工农业生产中。红外技术是军事遥感科学和空间科学的重要手段。红外器件被普遍应用在红外侦察、红外通信、红外夜视、红外雷达和炸弹、导弹的红外制导以及各种军事目标的搜索、探视、监视、跟踪等，尤其是红外热成像（利用物体本身自然辐射的红外光转变为可见图像）扩展了人们的视野。采用红外热成像技术，士兵可以在黑夜或烟雾中寻找目标，在黑夜中瞄准射击飞机、军舰、坦克等军事装置，红外热成像仪已成为不可缺少的现代军事装备之一。在民用工业中，红外器件被广泛用作各种红外系统的透镜、窗口、棱镜、滤光片、导流罩，可用作导航与灾害报警、火车车轮测温、医疗检测、治病等。

锗重点转移到红外光学领域的应用始于 20 世纪 80 年代。由于锗的电子迁移率和空闪迁移率高于硅，饱和电阻和功耗非常小，几乎无热辐射，在高速开关电路方面的性能优于硅，并且锗的电阻率对温度变化特别敏感，当温度升高时锗电阻率下降，而温度下降时锗电阻率上升，因此，锗红外探测器可测出摄氏万分之五范围的温度变化。能观察到 1km 以外人体发出的红外线。

由于锗具有高透过率和高折射系数的特性，可通过 $2\sim15\mu m$ 红外线，并具有低温度系数、低色散、抗大气氧化、抗潮湿气体、抗化学腐蚀的功能，可制成高纯度、高强度又易于加工抛光的晶体或镜片，因此最适合作为红外窗口、三棱镜、滤光片和红外光学透镜材料，被广泛用于各种红外传感器（包括压力、磁力、温度和放射线探测）、红外高能化学激光器、热成像仪、夜间监视器和目标识别装置等。

在20世纪90年代的海湾战争中，美国就凭借各种各样先进的红外探测器和技术，不仅掌握了对伊作战的制空权、制海权和地面作战主动权，还发现了伊方地面伪装及沙漠和地下掩蔽的武器装备和人员，并给以有选择的打击。在海湾战争中，锗在红外光学的应用又一次大出风头。可以预料，未来锗在红外光学领域的应用趋势必将进一步扩大。

此外，将二氧化锗用作二氧化硅玻璃的添加剂，可使玻璃的折射率和红外光透过率增大，红外光透过率达70%~80%，利用此特性，可制备较大几何尺寸的含锗玻璃用于红外窗口、导流罩、广角透镜和显微镜等。

11.4　锗在光纤通信领域中的应用

光纤通信是信息时代的基础。光纤通信具有容量大、频带宽、抗干扰、保密性和可靠性强、稳定性好、损耗低以及体积小、重量轻、成本低、中继距离长等优点，已成为世界各国重点发展的通信技术。

自1973年以来，为适应光纤生产的要求，在锗产品中开发出了光学级 $GeCl_4$。生产石英（SiO_2）光纤的过程中掺入 $GeCl_4$，它可转变为 GeO_2，由于以锗代硅，使传输光向更长的波长（$0.8~1.6\mu m$）区扩展（对长距离通话极为有利），同时它还能将信号限制在纤芯之内，防止了信号损失，使光信号传输100km而不必放大，在长距离电话、数据传输线路及局部地区网络中被广泛采用。

1993年，美国提出了"信息高速公路"计划，1995年，欧盟各国也随之推行。信息高速公路计划预示着信息时代的到来，也意味着一场争夺信息控制权的不流血战争的开始。光纤通信作为重要的获取信息的渠道，正以前所未有的速度获得飞速发展。日本以发展单模光纤为主，其锗用量虽仅为多模光纤的1/6~1/5，但光纤的产量很大，已达到2000万千米的量级。陆上和海洋光缆建设的高速发展，使许多国家加快了光纤到户建设，美国有6家公司计划投资数百亿美元建设光缆网，2000年光缆网已连接1500余万个家庭。德国已用光纤连通了120万用户，英国也有30万用户进入了光纤网。使用多模光纤，美国将为锗的生产厂家提供更为广阔的市场。

锗在光纤通信领域中，主要利用光纤掺杂和光电转换作用。由于光纤通信的工作波长应用在红外区域，并且尤以长波为好，人们探索了多种长波光纤材料，但是性能优良（折射率、膨胀系数）的还是掺锗石英光纤。

在光纤预制棒中，按一定比例将 $GeCl_4$ 掺入 $SiCl_4$，在高温下分别氧化或水解成 SiO_2 和 GeO_2。$GeCl_4$ 的消耗量因工艺技术水平而异，一般多模光纤消耗量为10g $GeCl_4$/km，单模光纤消耗量为2g $GeCl_4$/km 左右。其他超长波红外光纤材料在损耗系数等参数上与掺锗石英光纤相差很大，实用前景较为遥远。此外，较具有应用前景的是含锗的碲硒玻璃和含锗的重金属氧化物红外光纤，锗在光纤的应用上是其他长波光纤材料无法替代的，锗是具有战略性质的光信息材料。

20 世纪 80 年代末期，美国光纤产量达 6000000km，5 年期间增长 12 倍。1995 年日本国内光导纤维的量约为 4900000km，比 1994 年增加了 38%。

据国家有关部门和研究机构数据，"八五"末期，我国年产光纤量为 1500000km，"九五"末期已达到 3000000km。

光纤用四氯化锗的耗锗量占世界耗锗总量的 20%~30%，据不完全统计，每年我国 $GeCl_4$ 的消耗量在 8~10t 左右，约 95%的光纤用 $GeCl_4$ 依靠进口。

11.5　锗在化工、轻工领域的应用

聚酯生产过程中，催化剂作为最重要的添加物，对工艺过程、产品质量及后续加工的影响，是不容忽视的。

目前，国内 PET 生产厂家一般都采用锑制品（如三氧化二锑、醋酸锑、乙二醇锑等）作为催化剂。这些锑制品催化剂具有相当的活性，而且价廉易得。但是，这些催化剂所含的锑在进行催化反应后，都残留在 PET 制品或其容器内，被包装的物品（如内衣或 PET 瓶中的饮料和食品等）若与人体接触，其中的锑如被摄入人体，一般很难排出，会在体内积累，对健康不利。

日本已禁止含锑化合物用于和食品接触的瓶用 PET 中，韩国已限定瓶用 PET 中的锑含量在 $200×10^{-6}$ 以下，这就促使有关 PET 催化剂生产厂商纷纷开发无锑催化剂，锗系催化剂应运而生。表 11-2 是日本 PET 瓶用 PET 树脂用量。

表 11-2　日本 PET 瓶用 PET 树脂用量

名　　称		1988 年	1989 年	1990 年	1991 年	1992 年	1993 年	1994 年	1995 年	比率/%
食用品	酱油调料/t	13969	13605	13526	14222	16946	18521	20816	23165	+11
	食用油/t	1647	1723	1849	1642	1899	2195	1689	1373	−19
	酒类/t	5828	5250	6233	5739	5766	7734	10133	9788	−3
	清凉饮料/t	51207	67321	80786	89383	97025	102764	126681	118831	−6
	小计/t	72651	87899	102384	110986	121636	131214	159319	153157	−4
非食用品	洗剂洗发/t	9167	10797	11166	11358	11515	11830	11801	14472	+23
	化妆品/t	1230	1278	1504	1451	2294	2495	2740	3354	+22
	医药等/t	1197	836	1629	1960	1662	1205	1963	1847	−6
	小计/t	11594	12911	14299	14769	15471	15530	16504	19673	+19
合计/t		84245	100810	116683	125755	137107	146744	175823	172830	−2
增长率/%		+8.3	+19.7	+15.7	+7.8	+9.0	+7.0	+19.8	−1.7	

英国 Meldform 锗公司于 20 世纪 90 年代研制出 GeO$_2$ 粉末和其他用于 PET 生产的 Ge 系催化剂。2002 年，该公司对 Ge 系催化剂作了重大改进，即向标准的 Ge 催化剂中加入不同配方的促进剂，使得新型 Ge 催化剂的活性提高，制得的 PET 色相更加得到改善。

Ge 系催化剂的特点是具有活性高、安全无毒、耐热耐压、对人体无害、透明度高且具有光泽、气密性好等优点，生产出的 PET 色相好，特别适用于生产薄膜和透明度要求较高的 PET。

目前国内外在化工领域的耗锗量已达每年 20t 以上。

11.6　锗在食品领域中的应用

近年来发现，野生灵芝、野生山参中含锗量分别高达 $2000×10^{-6}$% 和 $4000×10^{-6}$%。锗的生物活性和它在人体中所起的特殊医疗保健作用，引起了世界各国化学家、药理学家及营养学家的极大兴趣和关注，有机锗被冠以"人类疾病的克星""21 世纪救命锗""21 世纪生命的源泉""震动世界的新星""人类健康的卫士""人类的护肤神"等美名。

11.6.1　有机锗化合物的医疗、保健作用

(1) 抗癌作用。有机锗化合物具有抗癌性广、毒性小等优点，在防癌抗癌及其辅助化疗方面具有很好的发展前途。

Ⅰ 和 Ⅱ 期临床研究表明，有机锗氧化物对胃癌、肺癌、子宫癌、乳腺癌、前列腺癌、多发性骨髓瘤等有一定疗效且副作用较小。对恶性淋巴瘤、卵巢癌、大肠癌、子宫颈癌、前列腺癌及黑色素瘤等有一定疗效，它能阻止癌细胞的蛋白质、DNA 和 RNA 的合成。

(2) 抗衰老作用。近年来研究表明，老年人的机体抗氧能力显著下降，超氧化物歧化酶活性较中青年人低，而脂质过氧化产物数量增加，生物膜中一些重要酶活性有所降低。自由基和脂质过氧化反应的终产物，如细胞毒性醛类在体内的堆积将导致组织细胞的不可逆损害，因此有机锗能阻断自由基和脂质过氧化连锁反应的进行和提高机体抗氧化能力，有益于延缓衰老。

Ge-132 有助于提高老年人的 SOD 活性，减少脂质过氧化最终产物丙二醛的产生，因而具有一定的抗衰老作用。

(3) 免疫调节作用。动物实验和临床研究表明，Ge-132 能诱导产生干扰素，活化 NK 细胞以及增强巨噬细胞的吞噬功能，因此提高机体的免疫调节作用，在消除突变细胞、防止发生癌变、提高机体免疫能力方面发挥了重要的作用。

(4) 携氧功能。有机锗含有多个锗氧键，因此氧化脱氢能力很强。当有机锗进入机体后，与血红蛋白结合，附于红细胞上，以保证细胞的有氧代谢。有机

锗中的氧还能和体内代谢产物中的氢结合排出体外，此外，有机锗还能够增加组织氧分压和供氧能力。

（5）抗疟作用。实验研究表明，"螺锗"能抑制 H 标记的次黄嘌呤掺入疟原虫，对恶性疟原虫氯喹抗药株和敏感株都有抑制作用。"螺锗"除作为有前途的抗疟新药外，对了解疟原虫抗药性产生也有一定的意义。

（6）其他。临床研究表明，有机锗化合物对脑血管疾病、高血压、老年骨质疏松症等疾病均有一定的预防和治疗作用，同时还具有抗病毒、抑菌、杀菌和消炎作用。

11.6.2 有机锗化合物的毒副作用

动物实验和临床研究表明，有机锗化合物均有一定的毒性，它们对肝、肾、淋巴及造血系统、中枢神经系统及骨髓等均有不同程度的毒副作用。只是在一定剂量和时限内，它们的毒性才是很低的。对于毒性很低的 Ge-132，服用常用剂量也会引起恶心、呕吐、腹泻、心脏损伤等，如果长期服用或大剂量服用时，也会导致肝、肾的损害及震颤等，即使是较符合生理形式的氨基酸锗化合物，如用量过大，也会引起腹泻等毒副作用。

综上所述，许多有机锗化合物都具有生物活性和药理作用，它具有抗癌性广、免疫调节、抗衰老等多种药理活性，药物毒性低，是一类有前途和潜力的医疗保健药物，但是，由于有机锗化合物的结构和理化性质不同，其生物学效应、药理活性、医疗保健作用也不尽相同，有关有机锗化合物的合成、生物活性、药理作用和毒副作用尚需进一步研究。

目前，在国外，尤其是日本，有机锗成为十分抢手的物品，广泛应用于食品、药品、化妆品和浴液中。美国也利用有机锗治疗癌症和白血病，预防病毒和细菌引起的各种疾病。国内，在上海曾发生过抢购有机锗热潮，我国的上海、常州和南京等地已开始生产有机锗产品，主要为有机锗胶囊、有机锗果汁和有机锗口服液等。

我国有机锗大多由无机锗经人工转化获得，科学家们正在研究定向培育含锗植物。

11.7 锗用于制备锗系合金

11.7.1 锗酸铋

锗酸铋是一个用量或市场正在增长的产品。锗酸铋是 GeO_2 与 Bi_2O_2 共熔所生成的复合氧化物（ $Bi_4Ge_3O_{12}$ ），简称 BGO。

目前，国外已能生长直径大于 125mm、长 230mm 的 BGO 单晶和掺杂 NaI 与

$CdWO_4$ 等的闪烁晶体。它们的主要优点是吸收高、密度大、余辉小并具有非吸湿性，近年来在医学领域的 CT 扫描、正电子层析摄影术及 X 射线成像等方面用量日增。此外，在核物理、高能物理、地球物理勘测、油井测量等方面也有广泛应用。

目前，BGO 晶体主要应用于高能物理和核医学成像（PET）装置，西欧核子研究中心（CERN）建造的大型正负电子对撞机的 L3 电磁量能器中 BGO 晶体的用量高达 12000 根（每根 1.5m）。在医学成像方面，BGO 晶体已经占领了整个 PET 市场的 50% 以上。

1965 年，Nitsche 研制出了第一根锗酸铋 BGO 单晶，并研究了其光电性能。

1969 年，Johnson 等人首次制出了掺钕的 BGO 激光晶体，并报道了其相关发射。

1973 年，Weber 测量了 BGO 晶体的激发谱和发射谱，指出其可作为新型闪烁材料。

1975 年，Nestor 和 Huang 在研究 BGO 对 α 射线和 γ 射线响应时，发现 BGO 的闪烁能力与 γ 射线能量 E 呈线性关系，这一研究成果为 BGO 晶体作为闪烁体奠定了基础。

1977 年，美国加州的 Cho 等人首次将 BGO 晶体应用于 X 射线断层扫描仪（XCT）。

1982 年，Farukhi 又将 BGO 晶体应用于正电子发射断层扫描仪（PET）。

至 20 世纪 80 年代中后期，科学家已经成功地将 BGO 晶体用于空间 γ 探测器、电子能谱仪、电磁量能器等仪器。

BGO 晶体的巨大市场需求，促使世界各国的科学家们投入了大量的精力致力于该晶体的研究，目的在于提高 BGO 晶体的性能和拓宽其用途。锗酸铋闪烁体制成的射线探测器对 γ 射线能量分辨好，线性范围宽，广泛应用于核科学研究和核工业各个领域，如核原料生产过程的监测、分析、核爆炸散落物及放射性环境污染的探测，以及地质探矿和医疗卫生等，是防化兵和核科技工作者的"眼睛"，是用于探测高能粒子和高能射线的一种重要材料。

上海硅酸盐研究所采用改进的铂金坩埚下降法生长技术成功地生长了高质量的大尺寸 BGO 晶体，实现了 BGO 晶体的产业化，在国际上获得了相当高的声誉。多年来，上海硅酸盐研究所向国际上多家高能物理研究机构提供了大量的 BGO 晶体，其中包括 CERN 的 L3 实验所用的 12000 根晶体，近几年来，上海硅酸盐所又向 GE 公司等 PET 制造商大量提供 BGO 晶体，创汇数亿美元。

虽然 BGO 晶体已经在高能物理、核物理、核医学等领域获得了较广泛的应用，但由于 BGO 晶体的光输出较低和衰减时间较长等缺点，限制了其在某些领域的用途，因此，人们纷纷通过掺杂改性研究来改善其性能，以拓宽应用领域。

11.7.2 硅锗(SiGe) 晶体管

IBM 公司采用硅锗(SiGe) 工艺技术研制成功全球速度最快的新型高速晶体管，可适应更广泛的应用领域。

SiGe 晶体管传输频率达 350GHz，速度比现有的器件快 3 倍。该晶体管的性能也超过了其他化合物半导体，如砷化镓（GaAs）和磷化铟（InP）等。

IBM 公司开发的硅锗晶体管为一种"构建模块"，能用于开发通信芯片，工作频率超过 150GHz。该器件能应用于更广泛的领域，如汽车雷达碰撞系统、高性能局域网等。

近年来，有几家 IC 制造商已进入了硅锗市场，如杰尔系统（Agere Systems）、Atmel、科胜讯、英飞凌、美信、摩托罗拉、SiGeSemiconductor、德州仪器（TI）等公司。据统计，SiGe 市场销售额已由 2001 年的 13.2 亿美元增长到 2006 年的约 27 亿美元。

硅锗合金可制成热电元件，用于军事领域。锗-硅应变超晶格是一种新型的 IV 族半导体超晶格材料，它在工艺上可以与成熟的硅集成工艺相容，在光电子器件，特别是光电探测器、红外探测器、异质结双极晶体管等方面有新的应用，简要介绍如下。

光纤通信除了需要与之相匹配的长波激光器外，还需要有红外光电探测器，其工作波段为 1.3μm 和 1.55μm。Si 由于其光吸收限是 1.1μm，同上述波段不匹配。适应于 1.3μm 窗口的半导体材料有 Ge，GaInAs，InGaAsP 等，但它们不能同 Si 器件集成在同一芯片上，只能将探测器与硅集成电路坐在各自芯片上。由于锗材料中电子和空穴电离率之比 $\alpha_e/\alpha_n \approx 1$，所以锗光电探测器（APD）的噪声因子接近于理论极大值。而在 Si 上生长 Ge_xSi_{1-x}/Si 超晶格，不仅能解决同 Si 集成匹配的问题，且 Ge_xSi_{1-x}/Si 超晶格在 x 变化不太大的情况下，可以将其能隙调节在 0.8~0.96eV，即相应于 1.3μm 和 1.55μm 两个窗口，此外，Si 的 α_e 和 α_n 相差不大，故做成的 Ge_xSi_{1-x}/SiAPD 有近于理论的最小因子。

在 n 型 Si 衬底上生长一层非掺杂 Si 区和 P 型 Si 薄层，再生长 Ge_xSi_{1-x}/Si（$x \geq 0.6$）非掺杂超晶格层，再生长一层 P 型 Si 层，这样就可构成低噪声的探测器。

Ge/Si 超晶格的另一重要新的用途是 8~12μm 的长波超晶格探测器，此探测器目前主要是用 $Hg_xCd_{1-x}Te$ 材料做成，但它无法与硅集成电路匹配。寻找另一种既能工作在此波段又能与硅器件集成的探测器材料是人们长期的愿望。

近几年发现，利用量子阱超晶格材料中的不同子带跃迁可以满足 8~12μm 红外探测器的要求，人们已利用 AlGaAs/GaAs 量子阱制造了这种探测器，但这与硅器件集成还有较大距离，如果能利用 Ge/Si 超晶格制成这种探测器，则它与 Si 的集成比较容易实现，这将是光电子技术的一次大跃进。

Turtou 和 Taros 从理论上计算了 $Ge_{0.5}Si_{0.5}/Si$ 和 Ge/Si 超晶格的子带光跃迁强度。他们的计算结果表明，与 GaAs 量子阱相比，跃迁强度虽然也接近一个数量级，但其子带的态密度却大至少一个数量级，所以在技术上具有重要性的量子吸收系数（跃迁强度与态密度的乘积）比 GaAs 量子阱的要大。因而在理论上 Ge/Si 超晶格探测器比 GaAs/AlGaAs 量子阱红外探测器具有更好的性能。

在微电子器件方面，Ge/Si 超晶格的最重要应用是异质结双极晶体管 HBT。其原理是利用 Ge_xSi_{1-x}/Si 超晶格作为晶体管基区，而集电极和发射极分别用 n-Si 和 P-Si，由于 Ge_xSi_{1-x}/Si 的能隙比 Si 低得多，与 Si 形成异质结，这样可以有效提高发射极注入效率，而不必提高发射区的掺杂浓度，使发射结电容减小，而击穿电压增加，同时可以提高基区的掺杂浓度，降低基区电阻，这种结构的 Ge_xSi_{1-x}/Si 具有极高的电流增益和速度。

利用 Ge_xSi_{1-x}/Si 超晶格制备超高速电子迁移晶格管 HEMT 是另一重要应用。在 Ge/Si 超晶格中进行调制掺杂，可以在 Ge_xSi_{1-x} 中产生二维空穴气，在 Si 层中产生二维电子气，由于调制掺杂使载流子与它们的母体杂质在空间上的分离以及应力导致的能带弯曲，减小了载流子的有效质量，故使得迁移率增强。现已制成了 Ge_xSi_{1-x}/Si HEMT 和 P-HEMT，从而可能提高 CMOS 电路的集成度。

在集成光电子中，为了在硅芯片上制造 Ge 检波管，可以利用这种超晶格作为过渡层，使能隙逐渐缩小到 Ge 能隙。利用 Ge_xSi_{1-x}/Si 超晶格还可以制备基于共振隧穿效应的器件——量子效应器件。

锗和贵金属的化合物，如铂锗卤化物，可作为石油精制的催化剂，即铂锗裂化催化剂。

锗的有机化合物可作为杀菌剂和抗肿瘤药物。少量的锗与金炼成合金（含金12%的锗共晶合金），可用于特殊精铸件，还可以在珠宝玉石工艺品生产中用作金焊料。

锗铟合金可用于电阻温度计。锗铜合金可制成电阻压力计，在电子技术中作低温焊料，锗合金还可用作牙科合金；锗在超导、太阳能方面也有一定应用。

11.8　我国发展锗产业的意义

世界可开采的锗资源比较缺乏，而我国锗资源相对而言较丰富。

锗材料具备多方面的特殊性质，具有广泛而重要的用途，已成为一种极为重要的战略资源。随着我国信息化高技术产业的发展以及军事装备水平的不断提高，对锗材料的需求必然日趋增长，因此，发展我国的锗产业具有以下重要意义：

（1）发展锗产业是增强我国国际竞争力的需要。发展锗产业对国家当前及长远的经济、科技、社会、军事的发展具有战略意义，是国家综合国力与战略力量的组成部分。

（2）发展锗产业是推动我国工业化、信息化的需要。发展锗产业是实现以信息化带动工业化，利用后发优势，实现社会生产力跨越式发展目标的重要途径之一，对推进信息化进程、促进产业升级、推动技术创新、提高生产力技术水平、转变经济增长方式、提高人民生活质量具有不可替代的作用。

（3）发展锗产业是实现国防现代化的需要。现代战争是综合国力的较量，也是高技术的较量。红外热成像技术利用物体本身自然辐射的红外光转变为可见图像，扩展了人们的视野。热成像仪已成为不可缺少的现代高技术军事装备，是衡量一个国家军事能力高低的标准。而大部分红外热成像系统所用红外光学材料都需要锗，可以说，锗是未来战争所必需的战略物资。锗产品是国防装备和国家通信保障系统的重要组成部分，发展锗产业是实现我国国防现代化的迫切需要。

（4）发展锗产业具有显著的社会效益和经济效益。锗产品具有技术含量高、产品附加值高等特点，市场前景广阔，锗产业的发展还将带动相关产业发展，为社会创造劳动就业机会，为国民经济发展和国防建设做出突出贡献，发展锗产业具有显著的社会效益和经济效益。

12 锗资源及应用前景

长期以来，人们一直认为分散元素不能形成具有独立工业开采价值的矿床。目前，工业用锗主要作为副产品副产于铁矿、铅锌矿以及煤矿中。近年来，我国在云南临沧和内蒙古乌兰图嘎相继发现两个煤层中的超大型锗矿床，有力地证明了分散元素并不"分散"，可以发生超常富集，形成大型矿床。

12.1 锗元素的地球化学特征

12.1.1 锗的地球化学性质

锗位于元素周期表第四周期第Ⅳ簇，原子序数为 32，电子构型为 $4s^24p^2$，相对原子质量为 72.59，有五种稳定同位素，它们的相对丰度分别为 $^{70}Ge(20.55\%)$、$^{72}Ge(27.37\%)$、$^{73}Ge(7.67\%)$、$^{74}Ge(36.74\%)$ 和 $^{76}Ge(7.67\%)$。在铁陨石、石铁陨石和地壳中，这些稳定同位素存在着明显的同位素分馏。除了自然同位素外，锗已知有 9 个人工短寿命的同位素，即 $^{65}Ge, ^{66}Ge, ^{67}Ge, ^{68}Ge, ^{69}Ge, ^{71}Ge, ^{75}Ge, ^{77}Ge, ^{78}Ge$。锗同锡、铅一样，次外电子层共 18 个电子，为典型的铜型离子。它有 4 个价电子，容易失去价电子而形成稳定的 Ge^{4+}。在还原条件下，锗易形成 2 价离子。Ge^{2+} 与 Sn^{2+} 均是强还原剂，在自然条件下不易存在。锗的主要地球化学参数可见表 12-1。

表 12-1 锗的地球化学参数

项　目	数　据	项　目	数　据
元素符号	Ge	共价半径/10^{-10}m	1.22
原子序数	32	离子半径（6 配位）/10^{-10}m	0.73(+2),0.53(+4)
原子量	72.59	电离势/V	7.88
原子体积/$cm^3 \cdot g^{-1}$	13.6	还原电位/V	-0.12
原子密度/$g \cdot cm^{-3}$	5.35	离子电位/V	7.55, 2.74
熔点/℃	937.4	E_K 值	10.53 (4+)
沸点/℃	2830	原始地幔丰度/10^{-6}	1.13~1.31
电子构型	$4s^24p^2$	大陆地壳丰度/10^{-6}	1.4~1.6
地球化学电价	-4, +2, +4	铁陨石丰度/10^{-6}	14~25

项　目	数　据	项　目	数　据
原子半径（12 配位）/10^{-10} m	1.225	石铁陨石丰度/10^{-6}	70.8
电负性	2.0	大洋地壳丰度/10^{-6}	1.4~1.5
铁陨石方 $\delta^{70}Ge/^{73}Ge/\permil$	-0.94~-14.02	铁陨石 $\delta^{72}Ge/^{73}Ge/\permil$	-0.36~-1.33
石铁陨石 $\delta^{70}Ge/^{73}Ge/\permil$	-2.70	石铁陨石 $\delta^{72}Ge/^{73}Ge/\permil$	-0.61
地壳 $\delta^{70}Ge/^{73}Ge/\permil$	-0.11~0.14	地壳 $\delta^{72}Ge/^{73}Ge/\permil$	-0.40~0.508

在地质上，锗是一个令人困惑的元素。锗是典型的分散元素，从原始地幔（1.13×10^{-6}~1.31×10^{-6}）→大洋地壳（1.4×10^{-6}~1.5×10^{-6}）→大陆地壳（1.4×10^{-6}~1.6×10^{-6}），锗的丰度几乎没有明显的变化。由于地球化学环境的变化，锗还表现出明显的亲石、亲铁、亲铜（亲硫）和亲有机质的特性，如伟晶岩、低温硫化物、铁的氧化物和氢氧化物等不同矿物组合以及煤中均含锗。

由于锗和硅的原子半径和化学性质相似，这两个元素具有相同的特征——最外层电子结构、相近的原子或离子半径，锗在地壳中的地球化学行为最明显的趋势是替代矿物晶格中的硅。

在岩浆结晶分异过程中，锗与硅的分离程度很小，广泛分散在硅酸盐、黏土和碎屑沉积物中。多数情况下，地壳岩石和矿物中含锗（1~2）×10^{-6}，Ge/Si 原子比接近 1×10^{-6}。

锗以类质同象方式进入各种硅酸盐中的能力是不一样的，在某一特定的火成岩或变质岩中，锗具有富集在岛状硅酸盐、帘状硅酸盐和层状硅酸盐的倾向，而在架状硅酸盐中含量降低。

锗较容易进入硅氧四面体聚合能力小的硅酸盐矿物的晶格中。

锗具有强烈富集在晚期的岩浆结晶分异物和其他结晶时存在大量挥发分的岩石（如伟晶岩、云英岩和矽卡岩）中。这些岩石中的黄玉、石榴子石和云母具有相当高的锗含量，可能与 Ge^{4+} 与 Al^{3+} 的类质同象有关。

锗在许多低温过程中的地球化学行为类似于硅的"重稳定同位素"。在地壳岩石的化学风化过程及锗被入海口和海洋中生物成因蛋白石吸收的过程中，锗的行为与硅类似，表现在淡水、海水和生物成因的蛋白石中的 Ge/Si 原子比约为 1×10^{-6}，与地壳值接近，在溶液中均以类似的氢氧配合物 [$Ge(OH)_4$] 和 [$Si(OH)_4$] 存在。

锗的亲硫性使其富集在某些硫化物中，特别是富集在沉积岩的富闪锌矿、富铜的硫化物矿床的硫化物中。

在闪锌矿、硫砷铜矿、黝锡矿、硫银锡矿和锡黝铜矿中均发现有较高含量的锗，所有的这些矿物均具有 4 价锗呈四面体的闪锌矿或纤锌矿衍生结构。

　　锗在硫化物中与在氧化物中有着不同的结晶化学性质，锗以 Ge^{4+} 类质同象进入闪锌矿晶格并在其中发生富集（含量可达 3000×10^{-6}），是锗在硫化物矿物中结晶化学最大的特点，但也有人认为 Ge 是以 CeS_2 形式进入闪锌矿内。由于化学性质的相似，有时大量的 Ge 替代硫化物中 4 价、四面体配位的 Sn，这种替换最多发生在硫银锡矿中，硫银锡矿的含锗量可以超过 1%。硫砷铜矿（Cu_3AsS_4）中常发现高含量的锗，可能是由于 Ge(Ⅳ) 替代了 As(Ⅴ)。锗在硫化物中除以类质同象进入简单硫化物矿物晶格外，还形成 GeS_3^{2-} 及 GeS_4^{4-} 等形式的硫锗酸根类质同象，进入含锗硫盐类矿物。

　　锗除以分散状态进入许多矿物成分外，还可在极稀少的情况下，形成含量超过 1% 的锗独立矿物，见表 12-2。

表 12-2　锗的独立矿物

矿　　物		分　子　式	主要发现地
硫化物	硫银锗矿（Argyrodite）	Ag_8GeS_6	Freiberg；玻利维亚；韩国
	灰锗矿（Briartite）	$Cu_2(Fe, Zn)GeS_4$	特苏墨布；扎伊尔
	锗石（Germanite）	$Cu_{11}Ge (Cu, Zn, Fe, Ge, W, Mo, As, V)_{4\sim6}S_{16}$	特苏墨布；扎伊尔
	硫铜锗矿（Renierite）	$Cu_{10}(Zn_{2-x},Cu_x)Ge_{2-x}As_xFe_4S_{16}$	特苏墨布；扎伊尔
	未命名	GeS_2	宾夕法尼亚 Forestville
锗酸盐/氧化物	Argutite	GeO_2	法国 Pyrenees 闪锌矿
	铅铁锗矿（Bartelkeite）	$PbFe^{2+}Ge_3O_8$	特苏墨布深部氧化带
	锗磁铁矿（Brunogeierite）	Fe_2GeO_4	特苏墨布；Pyrenees
	Carboirite	$FeAl_2GeO_5(OH)_2$	法国 Pyrenees 闪锌矿
	锗铁黑云母（Ge-lepidomelane）	$(K,Na,H_3O)_2Fe_6(Ge_5Al_3) O_{20}(Cl_2(OH)_2)$	法国 Pyrenees 闪锌矿
	Otjisumetite	$PbGe_4O_9$	特苏墨布深部氧化带
氢氧化物	Mangan-stottite	$Mn^{2+}Ge(OH)_6$	特苏墨布深部氧化带
	羟锗铁石（Stottite）	$Fe^{2+}Ge(OH)_6$	特苏墨布深部氧化带
硫酸盐	羟锗铅矾（Itoite）	$Pb_3Ge(SO_4)_2O_2(OH)_2$	特苏墨布深部氧化带
	水锗铅矾（Fleischerite）	$Pb_3Ge(OH)_6(SO_4)_2 \cdot 3H_2O$	特苏墨布深部氧化带
	水锗钙矾（Schaureite）	$Ca_3Ge(OH)_2(SO_4)_2 \cdot 3H_2O$	特苏墨布深部氧化带

　　锗在硫化物中的富集还取决于硫的逸度和其他金属元素的活度。只有在低至中等硫逸度环境，Ge 才能进入 ZnS 中，并有可能替代 Zn 和 S。硫比较丰富时，锗并不直接在 ZnS 中替代；如果锗浓度足够高，锗将形成自己的硫化物。锗含量较低时，它将在四面体位置替代硫酸盐中的金属，这种替代最明显的是直接替代

As 和 Sn。

锗的行为也取决于 Cu、Ag 以及形成主要的含锗硫酸盐矿物（表 12-2）元素的活度，因此，在低到中等硫逸度环境，锗将富集在闪锌矿中，在高硫逸度（或高 Cu、高 Ag）环境，锗将形成硫化物矿物或进入硫酸盐中，有时，中等硫逸度情况下，高的 Cu 或 Ag 活度将促进含锗 Cu 或 Ag 硫化物的形成。

锗的亲铁性主要表现在铁-镍陨石中富含锗，锗在岩浆作用过程中富集在含铁相中以及某些沉积铁矿床中。锗在沉积铁矿和含铁硫化物矿床的氧化带中富集，可能与它们自溶液中沉降时铁的氢氧化物结合锗的能力有关。

铁矿床中的锗主要富集在针铁矿（可达 5310×10^{-6}）和赤铁矿（可达 7000×10^{-6}）中。锗以 8 次配位状态进入赤铁矿中置换 Fe^{3+}，其置换方式为 $2Fe^{3+} \xrightarrow{Ge} Ge^{4+} + Fe^{2+}$，形成锗与铁的固溶体。针铁矿中 OH 失去一个质子，并通过 $Fe^{3+} + H^{+} \rightarrow Ge^{4+}$ 替换，锗以 8 次配位状态进入针铁矿中。

不同地质环境的磁铁矿中经常富集锗，可能反映在磁铁矿和锗磁铁矿（Fe_2GeO_4）之间存在固溶体。羟锗铁石 $FeGe(OH)_6$ 中 Ge—OH 和 Fe—OH 共同形成 8 次配位。

锗的有机亲和力或亲有机指数较高，国内外的许多煤层中均发现有锗的富集。Pokrovski 等的实验表明，在 25~90℃ 条件下，锗与邻苯二酚、柠檬酸和草酸等易形成稳定螯合物。

一般认为煤中的锗不形成独立矿物，而包含在煤的大分子组成中，但是，长期以来，对于煤中锗具体的有机结合形式一直争论不休，通常认为：

（1）以 O—Ge—O 和 O—Ge—C 形式键合；

（2）与煤中大分子的不同官能团通过 Ge—C 形式键合，或与腐殖酸螯合；

（3）呈单个的有机化合物形式存在；

（4）通过表面氧化还原反应和表面吸附形式存在于煤中有机质的表面。

12.1.2 天体和陨石中锗的丰度

根据球粒陨石的组成，锗的宇宙丰度估计为 1.71/10000Si 原子。普通球粒陨石中的锗含量相对均一，平均为 $7.6 \times 10^{-6} \sim 10.6 \times 10^{-6}$。

1964 年，史玛（Shima）发现，锗轻微富集在阿比（Abee）辉石球粒陨石（29.3×10^{-6}）和马瑞（Murry）碳质球粒陨石（17.3×10^{-6}）中，阿兰德（Allende）碳质球粒陨石中含锗 15×10^{-6}。

在石铁陨石中，相对于硅酸盐氧化物相，发现锗通常富集在金属相中。例如，布伦罕（Brenham）石铁陨石中，金属相中锗的含量为 56×10^{-6}，硅酸盐氧化物中含锗 0.85×10^{-6}，陨硫铁中含锗 17.3×10^{-6}。尽管含量有所变化（$<0.1 \times 10^{-6} \sim n \times 100 \times 10^{-6}$），但锗一般富集在铁陨石中。根据铁陨石中锗和镍的含量，

在 1975 年，斯科特（Scott）和佤松（Wasson）对铁陨石进行了分类，另外，铁镍陨石中的锗含量通常为 $n \times 100 \times 10^{-6}$。通常认为锗大多数残留在铁镍地核和地幔中，火成岩中明显贫锗。

12.1.3　不同地质体中锗的分布

不同地质体中锗的分布见表 12-3。从表 12-3 中可以看出，基性火成岩和花岗岩中的锗含量并没有明显差异。

1954 年，高登施密特（Goldschmidt）注意到锗在一些霞石正长伟晶岩中富集，其 GeO_2 的含量为 $(5 \sim 10) \times 10^{-6}$。

锗也富集在花岗质伟晶岩、云英岩的某些矿物中，特别是黄玉、云母和锂辉石中。

由表 12-3 可见，硅质沉积岩和变质岩中的锗含量与火成岩中的锗含量比较接近。页岩有时轻微富集锗，特别是含有机质的页岩。沉积碳酸盐岩贫锗，平均只有 0.09×10^{-6}。在深海沉积物中，锗轻微富集在硅质黏土和锰结核中，钙质黏土和软泥中相对贫锗。

表 12-3　不同地质体中的锗含量

名　称		平　均	范　围	样品数/个
整个地球		13.8×10^{-6}		
地壳		1.4×10^{-6}	$(1.0 \sim 1.7) \times 10^{-6}$	
火成岩	花岗岩和中酸性岩	1.5×10^{-6}	$(0.5 \sim 14.0) \times 10^{-6}$	173
	基性岩	1.4×10^{-6}	$(0.7 \sim 3.1) \times 10^{-6}$	114
	超基性岩	0.91×10^{-6}	$(0.55 \sim 1.6) \times 10^{-6}$	20
沉积岩	长英质	1.4×10^{-6}	$(0.2 \sim 3.3) \times 10^{-6}$	34
	碳酸岩	0.09×10^{-6}	$(0.03 \sim 0.17) \times 10^{-6}$	6
变质岩	长英质	1.7×10^{-6}	$(0.08 \sim 8.0) \times 10^{-6}$	57
深海沉积物	硅质软泥	1.7×10^{-6}	$(1.1 \sim 2.2) \times 10^{-6}$	6
	钙质软泥	0.3×10^{-6}	$(0.0 \sim 1.4) \times 10^{-6}$	7
	黏土	2.1×10^{-6}	$(1.4 \sim 2.8) \times 10^{-6}$	41
	锰结核	2.5×10^{-6}	$(1.8 \sim 3.2) \times 10^{-6}$	2
	大洋水	0.00005×10^{-9}		11
	总锗	60×10^{-9}	$(50 \sim 70) \times 10^{-9}$	34
	无机锗	7×10^{-9}	$(0 \sim 8) \times 10^{-9}$	75
	甲基锗	39×10^{-9}	$(35 \sim 43) \times 10^{-9}$	

众所周知，对锗在煤中的富集，特别是在煤灰中的富集，已进行了广泛研究。无论是在不同地区还是在某特定的矿床中，锗含量的变化范围可达几个数量级。

美国华盛顿特区附近的褐煤中，锗含量达 0.2%，灰分中含锗 7.5%。查塔诺加（Chattanooga）页岩内的薄煤层中，锗含量为 $760×10^{-6}$，页岩本身含锗最高为 $18×10^{-6}$。煤中锗分布的大量研究表明，锗在煤中的分布主要有四个特点：

（1）煤中锗的含量与煤岩成分有密切的关系，镜煤是锗的最大载体，丝炭组分中含锗极低。锗在不同煤岩组分中含量变化序列是：镜煤＞亮煤＞暗煤＞丝炭。

（2）锗在煤层顶、底部有富集现象，锗含量一般从煤层顶、底部向中间急剧降低。只有在煤层很薄时，整个煤层的顶、底板和中部才能都富含锗。

（3）同一煤层中，一般薄煤层比厚煤层含锗高，随煤层厚度的增加锗含量减少。

（4）一般情况下，煤中锗的含量与灰分成反比，与挥发分成正比。

锗在煤中的富集，长期以来被认为集中在有机组分中，只有很少量的锗分布在无机矿物相中。

许多学者都注意到锗在铁的氧化物中的富集现象。

1959 年，布鲁顿（Bruton）等发现英格兰坎布兰（Cumberland）的两种赤铁矿中，锗含量分别为 $43×10^{-6}$ 和 $83×10^{-6}$。

1969 年，瓦科卢瑟夫（Vakhrushev）和谢苗诺夫（Semenov）发现火山—沉积成因磁铁矿—赤铁矿矿床中，32 件磁铁矿样品的平均含锗为 $10.34×10^{-6}$，矽卡岩矿床中，628 件磁铁矿样品平均含锗为 $2.5×10^{-6}$。

1973 年，贝克穆赫夫（Bekmukhametov）等也发现锗在火山—沉积成因的磁铁矿-赤铁矿矿床中的富集（$≤70×10^{-6}$），并与矽卡岩中铁的氧化物（锗含量 $n×10^{-6}$）、热液脉型矿床中铁的氧化物（锗含量 $≤20×10^{-6}$）以及沉积褐铁矿（锗含量 $n×10^{-6}$）对比。

早在 1965 年，格里戈里耶夫（Grigoryev）和则科诺夫（Zekenov）就发现了上述特征，同时发现采自印度尼西亚巴努—乌湖（Banu-Wuhu）火山附近海底热泉的 Fe-Mn 氧化物-氢氧化物颗粒中含锗为 $(11~15)×10^{-6}$。

在美国犹他州西南华盛顿县的 Apex 矿区，原生的 Cu-Pb-Zn 硫化物矿石大部分被蚀变成褐铁矿、针铁矿、赤铁矿和蓝铜矿，锗在针铁矿（可达 $5310×10^{-6}$）和赤铁矿（可达 $7000×10^{-6}$）中发生超常富集。

中国江苏省江浦县万寿山铁矿中，锗赋存于赤铁矿中，锗含量为 $(10~168)×10^{-6}$，一般为 $30×10^{-6}$，可供利用的矿石平均含锗为 $35×10^{-6}$。

不同成因铁矿床中锗的克拉克值为：岩浆型 $1.75×10^{-6}$、岩浆期后型 $1.50×$

10^{-6}、火山沉积型 16.5×10^{-6}、沉积型 1.5×10^{-6} 和风化型 2.0×10^{-6}。

目前，具有商业开发价值的锗主要来自碳酸岩和页岩为容矿岩石的闪锌矿矿床中，包括上密西西比河谷地区（闪锌矿中含锗可达 420×10^{-6}）和法国 Saint-Slaw 闪锌矿矿床（闪锌矿含锗可达 3000×10^{-6}）。对其他地区闪锌矿中锗含量的研究表明，低温、晚期形成的闪锌矿中具有较高的锗含量，例如，中国广西环江县北山铅锌硫铁矿中，平均含锗为 10×10^{-6}；中国凡口铅锌矿矿石中，最高含锗 58×10^{-6}，并且锗主要赋存在浅棕色闪锌矿中；中国云南会泽铅锌矿矿石中含锗 $(10 \sim 80) \times 10^{-6}$，锗主要赋存在闪锌矿中。

矿石中的闪锌矿主要有两种形式，即铁闪锌矿和（浅色）闪锌矿。铁闪锌矿含铁量较高，呈棕褐-黑色，半金属光泽，与毒砂、黄铜矿、斑铜矿共生。浅色闪锌矿呈浅棕-棕褐色，树脂光泽，与方铅矿、辉硫锑铅矿及辉硫砷铅矿等共生。浅色闪锌矿的形成温度明显低于铁闪锌矿，是锗的主要载体。

在扎伊尔科普什（Kipushi）的 Zn-Cu-Pb 硫化物矿床及纳米比亚特斯坦布（Tstaneb）的 Pb-Cu-Zn 硫化物矿床中，富锗矿带位于高纯度铜矿石内部。矿床中含有锗的硫化物矿物有硫铜锗矿、锗石和少量灰锗矿，这些矿物作为显微包裹体分散在许多深部矿物的内部。科普什（Kipushi）矿床中硫铜锗矿的数量相当丰富，特斯坦布（Tstaneb）矿床的锗石储量为 28t。

1983 年，Bischoff 等利用发射光谱方法分析了 9 件北纬 21°东太平洋隆起带内热水沉积成因的硫化物、硫酸盐和硅的混合物中的锗含量，发现富闪锌矿和铅锌矿的样品中，锗含量为 $(96 \sim 270) \times 10^{-6}$，而其他样品则为 $(1.5 \sim 27) \times 10^{-6}$，这一结果意味着，锗有可能中度富集在富锌的黑矿型和其他海底热液衍生的块状硫化物矿床中。

12.2　锗矿物及锗矿床分类

12.2.1　锗矿物

锗与镉、镓、铟、硒、碲、铊和铼等均属分散元素，在自然界中主要呈分散状态分布于其他元素组成的矿物中，通常被视为多金属伴生矿床，形成独立矿物的几率很低。

锗作为副产品主要来自两类矿床，即某些富含硫化物的 Pb、Zn、Cu、Ag、Au 矿床与某些煤矿。

在自然界中基本无单质锗的产出，迄今发现的锗矿物有 26 种，见表 12-4。

越来越多的证据表明，锗的地球化学性状远比传统认识的要活跃得多，它不仅能富集且能超常富集，在一定条件下同样可以形成独立的矿床或工业矿体，如内蒙古乌兰图嘎超大型锗矿床（Ge 金属储量 1600t）、云南临沧超大型锗矿床

（Ge 金属储量 800t，最大品位可达 1470×10^{-6}），此外，还有西南非特素木布锗矿床（Ge 含量为 8.7%）、刚果卡丹加锗矿床、玻利维亚中南部锗矿床和英国伊尔科什盆地锗矿床等。

表 12-4　锗矿物一览表

序号	名　称	分　子　式	备　注
1	锗石（Argutite）	GeO_2	A. M. 69. 3-4
2	硫银锗矿（Argyrodite）	Ag_8GeS_6	斜方，假等轴，与硫银锡矿成系列
3	未命名（Barquillite）	$Cu_2(Cd,Fe)GeS_4$	A. M. 84：1464
4	灰锗矿（Briartite）	$Cu_2(Fe,Zn)GeS_4$	四方
5	锗磁铁矿（Brunogeierite）	$(Ge^{2+},Fe^{2+})Fe_2^{3+}O_4$	等轴
6	羟锗铁铝石（Carboirite）	$Fe^{2+}Al_2GeO_3(OH)_2$	A. M. 69. 3-4
7	费水锗铅矾（Fleischerite）	$Pb_3Ge(SO_4)_2(OH)_6\cdot3H_2O$	六方
8	硫铜锗矿（Germanite）	$Cu_3(Ge,Fe)(S,As)_4$	等轴
9	锗硫矾砷铜矿（Germanocolusite）	$Cu_{26}(Ge,As)_6S_{32}$	等轴硫钒锡铜矿的类质同象体
10	羟锗铅矾（Itoite）	$Pb_3Ge(SO_4)_2O_2(OH)_2$	斜方
11	硅锗铅石（Mathewrogersite）	$Pb_7(Fe,Cu)GeAl_3Si_{12}O_{36}(OH,H_2O)_6$	Njb. Mh. 5. 1986
12	硫锗铅矿（Morozevicite）	$(Pb,Fe)_3(Ge,Fe)S_4$	等轴，与硫锗铁矿成系列
13	未命名（Otjisumetite）	$PbGe_4O_9$	三斜，A. M. 72：1026
14	硫锗铁矿（Polkovicite）	$(Fe,Pb)_3(Ge,Fe)S_4$	等轴，与硫锗铅矿成系列
15	硫锗铁铜矿（Renierite）	$Cu_3(Fe,Ge,Zn)(S,As)_4$	四方，假等轴
16	水锗钙矾（Schaureite）	$Ca_3Ge^{4+}(SO_4)_2(OH)_6\cdot3H_2O$	六方
17	羟锗铁石（Stottite）	$Fe^{2+}Ge(OH)_6$	四方
18	未命名（92-38 修正）	$Cu_{20}(Fe,Zn,Cu)_6MO_2Ge_6S_{32}$	A. M. 80：632
19	未命名（92-39 修正）	$Cu_{20}(Fe,Cu,Zn)_6W_2Ge_6S_{32}$	A. M. 80：632
20	未命名（98-002）	$Ca_3Ge(OH)_6(SO_4)(CO_3)\cdot12H_2O$	六方，属钙铝矾（ettringite）族
21	弗莱石	$Pb_2Ge^{2+}(OH)_4(SO_4)\cdot4H_2O$	杨敏之，2000
22	未命名	$Cu_{11}Fe_4GeAsS_{16}$	A. M. 73：444
23	未命名	$Ca_3Ga_2(GeO_4)_3$	A. M. 73：933
24	未命名	$Ca_3Al_2[(Ge,Si)O_4]_3$	A. M. 73：933
25	未命名	$Fe(Ga,Sn,Fe)_4(Ga,Ge)_6O_{20}$	A. M. 73：933
26	未命名	$SnGeS_3$	A. M. 87：357

12.2.2　锗矿床分类

实际上，锗矿床可分为伴生锗矿床和独立锗矿床两大类。如矿床中经常有锗独立矿物或富含锗的载体矿物（类质同象矿物或吸附体等）出现时，可作为独立锗矿床的特征。

独立锗矿床含锗规模较大，锗不再是副产品或综合回收的元素。

独立锗矿床可分为：

（1）铜-铅-锌-锗矿床，如玻利维亚中南部的锗矿床；

（2）砷-铜-锗矿床，如西南非特素木布矿床（含 Ge 8.7%）；

（3）锗-煤矿床，如中国内蒙古乌兰图嘎超大型锗矿床（Ge 金属储量为 1600t）。

伴生锗矿床有：

（1）含锗的铅锌硫化物矿床，如中国云南会泽铅锌矿床（主要矿体中锗含量达 $(25 \sim 48) \times 10^{-6}$ 以及广东凡口铅锌矿床；

（2）含锗的沉积铁矿床和铝土矿床，如湖南宁乡铁矿；

（3）含锗有机岩（煤、油页岩、黑色页岩）矿床，如中国内蒙古五牧场区次火山热变质锗-煤矿床（锗最高可达 450×10^{-6}，煤灰中可达 1%）和俄罗斯东部滨海地区的锗-煤矿床，如金锗-煤矿床、巴甫洛夫锗-煤矿床、什科托夫锗-煤矿床等，为热液-沉积成因。

锗矿床类型与成矿特征见表 12-5。

表 12-5　锗矿床类型与成矿特征

大类	矿床类型	矿物组合	实　例
伴生锗矿床	锗-铅-锌（铜）矿床	含锗闪锌矿、方铅矿、黄铁矿	会泽、罗平、凡口铅锌矿床
	含锗沉积铁矿床或铝土矿床	赤铁矿、绿泥石、含锗赤铁矿	湖南宁乡锗铁矿床
	含锗有机岩（煤、油页岩、黑色页岩）矿床	含锗复合腐殖酸及锗有机化合物	内蒙古五牧场区锗-煤矿床，俄罗斯东部滨海地区锗-煤矿
独立锗矿床	铜-铅-锌-锗矿床	硫银锗矿、白铁矿、黄铜矿、闪锌矿、方铅矿	玻利维亚中南部
	砷-铜-锗矿床	锗石、硫锗铁铜矿、斑铜矿、黄铜矿、砷锡铜矿、硫砷铜矿	西南非特素木布矿床，刚果卡丹加
	锗-煤矿床	含锗凝胶化煤、亮煤	内蒙古乌兰图嘎超大型锗矿床云南临沧超大型锗矿床，英国伊尔科什盆地

锗石和硫铜锗矿曾经是锗的主要来源，但已无可利用矿床资源。目前工业上主要从铅-锌和铜的硫化矿中提取锗。

全世界已探明锗的储量为 8600t，其中扎伊尔有 200t。如果考虑到发电厂煤灰中的锗的回收，全球的远景储量可增加到几百万吨。

中、美、法、英、俄是锗的重要产地。我国的锗资源储量居世界之首，远景储量为 9600t，云南会泽、贵州赫章、广东凡口等地的铅锌矿、云南临沧、吉林营城等地的煤是我国锗的主要来源。

根据我国对含锗工业矿床的评价，锗品位大于 0.0008% 的赤铁矿可作为锗矿开采；锗品位为 0.001% 的铅锌矿、锗品位为 0.01% 的锌精矿可综合回收利用；

含锗品位为 0.002%~0.1% 的煤矿可综合回收利用，含锗品位达到 0.1% 时，可作为锗矿开采。表 12-6 为我国含锗工业矿床的分布及品位。

表 12-6　我国含锗工业矿床的分布及品位

矿物类型	品位/%	利用状况	矿产地	矿产品锗的品位/%
硫化铅锌矿	0.0005~0.6	已用	广东凡口	0.0033
氧化铅锌矿	0.001~0.006	已用	贵州赫章	0.006
煤　矿	0.01~0.013	已用	云南临沧	0.0176
硫化铜矿	0.001~0.004		湖北吉龙山	0.004

12.3　煤中锗资源

煤层中含有多种稀有元素，其中，具有工业品位和开采价值的是含锗煤矿。目前发现的含锗煤矿主要有云南和内蒙古的褐煤，如胜利煤田的含锗煤矿，锗品位可达 200×10^{-6} 以上，锗资源潜力很大。

12.3.1　煤中锗的分布和含量

高登施米特（Goldsehmidt）于 1930 年首先发现煤中含有锗。1933 年，他和皮特（Peters）检测到英国达勒姆矿区的煤灰中锗含量高达 1.1%，使从煤灰中提锗成为可能。

20 世纪 50 年代，英国、美国、澳大利亚、日本、苏联等各国开始重视对煤中含锗进行研究。我国也在 20 世纪 50 年代末到 60 年代初开展了煤中含锗资源的调查，在 1963~1965 年的学术刊物上，开始研讨有关煤中锗的理论问题。

自然界中，所有煤中都含有锗，但绝大多数煤中的锗含量很低，只有在特殊的地质条件下，锗才有可能足够富集，达到可被回收利用的品位。

锗在煤层中的分布很不稳定，且不说锗含量在平面上的变化大，即使在一个矿区的不同煤层之间，在一个煤层的不同分层之间，在煤层内不同煤岩类型之间，锗含量的差异可达几十至几百倍。

一般认为，煤系地层底部的煤层往往富含锗；薄煤层中的含锗常多于厚煤层；在煤层内的顶部（有时还有底部）分层内含锗量较大；镜煤和光亮煤含锗量多于其他煤岩类型。因此，研究煤中含锗，要特别注意样品的代表性，切不可凭一两个样的分析数据作出判断，可以取平均值作为评价依据。

表 12-7 列出了我国主要煤田（矿区）煤中锗的含量。表 12-8~表 12-10 列出了山东滕县煤田、鄂尔多斯盆地、云南东部部分矿区煤中锗的分析数据。它们分别反映了我国华北石炭—二叠纪、华南二叠纪以及我国西部侏罗纪煤中含锗的概况。

表 12-7 中国主要煤田（矿区）煤中的锗

省、煤田（矿区、矿）	成煤时代（层位）	煤类	样品数	范围 $w(Ge)/mg \cdot kg^{-1}$	算术平均值 $w(Ge)/mg \cdot kg^{-1}$	几何平均值 $w(Ge)/mg \cdot kg^{-1}$	资料来源
河北省唐山荆各庄	C-P	QM	1	2.99			庄新国（1999）
山西省平朔安太堡矿	C-P（太原组）	QM	8	0.49~0.78	0.61	0.56	庄新国（1998）
山东省兖州矿区	C-P	QM-PM	26	0.44~11.52	5.9	14.9	刘桂建（1999）
山东省济宁矿区	C-P	QM	30	1.69~9.11	5.1	14.5	刘桂建（1999）
山东省滕县矿区	C-P（太原组）	QM	553	~80.0	6.1		李春阳（1991）
山东省滕县矿区	C-P（山西组）	QM	293	~17.18	1.8		李春阳（1991）
山东省枣星矿	P（山西组）	QM	1	1.6			李春阳（1994）
山东省枣庄矿	C-P（太原组）	PM	1	1.5			李春阳（1994）
江苏省徐州岱：城矿	C-P（太原组）	QM	1	2.1			李春阳（1994）
江苏省徐州岱：城矿	P（山西组）	QM-WY	1	1.7			李春阳（1994）
安徽省淮北煤田	P（山西组）	QM-WY	7	1.2~14.30	2.3	2.0	李春阳（1994）
安徽省淮北煤田	P（石盒子组）	QM-WY	5	1.7~14.3	3.0	2.8	李春阳（1994）
贵州省水城汪家寨矿	P_2（龙潭组）	QM-FM	3	0.47~14.75	1.27	0.76	曹荣树（1998）
贵州省六盘水地区	P_2（龙潭组）	QM-WY	32		3.06		倪建宇（1998）
贵州省水城 11 号煤层	P_2（龙潭组）	QM			2.54		倪建宇（1998）
贵州省水城 11 号煤层	P_2（龙潭组）	PM			2.33		倪建宇（1998）
贵州省水城 11 号煤层	P_2（龙潭组）	JM			7.66		倪建宇（1998）
贵州省六枝和水城	P_2（龙潭组）	QM-WY	45	0.4~3.4	1.7		庄新国（1998）
云南省东部分矿区	P_2（宣威组）	QM-WY	1334	微~22.0	3.66		周义平（1985）

续表 12-7

省、煤田(矿区、矿)	成煤时代(层位)	煤类	样品数	范围 $w(Ge)/mg \cdot kg^{-1}$	算术平均值 $w(Ge)/mg \cdot kg^{-1}$	几何平均值 $w(Ge)/mg \cdot kg^{-1}$	资料来源
山西省大同一矿	J_2(大同组)	RN	8	0.16~3.06	0.76		庄新国(1998)
内蒙古伊敏五牧场	J_2	HM-YM		~450.0	15.0		刘金钟(1992)
内蒙古锡林浩特	J_2-K_2	HM		135.0~820.0	2414.0		袁三畏(1999)
鄂尔多斯盆地	J_2(延安组)				0.9	1.8	李河名(1993)
神府-东胜矿区	J_2(延安组)	CY	723	0.1~22.3	2.11		窦廷焕(1998)
内蒙古东胜	J_2(延安组)	CY	18	0.00~7.0	2.8	2.0	李河名(1993)
宁夏马家堆	J_2(延安组)	CY	6	1.00~11.4	3.47	2.46	李河名(1993)
甘肃省华亭	J_2(延安组)	CY	3	0.37~14.43	2.15	1.40	李河名(1993)
陕西省彬县	J_2(延安组)	CY	2	0.43~2.94	1.69		李河名(1993)
陕西省店头	J_2(延安组)	CY	8	0.00~14.70	1.80	1.24	李河名(1993)
陕西省榆横工区	J_2(延安组)	CY	11	0.00~15.00	5.90	5.42	李河名(1993)
辽宁省阜新海州矿	K_2(阜新组)	CY	6	0.2~0.9	0.45		Querol(1997)
云南省潞西	N	HM		20.0~800.0			周义平(1985)
云南省沧源	N	HM			56.0		周义平(1985)
云南省腾冲	N	HM		~1730.0			周义平(1985)
云南省临沧	N	HM	13	<0.3~1470.0	565.8	199.6	庄汉平(1997)
云南省临沧帮卖矿	N	HM	1	>3000			庄汉平(2000)
云南省小龙潭矿	N	HM	3	0.33~1.36	0.85	0.67	庄汉平(2000)
广东省茂名	E_2	HM		8.0~114.0			劳林娟(1994)

表 12-8　山东省滕县煤田及临近井田煤中含锗

矿区	地 层	煤层	样品数	一般 $w(\text{Ge})/\text{mg} \cdot \text{kg}^{-1}$	最大 $w(\text{Ge})/\text{mg} \cdot \text{kg}^{-1}$	富集点数
滕县煤田	山西组	3 上	135	1.48	14.70	1
		3 下	158	1.99	17.18	4
		4	1		17.18	1
		6	36	9.96	22.62	15
		8	1		214.12	1
		9	10	8.16	18.03	5
		12 下	133	2.90	17.00	5
	太原组	14	48	4.74	15.29	10
		15 上	25	7.78	14.00	6
		16	163	5.75	23.34	13
		17	126	7.76	80.00	39
		18 上	5	12.48	18.80	4
		18 下	5	21.14	36.70	3
合　计			846	4.59	80.00	107
枣庄井田		17, 18		17.5~19.5		
朱子埠井		17		11.7		
官桥井田	太原组	15 上		12.6~16.1		
巨野井田						
G-14 孔		18 下		13.34		
G-60 孔		18 下		12.88		

注：富集点 $w(\text{Ge}) \geqslant 10\text{mg/kg}$。

表 12-9　鄂尔多斯盆地延安组第一段煤中含锗

位置	煤层	钻孔号（矿）	$w(\text{Ge})$/mg·kg^{-1}	位置	煤层	钻孔号（矿）	$w(\text{Ge})$/mg·kg^{-1}
东胜铜匠川	六煤组	470	0.00	东胜柳塔	五煤组	6405	1.50
		244	0.63			1509	6.00
		800	3.40			1507	4.20
		97	0.15			1513	4.20
		611	3.15			1511	3.50
		29	3.70			404	2.10
		99	1.20	宁夏马家堆	十五煤	102	2.20
		797	0.17			灵煤 45	11.4
		31	5.75			501	1.00
		61	0.00			512	2.00
东胜柳塔	五煤组	3111	6.00			902	2.10
		3109	3.00	陕西彬县	八煤层	水帘乡	0.43
		4700	1.00			彬县东	2.94

位置	煤层	钻孔号 (矿)	$w(Ge)$ /mg·kg^{-1}	位置	煤层	钻孔号 (矿)	$w(Ge)$ /mg·kg^{-1}
陕西 榆横 工区	九煤层	YH102	8.00	陕西 店头	二煤层	6	2.40
		ZK104	3.80			52	0.20
		ZK107	5.00			103	0.00
		ZK204	0.00			15	3.30
		ZK303	8.00			66	2.80
		ZK304	2.00			005	4.70
		ZK507	2.93			仓村矿	0.73
		ZK508	7.50			南川矿	0.30
		ZK509	5.30	甘肃 华亭	十煤层	C	4.43
		ZK513	3.40			2602	0.37
		ZK711	15.00			华亭矿	1.66

表 12-10 云南省东部部分矿区煤中含锗

矿区	样品数	范围 $w(Ge)$/mg·kg^{-1}	平均值 $w(Ge)$/mg·kg^{-1}	矿区	样品数	范围 $w(Ge)$/mg·kg^{-1}	平均值 $w(Ge)$/mg·kg^{-1}
宝山	36		30.0	后所	121	1.0~8.0	4.0
马场	20	2.0~6.0	4.0	煤炭湾	33	1.2~6.0	4.0
羊场	7	2.0~5.0	3.5	徐家庄	193	0.4~11.0	3.0
赤那河	10	微~8.0	2.5	龙海沟	161	0.2~7.0	2.0
田坝	92	0.2~5.5	3.0	小山坎	7	1.5~2.0	1.8
卡居	19	2.0~10.0	5.5	云山	45	0.3~3.0	1.8
罗木	90	5.0~22.0	11.0	团结	19	0.4~3.0	1.8
庆云	225	0.3~8.0	2.8	恩烘	9	0.8~3.5	1.8
老牛场	263	0.0~16.0	14.0	水草湾	20	0.6~3.5	1.9

  云南第三纪褐煤盆地中分布有富锗煤，其中在云南临沧盆地发现特大型锗矿床，表 12-11 列出了庄汉平等 1997 年发表的一份该盆地样品分析结果。本书作者从云南临沧帮卖矿的一煤样中也检测到锗的特殊异常值，高达 3000mg/kg。

表 12-11　云南省临沧褐煤部分样品中含锗

样品号	样品埋深/m	煤 $w(Ge)$/mg·kg^{-1}	炭质泥岩 $w(Ge)$/mg·kg^{-1}	样品号	样品埋深/m	煤 $w(Ge)$/mg·kg^{-1}	炭质泥岩 $w(Ge)$/mg·kg^{-1}
S20	地表	302		Z8-8	127.37~127.77	1470	
S21	地表	19		Z8-9	128.14~128.64		974
S23	地表	<0.3		Z8-2	132.3~132.5	259	
S24	地表	398		Z8-10	137.31~137.83	780	
Z8-3	11.69~11.91		<0.3	Z8-12	141.42~142.06		524
Z8-4	36.86~37.14	12		Z9-10	208.34~208.54	951	
Z8-1	37.14~37.15		1.4	Z9-7	213.00~213.22	1081	
Z8-16	85.83~86.31		7.4	Z9-1	216.46~216.61	844	
Z8-5	86.31~86.94		3.3	Z9-3	217.35~217.50	703	
Z8-7	122.06~122.91		2.6	Z9-2	227.15~227.33	536	

据对 3084 个样品分析数据统计，我国多数煤中锗含量处于 0.5~10.0mg/kg 之间，平均 4mg/kg，少数样品中的锗超过 20mg/kg，如果锗含量达到 100mg/kg，则属异常高值。

参照国外煤中含锗的情况，自然界多数煤中的含锗量一般处于 10mg/kg 以内，平均值在 5mg/kg 左右。如果煤中含锗达到 $n \times 10 \sim n \times 100$mg/kg，则属异常高值。

有的研究者认为，煤中锗含量超过 100mg/kg 才值得注意，而另一些研究者则把 20mg/kg 作为富锗煤的界限值。苏联检测到世界上煤中锗含量的最高值是 6000mg/kg。

云南省锗资源丰富，探明储量 1182t（未包含褐煤中伴生的锗资源储量），占全国探明储量的 32%，居全国第一。

据云南省煤田地质勘探资料分析，云南西部（澜沧江以西）晚第三系褐煤盆地具有良好的锗富集成矿条件，在临沧—勐海和腾冲—瑞丽两个条带上分布的近40个盆地中（图12-1），被确认具有工业回收锗价值的4处，锗资源量1056t。另发现9处煤中锗含量大于20×10⁻⁶的矿点，有待进一步的地质工作验证，其潜在的锗资源量估计在 2000~3000t。

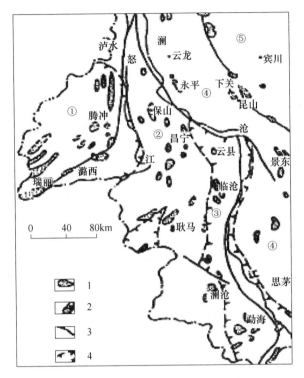

①高黎贡山隆起带；
②保山坳陷；
③临沧隆起带；
④兰坪—思茅坳陷；
⑤苍山隆起带；
1—第三系含煤盆地；
2—发现锗矿煤盆地；
3—断层；
4—锗矿预测远景区
（花岗岩、混合岩区）

图 12-1 滇西第三系盆地富锗区远景示意图

12.3.2 滇西褐煤中的锗资源

12.3.2.1 滇西褐煤及锗资源分布特征

滇西褐煤分布范围主要指金沙江—哀牢山断裂以西地区。行政区含大理州、普洱市、怒江州部分地域及保山市、临沧市、德宏州、西双版纳州，面积约占云南省全省面积的2/5。本区上第三系褐煤盆地面积从几平方千米到数百平方千米不等，但以小的盆地群为主，少数大盆地边缘局部地段也有较好的含煤情况。

据不完全统计，滇西新生代盆地达129个，盆地呈线状、串珠状或星散状分布，范围遍及滇西广大地区，其中又以西部比较密集，滇西北、滇西南分布比较零星。

就褐煤资源及煤田地质工作程度而言，滇东远不如滇西地区，滇西已不同程度开展过煤田地质工作的第三系含煤盆地有93个，探明褐煤（少量长焰煤）保有储量 6.76 亿吨，该区大都以薄煤层、中厚煤层为主，少数为巨厚煤层，储量一般在数十万吨到数百万吨不等，少量达数千万吨，超过 1 亿吨的仅有 2 个盆地（保山盆地、龙陵大坝盆地）。

由于过去人们一直认为锗不能形成具有单独工业开采价值的矿床，对褐煤中的锗资源地质工作未予以足够重视，只是在作煤田地质工作中附带了解，有的矿区甚至未做这方面的工作，云南省锗资源已上储量表的有 12 处，保有储量为 1182t，约占全国上表储量的 32%，居全国之首（全为铅锌、铜矿伴生锗），尽管煤中锗含量所占的比例较大，但均未上储量表。

滇西褐煤中富含锗的盆地主要分布在澜沧江以西的高黎贡山隆起带和临沧隆起带，大片花岗岩、混合岩、变质岩出露地区，并作为第三纪含煤盆地沉积基底的地区。现已知道具有工业开采价值的矿区有 4 个，即临沧帮卖（大寨）、腊东（白塔）、沧源芒回、潞西等嘎。4 个矿区锗资源量约为 1056t（其中临沧锗矿床的探明储量约 800t，已达到超大型矿床规模）。经踏勘采样但未作专门地质工作的矿点有 3 个，即临沧盆地（含锗 $(150 \sim 250) \times 10^{-6}$），腾冲瑞滇盆地（含锗 $(40 \sim 80) \times 10^{-6}$），腾冲至梁河之间的某小盆地（含锗 1200×10^{-6}），另外，煤田勘查少量样品含锗在 $(10 \sim 20) \times 10^{-6}$ 的有 3 个矿区。

在上述已知具有工业价值的 4 个矿区中，除帮卖盆地进行过锗的专门勘探工作外，其余 3 个矿区为煤田地质勘探工程稀疏圈定，并估算过褐煤中的锗储量。就目前所掌握褐煤中锗的储量资源，已超出云南省铅、锌、铜矿伴生锗资源储量总数。

煤中伴生锗资源远景看好，预计远景储量可达 $2000 \sim 3000t$。

12.3.2.2　滇西褐煤中锗的成矿地质条件及富集规律

锗在世界上很多国家（如苏联、美国、英国、印度和中国等）的煤层中均有分布，不少学者对含锗煤的特征、锗在煤中的分布以及煤中锗的成因进行过研究，结果表明，滇西地区煤中的锗矿与世界上其他地区的煤中锗矿化基本相似，无明显差异，滇西地区富锗褐煤盆地中锗的相对富集和成矿地质条件的特殊性表现在如下几个方面：

（1）从空间分布和锗品位特征看，盆地基底及其周边的花岗岩、混合变质岩是锗矿化的重要物质来源，尤以花岗岩为最好。据专家等对临沧帮卖盆地锗矿化的研究表明，第三系下煤含锗矿化主要发生在靠近基底花岗岩的早期沉积的 N_1^2 和 N_1^3 煤层中，而较晚期沉积的 N_1^{4-5} 和 N_1^6 地层中矿化规模较少。据已有资料，在中基性岩中含锗平均为 1.5×10^{-6}，在酸性岩中平均为 1.4×10^{-6}，研究区内母岩中锗含量也极不均匀，如等嘎富锗矿区基底花岗片麻岩含锗 3.92×10^{-6}，绿泥石片岩含锗 3.37×10^{-6}，粒变岩含锗 1.4×10^{-6}，辉长岩含锗 3.1×10^{-6}，帮卖富锗含煤盆地基底花岗岩含锗 3.7×10^{-6}，古生界变质岩含锗 1.5×10^{-6}，均具有比全球同类岩石平均克拉克值含锗高得多的背景值。

（2）锗的产出层主要位于靠近盆地基底夹有硅质岩和薄层灰岩的煤层中，如临沧帮卖盆地三个含煤段中靠近盆地基底的第一含煤段（N_1^2、N_1^3）为煤、碎屑岩与硅质岩和薄层灰岩互层，为锗的主要产出层位，锗储量约占矿床总储量的80%。矿体中锗的品位变化较大，一般为 $n \times 100 \times 10^{-6}$（$n$ 为 1~10），最高品位达 1000×10^{-6}，而在上部缺少硅质岩和灰岩的两个含煤段的煤层，基本无锗矿化，基于这一客观事实，一些学者提出了硅和锗地球化学循环问题，并由此推测，在高锗背景值地区，锗的富集与热水沉积的硅质岩有关。

（3）煤和炭质泥岩是锗富集的有利载体，专家通过对临沧锗矿的研究，认为锗在不同岩石中的矿化程度不同，而且与有机质关系密切。褐煤和炭质泥岩发生相同程度的矿化，砂岩基本无锗矿化。1978 年，有研究表明，煤中锗含量并不取决于腐殖酸含量的多少。目前普遍认为，锗具有形成稳定有机化合物的强烈倾向，煤之所以能富集锗是因为其中有大量能将锗固定下来的有机质的存在。

（4）矿化煤层中锗在剖面上的分布有一定规律性，锗主要富集在煤层底板及底板附近，中部较少，接近顶板有时也会增高，这与锗源物供应丰度有关，只有当煤层很薄时，锗含量在剖面上的分布才是相对均匀的，煤层含锗量在剖面上的变化可达数十至数百倍，煤层底板，特别是底板炭质泥岩时含锗较高，有时甚至超过煤层，如潞西等嘎、沧源芒回、临沧腊东底板，含锗可达 165×10^{-6}。平面上富锗矿段往往位于煤盆地边缘地带，如帮卖锗富集在盆地的西缘一带，并与流入盆地古水网有关，等嘎Ⅲ井田三个具工业品位的矿带，是沿着古地形的沟谷地带富集的。

12.3.2.3 滇西地区褐煤中伴生锗资源远景评价

如前所述，滇西褐煤中现已发现有工业价值的锗资源矿区共有 4 个。帮卖（大寨）矿区进行过锗专门勘探，锗储量 600 余吨，现已回收；腊东（白塔）矿区，煤田勘探估算锗储量 132t，部分回收；芒回矿区，煤田勘探估算锗储量257.7t，未回收，3 个矿区含锗储量约 990t；等嘎矿区，勘探估算锗储量 67t，煤矿开采已有 30 余年历史，现资源已近枯竭。

国家规定，锗作为伴生矿床时边界品位为 20×10^{-6}，因此，一般锗含量在达到 10×10^{-6} 以上时，就应认为是异常区，应引起注意。

锗矿床规模可按其储量大小进行划分，即储量小于 50t 的为小型矿床，储量在 50~200t 的为中型矿床，储量大于 200t 的为大型矿床。

据目前掌握的有关资料，滇西地区煤中含锗大于 50g/t 的矿区有 7 个。帮卖（特大型）经过锗的专门勘探，芒回（大型—特大型）经过煤田小部分勘探，帮腊（中型）大部分经煤田勘探，等嘎（中型）经煤田勘探，瑞滇仅作过踏勘采样，锗含量（4~8）$\times 10^{-5}$，澜沧也仅作过踏勘采样，锗含量（15~25）$\times 10^{-5}$，梁河县至腾冲市间某小盆地，锗含量 12×10^{-4}。

含锗 $20 \sim 50 \mathrm{g/t}$ 的有2个——上允、勐滨盆地，已经煤田地质勘探（少量样品）。

含锗 $10 \sim 20 \mathrm{g/t}$ 的有1个——永平盆地，已经煤田地质勘探。

据地质情况类比，有较大希望的煤盆地有 3 个——博尚（勐托）、临沧、腾冲芒棒盆地。

综上所述，滇西地区现有 4 个煤中含锗具有工业价值的盆地，除等嘎矿区资源已枯竭外，其余 3 个矿区储量约 990t，接近云南省铅、铅锌、铜矿伴生锗储量的总和。现发现的 9 个煤中伴生锗含量大于 20×10^{-6} 的矿区（点）中，有的可扩大矿区外围，有的工作程度很差，含锗可能性很大，但未取得任何资料。

就滇西而言，煤中锗含量高，具备较好的锗成矿地质条件，但普遍评价工作程度差，可进一步开展地质工作，预计远景锗资源量达 $2000 \sim 3000 \mathrm{t}$。

12.3.3 内蒙古褐煤中的锗资源

内蒙古锡林郭勒盟的胜利煤田以丰富的煤炭资源闻名，同时拥有价值更高的煤共生锗矿。经地质勘查确认，胜利煤田锗矿的平均品位为 244×10^{-6}，是中国目前发现的规模最大、开采技术条件最好的特大型煤共生锗矿床，有"锗谷"之称的美誉。

12.3.3.1 胜利煤田的地质概况

内蒙古胜利煤田位于大兴安岭西麓、二连盆地群东端乌尼特断裂坳陷，东西长约 45km，南北宽约 7.6km，面积 $342 \mathrm{km}^2$。煤田为一宽缓向斜，构造轴线总体为 NE-SW 向，地层平缓，起伏不大。

中生界下白垩统巴彦花群（$K_1 b$）为一套厚逾千米的陆相含煤建造，沉积于新华夏系断陷盆地，由腾格尔组和赛汉塔拉组构成。

腾格尔组上部至赛汗塔拉组下部共含煤 15 层（组），赛汗塔拉组下部 6-1 号煤层为全煤田的主煤层，煤层厚 $0.82 \sim 123.80 \mathrm{m}$，平均 33.09m，煤炭储量占煤田总储量的 42%，煤层结构简单，仅在下部见有一薄层非稳定分布的炭质泥岩夹矸。煤层由半暗-暗淡型褐煤组成，煤岩组分多为暗煤，夹亮煤条带，富含丝炭和木质结构植物残体。

目前，圈定的锗矿范围属胜利煤田西南边部 $0.55 \mathrm{km}^2$ 内的 6-1 号煤层分布区域。该处 6-1 号煤层厚 $0.82 \sim 16.66 \mathrm{m}$，全层平均厚 9.88m，煤层中锗的品位为 $135 \times 10^{-6} \sim 820 \times 10^{-6}$，平均为 244×10^{-6}。

12.3.3.2 锗在胜利煤田和煤层中的分布

A 锗在胜利煤田中的分布

胜利煤田为中生代断陷盆地，含锗矿层为赛汗塔拉组下部 6-1 号局部煤层。

通过分析所有煤层煤样锗品位的测试结果，表明其他煤层中锗的品位较小，其余钻孔 6-1 号煤层中锗品位也较低，均达不到工业品位。

锗品位较高的地段主要位于胜利煤田的西南端。6-1 号煤层上覆基岩岩性以各种粒级的砂岩、砾岩为主，泥岩和粉砂岩次之，下伏地层以灰黑色泥岩、粉砂岩为主，夹少量中、粗粒砂岩薄层，局部发育有 6-2 号煤层。

从锗矿所处的位置及含煤地层的岩性、岩相分析，富锗煤矿明显属于内陆盆地的边缘沉积。

B 锗在胜利煤田煤层中的分布

锗在煤层中的分布不均匀，锗品位沿煤层纵向有 6 种变化形式，可以在煤层的顶部、中部、底部同时或单个部位呈现高值，并分别与高挥发分、低灰分、高硫分对应。

80% 钻孔的锗品位在煤层中部出现高峰，有别于以往所报道的锗品位只在煤层顶部、底部相对富集的研究结论。在钻孔顶、底板的锗品位中，找不到煤层顶、底板的锗品位变化与煤层中锗品位变化的规律，说明成煤后锗通过扩散作用和渗透作用进入煤层的可能性极小。

总之，胜利煤田锗品位与挥发分正相关，与原煤灰分负相关，与洗煤灰分正相关，与洗煤硫分正相关，表明与有机质结合是锗的主要富集和赋存形式。研究区锗品位与原煤硫分和洗煤硫分均为正相关，全硫含量平均为 1.61%，全区属中硫煤。

胜利煤田煤的灰分指数较低，$Fe_2O_3+CaO+MgO$ 占优势。成因参数清楚地反映出锗的有利聚集条件是水动力较弱、地下水位较低，为强还原的停滞沼泽环境。

锗的富集地段为内陆盆地的边缘，锗品位沿煤层纵向分布不均，分别在煤层的顶部、中部、底部出现高峰。锗的聚集强度随沼泽微环境和锗源供应而发生时空变化。研究区锗品位大多在煤层中部出现高峰值，与以往报道的有关锗通过扩散和渗透作用进入煤层所具有的地质特点相去甚远。泥炭化阶段有机质的吸附作用是区内锗的主要聚集方式。

预计内蒙古乌兰图嘎超大型锗矿床的锗金属储量为 1600t。

12.4 铅锌矿中锗资源

12.4.1 云南省会泽铅锌矿

近年来，在我国西南地区先后确定和发现了以锗、铊、镉、硒、碲等分散元素独立组成的矿床，验证了 1994 年涂光炽院士和欧阳自远院士提出的著名论断："分散元素不仅能发生富集，而且能超常富集，并可以独立成矿，而且，分散元素可以通过非独立矿物形式富集成独立矿床。"

云南会泽超大型铅锌锗矿床位于云南省东北部，行政区划属曲靖市会泽县矿山镇，地理坐标为东经 $103°43' \sim 103°45'$，北纬 $26°38' \sim 26°40'$，分布面积约 $10km^2$。该矿山是我国主要的铅锌锗生产基地之一，具有铅锌品位特高、（Pb+Zn）多在 $25\% \sim 35\%$、部分矿石 Pb+Zn 含量超过 60%、伴生有价元素（Ag、Ge、Cd、In、Ga 等）多的特点，由矿山厂、麒麟厂、大水井大型铅锌矿床及银厂坡小型银铅锌矿床等组成，锗的储量可达数百吨。

会泽铅锌锗矿床，是川滇黔成矿三角区富锗铅锌矿的典型代表，其主矿体中锗的富集系数可达 6978，显示了分散元素在该区有独特的地球化学行为。会泽铅锌锗矿床中，锗可能的赋存形式有三种，即类质同象、独立矿物和吸附形式。有的研究者认为锗的赋存形式为类质同象，并作出以下推断：

（1）锗主要赋存于方铅矿中，以类质同象的方式交换铅进入方铅矿的晶格中；

（2）黄铁矿中的锗可能交换了铁，也可赋存于闪锌矿中，应是交换锌而进入晶格；

（3）鉴于有机质对分散元素的超强吸附作用，不排除部分锗被有机质吸附的可能。

综合所研究的区域、矿床地质特征及地球化学分析，认为锗与主金属元素的来源一致，都来自相对高锗背景值的泥盆上统和石炭中下统的碳酸盐地层中。其富集机制可能是：由于锗在表生溶液中具有较高的活动性，大多数原生含锗矿物在表生条件下都不稳定，易以 Ge^{4+} 形式被淋滤溶解而进入水体，因此大气降水在下渗的过程中不断淋滤岩层中的锗，当下渗到一定的深度或受到隔水层的阻挡，在地热梯度或岩浆热力的作用下，密度变轻，又向上部运移，循环热液不断淋滤岩层中的锗，当到了合适的容矿部位，溶液的物理化学性质发生大的变化，导致溶液卸载成矿。正是由于这种大范围的长期对流循环，使得会泽铅锌矿床能够富集如此多的锗元素。

值得指出的是，最接近地表的矿体，其锗含量大于其下部的矿体，锗含量可达 628×10^{-6}，为下部矿体含锗量的 $13 \sim 24$ 倍。其原因可能是表生条件下活跃的锗易迁移到相对浅部的容矿部位，"近水楼台先得月"，且上部矿体的形成温度要低于下部矿体，相对低温条件下易于锗的富集，很可能还有生物参与了锗的富集，会泽铅锌矿床的成矿模式可概括为"大气降水淋滤—对流循环—富集成矿"。

12.4.2　贵州省赫章铅锌矿

贵州省赫章、威宁地区以及相毗邻的云南省昭通，蕴藏有伴生稀散金属锗、镓、铟和贵金属银的丰富的氧化铅锌矿资源。在地质部门探明的储量中，仅赫章、妈姑的两个产矿区尚可采矿石约含铅锌200kt，锗180t，镓100t，铟40t，银120t。有用矿物有白铅矿、磷氯铅矿、铅丹、菱锌矿、异极矿、水锌矿和铁矾等。锗主要赋存于铁的氧化物、氢氧化物及铅锌氧化物中。

妈姑矿区的矿石，根据其物理性质和化学成分的不同，分为砂矿和黏土矿，两者所占比例约为55∶45，其化学成分可见表12-12。

表12-12 妈姑地区氧化铅锌矿化学成分 （%）

名称	Pb	Zn	SiO$_2$	FeO	CaO	Al$_2$O$_3$	MgO
砂矿	2.5~3.0	5~8	15~18	30~35	3~4	8~10	1~1.5
黏土矿	1.8~2.8	4~6	25~35	20~25	2~3	12~15	1~1.5

名称	Ge	Cd	Ca	In	Ag	F	Cl
砂矿	0.006~0.008	0.007~0.01	0.002~0.003	0.0015~0.002	0.003~0.004	0.04~0.05	0.007~0.01
黏土矿	0.004~0.006	0.006~0.008	0.002~0.003	0.001~0.002	0.003~0.004	0.03~0.04	0.005~0.008

12.4.3 广东省凡口铅锌矿

中金岭南公司的凡口铅锌矿是我国最大的地下开采矿山，也是我国特大型富含锗资源的工业伴生矿山之一。

12.4.3.1 凡口铅锌矿中锗的工艺矿物学特点

A 锗的分布特征及赋存状态

专家对凡口铅锌矿不同地段和深度的锗分布特征及赋存状态，有过不同程度的研究。1963年，韶关地质大队的《广东仁化凡口铅锌矿区水草坪矿床伴生分散元素地质勘探中间性报告》，给出了锗、镓的矿石组合样品、单矿物样品和精矿样品的化学分析结果，利用不同的分析、研究方法，阐明了锗的分布特征及赋存规律。

此后的30年里，有关锗元素分布特征及赋存规律的研究都大同小异，归结起来大致如下：锗主要赋存在黄铁铅锌矿石中的闪锌矿矿物中；锗在黄铁矿石中几乎不存在，在闪锌矿中占87.3%~92.8%；随着闪锌矿颜色的加深，锗含量升高，矿物中未发现锗的独立相。

B 上部及深部锗资源矿物组成对比

表12-13为凡口铅锌矿矿体上部原矿多元素分析，表12-14为深部矿体原矿多元素分析。试样选取时，综合考虑了深部矿体采矿生产中影响矿石组成的一些因素，具有一定的代表性。

表 12-13　凡口铅锌矿上部矿体原矿多元素分析

成　分	SiO$_2$	CaO	Al$_2$O$_3$	Fe	F	S	Cu
含量/%	15.14	10.30	2.68	16.48	0.031	25.22	0.019
成　分	As	P$_2$O$_5$	Pb	Cd	TiO$_2$	Zn	其他
含量/%	0.13	0.053	14.76	0.030	0.18	11.96	12.986
成　分	Ag	Ge	Ga	Hg			
含量/g·t^{-1}	110.00	18.00	68.00	110.00			

表 12-14　凡口铅锌矿深部矿体原矿多元素分析

成　分	SiO$_2$	CaO	Al$_2$O$_3$	Fe	F	S	Cu
含量/%	11.06	2.44	10.26	214.06	0.078	29.94	0.054
成　分	As	Sb	Pb	Cd	B	Zn	其他
含量/%	0.0086	0.033	14.45	0.0019	0.004	7.82	9.66
成　分	Ag	Ge	Ga	Hg			
含量/g·t^{-1}	87.00	22.20	60.00	35.50			

从表 12-13 和表 12-14 原矿多元素分析可以看出，上部与深部矿体的原矿相比，有害杂质元素除 Cu 略有增高外，F、As、Cd、Hg 下降幅度较大，其他矿物变化不大，其中伴生元素锗、镓含量也比较接近。表 12-15 和表 12-16 为凡口铅锌矿上部和深部矿体矿石中锗和镓的分布。

表 12-15　凡口铅锌矿上部矿体矿石中锗和镓的分布

矿　物	相对含量/%	Ge		Ga	
		品位/g·t^{-1}	占有率/%	品位/g·t^{-1}	占有率/%
方铅矿	8.10	4.00	0.91	8.00	1.67
闪锌矿	21.60	150.00	91.17	135.00	75.13
黄铁矿	39.50	4.00	14.45	15.00	15.27
脉　石	30.80	4.00	3.47	10.00	7.93

注：该表部分数据摘自 1985 年北京矿冶研究总院“广东凡口铅锌矿深部矿体矿石物质组成研究”，由于矿样未经贫化，数值偏高。

表 12-16　凡口铅锌矿深部矿体矿石中锗和镓的分布

矿　物	相对含量/%	Ge		Ga	
		品位/g·t^{-1}	占有率/%	品位/g·t^{-1}	占有率/%
方铅矿	5.00	1.00	0.1335	16.00	2.409
闪锌矿	12.30	2814.00	93.246	190.00	70.37
黄铁矿[①]	48.70	3.00	3.8975	6.00	8.793
脉石[②]	314.00	3.00	2.7229	18.00	18.428

①包括毒砂、黄铜矿、黝铜矿、车轮矿等；

②包括石英、方解石、白云石、绢云母、金红石、硅灰石等。

从表 12-15 和表 12-16 中可以看出，凡口铅锌矿矿体深部锗、镓分布规律与上部相比，没有大的变化；锗主要分布在闪锌矿中，锗在方铅矿、黄铁矿、脉石的分布极少，与文献中"锗几乎全部赋存于闪锌矿中"的结论相吻合。

12.4.3.2　凡口铅锌矿锗资源地质储量情况

凡口铅锌矿经过几十年的发展，在"七·五"时期末已形成日采选 4500t 的生产能力，矿山资源前景较好，上部资源的工业储量及深部 −320 ~ −650m 探明远景工业储量达 3500 万吨以上。1993 年开始为期 10 年的深部矿体开拓工程表明，矿山深部资源有增加的迹象，按现有生产能力，服务年限将超过 30 年。凡口铅锌矿共进行过 3 期地质勘探。

（1）1956 年，706 地质队对凡口铅锌矿进行了首期地质调查，探明伴生锗金属储量 C_1+C_2 级 1006t。

（2）1976 年，932 地质队作了第二期勘探工作，探明伴生锗金属储量 D 级 287t。

（3）1989 ~ 1991 年，凡口铅锌矿进行第三期勘探工作——狮岭深部地质勘探工作，勘探成果于 1994 年通过广东省矿产储量委员会批准。

矿山经过 30 多年的生产，至 2000 年底还保有锗、镓金属储量约 2100t 以上，锗、镓金属都伴生在黄铁铅锌矿石中。

2005 年，凡口铅锌矿深部矿体进入实质性的生产开采阶段，其中伴生在深部矿体黄铁铅锌矿石中的锗、镓金属是不容忽视的。据凡口铅锌矿地质科所作的储量地质报告，锗、镓金属储量分别为 427.8t 与 378.8t。企业将继续深化深部及外围地质勘探工作，矿山保有金属锗、镓储量还将增大。

13　锗冶金的基本原理

13.1　概述

为了使混合物实现分离，必须对它施加能量，形成一种推动力，而施加的能量只是一种外因，它必须通过内因起作用，被分离物的某种性质差异就是内因。一个最简单的例子就是蒸馏分离法，对分离体系供热，使它们的温度升高，如果A、B两组分在此温度下的蒸气压基本相同或者蒸气压很低，则用蒸馏法分离它们是不可能的，施加能量也只是徒劳而已。

科技工作者的任务就是要巧妙地选择、利用被分离物的某种性质差异，通过施加能量（变化条件）扩大这种差异，使它们得以分离。多种性质的差异与能量的结合，就形成了各种各样的分离方法，表 13-1 列出了可用于分离的性质及相关分离方法的一些例子。

表 13-1　可用于分离的性质及相关的分离方法

性　质		分 离 方 法
力学性质	密度	重力选矿法
	尺寸	筛分法、膜滤
电学性质	电荷	电泳法、电渗析、膜电解
磁学性质	磁性	磁力选矿法
热力学性质	溶解度	沉淀法、结晶法
	蒸气压	蒸馏法、精馏法
	吸附平衡	炭吸附法
	迁移速率	渗析法
	反应平衡	萃取法、离子交换法、色层法

表 13-1 只是举出了一些例子，事实上有些分离方法还同时利用了两种甚至两种以上的性质差异，但无论如何，结论是明确无误的，体系中的组分只有在它们存在某些可被利用的性质差异时，才能实现分离。实际上，从不同原料中提取锗的过程，就是将锗从其他物质中分离出来的过程。

锗矿物极分散地存在于多种矿物及岩石中，且含量不足以构成以锗为目的的直接从矿物中提取锗的工艺流程。锗的现代工业生产是以多种金属硫化矿冶炼主金属过程中产出的副产物、煤燃烧后的灰分、烟尘，以及锗深加工过程中的废料为主要原料的。

锗在主金属的选矿和冶炼过程中被初步富集，但品位一般还在1‰以下，还需进一步富集。当锗被富集到一定程度后，得到的产品通常称为锗精矿。锗精矿是经过复杂的提取冶金过程后获得的，是与其他主元素初步分离后的中间产物，这种精矿一般含锗品位只有1%~5%，最高为20%，此外，该精矿中还含有其他大量的杂质元素，如含Pb 15%~20%，含Zn 5%~10%，含As 1%~5%，含Fe 3%~5%，含Al_2O_3 6%~8%，含CaO 4%~6%，含MgO 2%~4%，含SiO_2 20%~25%以及含微量的铜、锑、镓等。

从不同的原料中制备锗精矿的工艺，主要包括丹宁沉锗法、锌粉置换法、萃取法、再次挥发回收法。

虽然制备锗精矿的工艺有所不同，但后续的提锗工艺，现在国内外采用较多的仍然是经典的氯化法工艺。经典氯化法提锗工艺的流程如图13-1所示，各主要工序的锗提取分离原理分别叙述如下。

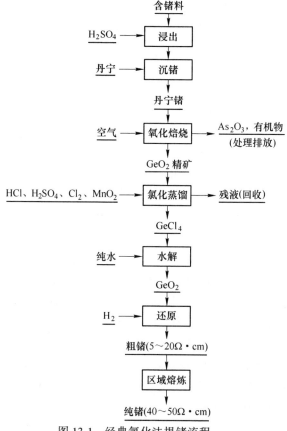

图13-1 经典氯化法提锗流程

13.2　丹宁沉锗原理

用丹宁从含锗工业料液中沉淀锗是一种成熟的传统工艺，但是对在纯试剂下丹宁锗酸的物理化学性质及其沉淀机理的研究报道甚少。一般认为，丹宁沉锗的原理如下：

（1）丹宁与锗的反应是通过丹宁分子中的官能团的羟基与锗进行四配位或六配位的络合反应生成丹宁锗酸。在不同浓度下所表现出的沉淀反应机理不同，主要是由丹宁锗酸在不同浓度下的交联聚合反应的强弱不同而引起的。

（2）在低浓度（10g/L 以下）时，丹宁和锗反应生成简单的丹宁锗酸分子，具有一般有机酸的性质，可与二、三价正离子反应生成丹宁锗酸复盐而沉淀。

（3）随着锗浓度增加，丹宁锗酸分子间发生交联聚合反应，未配对的羟基受其他配位体的影响而吸附 H^+ 使聚合体带正电荷，在低 pH 值时能够吸附 SO_4^{2-}，Cl^-，NO_3^- 等负离子而沉淀析出。

（4）锗浓度达到 20g/L 以上时，丹宁锗酸分子间发生交联聚合，反应加强，带氢键的官能团增多，可吸附大量水而固化。

（5）上述反应与丹宁液的浓度、温度无明显关系。

13.3　锗精矿的氯化浸出与蒸馏原理

不论从何种原料回收锗，锗精矿的氯化蒸馏方法基本上是相同的。

氯化浸出与蒸馏是生产锗的重要工序之一。

锗精矿通过氯化浸出，锗以氯化物的形态进入溶液，难溶的成分留在氯化残渣中，可达到锗与其他杂质初步分离的目的。

由于四氯化锗的沸点比其他可溶的氯化物沸点低，在氯化浸出的温度条件下，它很容易首先被蒸馏出来，从而达到进一步分离、富集的目的。

蒸馏出来的粗四氯化锗的纯度可达 99% ~ 99.9%，已能满足精馏提纯对粗四氯化锗质量的要求。

蒸馏是分离液体均相混合物各组分的一种常用操作，这种操作是将液体混合物部分气化，利用混合液中各组分挥发能力或沸点存在差异的特性以实现分离。这种分离操作是通过液相和气相间的质量传递来实现的，通常将沸点低的组分称为易挥发组分，沸点高的组分称为难挥发组分。

蒸馏过程可按不同的操作过程进行分类。

根据不同的操作流程，可将蒸馏过程分为间歇蒸馏过程和连续蒸馏过程，生产中多以后者为主。间歇蒸馏主要用于小规模生产和某些特殊要求的场合，如粗四氯化锗的生产就采用间歇蒸馏。

按蒸馏源流可分为简单蒸馏、平衡蒸馏（闪蒸）、精馏和特殊精馏等。当一般较易分离的物系或对分离要求不高时，可采用简单蒸馏或闪蒸，较难分离的物系可用精馏。高纯四氯化锗的生产采用的是精馏。

13.3.1　简单蒸馏原理

在工业生产中，若分离的物料组分之间的沸点差距较大，且分离的提纯程度要求不高，可采用简单蒸馏。

简单蒸馏采用的是一种单级蒸馏操作，常以间歇方式进行。

图 13-2 所示为简单蒸馏装置图，将组成为 x_1 的待分离溶液加到蒸馏釜 1 中逐渐进行气化，产生的蒸气不断引入冷凝-冷却器 2 中，冷却至一定温度，馏出液可按不同的组成范围导入容器 3 中。

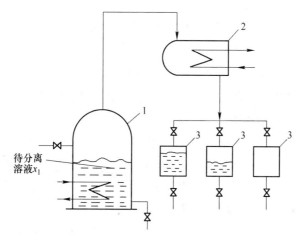

图 13-2　简单蒸馏装置
1—蒸馏釜；2—冷凝-冷却器；3—容器

有时在蒸馏釜上安装一分凝器，如图 13-3 所示，蒸气在其中部分冷凝，使剩余蒸气中易挥发组分含量再提高，从而使馏出液中易挥发组分增多。由分凝器冷凝下的液体直接回流到釜 1 中，控制回流量可以改变馏出液的组成。

图 13-2 中，进入冷凝-冷却器的瞬间蒸气组成（即瞬间馏出液组成）与存留在釜中的液体瞬间组成平衡，而进入图 13-3 冷凝-冷却器中的瞬间蒸气组成，因在分凝器中又进行了一次部分分离，则不与釜液瞬间组成平衡。

简单蒸馏虽可一定程度地分离组分，但分离程度不高。

13.3.2　锗精矿的氯化浸出原理

一般所指的氯化蒸馏，实质上是锗精矿中所有元素在盐酸介质中进行湿法冶金氯化和蒸馏相结合的过程，即进行盐酸溶液氯化浸出的同时，伴随着某些低沸

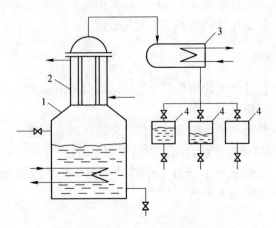

图 13-3　具有分离器的简单蒸馏装置
1—蒸馏釜；2—分凝器；3—冷凝-冷却器；4—容器

点化合物的蒸馏分离过程。前者属化学过程，后者属物理过程。此处主要讨论锗精矿的氯化浸出过程，氯化物的蒸馏过程将在 $GeCl_4$ 精馏提纯中进行讨论。

13.3.2.1　浓盐酸氯化浸出的热力学

尽管在生产实践中，锗精矿的氯化浸出已得到了广泛应用，但研究有限。此处仅对锗精矿中一些主要成分的氯化浸出热力学基本原理简要介绍。

锗精矿的氯化浸出，同其他矿物的湿法冶金过程一样，可借助于各元素的电极电位 E 与溶液中 pH 值（酸度）进行热力学分析。

电极电位 E 如同 $\Delta G^{\ominus}$-$T^{\ominus}$ 一样，可用来判断水溶液中氧化-还原反应的趋势。反应平衡时的标准电极电位 $E^{\ominus}$ 与标准自由能 $\Delta G^{\ominus}$ 存在以下关系：

$$\Delta G^{\ominus} = nFE^{\ominus}$$

式中　$E^{\ominus}$——氧化还原反应平衡的标准电极电位，V；

　　　F　——法拉第常数，等于 96500；

　　　n　——每摩尔分子反应物的法拉第数。

由于 F 和 n 均为常数，故 $E^{\ominus}$ 的变化反映了 $\Delta G^{\ominus}$ 的变化。

电位与 pH 值是对在水溶液介质中进行的反应而言的，所以大多数情况下，它与水溶液中的离解反应发生联系，亦即与溶液中的 H^+ 浓度密切相关。

许多氯化物在水溶液中的稳定性往往随溶液的 pH 值而变化，如 $GeCl_4$ 在小于 4 当量的盐酸溶液中，不稳定而发生水解，导致氯化浸出率下降。

电位 E 与 pH 值，可以根据相同的原理，应用在不同温度下有关化合物的反应热力学数据求得，但有关这方面的数据十分欠缺。

在水溶液中进行氯化浸出的反应大体可归纳为以下三个类型。

（1）伴随着电子的迁移，而且与电极电位、pH 值变化有关的氧化-还原反应。这类反应可用通式表示为：

$$xO_{氧} + mH^+ + ne \longrightarrow yR_{还} + zH_2O$$

式中，$O_{氧}$ 及 $R_{还}$ 各为反应物的氧化态和还原态。这类反应在 25℃时的电极电位可用下列公式计算出来：

$$E = \frac{\Delta_f G_{H_2O}^{\ominus} + y\Delta_f G_{R还}^{\ominus} - x\Delta_f G_{氧}^{\ominus}}{96500z} - 0.0591\frac{m}{n}pH - \frac{0.0591}{n}\lg\frac{a_{还}^y}{a_{氧}^x}$$

$$= E^{\ominus} - 0.0591\frac{m}{n}pH - \frac{0.0591}{n}\lg\frac{a_{还}^y}{a_{氧}^x}$$

式中　x，y，z——均为各反应物组分的摩尔分子或摩尔离子数；

　　$a_{氧}$，$a_{还}$——分别为溶液中反应物氧化态和还原态的活度；

　　$\Delta_f G^{\ominus}$——反应组分的标准生成等电位，对离子而言为 0；

　　$E^{\ominus}$——反应平衡的标准电位，V；

　　z——得失电子数。

三氧化二砷在盐酸溶液中的溶解为氧化浸出常见的例子，这类氧化浸出反应可表示为：

$$AsO_4^{3-} + 4H^+ + 2e \longrightarrow AsO_2^- + 2H_2O$$

（2）伴随着电子的迁移，而电极电位与 pH 变化无关的氧化-还原反应，这类反应的通式有下列几种：

$$Me^{2+} + 2e \longrightarrow Me$$
$$Me^{3+} + e \longrightarrow Me^{2+}$$

因为这些反应没有 H^+ 参与，所以它们电极电位的计算公式没有 pH 项，分别为：

$$E_{(1)} = E_{(1)}^{\ominus} - \frac{0.0591}{2}\lg\frac{1}{a_{Me^{2+}}}$$

$$E_{(2)} = E_{(2)}^{\ominus} - 0.0591\lg\frac{a_{Me^{2+}}}{a_{Me^{3+}}}$$

$E^{\ominus}$ 可由相应反应的离子与化合物的标准生成吉布斯自由能等热力学数据计算得到。

含锗的 Cu-Fe 合金和加工后的金属锗切削返料的氯化浸出是这类反应的最典型例子，它们的反应分别为：

$$Ge + 4FeCl_3 \longrightarrow GeCl_4 + 4FeCl_2$$
$$Cu + 2FeCl_3 \longrightarrow CuCl_2 + 2FeCl_2$$

（3）以中和-水解反应为代表的反应，其通式为：

$$xG + yHCl \longrightarrow mI + nH_2O$$

锗精矿中除含锗外，还含有大量的 CaO，MgO 和 Al$_2$O$_3$ 等，这些氧化物在盐酸介质中发生中和反应，生成可溶的卤化物和水：

$$CaO + 2HCl \longrightarrow CaCl_2 + H_2O$$

$$MgO + 2HCl \longrightarrow MgCl_2 + H_2O$$

$$Al_2O_3 + 6HCl \longrightarrow 2AlCl_3 + 3H_2O$$

中和水解反应的平衡常数 K 可用下式表示为：

$$\lg K = \frac{x\Delta_f G_G + y\Delta_f G_{HCl} - \Delta_f G_z - \Delta_f G_{H_2O}}{2.303RT}$$

式中，$2.303RT$ 在 25℃ 时为 5703J，由此，通过平衡常数可求得反应平衡时的 a_{H^+}，从而能知道 pH 与其他离子活度的关系。

13.3.2.2　浓盐酸氯化浸出的动力学

浓盐酸氯化浸出锗精矿的目的，是为了使锗精矿中的锗最大限度地溶解在盐酸溶液，而其他杂质不溶入，以实现选择性的溶解和强化溶解过程。

下面简述氯化浸出的动力学。

在氯化浸出过程中，由于锗精矿单位表面的迁移和锗精矿单位表面上进行的化学反应，均会引起浸出盐酸浓度的降低。在单位时间内，由前一种原因引起浸出剂浓度变化的速度称为扩散速度 v_D，后一种称为化学反应速度 v_C。一段时间后，扩散速度与化学反应速度相等，达到平衡状态。此时过程的宏观速度为：

$$v = v_C = v_D = -\frac{dC}{dt}$$

上述方程称为溶解反应速度方程。

扩散速度和反应速度可分别根据菲克定律和质量作用定律表示如下：

$$K_D(C - C_s) = K_K C_s^n$$

式中　K_D——扩散速度常数，$K_D = \dfrac{D}{\delta}$；

　　　　D——扩散系数；

　　　　δ——扩散层的厚度；

　　　　C——溶液中浸出剂的浓度；

　　　　C_s——浸出剂在溶质（锗精矿）表面上的浓度；

　　　　K_K——吸附-化学反应动力学阶段速度常数；

　　　　n——反应级数。

对大多数氯化浸出过程，反应速度服从一级反应方程，n 等于 1，因此上式变为：

$$C_s = \frac{K_D}{K_D + K_K}C$$

代入化学反应速度方程：$v_C = -\dfrac{\mathrm{d}C}{\mathrm{d}t} = K_K C_s^n$

于是得到：$v_C = -\dfrac{\mathrm{d}C}{\mathrm{d}t} = \dfrac{K_K K_D}{K_D + K_K}C$

当过程的速度受化学反应控制，即 $K_K \ll K_D$ 时，上式可近似的表示为：

$$v_C \approx K_K C$$

上式说明过程的速度取决于最慢的环节，即在动力学区域内进行的化学反应。

当过程速度受物质扩散控制，即 $K_K \gg K_D$ 时，上式可近似地表示为：

$$v_C \approx K_D C$$

上式说明过程的速度取决于最慢的扩散环节，即在扩散区域内进行的反应。

增加或降低反应速度常数的一个重要因素是温度，一般说来，升高温度反应速度加快。从速度公式看，升高温度对浸出剂的浓度影响不大，所以升高温度，反应速度表现在速度常数 K 增大，反之亦然。

在动力学区域内，氯化浸出速度与温度的关系可用下式表示：

$$K \approx K_K = K_0 \mathrm{e}^{-E/RT}$$

式中　K_0——常数，相当于活化能 E 等于零时的反应常数；

　　　E——反应活化能，J/mol；

　　　R——气体常数值，取 8.314J/(mol·K)。

对在动力学区域内进行的大多数反应，反应活化能在 20920~83680J/mol 范围内。温度对反应速度的影响，常用反应速度的温度系数 $\dfrac{K_t + 10}{K_t}$ 来表示。

当反应在动力学区域内进行时，温度每升高 10℃，反应速度一般增大 2~4 倍，也就是说，反应速度的温度系数等于 2~4。

在扩散区域内，氯化浸出速度与温度的关系可用下式表示：

$$K = K_K = K_0' \mathrm{e}^{-E'/RT}$$

式中　K_0'——常数；

　　　E'——扩散活化能。

扩散过程所需要的活化能较小，约为 4184~12552J/mol。小的活化能值通常用来作为判断过程在扩散区进行的标志。扩散速度的温度系数 $\dfrac{K_t + 10}{K_t}$ 一般小于 1.5。

上述仅讨论了单位表面锗精矿的情况，显然，增大锗精矿表面积，改善扩散条件，如加快搅拌速率和采取强化化学反应措施等，都能加速氯化浸出过程的进行。

13.3.3　锗精矿的氯化浸出蒸馏原理

锗精矿中，除含有 2% ~ 10% 的锗以外，还含有大量的 SiO_2，Al_2O_3，MgO，Fe_2O_3，CaO，ZnO 和 CuO 以及少量的砷、磷、锑、硼等氧化物。

当把锗精矿加入 9mol/L 的盐酸溶液中时，锗精矿中的上述各组分便发生氯化浸出反应，生成相应的氯化物，利用这些氯化物的沸点差异，通过蒸馏可达到将这些氯化物分离的目的。

由于 $GeCl_4$ 的沸点比其他大部分杂质氯化物的沸点低得多，因而通过蒸馏，$GeCl_4$ 能与大部分杂质分离，但硅、硼、砷的氯化物会与 $GeCl_4$ 一起蒸馏。

在锗精矿的氯化浸出过程中，主要发生如下一些氯化反应：

$$GeO_2 + 4HCl \longrightarrow GeCl_4 + 2H_2O$$
$$GeS_2 + 4HCl \longrightarrow GeCl_4 + 2H_2S\uparrow$$
$$SiO_2 + 4HCl \longrightarrow SiCl_4 + 2H_2O$$
$$Al_2O_3 + 6HCl \longrightarrow 2AlCl_3 + 3H_2O$$
$$MgO + 2HCl \longrightarrow MgCl_2 + H_2O$$
$$Fe_2O_3 + 6HCl \longrightarrow 2FeCl_3 + 3H_2O$$
$$CaO + 2HCl \longrightarrow CaCl_2 + H_2O$$
$$PbO + 2HCl \longrightarrow PbCl_2 + H_2O$$
$$ZnO + 2HCl \longrightarrow ZnCl_2 + H_2O$$
$$B_2O_3 + 6HCl \longrightarrow 2BCl_3 + 2H_2O$$
$$P_2O_5 + 10HCl \longrightarrow 2PCl_3 + 5H_2O$$
$$Ga_2O_3 + 6HCl \longrightarrow 2GaCl_3 + 3H_2O$$

杂质钙、镁、铝、铁及重金属氯化物沸点很高，见表 13-2，在蒸馏温度下，它们大部分保留在盐酸溶液中。

硅、硼的氯化物沸点低，在 $GeCl_4$ 蒸馏之前就优先蒸馏出来了，可通过分段截取馏分的方法将它们与 $GeCl_4$ 分离。

$AsCl_3$ 的沸点因与 $GeCl_4$ 接近，两者不易分开，需在氯化浸出时加入氧化剂 MnO_2 或通入氯气，把 $AsCl_3$ 氧化成高价的砷酸，即

$$AsCl_3 + 4H_2O + Cl_2 \longrightarrow H_3AsO_4 + 5HCl$$

并同时发生磷的氧化反应生成 $POCl_3$：

$$PCl_3 + Cl_2 + H_2O \longrightarrow POCl_3 + 2H_2O$$

这些砷和磷的化合物沸点高，在蒸馏下保留在盐酸溶液中，从而达到与 $GeCl_4$ 初步分离的目的。

表 13-2 一些氯化物的沸点

氯化物	压力/kPa						熔点/℃
	0.133	1.33	5.32	13.3	53.2	101.08	
FeCl$_3$	194.0	235.5	256.8	272.5	298.0	319.0	304
FeCl$_2$		700	779	842	961	1026	
NaCl	865	1010	1131	1120	1379	1405	800
MgCl$_2$	778	930	1050	1142	1316	1418	712
CaCl$_3$	48.0	76.5	107.5	132	176.3	200	77
Cu$_2$Cl$_2$	546	702	838	960	1240	1490	432
AlCl$_3$	100	123.8	139.9	152.0	171.6	180.2	192.4
PbCl$_2$	547	648	725	784	893	954	501
ZnCl$_2$	428	508	516	610	689	732	365
SnCl$_3$	49.2	85.2	117.8	143.3	192.2	219.0	73.4
SbCl$_5$	22.7	61.8	91.0	114.1			28
BCl$_3$	-91.5	-66.9	-47.8	-32.9	-3.6	12.7	-107
PCl$_5$	55.5	83.2	102.5	117.0	147.2	162.0	
PCl$_3$	-51.6	-21.3	23	21.0	56.9	74.2	-118
SiCl$_4$	-63.0	-34.4	-12.1	5.4	38.4	56.8	-68.8
Si$_2$Cl$_6$	40	38.8	65.3	85.4	120.6	139.0	-1.2
Ge$_2$Cl$_4$	-45.0	-15.0	8.0	27.5	68.8	83.5	-49.5
MnCl$_2$	8	778	879	960	1108	1190	650
SnCl$_4$	-22.7	10.0	315.2	54.7	92.1	113.0	-3.0
SnCl$_2$	316	391	450	493	577	623	246.8

当氯化过程开始, 温度从室温逐渐上升到100℃左右, 此时, GeCl$_4$ 的蒸出量很少, 气相中 GeCl$_4$ 也未达到饱和, 说明生成的 GeCl$_4$ 在盐酸中的浓度小。

温度上升至 110~120℃, 约 0.5h 后, GeCl$_4$ 已基本蒸出, 表明氯化浸出过程也基本完成。开始只发生氯化浸出过程, 到 GeCl$_4$ 在气相中达到一定分压后, 氯化浸出和蒸馏两个过程便同时进行。

蒸馏出的 GeCl$_4$ 通过冷凝器冷凝成液体收集在接受瓶内, 少量未被冷凝的 GeCl$_4$ 气体, 被 HCl 气体、氯气等尾气带走。为了回收这部分的 GeCl$_4$, 让尾气通过装有 7mol/L 的盐酸吸收瓶, 因为 GeCl$_4$ 在 7mol/L 的盐酸溶液中的溶解度最大。

GeCl$_4$ 在不同浓度的盐酸溶液中的溶解度如图 13-4 所示。

从 GeCl$_4$ 在不同浓度的盐酸溶液中的溶解度曲线图 13-4 可看出, 在含 7mol/

L 盐酸时，$GeCl_4$ 的溶解度有一个峰值。随着吸收过程的进行，蒸馏尾气所含大量冷凝的 HCl 气体溶解在吸收液中，盐酸浓度逐渐增加，有时达到10～12mol/L，而吸收液溶解 $GeCl_4$ 的能力减少。

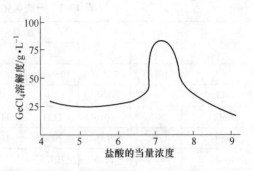

图 13-4　$GeCl_4$ 在不同盐酸浓度溶液中的溶解度

当吸收液内溶解的 $GeCl_4$ 达到饱和时，$GeCl_4$ 便析出，分为两层。$GeCl_4$ 因密度比盐酸大而在下层，盐酸在上层，这对防止 $GeCl_4$ 的挥发起到了保护作用。

氯化浸出蒸馏是在一个带夹套蒸气加热的耐酸搪瓷釜内进行的。

搪瓷釜的中央安有机械搅拌器，搅拌器的旁边设有一个装料和加酸阀。

搪瓷釜上部蒸气出口处与一个球形玻璃冷凝器相连接，釜底有放料阀。

冷凝出口又连接有 $GeCl_4$ 接收瓶和几个串联的装有 7mol/L 盐酸的 $GeCl_4$ 吸收瓶。

比利时的奥伦厂在吸收瓶内安有搅拌装置，在瓶内就进行 $GeCl_4$ 的萃取初步提纯，冷却系采用-10℃的循环冰盐水冷却。

锗精矿与工业盐酸的液固比为 3：1，盐酸从高位槽酸罐内的控制阀门通过液体流量计加入釜内，锗精矿用密闭料斗徐徐加入，同时加入少量的工业硫酸，以保证浸出液含有一定数量的 H^+ 离子。这是因为大量杂质在氯化浸出中要消耗大量的盐酸而降低浸出液的酸度，影响锗的氯化率。

在加入锗精矿的同时，还应添加少量的氯化剂 MnO_2 或通入氯气。

当加热到 100～110℃时，釜内的物料与盐酸溶剂和氯气（或氧化锰粉）氧化剂剧烈地发生氯化浸出反应。大量的、易挥发的氯化氢气体，氯气、四氯化锗和少量的三氯化砷、四氯化硅、三氯化硼等一起蒸馏出来，通过蒸气排气口进入到球形玻璃冷凝器，冷凝成四氯化锗及少量的三氯化砷、四氯化硅、三氯化硼以及微量的重金属氯化物。

大量含氯的恒沸点盐酸流入到四氯化锗接收瓶内，未被冷凝的氯化氢气体及少量的四氯化锗蒸气通过串联的装有 7mol/L 的盐酸溶液吸收瓶，将四氯化锗蒸气吸收溶解，同时部分氯化氢气体也被吸收，因此会导致吸收瓶内的盐酸溶液升高。

四氯化锗不溶于 12mol/L 浓度的盐酸，因此，当吸收瓶内的盐酸浓度达到 12mol/L 左右时，四氯化锗将析出。由于四氯化锗与盐酸的比重不同，此时，吸收瓶内分为界面清晰的两层溶液，上层为盐酸溶液，下层为四氯化锗溶液。

通过吸收瓶未被吸收的氯化氢气体、氯气等，仍然含有少量的四氯化锗蒸气，从吸收瓶出来后进入到苏打溶液淋洗塔。四氯化锗蒸汽和氯化氢气体，吸收到淋洗液内。淋洗液是闭路循环的，当淋洗液锗浓度富集到一定程度（约1g Ge/L），打入到沉淀槽内中和回收。

氯化浸出蒸馏完毕后，待反应釜温度降至室温，打开排料阀将废液、废渣放入衬胶的澄清池内，上清液含锗很少（约0.001g/L），从溢流口排放，氯化残渣含锗较高，含锗约为1%~5%，应定期收集，再回收锗。

13.4　GeCl$_4$的水解原理

高纯GeO$_2$是将精馏所得的高纯GeCl$_4$加入10MΩ以上的去离子水中水解而成。

水解的一般化学方程式为：

$$GeCl_4 + 2H_2O \Longrightarrow GeO_2 + 4HCl$$

或表示为：

$$GeCl_4 + (x + 2)H_2O \Longrightarrow GeO_2 \cdot xH_2O + 4HCl$$

水解生成的GeO$_2$不同于Ⅳ族的高价氧化物，它具有较高的溶解度（0.004mol/L水），所以GeCl$_4$的水解产物是一种可溶性的结晶氧化物。

在GeCl$_4$水解过程中，GeCl$_4$与浓盐酸之间建立了平衡关系。

实际上，GeCl$_4$不溶于浓盐酸，而在稀盐酸中则随盐酸浓度的增加溶解度不断增大，当盐酸浓度达6~7当量时，GeCl$_4$的溶解度最大，为0.5mol/L。若减小盐酸的浓度，GeCl$_4$便会发生水解反应，产生GeO$_2$沉淀，因此水解反应的必须条件之一，就是水解后溶液中的盐酸浓度应小于5mol/L，另外，只有GeCl$_4$：H$_2$O≤0.03时才能达到所需的水解反应，当超过0.04时，就会残留有未反应的GeCl$_4$。

当GeCl$_4$水解，溶液中盐酸的浓度大于5mol/L时，会导致GeO$_2$的溶解度增加，使母液中锗的含量达到0.6~1.0mol/L，氯离子达到0.08mol/L，这主要是水解液中盐酸的浓度较高时，GeCl$_4$水解不完全引起的。通过计算，可知GeO$_2$溶解所生成的络合物分子式为H[Ge(OH)$_x$Cl$_{15-x}$]或H$_2$[Ge$_2$(OH)$_x$Cl$_{15-x}$]，x在3~4之间，这就解释了GeO$_2$溶解度增加的原因。

在正常条件下，GeCl$_4$的水解速度缓慢。当水解比为GeCl$_4$：H$_2$O≥1~1.5：6时，水解反应实际上是在弱酸中进行的，锗生成了微弱离解的偏锗酸H$_2$GeO$_3$，其绝大多数以分子-胶体状态存在。

当以极缓慢的速度将GeCl$_4$加入去离子水中，而达到GeCl$_4$：H$_2$O<2.44×10^{-3}时（采用净化空气通过鼓泡法携带GeCl$_4$加入纯水中），溶液中的含锗量与GeO$_2$的溶解度值相近。

当 $GeCl_4$ 继续被净化空气带到水溶液中达到饱和时，开始析出针状的 GeO_2 沉淀，并成为针状聚合物，其水解机理由下面的生成过程决定。

当 $GeCl_4$ 进入到纯水中，第一瞬间发生局部反应：

$$GeCl_4 + 3H_2O = H_2GeO_3 + 4HCl$$

试验证明，锗在稀盐酸溶液中的比电阻与盐酸的浓度有关而与锗的浓度无关，在溶液达到饱和之后，偏锗酸离解，形成 GeO_2 结晶沉淀：

$$H_2GeO_3 \longrightarrow GeO_2 + 3H_2O$$

对这一反应，在 $GeCl_4$ 水解之后，由于含锗的溶液和 $6mol/L$ 的盐酸是不稳定的，继续反应，水解后几小时才生成 GeO_2 沉淀，完全水解需要几个星期。

在快速加入 $GeCl_4$ 的情况下，由于水解过程来不及完全反应，因而形成了包含有 $GeCl_4$ 液滴的坚硬的 GeO_2 外壳大颗粒，使 $GeCl_4$ 与水的接触面积减小，减缓了反应的进行。这种坚硬的 GeO_2 外壳不易被 $GeCl_4$ 浸透，随着水解过程的进行，外壳向 $GeCl_4$ 液滴内部扩展，外壳厚度进一步增加，这样生成的 GeO_2，其比重几乎为 $GeCl_4$ 比重的 2 倍。

在 $GeCl_4$ 与水的相互作用终止之后，生成空心球状的 GeO_2 聚合体。由于水对 GeO_2 外壳的渗透力较大，待壳内 $GeCl_4$ 液滴被渗入的水分解完全后，球内还剩下 HCl 气体，这种球状聚合体的体积达到 $3 \sim 5mm^3$，有时漂浮在水解母液表面。

大部分 GeO_2 空心球体伴随水解过程破裂成许多碎小的 GeO_2 颗粒，与此同时，还伴随有气体 HCl 在水解母液中的溶解。

快速水解过程是处于非平衡浓度的盐酸介质中进行的，最终水解产物 GeO_2 是依次经过几个中间产物继续分解获得的：

$$GeCl_4 + 3H_2O \longrightarrow H_2[Ge(OH)_3Cl_3] \longrightarrow H[(OH)_4Cl] \longrightarrow H_2GeO_3 \longrightarrow GeO_2$$

无论是慢速还是快速两种水解过程获得的 GeO_2，虽然水解机理不同，但 X 射线衍射分析表明，其结构都是六角晶形 GeO_2，这是因为这种 GeO_2 最终都是从偏锗酸溶液中结晶出来的。

水解条件直接影响着 $GeCl_4$ 的水解程度，这些水解条件主要包括水解温度、水解比、水解时间以及搅拌速度等。

温度对水解反应有很大的影响，因为 $GeCl_4$ 的水解反应为放热反应：

$$GeCl_4 + 2H_2O \rightleftharpoons GeO_2 + 4HCl + 112.9kJ$$

所以，降低水解温度可加速水解过程的进行。降低水解温度，可提高达到平衡状态的速度，促使反应继续向右进行，这样便会形成细小的晶核，使结晶中心数量及反应表面积增大，于是结晶过程加速，水解度提高。

在水解温度较高时，对晶体长大和聚集有利，但形成大量结晶中心的几率大大减小，从而使水解过程变慢，这一点也已由低温和高温水解条件下获得的

GeO_2 的粒度和重量不同而得到证明。

如果水解比过大或过小，即盐酸浓度为 6.15mol/L 或 3.5mol/L 时，即使在较低的水解温度下，水解度相对较低。在相同的高温下水解时，4.9mol/L 盐酸浓度的水解度比 3.5mol/L 和 6.15mol/L 浓度的高，以水解液含 4.9~15.1mol/L 浓度的盐酸为最好，在这种条件下水解度达到最大。

限制水解过程的是扩散因素，搅拌加速了扩散，所以水解过程开始的水解度取决于 $GeCl_4$ 与水的混合条件以及水解后期 GeO_2 的结晶情况。在这两个阶段中，搅拌使溶液组分的平衡加快并改善放热条件以及打碎 $GeCl_4$ 液滴，而使其增加与水的接触面积，这些综合效果都会使水解度增加。

总之，降低水解温度、控制合适的水解比和水解时间，并在不断搅拌的情况下，就可以取得 $GeCl_4$ 好的水解效果。

13.5 GeO_2 的还原原理

经过化学提纯后可获得高纯二氧化锗，用氢还原制得金属锗粉，将锗粉熔化并定向结晶除杂，可对锗进行初步物理提纯。

金属锗是 GeO_2 经氢或碳的两段还原制得的，金属锗的制备属于气-固相反应。

氢还原 GeO_2 的反应式为：

$$GeO_2 + H_2 \Longrightarrow GeO + H_2O$$
$$GeO + H_2 \Longrightarrow Ge + H_2O$$
$$GeO_2 + 2H_2 \Longrightarrow Ge + 2H_2O$$

碳还原 GeO_2 的反应式为：

$$GeO_2 + C \Longrightarrow GeO + CO$$
$$GeO + C \Longrightarrow Ge + CO$$
$$GeO_2 + 2C \Longrightarrow Ge + 2CO$$
$$GeO + CO \Longrightarrow Ge + CO_2$$
$$GeO_2 + 2CO \Longrightarrow Ge + 2CO_2$$

在锗的工业生产中，很少采用碳还原，这是因为，碳本身除了不易提纯易造成对锗的污染外，还有许多副反应产生，例如：

$$GeO_2 + C \longrightarrow GeO(g) + CO$$
$$GeO_2 + CO \longrightarrow GeO(s) + CO_2$$
$$GeO(s) \longrightarrow GeO(g)$$

这些副反应会导致 GeO 的挥发损失，使锗的实收率下降。

由于高纯氢气容易制得，因此 GeO_2 的氢还原法在工业上有较大的实用意义。氢还原 GeO_2 的温度一般为 500~650℃，最终还原反应为：

$$GeO_2(s) + 2H_2(g) =\!=\!= Ge(s) + 2H_2O(g) \qquad \Delta G_T = 13750 - 115.60T$$

当温度超过 600℃时，反应的自由焓变为负值，氢还原 GeO_2 为金属锗的过程开始急剧进行。如果还原反应的氢气量供给不足，还原条件又未作相应改变，在温度超过 700℃时，锗会以 GeO 形态挥发，而造成锗的损失。

13.6　锗的区域提纯原理

用化学方法提纯的锗，其纯度达不到制造半导体器件对锗所要求的纯度，需借助于物理提纯（区域提纯）方法。

区域提纯方法是锗物理冶金提纯的关键工艺之一，采用区域提纯方法能成功地实现对锗的深度提纯。

区域提纯方法是根据固溶体合金定向凝固时溶质的再分布原理，使水平试样的左端与右端一个溶质贫化，一个溶质富聚。

实践表明，材料经反复的区域提纯，可使半部溶质（杂质）含量极大地降低。区域提纯技术已应用于半导体、金属、有机物和无机物等，提纯效果达到相当高水平。

简要地讲，区域提纯就是利用了在液相与固相中，杂质溶解度不同的原理，当在一定长度的金属锭上建立起一个狭窄的熔区，并逐步从一端以确定的速度移向另一端时，易溶于液相熔区内的杂质随着熔区的运动被富集到锭的尾端，这样，切去锭的尾端后，就达到了提纯金属的目的。

一般用分配系数 K，即杂质在两相平衡状态下不同浓度的比值来表示杂质在两相中的不同溶解度。根据杂质在材料中的分配系数，可判定提纯的难易，当 $K>1$ 时，说明杂质在固相中增加，提纯的结果是杂质富集在锭的尖端，当 $K<1$ 时，杂质富集在尾端，K 值愈小或愈大，愈容易提纯，$K=1$ 时，则不能提纯。

锗的区域提纯一般分为单熔区多次区域提纯和多熔区多次区域提纯。

单熔区多次区域提纯，就是在一根长度为 L、熔区宽度为 l 的锗锭上，让熔区徐徐通过全锭。单熔区提纯在制备高纯锗中得到了实际的应用，多次提纯才能达到要求。

多熔区多次区域提纯，就是设计几组相隔一定间隔的高频感应加热圈，对锗锭同时加热时，建立几个熔区。在一个熔区通过之后，熔体随之结晶，随后又开始建立第二个熔区，这样一次通过以达到若干次区域提纯作用。

区熔工艺技术条件是根据试验结果和理论确定的，为了消除区熔中出现的补偿现象，达到高效率的纯化，应满足以下各项要求。

（1）锭长 L 与熔区宽度 l 之比要大。即要求锭的长度 L 大，熔区宽度 l 小。相应的区熔次数（通过全锭的）一般为 $1.5L/l$。

（2）为了避免杂质在晶界上析出，影响分凝，最好以单晶形式提纯。这在锭的头端放入一个单晶籽晶并配合适宜的温度梯度就可以做到。

（3）杂质分配系数随结晶速度变化，一般随结晶速度增加而增大，因此应尽可能选择小的区熔速度。

（4）利用杂质本身具有一定的蒸气压力，使其在真空区熔中进行适当的蒸发而除去，但这种措施只有在设备及容器处理洁净的状况下才能收到预期效果。

（5）为了消除一些杂质在固体中的高速度扩散，应强制冷却两熔区之间的固体，使之保持尽可能低的温度。

（6）锗材料表面往往要经过腐蚀清洗和装炉，为了减少这种污染，锗材料的体积与表面积之比要尽量大。对圆形断面的锗材料，这个比例为$\frac{1}{2}r$（r为圆锭半径）。

（7）要使锗锭区熔的固-液交界面温度保持恒定和不变的结晶速度。提纯锗锭也不应过粗，因为在大的断面上由于导热不良，在锭的中央易形成热阻。

（8）在连续熔区中要保持恒定的熔区宽度。如果熔区温度梯度合适而导热率均匀，则熔区的大小不变。

（9）保持熔区移动速度不变，而且是匀速的连续通过全锭。

13.7　单晶锗的生长原理

单晶材料是与半导体、压电、光电、声光、热电、红外遥感等技术密切相关的功能材料，受到极大重视。锗单晶是由一个晶核生长成的具有宏观尺寸的晶体材料。常见单晶的制取方法主要有两种，即垂直提拉法和尖端形核法。

坩埚上部装有一可缓慢旋转上升的籽晶，在旋转提拉过程中使籽晶和其下端的熔体获得过冷，熔体直接在籽晶下端生长来制取单晶。此法根据需要还可控制单晶的结晶学位向。

尖端形核法是将装有熔体的圆形尖底坩埚缓慢向冷却区下降，使底部尖端处液体首先过冷而形核。因尖端体积很小，形核数量有限，控制得好时只形成一个晶核，随坩埚下降，此晶核不断长大并制得单晶。

锗单晶生长机理常用二维层状生长机理来描述，即将生长过程分为两步：第一步成核，即在熔体中形成微小晶粒的晶核；第二步是晶核长大。当结晶前沿只有很薄一层熔体低于熔点而处于过冷状态，其余部分均高于熔点时，这样一层很薄的过冷熔体中的生长，是一种二维表面成核再朝向侧向的生长。

在拉制单晶中，晶体生长前沿进行着二维成核过程。锗晶体中如果有位错生长，则形成二维晶核所需的功减小，要求的过冷度不大，所以生长界面的平面部分一般不明显，这时的生长界面接近等温面。如果锗晶体是无位错生长，那么形成二维晶核所需的功大，要求的过冷度也大，则生长界面的平面部分比较明显。

　　由于面密度最大的晶面，生长速度最慢，在晶体生长时容易显露出来，所以生长界面的平面部分是锗原子密排面，即 {111} 面族，也就是小平面。

　　对于不同形状的生长面，二维成核有不同的情况。对凸界面，二维晶核在晶面中心部分；对凹界面，则在边缘部分；对于双曲面，则二维晶核既在中心部分也在边缘部分形成。影响单晶生长的因素主要有生长界面的形状、坩埚的位置、拉速、晶转速、坩埚转速、晶体与坩埚直径比等。

14 煤中锗的提取

锗的现代工业生产是以多种金属硫化矿、铅锌矿及锌精矿冶炼副产品、煤燃烧烟尘、半导体锗加工废料及生产光纤过程中产生的废料为主要原料。本章主要介绍从煤中提取锗的方法。

根据煤的特性和从煤中提取锗的工艺特点，煤中提取锗的方法可概括为水冶法、火冶法和萃取法三大类；此外，朱云等采用生物浸出方法对褐煤提锗进行了研究，雷霆等开发出了干馏褐煤提锗并制备半焦的新工艺。

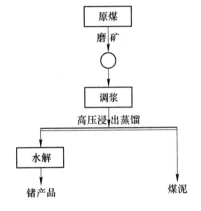

图 14-1 水冶法提取煤中锗的工艺流程

14.1 水冶法提取煤中锗

水冶法从原煤中直接提取锗，是把原煤破碎到一定的粒度，在盐酸浓度不小于 $7mol/L$ 的溶液中直接浸出蒸馏，提取煤中的锗。其典型的工艺流程如图 14-1 所示。

该方法工艺流程简单，原煤中锗的回收率较高，一般可达 90% 以上，但该法盐酸用量太大，工业生产成本太高，要实现经济的工业应用，还需进行一定的实验研究。

据有关资料表明，煤中锗主要与有机质形成牢固的化学结合，形成腐殖酸络合物及锗有机化合物，如果可能用洗煤的方法除去煤中大部分的矸石，那么水冶法直接从原煤中浸出锗的成本就可以大大降低。目前我国在这方面的研究报道较少。

14.2 火冶法提取煤中锗

火冶法提取煤中锗，是将煤燃烧后，从煤的燃烧产物中提取锗。目前，我国也主要是以燃烧煤的副产物，如燃煤电厂的煤烟尘、煤灰、焦油及焦化厂的废氨水等作为锗的生产原料。从燃烧煤的副产物中回收锗，主要有如下方法。

14.2.1 合金法

该法主要利用锗的亲铜或亲铁性进行还原熔炼，使锗进入铜铁合金达到富集，然后再从铜铁合金中回收锗。其典型工艺流程如图 14-2 所示。

合金法工艺简易，对处理含灰分较多的煤尤为有利，以煤中锗含量计，回收率 50%。

14.2.2　再次挥锗法

煤燃烧后，锗在煤尘或煤灰中的富集量约 10 倍，含锗可达 0.1%~0.3%，这种含锗原料不宜直接用来提锗，须经过制团后，放入鼓风炉或竖炉内进行再挥发，从所得的富含锗的二次烟尘中回收锗。这种方法称为再次挥锗法，其典型工艺流程如图 14-3 所示。

该法简单易行，富集比大，可快速获得锗精矿或锗，但此法的缺点是需经过两次火冶法挥发处理，锗的损失较多，总回收率不会高于 70%~80%，能耗也较大，且易还原出铁，导致锗更分散。

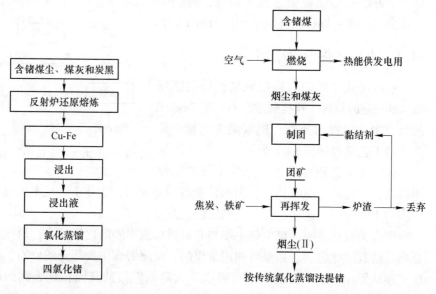

图 14-2　合金法提取煤中锗的流程　　　图 14-3　再次挥锗法提取煤中锗的流程

14.2.3　碱熔—中和法

富含锗的煤烟尘或烧煤煤灰宜采用碱熔—中和法处理，即将物料配以 NaOH 或 Na_2CO_3，在 900℃下进行氧化熔炼，此时物料中的锗转变为锗酸盐：

$$Na_2CO_3 + GeO_2 \Longrightarrow Na_2GeO_3 + CO_2$$

熔炼产物用热水浸出，产物中的锗、Al_2O_3 和 SiO_2 转入碱浸液，之后利用各物质水解的 pH 差异，先用盐酸中和至含 0.2mol/L 残碱，使 SiO_2 与 Al_2O_3 沉淀而除去，然后进一步用盐酸中和到 pH 值为 5，使锗以 $GeO_2 \cdot nH_2O$ 的形态沉淀，此后将此沉淀配入盐酸与硫酸进行氯化蒸馏提锗。

该法采用多次中和工艺，酸碱耗费大，液固分离操作较多，锗的回收率约为煤中含锗的 75%~83%。

14.2.4　加氢氟酸浸出法

以上各种处理方法，煤中锗的回收率都不高，这是因为煤的燃烧是一高温氧化过程，此时除部分锗转变为 GeO 挥发入烟尘外，大部分锗以锗酸盐和 GeO_2-SiO_2 的固溶体形态转入煤灰中。燃烧煤所得到的煤烟尘或煤灰直接进行传统的氯化蒸馏提锗时，其中的锗酸盐或 GeO_2-SiO_2 的固溶体难以被酸溶出。用 4~6mol/L 的盐酸，只能溶解上述产物中 25%~60% 的锗，如用硫酸溶解，则溶解的锗量更少，一般低于 25%~40%。

在酸浸时加入氟的化合物，能促使锗酸盐及 GeO_2-SiO_2 的固溶体分解，分解的锗转变为锗氟络合物而进入酸浸液，因此，有人据此原理提出加氢氟酸浸出法，该法能强化浸出高温煤燃烧后煤灰中的锗及类似物料中的锗，浸出率极高，流程简短，但该法存在着设备防腐蚀及废液需经除氟后方可利用。

14.3　萃取法提取煤中锗

萃取法是 20 世纪 70~80 年代发展起来的方法。随着有机合成技术的发展，出现了许多可供选择的有机萃取剂，这种方法适合处理贫矿、复杂矿和从低浓度的溶液中提取有用成分，对于提取锗较为适合。此方法具有平衡速度快、选择性强、分离和富集效果好、处理容量大、试剂消耗少等优点。

针对水冶法和火冶法从煤中提取锗成本高，回收率低等问题，近几年来，国内外对采用溶剂萃取法提取煤中锗的研究较多，在这方面的进展也较大。

14.3.1　萃取原理

萃取法的实质是利用物质在水相和有机相中溶解分配的差异，而使所需提取的物质富集于某种相中的方法。在含有提取物质的水溶液中加入有机溶剂（即萃取剂），有机溶剂和水溶液因密度不同而分层，通常是有机相位于水相之上。

根据热力学平衡原理，在两个平衡的液相内溶解某一物质达到平衡时，该物质在两液相中的浓度之比为一常数，此规律称为分配定律，用数学式可表达为：

$$K_D = a_{i(or)} / a_{i(aq)}$$

式中　　K_D——分配系数；

$a_{i(or)}$——溶质 i 在有机相中的活度；

$a_{i(aq)}$——溶质 i 在水相中的活度。

　　由上式可以看出，当分配系数等于 1 时，所要提取的物质在两相中的分配相等，通过萃取不能富集所要提取的物质；当分配系数大于 1 时，通过萃取可以在有机相中富集所要提取的物质，分配系数越是大于 1，所要提取物质在有机相中的富集程度就越大，萃取效果就越好；当分配系数小于 1 时，通过反萃，可以在水相中富集所要提取的物质；分配系数越是小于 1，所要提取的物质在水相中的富集程度就越高，反萃效果就越好。

14.3.2　萃取工艺

　　萃取工艺主要包括萃取、洗涤、反萃取（简称反萃）三个主要工序，其原则流程如图 14-4 所示。

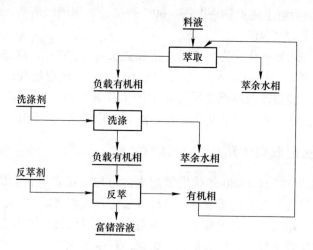

图 14-4　萃取工艺原则流程

　　（1）萃取。将含锗的水溶液与有机相（萃取剂）充分接触，使锗与萃取剂作用生成萃合物，进入有机相。萃取分层后的有机相称为负载有机相，水相称为萃取余液。

　　（2）洗涤。用水或某种溶液与负载有机相充分接触，使进入有机相的杂质回到水相。洗涤要选择只洗去负载有机相中的杂质，而不使萃取物分离出来。

　　（3）反萃。用适当的水溶液与负载有机相充分接触，使进入有机相的萃合物重新转入水相。所用的水溶液称为反萃剂，得到的水相为富锗溶液。

14.3.3　萃取体系

14.3.3.1　萃取剂

目前，国内外常用的锗萃取剂大致可分为三类：

第一类为肟类和喹啉类萃取剂，大多数为国外产品，要求酸度高，价格昂贵。

第二类为胺类萃取剂，此类萃取剂属于阴离子萃取剂，国内有 N235，但必须加入络合剂，萃取锗已有实验研究，但还没有工业实践。

第三类为氧肟类（也称为异烃肟酸）萃取剂。

所用萃取剂种类繁多，有四氯化碳、煤油、甲基异丁基酮、α-羟肟（LIX-63）、二乙醚、胺类萃取剂、单烷基磷酸萃取剂（P204）加协萃剂 YW100、8-羟基喹啉萃取剂（kelex-100）等。其中尤以 8-羟基喹啉萃取剂（kelex-100）、α-羟肟（LIX-63）萃取剂萃锗的效果好，但这两种萃取剂使用条件苛刻，且国内原料缺少，需要进口，这就要求我国科技工作者根据我国自己的国情，研究适合我国国情的高效萃取剂。有资料报道，我国现已合成新型高效螯合萃取剂（二酰异羟肟酸），萃取效果较好。

14.3.3.2　稀释剂

稀释剂是能溶解萃取剂的有机试剂，是一种惰性溶剂，一般不参与萃取反应。其作用是改变有机相萃取的浓度，调节萃取能力，改善萃取剂的性能，降低有机相的黏度，提高萃合物在有机相中的溶解度。

常用的稀释剂有煤油、苯、甲苯、乙二苯、四氯化碳、氯仿等，因煤油价格低，且对各种萃取剂均有较大溶解能力，所以应用最广。煤油在使用前应进行磺化处理，除去煤油中的不饱和烃。

14.3.3.3　萃取剂体系的选择

在选择萃取剂体系时应注意如下各方面：

（1）萃取剂的选择性要好；

（2）反萃容易；

（3）与水的密度差大，黏度小，表面张力大，使其容易与水分离；

（4）化学稳定性好，在萃取和反萃过程中不发生水解；

（5）不与水相生成稳定的乳化物；

（6）萃取剂及锗的萃合物在稀释剂中的溶解性好，混合时有良好的聚结性；

（7）萃取平衡速度快；

（8）使用与储存安全，无毒或毒性小，不易燃，挥发性小；

（9）价格适当。

14.3.3.4　萃取设备

萃取设备应同时具备使有机相和水相充分混合和充分分离的功能。

传统的萃取设备有箱式混合-澄清槽。

近年来，发展了塔式萃取器和环隙式离心萃取器等多种先进的萃取设备。

14.4　微生物浸出法提取褐煤中的锗

微生物最早用于煤炭脱硫，如我国中科院微生物研究所、中国矿业大学等采用自朱子埠煤矿分离出的氧化亚铁硫杆菌，在 8～12d 时间内将枣庄煤样总硫脱除 53.0%，随后用于煤的液化。我国大连理工大学利用变色多孔菌和假丝酵母对东北和内蒙古的褐煤进行了降解试验。

关于腐殖质的生物降解，在 20 世纪 70 年代，拉特（Latter）就研究过用青霉素把腐殖酸分解为碳，随后，斯塔姆（Stumm）和莫甘（Morgan）等的研究发现了许多菌类都能分解腐殖酸。最近的研究发现，除了霉菌以外，球菌和杆菌也能分解腐殖酸，它们的复合分解作用比单独的某种菌更强。试验研究表明，煤中的腐殖酸分解后，锗就能从煤中浸出到溶液中。

煤中的锗主要存在于煤中均匀分布的有机物——腐殖质中，97.3% 以上的锗为有机络合物。煤中的腐殖质（humus）是一类大分子有机物（分子量 300～30000）。它含有酚羟基、羧基和内脂族羟基。在微生物作用下，大分子有机锗被破坏，形成小分子结合的锗或易溶的游离锗（锗酸根和锗离子），能被酸、碱所溶解，把浸出液与煤分离就能浸取煤中的锗。

微生物浸出法提取褐煤中的锗所采取的技术路线为：

褐煤 →破碎→微生物降解→解吸浸出→含锗溶液

14.4.1　试验原料

试验原料主要包括煤、试剂（包括培养微生物的试剂）和微生物。

14.4.1.1　煤和试剂

试验所用煤为两种云南含锗褐煤，其化学成分见表 14-1。褐煤被破碎到 0.147～7mm 多种粒级，1 号样的挥发分为 44.02%，固定碳和总碳量分别为 43.55% 和 616.02%；2 号样的挥发分为 316.23%，固定碳和总碳量分别为 24.20% 和 44.36%。1 号样的发热值为 16797.88kJ/kg，2 号样的发热值为 10677.21kJ/kg。

表 14-1　含锗褐煤的化学成分　　　　　　　（%）

化学成分	C	O	H	S	灰分	Ge
1 号	66.02	5.21	2.17	1.34	19.33	0.0312
2 号	44.36	2.62	0.87	3.62	37.82	0.0221

微生物浸出煤中锗试验所用的试剂主要是分析纯的氢氧化钠、乙酸、盐酸、草酸和硫酸。

14.4.1.2　微生物

能够分解煤中有机锗络合物的微生物，属于异养型微生物（化能型），共有三种，即细菌、放线菌和霉菌，它们的作用各不相同。初期以放线菌作用为主，反应介质为中性；后期以霉菌和细菌的作用为主，反应介质为酸性。

（1）细菌。细菌的基本形态主要有球菌、杆菌和螺旋菌三大类，此外还有星状和四方形细菌等。在众多的细菌种类中，有两种菌：一种为球菌（spherules），另一种为杆菌（corynebacterium），它们能够分解煤中的有机锗络合物。

（2）放线菌。放线菌和细菌均属原核微生物，放线菌是一类呈丝状，主要以孢子繁殖的原核微生物。有一种放线菌（actinomycetes），能分解煤中的有机锗络合物。

（3）霉菌。霉菌（mold，mould）是丝状真菌的通俗名称。霉菌分布极广，土壤、水域、空气、动植物体内外……到处都有它们的踪迹，对人类起着有益或有害的作用。霉菌菌体均由分枝或不分枝的菌丝（hypha）构成，许多菌丝交织在一起，称为菌丝体（mycelium）。菌丝直径 $2 \sim 10 \mu m$，比一般杆菌和放线菌菌丝宽几倍到几十倍。霉菌能使纤维制品腐烂，使橡胶老化、脆裂。霉菌作为分解者，在自然界中可使淀粉、纤维素等复杂的大分子化合物变成葡萄糖等一般微生物都能利用的物质。

霉菌对降解和转化复杂结构的碳氢化合物和长链碳氢化合物有较大的作用。不过，霉菌代谢这些碳氢化合物通常是不彻底的，需由细菌接着作用，代谢物才能完全被矿化。用于浸出褐煤中锗的霉菌主要有水霉菌。

14.4.2　微生物的培养筛选与染色鉴别

14.4.2.1　微生物的培养

微生物浸出的第一个环节是微生物的培养，微生物的培养需用一定的培养基，微生物生长于固体培养基上。微生物来源于肉眼可见的称为菌落（colony）的微生物群体的一个或少数几个细胞。各种微生物在一定条件下形成的菌落特征具有一定的稳定性和专一性，这是衡量菌种纯度、辨认和鉴定菌种的重要依据，也是微生物筛选、纯化的主要手段。

培养基是微生物发酵的物质基础，设计培养基应充分考虑微生物对营养类型的不同要求。异养微生物合成能力较弱，因此在培养它们的培养基中，除无机物外，还需加入少数的几种有机物，以满足它们的生长要求。

培养细菌、放线菌和霉菌微生物的主要培养基有：牛肉膏蛋白胨培养基（培养细菌）；高氏一号培养基（培养放线菌）；查氏培养基（培养霉菌）。根据要培养或分离的微生物，还需采用特殊的培养基。

　　设计培养基还要考虑各种营养物的比例要适当，培养基的物理化学条件要合适。即便满足了微生物所需的营养要素，但如果各种营养配比的量不适当，微生物还是长不好。在各种营养要素配比中，以碳氮比（C/N）最为重要，培养基中的 pH 值、渗透压、氧化还原电位等对微生物的生长影响很大。

　　各种微生物对 pH 值的要求不同。能够分解煤中锗有机络合物的放线菌生长所需的 pH 值在中性至微碱性之间（pH 值为 7~9）。细菌和霉菌所需的 pH 值则在偏酸性范围（pH 值为 3.5~6）。在培养微生物过程中，由于营养物的利用与代谢物的积累往往导致培养基的 pH 值改变，因此，为了使 pH 值保持在一定的范围内，必须考虑在培养基中加入缓冲剂或碳酸盐。

　　浸出煤中锗的微生物的培养主要在液体培养基中进行。

　　细菌在液体培养基中生长，使培养基混浊，混浊情况因细菌对 O_2 的要求不同而不同，即兼性厌氧菌——培养液均匀混浊；需氧菌——培养液上部混浊；厌氧菌——培养液下部混浊。

　　浸出煤中锗的细菌是需氧菌。

　　在液体培养基内静置培养放线菌，会在容器内壁液面处形成斑状或膜状培养物，它们或沉降于底部，未使培养基混浊。若是震荡培养，则往往形成由短的菌丝体所构成的球状颗粒。

　　浸出煤中锗的放线菌也是需氧的。

　　在液体培养基中，霉菌往往长在液面，培养基不混浊。

　　浸出煤中锗的霉菌也是需氧的。

　　A　细菌的培养

　　细菌个体小，结构较为简单，以二等分裂繁殖。球菌的分裂方式与其细胞的排列密切相关。杆菌和螺旋菌在分裂前先延长菌体，然后垂直于长轴分裂。分裂后两个子细胞大小基本相等，称为同型分裂。在适宜的生长条件下，细菌形态一般在其幼龄阶段呈现出特定形态，正常而整齐，但若培养条件发生变化或其处于老龄培养阶段，则常出现异常形态。其形态受培养基成分、浓度、培养温度、培养时间等环境条件的影响。

　　培养基成分常为：牛肉膏 5g，蛋白胨 10g，NaCl 5g，水 1000mL，硫酸和腐殖酸钠调整 pH 值为 5.8~16.0。

　　B　放线菌的培养

　　放线菌的细胞呈丝状分枝，由菌丝（hyphae）组成菌丝体（mycelium）。菌丝宽度与普通杆菌差不多（<1μm）。

　　在营养生长阶段，菌丝内无隔，为单细胞。细胞内有为数众多的核质体，因其紧密、坚实，用针不易挑取。长孢子后，菌落表面呈粉末状。

　　原放线菌属（proactinomyces），可在培养基上形成典型的菌丝体，其特点是在培养 1~4d，菌丝产生横膈膜，分枝的菌丝突然全部断裂成杆状、球状或带柄的杆状体。

培养基成分为：可溶性淀粉 20g，K_2HPO_4 0.5g，NaCl 0.5g，$MgSO_4 \cdot 7H_2O$ 0.5g，KNO_3 1g，$FeSO_4 \cdot 7H_2O$ 0.01g，水 1000mL，腐殖酸钠调整 pH 值为 7.8~8.0。

C　水霉菌的培养

水霉菌属无性孢子繁殖，由菌丝直接形成，其分支孢子梗顶端膨大，有顶囊，水霉菌的孢子穗形如扫帚。

培养基成分为：马铃薯 20g；葡萄糖 2g；琼脂 1.5~2g；水 100mL，或用未经发酵、未加酒花的新鲜麦芽汁，加水稀释到 10%~15% 后使用。

也可采用如下成分：$NaNO_3$ 3g，K_2HPO_4 1g，KCl 0.5g，$MgSO_4 \cdot 7H_2O$ 0.5g，$FeSO_4 \cdot 7H_2O$ 0.01g，蔗糖 30g，水 1000mL，用酸调整 pH 值为 4.8~5.0。

14.4.2.2　微生物的筛选（纯种）

通常说的生长是指生物个体由小到大的增长，繁殖是指生物个体数目的增加。研究微生物生长繁殖的规律，对于利用与控制微生物有十分重要的意义，要研究它们的规律，首先要有纯种。

自然界中的微生物是混杂在一起的，因此，要研究其中的某一种微生物，首先必须把它从混杂的群体中分离出来。从单个细胞或同种细胞群繁殖所获得的后代称为纯种微生物，其培养过程称为纯培养。微生物纯种分离方法有以下几种：

（1）平板划线分离法。将含菌样品在固体培养基表面作有规则的划线，菌样经过多次从点到线的稀释，最后经培养得到纯种单菌落。

（2）稀释涂皿分离法。样品经适当稀释后，取稀释液均匀地涂布在培养皿的琼脂平板表面，培养后挑取单菌落。生产实践中，有时为节约设备、减少工作量，使用接种环代替移液管进行稀释，或者直接将微量的土样弹在平板表面。

（3）单孢子或单细胞分离法。在显微镜下使用单孢子分离器，挑取单孢子或单细胞进行培养。也可以采用特制的毛细管在载玻片的琼脂涂层上选取单孢子并切割下来，然后移到合适的培养基上进行培养。

（4）菌丝尖端切割法。该法适用于长菌丝的霉菌，使用无菌解剖刀切割菌落边缘的菌丝尖端，并移种到合适的培养基上培养出新菌落。

（5）利用选择性培养基分离法。各种微生物对不同的化学试剂、染料、抗生素等具有不同的抵抗能力，利用这些特性可配制适合某种微生物而限制其他微生物生长的选择性培养基，用它来培养微生物以获得纯种。另外，还可以将样品预处理，消除不希望分离的微生物，如加温杀死营养菌体而保留芽孢，过滤去除丝状菌体而保留单孢子。

14.4.2.3　微生物的染色鉴别

细菌个体微小，且较透明，必须借助染色法使菌体着色，显示出细菌的一般形态结构及特殊结构，在显微镜下用油镜进行观察。根据细菌个体形态的不同，可将染色法分为三种，即简单染色法、鉴别染色法和特殊染色法。

简单染色法是最基本的染色方法。由于细菌在中性环境中一般带负电荷，故通常采用一种碱性染料，如镁蓝、碱性复红、结晶紫、孔雀绿、蕃红等，进行染色。这类染料解离后，染料离子带正电荷，可使细菌着色，常规的试验研究多数采用简单染色法。

细菌学中，鉴别染色法广泛使用的重要方法为革兰氏染色法，通过革兰氏染色法，可将细菌鉴别为革兰氏阳性菌（G^+）和革兰氏阴性菌（G^-）两大类。

革兰氏染色法主要是利用细菌的细胞壁组成和结构不同的性质。

革兰氏阳性菌的细胞壁肽聚糖层厚，交联而成的肽聚糖网状结构致密，经乙醇处理后发生脱水作用，使孔径缩小，通透性降低，结晶紫与碘形成的大分子复合物保留在细胞内而不被脱色，结果使细胞呈现紫色。

革兰氏阴性菌的肽聚糖层薄，网状结构交联少，而且类脂含量较高，经乙醇处理后，类脂被溶解，细胞壁孔径变大，通透性增加，结晶紫与碘的复合物被溶出细胞壁，因而细胞被脱色，再经蕃红复染后细胞呈红色。

试验表明，用于浸出褐煤中锗的微生物都是革兰氏阳性菌（G^+），故试验研究中通常采用镁蓝染色。

14.4.3　微生物浸出褐煤中锗的热力学

14.4.3.1　微生物浸取煤中锗的反应

如前所述，煤中的锗主要存在于煤中均匀分布的有机物——腐殖质中。多数研究者认为，锗替代了腐殖质的羟基氢。锗的有机络合物占锗总含量的97.3%。

煤中的腐殖质（humus）是一类大分子有机物（分子量 300~30000），对它的确切结构与成分目前尚未能确定，但其含有酚羟基和羧基，有脂族羟基。

一般将腐殖质分为三组分，即腐殖酸（humic acid），是腐殖质中先溶入稀碱而后在酸中沉淀的部分；褐菌酸（fulvic acid），是经碱液提取后在酸中不沉淀的部分；胡敏素（humin），是不溶于碱也不溶于酸的腐殖质组分。

根据上述定义，对云南几个地区的煤样首先进行碱溶（[NaOH] = 300g/L）、然后采用酸中和。结果表明：煤中的锗，1%~2%与褐菌酸结合，10%~12%与腐殖酸结合，86%~89%与胡敏素结合。总计91.67%的锗与腐殖质结合。

要提取褐煤中的锗，首先就要分解煤中均匀分布的锗有机络合物。

14.4.3.2　微生物的作用

20世纪80年代，有利用真菌和细菌使煤炭液化的报道。美国和联邦德国曾进行了微生物降解无烟煤的研究，指出次生烟煤可能也适于微生物的降解。

目前，已筛选出几十种可用于煤生物降解的微生物，其中主要包括变色多孔菌（polyporus versicolor）、卧孔菌属（poria）、青霉菌（penicillium sp.）、曲霉菌（aspergillus sp.）和假丝酵母（candida ML_{13}）等。

大连理工大学利用变色多孔菌和假丝酵母对我国东北和内蒙古的褐煤进行了降解试验，借鉴美国的分析经验，采用红外光谱和核磁共振对溶出物进行了分析，显示出分子内大量增加了含氧含氮官能团，并有羧酸盐及有机酸铵盐等存在，为煤溶解物的进一步利用提供了一定依据。

煤和褐煤的微生物液化启发了微生物浸出煤中锗的研究。此外，纯培养的假单胞菌、大肠杆菌及土壤中混合菌都能使锗络合物转化成简单离子。以标准平板计数法测定锗及其经微生物转化后的产物对细菌存活的影响，表明锗对微生物无明显毒性。

14.4.3.3　微生物分解锗有机络合物的反应

在云南含锗褐煤中，前述的三种微生物都能够浸出煤中的锗。在微生物作用下，大分子有机锗被破坏，形成小分子结合的锗或易溶的游离锗（锗酸根和锗离子），它们能被酸、碱所溶解。

根据试验，锗腐殖质络合物在微生物作用下发生如下反应：

$$Ge(腐殖质)(s) + 2H_2SO_4(l) \longrightarrow Ge(SO_4)_2(l) + 2H_2O(l)$$

生成的产物应能溶于水，把浸出液与煤分离后，可从溶液中提取锗。

试验测定了在微生物作用下，锗腐殖质络合物分解、破坏反应的一些基础数据，见表 14-2，这些数据可进一步确定上述反应的发生。

表 14-2　微生物作用下锗腐殖质络合物分解、破坏反应的数据

时间/d	1	2	3	4	5	6	7	8
溶液的 pH 值	7	6.5	6.5	6.0	5.0	4.5	4.0	3.0
煤中的氧含量/%	5.21	5.02	4.67	4.12	3.68	3.13	2.82	2.63
溶液中的锗浓度/mg·L^{-1}	0	1	3	5	8	10	11	13

经分析，反应生成的产物中只含 C，Ge 和 O 三种元素，从而推断溶液中的锗主要以锗酸（$H_nGeO_x^{4+n-2x}$）形式存在，在水溶液中有如下平衡：

$$HGe_5O_{11}^- \rightarrow HGe_2O_5^- \rightarrow Ge_2O_5^{2-} \rightarrow HGeO_3^-$$
$$pH=2.5 \qquad pH=6 \qquad pH=9.4 \quad pH=11$$

这些生成物都能溶于稀的硫酸、盐酸、乙酸和苛性碱中。

14.4.3.4 微生物浸出反应热和煤对锗的吸附热

用稀硫酸溶液在微生物的作用下从煤中直接浸出锗，经过 8d，锗的浸出率达 62%，但还有约 38% 的锗吸附在煤中，延长浸出时间，浸出率也不再提高。

研究表明，煤中 92% 的有机锗络合物已被分解为简单化合物，但煤的内孔对锗有吸附作用，故使锗的浸出率未能继续提高。

为了掌握微生物分解有机锗络合物的化学反应和微生物分解后煤对锗的吸附规律，进行了试验。试验用绝热体系（图 14-5）测定了微生物分解后煤对锗的吸附热。体系的绝热性用温度补偿法修正，用氧弹量热计测定微生物分解有机锗络合物的反应热，例如，当微生物浸出后，煤的发热值为 16012.33kJ/kg，而原煤的发热值为 16797.88kJ/kg，二者之差减去吸附热，其差值可认为是微生物分解有机锗络合物的反应热。试验结果见表 14-3。

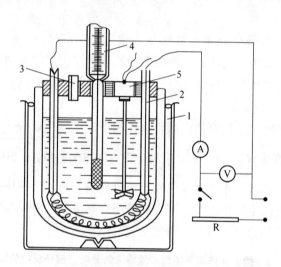

图 14-5 测定热效应的设备图

1—杜瓦瓶；2—加热器；3—加样；4—贝克曼温度计；5—搅拌装置

表 14-3 有机锗络合物的反应热和微生物分解后煤对锗的吸附热（25℃）

体系 $\Delta H^{\ominus}$	$GeCl_4$ 溶液	$Ge(SO_4)_2$ 溶液	Na_2GeO_3 溶液
分解热/kJ·mol^{-1}	594.822	761.47	328.06
吸附热/kJ·mol^{-1}	53.116	24.01	32.47

由表 14-3 可见，分解反应和吸附反应都为放热过程，分解反应热比吸附热大。

分解反应热仅为煤发热值的 4.5%，即微生物浸出锗改变煤的发热值很小。

在 $GeCl_4$ 溶液、$Ge(SO_4)_2$ 溶液和 Na_2GeO_3 溶液中，分解反应热最大的是硫酸锗溶液，即微生物在硫酸溶液中获得的能量最多。

吸附过程总是按自由能减小和熵减小的方向进行，由

$$\Delta H^{\ominus} = \Delta G^{\ominus} - T \cdot \Delta S^{\ominus}$$

可知，吸附是放热反应。吸附热越大，吸附作用越强烈。

从吸附热来看，在 $GeCl_4$ 溶液、$Ge(SO_4)_2$ 溶液和 Na_2GeO_3 溶液中，吸附作用最弱的是硫酸锗溶液，即硫酸是从煤中浸出锗的最好试剂。

14.4.3.5　锗在水溶液中的物种分布

A　锗化合物在水中的溶解度

微生物浸出煤中锗，就是把煤中的锗变为可溶于水的化合物。研究二氧化锗在硫酸、盐酸、乙酸在水中的溶解情况，对弄清微生物浸出煤中锗以什么形式进入溶液极为重要。

用新鲜水解的二氧化锗、硫酸、盐酸、乙酸在水中溶解达到平衡分析锗含量的方法，测定了二氧化锗、硫酸、盐酸、乙酸在水中的溶解度，如图 14-6 所示。

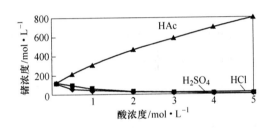

图 14-6　二氧化锗、硫酸、盐酸、乙酸在水中的溶解度

由图 14-6 可见，尽管二氧化锗在浓硫酸、盐酸溶液中有很大的溶解度，但当硫酸、盐酸的浓度在 0.5~5mol/L 范围时，锗的溶解度很小；而在 0.5~5mol/L 的乙酸中，锗的溶解度却很大。

B　锗离子在水中的分布

如前所述，溶液中的锗有 Ge^{4+}，$HGe_5O_{11}^-$，$Ge_2O_5^{2-}$，$HGeO_3^-$ 等离子。这些离子在溶液中的分配及随不同 pH 值的变化，对提取锗有很大的影响，因此，必须研究浸出液中锗的物种分配。根据离子同时平衡原理，计算出各种条件下水溶液中各物种的平衡浓度。

在水溶液中，$H_nGeO_x^{4-2x-n}$ 存在着以下平衡：

$$5Ge^{4+} + 11H_2O \Longrightarrow HGe_5O_{11}^- + 21H^+$$

$$2HGe_5O_{11}^- + 3H_2O \Longrightarrow 5Ge_2O_5^{2-} + 8H^+$$

$$Ge_2O_5^{2-} + H_2O \Longrightarrow 2HGeO_3^-$$

$$Ge_2O_5^{2-} + H^+ \longrightarrow HGe_5O_{11}^-$$

根据文献，上述各式的平衡常数为 1.2×10^{13}，2.3×10^{4}，3×10^{-9} 和 1.9×10^{3}。

按照"含多种金属多种配位体的溶液模型"，根据上述反应式以及质量平衡原理，并用计算软件 Matlab 16.1 在计算机上计算，可求出不同条件下各物种的平衡浓度。

在总锗离子浓度为 100mg/L 的水溶液中，以各离子在溶液中所占的分率对pH 值作图 14-7。由图中可见，在酸、碱浓度很低时，锗主要以 $HGe_2O_5^-$、$Ge_2O_5^{2-}$ 的形态存在。

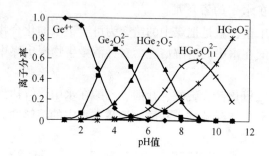

图 14-7　各离子在总锗浓度为 100 mg/L 溶液中的平衡分布

14.4.3.6　锗在煤与溶液中的平衡

研究锗在煤和不同性质水溶液中的平衡，这是为选择浸出煤中锗的试剂提供依据。

试验将不含锗的煤与含锗的溶液和含锗的煤与不含锗的溶液进行长时间平衡，分析溶液中的锗浓度变化来测定锗在煤和水溶液中的平衡常数。

由于微生物浸出煤时，产生羧基，因此，也配制了乙酸锗和草酸锗的溶液，测定煤在这两种溶液中的吸附平衡常数。测定数据见表 14-4。

表 14-4　锗在不同溶液中吸附的平衡常数 K（25℃）

类　别	平衡溶液（$[Ge] = 0.001$mol/L）				
	$Ge(SO_4)_2$	$GeCl_4$	Na_2GeO_3	$Ge(C_2O_4)_2$	$Ge(CH_3COO)_4$
未经微生物作用的煤	71.1	71.23	54.81	21.67	17.33
经微生物作用的煤	11.2	22.43	28.62	23.24	21.52

在含锗 0.001mol/L 的平衡溶液中，平衡常数定义为：

$$K = 煤中含锗量(g/kg)/溶液中含锗量(g/kg)$$

由表 14-4 中可见，对于 $GeCl_4$ 溶液、$Ge(SO_4)_2$ 溶液和 Na_2GeO_3 溶液，未经微生物作用过的煤吸附锗的平衡常数比经微生物作用过的大，而对于乙酸和草酸溶液，则相反，但平衡常数较小。从锗在煤和不同性质水溶液中的平衡常数看，硫酸也是最好的浸出剂。

进一步的研究表明，锗在煤和水溶液中的平衡常数与水中溶剂（酸）的浓度有关。试验测定了煤中锗的浓度与水中溶剂的浓度的关系，如图14-8所示。

由图14-8中可见，煤中锗浓度随着溶液中草酸浓度的增加而增加，随着溶液中硫酸浓度的增加，先是缓慢增加，而后是减小。

煤中锗浓度的对数与溶液中草酸浓度的对数呈直线关系，与硫酸浓度呈直线关系。

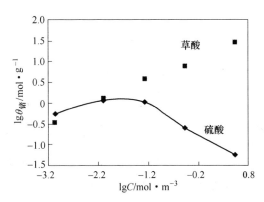

图14-8 煤中锗的浓度与水中溶剂浓度的关系

线性回归的关系为：

$$\lg C_{锗} = -0.592 \lg C_{硫酸} - 0.241$$
$$\lg C_{锗} = 0.533 \lg C_{草酸} + 1.193$$

正是因为反应产生的羧酸使锗牢固地吸附在煤中，因此，要提高锗的浸出率，微生物浸出后，应提高溶液中硫酸的浓度，以减小生成的有机酸危害。

14.4.4 微生物浸取煤中锗的工艺

14.4.4.1 工艺流程概述

微生物浸取煤中锗的工艺如下。

（1）把褐煤破碎，放入"生物槽"中由微生物分解。

分解锗的有机络合物为简单化合物，在微生物作用下，大分子有机锗被破坏，形成小分子结合的锗或易溶的游离锗（锗酸根和锗离子），它们能被酸、碱所溶解。

（2）用酸、碱溶解煤中的锗，把浸出液与煤分离就能提取煤中的锗，然而，经过微生物分解后的煤具有空隙，其比表面比原煤增大40多倍，易吸附溶液中的小分子锗化合物。为了获得较高的锗浸出率，必须把吸附在煤内孔表面上的简单锗化合物解吸下来，因该过程与一般的有色浸出不一样，称为解吸浸出。

解吸浸出有两种形式：一种是微生物分解煤中的锗络合物和解吸分别在两个设备内进行；另一种是微生物分解煤中的锗络合物和解吸在一个设备内进行。有人采用了前者方式，采用的工艺流程如图14-9所示。

微生物浸取煤中锗包括微生物分解煤中的有机锗络合物和从煤上解吸锗的两个过程。

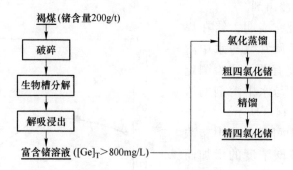

图 14-9　微生物浸取煤中锗的原则工艺流程

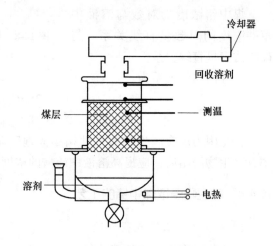

图 14-10　解吸浸出设备示意

微生物分解煤中锗络合物在"生物槽"中进行，解吸浸出在回流柱中进行，如图 14-10 所示。当底部的水加热蒸发后，通过煤层，把热量传递给煤，冷凝为液体，把煤中的锗浸出进入溶液，落入底层液体中。上升的水蒸气不含锗，而下滴的液体都含锗，这样最终会把煤上吸附的锗较完全浸出。

微生物浸出煤的试剂用化学纯的氢氧化钠、氨水和硫酸。微生物由云南省临沧市煤矿中采集，包括水霉菌、球菌和放线菌等。用平板分离法获得纯菌种，以便用于浸出试验，经过分离纯化后得到的水霉菌对煤中的锗有机络合物的分解作用较强。

14.4.4.2　主要试验结果

A　微生物分解有机锗络合物的工艺参数

影响微生物把大分子有机锗分解成小分子锗化合物的因素很多，工艺过程试验主要考虑了微生物的选择、煤的粒度、温度与时间等对分解有机锗络合物的影响，着重研究了细菌浸出条件与浸出率的关系，以便确定适宜的参数。

微生物可以破坏煤中的含氧基团，改变锗与煤的结合方式。

分解过程中观察到：（1）反应过程中溶液的 pH 值从 7 降至 3；（2）含锗煤在无微生物存在时，用通常的酸或碱很难溶解煤中的锗，而在有微生物存在的情况下，溶液中的锗浓度随时间增高；（3）浸出水溶液中，菌的数目在增加。

如前所述，能破坏煤中锗有机络合物的微生物，常见的有水霉菌、球菌和放线菌几种。试验中，分离出了水霉菌、球菌和放线菌的纯种，测定了这三种菌对煤中锗有机络合物分解的效果，见表14-5。从表中可见，在相同的条件下，以水霉菌的分解效果最好。试验中还发现，水霉菌的数量比球菌和放的线菌要高多，最高时可达到每毫升 2×10^9 个。

除了菌种以外，浸出剂、温度、浸出时间等是影响微生物分解煤中锗络合物的主要因素。试验研究了这些因素对锗浸出率的影响。

表 14-5　菌种对锗浸出率的影响

菌　种	水霉菌	球菌	放线菌
锗浸出率/%	58.20	50.12	43.33

注：浸出条件为 $[H_2SO_4]$ = 0.001mol/L，温度35℃，时间为10d。

a　浸出剂

试验用盐酸、硫酸、乙酸、氨水、氢氧化钠等浸出剂，进行了微生物分解锗有机络合物的研究。在浸出温度皆为 35℃、浸出剂浓度为 0.001mol/L、浸出时间为 8d 时，浸出结果见表 14-6。从表中可知，在硫酸介质中，微生物分解锗有机络合物浸出煤中锗的浸出率最高。

表 14-6　浸出剂对浸出率的影响

浸出剂	盐酸	硫酸	乙酸	氨水	氢氧化钠
浸出率/%	33.11	58.20	53.64	51.33	26.67

b　煤的粒度

煤的粒度对浸出率的影响如图 14-11 所示。煤的粒度小，浸出率高，由图14-11 可见，煤的粒度应小于 3mm。

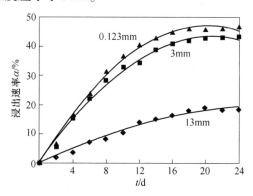

图 14-11　煤的粒度对锗浸出速率的影响

　　c　温度和浸出时间

　　温度和浸出时间对浸出率的影响如图 14-12 所示。温度高有利于浸出速度和浸出率的提高，但温度过高会杀死微生物，故温度常选择在 35~40℃ 之间。

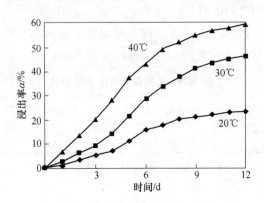

图 14-12　温度和浸出时间对浸出率的影响

　　随着浸出时间的延长，浸出率提高，但超过一定时间后浸出率就不再提高了。试验表明，浸出时间达 8d 后，浸出率已基本趋于平衡。

　　通过以上试验，可确定微生物作用下，分解煤中锗络合物的适宜条件为：硫酸调 pH 值为 3~4，温度 35℃，时间 8d，此时，锗的浸出率能达到 58.2%。

　　B　微生物分解有机锗络合物后从煤中解吸锗的工艺参数

　　如前所述，用稀硫酸溶液在微生物的作用下从煤中直接浸出锗，经过 8d 后，锗的浸出率达 58.2%，还有约 42% 的锗被吸附在煤上。

　　研究表明，微生物作用下锗腐殖质络合物分解过程中，煤中的有机锗络合物已经分解为简单化合物，同时煤中的微孔也得到了极大的发展（比表面积达 130m^2/g）。孔隙率增大了，煤对锗的吸附作用增强了，使锗的浸出率未能达到 90% 以上。

　　工艺试验研究了从煤中解吸锗的工艺参数，确定了适宜的工艺条件。

　　为了提高锗的浸出率，就要从煤中把锗解吸下来。

　　试验表明，未经过微生物浸出的煤对锗的吸附为化学吸附，吸附为不可逆过程；经过微生物浸出的煤对锗的吸附为物理吸附，吸附为可逆过程。影响从微生物分解后的煤中解吸锗的因素有温度、溶液的 pH 值、溶液中组分的浓度、煤的性质等。

　　（1）微生物分解后的煤吸附锗时，在很宽的 pH 值范围内，吸附性能并不受 pH 值的明显影响，用改变酸的浓度来改善从煤中解吸锗的方法不经济。

　　（2）微生物分解后的煤对锗的吸附能力可用吸附平衡常数 K 来衡量。K 定义为：每千克煤中吸附锗的毫克数与每升溶液中锗的毫克数的比值。K 随温度升高而下降，如图 14-13 所示。可见，要解吸煤中的锗，温度必须高于 100℃。

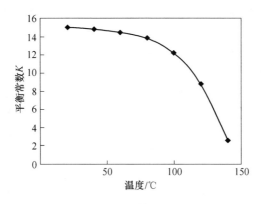

图 14-13 温度对煤吸附锗的影响

14.5 干馏法提取煤中锗

14.5.1 含锗褐煤资源利用现状

我国已探明的含锗褐煤资源主要存在于云南省的临沧市和内蒙古自治区的锡林郭勒盟地区，两地的含锗褐煤已不同程度地开采。下面主要介绍云南省临沧市含锗褐煤资源的利用情况。

云南省临沧市的含锗褐煤，自 1958 年开始开发利用，挖掘出的褐煤露天堆烧，收集含锗煤灰作为提取锗的原料。

1971~1979 年，采用的是原始粗放且回收率很低的露天堆烧方法收集锗富集物烟尘，年生产烟尘含锗金属在 1000kg 以下。

临沧市含锗褐煤资源规模大，自 20 世纪 70~80 年代由国营矿山开采。

1980 年，进行了重大技术改造，采用火电厂锅炉烧煤，热能发电，煤在还原气氛中燃烧，锗被还原为氧化锗挥发进入烟尘；部分用链条炉燃烧褐煤，热能不利用，目的是使炉温适当，条件易于控制，以便褐煤中的锗能充分挥发，并被收集于收尘设备中，得到富集。

收集的烟尘分为布袋尘和旋风尘，布袋尘含锗品位可达 1% 以上，旋风尘品位低一些，锅炉中残存的煤灰含锗为 $0.000x\%\sim0.00x\%$，多年堆存待处理。高品位布袋尘送氯化浸出—蒸馏；旋风尘送往湿法进一步富集锗后，再送氯化浸出—蒸馏。

近 10 多年来，由于国家政策地方中小型企业"国退民进"，导致临沧市私挖乱采、无证开采现象严重，造成地表塌陷的情况时有发生。不少私有企业都从事开采褐煤，生产含锗烟尘，由于处理含锗烟尘的回收率低，临沧市政府规定生产的锗烟尘只能售给云南鑫园锗业有限公司，由该公司统一进行锗的进一步加工。

目前，临沧市有 3 家具有一定生产和开采能力的锗企业，分别是云南鑫园锗业有限公司、临翔区韭菜坝锗业有限公司、临翔区 302 煤矿有限公司，3 户企业

年生产锗金属量超过 20t，占临沧市锗金属生产总量的 95% 以上，此外，还有 2
户锗烟尘生产小型企业。

云南鑫园锗业有限公司的锗金属生产能力为 15t 左右。2004 年 10 月，该公司
按照临沧市委、市政府的部署，结合企业自身发展的需要，在临沧工业园区投资
5000 余万元建设锗加工厂，设计能力为年生产二氧化锗 18t、区熔锗锭 12t、单晶锗
8t。此外，该公司还在东川投资建设锗厂，设计能力为年产二氧化锗 20~30t、熔区
锗锭 20t、单晶锗 8t。10t 以上的原料来源于四川、贵州，3~5t 来源于散户。

临翔区韭菜坝锗业有限公司从事锗煤的开采与火法提锗。目前已具有部分湿
法提锗设备，年生产能力为 4t 左右（锗金属）。

302 煤矿有限公司是由 306 煤矿（锗煤矿）和 302 煤矿整合而成的一个锗开
采生产企业，目前采用火法提锗烟尘工艺，年产能为 5t 左右（锗金属）。

为了有效地利用褐煤资源，雷霆等完成了临沧市含锗褐煤制备半焦和提锗
（含煤矸石中提取锗）工艺试验研究，试验情况介绍如下。

14.5.2　含锗褐煤锗挥发试验

14.5.2.1　试料基本性质

表 14-7 是临沧市不同矿点的褐煤理化性质分析值。

表 14-7　临沧市各地褐煤的工业分析及热值

原　样	水分 /%	灰分 /%	挥发分 /%	固定碳 /%	发热值 /MJ·kg^{-1}	锗含量 /g·t^{-1}
M-3（临沧 306 号）	9.76	35.43	416.06	34.83	19.02	230
M-4（临沧 302 号）	9.77	30.83	41.85	40.22	21.57	230
M-5（临沧韭菜坝）	25.08	39.99	47.84	31.30	14.15	480

从表 14-7 中可以看出，几种褐煤的锗含量都较高，而固定碳含量较低。

14.5.2.2　试验设备和方法

根据表 14-7 的临沧市各地褐煤的工业分析值，试验选用 M-3（临沧 306 号）
含锗褐煤为锗挥发试验试样。

试验在外加热电炉内进行，将试料装入有通风口的不锈钢容器内，每次试验
固定加料量为 5kg。将电炉升温至一定温度后，保持电炉恒温，让试料"焖烧"
挥发，保温一定时间后，切断电源，让电炉冷却至室温，取出"焖烧"残余物
并称重，分析其中锗含量，由此可计算出含锗褐煤中锗的挥发率。

14.5.2.3　试验结果和讨论

表 14-8 是不同温度、时间下"焖烧"残余物的产率、其中的锗含量及据此
计算的锗挥发率。

结果表明：温度达到 600℃ 时，锗逐渐挥发。在相同保温时间下，随温度升

高挥发量加大；相同温度下，随保温时间延长，挥发量也加大。图 14-14 所示是不同温度下，"焖烧"时间与褐煤中锗挥发的关系曲线。从图 14-14 及表 14-8 中可看出，在 1000℃，"焖烧" 2h 以上，褐煤中锗的挥发率达 80%以上。

表 14-8　含锗褐煤锗挥发试验结果

试样编号	温度/℃	时间/h	焖烧残余物产率/%	焖烧残余物锗含量/g·t⁻¹	锗挥发率/%	收集产物
M-3-1	600	2.5	66.7	300	13.04	水、焦油、沥青
M-3-2	600	5.0	70.0	260	20.87	水、焦油、沥青
M-3-3	600	10.0	66.7	360		水、焦油、沥青
M-3-4	800	2.5	62.7	140	61.85	水、焦油、沥青
M-3-5	800	5.0	64.0	83	76.90	水、焦油、沥青
M-3-6	800	10.0	59.4	130	74.20	水、焦油、沥青
M-3-7	1000	1.0	62.7	85	76.84	水、焦油、沥青
M-3-8	1000	2.5	62.7	63	82.83	水、焦油、沥青
M-3-9	1000	5.0	61.3	69	81.60	水、焦油、沥青
M-3-10	1000	10.0	60.0	62	86.13	水、焦油、沥青

试验中保持恒定升温速度，并收集不同温度点的挥发产物，结果表明：300℃以前主要脱去的是褐煤中水分（晶外水和晶内水），300～600℃时，脱出的主要是焦油和残余水的混合物；分不同温度段收集水分、焦油和水混合物、尾气、焦油沥青混合物，发现在焦油和水的混合物、尾气、焦油沥青混合物中均含锗。

表 14-9 是含锗褐煤锗挥发验证试验结果。从表中可以看出，

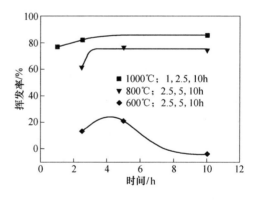

图 14-14　不同温度下，"焖烧"时间与褐煤中锗挥发的关系曲线

1000℃时，"焖烧"一定时间后，褐煤中锗的挥发率较高，在 85%以上，数值稳定，试验重现性好。

表 14-9　含锗褐煤锗挥发验证试验结果

试样编号	温度/℃	时间/h	原样重量/g	原样含锗量/g·t⁻¹	残余物重量/g	残余物锗含量/g·t⁻¹	锗挥发率/%	残余物产率/%
M-y-1	1000	2.5	6000	365	3580	89	85.45	59.67
M-y-2	1000	2.5	4500	365	2680	89	85.47	59.56

表 14-10 为部分试验条件下所得焖烧残余物的工业分析及热值，从表中数据可以看出，与褐煤试料相比，焖烧后的残余物固定碳含量提高，发热值变化不大。

表 14-10　褐煤在不同温度和时间焖烧后残余物的工业分析及热值

原样	工艺条件	水分/%	灰分/%	挥发分/%	固定碳/%	发热值/MJ·kg^{-1}
M-3-1	600℃，2.5h	0.68+	51.37	16.97	50.47	19.36
M-3-2	600℃，5.0h	4.19	39.32	11.29	53.81	19.92
M-3-3	600℃，10.0h	4.46	44.30	10.77	49.7	18.29
M-3-4	800℃，2.5h	0.46	44.65	3.66	53.33	18.81
M-3-5	800℃，5.0h	1.26	47.25	3.98	50.65	17.28
M-3-6	800℃，10.0h	0.49	45.14	3.57	52.9	18.64
M-3-7	1000℃，1.0h	1.36	516.25	4.42	51.26	17.53
M-3-8	1000℃，2.5h	0.85	43.29	2.75	55.16	19.00
M-3-9	1000℃，5.0h	0.93	48.61	2.42	50.14	17.33
M-3-10	1000℃，10.0h	0.88	44.59	1.74	54.45	19.18
M-3 原样	原煤	9.76	35.43	416.06	34.83	19.02

14.5.2.4　含锗褐煤制备半焦试验

从表 14-10 含锗褐煤在不同温度和时间挥发锗后，残余物的工业分析及热值看，该"焖烧"残余物含固定碳偏低而灰分太高，如将其作为半焦使用，则质量较差，不能满足要求，为此，对其进行可选性试验。

重介质选煤具有处理成本低、分选精度高的特点。

通过重液分析，考查重介质预选降低灰分和提高固定碳含量的可能性。

A　试验样品及筛析

试验样为表 14-8 中，M-3-10 含锗褐煤在 1000℃、焖烧挥发锗 10h 后的残余物，其工业分析及发热值见表 14-10，该残余物最大粒度约为 13mm，含粉煤量偏高。

首先将试验样 0.5kg 进行筛分。目前，重介质分选的粒度下限为 0.5mm，故将 +0.5mm 粒级作为重液分析的试料。各粒级分别取样、加工、分析，筛析结果见表 14-11。

试验样粒度筛析结果表明，样品 +3.0mm 以上所占的产率较低（仅为 57.61%），-0.50mm 粒级所占的产率稍高（达 15.39%）；且 -0.50mm 粒级质量极差（灰分达 70.57%、固定碳仅为 28.49、发热量也仅有 9.78MJ/kg）。

表 14-11 试验样粒度筛析结果

粒级 /mm	产率 /%	分析 项 目				
		水分 /%	灰分 /%	挥发分 /%	固定碳 /%	弹筒发热量 /MJ·kg^{-1}
-0.50	15.39	1.96	70.57	3.21	28.49	9.78
试验样	100.00	0.88	44.59	1.74	54.45	19.18

B 重介质洗选试验

对样品 +0.50mm 粒级进行重介质预选可选性试验，即重液分析试验。

在一系列探索试验的基础上，分离密度确定为 1.2g/cm³、1.3g/cm³ 和 1.4g/cm³。对 +0.50mm 各粒级分别按上述分离密度进行重液分析，重液分析所得各密度级的产品分别取样、加工送分析，并计算结果。重液分离原则流程如图 14-15 所示。

试验结果表明，试样在不同密度级的重液中有明显的分离效果。

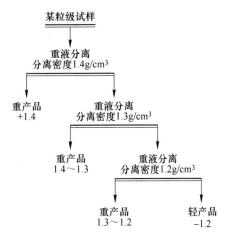

图 14-15 重液分离原则流程

+0.50mm 各粒级重液分析试验结果见表 14-12。

表 14-12 +0.50mm 各粒级重液分析试验结果

粒级 /mm	密度级	产率 /%	分析 项 目				
			水分 /%	灰分 /%	挥发分 /%	固定碳 /%	弹筒发热量 /MJ·kg^{-1}
13~8.0	-1.2	3.0	1.35	11.76	1.74	86.71	29.37
	1.3~1.2	5.84	2.64	24.25	2.29	74.02	24.46
	1.4~1.3	2.10	3.65	13.63	1.88	84.75	28.69
	+1.4	5.99	2.11	95.37	16.2	0.26	0.12
	合 计	16.93	—	—	—	—	—
8.0~3.0	-1.2	7.55	1.28	9.07	1.93	89.16	30.03
	1.3~1.2	8.89	1.44	12.55	1.74	85.93	28.66
	1.4~1.3	8.97	1.78	15.28	2.07	82.97	27.72
	+1.4	15.27	1.66	616.03	11.66	30.01	10.46
	合 计	40.68	—	—	—	—	—

续表 14-12

粒级 /mm	密度级	产率 /%	分析项目				
			水分 /%	灰分 /%	挥发分 /%	固定碳 /%	弹筒发热量 /MJ·kg^{-1}
3.0~0.5	-1.4	16.99	1.44	10.58	1.4	88.16	29.66
	+1.4	20.01	0.54	62.62	4.86	35.57	12.33
	合　计	27.00	—	—	—	—	—
-0.5		15.39	1.96	70.57	3.21	28.49	9.78
原样		100.00	0.88	44.59	1.74	54.45	19.18

(1) 对于 +0.5mm 粒级, 密度级为 1.4 时, 分离效果极为明显, 密度级为 1.4 时, 轻产品的灰分明显降低, 固定碳含量、弹筒发热量明显提高。

(2) 对于 +3.0mm 粒级, 密度级为 1.4 时, 可以得到产率 316.35%、灰分 14.38%、挥发分 1.96%、固定碳 83.96%、弹筒发热量 28.10MJ/kg 的半焦。

(3) 对于 +0.5mm 粒级, 密度级为 1.4 时, 可以得到产率 43.34%、灰分 13.77%、挥发分 1.87%、固定碳 84.64%、弹筒发热量 28.35MJ/kg 的半焦。

由此可见, 含锗褐煤挥发锗后的残余物, 采用洗选的方法进一步处理后可制得高质量的半焦产品。

14.5.2.5　煤矸石挥发锗试验

煤矸石是煤矿地层中的脉石。

开采煤炭时, 煤层的顶板和底板, 以及掘进时从煤层周围挖掘和爆破出来的炭殖岩、泥殖岩、砂殖岩、粉沙岩和少量石灰石, 统称煤矸石。

地壳变迁将植物体长期压在地下而形成了煤, 煤矸石就是在形成过程中, 由于沉积速度不一样, 在煤层上下沉积着的泥沙层。

煤矸石是采煤和洗煤的副产品, 是无机质和少量有机质的混合物。

临沧煤矸石有其特点: 含锗较富, 平均品位 200~300g/t。为了充分利用资源, 对煤矸石回收锗的工艺研究是很有必要的。经多次探索试验, 最终确定了煤矸石回收锗的高温挥发工艺, 并对其高温挥发条件进行了优化, 完成了综合条件试验。

A　试验材料和方法

试验样品: 试验样品采自云南省临沧市, 为呈黑色或灰黑色的固体块状煤矸石, 经粉碎、磨矿、缩分取样。其样品化学成分分析结果见表 14-13。

表 14-13　临沧煤矸石的化学成分

元素	SiO$_2$	Al$_2$O$_3$	Fe$_2$O$_3$	CaO	MgO	Na$_2$O	K$_2$O	C	Ge/g·t^{-1}
含量/%	30~60	15~40	2~10	1~4	1~3	1~2	1~2	20~30	90~100

临沧煤矸石的矿物成分以黏土矿物和石英为主,除了石英和长石外,常见矿物为高岭土、蒙脱石、伊利石、云母和绿泥石类。

B 试验方法

称取一定粒度的煤矸石样品与一般煤炭样品混匀,放入蒸发皿中摊平,用同样大小的蒸发皿盖上,皿嘴相对,以便气体逸出。

将蒸发皿放入马弗炉内,在一定温度下焙烧一定时间后缓慢冷却至室温。

C 试验结果和讨论

a 锗结构分析试验

锗具有亲石、亲铁、亲硫和亲有机物的多种理化性质。在自然界中,锗与硅有广泛的类质同象置换关系。锗较易进入聚合能力最小的硅氧四面体硅酸盐矿物晶格中。

许多煤层中发现有锗的富集,是锗亲有机质的一个典型例子。

锗在煤中主要以三种结构形式存在,即水溶态及可交换态、腐殖质结合态等有机态、晶格或单矿物状态。

煤矸石中锗结构分析对于选择试验方案极为重要,因此,进行了煤矸石中锗结构分析试验。

试验方法:取相同重量的煤矸石和含锗褐煤样品,用同样的方法进行分析,对分析结果进行比较。

表14-14是锗在煤矸石和褐煤中的各种结构含量分析结果。从表中可看出,锗在煤矸石中的结构和在褐煤中的结构有较大差异。煤矸石中,绝大部分锗(99.45%)以晶格或单矿物态存在,有机锗不到总量的1%,而含锗褐煤中,有机锗占17.32%,晶格或单矿物态锗占82.39%。

表 14-14　锗在煤矸石和褐煤中的各种结构含量　　　　　　　　(%)

试样名称	水溶态及可交换态	有 机 态	晶格或单矿物态
褐　煤	0.286	17.32	82.39
煤矸石	0.12	0.43	99.45

b 煤矸石中锗挥发条件试验

(1)粒度对锗挥发率的影响。选择 $-0.043mm$、$-0.062mm$、$-0.074mm$、$-0.28mm$、$-1mm$、$-5mm$ 六个粒度的煤矸石样品各 50g,分别与 50g 粒度为 $-2mm$ 的无锗煤粉混匀,各自进行挥发试验,其他试验条件为:挥发温度 1250℃,挥发时间 10h、煤炭配比 1/2,试验结果如图 14-16 所示。

从图 14-16 中可看出,将 $-0.28mm$ 的煤矸石粒度磨细为 $-0.074mm$ 时,锗的挥发率陡然提高,从 25% 上升为 83.97%,净升 58.97%,随后,煤矸石粒度越细,锗的挥发率则上升越缓慢。$-0.043mm$ 煤矸石的锗挥发率虽然最高,为

90.2%，但仅比-0.074mm 煤矸石的锗挥发率上升了 16.23%。粒度再细，锗挥发率仍有上升的趋势，但粒度太细，将增加磨矿成本，生产上选择煤矸石粒度需综合考虑。从投入产出效益看，试验以煤矸石粒度-0.074mm 适宜。

（2）挥发时间对锗挥发率的影响。选择了 5h、7.5h、10h、12.5h 四个挥发时间进行试验。煤矸石四个样品各 50g，分别与 50g 粒度为-2mm 的无锗煤粉混匀，各自进行挥发试验，其他试验条件为：挥发温度 1250℃，煤炭配比 1/2，煤矸石样品粒度-0.074mm。试验结果如图 14-17 所示。

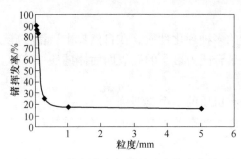 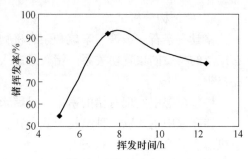

图 14-16 锗挥发率与煤矸石中粒度的关系   图 14-17 煤矸石中锗挥发率与挥发时间关系

从图 14-17 中可知：挥发时间为 7.5h 时，煤矸石中的锗挥发率最高，为 91.88%，以后随挥发时间的延长，挥发率反而降低。原因为在具有一定还原气氛的环境中，锗以一氧化锗的形式能较大程度地挥发，但应及时导引收尘，否则，随着挥发时间的延长，有一部分已挥发的一氧化锗又会被氧化成二氧化锗而沉入烧渣，造成渣中锗含量升高。

（3）挥发温度对锗挥发的影响。选择了 950℃、1050℃、1150℃、1250℃、1350℃五个温度梯度进行试验。煤矸石五个样品各 50g，分别与 50g 粒度为-2mm 的无锗煤粉混匀，各自进行挥发试验，其他试验条件为：煤炭配比 1/2，煤矸石样品粒度-0.074mm，挥发时间 10h。试验结果如图 14-18 所示。

从图 14-18 可知：当挥发温度从 950℃上升到1150℃时，锗的挥发率上升缓慢，挥发温度提高 200℃，锗挥发率约上升 10%；当挥发温度从 1150℃上升到 1250℃时，锗挥发率陡升，挥发温度提高 100℃，锗挥发率上升 48.67%。当挥发温度从 1250℃上升到 1350℃时，锗挥发率上升又变缓慢，挥发温度提高 100℃，锗挥发率仅上升 4.53%。从

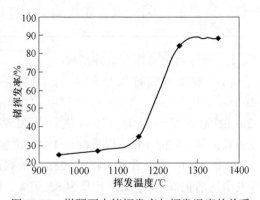

图 14-18 煤矸石中锗挥发率与挥发温度的关系

火法冶炼的常用技术参数及经济效益考虑，挥发温度以1250℃为佳。

（4）煤炭配比对锗挥发的影响。煤矸石中的锗在高温条件下，生成具有挥发性的一氧化锗需要一定的还原气氛，试验中发现，通过添加适量的不含锗煤并应用前述试验方法能达到此目的。本试验主要研究不含锗煤的适宜添加量。

选择了0（不含锗煤，0g；全部为煤矸石，100g）、0.33（不含锗煤，33g；煤矸石，67g）、0.5（不含锗煤，50g；煤矸石，50g）、0.75（不含锗煤，75g；煤矸石，25g）4个煤炭配比分别进行挥发试验，其他试验条件为：挥发温度1250℃，煤矸石粒度-0.074mm，挥发时间10h。试验结果如图14-19所示。

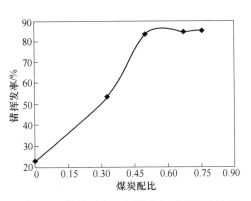

图14-19 煤矸石中锗挥发率与煤炭配比关系

从图14-19可知，在煤炭配比为0~0.5之间，锗的挥发率曲线为向上倾斜，表明煤炭配比越高，锗的挥发率越高；在煤炭配比0.5~0.75之间，锗挥发率曲线上升极其缓慢，锗挥发率增加很少。而煤炭配比的提高，将增加成本，降低经济效益，故应以0.5的煤炭配比作为适宜的挥发条件。从图中还可看出，不加煤炭，仅煅烧煤矸石直接进行高温挥发，锗的挥发率低，挥发效果差，这可能与加入煤炭后，煤炭焖烧生成了一氧化碳，从而为锗挥发提供了必需的还原气氛有关。

14.5.2.6 小结

（1）临沧褐煤（包括煤矸石）含锗量高，是十分珍贵的资源。

（2）通过"焖烧"挥发工艺，能有效地挥发出褐煤中的锗，锗的挥发率达85%以上；煤矸石经磨矿控制一定粒度，配入燃煤在一定温度下燃烧，其中的大部分锗（大于85%）也能挥发。

（3）含锗褐煤挥发锗后的残余物，产率约为60%，固定碳含量有所提高，灰分增加，发热值变化不大，经洗选的方法进一步处理后，可制得含固定碳大于80%以上的优质半焦产品。

（4）含锗褐煤挥发后的锗分布在水、焦油和沥青中，较为分散，不易直接回收，宜改变其存在状态，以烟尘方式收集。

综合目前临沧市直接燃烧含锗褐煤生产工艺，并结合褐煤制备半焦实践，含锗褐煤（含煤矸石）试验结果，拟订出临沧含锗褐煤制备优质半焦提锗工艺流程，如图14-20所示。

该工艺既充分利用了现临沧市直接燃烧含锗褐煤提锗的设备，解决了资源浪费、环保污染严重的现实问题；又使含锗褐煤中的锗得到了高效回收，并可将提锗后的褐煤制备成优质半焦，有效利用资源。

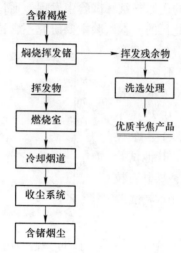

图 14-20　临沧市含锗褐煤制备优质半焦提锗工艺推荐流程

14.6　国外从煤或煤相关产品中回收锗的工艺

14.6.1　从煤焦油残渣中回收锗的工艺

该发明是关于富集（working up）煤焦油的工艺，尤其是针对煤焦油残渣，如刮煤（scrape）焦油、气体清洗焦油残渣、煤焦油沉积物、煤焦油过滤残渣，以及其他处理（如离心处理）煤焦油得到固体物质的处理工艺。

已经发现，锗存在于化石燃料（如丝煤、棕煤、褐煤和泥煤）中，在煤焦油或者上面提到的含无机组分的煤焦油残渣中，锗有相当程度的富集，在干馏（焦化或低温炭化）过程中，多以无机化合物形式存在。

该发明的目的是处理残渣中的锗，处理方法是：首先分离出大量的有机成分，然后再从剩余的混合物中分离出无机化合物和金属氧化物形式的锗。

该发明采用的通过燃烧残渣同时升华锗化合物的方法，分离有机成分是有效的；此外，也可以通过添加试剂促进升华或采用另外的方法（如用溶剂萃取或用化学方法）分离有机物质。如果用酸氧化处理，含有较高含量以沥青形式存在的碳的无机残余物，会使碳对锗化合物起还原作用。

利用原料所含碳作为燃料或还原剂，使该工艺具有了很高的经济价值。

处理方法可由多种方法组合而成，也可以在该发明的范围内完善。应该指出的是，进行焚烧处理时的温度是分步升高的，分离各种锗化合物的升华温度在95~450℃之间。某种程度上讲，升华温度要视具体情况而定，其目的是要达到较高的回收率。

工艺过程中，回收锗的同时也可回收原料中的其他有价金属，如用同样的方法可回收钛、钒等。

14.6.2 煤中锗的回收

该发明是关于从煤中提取回收锗的方法。

锗是一种稀有元素，只在很少的一部分矿石中发现含有锗，比如：硫银锗矿、锗石、辉银铅锑锗矿。一般这些矿石中最高含锗为 7%～8%，V. M. Goldschimidt 是发现有些煤中含锗浓度相当高的第一人。

从 V. M.. Goldschimidt 发现煤中含锗后，对含锗煤的研究有以下主要成果：

（1）锗在煤中的富集程度和煤含灰分的量成反比，也就是说，煤含灰分低时含锗的量就高。

（2）大多数含锗煤属于第三纪地质年代。欧洲和美国的大多数煤矿不属于第三纪，但日本的煤矿却属于第三纪，因此，日本的煤矿应该作为含锗资源进行深入研究。

最近，锗作为制造短波振荡接收器的一种原料被电子科学所关注，如晶体管探测器、交通运输的传感器和调节器、晶体管半导体电话等。

根据日本煤中锗分布的调查，发现锗在烟煤、褐煤中的木质部分相当富集。从煤中回收锗，首先应分离煤中的岩石类成分，因而，从煤中回收锗的工艺为选择性地收集烟煤中的镜煤和褐煤中的木质部分，再处理镜煤和褐煤的木质部分回收锗。

镜煤和褐煤中的木质部分可以燃烧进入灰分或干馏产物中，用常规方法处理富集在灰分或干馏产物中的锗氧化物或硫化物可得到金属锗。如果不分离煤中岩石类成分，那么煤灰中锗的含量很低（大约 0.01%）而很难提取。表 14-15 是分离岩石类成分后锗的浓度。

表 14-15 分离岩石类成分后锗的浓度

煤	Ge 浓度	分离岩石类成分后富集的 Ge	
	（灰分中）/%	镜质组分/%	Durit
Kayanuma	0.004	0.26（在灰分中）	—（在灰分中）
Kumanokura	0.003	0.10（木质成分）	—（干馏物）

煤中的锗主要分布在镜煤和褐煤的木质部分，锗在燃烧或干馏时发生挥发，富集在燃烧产物或干馏产物中。

Bivalent 地区煤中锗的氧化物和硫化物的挥发温度在 500℃ 以上，在此温度下，即使锗为 +4 价，也很容易被还原为 +2 价挥发出来，这与一般矿石中的锗在高于1000℃时才挥发有很大的不同。

一般从烟尘（燃烧温度低于500℃）或干馏产品、焦油蒸汽、各种气体（干馏温度高于800℃）中都能获得含锗高的原料，原料的富集可采用物理分离方法，比如静电分离方法和选择性分离方法，也可以在提供空气或氧气时，将高温烟尘加热到大于1000℃，使锗的氧化物或硫化物升华出来。下面是该发明在现实应用中的两个例子。

例14-1　从1t Kayanuma煤（含22.1%灰分），用静电分离法分离出0.4t镜煤（含2.3%灰分），在低于500℃下燃烧镜煤，产生12.8kg烟尘，烟尘中含0.1%的锗，用碱性熔剂处理烟尘，然后再经氯化处理后，可获得锗的氧化物。一般认为，含锗大于0.01%时就能够在工业上利用了。

例14-2　用静电分离法分离出的shikoku-jutan（木质）煤，在温度大于1000℃时干馏，锗化合物富集在焦油中，利用溶剂萃取和共沉淀得到含锗大于0.1%的原料，得到的含锗原料可采用常规方法收集锗。

14.6.3　从煤中提取锗的方法

该发明涉及从煤中提取锗金属或锗化合物的方法。

煤在高温干馏时，会生成一种非常特殊的含水液体，作为一种干馏产物，锗化合物含在其中。这种液体中占决定性数量的是可溶性有机物和无机物，这种液体称为煤干馏气化液。

该发明提供了处理这些汽化液的方法，通过该方法的实施，可得到一种含锗物料并能从中分离出锗。

首选的工序是从汽化液中沉淀含锗成分，然后分离出沉淀物。一种方便、有效地沉淀含锗成分的手段是用空气氧化，然后从沉淀中提取锗化合物或金属锗。

在煤的干馏产物中，含锗原料以液态或气态形式存在，可从溶液分离出沉淀物，再从沉淀物中回收纯的锗化合物或金属锗。

该发明的优点是气化液可通过几个连续的步骤处理，目前，还未发现有更方便处理气化液的工艺。

任何来源的气化液都可以用该发明提供的办法处理，获得的溶液中锗含量较高。

气化液中锗含量大约为0.001g/L，通常含量大约在0.001~0.01g/L之间。初步的处理步骤是首先分离富含锗部分，这部分能干馏产出含锗更高的气化液。

该发明的工艺流程可用图14-21说明，此外，还提出了几种补充方案。

普通的氧化剂都能用于氧化反应，如空气、氧、臭氧、过氧化氢、重铬酸钾、钠和钾的硝酸盐、硫酸盐以及氯、溴等。首选空气，以1t气化液计，空气以5~10m³/h的量通入，一般不超过15m³/h。

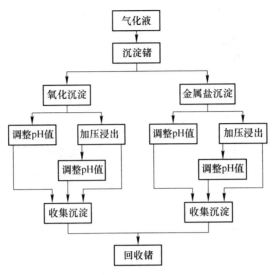

图 14-21　气化液中含锗原料的沉淀和锗的回收

图 14-22 所示的流程，给出了一个干馏煤的方法以及由此处理气化液的结果，

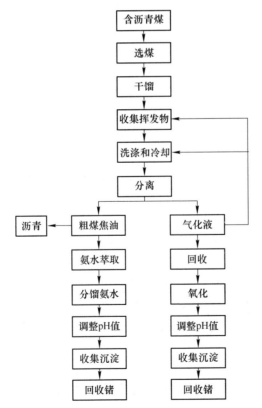

图 14-22　一种干馏煤的方法及处理气化液回收锗的流程

该工艺也可以作为干馏其他产品的工艺。图中气化液由氧化沉淀或金属盐沉淀两个并列的工序处理：氧化沉淀是采用氧化剂的反应产物，金属盐沉淀是采用金属盐的反应产物。氧化反应产出混合物，混合物有部分沉淀，平衡状态的沉淀物是一种胶状溶体。

空气由风机送入，常压下反应温度范围是 30~100℃。反应时间为 0.5~2h，甚至更长，通常不到 2h 即可完成。

14.6.4　从碱性煤灰、烟尘以及类似褐煤燃烧渣中回收锗

该发明是一项改进的回收锗工艺，即从碱性煤灰、烟尘以及类似褐煤燃烧渣中回收锗的工艺。

该工艺涉及采用萃取法和化学法处理经过分类的煤灰和废弃的煤渣，以便回收以化合物形式存在的锗。

众所周知，锗在煤中的富集程度相当高，该发明涉及一种从煤灰和废弃的煤渣中回收锗的工艺，该工艺由以下步骤组成：用卤化气体处理已经过分离的煤渣，使锗的化合物转化为可溶解的卤化物；用水洗处理煤渣使锗化合物溶入水中；将水溶液用硫化物水溶液处理得到锗化合物沉淀物。

由于煤本身的性质，一些煤的燃烧产物是碱性的，这些煤中可能含少量天然形成的碱性物质，如碳酸钠、碳酸钾、石灰石以及类似的碳酸盐。这些碱性物质大多集中在燃烧后的烟尘中，所以燃烧后的产物碱度较高。在用该技术处理这些碱性烟尘时，先用过量的卤素，将锗化合物转化为卤化物。进一步的研究发现，锗在碱性煤渣中以水溶性锗化物的形式存在，主要是碱金属、碱土金属以及锗酸盐。这些化合物可以用水洗，使锗的硫化物转变为沉淀物而分离。

目前，由于经济方面的原因，人们对从各种原料中回收锗表现出很大兴趣。根据产地的不同，煤中也许含有少量其他金属，例如锗，它们有很大的经济价值。

发明的目的是改进从碱性煤灰中回收锗的工艺，另外也为处理碱性煤灰提供一种可操作的工艺，即水洗已分离的碱性煤灰提取可溶的锗化合物，然后用硫化物处理溶液，得到锗的硫化物沉淀物，再回收锗。

发明主要包括下列步骤：水洗已分离的煤灰来提取其中可溶的锗化合物；用硫化物溶液处理锗的化合物，以硫化物形式沉淀锗。

获得的沉淀物可以在富氧中通过燃烧来分离硫，可将硫化物转化为锗的氧化物，然后还原为金属锗。最好是将多种硫化物直接加入洗水中，当煤灰中存在大量的锗时，用水洗来沉淀已硫化处理过的锗化合物，由此产生的沉淀为褐色，主要由单质硫、GeS、GeS_2 组成，用 CS_2 在沸腾的酸性溶液中洗涤沉淀物，可除去部分硫。

作为提锗原料的煤灰，要求有一定细度且容易分离，这可保证能充分地提取锗的化合物。如果煤灰不易分离，可以将其研磨成粉，磨碎的程度取决于煤灰中灰分的自身物理特性。软而多孔、呈薄层片的灰分不必磨碎。通常，为了获得高的锗化合物回收率，应该将煤灰磨碎到一定粒度。

从煤灰中提取锗的化合物可以在常规的过滤提取装置中完成。灰分首先形成悬浮物或浆液，灰分微粒与水充分接触，唯一的要求是要完全洗涤和排干水，排出的水溶化合物可以排入一个不往外排的水池中，当水溶化合物的量积聚到足够多时还可将其回收处理。

含灰分较多的原料宜洗涤多次，以保证充分提取其中的锗化合物。根据洗涤的次数，用水量为灰分重的 0.5~4.5 倍不等，灰分重量最好是洗水的 1~3 倍，否则，利用过量的水处理煤灰，会增加费用。

完全浸湿煤灰所需的水量约为煤灰质量的 1/3，所需的水量由于灰分的类型和物理性质而有所不同。与灰分的含锗量相比，溶液中的锗浓度富集了 1.5 倍。

锗化合物从灰分中洗出后，过滤溶液除去沉淀物。含锗化合物的溶液为碱性溶液，加入足够的盐酸使溶液的 pH 值降到 5 以下，适宜的 pH 值在 2~4 之间。溶液酸化的目的是便于沉淀锗化合物，并使其他金属留在溶液中。

由于锗化合物以多种形态存在，应避免其被铁、铝、硅等金属污染。大多数情况下，应该使溶液有相当高的酸度以减少铁、铝、硅等化合物的存在，如，硅在 pH 值为 5 时沉淀，铁和铝在 pH 值为 4~5 时沉淀。如果溶液的酸度不高，过滤时，镓、钛就会沉淀出来，可以从酸性滤出液中回收这些不同的金属。通常，盐酸量为原料量的 0.5% 到 2%~3%。

从滤液中沉淀锗，最好用碱金属的硫化物，如硫化钠（钾、锂、钙、钡、锶）等。在沸腾的碱金属氢氧化物溶液中，加入硫黄很容易制备这些硫化物的水溶液，如将质量为 100g 的硫黄与质量为 250g 的苏打溶液反应，直到硫黄溶解，然后稀释到质量为 2500g，就可制备硫化钠溶液。加入洗涤水或滤液中的硫化物量最好比与煤渣中锗化合物反应所需的理论量多一些，对大多数灰分样品，以原料的灰分为基准，加入硫化物水溶液的量为理论反应量的 1.005~1.05 倍，过量的硫化物可以以硫黄的形式回收。

可以把滤液温度升高到沸腾以加速锗化合物的沉淀，最好通入大量水蒸气，溶液中的硫化氢不必排出。当硫化物加入原始洗涤水中，再从洗涤水中分离煤灰后就需对溶液进行酸化。当提取物和水互溶时，酸化就在加入硫化物前一步进行，酸化也可以在加入硫化物之后进行，用移注、过滤或部分移注后再过滤的方法分离沉淀物，沉淀物可以收集在沉淀槽及过滤器中，或是这些装置的组合设备中。

由于锗化合物的酸化液里溶解的硫化物可能析出硫黄，所以过滤出的沉淀物最好用溶剂（如 CS_2）洗涤，以便除去沉淀物中的硫黄。如果沉淀物中含有 As，则用重碳酸钠洗涤。在富氧或过量的空气中燃烧沉淀物（在封闭的曲颈瓶中进行，以防挥发损失），使锗的化合物转化为 GeO_2，然后加热沉淀物除去存在的空气或其他氧化性气体，以进一步富集锗的化合物。GeO_2 在还原性气体中加热生成金属锗，最终的产品用常规方法提纯。

该发明将用下面具体的例子来进一步说明。

例 14-3 取 1000g 碱性灰分于 1L 的水中搅拌，直到灰分悬浮，然后将溶液加热到沸腾，过滤后滤渣分别用 1L 的热水和冷水洗涤，在滤液中加入 50mL 浓度为 1.2N 的 Na_2S 溶液混合，再与盐酸反应并静置，在静置过程中产生的沉淀物由粉红色变为暗褐色，过滤沉淀物并将滤饼烘干，产品净重 1.2970g，相应地每吨灰分产品净重为 1176.6g。

例 14-4 取 1000g 碱性灰分，加入 50mL 浓度为 1.2N 的 Na_2S 溶液，混合物溶液加热到沸腾，过滤后滤渣分别用 1L 的热水洗涤 2 次，滤液与盐酸反应并静置。在静置过程中，沉淀物开始由浅红色变为黑色，静置 12h 后过滤，滤饼干燥。沉淀物是典型的褐色，产品净重 1.3g，相应地，每吨灰分产品净重为 1179.39g。

例 14-5 取 1000g 碱性灰分，用 1L 沸腾的水分别洗涤三次，滤液中加入硫化钙溶液，然后加入硫酸反应，分离出大部分粉红色的沉淀物。滤液静置 12h 后，加入过量的硫化钙，过滤。将两次所得的沉淀物再溶于 NaOH 以提纯产品，过滤后再酸化溶液得到沉淀物。沉淀物用 CS_2 洗涤，以除去沉淀物中的硫黄，最终的产品为暗褐色，重 0.3162g。相应地，每吨灰分的产品净重为 2816.85g。

例 14-6 取 1000g 碱性灰分，加入 1L 水，加热，沸腾 30min 后过滤，灰分分别用 1L 沸腾的水洗涤 2 次，滤液有 2400mL。将上述滤液平均分成两份，一份样品加入 10mL Na_2S 溶液（每升溶液含 40g 硫、100g 可溶性苏打）。另一份样品加入 7.5mL 相同的 Na_2S 溶液。两个样品都与盐酸反应，并加热提取凝结的产品。第一份样品的产品重 0.2380g，相应地，每吨灰分产品净重为 215.9g；第二份样品的滤液略呈粉红色，表明沉淀不完全，沉淀物重 0.2365g，相应地，每吨灰分产品净重为 214.5g。

例 14-7 取 1000g 碱性灰分，加入 1L 用 40mL 饱和硫化钙溶液加水稀释后的溶液，加热溶液，沸腾 30min 后过滤，分别用 1L 水洗涤灰分 2 次，滤液与 15mL 浓盐酸反应，并加热到有沉淀物产生，产生的沉淀物重 2.985g，相应地，每吨灰分产品净重为 270.79g。

例 14-8 取 1000g 碱性灰分，加入 1L 用 40mL 饱和硫化钙溶液加水稀释后的溶液，加热溶液，沸腾 30min 后过滤，分别用 1L 水洗涤灰分 2 次，最后一次的洗水分开放置。滤液酸化两次，最初的滤液加热产生沉淀物，最后的洗水加热沸腾产生凝结物，此时的溶液是乳白色的，其亮度随加入 4~5 滴 Na$_2$S 溶液而增强，最后变成了沉淀物，溶液变清。从 1000g 碱性灰分中得到的产品重 1.0925g，相应地，每吨灰分产品净重为 990.7g。

例 14-9 取 1770g 碱性灰分，加入 1500mL 用 60mL 饱和硫化钙溶液加水稀释后的溶液，加热溶液，沸腾 30min 后过滤，洗涤滤渣。滤液用 18mL 浓盐酸酸化，产品重 5.215g，相应地，每千克灰分中产品净重为 2.94g，或每吨灰分的产品净重为 2616.7g。

例 14-10 取 10kg 碱性灰分放入 8 加仑（1 加仑 = 3.785L）陶瓷容器中，将 2mol 的硫化钠稀释到 4L 后加入陶瓷容器，混合，静置 12h 后，用 10L 水洗涤灰分 3 次，过滤。得到的滤液收集在 8 加仑的陶瓷容器中，用盐酸酸化，沉淀锗的硫化物（加热可以加快沉淀），过滤出的沉淀物用 CS$_2$ 洗涤除去硫，最后得到的产品为微红色。

由于该发明的流程简单、高效，它可用于从一般的碱性煤渣中提取锗的化合物。

为形成较高的碱度，可以在煤入炉前混入少量的碳酸钠、石灰石、石灰、苛性钾、碳酸钙或类似的物质。碱性物质使煤在燃烧时使锗存在于灰分中，并产出易溶于水的锗化合物，然后通过该发明，提取和回收锗。很显然，在不脱离上述阐明的核心技术范围内，发明可以作许多改进，具体的改进措施已在上面的例子中说明。

从碱性煤灰中回收锗化合物的工艺包含了下面的基本工序：用 0.2~5 倍灰分重的水洗涤灰分，水中含有金属硫化物，金属的选择可以是碱金属或碱土金属。加入 0.02%~0.2% 比灰分重的硫化物（加入硫化物的量最少应等于灰分中锗化合物按化学反应计算所需要的量），对洗涤过的含锗化合物溶液，用盐酸酸化，使溶液的 pH 值在 2~4 之间，加热酸化的溶液到沸腾，以加快锗化合物的析出，分离沉淀的锗化合物。

14.6.5 从水煤气中回收锗的工艺

该发明是关于从水煤气中回收锗的改进工艺。

生产厂家的煤气中含 GeO$_2$ 量不同，通常为 0.05~2.0g/m^3，这主要取决于所使用的煤等含碳物质。

该发明旨在提供一种经济简便的工艺，以回收水煤气中的锗。

该发明用醛类，尤其是甲醛，使得水煤气产出沉淀物，分离沉淀物后煅烧，从收集的烟尘中回收锗。

水煤气应首先进行脱酚，脱酚后的气体中还含有较多的酚类物，它可与醛类形成沉淀物。试验证明，水煤气中的大部分锗（多数情况下大于 85%）富集在沉淀物中。

该发明可用于处理天然水煤气，也可用于处理煤燃烧的副产品——所谓的合成水煤气。

水煤气最好先用有机溶剂萃取，以除去一元酚和二元酚，如邻苯二酚等。脱酚后的水煤气中仍然含有酚类，它可与醛类产出沉淀物，在这种情况下，得到的沉淀物很少，但它却富含锗。如果将 pH 值控制在 2~3，将会得到更多的沉淀物，提取更多的锗，而醛的用量确减少了。该发明获得的沉淀物很容易燃烧得到烟尘，其中的 GeO_2 含量达到了 3%~5%，通过盐酸浸出并蒸馏，可以很方便地得到 $GeCl_4$。为便于理解该发明，给出如下实例加以说明。

例 14-11　将 6.2L 含 35% 的甲醛，加入含 GeO_2 1.5g/m^3 的 $1m^3$ 水煤气中，使其沸腾 1h，冷却后，真空萃取过滤沉淀物，获得 6.4kg 含 GeO_2 0.02% 的沉淀物，锗产率为 85.3%。

例 14-12　将 20L 含 35% 的甲醛，加入已用有机溶剂萃取二元酚的含 GeO_2 1.5g/m^3 的 $1m^3$ 水煤气中，使其沸腾 1h，冷却后，过滤，获得 4.7kg 含 GeO_2 0.028% 的沉淀物，锗产率为 88.0%。燃烧沉淀物，获得 64g 含 GeO_2 2.04% 的烟尘，通过盐酸浸出、蒸馏，能以 $GeCl_4$ 的形式回收超过 90% 的锗。

例 14-13　将 20L 含 35% 的甲醛，加入例 14-12 中已用硫酸酸化的 $1m^3$ 水煤气中，使其沸腾 1h，冷却后，过滤，获得 1.97kg 含 GeO_2 0.075% 的沉淀物，锗产率为 98.5%。燃烧此沉淀物，得到 38g 含 GeO_2 3.6% 的烟尘。

例 14-14　将 12L 含 35% 的甲醛，加入例 14-12 中已用硫酸酸化的 $1m^3$ 水煤气中，使其沸腾 1h，冷却后，过滤，获得 1.79kg 含 GeO_2 0.08% 的沉淀物，锗产率为 95.5%。燃烧此沉淀物，得到 31g 含 GeO_2 4.3% 的烟灰。

例 14-15　将 $1m^3$ 含 GeO_2 36g/m^3 的合成水煤气，通过用等量的 1%（NH_4）CO_3 溶液萃取煤焦油，溶液用乙酸丁酯萃取邻苯二酚后，用硫酸酸化，然后加入 10L 甲醛，使其沸腾 1h，冷却后，过滤，获得 5.2kg 含 GeO_2 0.067% 的沉淀物，锗产率为 95%。燃烧此沉淀物，得到 1.08kg 含 GeO_2 3.2% 的烟尘。

14.6.6　从煤烟尘中回收镓和锗

该发明是关于从煤的烟尘中回收锗和镓的一种方法。

工业锅炉燃烧煤时产出烟尘，这些烟尘包括飞扬尘、静电尘、湿法尘、布袋尘等，采用收尘设备将这些烟尘收集。烟尘一般为细颗粒，这些细颗粒主要含有硅、铝及少量的 Ni、Ga 和 Ge 等；此外还含有其他的一些元素，如 As、Pb 和 Sb 等。

对于回收烟尘中的某些稀有元素，美国矿务局曾作过调查报告《从煤烟尘和冶炼磷烟尘中回收锗和镓》。

由 R. F. Waters 和 H. Kenworthy 编写的报告中介绍了美国矿务局回收锗和镓

的成果。报告中描述了采用微量元素升华法的工艺。

美国专利（4475993）进一步介绍了从一种细颗粒的工业烟尘中回收银、镓和其他微量元素的工艺技术。该工艺技术包括使烟尘与 $AlCl_3$ 在一种熔化的卤化碱中接触，$AlCl_3$ 与微量元素在熔体中反应，生成可溶的化合物和硅酸盐、Al_2O_3 的残渣，然后用电解和其他分离技术从熔体中分离出所需要的微量元素。

该发明的目的是提供一种更好、更经济的方法来回收镓和锗。

14.6.6.1 发明概要

该发明是从烟尘中分离镓和锗的方法。主要包括：烟尘首先制粒，然后在温度大约为900℃的氧化气氛中挥发砷和硫等，再在大约900℃的还原气氛中，使高价氧化物转化为低价氧化物，最后在更低的温度（大约700℃）用浓缩的方法分离镓和锗的低价氧化物。

14.6.6.2 发明详细描述

该发明是从含镓和锗的烟尘中分离、提取镓和锗。烟尘中，镓的氧化物为 Ga_2O_3，锗的氧化物为 GeO_2。

原料来自燃煤发电产生的烟尘，这种烟尘一般是不纯的硅酸盐，包括大量不同形式的铝、氧化铁、碱土氧化物、碱性氧化物，少量的其他元素和镓、锗等。烟尘中，镓和锗的含量为每吨几十克到几千克不等。美国东部煤烟尘中，这两种元素的含量比美国其他地方的含量高。

烟尘中，镓和锗的含量取决于燃烧条件、收尘系统和煤的组成。

大风量燃烧时，得到的烟尘中镓和锗的含量高。在一个工厂有几个收尘系统的情况下，不同收尘设备中，烟尘中镓的含量也不尽相同。

该发明中，首先处理烟尘，其目的是除去尽可能多的其他元素。专利（813968）中提及了此方法。

将烟尘制成球状颗粒，以便在氧化和还原时，避免烟尘被气体带走。

利用标准方法来评价球状颗粒的强度，如采用圆鼓或圆盘。制备强度较高的小球是很重要的，因为在反应器中它们层层堆放，必须保证小球有足够的强度以支撑上部的重力及磨损，并且要有足够的空隙，以便气体流过。

用直接加热的方法，加热炉子中的小球，在氧化气氛中除去烟尘中的砷和硫。在直接加热炉中，温度最好高于900℃，但不应高于烟尘的熔化温度，因为在较高温度的氧化气氛中，砷和其他微量元素有更高的挥发率，但又不希望小球熔化并粘在一起。温度一般不超过1100℃，适宜的反应温度是比烟尘的熔点低50℃，以免发生意外情况。

氧化过程除去了挥发性的元素，如砷和硫等；下一步是在还原气氛中将小球中的高价氧化物还原为低价氧化物，使其更易挥发。

还原反应在相同的温度条件下进行，还原气体可以是 H_2、CO、合成气体

（CH_4 和 CO_2 的混合物）、CH_4 及挥发性的碳氢化合物或在其中混入气体（如 N_2）的混合物。还原气体可以用天然气或挥发性的碳氢化合物部分氧化制成。

表 14-16 给出了一种类型的烟尘在不同温度时以及在温度升高到 1200℃ 时，镓的挥发情况。还原气氛由 5% 的 H_2 和 95% 的 N_2 组成。

表 14-16　一种类型的烟尘在不同温度时镓的挥发情况（初始原料含镓 240g/t）

温度/℃	挥发时间/h	烟尘中含 $Ga/g \cdot t^{-1}$	回收 Ga/%
900	1	100	58.3
	3	69	71.2
1000	1	74	69.2
	3	47	80.4
1100	1/2	90	62.8
	1	63	73.7
1200	1/2	120	50.0

该方法的最后一步是从气体中分离出低价氧化物，这可在表面冷却装置中完成，如环形冷却器或其他类似装置。另外一种分离方法是用可溶解低价氧化物的溶液溶解此低价氧化物，如稀酸溶液。

例 14-16　烟尘来自两个燃烧煤的能源工厂——Stuart 工厂和 Kammer 工厂。Georgia Marble 公司用 G-24 的空气筛筛出小尺寸颗粒，这些颗粒的质量约占初始原料的 10%。原料烟尘和小尺寸颗粒中镓的含量见表 14-17。

表 14-17　两种原料烟尘和小尺寸颗粒中镓的含量

Kammer 公司	原料烟尘	镓的含量：108×10^{-6}
	小尺寸颗粒飞灰（占初始原料 10%）	镓的含量：233×10^{-6}
Stuart 公司	原料烟尘	镓的含量：71×10^{-6}
	小尺寸颗粒飞灰	镓的含量：157×10^{-6}

将小尺寸颗粒烟尘部分制成球状颗粒。对 Stuart 公司的原料，将 2.25kg 的小尺寸颗粒烟尘与 0.045kg 的磨拉石、0.321kg 的水混合，然后在一个转鼓中制粒，并过筛，那些太大或太小的小球重新混合后再返回转鼓制粒，合格的小球用烘箱干燥。Kammer 工厂的小尺寸颗粒烟尘制成的小球含 70% 的灰分、18% 的高岭土和 12% 的水。

例 14-17　Stuart 公司的小球重 665g，直径 2~3.4mm，在 30% CO_2、70% N_2（体积量）的气体中加热，1000℃ 下保持 30min，然后改成 H_2 气氛，测定气体流速为 5L/min，温度达到 1100℃ 时保持 3h。镓和锗的低价氧化物收集在用空气冷却的石英冷却器中，将这些收集物溶于 HNO_3 后，蒸发，称重为 0.85g。

表 14-18 的分析结果显示，产物含 10.02% 的镓，小球中镓的含量为 157×10^{-6}，工艺过程中回收了约 80% 的镓。

表 14-18 Stuart 公司原料的产出物组成和含量

元素组成	含 量/%
Al	0.78
Si	0.54
S	4.68
Ca	0.08
Fe	0.13
Ni	0.21
Zn	22.96
Ga	10.02
Se	0.75
Sn	2.27
Pb	36.17
O	21.40

例 14-18 Kammer 公司的小球，由于其烟尘的熔点较低，故除升温的最高温度为 1000℃ 而不是 1100℃ 外，其他处理方式与例 14-17 相同，小球由 100g Stuart 公司的烟尘物料、10g 高岭土和 405g Kammer 工厂的烟尘物料组成，收集到的冷凝物为 0.41g，组成见表 14-19。产物中含 3.56% 的镓和 4.63% 的锗，工艺过程中回收了 14% 的镓和 6% 的锗。

表 14-19 Kammer 公司原料的产出物组成和含量

元素组成	含 量/%
Al	1.24
Si	1.08
S	4.87
Ca	0.09
Fe	0.16
Ni	0.33
Zn	6.30
Ga	3.56
Ge	4.63
Se	1.59
Sn	1.50
Pb	55.15
O	19.51

　　煤中锗的提取方法，除上述介绍的以外，还有离子交换法、丹宁沉淀法等。20世纪研究的煤中锗的提取方法虽然有多种，但普遍存在回收率不高、工艺较复杂、成本较高、产品纯度不够理想等许多问题。

　　基于我国锗资源分散于煤中的现状，应加强对煤炭综合利用的研究，重视对煤中稀散元素的综合回收利用，这不仅对发展我国稀散金属事业具有重要意义，也是我国21世纪实现煤炭可持续发展的必然要求。

15 有色冶炼副产品中锗的提取

本章主要介绍从锌矿、铜矿、铅矿、锌硫化矿、铜锌硫化矿中提取锗，从闪锌矿、铅锌矿、风化岩石和烟气中回收锗，以及从含锗废料中提取和回收锗及锗化合物的工艺。

15.1 锌矿中提取锗

15.1.1 锌冶炼中回收锗

锌冶炼中回收锗主要采用萃取法和萃取色谱法，分别叙述如下。

15.1.1.1 萃取法

硫化锌精矿经沸腾焙烧、焙砂经中浸、低酸浸出、高酸浸出后得到含锌浸出液，浸出液净化后送去电解，锌废电解液再返回浸出，随着浸出液的不断循环，浸出液中的锗浓度逐渐提高。提锌工艺通常采用黄钾铁矾法，沉矾上清液则作为回收锗的原料液。

锗原料液（萃原液）和贫有机相（不含锗），分别由流量计控制加入萃取槽内，进行三级逆流萃取后，得到含锗低于 2.5mg/L 的萃余液，将其返回锌系统。饱和有机相（富含锗的有机相）则逆流到反萃槽内进行一级反萃取，将锗转入反萃取槽的水相中，从反萃取槽流出的水相（反萃液），即为富含锗的产品液，其工艺流程如图 15-1 所示。

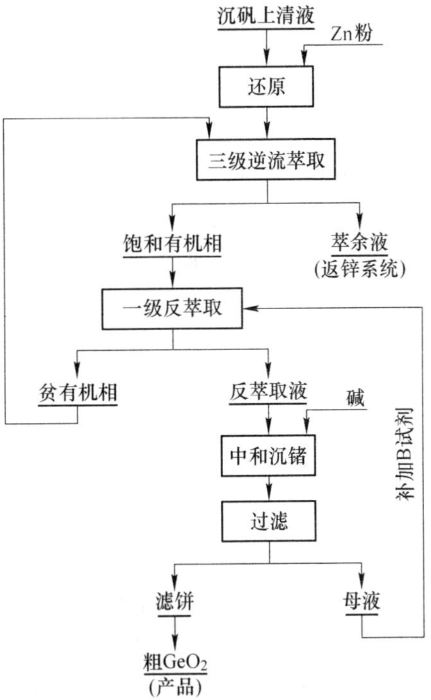

15.1.1.2 萃取色谱法

目前，从炼锌渣中回收锗主要采用溶剂萃取法，所用的萃取剂主要有

图 15-1 锌液中锗的回收工艺

Kelex100, Lix63, YW100, $N_2$35 等，但溶剂萃取存在乳化问题。采用萃取色谱法可减少溶剂损失，同时保留溶剂萃取法的高选择性。

用 $N_2$35 为萃取剂合成萃淋树脂（简称 CL-$N_2$35），将其装入色谱柱中，用 0.25mol/L 的 H_2SO_4 平衡，按一定的流速让料液流过色谱柱，负载固定相经水洗除杂后用反洗液反洗，锗入水相即可。该工艺选择性好、流程短、操作简单，所用试剂廉价易得。

15.1.2　锌矿中提取和纯化锗

专利 US4090871 提供了一个从锌矿中提取和纯化锗的方法。

发明描述了从锌矿中提取含量非常低的锗的方法，该方法将锗转化为某种锗化合物，并对锗化合物进行纯化，以获得高纯度的产品。

发明描述的工艺获得的产物是锗的氧化物（GeO_2），可用目前已成熟的方法将其制成金属锗。发明的核心是获得高纯的 GeO_2，它可以直接销售，也可以转变为金属锗，或用已知的方法转变为任何需要的锗化合物后销售。

目前，有许多种生产锗的其他技术，不过，这些技术总有一些缺点。对含锗的物料进行加工时，其中的杂质砷会与盐酸反应生成剧毒的氢化砷（AsH_3）气体，此外，这些工艺排出的废液，酸度很高，治理难度较大，因此，该发明的目的之一就是要提供提取锌矿石中锗的技术，并且不会出现现有技术中存在的不足，尤其是不会生成 AsH_3。该发明的另一个目的是相对于现有技术，从矿石中提取锗时，加入的添加剂数量要较少，并且价格要较低廉。发明的最终目标是要提供生产高纯锗的工艺，也就是理论上，锗含量至少要达到 99.90%。

上面描述的工艺主要包含下列各步骤：

（1）把硬锌从蒸馏塔底部转移到真空炉中处理；

（2）将步骤（1）在无氧（真空）条件下分离其中的锌；

（3）从步骤（2）中回收蒸馏残余物；

（4）用 Cl_2、水与蒸馏残余物反应生成 $GeCl_4$；

（5）回收 $GeCl_4$，HCl；

（6）将 $GeCl_4$ 水解生成 GeO_2；

（7）选择地将 GeO_2 转变为金属锗。

按该发明的步骤（1）用蒸馏塔分离锌，该步骤固能大量富积锗而被推荐使用。很明显，从锌矿中提锌的生产设备包含一系列主要用于制取粗锌的处理装置（这些装置在某些科技文献中已作了详细的论述）和粗锌进行精馏的一组连续的称为"精馏塔"的设备，在精馏塔底部的硬锌中锗发生富集。例如，如果锌矿中含锗量为 30g/t，也就是含锗 0.003%，那么，从蒸馏塔底部出来的硬锌中，含锗大约在 0.6%~0.8% 之间，因此，采用该技术，在步骤（2）中，要将硬锌中的锌分离，可在无氧条件（真空）下进行真空蒸馏。

实际上，此处所指的真空蒸馏炉，包含了一个有独立支撑架的柱形蒸发室和一个用循环水冷却的用于收集锌的冷凝器，两部分用大直径短管相互连接。此外，采用真空泵通过烟尘过滤器处理蒸馏炉中的气体，真空度为 2～10mm 汞柱。采用真空蒸馏炉，可阻止锌蒸气和残余物的氧化。

在步骤（4）中，采用 Cl_2 在 50～80℃ 的温度下与蒸馏残余物反应，该反应过程使锗转变为 $GeCl_4$ 而获得较高的收率，尤其关键的是，此过程中，可将砷转变为 H_3AsO_4，而其他常规工艺（如盐酸浸出）会使砷转变为三氢化砷（AsH_3）或三氯化砷（$AsCl_3$）。常规工艺有两个缺点，一是产出的 AsH_3 有剧毒，另外是 $AsCl_3$ 的沸点与 $GeCl_4$ 的沸点非常接近，这又必须多增加几个单独的分馏过程，才能将 $AsCl_3$ 分离。

通入氯气氯化前，需将蒸馏渣粉碎至约为 2mm 的颗粒。实际上，氯化过程在碱金属氯化物或碱土金属氯化物（如 $CaCl_2$）中能更好地完成。溶液中氯离子的浓度在 3～6mol/L 之间，最好是 4mol/L，适宜的溶液酸度为 2N。采用这样的溶液，可以使蒸馏渣中的金属（特别是锗）溶解度增加，但是，按此操作，会使溶液的酸度越来越高，使锗溶解完成后，溶液因缺乏碱土金属氯化物，而使酸度超过 6N，甚至达到 9N，从而使金属提取过程不完全。用管道排出浸出后过量的碱土金属氯化物溶液以进行循环利用。

步骤（5）回收 $GeCl_4$ 时有两种具体工艺。

第一种工艺：用合适的有机溶剂与 $GeCl_4$ 溶液接触，进行液-液交换来进行 $GeCl_4$ 的萃取。这种有机溶剂最好是一种具有高闪点、低成本的工业芳香族溶剂产品，商业上称为 "Solvesso 150" 和 "Solvant 200 Esso"。"Solvesso 150" 是一种蒸馏级油脂，15℃ 时，密度为 $0.892g/cm^3$。起始蒸馏温度为 187℃，最终蒸馏温度为 212℃，用 Abel 法测定的闪点是 66℃，含有 98% 的芳香烃，苯胺点是 16℃，溶液的溶解值为 93。

GeO_2 在这一含水相中沉淀，并且很容易回收，如通过过滤方法回收。过滤后的水溶液可用石灰进行中和，含在其中的重金属生成氢氧化物，随后进行分离，碱土金属氯化物溶液则再循环利用。

第二种工艺：用盐酸酸化（酸度提高到约 2N）后，将含有 $GeCl_4$ 的溶液直接蒸馏，提取 $GeCl_4$，提取后的 $GeCl_4$ 用盐酸洗涤后再进行蒸馏提纯，然后通过水解步骤（6）生成 GeO_2。

萃取 $GeCl_4$ 后的残液，经过处理提取其中所含的其他金属后，可返回前面工序中循环利用，将在下文中描述。

通过图 15-2 和图 15-3 可更好地理解如何在实践中应用该发明。图 15-2 简要地描述了该发明中各个不同的步骤。图 15-3 是该发明采用液-液萃取的一个工艺流程。

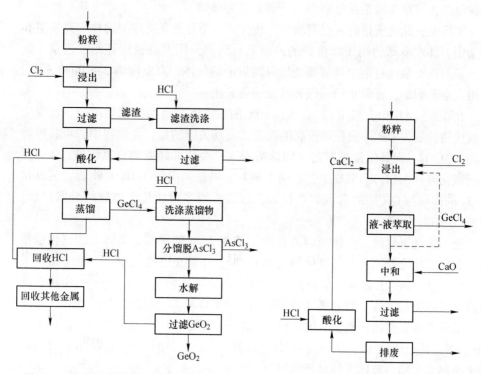

图 15-2　从锌矿中提取和纯化锗的工艺之一　　图 15-3　从锌矿中提取和纯化锗的工艺之二

上述两种流程中均没有说明步骤（1）前含锗原料的来源，它实际为提取粗锌后的残留物——硬锌。如前所述，该发明的原料来自锌矿，首先是按传统工艺提炼粗锌，提炼粗锌的过程不再描述。

一种典型的硬锌成分如下：Pb 3.20%，Ge 0.78%，Al 0.55%，Fe 0.05%，Cu 1.6%，Zn 余量。如前所述，可采用真空蒸馏炉对其进行精炼分离。

下面举例说明。

例 15-1　首先，将含锗 0.98% 的硬锌物料从"精馏塔"出口转入到真空蒸馏炉中。通过以下连续的步骤来处理硬锌物料。

每次投料约 1500kg。每次投料的成分见表 15-1。

表 15-1　硬锌物料的成分

试验号	Pb/%	Fe/g·t^{-1}	Sn/%	Cu/%	Al/%	As/g·t^{-1}	Sb/g·t^{-1}	Ag/g·t^{-1}
1	2.98	145	2.25	1.6	0.34	190	980	500
2	2.75	91	2.7	1.6	0.33	150	1040	500
3	2.45	136	2.50	1.45	0.34	137	990	505
4	2.72	103	2.66	1.45	0.34	157	980	520

续表 15-1

试验号	Pb/%	Fe/g·t⁻¹	Sn/%	Cu/%	Al/%	As/g·t⁻¹	Sb/g·t⁻¹	Ag/g·t⁻¹
5	2.07	71	2.50	1.40	0.37	140	960	465
6	2.57	76	2.54	1.45	0.34	137	960	490
7	2.80	71	2.74	1.50	0.40	157	870	540
8	2.71	120	2.66	1.50	0.37	150	970	515
9	2.48	68	2.26	1.56	0.42	122	755	505
10	2.83	107	2.20	1.45	0.37	150	1000	460

每次作业按下列步骤进行：

（1）真空蒸馏炉投入约 1500kg 物料后，升温至约 800℃。

（2）封闭蒸馏炉，启动真空装置和电加热系统。

（3）进行约 10h 的硬锌物料蒸馏。蒸馏稳定在适宜的温度下进行，开始加热 2h 的温度约为 450℃，此时锌开始蒸馏，让水流过冷凝器加强热交换，蒸馏继续进行时，锌熔体冷凝器的温度会超过 500℃，约 10 小时后，反应基本完全。锌的蒸馏量减小，锌熔体冷凝器的温度降低。

（4）当熔体温度降至 500℃ 以下时，炉子的拱顶温度大约为 1050℃，此时，停止加热并消除真空状态，蒸馏随即停止。

（5）剩余的残渣约为加入量的 10%，这些残渣在试验中不必每次取出。

在实例中，10 次作业仅有 4 次取出残渣，统计结果见表 15-2。

表 15-2　试验结果统计

试验号	馏　分					
	装料量 /kg	液体蒸馏 /kg	冷却后 /kg	排除蒸馏残渣/kg	金属间化合物/kg	持续时间 /h
1	1598	1312	40			11
2	1602	1335	40	217	0	14.30
3	1515	1330	40			13.20
4	1546	1370	35			13.40
5	1615	1420	35	235	0	14.15
6	1537	1330	41			15.15
7	1579	1400	37	112.2	49.7	14.45
8	1573	1320	51			14.15
9	1339	1300	36			12.50
10	1726	1440	67	365	55	13.45
总计	15630	13557	422	929.2	104.7	
		15013				

注：最初炉内无物料；残留在炉内不能排除的残渣重 617.67kg。

操作结束后，锗的平衡见表 15-3。

表 15-3　试验过程中的锗平衡

项目	原料	液态蒸馏	氧化物	蒸馏残渣	金属间化合物
锗含量/%	0.98	0.0116	0.0002	8.08	8.48
锗重量/kg	153.174	1.572	0.001	75.063	8.862

注：残留在炉内不能排出的残渣为 617.67kg；蒸馏得到的锌含锗 116g/t，约合锗总进料量的 1%；放射性结晶学和电子显微镜检查显示：残渣中以金属状态存在的锗含量明显提高了 10 个数量级。

表 15-4 给出了各次蒸馏产物的成分。

表 15-4　各次蒸馏产物的成分

试验号	Pb /%	其他元素/g·t^{-1}						
		Fe	Sn	Cu	Al	As	Sb	Ag
1	0.71	19	132	176	3	38	11	285
2	1.14	15	480	335	12	40	19	283
3	1.07	30	860	420	52	40	83	350
4	1.50	31	1100	1000	175	12	103	630
5	1.46	32	960	1000	163	21	90	490
6	2.77	83	6700	6000	845	95	522	1350
7	1.66	45	1175	1200	215	28	126	525
8	1.48	39	1410	1500	360	23	137	470
9	1.55	30	900	1000	164	1	90	308
10	1.65	40	1075	1000	230	15	103	326

与投料成分表 15-1 进行比较，可以看出，残留物中大量富集了 Ge 和不挥发元素，事实上，它们能较完全地与蒸发出的锌分离。

下面说明如何用湿法冶金的方法来处理这些残渣。

因 Cl_2 能与微小颗粒能更好地反应，故在图 15-2 所描述流程中，第一步需将残渣破碎至一定粒度。在图 15-2 浸出工艺的反应器中，任何块状、球状的物料都可通过适当的搅拌使残渣颗粒悬浮在反应器的水溶液中。$CaCl_2$ 溶液适合，Cl_2 应通入反应器底部，同时溶液温度宜保持在 60~70℃。

反应后物料在过滤工序中过滤，在滤渣洗涤工序中，通过盐酸洗涤能使锗更多地进入滤液中。

滤渣经洗涤过滤后，滤液同先前的滤液混合，无用的滤渣则丢弃。

两种滤液的混合物用盐酸酸化，混合物的含锗浓度可达到或超过 9g/L。在实际中，加入 330g/L 的 HCl，如果滤液是 $CaCl_2$ 溶液，可极大地提高酸度。

接下来的蒸馏工序中，蒸馏出粗 $GeCl_4$，最后将溶液升温至接近沸点，蒸发出的 $GeCl_4$ 在冷凝器中冷却收集。

将 $GeCl_4$ 用盐酸洗涤并进行精馏，以除去其中砷的氯化物（$AsCl_3$），这样纯化过的四氯化物与非常纯净的水（经离子交换和活性炭吸附处理）反应，水解后生成 GeO_2 和盐酸。

GeO_2 经过滤、洗涤，并在 200℃ 时干燥，得到晶体状的 GeO_2。在约 1600℃ 下，用熔炉熔化，可将其制成无定形的 GeO_2。

$GeCl_4$ 蒸馏后，剩余残酸经处理，回收其中的盐酸后，可返回酸化工序进行循环利用。回收盐酸后的残余液中，含有 $CaCl_2$，$ZnCl_2$，$AlCl_3$，$FeCl_3$，$AsCl_3$，$PbCl_2$，$SnCl_2$，$SbCl_3$ 以及碱金属的氯化物，此溶液可在回收其他金属工序中进行处理，并可回收 Ag，Cu 等有价金属。

需要指出的是，在水解生成 GeO_2 工序中产生的溶液中含有盐酸，它可返回到回收盐酸工序中回收。

例 15-2　在带搅拌器、温度计和可通 Cl_2 的 2.5L 玻璃反应器中，加入 2L 水和 10mL 100mol/L 的盐酸，再加入 200g 破碎成 0.25mm 的硬锌。

通入 Cl_2 搅拌 4h，Cl_2 流量为 110g/h，2h 内升温至 60℃ 并保温。反应停止后，将温度降至 40℃，混合物经过滤，分析滤液成分。用水冲洗一次后，用每升含 200g 的 NaCl 溶液洗涤两次，每次洗涤进行 2h。洗涤后的残渣含锗量不超过 0.03%。

例 15-3　取 700mL 例 15-2 中得到的滤液，滤液含锗为 1.8g/L，与 1300mL 浓度为 11mol/L 的盐酸一起加到一只细嘴蒸馏瓶中，混合物的酸度相当于 7.15mol/L。

将瓶中的溶液加温至 100℃，并保温 1h。为使 $GeCl_4$ 转变为 GeO_2 并避免蒸发损失，在出口处用浓度为 1mol/L 的苏打溶液对蒸馏气体进行冷却和洗涤。$GeCl_4$ 的蒸馏产率为 97%。

第二种工艺如图 15-3 所示，经粉碎工序用水和 Cl_2 进行浸出。需要特别指出的是，该浸出工序更适宜处理悬浮的细小锗残渣，同时加入碱土金属氯化物，最好是氯化钙。

在过滤过程中，必须控制溶液温度，适宜的温度在 80℃ 以下，因为超过该温度，$GeCl_4$ 将开始挥发。

对含 $GeCl_4$ 的滤液，进行液-液萃取。萃取剂为有机溶剂，即采用工业芳香烃，其商业名是"Solvesso 150"或"Solvant 200 Esso"，萃取出的产物含锗可达到总量的 99%。

用简单的水萃方法，就能将 $GeCl_4$ 从有机溶剂中反萃出来，这一过程中，$GeCl_4$ 水解成 GeO_2 沉淀，提取 GeO_2 后的有机溶剂，可以返回萃取工序中进行新

的 $GeCl_4$ 萃取。

至此，提取完毕，为了保证锗在水溶液和有机溶剂中的损失最小，同时保证反萃的完成，有机溶剂和水相必须按照一定的比例配比（O/A 比），水解后溶液的酸度最终约为 5mol/L。考虑到有机溶剂的锗含量为 12g/L，反萃完成后，O/A 比相当于 0.13，所以，最终的酸度在 5~6mol/L 之间。

萃取和反萃之后的工艺是成熟的技术，此处不再叙述。实施分离（有机物和水）阶段，使用的设备有混合物分离器、离心分离器或水力旋流器等。

萃余液通过循环直接返回过滤工序中加以利用。事实上，在浸出阶段，或多或少地有部分气体逸出，应控制好氯气的流量以避免 $GeCl_4$ 流失。这些气体在再循环工序中排除，数量约等于或少于萃余液量的 10%。

萃余液用石灰中和，生成的固体残渣经过滤后，可提取其他有价的金属，滤液酌情可再循环回到浸出工序中。

萃余液再循环使用前，必须分离出过量的氯化钙（$CaCl_2$），这些过量的 $CaCl_2$ 作为废渣排出。实际上，使用过的试剂，如 Cl_2 和石灰反应生成的 $CaCl_2$ 排出时，要经过一段时间，使浓度保持在一个恒定的水平，此外，萃余液在返回浸出工序中及循环利用之前，pH 值必须调节到最初值，这个值相当于改变了中和状态，至此，需要将盐酸加入滤液中。最后，在返回至浸出工序中的溶液成分中，$CaCl_2$ 不是唯一可用的碱性金属或碱土金属，加入氯化锂和氯化镁也是可行的，但考虑到经济因素，$CaCl_2$ 是首选的，在下面的实例中，相应的步骤都是采用这种氯化物。

例 15-4　下面用实例说明图 15-2 和图 15-3 的浸出工序，含锗残渣浸出过程对 $GeCl_4$ 产出浓度的影响，为此，采用三种不同的浸出条件分别处理 150g 含锗残渣，残渣成分见表 15-5。

表 15-5　残渣成分

残渣成分	Pb	Ge	Sn	Cu	Zn
含量/%	18.5	3.3	37.2	10.2	17.4

三种浸出条件下的温度和 Cl_2 流量相同，表 15-6 给出了不同的条件和结果。

表 15-6　三种浸出条件下的实验结果

试验号	项目	$CaCl_2$ /mol·L^{-1}	试验持续时间/h	浸出后残渣重/g	残渣分布/%				
					Pb	Ge	Sn	Cu	Zn
1	残渣		6	18.45	51	4.5	0.43	0.55	0.62
	浸出液	3.3			59	83	99.8	0.5	99.6

试验号	项目	$CaCl_2$ /mol·L^{-1}	试验持续 时间/h	浸出后残 渣重/g	残渣分布/%				
					Pb	Ge	Sn	Cu	Zn
2	残渣		7	16.70	44.2	2.1	0.15	0.22	0.31
	浸出液	4			67	93	99.9	99.8	99.8
3	残渣		8	0					
	浸出液	4.5			100	100	100	100	100

从表 15-6 中可以看出，浸出后，$CaCl_2$ 的浓度实际上达到了 4mol/L。

例 15-5　本例也是说明溶解反应的，但它更注重对反应动力学的研究。

使用 500mL 含 4.5mol/L $CaCl_2$ 的溶液，将 90g 含锗残渣加入溶液中，含锗残渣成分如下：Pb 14.7%，Ge 10.6%，Sn 36.5%，Al 3.58%，Cu 22.5%，Zn 1.92%。

溶解反应在有双层夹套的反应器中进行，反应器利用循环水，保持温度在 80℃，且将 Cl_2 以 217.5g/h 的流速通入反应器。

反应进行到约 4h 时，Cl_2 开始溢出，此时过滤溶液，洗涤沉淀物并称重。

重复同样的操作，分别在 30min，1h，2h，3h 时取样，表 15-7 给出了剩余残余物的数量（占起始重量的百分含量）。

表 15-7　不同时间条件下的残余物

时间/h	0	0.5	1	2	3	4
剩余残留物/%	100	70.2	35.2	24.3	5.7	2.4

从表中可以看出，在本试验条件下，4h 时，残留物几乎被完全溶解。

例 15-6　该试验的目的是反映其他试剂对溶解反应的影响，因此，此试验类似于例 15-5，只是在反应开始时，加入了少量先前溶解过程中获得的含有 Cu^{2+} 和 Zn^{2+} 的溶液。

使用 800mL 含 4mol/L $CaCl_2$ 的溶液，将 150g 含锗残渣加入溶液中，再加入 80mL 含 Cu^{2+} 为 25g/L 的氯化铜溶液，加入溶液中的 Cl_2 流速为 27.5g/h，没有发现 Cl_2 逸出，此反应进行了 7.5h，由此可见，其他试剂的加入，可更合理地利用加入溶液中的 Cl_2，因为达到总的平衡时没有 Cl_2 的逸出。

例 15-7　该试验是考察不同酸度和 $CaCl_2$ 浓度下 $GeCl_4$ 的蒸馏情况。每次蒸馏的时间为 1h，表 15-8 给出了它们的关系，蒸馏产率以百分率的形式给出，产率 100，意味着已全部蒸馏完毕。

表 15-8　不同酸度和 CaCl₂ 浓度下 GeCl₄ 的蒸馏情况　　　　（%）

CaCl₂ 浓度/mol·L⁻¹	HCl 浓度/mol·L⁻¹			
	1	2	4	6.5
1	0	0	0	100
2	0	0	0	100
3	0	0	19.8	100
4	2.4	17.75	31.06	100
5	2.4	31.0	100	—
6	6.4	100	100	—

从表中可知，在 CaCl₂ 存在的情况下蒸馏 1h，GeCl₄ 蒸馏产率只有在盐酸浓度高于 4N 时才可以进行。在较低的酸度下，CaCl₂ 浓度的提高对 GeCl₄ 的产率影响不大。

例 15-8　该试验研究了溶解和蒸馏工艺。起始含锗残渣的成分如下：Pb 14.7%，Cu 22.5%，Sn 36.5%，Zn 1.92%，Al 3.6%，Ge 10.06%。

在含 4.5mol/L CaCl₂ 的溶液中，加入 150g 含锗残渣，用 Cl₂ 完全溶解后，用盐酸酸化，不同酸度下，15min 后 GeCl₄ 的蒸馏量见表 15-9。

表 15-9　不同酸度下 15min 后 GeCl₄ 的蒸馏量

盐酸加入量/moL·L⁻¹	0	0.25	0.5	0.75	1	1.25	1.5	1.75	2
GeCl₄ 蒸馏量/%	25	29	43.5	60.5	74	87	88	94	96

由此可见，当酸度达 2mol/L 时，GeCl₄ 几乎完全蒸馏。

例 15-9　本试验说明如何利用有机溶剂，从溶液中萃取 GeCl₄。

将 100mL 有机溶剂（Solvesso150）和酸度为 2N，锗含量为 2g/L，CaCl₂ 含量在 4~9mol/L 之间的溶液，加到分液器中，搅拌 10min，再倾析 10min，然后进行有机相的萃取。

表 15-10 为试验结果。萃取参数 K_D 用于衡量萃取效果，定义为有机相中的锗含量与萃取起始相中锗含量的比值。

表 15-10　起始相中 CaCl₂ 含量与有机相中锗含量关系

CaCl₂ 浓度/mol·L⁻¹	起始相中锗含量/g·L⁻¹	有机相中锗含量/g·L⁻¹	萃取参数 K_D
2	1.84	0.018	$9×10^{-3}$
3	0.48	1.59	3.3
3.5	0.022	2.03	10^2
4	0.022	2.03	10^2
4.5	0.022	2.08	10^2

从表 15-10 中可以看出，当起始相中 $CaCl_2$ 的含量达到 3.5mol/L 时，有机相中的锗含量有显著变化。

例 15-10　该试验与例 15-9 的步骤相同，主要考察起始相中酸度的影响。

含锗残渣用 Cl_2 溶解后的溶液成分组成如下：Ge 1.45g/L, Pb 25g/L, Zn 25g/L, Cu 25g/L, Al 4g/L, Sn 50g/L, $CaCl_2$ 4mol/L。

在溶液中加入 12.5mol/L 的盐酸，控制溶液酸度分别为 3mol/L、2mol/L、1mol/L 和 0.5mol/L，将各种酸度的溶液加入 500mL 分液器中，并加入有机溶剂，搅拌 10min，再倾析 10min，然后进行有机相萃取，平衡如下：

（1）平衡介于 250mL 有机溶剂"Solvesso150"与 100mL 的新水相之间；

（2）平衡介于 200mL 有机溶剂"Solvesso150"与 100mL 的新水相之间；

（3）平衡介于 150mL 有机溶剂"Solvesso150"与 100mL 的新水相之间；

（4）平衡介于 100mL 有机溶剂"Solvesso150"与 100mL 的新水相之间。

表 15-11 给出了在不同酸度，以及上面在（1）～（4）的条件下，锗在起始相与有机相中的含量以及萃取参数 K_D 的数值。

表 15-11　不同酸度下的试验结果

酸度值	起始相中锗含量/g·L^{-1}	有机相中锗含量/g·L^{-1}	萃取参数 K_D
3N	7	0.50	71×10^{-3}
	8	1.08	135×10^{-3}
	9	1.88	209×10^{-3}
	10	2.82	282×10^{-3}
2N	10	0.56	56×10^{-3}
	14	1.28	91×10^{-3}
	15	2.12	141×10^{-3}
	18	3.28	182×10^{-3}
1N	27	0.62	23×10^{-3}
	28	1.34	48×10^{-3}
	31	2.30	74×10^{-3}
	32	3.58	112×10^{-3}
0.5N	48	0.66	13.7×10^{-3}
	63	1.40	22×10^{-3}
	78	2.36	30×10^{-3}
	107	3.62	34×10^{-3}

从表 15-11 中可以看出，当酸度值从 3mol/L 降到 0.5mol/L 时，萃取系数有规律地降低，当酸度恒定时，萃取系数 K_D 随有机相中锗含量的增大而增大。

实际上，增加萃取次数就可以提高锗的回收率，如两步萃取后，当酸度为 0.5mol/L 时，最终水相中的锗含量少于 50mg/L，即锗的回收率超过了 99%。

例 15-11　该试验的主要目的是比较两种有机溶剂"Solvesso 150"和"Solvent 200 Esso"的效果。

两种有机溶剂中，"Solvent 200 Esso"的闪点相对要高一些，为 180℃，而"Solvesso150"只有 66℃，由于热平衡的原因，$GeCl_4$ 的萃取在接近 60℃ 时才有意义。在这一温度下，出于安全考虑，选择一种具有高闪点的有机溶剂是必要的，因此，试验选择了 20℃ 时"Solvesso 150"的萃取量与 60℃ 时"Solvant 200 Esso"的萃取量进行比较。

试验条件与例 15-10 相同，表 15-12 是试验结果及相应的 K_D 值。

表 15-12　不同有机溶剂的试验结果

	水相中的锗含量/g·L^{-1}	有机相中锗含量/g·L^{-1}	萃取参数 K_D
有机萃取剂 Solvesso 150（萃取温度 20℃）	0.005	0.022	4.4
	0.034	0.185	5.5
	0.124	1.46	11.6
	0.58	8.2	14.1
	水相中的锗含量/g·L^{-1}	有机相中锗含量/g·L^{-1}	萃取参数 K_D
有机萃取剂 Solvant 200 Esso（萃取温度 60℃）	0.014	0.031	2
	0.041	0.240	5.8
	0.21	1.76	8.3
	0.69	8.3	12

比较表 15-12 数据可知，$GeCl_4$ 的萃取操作宜在接近 60℃ 时，使用"Solvent 200 Esso"等高闪点的有机溶剂。

例 15-12　如前所述，该发明采用 Cl_2 溶解过程中使用 $CaCl_2$ 效果较好，应指出的是，溶解过程中也可使用其他的氯化物，本例的目的就在于证明此结论。

使用两种氯化物溶液，第一种为 $CaCl_2$ 溶液，酸度值为 2mol/L，浓度为 4.5mol/L；第二种为 $MgCl_2$ 溶液，酸度值同前，浓度为 4mol/L。

100mL 的上述两种溶液依次与 100mL 的"Solvesso150"反应，反应时间为 10min，搅拌 10min，再倾析 10min，然后进行有机相的萃取。表 15-13 是不同氯化物的试验结果及相应的 K_D 值。

表 15-13　不同氯化物的试验结果及相应的 K_D 值

溶液	水相中的锗含量/g·L^{-1}	有机相中的锗含量/g·L^{-1}	萃取参数 K_D
$CaCl_2$	0.020	5.82	291
$MgCl_2$	0.005	0.24	48

从表 15-13 中可以看出，$MgCl_2$ 也可以使锗的萃取达到较理想的结果。

15.1.3　从锌精矿富集的锗溶液中提取锗

尽管锌精矿中锗的含量较低，但是通过特殊的工艺（依不同的冶金工艺而定），可以使锗得到富集。专利 US4886648 介绍了从这种锌精矿富集的锗溶液中提取锗的工艺，简述如下。

15.1.3.1　技术状况

尽管 WinkLer 发现，硫银锗矿中的含锗量高达 7%，但是，目前获得的锌精矿矿样中，含锗仅为 0.1%，值得一提的是，含锗锌精矿是获得锗金属的重要原料。

在锌精矿冶炼提锌的过程中，虽然锌精矿的含锗量较低，但是通过特殊的工艺，可以使锗得到富集，使溶液中含锗浓度超过 0.1g/L。

Boving 和 Andre 描述了制备锗金属的一个工艺流程，该工艺流程由比利时的 VieiLle Montagne 公司完成。工艺流程中，需调整溶液的 pH 值，以获得含锗浓度为 2%~3% 的溶液，加入 HCl 并蒸馏溶液，可获得纯净的 $GeCl_4$，$GeCl_4$ 水解可转变为 GeO_2，再用氢气将其还原，就可以制得金属锗。

Hilbert 出版的两本专著中详细地描述了奥地利 BLeiberger Bergwerk-Unio 电锌厂用丹宁方法提锗的工艺，此工艺被普遍认可。

用丹宁或丹宁酸方法沉锗是 SchoeL Ler 发明的。SchoeL Ler 最初使用浓度为 0.1~0.2g/L 的弱酸，Davis 和 Morgan 把此方法应用于实际。

1941 年，美国熔炼（Smelting）精炼（Refining）公司申请了第一份专利（U. S. Pat. No. 2, 249, 34L），其工艺类似于 Vieille-Montagne 的工艺，所不同的是，该工艺不是用中和法得到沉淀，而是用丹宁沉淀法获得高品位的锗精矿。

20 世纪 40 年代，溶剂萃取技术的发展给有色金属的提取带来了革命性的变化，这对锗的提取也是十分有效的。

关于利用溶剂萃取技术从锗溶液中分离锗，不同的作者提出了不同的方法，认为：

第一，按年代顺序，胺的第一次使用是在 1963 年。

第二，L. V. Kovtun 和他的合作者已经作了 8-羟基喹啉的派生应用研究。第一次工作是在 1967 年。

第三，涉及胺和锗配位化合物的使用（第二级、第三级和第四级）并公布了草酸、邻苯二酚、叔胺、三辛胺的使用。

1973 年，第一次公布了酒石酸（或柠檬酸）用作配位剂和萃取剂。胺和 8-羟基喹啉的派生物已应用在工业上，商业上相应的产品已有注册名，如 LIX（An Oxime of General Mills）和 KELEX（An 8-hydroxyquino Line of Ash Land Chemical），

Penarroya 和 Hoboken 的工艺技术是受欧洲专利保护的。

Penarroya 是欧洲专利的所有者，专利号：No.(X) 46437 of L17.08.81（Priority L5.8.80 U.S. Pat. No. L78, 583）和 Hoboken of No.0068541 of 04.06.82（priority 28.06.81 LU 83448）。

上述的两项工艺技术，Cote 和 Bauer 以及 De Schepper 已分别在科研著作中予以描述，基于以上事实，可以认为，他们代表着该领域的技术水平。

在煤油溶液中加入 4% 的 8-羟基喹啉（KeLex-100）溶液，可以避开第三相的形成。用 10% 的辛醇作为修正剂，在溶液中混合 10min，在浓度为 50g/L 的硫酸溶液中萃取锗，用 NaOH 溶液与有机相反应 190min，并且搅拌 10min，通过反萃可得到含锗 24.3g/L 的溶液及游离锌（1mg/L）。

在试验中，De Schepper 使用了煤油，LIX-63 的含量超过了 50%，从浓度为 110g/L 的硫酸液中萃取锗，混合时间减少到 4min，得到了浓度为 110g/L 锗的富集液。该过程应在一个较高的温度下进行，温度应以 60℃ 为宜，但反萃取应在尽可能低的温度下进行。有机物再次使用前，需用浓度为 132g/L 的浓硫酸处理，经酸中和后，pH 值为 8~9，此时，沉积物 GeO_2 析出，沉淀物经过滤、干燥后，就得到了含量约为 50% 的 GeO_2。

15.1.3.2　发明过程描述

胺比以往所用的萃取剂更加便宜、更易提取，但胺并没有大规模用于工业生产，可能的原因是与胺一起使用的锗配位剂（如草酸、酒石酸、柠檬酸等）的使用使工艺成本变得昂贵，而且还会把一些不相关的元素带到溶液中。

该工艺是当前已公布专利的主体，用较少的配位剂，胺从弱酸中萃取锗，再在较洁净（低杂质和低污染物）的碱性锗酸盐中，反萃出晶体形式的锗。

目前，仅提到的是用酒石酸作萃取剂，因为酒石酸是最经济的，但也可以使用其他的酸，如草酸等。作为萃取剂，也提到用含有 8~10 个碳原子第三级胺的羟基团，但没有表明利用第二级胺或第四级胺是否也可能。例如，在商业上，可以应用第三级胺，它们都相应地注册了名称，如 ALAMINE 336（GeneraL Mils），ADOGEN 364（Ash Land Chemical）和 HOSTAREX A-327（Hoech）。

该工艺是从弱酸溶液中萃取锗（pH 值在 0.8~1.3 之间），1kg 的含锗物料中加入 2.15kg 酒石酸，前一工序使用的酒石酸可再用于后一工序。溶液保持室温，在一组搅拌器（或适当装置）中与胺的有机溶液反应（在煤油中最适当的胺为 3%），用这种方法，实际上获得富集的锗和含锗的有机物质。为了防止盐类再次进入富集液中，应在室温下用水洗涤萃取的有机物，在这个阶段中，溶液保持室温，在溶液中加入浓度为 180g/L 的氢氧化钠溶液，得到浓度为 20~25g/L 的锗富集液，不含锗的有机溶液可再次使用。

锗富集液的 pH 值大于 12，溶液缓慢加热并向其中加入浓硫酸中和，直至

pH 值调节到 8~11 之间，溶液中生成大量的锗酸盐沉淀物，采用此方法可以分离出溶液中的大部分锗，使用过量的酸是为了打破络合物平衡。

尽管增加 NaOH 溶液的浓度，可以获得含锗 40g/L 的溶液，但同时减小了酸度，导致硫酸盐浓度升高，这不利于含锗沉淀物的生成。通过调整 NaOH 的浓度和反萃液的体积，可获得含锗浓度为 20~25g/L 的溶液。

由于获得的含锗溶液体积增加不大，故酒石酸的再利用以及非锗沉淀物的处理，既不影响设备的尺寸也不影响操作效率。

转变为 GeO_2 的反应式如下：

$$2Na_3HGe_7O_{16} \cdot 4H_2O + 3H_2SO_4 \longrightarrow 3Na_2SO_4 + 14GeO_2(c) + 12H_2O$$

使用过量的酸，以生成不溶性的棱形 GeO_2 晶体，其余部分为杂质（Na、Fe、Zn 等），它们呈可溶性的硫酸盐仍保留在溶液中。在主成分锗没有损失的情况下，允许水洗低溶性的 GeO_2。在任何情况下，可以使用新酸制备新的锗富集液，回收残留的锗。

锗与不同的羟基酸，特别是酒石酸，在弱酸介质中形成稳定的络合物，而大多数的金属阳离子是在中性或碱性介质中形成稳定络合物的，只要选择合适的有机胺，就可以萃取这些络合物。

复杂的锗酸络合物是不稳定的，当介质从酸性溶液变成碱性溶液时，分布系数会突然改变，在萃取阶段，能使有机锗转变为水溶性锗。

当 pH 值变为 10 时，碱性溶液中含有大部分锗酸钠的沉积物和用于萃取锗并保留在溶液中的酒石酸，由于锗富集后的体积只是最终溶液体积的 1/50，故回收酒石酸再次使用时，不会明显地稀释溶液，酒石酸回收率超过 75%。

采用胺或羟基喹啉萃取的方法有一系列的优点，主要体现在：

（1）萃取剂（胺）是便宜的；

（2）萃取剂在较低的浓度下应用；

（3）有机相具有更好的流动性；

（4）反应时间（停置时间）非常短；

（5）萃取和反萃都可在室温下进行；

（6）胺可再生使用；

（7）需测试的其他杂质仅有重硫酸盐（HSO_4^-），且数量也非常少；

（8）达到适宜的酸度较容易。

15.1.3.3 工艺过程描述

工艺过程的详细描述见下面的例子。

例 15-13 含锗溶液成分：Ge 1.5g/L，Fe^{2+} 8.3g/L，Cu 0.035g/L，Al 6.8g/L，Zn 3.9g/L。

有机溶剂：Adogen（甲基三烷基氯化铵）。

煤油：大于 1000mL。

碱溶液：氢氧化钠 180g，水大于 1000mL。

酒石酸盐洗液：25.4g/L。

溶液组成：1000mL 含锗溶液、100mL 酒石酸盐液和 0.73g 酒石酸的混合液。

用有机溶剂分三个阶段从含锗溶液中逆流进行间歇式萃取锗。每一阶段都用 500mL 的有机液和 250mL 的水溶液混合，保持足够长的时间使各相分离，每 500mL 的有机物用 45mL 的水清洗，然后分离出有机相，再用 250mL 的水溶液处理。

获得的富集锗液，加热到 70~80℃ 时，缓慢加入浓硫酸，使 pH 值为 10.5，整个操作时间为 2h，然后搅动 1h 后过滤，得到含锗沉淀物。

例 15-14　含锗溶液成分：Ge 0.45g/L，Fe^{2+} 8.0g/L，Zn 108.0g/L，Al 4.0g/L，溶液 pH 值为 1.0。

有机溶剂：HostarexA-327，数量 30mL。

磷酸盐：30mL。

煤油：多于 1000mL。

碱溶液：氢氧化钠 200g，水大于 1000mL。

操作连续进行，在四个阶段使用两个搅拌装置，其中一个用于水洗。

开始时，每立方含锗溶液加入 1kg 酒石酸，有机溶液的流速为控制体积比 O/A 值在 0.8~1 之间，清洗水的流速为 1/10，碱液的流速为 1/50。

获得的含锗溶液，加热到 70℃，缓慢加入浓硫酸使 pH 值为 10，得到含锗沉淀物，过滤并洗涤含锗沉淀物，得到体积大约为 1/30 的洗涤液，与初始含锗溶液混合。根据该发明的上述描述，采用不同的方法得到的结果是一致的。

15.2　从铜、铅、锌硫化矿中提取锗

纳米比亚的楚麦勃选矿厂处理的多金属硫化矿中含有多种矿物，而锗主要存在于锗石和硫锗铁铜矿中，两种矿物具有不同的浮选特性。

锗石是提取锗的最主要矿物，锗石常和其他矿物，如方铅矿、闪锌矿和白云石等共生，因此要把锗石研磨到 20mm 以下才能得到很好的分离。

硫锗铁铜矿具有磁性，由于磁力的作用，会引起金属的迁移，从而使含锗矿石与其他不含锗的矿石分离，因而，可以根据硫锗铁铜矿磁性的大小来鉴定其质量的优劣。

图 15-4 所示为 1954 年纳米比亚楚麦勃厂用选矿法分离锗的流程。该流程首先浮选分离锌，剩下的铜、铅则在 pH 为 5.2 下，搅拌混合 10min 后，加石灰进行碱性浮选以提取锗精矿，尾矿再选获得铜、铅精矿。

浮选过程中，锗、铜、铅在各精矿中的品位与分布的数据列于表 15-14。含

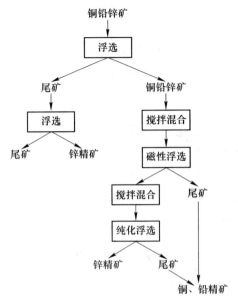

图 15-4　纳米比亚楚麦勃选矿厂分离锗的流程

锗锌精矿中，锗富集超过 7 倍，品位在 0.2%～0.45% 之间，回收率大于 28%，获得的这种含锗精矿，送到比利时的奥伦厂进一步富集和提纯。

表 15-14　纳米比亚楚麦勃厂锗浮选的回收率

产品	产出	含量/%			含量/%		
		Cu	Pb	Ge	Cu	Pb	Ge
铜铅原精矿	100	11.83	56.6	0.053	100	100	100
铜 精 矿	4	26.54	23.3	0.385	9.07	1.59	28.12
铜铅精矿	96	10.72	57.94	0.039	90.93	98.41	71.88

　　楚麦勃的锗精矿起初是在比利时的奥伦厂用湿法处理。含锗锌精矿在反射炉内经氧化焙烧，焙烧料进行锗的酸性浸出，浸出率在 90% 以上。浸出分两段进行，第一段浸出液含硫酸 5～10g/L，第二段含酸 50g/L。酸浸液含锗 5.6g/L，这种富锗的溶液经蒸发至含锗 56g/L（浓缩 10 倍）后，在强烈搅拌下冷却。蒸发浓缩得到很稠的富锗矿泥，加入氯化蒸馏釜内，生产粗四氯化锗。此法简单，能在普通的设备内进行，但生产费用高，回收率也较低。

　　由于湿法富集锗回收率低、成本高，因此霍波肯-奥佛佩尔特冶金公司采用了火法富集浮选含锗锌精矿的工艺，即硫化物竖罐挥发工艺。挥发温度应以挥发物损失率最小为准，在炉内一氧化碳气氛及炉温 900℃ 下，锗挥发率达 90%～93%，而铅仅为 5%～10%。操作是先将浮选精矿干燥到含水分 2% 以下后，混合煤粉制团,团矿料在装入竖罐以前,加入精矿量4%的木炭或10%的焦炭,以便使炉料的透气率增加,以防止熔化结块。

竖罐炉为一内砌耐火砖并设有蒸馏柱的马弗炉,如图15-5所示。挥发锗的设备系统由炉子和沉降室组成,如图15-6所示。

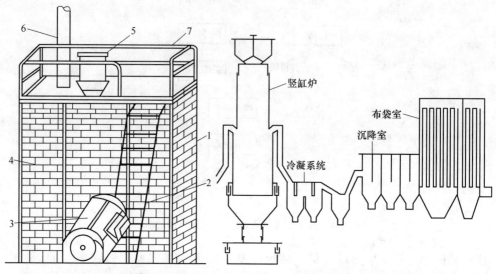

图 15-5 挥发锗和砷的竖罐炉

1—火焰马弗炉;2—炉梯;3—风机;
4—耐火砖;5—挥发锗的烟囱;
6—加料斗;7—栏杆

图 15-6 硫化物挥发过程设备示意图

团矿料从炉顶通过装料机械,周期性地投入到炉子反应区,由木炭燃烧产出的还原性气体含28%~30%CO、1%~2%H$_2$,通过蒸馏器,进入收尘系统,而后排入大气。从反应区生成的挥发性硫化物气体,经过水冷凝器和过滤器后进入沉降室。反应区的温度为870~980℃,气体温度700℃。

收集到的挥发物再送到电加热的氧化炉内进行氧化焙烧及除砷。焙烧过程中砷以三氧化二砷形态挥发,而二氧化锗则不挥发,从而达到锗、砷分离的目的。其流程如图15-7所示。

氧化焙烧应在500℃和氧化气氛中

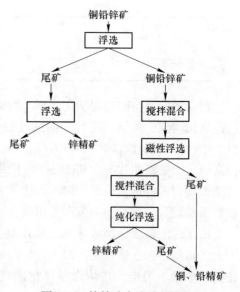

图 15-7 锗精矿火法处理流程

进行，不要超过 500℃，以防止形成一硫化锗而挥发损失。

硫化物挥发法处理锗浮选精矿的金属平衡数据见表 15-15，经工厂实践证明，锗的回收率达 90%。

表 15-15 硫化物挥发法处理锗浮选精矿的金属平衡数据

产　品	产出	含量/%			含量/%		
		Ge	As	Pb	Ge	As	Pb
锗浮选精矿	100	0.25	7.5	26.0	100	100	100
硫化物残渣	85.0	0.024	0.15	28.8	8.3	1.7	94.2
氧化物残渣	2.9.77	8.5	32.2	55.5	91.5	1.1	5.7
砷挥发物		0.0005	75.0	0.15	0.2	917.2	0.1

不论用哪一种流程富集的锗精矿，都要经过氯化蒸馏处理，以制成粗四氯化锗。蒸馏是在 9mol/L 含有氯气的浓盐酸中进行的，氯气起氧化低价砷、锑和铋的作用，如果不使用氧化剂，四氯化锗和三氧化砷就会一起被蒸出。

15.3 从铜锌硫化矿中提取锗

扎伊尔基普希的铜锌硫化矿称为硫锗铁铜矿，它是一种含锗较高的富铜矿（含铜约为 20%），锗以硫化物夹杂体与铜铁矿共生。首先浮选出铜精矿，在浮选过程中锗进入铜精矿，和铜精矿一起送往炼铜厂。

炼铜厂年生产能力为 12 万吨粗铜，工艺流程主要包括烧结，半烧结块在鼓风炉内半自燃熔炼和冰铜吹炼等工序。在鼓风炉熔炼过程中，锗进入冰铜、炉渣和烟尘中。吹炼时，部分锗随烟尘带走。含有锌、镉和锗的鼓风炉炉渣暂时储存起来，待以后再处理。捕集于布袋内的烟尘是一种成分复杂的含有锌、锗、镉、砷的提锗原料，该原料被送往科尔维兹炼锌厂回收这些有价金属。

科尔维兹炼锌厂于 1955 年安装好了处理含锗烟尘的设备，设计的设备处理能力为 590t/d 干烟尘，年生产锗精矿 220t，或 GeO₂ 25～31t。精矿含锗品位为8%～10%。锗的平均回收率约为 75%，其中烧结工序的回收率为 92%，浸出和沉淀工序大于 80%。处理烟尘回收锗的工艺流程如图 15-8 所示。

该流程在进行硫酸化焙烧前，需往烟尘中加入烟尘量 60%～100% 的硫酸和水，并在螺旋给料器内混合，物料含水为 25%～30%。硫酸化焙烧在直径为 1m、长 22m 的回转窑内进行，焙烧温度 450～500℃，焙烧时间 4h。焙烧炉壁砌有耐酸炉衬。

硫酸化焙烧主要是为了挥发除砷，表 15-16 给出了硫酸化焙烧过程中一些主要元素的损失数据。

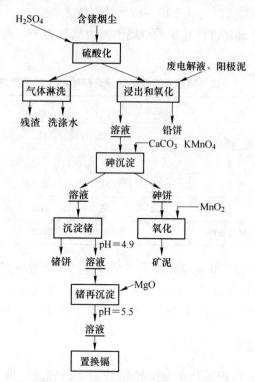

图 15-8　科尔维兹炼锌厂富集锗的工艺流程

表 15-16　硫酸焙烧烟尘各种元素的挥发损失

元素	烟尘中的含量/%		焙烧中的损失/%
	原料	烧结矿	
Ge	0.36	0.25	8
Zn	28.0	22.5	6
Cd	3.0	2.46	5
Pb	25.0	20.3	3
Cu	1.5	1.2	—
As	7.3	0.7	88~90

从炉内出来的气体在排放入大气以前，需通过淋洗塔淋洗净化处理，烧结块送碎料机破碎。

破碎后的焙烧料，在衬铅的搅拌槽内浸出，槽子容积为 42m³。每次装入约 9~10t 的焙烧料、废电解液、阳极泥及下道工序的洗涤水，浸出 1.5h。浸出溶液的最终酸度为 10~15g/L，浸出含 Zn 110~130g/L，Cd 15~20g/L，As 2.5~4g/L，Ge 1.4~2g/L，Cu 2~4g/L，各自的平均浸出率分别为：Zn 98%~99%，Cd 94%~

96%，As 80%~85%，Ge 90%~95%，Cu 75%~90%，Fe 78%~80%。矿浆经澄清后，往上清液中加入氧化剂以使砷氧化。浸出后，溶液和矿浆通过压滤机压滤，滤液进行沉淀砷。浸出残渣为铅饼，含量为：Pb 61.35%，Zn 1.28%，Cd 0.5%，As 0.39%，GeO_2 0.05%。

氧化剂采用锌电解的阳极泥，这种阳极泥含有大量的二氧化锰，为了使砷氧化完全，还要加入过量的高锰酸钾，溶液温度为 45℃，氧化过程持续 1.5h，砷以砷酸盐的形态沉淀，经氧化处理后，砷在溶液中的浓度可降低到 1.5~2.8g/L。除砷后的溶液中加入石灰，调节 pH 到 2.3~2.4，沉淀后的溶液和残渣在压滤机上过滤洗涤，滤液送沉锗车间提锗。滤液中含砷少于 0.4g/L，铁小于 100mg/L，含铜 3~5g/L。

沉淀锗分两段进行。第一段沉淀是为了得到较纯的产品，沉淀时加入氧化锰调节 pH 值到 4.9；第二段沉淀是在溶液 pH 值较高的情况下进行，获得的沉淀物再返回第一段。第一阶段沉淀所得的滤饼含 Ge 8%~10%，含 Zn 15%~20%，Cd 1%~1.5%，As 0.7%~2.0%。此沉淀物即为锗精矿，烘干后送往比利时的奥伦厂进一步处理。

在第二阶段获得的低品位锗沉淀物，经溶解再沉淀富集后，滤液送往置换车间回收镉，滤液中含 Zn 110~120g/L，Cd 12~16g/L，As 1~3mg/L，Ge 15~36mg/L。

后来，科尔维兹厂进行了原矿磁选加挥发的新工艺半工业试验。基普希的硫化铜锌矿是一种硫锗铁铜矿的共生矿，具有一定的磁性，经磁力分选后可获得含 0.919%Ge 的精矿。磁选机为周期性工作的磁力分离器，由通过直流电压 110V、电流 16A 的螺管线圈制成。矿泥输送在磁选机的丝网上，在强大的磁场作用下，矿泥微粒被磁化，并被牢固地吸附在丝网上。当电源切断后，磁场消失，精矿泥便坠入接收器内，磁选机生产能力为 5.5m³/h 矿泥。

磁选后获得的精矿在电炉内熔化，85%~90%的 Ge 以硫化物和氧化物形态挥发，挥发物中含锗 4%~9%，部分砷、20%的铅与锌进入到挥发物中。

15.4 从闪锌矿中提取锗

美国的闪锌矿是生产锗的工业原料。下面简述弗尔蒙特炼锌厂提取锗的工艺。该厂每天约生产二氧化锗 4.5~7kg，原料为选矿后的锌精矿，含锗达 400g/t，大多数的原矿含锗 40~100g/t。

焙烧含锗的锌精矿时，大部分的镉、锗、铅富集在烟气和烟尘中，这些挥发的烟尘经收集后送炼镉厂处理。用弱酸浸出镉和锌，用热的硫酸浸出锗使之与铅饼分离，然后使浸出液中的锗以硫化物的形态沉淀析出，过滤后的锗饼焙烧后再经酸洗除镉，最后用盐酸氯化制取粗四氯化锗。图 15-9 所示为弗尔蒙特厂的工艺流程。

美国另一家从锌精矿提取锗的工厂（该厂位于俄克拉荷马州），是属于伊格尔-皮切公司的，该厂采用氯化挥发法，其工艺流程如图 15-10 所示。

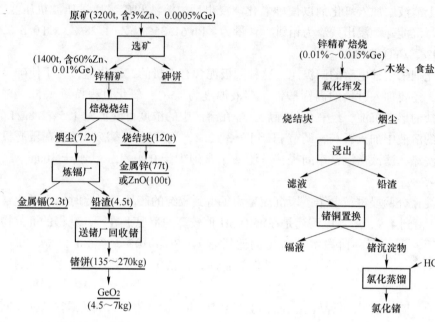

图 15-9　弗尔蒙特厂处理锗精矿的工艺流程　　图 15-10　从锗精矿中提取锗的流程

　　为使硫化物氧化，锌精矿先经预焙烧，所得的焙砂加入炭和食盐制团，然后投入高温炉内进行氯化挥发，收集的烟尘用酸浸出，不熔物为铅渣，锗进入溶液中，溶液经过滤后，置换出锗与铜，从上清液中回收镉，沉淀物即为富锗精矿，锗精矿送氯化制取粗四氯化锗。

　　对于同时生产铅锌的企业，也可采用与上述相同的工艺提锗，如比利时的拜伦厂，其锗的原料主要是冶炼铅锌的副产品，副产品含锗 10~400g/t，拜伦厂的炼铅厂处理进口的铅精矿，滤渣二次返料，炼锌厂处理进口的锌精矿和从铅厂来的氧化锌挥发物。回收锗的工艺流程如图 15-11 所示。

　　浸出锌焙砂时，少量锗进入弱酸浸出液，大部分保留在固体残渣中，铅精矿中的锗几乎全部进入炼铅炉渣。把浸出锌焙砂的残渣和铅炉渣一起加入烟化炉中进行烟化，过程中锗以氧化锗形态挥发。烟化炉产出的烟尘含锗 0.1%，由于含锗中间产物在流程中的返回循环，使锗不断聚积，烟尘中的含锗可提高到 0.3%，因而浸出液的含锗浓度也随之增加。最终沉淀物含锗品位达到 2%~3%，从而达到氯化蒸馏的要求。

　　此外，专利 GB 938035 提供了一种从焙烧后的闪锌矿中回收锗的工艺，其内容如下。

　　该发明提供了一种从含锗物质中回收锗的工艺，包括用 H_2SO_4 处理含锗物

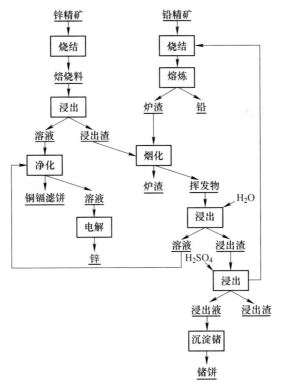

图 15-11 拜伦厂提取锗的流程

质以溶解锗；将 H_2SO_4 溶液与含有乙二氨四乙酰酸的钠盐丹宁水溶性萃取物相混合；最后从溶液中分离出含锗沉淀物。

同时，该发明也可用于从含锗的硫酸溶液中回收锗，例如：用硫酸萃取焙烧后的闪锌矿并去除残留物所得溶液。方法是将 H_2SO_4 溶液与从含有乙二氨四乙酰酸的钠盐丹宁水溶性萃取物混合；最后从溶液中分离出含锗沉淀物。

研究发现，在丹宁水溶性萃取物中，哪怕只有少量的钠盐或乙二氨四乙酰酸的钠盐，都能有效地使所有的锗生成沉淀。相反，使用不含乙二氨四乙酰酸的钠盐丹宁萃取物，会使锗的回收率很低，原因就是只有少量的锗被沉淀了，并且在后续的洗涤过程中，大部分的沉淀物会被溶解。研究也表明：丹宁水溶性萃取物中含有 $0.25\% \sim 0.30\%$ 的乙二氨四乙酰酸的钠盐（以自由酸计算）即可达到满意的效果。另外，研究还发现，使用含有丹宁的粒状萃取物，尤其是与含锗物质的质量比为 40 时，效果好。

以下实例可说明该发明的工艺。

焙烧过的闪锌矿经萃取后，溶液中含有 $40 \sim 45 g/L$ 的硫酸以及 $150 \sim 250 mg/L$ 的锗，此外，还含有锌、铜、钙、铁的硫酸盐以及砷、锑化合物，此溶液用含 $0.25\% \sim 0.30\%$ 乙二氨四乙酰酸钠盐粒状萃取物的溶液处理。所使用的粒状萃取物的数量约高于溶液中锗含量的 40 倍。搅拌混合溶液产生浅褐色沉淀物，然后过滤，洗涤沉淀物，以除去大多数的其他金属盐，然后干燥沉淀物，沉淀物中包含了几乎所有的与丹宁化合物形式存在的锗，同时也包含了砷、锑等金属以及其他微量金属，仅有 2~3mg/L 的锗仍残留在溶液中，锗的总回收率高达 90%。

15.5　从铅锌矿中提取锗

　　云南驰宏锌锗股份有限公司（原云南会泽铅锌矿）是我国锗金属的主要生产基地之一，该公司制取锗精矿的工艺在从铅锌矿中回收锗方面具有代表性。

　　铅、锌金属的生产分为氧化矿、硫化矿两个系统。氧化矿经鼓风炉炼铅、炉渣烟化，烟化中的锗比原矿富集了 5~8 倍，达到 0.017%~0.027%，锗的火法冶炼回收率达 97%~99%，烟化炉渣含锗 0.0005%。

　　烟尘经两段酸浸，在浸出液中用丹宁络合剂沉锗，获得丹宁渣。硫化锌精矿焙砂经中性浸出和高温高酸浸出，在沉矾后液中络合沉锗，获得的丹宁渣与氧化系统的丹宁渣合并，经电热回转窑灼烧即产出锗精矿，锗精矿含锗品位大于10%，由原料至锗精矿的回收率达 95%~98%，锗的总回收率达到 90% 以上，云南驰宏锌锗股份有限公司制取锗精矿的工艺流程如图 15-12 所示，所制取的锗精矿再采用如图 15-13 所示的原则流程生产出各种锗产品。

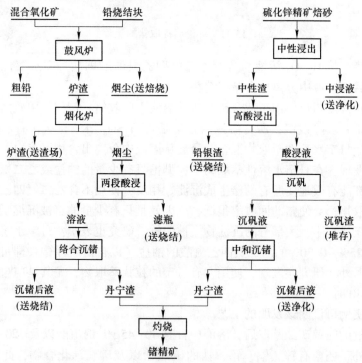

图 15-12　云南驰宏锌锗股份有限公司制取锗精矿工艺流程

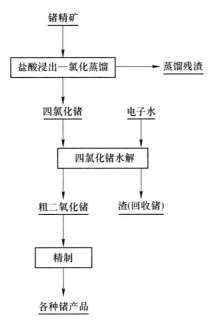

图 15-13　处理锗精矿生产各种锗产品的原则流程

15.6　从风化岩石和烟气中回收锗

将风化岩石矿粉与 HNO_3，HF，H_2SO_4 反应，除去硅酸，添加 NaOH，调节 pH 值为 17.0，使铁、铅等以氢氧化物沉淀，过滤，滤液通过阴离子交换树脂，再用氢氧化钠溶液淋洗，就可分离出风化岩石中所含的微量锗。例如，取 1g 含 GeO_2 0.44% 的火成岩风化岩放入铂蒸发皿中，加入 10mL 氢氟酸，1mL 硝酸以及 1mL 硫酸，慢慢加热，完全除去硅酸后，在溶液中加入氢氧化钠，调节 pH 值为 7，杂质铁和铅就以氢氧化物沉淀物的形式除去，滤液用含 4mol/L 预先配置好的氢氧化钠溶液洗涤，然后用去离子水洗净后，通过数量为 10mL 的阴离子交换树脂 Dowex-1，最后用 20mL 2mol/L 的氢氧化钠淋洗，就能得到含锗酸钠淋出液。

我国韶关冶炼厂的密闭鼓风炉火法炼锌工艺中，有一部分锗挥发并富集到烟尘中，烟尘中的含锗量约占进厂原料锗含量的 20%，该厂采用 N235 配位剂萃取锗的工艺，完成对锗的回收。

图 15-14 所示是贵州冶炼厂从烟尘中回收锗的工艺流程。

从图 15-14 中可以看出，该厂利用四氯化锗沸点较低，仅为 83.2℃ 的特点，蒸馏分离出四氯化锗，水解后得到纯度很高的二氧化锗。

韶关马坝冶炼厂同样采用蒸馏分离的方法，得到 99.999% 的氧化锗。

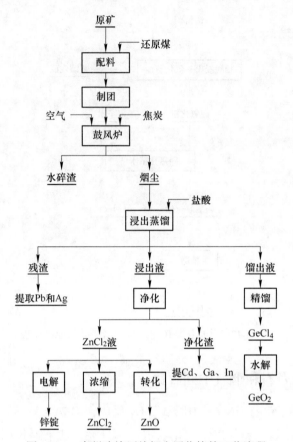

图 15-14　贵州冶炼厂从烟尘回收锗的工艺流程

15.7　从含锗废料中回收锗

根据不同含锗器件、含锗制剂的用途和锗的生产过程，含锗废料可分为以下几类：

（1）生产锗过程中产生的废料，如用盐酸分解锗精矿后的矿浆、废液和不同纯度锗锭的两端头。

（2）单晶锗制取半导体器件过程中产生的废料，如切削碎料、含锗研磨金刚砂抛光液和腐蚀液等。

（3）生产光导纤维过程中产生的含锗组成物和含锗废气。

（4）使用锗制剂的医院排放的含锗废水。

从矿石（精矿）生产锗工艺流程复杂、能耗高、成本大，而从上述的含锗废料中回收锗，一般工艺流程简单，成本也较低，因此，从这些含锗废料中回收锗具有重要的经济和社会意义。

15.7.1 从含锗废料中回收锗的方法

根据含锗废料的种类不同，采取的回收方法也不相同。回收含锗废料中锗的方法，可视废料中含锗品位和被污损的情况来决定。一般来说，对含锗较纯的废料，可直接返回氯化蒸馏或还原熔炼；不纯的，如含有油污的锗废料，可先经燃烧除去油污后，再送氯化蒸馏，所得到的四氯化锗、二氧化锗，按一般提取锗的工艺还原成锗锭或制取锗单晶。

15.7.2 从锗生产过程产生的废料中回收锗

15.7.2.1 从氯化蒸馏残渣中回收锗

氯化蒸馏残渣中含锗较高，占锗生产过程产生的损失量的86%~89%，残渣中的锗大多为四方晶系的二氧化锗，难溶于酸，因此，采用酸分解法很难回收这部分锗。一般采用氯化残渣和过量的氢氧化钠在500℃下熔融，或与碳酸钠（5倍理论量）在高于900℃下熔融的方法来回收其中的锗，主要反应如下：

$$GeO_2 + 2NaOH \longrightarrow Na_2GeO_3 + H_2O$$
$$GeO_2 + Na_2CO_3 \longrightarrow Na_2GeO_3 + CO_2$$

反应过程中，残渣中的锗生成偏锗酸钠，易溶于水。

有文献报道，用碱熔融时采用渣碱比为1:0.75、1:1、1:1.35。一般而言，溶液的pH值越大，浸出液的锗浓度也越高。

浸出液用硫酸调整pH值到1~2之后，加入丹宁沉淀锗。丹宁锗经过滤后再烧掉有机物，可制得锗精矿，锗精矿送氯化工序提纯处理。

15.7.2.2 从四氯化锗水解母液、氯化蒸馏吸收液中回收锗

对于四氯化锗水解母液、氯化蒸馏吸收液中的锗，一般采用直接加氯盐法回收。常用的氯盐有氯化钠、氯化钙和氯化镁等。先将这些含酸的回收溶液加入玻璃蒸馏瓶中（20L），补加一定数量的硫酸，调整溶液硫酸浓度到8mol/L，然后再加入氯化剂——食盐，发生如下反应：

$$2NaCl + H_2SO_4 \longrightarrow Na_2SO_4 + 2HCl$$
$$Ge^{4+} + 2SO_4^{2-} \longrightarrow Ge(SO_4)_2$$
$$Ge(SO_4)_2 + 4HCl \longrightarrow GeCl_4 + 2H_2SO_4$$

四氯化锗在84~100℃时被蒸馏出来，蒸馏后的残液含锗量从原来的每升几克降到0.02~0.03g/L，锗的回收率可达85%以上。

15.7.2.3 从单晶锗和区熔锗尾料中回收锗

单晶锗和区熔锗尾料中锗的回收，一般采用直接氯化法，即使氯气和金属锗直接发生反应生成四氯化锗。为了加速氯化反应，除考虑温度外，主要是要增加

固体锗的表面积和孔隙度以及增大氯气的流量，因此，对固体锗应破碎到一定粒度，以保证有一定的孔隙度。经破碎后的锗，与氯气在 260~310℃ 下作用 2h 后，四氯化锗的产出率超过 98%，但由于四氯化锗中溶解了少量氯气，实际四氯化锗的产出率为 92%~96%。

15.7.3　从锗半导体废料中回收锗

在锗半导体器件制造过程中，产生的含锗废料主要有以下几种：

（1）将锗单晶在切割机中切割成不同的锗片时，产生锗屑，一般锗屑含锗量为 20%~30%；

（2）切割后的锗片在研磨时产出的含锗金刚砂，一般含锗约 10%；

（3）锗单晶制备过程中产生的边角碎料和废锗，含锗在 99.99% 以上；

（4）锗单晶、锗片的腐蚀液、抛光液，一般含锗 3~10g/L。

根据各种废料性质和含锗量的不同，可以采用不同的处理方法。

A　单晶锗屑回收锗

锗单晶切片时的锗屑，含有机油和单晶的衬填锯屑等，因而要先燃烧脱油，待机油烧尽后，放入球磨中细磨至 100 目（100 目 = 0.154mm），然后按质量比加入 1.0~1.5 倍的碳酸钠混匀，在 800℃ 温度下熔烧 2h，使其中的金属锗氧化成二氧化锗，并与碳酸钠反应，生成可溶性锗酸钠，冷却后，再磨细到 100 目，然后送氯化工序，进行氯化蒸馏回收锗。

B　含锗金刚砂回收锗

锗单晶片在进行研磨时，锗成细粉状进入到研磨金刚砂泥浆中，因此，首先要进行烘干脱水，在保持温度 400~560℃ 之间，烘干 6h，冷却后磨细到 100 目，供氯化蒸馏处理。

金刚砂中的锗多呈金属锗状态存在，而金属锗在盐酸中几乎不溶解，因此，在蒸馏时需加入 MnO_2 或 $FeCl_3$ 作氧化剂（一般为含锗量的 11 倍），其反应式为：

$$Ge + 4FeCl_3 = GeCl_4 + 4FeCl_2$$

经实验证明，用三氯化铁作为氧化剂，锗的蒸馏回收率高，如处理含锗 17.79% 的金刚砂，加入二氧化锰和三氯化铁，其蒸馏回收率分别为 89.1% 和 99.37%。含锗金刚砂的粉碎细度越细锗的蒸馏率越高。

C　碱性腐蚀液中回收锗

在晶体管的制造过程中，锗片和管芯均要进行化学腐蚀或抛光，以得到适宜的锗片厚度和平整的光洁表面。目前，一般采用双氧水和氢氧化钠在加热条件下进行腐蚀抛光，这时有一部分锗生成锗酸钠进入溶液中，但由于此溶液的锗含量低且体积大，因此需先进行沉淀富集，然后再蒸馏回收锗。这种双氧水的碱性含锗腐蚀液可以回收，但沉淀时不安全，操作也麻烦，曾采用过用氯化镁沉淀法，效果较好，沉淀时控制 pH 值在 8~9 之间，每升溶液加入氯化镁 30~40g，氨水 50mL，搅拌 15min。沉淀法一般在常温下进行，当氯化镁加入时，Mg^{2+} 与锗酸钠反应，生成溶解度极小的锗酸镁沉淀，反应式如下：

$$Na_2GeO_3 + MgCl_2 \Longrightarrow MgGeO_3\downarrow + 2NaCl$$

由于在碱性溶液中沉淀，当加入氯化镁后，会有大量 $Mg(OH)_2$ 沉淀析出而与锗酸镁同时沉淀，因此要控制好溶液的 pH 值，不要大于 9。

实践证明，采用氯化镁沉淀法，锗沉淀率可达 99% 以上，操作方便。经澄清、过滤后，滤液废弃，沉淀物烘干后送氯化蒸馏；另外，该法对回收水解母液、氯化蒸馏吸收液以及锗的区域提纯和单晶制备的碱性腐蚀液中的锗也有效。

D　氢氟酸腐蚀液中回收锗

在锗的生产过程中，锗锭表面有一层氧化膜，清除这层氧化膜主要用两种方法：一是用双氧水除去法（在碱性腐蚀液中回收锗中已叙述）；一种是用氢氟酸和硝酸混合酸处理法。

含有氢氟酸的含锗腐蚀液不能采用直接氯化蒸馏法回收其中的锗，这是因腐蚀液中的氟离子会腐蚀所有玻璃蒸馏设备（如蒸馏瓶、吸收瓶、冷凝管等），应单独进行回收。回收腐蚀液中锗的方法很多，如硫酸蒸干法、氨水中和法、硼酸沉淀法、硅酸盐蒸发法和镓盐沉淀法等。苏联曾对含氟含锗腐蚀液用质量分数为 10%、30% 的氯盐烃胺溶液进行萃取回收锗的研究，提取率分别为 71% 和 96%。用氯盐烃胺萃取锗的适宜条件为：有机溶剂与水溶液体积比为 1/3，溶液 pH 值为 1.8~2.3，溶液中 $HF/GeO_2 = 6$。

15.7.4　从含锗废水中回收锗

锗工厂、用锗制剂医院常大量排放含锗废水，但这种废水通常含锗仅为 1×10^{-6} 级，由于锗含量低，迄今尚无经济、有效的方法从这些废水中回收锗。

日本的研究者将含锗废水的 pH 值调至 11 以上，作为培养液，在其中繁殖螺旋藻，此螺旋藻能吸附溶液中大量的锗，然后对螺旋藻进行浸出或焙烧，回收锗。采用此方法回收锗，具有很好的应用前景。该法的关键是螺旋藻的预培养和培养增殖。螺旋藻预培养时，培养槽采用"森式"装置，培养温度为 30℃，照明度 10000lx，SM 培养液，其组成为：$NaHCO_3$ 16.8g/L、$NaNO_3$ 2.5g/L、NaCl 1.0g/L、CaO 1.2g/L、H_2O 0.04g/L、EDTA 0.08g/L、K_2HPO_4 0.5g/L、K_2SO_4 1.0g/L、$MgSO_4 \cdot 7H_2O$ 0.2g/L、$FeSO_4 \cdot 7H_2O$ 0.01g/L，添加微量的添加液 A（1.0mg/L）、添加液 B（1.0mg/L）。

15.7.5　从生产光导纤维的废料中回收锗

A　从含锗玻璃组成物中回收锗

目前，国内外光纤技术发展很快，所用的石英系光导纤维是用化学气相沉积法（CVD）等方法生产的。在其生产过程中，要将大量锗、硅和硼等的卤化物以气态供给反应器，最后在反应器内热分解成细粒状的氧化物，再将此细粒状氧化物热处理成透明的玻璃体，但是，目前这种工艺的成品率非常低，大约有 30%～70%的锗成为氧化物或未反应的气体被废弃，这些废弃物主要是锗、硅、硼的氧化物和水解时生成的金属氧化物。日本的研究者介绍了一种利用高温挥发来回收此类锗氧化物的方法。他们将炭粉与被回收的氧化物混合于 500℃ 以上的加热炉内，然后通入惰性气体使加热炉减压，以便收集高温挥发物。这种挥发物主要是锗的低价氧化物、盐酸和氯气，一般采用捕收器捕集回收含锗低价氧化物。

也可用高温、氢还原的方法来处理此类含锗废料，即将被回收的含锗、硅、硼的氧化物放入炉内，加热到 500℃ 以上，通入氢气和惰性气体，使其与被回收的氧化物充分接触，将排出的气体引入到冷凝器中，以便捕收气体中的低价锗氧化物。在被回收的氧化物中，氧化硅和氧化硼比锗的低价氧化物难挥发而留于还原废料中，所以在此温度下，排除气体中不含硅、硼等氧化物。

利用上述方法，能高效回收光导纤维制造过程中废弃的锗氧化物。

B　从生产光纤过程的废气中回收锗

英国专利报道了从制造光导纤维过程排出的废气中回收锗的方法。光纤生产过程中，从废气中排除的锗主要是气态锗，而不是细颗粒锗，回收这部分锗，采用的方法是让排出的气体与碱液接触，通过碱液吸收含锗气体。操作过程是将排出气体通入洗涤器中，并使洗涤器具有很大的气液界面，洗涤器通常由填充床或筛板床组成，床的上方设一个喷管喷洒水介质，使废气与其充分接触。一般存在于废气中的含锗气体通过碱液吸收及其后的水解作用，可收集到溶液中。如果 pH 值过低，则可显著减少含锗气体的吸收和水解。一般碱性溶液采用的 pH 值，以 11～12 为宜。

15.7.6　从锗浸蚀废料中回收锗

GB 866040 提供了一种从锗浸蚀废料中回收锗的方法，其内容简述如下。

鉴于锗的价格较高，所以，从锗金属生产半导体器件的废料中回收锗，具有重要的意义。

该发明是关于从锗浸蚀废料中回收锗的工艺，此废料通常为可溶性锗化合物的溶液。

该发明旨在提供一种从锗浸蚀废料中回收锗的简易方法，这种废料是含有可溶性碱金属的锗酸盐水溶液，这种溶液含有碱金属的氢氧化物可作为溶剂溶解 GeO_2 时的试剂浸蚀液，这方面的已知工艺实例是锗的化学浸蚀，所用试剂是 H_2O_2 与 KOH 的水溶液或者是 NaClO 与 NaOH 的水溶液；另一实例是锗的电解浸蚀，所用试剂是 KOH 或 NaOH 的水溶液。

根据该发明，在锗浸蚀废料（可溶性碱金属的锗酸盐水溶液）中至少添加一种强的无机酸，并且酸的数量要足以使溶液的 pH 值降到 7 以下，在溶液中加入过量的氨水，分离所得沉淀物，蒸馏沉淀物与盐酸组成的混合物得到 $GeCl_4$。

强的无机酸是指盐酸、硝酸或硫酸。

上述步骤中所获得的 $GeCl_4$ 相对较纯，但仍希望能得到进一步的纯化，如通过精馏 $GeCl_4$，可以采用常规的方法制得金属锗，即通过水解工艺生成 GeO_2，然后在氢气中加热还原，制得金属锗。

从锗的化学浸蚀废料中回收锗的实例为：浸蚀试剂由 H_2O_2 与 KOH 的水溶液组成，组分为 $300mLH_2O_2$(100 体积)，150gKOH，1.1L 水，此废料含有 14g/L 以锗酸钾形式存在的可溶性锗，反应方程式为

$$Ge + H_2O_2 + KOH \longrightarrow K_2GeO_3 + 3H_2O$$

70L 废料，需加入约 15L 质量分数 36% 的盐酸，边加入边搅拌，使溶液的 pH 值降到 6 并形成以化合物形式存在的含锗沉淀物，生成的 KCl 留在溶液中，反应方程式为

$$K_2GeO_3 + 2HCl \longrightarrow GeO_2 + 2KCl + H_2O$$

$$KOH + 2HCl \longrightarrow 2KCl + H_2O$$

溶液中加入密度为 0.88 稍微过量的氨水溶液（约 5L），使 pH 值为 7~8，从而将大部分剩余的锗以化合物的形式形成沉淀，氨与过量的盐酸形成 NH_4Cl，最终留在溶液中。

为使沉淀物较好沉积，混合液要静止 2h，在此期间，混合液的温度恢复到室温（温度升高是由于先前的反应是放热反应），而且，溶液中大部分的锗也形成沉淀物，最后过滤、干燥得到沉淀物。

为了回收以相对纯的化合物形式存在的锗，可将盐酸与沉淀物的混合物蒸馏，得到 $GeCl_4$。方法如下：将 70L 质量分数为 36% 的盐酸与 10kg 含锗沉淀物加热至沸腾，首先蒸馏出来的是 $GeCl_4$，直到蒸馏温度超过 90℃，此时，沉淀物中的大部分杂质仍存在于蒸馏的残余物中。蒸馏出的 $GeCl_4$ 可依据常规的方法制得金属锗。

通过上述描述的工艺，可以从起始废料中至少回收 80% 的锗。

16 制备和提取四氯化锗的方法

本章主要介绍国外从硫化矿物、锗酸盐物料及锗半导体废料中制备、回收和提取四氯化锗的相关专利。

16.1 四氯化锗的制备

英国 Standard Telehones And Carles 公司发明了关于 $GeCl_4$ 的制备方法。

其专利指出，锗作为半导体材料在电子工业中的应用有着不可替代的地位，其重要性日益显现。由于锗在地球中的含量很低，提取和回收方法的经济性，特别是从废料中回收锗，就显得十分重要。在制造二氧化锗和三极管的传统生产工艺中，所用材料都含有 90%以上的锗，因此，开发一种经济、快速、有效的锗回收方法，显得尤为重要。

从原矿中提取锗和使锗转化为 GeO_2 已有数十年历史了，通常在获得电子级纯度锗的常规生产工艺中，用浓盐酸浸出精矿中的 GeO_2，使其转变为粗 $GeCl_4$，而后精馏制备成高纯 $GeCl_4$。

水解高纯的 $GeCl_4$ 得到高纯 GeO_2，还原 GeO_2 得到金属锗。

当以碎屑（主要组成是金属锗）作为主要的处理对象时，由于碎屑中的多种污染物严重影响获得高纯产品，从经济上考虑，常规方法对试验室规模及工业规模生产是不适宜的。

根据上述观点，尽管在该领域已持续有几十年的研究历史，但仍然需要开展进一步的研究，寻找处理制造锗半导体器件时产生的大量锗碎屑的方法，并且该方法应满足其转变为 $GeCl_4$ 时，能实现工业规模的需要。

该发明的目的，一是为 $GeCl_4$ 的制备提供一个新的方法；二是该方法应简单，应用于工业规模是经济的；三是该方法对用于半导体器件制造时产生的锗碎屑能有效回收。发明的特点是在干燥环境条件下，用 HCl 气体处理含锗的碎屑，碎屑被加热到 $300\sim700℃$ 之间，当 HCl 气体流过预热了的碎屑时，能回收到没有被其他杂质污染的 $GeCl_4$。

推荐的温度是 $650℃$，尽管在较低的温度下反应也可以发生，但需要的时间较长，HCl 气体的流量为 $20\sim40mL/min$，最好是 $40mL/min$，允许过量的 HCl 气体参加反应，并存在于反应生成物中。

一个具体的实例为：Ge 为 78g，HCl 气体流量为 $40mL/min$，反应温度

650℃，反应时间为 22h，此时可获得 25mL 纯 $GeCl_4$。提高温度、增加时间或增大反应器的尺寸，都能增加 $GeCl_4$ 的产率。HCl 气体应首先通过硫酸溶液，随后进入氯化钙干燥塔，以确保完全排除水分。

获得的 $GeCl_4$ 的物理及化学性质与已知高纯 $GeCl_4$ 样品的性质有很好的一致性，当然，氯锗烷（三氯甲锗烷）的性质与获得的 $GeCl_4$ 性质有非常紧密的联系。检测 $GeCl_4$ 的纯度应采用特殊的设备，以消除污染 $GeCl_4$ 的可能性。

氯锗烷与 $GeCl_4$ 在化学性质上有一个重要的不同，就是氯锗烷与碘能发生反应而纯 $GeCl_4$ 却不能发生。丹尼斯（Dennis）和他的合作者在《物理化学期刊》中论述了在这方面的研究成果，利用此项研究成果，用已知的 $GeCl_4$ 样品，氯锗烷与获得的 $GeCl_4$ 比较，发现没有碘反应，这就证明了 $GeCl_4$ 的纯度没有受到氯锗烷的污染。

含 Ge 碎屑的主要污染物是氯化铜和有机物，在一定条件下，为了提高 $GeCl_4$ 的纯度，最好水解 $GeCl_4$ 为 GeO_2，然后重新与 HCl 作用生成 $GeCl_4$。

GeO_2 在略高于 100℃ 的温度下干燥，如果 GeO_2 在大气下、300℃ 的温度干燥，GeO_2 的结构将发生很大的改变，很难与 HCl 气体作用。

16.2 从含锗的硫化矿中制备四氯化锗

该发明是关于从含锗的硫化矿物中制备四氯化锗的工艺，其关键技术是通过氯化剂与矿物反应获得锗的氯化物，例如，可以用氯或氯的化合物与矿物反应制成锗的氯化物，然后再从锗的氯化物中回收锗或锗盐。

众所周知，金属硫化物能与氯发生反应，并且还建议用此反应来分解硫化矿物。该发明中，最重要的是除去反应中形成的硫。以前的工艺过程都是在高于硫的沸点温度时，让形成的硫立即挥发，然而，这样的工艺过程在实际应用中并没有成功。

该发明的技术特点就在于在高于硫的熔点但低于其沸点的相对较低温度下操作，只要在上述过程中硫处于液态，就能实现硫化矿物的反应快速、经济，并能从硫化矿物颗粒表面除去生成物和副产品，工艺详细描述如下。

该工艺所处理的是硫化矿物中的硫化锌，如闪锌矿或其他的含锌矿石。此类矿物中通常含有少量锗，由于锗的含量较少，所以采用已有方法，要使矿石中的锗被大部分提取是非常困难的。利用该发明，提取矿石中所含的大部分锗，则较容易实现，并且，从锌的氯化物中还能直接回收锌，或者把它转变为锌的其他金属化合物，或还原成金属锌。

反应中所用的氯可以是氯（Cl_2）、氯化物或类似物质。反应在 150~440℃ 下进行，推荐的温度是 300~400℃。反应通常在一个大气压下进行，也可以在高于一个大气压下进行。该发明的工艺主要包括以下两个反应：

$$2ZnS + 2Cl_2 \longrightarrow 2ZnCl_2 + S_2$$
$$GeS_2 + 2Cl_2 \longrightarrow GeCl_4 + S_2$$

从上述反应中可以看到，生成物是 $ZnCl_2$，$GeCl_4$，S_2。其他金属硫化物也可以发生反应，生成相应的金属氯化物。

金属硫化物与氯化剂反应生成的氯化物会自然附在金属硫化物的表面。在给定的温度期间内，硫以液态形式存在，$ZnCl_2$ 通常是固态。在一个大气压下反应时，$GeCl_4$ 的沸点是 83℃，因此可以挥发为气相。为了使 $GeCl_4$ 能更有效地从混合物中除去，通常向混合物中通入氯气或其他气体（如 SO_2，CO_2），使之与反应物表面充分接触。

据已公开的专利 US417413 介绍，为了使金属硫化物与氯化剂更好地接触，可以使用某种液体作为载体，但对此液体有一定要求，具体讲就是该液体要能溶解氯化剂，液体与氯化剂反应时，不形成过量的酸或其他不希望得到的副产品，反应后能得到一种可以使硫化物氯化的产品。

可选用的有机化合物液体有氯化烃、氟化烃、直链烃、芳香族化合物、二苯基（$C_6H_5)_2$、萘（$C_{10}H_8$）等。在反应条件下，这些有机物应完全卤化使之不与氯发生反应，这样的有机物，可以是八氯萘、十氯代联苯（$Cl_5C_6C_6Cl_5$）、全氟己胺、全氟润滑油、全氟煤油等。无机化合物中，与氯发生反应且适于选用的主要有硫或硫的化合物。

该发明实施过程中，加入液体的主要作用是除去金属硫化物表面反应生成的硫和金属氯化物，因此，加入液体的量要多一些，通常，加入量是金属硫化物质量的 2~10 倍。提供良好的搅拌作用也是很有必要的，因为它能充分发挥液体的洗涤作用。

当硫以液体形式存在反应物中时，部分硫会与氯发生反应生成硫的氯化物，但不会影响工艺过程的进行，因为硫的氯化物可与洗涤过的金属硫化物继续反应。

该发明实施前，含细微锗的闪锌矿或其他硫化锌矿最好经过干燥，如通入大量液态硫进行干燥。液态硫的数量是硫化物数量的 2~10 倍，通常采用 5 倍。通入氯和搅拌液体可以用任何常规方法实现。氯化剂的用量要至少能把含锗的硫化矿中所含的锗转变成 $GeCl_4$。反应过程中，温度保持略高于从混合物中蒸馏出 $GeCl_4$ 的温度，$GeCl_4$ 最后收集在冷凝器中。另外，也可以用水、冰水或碱性溶液吸收 $GeCl_4$。

在反应过程中，硫化锌转变成氯化锌，其他的金属硫化物也转变成相应的氯化物。这些物质在液态硫中形成悬浮物与反应器分离。推荐在 115~175℃用热水处理混合物，然后经过滤，通过常规工艺从液态硫中分离出金属氯化物。

此外，也可以把硫和金属氯化物的悬浮物冷却到硫的凝固点以下，把混合物磨成粉，用水浸出回收金属氯化物。

下面是几例具体的应用情况，所用的液体是硫。

例 16-1 一定数量的硫化锌精矿，含大约 55% 的锌、30% 的硫、3% 的铁和 0.03% 的锗，同时还含有一些黄铁矿和方铅矿。在 350℃ 下，用氯在过量的液态硫中处理这些精矿，液体表面用氮气保护，然后把挥发出的气体冷却并用 NaOH 溶液来吸收，可获得含锗 70% 的锗料。

例 16-2 1 磅（0.453kg）质量的锌精矿，含大约 55% 的锌、0.04% 的锗，向其中通入 5 磅（2.265kg）的液态硫，混合物在 347～363℃ 下发生反应，加入 300g 的氯气反应 270min，同时不断搅拌混合物。在反应过程中，混合物表面用干燥的氮气保护，并把挥发出来的气体引入到含有 10% 苏打溶液的两个吸收器中。有 98% 的锌精矿分解成硫和氯化锌，同时还有其他有色金属的氯化物和铁的氯化物。精矿中的锗完全挥发，在吸收瓶中得到含锗 60% 的锗料。

例 16-3 同样数量的锌精矿，用同样数量的熔化硫和氮处理，温度为 335～385℃。加入 300g 的氯气反应 125min。如同上面的试验一样，混合物表面用干燥的氮气保护，并将气体引入到两个含 10% 的苏打溶液吸收器中。试验中，分解了 918.1% 的精矿，获得了含锗 80% 的锗料。

综上所述：

（1）获得硫和 $GeCl_4$ 方法是，在 300～400℃ 下，在液态硫中用氯化剂处理含有硫化锗的金属硫化物，然后蒸馏混合物可制得 $GeCl_4$。

（2）分解金属硫化物的方法是，在 100～440℃ 下，把含硫化锗的金属硫化物矿物放到液态硫中，硫的数量是硫化矿物的 2～10 倍。把氯化剂通入悬浮液中，使硫化锗转变成硫和 $GeCl_4$。通入氮气并蒸馏混合物就可以制得 $GeCl_4$。

16.3 用气态氯化氢从锗酸盐物料中提取四氯化锗的方法

16.3.1 基本原理

该发明涉及从 MCVD（改进的化学气相沉积，一种光纤预制棒制造方法）工艺废料中回收锗的方法和装置，采用一种气体对块状 MCVD 废料进行化学转变并回收锗。

相关技术描述为：光纤预制棒通过一系列连续的工序过程制造出来，这些工序包括了 $SiCl_4$，$GeCl_4$ 的氧化反应，然后制备出合格的光纤预制棒。在工艺过程中，发生了 $SiCl_4$，$GeCl_4$ 的挥发。挥发物由大量的微粒和气态组成。在研究 $SiCl_4$ 与 O_2 反应、$SiCl_4$ 与 O_2 或 H_2 反应以及 VAD 工艺等文章中都谈到过，在 $SiCl_4$ 总量中，仅有 50% 的转变为光纤预制棒，其余 50% 都损失了。

在 MCVD 制造光纤预制棒工艺中，使用了大量的高纯 $GeCl_4$，这种价值昂贵的原料，大部分（约 80%）进入挥发溢流物中，溢流物的组成主要为没有发生反应的 $GeCl_4$ 和无定型 SiO_2 微粒，微粒中含 15% 以上的锗，这导致了光纤预制棒成本的增加，也促使了从 MCVD 溢流中回收锗工作的开展。

收集这些含锗的废气并从中分离锗，能极大地降低光纤的制造成本。专利（US4385915）论述了从气相中分离锗的有效方法，并介绍了再循环工艺。

在该工艺中，采用一种含水介质处理溢流物，以确保含锗气体的收集，如 $GeCl_4$ 被含水介质吸收，完全水解，过滤和含水再次循环使用等。通过使用碱性或酸性介质，大量的微粒首先被溶解，这样，由于含锗微粒的溶解以及循环过程的进行，锗浓度在介质中显著增加，可周期性或连续地转移循环介质沉淀锗。用多价化合价阳离子，如 Mg^{2+} 沉锗，使之形成稳定的 $MgGeO_3$ 沉淀，再用常规方法将 $MgGeO_3$ 从溶液中分离得到滤饼。

以前回收锗采用的预处理方法有几点不足，如以前的方法不能处理含水量高的滤饼，因此不得不采用干燥或其他方法来排除滤饼中的水分，还需要输入热能，以便从滤饼中分离锗。另外，为了从含有其他元素（如砷、锑、锡等）的物料中分离出 $GeCl_4$，砷、锑、锡等也将被富集。在以前的方法中，蒸馏 $GeCl_4$ 时，必须在氧化条件下进行，需抑制 Cl_2，H_2O_2，$KMnO_3$，Cu 等的挥发。

该发明为从 MCVD 工艺废料中回收锗的方法，此方法将上述所提的溢流物浓缩为滤饼，再用化学方法对其进行转变。在该工艺中，MCVD 废料（滤饼）与气态 HCl 直接反应，被迅速和彻底氯化，生成 $GeCl_4$，反应过程中放出热量，$GeCl_4$ 以气态方式从滤饼中分离。$GeCl_4$ 生产工艺的简明描述如图 16-1 所示。

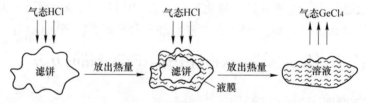

图 16-1　$GeCl_4$ 生产工艺的简明描述图

16.3.2　工艺技术

工艺技术的详细描述主要包括从含锗酸盐物料中，以 $GeCl_4$ 为产品回收锗的相关试验情况、具体的工艺和装置。

该发明有广阔的应用范围，可以用来回收其他类似的物质（如砷等），下面的介绍仅是其应用的一例。

从锗酸盐原料中提取锗，该发明是用气态氯化物从含锗酸盐滤饼中以回收 $GeCl_4$ 回收锗。气态氯化物可以是氯化氢，也可以是其他氢化物。如果是溴化氢，锗则以四溴化锗的形式回收。

　　锗酸盐物料与纯净的气态氯化物接触，此时，气态氯化物应有充分的流速和反应时间，使之与锗酸盐物料之间的放热反应完全。反应时间取决于几个因素，如锗酸盐的化学组成，特定的氯化物反应气体，气液接触的有效性等，总而言之，反应时间一般为 5~120min，推荐的时间为 10~40min。

　　与锗酸盐物料反应的气态氯化物流速取决于几个因素，如锗酸盐的数量和表面积大小，锗酸盐体积占反应器容量的比例。按照该发明，气态氯化物的气体流速控制为每千克锗酸盐物料 1~100L/min，推荐的气体流速为 5~30L/min。如果以摩尔为单位，则每千克锗酸盐物料为 8~50mol/min，推荐为 12~20mol/min，这取决于反应条件。

　　锗酸盐物料可以是任何含锗原料，但形状最好是滤饼和相类似形状。上面已经将含锗物料作为 MCVD 的工艺副产品作了详细的描述，$GeCl_4$ 从锗酸盐中挥发，用低温冷凝的方式加以回收。

　　常规工艺难以处理含水高达 71.8%~80% 的滤饼，故发明改进了常规的工艺。改进的工艺中，推荐采用气态 HCl。图 16-1 所示的图解说明，滤饼与气态 HCl 发生了强烈的放热反应，促使滤饼间强烈摩擦和 $GeCl_4$ 的转变，典型的化学反应及转化过程如下：

$$6HCl + MgGeO_3 \Longrightarrow MgCl_2 + GeCl_4 + 3H_2O$$
$$2HCl + MgSiO_2 \Longrightarrow MgCl_2 + SiO_2 + H_2O$$
$$2HCl + Mg(OH)_2 \Longrightarrow MgCl_2 + 2H_2O$$

　　按照该发明，气态 HCl 与锗酸盐物料反应，避免了大量生成水；用常规的方法，盐酸作为氯化剂会带入大量的水。

　　图 16-2 所示的曲线表明了 HCl 量和滤饼反应后生成的液体总量的关系。

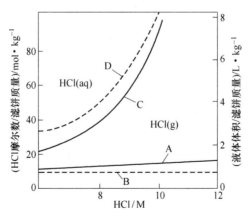

图 16-2　HCl 试剂的数量和滤饼反应后产生的液体总量的关系

——HCl 摩尔数（M）；－－－液体体积（L）

图 16-3 所示的曲线表明了氯化镁对 $GeCl_4$ 可溶性的影响，溶液为 25℃ 下的 $MgCl_2$ 与 HCl 的混合液。

从图 16-2 可以看出，曲线 A 和曲线 C 为每千克滤饼所需的气态 HCl 的数量和酸浓度，在反应中，溶液需要保持一个预先确定的 HCl 浓度。液体的总量与气态 HCl 增加（曲线 B）有关，同样，也与酸浓度（曲线 D）增

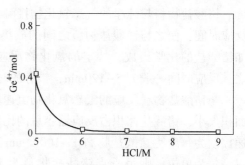

图 16-3　氯化镁对 $GeCl_4$ 可溶性的影响

加有关，需要与最终的反应条件（HCl 浓度）联系来区别。从提供的参数可以发现，使用 HCl 作氯化剂是非常有效的，并且由于使用了气态 HCl，可以使反应装置的尺寸有效地减小（基于液体总量少）。

在气态 HCl 摩尔数与系统总容积之间，存在着一个大致的线性关系，尽管也有气态 HCl 与锗酸盐物料反应生成水，水与气态 HCl 生成盐酸，盐酸也会与滤饼作用的因素存在，但它们中间的近似线性关系还存在，因此，该发明没有增加系统的总容积，而实现了氯化剂非常有效地使用。

该发明并不需要对滤饼进行预先干燥处理，已经进行的试验和采用完全干燥的滤饼试验证明了这个结论。事实上，当滤饼的含水量降低到 50% 时，导致原料表现出反应缓慢，原因是滤饼与 HCl 气体作用时放出热量，放出的热量促进了进一步的干燥作用，过于干燥的滤饼，在 HCl 中不容易实现分解，反应中可以忽略 $GeCl_4$ 的变化。

常规的盐酸处理方法需要增加热能，促使 $GeCl_4$ 从残渣中分离，经过详细的 HCl 热焓计算，每 1kg 滤饼放热 884.1J，按发明的工艺，$GeCl_4$ 能够迅速、完全地从 HCl 和含锗物料中挥发。HCl 与滤饼反应的热化学值见表 16-1。

表 16-1　HCl 与滤饼反应的热化学值

反应物	方式	$\Delta H / Cal \cdot mol^{-1}$	滤饼 $/mol \cdot kg^{-1}$
HCl(g)	溶解	-18.0	12.0
$Mg(OH)_2$	中合	-21.4	1.3
$MgSiO_3$	转化	-18.7	0.9
$MgGeO_3$	转化	7.4	0.4
$GeCl_4$	蒸馏	7.9	0.4

事实上，由于缺乏特殊的绝热手段，标准反应器的温度将保持和超过 90℃ 以上，大约 83% 的热来自气态 HCl 的溶解热，因此，该发明不需要价值昂贵的干

燥装置和氯化试剂。

另外，按照该发明的动力学理论，反应的生成物不与副产物发生反应，但当 HCl 浓度大约为 3.2mol/L 时，溶液中出现 $MgCl_2$，当 HCl 溶液为 5~9mol/L 时，$MgCl_2$ 会影响 $GeCl_4$ 的溶解度，判断为镁盐析出。

试验时采用关闭容器，确保 $GeCl_4$ 剩余的部分与水合物及以气相存在的产物达到平衡。通常，当 HCl 浓度低时，$GeCl_4$ 的溶解度最高，会随着 HCl 浓度的增加而迅速降低，当 HCl 浓度由 7.77mol/L 增加至 12.08mol/L 时，$GeCl_4$ 的溶解度由 0.4mol/L 降低至小于 0.01mol/L。从图 16-3 可以看出，当 $GeCl_4$ 的溶解度显著降低时，溶液中含有 $MgCl_2$，经确认这时含 $MgCl_2$ 1.6mol/L，Ge^{4+} 的溶解度朝着 HCl 浓度低于 5mol/L 的方向转移；反之，当 HCl 浓度高于 6mol/L 时，Ge^{4+} 基本上不溶解到溶液中，溶液中含有镁盐。该发明中，在 HCl 的浓度小于 6mol/L 的转化期间，$MgCl_2$ 的生成不能促进 $GeCl_4$ 的挥发。

下面用例子进一步介绍该发明。表 16-2 为滤饼的成分组成，经分析，该样品中含锗为 2.6%。

表 16-2　滤饼成分

成　　分	总量中的含量/%	固相中的含量/%
$MgGeO_3$	5.3	24
$MgSiO_3$	9.2	42
$Mg(OH)_2$	7.5	34
Ge	2.6	12
Si	2.6	12
Mg	6.2	28

样品的固态量为总质量的 20%~22%，设计如图 16-4 所示的试验装置，应用该装置，可用气态 HCl 回收滤饼中的锗。

在图 16-4 中，反应器的处理量为 1kg，反应器配有聚四氟乙烯的进气管，进气管伸至反应器底部约 1 英寸（0.0254m）的位置，将由 MCVD 获得的滤饼放入反应器中，根据试验要求，滤饼需粉碎到适当的尺寸。气态 HCl 从容器通过导管引入到反应器进气管，气态 HCl 的输送量由一个或一组流量计控制，流量剂需要精确的校准，输送范围由 20mL/min~12.0L/min。流量剂所用材料是聚四氟乙烯。输入到反应器的气态 HCl 和滤饼用搅拌器搅拌，以促进 HCl 的流动和滤饼的溶解。

反应器出口管连接到一个竖直的圆柱体分离器，分离器尺寸为高 2 英尺❶（0.61m），直径 3/4 英尺（0.19m），分离器的作用是冷却，大量含水气体通过管

---

❶　1 英尺 = 0.305m。

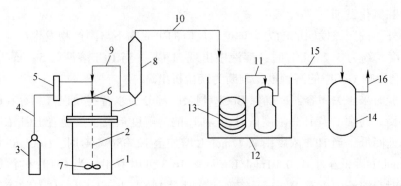

图 16-4 用气态 HCl 回收滤饼中锗的装置

1—反应器；2—进气管；3—容器；4—导管；5—流量计；6—进气管；7—搅拌器；8—分离器；
9，11，15，16—管道；10—分离器出口器；12—冷凝系统；13—玻璃盘管；14—气体洗涤器

道返回反应器，而且通过分离器的出口管排出 $GeCl_4(g)$ 和 $HCl(g)$，$GeCl_4(g)$ 和 $HCl(g)$ 进入冷凝系统，由盐浴提供的冷凝温度为 0~20℃，冷凝系统由包括高 10 英尺(2.54m)，外径为 1/4 英寸(0.06m) 的玻璃盘管组成，玻璃盘管通过管道连接一个或几个储液罐，特殊设计的储液罐是为了收集和进一步处理 $GeCl_4$，进入冷凝系统的 $HCl(g)$ 通过管道送入气体洗涤器，通过管道排除之前，在洗涤器中和碱性水溶液作用。

图 16-5 所示为该发明设计的一个低温冷凝装置示意图，试验中，反应效率和 $GeCl_4$ 的产出率取决于 HCl 的流速，气体通入分离器旁路管道进入洗涤器，也可通过冷凝系统并联接入气体洗涤器，洗涤器中有大约 3L 浓缩苛性溶液，取洗涤溶液试样（大约 5mL），用原子吸收法分析含锗量。

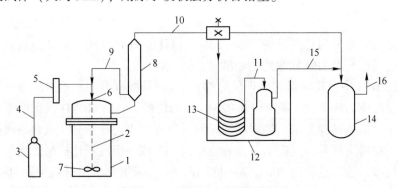

图 16-5 一个低温冷凝装置示意图

1—反应器；2—进气管；3—容器；4—导管；5—流量计；6—进气管；7—搅拌器；8—分离器；
9，11，15，16—管道；10—分离器出口器；12—冷凝系统；13—玻璃盘管；14—气体洗涤器

为冷凝 $GeCl_4$ 设计的试验室用冷凝系统，它的效率取决于各种试验条件和冷

凝温度。收集的 $GeCl_4$ 通过冷凝到储液罐，然后用红外和原子吸收分析，可获得几种试验条件下的 $GeCl_4$ 产品数据。

样品用注射器抽取，并迅速稀释以避免 $GeCl_4$ 损失，然后送原子吸收分析结果。$HCl(g)$ 与滤饼反应的过程可用 $HCl(g)$ 传输效率来详细描述。如，$HCl(g)$ 的三种传输速度条件为：（1）6.70L/min；（2）4.50L/min；（3）2.25L/min。以时间为横坐标，$GeCl_4$ 产出为纵坐标，当滤饼量都为 400g 时，相对一定的时间，不同 $HCl(g)$ 传输效率下的 $GeCl_4$ 产率如图 16-6 所示。

图 16-7 所示为不同工艺条件与 HCl 流量的关系。

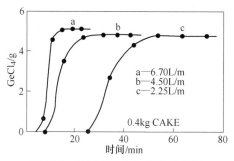

图 16-6　不同 $HCl(g)$ 传输效率与
$GeCl_4$ 产率的关系

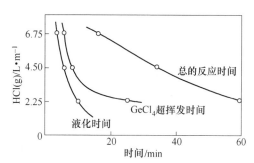

图 16-7　不同工艺条件与 HCl 流量的关系

对每个试验，有一个明显的周期，周期的长短与 HCl 的传输效率关系不大，而与下列各过程需要的时间总和有关，即吸收 HCl 和溶解滤饼，镁盐的中和和转化，HCl 浓度增加到某个值（在此值下，$GeCl_4$ 将快速生成并挥发）。

以表 16-3 的数据为例说明 $GeCl_4$ 的快速生成，各种反应所需的气态 HCl 总量为 5.6mol，大约为 2.25L/min，$GeCl_4$ 的转化率和挥发率高达 99.9%。

表 16-3　HCl 与滤饼作用的效果

样品量/g	锗/%	HCl 流量/mL·min⁻¹	残渣量/mg	锗转化量/mg	转化率/%
400	1.1	6.700	2	4.720	≥99.9
400	1.1	4.500	3	4.440	≥99.9
400	1.1	2.250	2	4.470	≥99.9
100	2.6	2.00	48	2.590	98.2

上述结果说明，HCl 与滤饼反应受气态 HCl 转移到滤饼的效率制约，试验证明，物料从开始搅拌到完全发生液化需要一定的时间，因此，HCl 对物料的转移效率不可能达到所希望的最大值，图 16-7 所示的参数证明了这一点，即使在试验条件下，也有适当的 HCl 传输效率，最短的液化时间不少于 5min，工业生产中，适当的搅拌能减少团聚，促进液化。

由于存在着和硅酸胶体的共沉淀，以前蒸馏 $GeCl_4$ 的方法可能造成锗的损失量较大，但上面的试验证明，$GeCl_4$ 的转化率和挥发率高达 99.9% 以上。

另外，研究了低温装置对 $GeCl_4$ 气相转变的效率影响。经过特殊的设计，低温装置增强了浓缩能力。用一个 U 形硼硅酸玻璃浓缩器，在底部带一个 50mL 的接收瓶，保持在-10℃ 的温度下，在 $HCl(g)$-$GeCl_4(g)$ 以大约 200mL/min 的速度流过时，能够获得 99% 的效率。该发明不允许从 $HCl(g)$ 带走 $GeCl_4$。由几种试验工艺获得的 $GeCl_4$ 水解后，用原子吸收分光光度计分析 Mg 和 Fe（两种金属元素都是潜在的污染物），检测两种金属杂质在产品中的含量，Fe 的控制量为 0.3×10^{-6}，Mg 的控制量为 0.02×10^{-6}，未处理的液体红外光谱结果如图 16-8 所示，表明出现有水解产物，如 Cl_3GeOH、HCl 等，但碳氢化合物污染不明显，证明该发明从滤饼中回收锗是有效的。

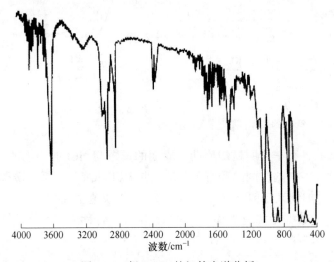

图 16-8　粗 $GeCl_4$ 的红外光谱分析

图 16-9 所示为该发明的生产规模装置示意图，图中的主要设备包括一个可增压或保持压力的气体连接反应器，容量为 300 加仑（1 加仑 = 3.785 升），并带一个出口、水冷外套和机械搅拌，$HCl(g)$ 从圆筒通过管道送到反应器。批量处理滤饼将有利于 $HCl(g)$ 压力的控制和完全反应，挥发性 $GeCl_4$ 气体由冷凝系统收集，该系统的温度控制在-10℃，反应器的输出物通过管道送到冷凝系统，输出物数量由阀控制。系统中获得的多余热由冷却器通过管道控制，并为 MCVD 使用。粗 $GeCl_4$ 产品需提纯到光纤级品质，可采用连续超静处理器实现这一目的。超静处理器通过管道与冷凝器连接，组成一个适合高纯 $GeCl_4$ 生产的净化装置，在超静处理器上，不纯物首先用化学法处理，在这样的条件下，它们很容易分离为衍生氯化物，几个杂质元素（As，Sb，Sn）在商品级 $GeCl_4$ 生成的同时也转变

为不挥发物，与其他金属杂质作为蒸馏残渣。

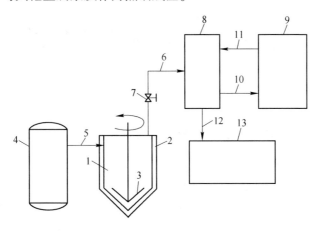

图 16-9   生产规模装置示意图

1—气体连接反应器；2—水冷外套；3—机械搅拌装置；4—圆筒；5，6，10~12—管道；
7—阀；8—热交换系统；9—冷却器；13—超静处理器

　　直接用气态 HCl 转化的方法与通常应用的方法相比，具有经济方面的优势，
从含锗原料中提取锗，通常的方法是使用盐酸，使用气态 HCl 增加的投资量不
大，气态 HCl 与同等量盐酸相比，表现出更强处理滤饼的能力，这样，该发明也
为从含锗原矿中回收锗提供了一个改进的方法，该发明具有较广的应用范围，可
以应用于任何形式的含锗物料，如锗原矿等类似矿物。上面描述和图解的实例，
说明了该发明的特点和优越性。

17　净化四氯化锗及相关提纯工艺

17.1　可满足半导体器件质量要求的四氯化锗提纯工艺

该发明是有关锗的为 $GeCl_4$ 的产品在产品在半导体器件，如变阻器、晶体管的制备中更为有用而改进的提纯工艺。

现代理论认为，材料（如锗）的半导体特性主要取决于其中所含的某些微量杂质元素，但是人们至今一直未找到一种能够完全、有效、彻底地除去这些杂质的方法。通常，如果初始材料经过最终处理后，材料中所含杂质每一元素的含量仍高于 1×10^{-6}，该材料将不能被使用。半导体器件生产过程中的一个问题，就是需要解决用于制备半导体材料的净化问题，以便最终获得高纯度、高导电率，满足半导体器件产品性能要求的材料。

在锗半导体器件生产过程中，提纯过程主要需控制两个步骤，第一步是含锗材料的处理；第二步是锗晶片制造过程中产生的锗粉末的回收。在第二步工序中，可以是回收锗粉末材料，区域提纯后切下的料头、料尾，也可以是回收必须再次提纯才可以利用的锗。

目前，对于回收的由于制造半导体晶体管和整流器产生的锗粉末的提纯技术，主要包括在有 Cl_2 存在时，通过在 Cl_2 中燃烧锗生成 $GeCl_4$，然后将 $GeCl_4$ 多级蒸馏，此时有许多蒸馏物如盐酸、Cl_2 等充填在精馏塔中，这些蒸馏物必然影响 $GeCl_4$ 的纯度，而且该工序复杂、成本昂贵。

针对多级蒸馏存在的问题，有必要研究可以去除 $GeCl_4$ 中杂质的方法。艾尔森（Allison）和缪勒（Müller）在美国化学学会（American Chemical Society）杂志上对这种提取工艺进行了描述，他们认为，由于 $GeCl_4$ 在浓盐酸中的溶解度很低，而且存在于 $GeCl_4$ 中的杂质元素，其氯化物尤其像砷的氯化物，它在酸层的溶解度大于在 $GeCl_4$ 层的溶解度，因此可有效地分离出存在于 $GeCl_4$ 中的杂质。

根据该发明，在工艺过程中，含杂质的 $GeCl_4$ 溶液所需盐酸的浓度至少为 8mol/L，试验表明，盐酸的适宜浓度一般在 12mol/L。加入盐酸和通入 Cl_2 后进行搅拌，使得混合物分别进入两层溶液，随后分离两层溶液并在下层获得纯化的 $GeCl_4$。

$GeCl_4$ 一般来源于供应商，或者在石英玻璃制成的容器内，将 Cl_2 与粉末锗燃烧而获得，然后进行一到几次的提取分离，每一次分离均需采用新的盐酸和通

入 Cl_2，而后，将 $GeCl_4$ 水解成 GeO_2，提纯分离后获得的 $GeCl_4$ 产品和蒸馏法获得的产品纯度相同。

众所周知，将锗氯化生成 $GeCl_4$ 后，最难从 $GeCl_4$ 中去除的杂质是砷，因为 $AsCl_3$ 与其他含锗氯化物杂质的挥发性质不同而与 $GeCl_4$ 的挥发性质相近，因此，评价提取工艺的优越性，首先要看氯化处理后 $AsCl_3$ 进入 $GeCl_4$ 溶液的含量。据艾尔森（Allison）和缪勒（Müller）介绍，$AsCl_3$ 在盐酸层的分配系数略大于在 $GeCl_4$ 层的分配系数，也就是说，进入盐酸层的 $AsCl_3$ 略多于进入 $GeCl_4$ 层的 $AsCl_3$，据此判断，该发明提高了分配系数，将 $AsCl_3$ 通入 Cl_2 形成砷酸，反应方程式如下

$$AsCl_3 + 4H_2O + Cl_2 \longrightarrow H_3AsO_4 + 5HCl$$

可以确定，反应发生在溶液的含酸层，在 $GeCl_4$ 层没有生成 $AsCl_5$。在 $GeCl_4$ 层中的 $AsCl_3$ 转移到盐酸层，并与通入此处的 Cl_2 反应生成砷酸，砷酸留在盐酸层，可采用物理分离的方法使两层溶液分离。

以上描述的技术，实际上是一个连续处理的工艺过程，用此技术，可以将一定数量的 $GeCl_4$ 连续地通入 Cl_2 饱和的盐酸溶液进行提纯处理，例如，将 $GeCl_4$ 从一个圆柱状的容器顶部加入，通过含饱和 Cl_2 的盐酸溶液后可以得到提纯；盐酸层在纯化后的 $GeCl_4$ 层上面。可在 $GeCl_4$ 层的上面设一个入口，用于加入新的盐酸；当 $GeCl_4$ 像过滤一样从柱状容器的顶部从上而下通过新鲜盐酸时，$GeCl_4$ 中所含的 $AsCl_3$ 被吸收，并且通过与 Cl_2 的作用变成五价砷酸，已被提纯的 $GeCl_4$ 从柱状容器的底部流走，而废酸则从顶部流出。

下面是该发明工艺的一个实例。

将一英磅（0.453kg）含有铝、镓、砷、锑、硼、硅为 0.1% 的粉末锗放在一石英容器中，持续通入 Cl_2 并加热，使之发生氯化反应，随着温度的升高，锗被点燃、燃烧生成 $GeCl_4$，通过控制 Cl_2 的通入量来控制反应过程。反应生成的 $GeCl_4$ 由一冷凝器冷凝并收集于蒸馏瓶中，当 $GeCl_4$ 的数量达到 300mL 时，反应停止，之后，取出 50mL 的样品，在余下的 $GeCl_4$ 溶液中加入 12mol/L 的含饱和 Cl_2 的盐酸溶液，加入盐酸的比例为 40% 体积分数，加入盐酸后发生剧烈反应，约 45min 后，分成两层，密度较大的 $GeCl_4$ 位于下层。将该工艺过程重复 8 次，在第二、第四、第八次分别取出 50mL 溶液作为样品备用，随后的样品可分别水解成 GeO_2，还原为金属锗并检测其电阻系数。

试验结果显示，在第四次净化后，便可获得和蒸馏塔相同的纯度，第四次之后的提纯，对材料的纯度几乎没有多大贡献。四次提纯后的产品，电阻率接近 $6\Omega/cm$，相对于锗砷杂质的含量为 2×10^{-6}。该技术生产的材料用于半导体器件制备时，其纯度远远高于比用原来的溶质分布工艺获得的材料。

试验发现，采用浓度为 12mol/L 的盐酸溶液最为合适。浓度太低时，$GeCl_4$

容易水解并保留在酸层，提纯净化效果不明显；任何时候，盐酸的浓度都不能低于 8mol/L。虽然可以在一定压力下操作来增加盐酸溶液的浓度，但用此方法的成本太高。因此，盐酸浓度的上限仅仅是从经济成本的角度考虑的，因为在理论上，浓度越大分离效果越好。分离的效率取决于两种挥发物质 $GeCl_4$ 和 Cl_2 的存在。可以在低温下获得满意的效果，用冷冻盐水作为冷凝剂效果非常理想，可减少 $GeCl_4$ 的挥发；同时，温度降低可使 Cl_2 在酸中的溶解度增加。

可以看到，由于存在于原始中的砷很少，所以在盐酸溶液中形成的砷酸数量极少。

17.2　由粗 $GeCl_4$ 提纯 $GeCl_4$ 的方法

该发明涉及从粗 $GeCl_4$ 和含杂质 $GeCl_4$ 中提纯精 $GeCl_4$ 的提纯工艺，主要是改进排除 As 和其他杂质的工艺，提高质量使产品最终满足电子级锗的使用要求。该发明提供了一种有效、可靠和经济的适用于各种规模 $GeCl_4$ 的提纯工艺，其优势在于连续生产，制备出高纯级的 $GeCl_4$ 产品。

众所周知，锗用于半导体材料的基本要求是其中杂质含量要少于亿分之几甚至更低，为了获得如此高纯度的锗，通常就要使用高纯度的 $GeCl_4$，由 $GeCl_4$ 通过水解得到 GeO_2，GeO_2 再还原为金属锗，最后用区域熔炼提纯金属锗。由经验可知，通过上述方法制备电子级金属锗时，最重要的是提供高纯的 $GeCl_4$ 原料，金属锗的电阻至少降低到 $5\Omega/cm$。如果不使用高纯的 $GeCl_4$，即使后续工序相同也难以制备出电子级金属锗。

在制备电阻率约为 $40\Omega/cm$ 的电子级金属锗时，要获得尽可能高纯的 $GeCl_4$，目前最难以排除的杂质 As 是其他的杂质包括铜、锌、锑、锡的卤化物，与有效除去 As 以获得高纯 $GeCl_4$ 相比，它们的排除相对要容易得多。

很显然，可以用蒸馏或者液-液萃取的方法获得粗 $GeCl_4$，再使用饱和的 HCl 溶液处理，可获得较好结果。使用强酸不仅可防止蒸馏或萃取前 $GeCl_4$ 发生水解，而且也可排除 $GeCl_4$ 中的杂质。在 $GeCl_4$ 中，As 主要以挥发性的 $AsCl_3$ 形式存在，经过强酸的氧化使其变成不挥发的 H_3AsO_4。尽管 $AsCl_3$ 和 $GeCl_4$ 的沸点的差值为 $45℃$，但是使用强酸或等价氧化剂仍很重要，如果不将 $AsCl_3$ 转变为不挥发的 H_3AsO_4，当蒸馏 $GeCl_4$ 时，$AsCl_3$ 会与 $GeCl_4$ 一起蒸馏。

用蒸馏或者液-液萃取的预处理方法能获得较高纯度的 $GeCl_4$，这是制备电子级金属锗的先决条件。但这样的制备技术处理费用较高，并且很难精确控制物料氯化蒸馏的温度。蒸馏过程中，氯气持续地通过蒸馏系统，这使得在平衡条件下的操作变得十分困难。尤其是为了获得期望的纯度，采用包括多级蒸馏等方法，会降低生产效率，使 $GeCl_4$ 产量降低，成本增加。使用含饱和 Cl_2 的盐酸溶液作为溶剂，选择性地提取 As 和其他的杂质，如锑、镓、硅、硼及铝的液-液萃取，可克服蒸馏提纯的一些困难。这样的萃取工艺与为了得到满意萃取效果而使用的高纯度反应溶剂没有关系。

基于各种杂质的分配系数，并利用 As 及其他杂质在酸性溶液中有相对较高溶解度的特点，可实现从 $GeCl_4$ 中分离杂质。由于溶剂的效果由其纯度决定，因此要得到高纯度的 $GeCl_4$ 就必须使用大量新酸。对于液-液萃取，需要使用浓度最小 8mol/L 的盐酸，首选 12mol/L；并且保持萃取期间的液相温度较低，这样可使在获得高纯度 $GeCl_4$ 的同时，液-液萃取的成本不至于太高。

该发明提供的纯化 $GeCl_4$ 的方法包括：用盐酸和氧化剂，最好是氯气（对处理三价 As 有利）洗涤气态 $GeCl_4$，让气态 $GeCl_4$ 的流向与酸的流向相反。

含锗原料的氯化以及为排除杂质而对氯化产物进行预纯化所形成的粗 $GeCl_4$，以气态形式进入到有盐酸溶液的洗涤反应器。维持等于或稍高于 $GeCl_4$ 沸点的温度并保持氯气的饱和，在足够高的洗涤柱中，气态 $GeCl_4$ 自下而上，饱和的盐酸自上而下。试验中发现，尽管粗 $GeCl_4$ 中的 As 含量相当高，但采用此方法，对排除来自原料中的 As 和其他的杂质非常有效。

发明利用吸收法分离排除杂质，获得高纯的 $GeCl_4$，通过测定可知，利用此材料制备的区域锗的电阻值，达到了制备电子级金属锗的纯度标准要求。

通过吸收分离排除杂质，获得高纯的 $GeCl_4$，降低了对酸度和提纯步骤中因体系的酸成分不同而需维持高纯度状态的要求，而这两个条件是液-液萃取方法提纯 $GeCl_4$ 所必须的。

由于提纯中积累在酸层中的杂质在吸收除杂过程中无关紧要，而在液-液萃取过程中要显得重要些，且该发明允许部分的酸循环到洗涤柱中，这个有利因素加上该法操作简单，故适合于大规模生产以及连续运行，使粗 $GeCl_4$ 的提纯比迄今为止的其他方法更有效和更经济。该发明工艺适应于含高 As 和其他杂质的粗 $GeCl_4$ 原料的提纯，并且该法比之前的连续液-液萃取提纯方法更有效。

粗 $GeCl_4$ 作为需提纯的原料，按照常规技术，可由氯化含锗物料，如锗边角料或从原矿升华、浓缩获得。氯化产物通过可以除去大多数杂质的含饱和盐酸的混合物进行快速蒸馏处理，可使 $GeCl_4$ 得到初步提纯，在此处理过程中，主要的难除去的 As，通过氧化反应变成了不挥发的砷酸，与其他杂质一起被顺利地排除，但经上面所描述的工序处理后获得的粗 $GeCl_4$，仍含有很少的 As 和微量的其他杂质，还需要进一步提纯才能达到要求。该发明的目的，就在于最终使提纯后的 $GeCl_4$ 产物中 As 的含量降低。此时，区域熔炼后的金属锗达到了 $40\Omega/cm$ 的电阻率，证明最终产物中的砷含量减少到了百万分之几。

应用该发明进行粗 $GeCl_4$ 提纯可获得适用于制造电子级锗的高纯 $GeCl_4$。工艺过程描述为：将含 As 和其他微量氯化物杂质；如氯化铜、氯化锌、氯化锑等的原料加入一个预热的吸收塔底部，吸收塔为一石英玻璃圆柱体，含饱和盐酸的溶液由上往下流动并保持溶液的温度为 83℃ （$GeCl_4$ 的沸点），在 $GeCl_4$ 气流向上和饱和盐酸溶液往向下的对流过程中，为了获得最好的效果，从吸收塔顶部流入装入的酸也应被预热，以便控制操作温度使之保持稳定。往下流的酸液流量可由泵或其他相应的方式控制，使它与加入的粗 $GeCl_4$ 数量保持一定的比例。以仅用浓盐酸或浓盐酸加氯气的方式来保证酸浓度比较，最好是浓盐酸和氯气一起加入，氯气的加入位置与粗 $GeCl_4$ 一致，都是在吸收塔的底部。

可以用两种方式来控制加入吸收塔中粗 $GeCl_4$ 的流量：（1）液态控制，此时加入的粗 $GeCl_4$ 与热酸接触迅速发生气化；（2）气态控制，即在加入吸收塔前就将粗 $GeCl_4$ 转变成气体，如先在单独的液化器中气化，然后再送入吸收塔内，此法对保持吸收塔内的温度恒定更为有利。进入塔内的 $GeCl_4$ 流速可用任何方式控制，如可以用泵输入控制流速，或通过调节 $GeCl_4$ 产生的量控制流速，采用何种方式控制取决于吸收塔中物料的反应速度。

按照该发明，纯化过程的特点是：所用酸约为 6.1mol/L，含 20.24% HCl。与液-液萃取提纯 $GeCl_4$ 工艺需要至少 8mol/L，甚至 12mol/L 的 HCl 比较，很明显，在该工艺中使用 HCl 可降低酸的成本。值得一提的是，新的提纯方法并局限于使用 6.1mol/L 的酸浓度，也可使用 6.1mol/L 以上的各种酸浓度。

吸收塔中的酸量与 $GeCl_4$ 的比例取决于吸收塔的高度、直径和加入物料的数量、加入速率以及其他因素。通常，最少的酸量与液态 $GeCl_4$ 的量比至少为 1：1，最好是（3~4）：1，以保证理想的提纯效果。如前所述，部分收集在吸收塔底部的酸可在塔内循环，这可节省一定的酸。如果考虑酸的循环使用，设计吸收塔时，应使酸循环的高度低于塔中部，这样可保证气态 $GeCl_4$ 与新酸作用的距离至少为 1/2 塔高。

很显然，塔的设计主要取决于物料的处理量，而处理量主要与粗 $GeCl_4$ 中 As 的含量、酸与 $GeCl_4$ 的比例、流速等因素有关。最重要的是要在塔中实现上行的气态 $GeCl_4$ 能充分地与向下流动的酸接触，使其尽可能地完全洗涤，以达到理想的提纯效果。通常，塔的设计还要满足让气态 $GeCl_4$ 在塔内的停留时间至少为 2min 或者稍多一点，这也取决于前面所提到的处理量。

塔的直径为（1~6）m×0.0254m，高度为 8 英尺（2.44m）左右，可满足 $GeCl_4$ 中的 As 含量不大于 0.3g/L 的情况，当 $GeCl_4$ 中 As 的含量范围很宽时，通常建议高度选择至少为 12 英尺（3.6m）。对于连续运转的大规模生产，最好选择塔的高度为（20~24）英尺×0.31m，以确保 As 含量在 20g/L 以下的粗 $GeCl_4$ 能有效纯化。在这里，塔高可以理解是单个塔高，也可以认为是两个或者多个塔的串连体，只要能保证含氯的酸溶液从一个塔连续地流向另一个塔以及 $GeCl_4$ 从相反方向流过即可。一旦选择了塔的制造尺寸和直径，再分别确定盐酸、氯气和 $GeCl_4$ 的流量以及盐酸与 $GeCl_4$ 的最佳比例，就可以得到最好的结果。

气态 $GeCl_4$ 经含饱和氯的盐酸充分洗涤纯化后到达塔顶部，然后回流除去残留的氯气，在塔顶被冷凝收集，高纯度的 $GeCl_4$ 水解为 GeO_2，GeO_2 再还原为金属锗，最后，通过区域熔炼获得极纯的电子级金属锗。塔下端收集到的酸可以如前所述循环利用或者用于氯化含锗原料，废酸中的 $GeCl_4$ 可通过常规方法回收。

下面的例子对该发明作了详细的说明。

例17-1　一个用硼硅酸玻璃制造的吸收塔，内径2英寸（0.0508m），高10英尺（3.1m），塔高8.25英尺（2.558m），塔内有一直径为1/2英寸（0.013m）的螺旋玻璃管。在塔外对应螺旋玻璃管处用加热带缠绕。塔底连接有一个10L标准的硼硅酸玻璃球形瓶收集残酸。一根硼硅酸玻璃导管安装在塔顶部，与另一个硼硅酸玻璃冷凝器连接，收集提纯后的产品。从塔顶部加入经预热后浓度为6mol/L的盐酸溶液，流量为3.88L/h，粗 $GeCl_4$ 以液态方式，在塔身3英尺（0.93m）高的位置加入塔内，流量为1L/h。氯气以70 L/h的流量加入塔内，加入位置与加入 $GeCl_4$ 的位置相同。沿塔身高度、一定间隔安置安装热电偶测量温度。试验过程中，控制塔内温度为83~100℃，含As 0.1~0.3g/L的粗 $GeCl_4$，在提纯后完全达到了在"还原"或区域熔融状态下制造电阻率为 $5~40\Omega/cm$ 或更好的电子级锗的要求。

例17-2　除了将粗 $GeCl_4$ 在塔外气化后以1L/h（液态量计算）加入与例17-1不同外，所用装置、试验条件与例17-1相同，含As0.3g/L的粗 $GeCl_4$ 除砷后，再一次达到了制备电子级金属锗的要求，但随着粗 $GeCl_4$ 中的As含量增加至18.4g/L，除砷后的 $GeCl_4$ 用区域熔融制备的金属锗电阻率不合格。

例17-3　在连续操作过程中，为了提纯含As大于20g/L的粗 $GeCl_4$，配置了总高为24英尺（7.44m）的双塔，每个塔高12英尺（3.72m），为双层硼硅酸玻璃，内径4英寸（0.1m），塔内装有直径1/4英寸（0.006m）的螺旋玻璃管，高10英尺（3.1m）。粗 $GeCl_4$ 以50mL/min（流量计算）气化后输入，输入位置在塔身3英尺（0.93m）处，在第一塔内，$GeCl_4$ 经过饱和盐酸溶液初步提纯后，气态 $GeCl_4$ 向上运动到塔顶并被液化，由第一塔引入第二塔。预热6.1mol/L的盐酸溶液到100℃，以200mL/min的流量加入第二塔内，然后由第二塔流入第一塔。氯气以饱和方式加入第一塔内，流量为5L/min（应保持一定的温度和压力），加入位置与 $GeCl_4$ 的加入位置一致。预热酸和气化 $GeCl_4$ 所用的容器为72L的圆底硼硅酸玻璃瓶，并带有加热罩。同样，用加热罩套住塔身，以维持温度在83~90℃。用冷却器冷凝 $GeCl_4$，控制其温度大约为-10℃，以确保 $GeCl_4$ 的挥发损失最小。

建立在稳定运行状态下的上述工艺，使得高纯 $GeCl_4$ 的产率为3L/h。无论粗 $GeCl_4$ 中的As及其他杂质含量变化有多大，都可获得高纯度的产品，并且每次处理量可超过 1000L。

尽管在上述的工艺描述中，特别提到使用含饱和氯的盐酸溶液作为氧化剂，但其他的氧化剂也能单独或与氯共同使用，将 3 价 As 转变为 5 价 As。

17.3　用氢氧化铵纯化 $GeCl_4$ 的方法

该发明涉及一种 $GeCl_4$ 的纯化方法，纯化方法主要是尽可能减少 $GeCl_4$ 中的普通杂质含量，使其低于通常水平，从而达到可用盐酸蒸馏萃取技术的应用要求。

$GeCl_4$ 通常作为生产锗半导体器件的中间产品，含有一种或几种微量杂质元素。制造锗晶体管时，通常会用"掺杂"方式来控制其必需的电学特性。要获得具有可预见、可再现特性的锗晶体管产品，首先就要获得高纯金属锗，然后按可控方式"掺杂"。

尽管可以用此技术实现锗的提纯，但人们已经认识到，要得到纯度更高的金属锗，就必须尽可能地得到更纯的中间产品 $GeCl_4$，再使 $GeCl_4$ 转变成 GeO_2，最终获得高纯的金属锗。实际上，由于原料的来源渠道不同，存在于 $GeCl_4$ 中的杂质也不同，来源于矿物生产的粗 $GeCl_4$，可能含有 Al、B、As、Cu、P 等杂质，与用制造锗晶体管回收的金属锗废料作为提纯 $GeCl_4$ 的原料，杂质成分有所不同。

粗 $GeCl_4$ 的提纯工艺包括了萃取、蒸馏等过程。该过程包括在反应釜中通 Cl_2，在使用浓盐酸蒸馏 $GeCl_4$，在蒸馏时，Cl_2 不断地通入到反应器中。

$GeCl_4$ 不与浓盐酸发生反应，由于密度差异，留在了反应器的较底层。当 $GeCl_4$ 蒸馏出来时，杂质氯化物留在了盐酸层中，可能需要两次或多次使用新的浓盐酸来蒸馏除杂。在常压下，蒸馏温度为 83.5℃时，可蒸馏出 $GeCl_4$。由于许多金属杂质的氯化物具有很强的挥发性，故在蒸馏 $GeCl_4$ 的同时，这些杂质也被蒸馏出来了。

尽管许多提纯方法已经广泛应用并获得了成功，但 $GeCl_4$ 产品的纯度仍不尽人意，这些局限性对 $GeCl_4$ 的使用造成了一定的影响，因此，有必要寻求除去其所含杂质的工艺。

在该发明中，$GeCl_4$ 先用少量的碱性溶液处理，然后再进行蒸馏，可得到纯净的产品。虽然使用少量碱性溶液，会使 $GeCl_4$ 发生少量水解生成 GeO_2，但杂质氯化物通过水解也会转变成相应的氧化物，甚至有些杂质氯化物的水解程度比 $GeCl_4$ 更深，更容易发生，如铝的氯化物水解。由于 GeO_2 和杂质氧化物不能反溶在 $GeCl_4$ 中，且没有挥发性，于是，在接下来的蒸馏 $GeCl_4$ 时除杂效果更为有利。

相反的情况，杂质氯化物不如 $GeCl_4$ 容易水解，蒸馏前，水解程度差的杂质氯化物能以某种方式（如吸附）和 GeO_2 作用，其表现结果是在蒸馏过程中，杂质氯化物含量明显减少。

各种碱性物质都可能用于处理 $GeCl_4$，如铝、钾、钠、钙和氢氧化钡。加入少量此类物质，对 $GeCl_4$ 中杂质氯化物的水解非常有效，如上面提到的碱性试剂——氢氧化铵，反应后生成的氯化铵相对容易挥发。

碱液的浓度范围较广，但首选的是高浓度的碱溶液。低浓度的碱溶液，倾向于用在再次蒸馏 $GeCl_4$ 时，水解杂质元素。研究发现，含有 NH_4OH 质量分数为 14% 的碱溶液，特别适宜上面所描述的处理过程。

加入 $GeCl_4$ 中碱性物的数量没有绝对的临界值，但碱性物加入量过多会使大量的 $GeCl_4$ 转化为 GeO_2。通过分析纯化的 $GeCl_4$ 产品可知，$GeCl_4$ 中的大部分杂质都很容易控制在所期望的数量级。一般用浓度为 14% 的氢氧化铵溶液可处理体积浓度约为 0.5%~1.5% 的 $GeCl_4$。

例如，处理含有铝（1×10^{-6}）的 $GeCl_4$，用体积比数为 14% 的氢氧化铵溶液，以点滴方式加入，采用机械搅拌，1h 后，将处理后的 $GeCl_4$ 在常压下 83.5℃ 蒸馏，分析纯化后的 $GeCl_4$，铝的含量低于 2×10^{-9}。用上述纯化后的 $GeCl_4$ 制备锗，锗的电阻率为 20~30Ω·cm。

一般情况下，用氢氧化铵处理的 $GeCl_4$ 制备的锗电阻率为 10~15Ω·cm，除去铝杂质后的锗呈 N 型。

上面提到的方法还可以改进，如缓慢地将氢氧化铵溶液加入 $GeCl_4$ 中时，可同时将氮气或氩气一起加入反应器中，使 $GeCl_4$ 起泡，完全水解反应。在这种情况下，应保证气量足够多，氢氧化铵的浓度可以采用上述推荐的数值。

作为水解处理的结果，有部分 $GeCl_4$ 转变为 GeO_2，使 $GeCl_4$ 的总量减少。该发明指出，蒸馏提纯 $GeCl_4$ 后，可将蒸馏反应器中留下的残液返回到前面的反应，和其他的锗原料一起用于生产纯度较低的 $GeCl_4$。

17.4　从光纤母体材料中去除—OH 杂质

17.4.1　发明背景

该发明是制造光纤预制棒所用原材料中去除—OH 杂质的方法。

目前，已有多种方法制备出适合通信用途的低损耗光纤产品。其中的一种生产方法是改进的化学气相沉积技术（MDVD），该技术在美国专利（US. Pa. No. 4217027）中有描述。

众所周知，在光纤通信系统中，—OH 杂质将导致各种波长的衰减。制造光纤预制棒时，当 $SiCl_4$ 被氧化成 SiO_2 时，作为掺杂剂的 SiO_2 变成了光纤母体材料的一部分，添加到光纤预制棒的掺杂剂有 GeO_2 和 P_2O_5 等。采用 MCVD 技术制造光纤预制棒时，由于 $SiCl_4$、$GeCl_4$ 和 $POCl_3$ 中的—OH 也增加了光纤中—OH，有极少量会渗透到光纤预制棒中，导致波长的衰减。在用 MCVD 或其他方法制造光纤预制棒所需原料中，如何减少—OH 杂质的研究已有报道。

17.4.2 工艺技术

该发明涉及制造光纤预制棒所用原材料减少所含—OH 杂质的方法。光纤预制棒所用原材料主要是几种氯化物，包括 $SiCl_4$，$GeCl_4$ 和 $POCl_3$ 等，专利技术包括把 PCl_3 或 PBr_3 加到氯化物中，并加入 Cl_2 或 Br_2，与氯化物中的—OH 基团发生反应，形成 HCl（或 HBr）和 $POCl_3$（或 $POBr_3$），然后从氯化物中分离出 HCl 和 HBr。

以下详细描述在光纤母体材料中减少所含—OH 杂质数量的方法。该法通过往 $SiCl_4$，$GeCl_4$ 或 $POCl_3$ 中加入 PCl_3（或 PBr_3）和 Cl_2（或 Br_2），即可去除—OH 杂质。

在 $SiCl_4$ 中，杂质—OH 以 Cl_3Si—OH 形态存在。下列反应式为净化 $SiCl_4$ 和 PCl_3 的典型反应

$$PCl_3 + Cl_2 \longrightarrow PCl_5$$
$$PCl_5 + Cl_3Si - OH \longrightarrow SiCl_4 + POCl_3 + HCl$$

$POCl_3$ 的反应式与上述两个反应方程式有相同之处，通过与 Cl_2 或 Br_2 反应就可去除—OH。下列反应式是增加了氯化物情况下的反应

$$PCl_3 + Cl_2 \longrightarrow PCl_5$$
$$PCl_2 - OH + PCl_5 \longrightarrow PCl_3 + POCl_3 + HCl$$

另外，$POCl_3$ 自身就是原材料之一，可以在制备光纤预制棒过程中由 PCl_3 氧化，生成 $POCl_3$。

生成物中的 HCl 或 HBr 可通过蒸馏等从 $SiCl_4$ 或 $POCl_3$ 中去除，这些方法包括用干燥的 N_2 通入 $SiCl_4$ 或 $POCl_3$ 带走 HCl，也可以用分离塔蒸馏或在分离塔中通入干燥的惰性气体等方法。

该发明技术中，选择卤化物中的氯化物，还可以实现对 $SiCl_4$ 或 $GeCl_4$ 等原材料的氯化提纯。如众所周知的 $SiHCl_3$，是 $SiCl_4$ 中最常见的杂质，与氯化物反应后转变成 $SiCl_4$ 和 HCl。

此外，用紫外光照射 Cl_2 激发其活性，可发生自由基连锁反应。在紫外线照射氯化技术中，通过紫外线照射分离的氯原子一部分进入到氯化物中，与—OH 基团中的氢发生反应生成 HCl，而后分离去除 HCl。特别值得一提的是，通过紫外线照射氯化技术，还可以从 $SiCl_4$ 去除—CH_x（x 的范围多为 1~3，也可以是其他数值）的杂质，以及其他类型的含—OH 杂质。

紫外线照射氯化技术还可去除 $GeCl_4$ 中的其他含 H 杂质，更详细的技术资料

可查看德国专利 No. 2805824。

在该发明中，Cl_2 的加入量需控制到过量，Cl_2 呈现出明显的黄色为止，此时 Cl_2 的含量占到被净化氯化物（如 $SiCl_4$）质量分数的 0.1%。用泵入法，能使液态 $SiCl_4$ 与 Cl_2 很好地混合。采用紫外线照射氯化处理，照射前后的情况证明，该发明是十分有效的。下面将通过具体的实例，进一步说明前述原理。

例 17-4　原材料是液态 $SiCl_4$，—OH 杂质浓度大约为 5×10^{-6}。在含有—OH 杂质的 $SiCl_4$ 中，通入质量约为 $SiCl_4$ 质量 0.1% 的 Cl_2 和质量约为 $SiCl_4$ 质量 0.1% 的 PCl_3 液体，混合物静置大约 4h，—OH 的浓度降为约 4×10^{-6}，然后再静置 60h，—OH 的浓度则降为 1.9×10^{-6}。

例 17-5　原材料是液态 $GeCl_4$，—OH 杂质浓度大约为 60×10^{-6}，加入质量大约为 $GeCl_4$ 质量 0.1% 的 Cl_2 和质量大约为 $GeCl_4$ 质量 0.1% 的 PCl_3 液体，使溶液充分混合并静置大约 18h，—OH 的浓度则降为 1.7×10^{-6}。

例 17-6　原材料是液态 $POCl_3$，—OH 杂质浓度超过 10×10^{-6}。加入质量大约为 $POCl_3$ 质量 0.1% 的 Cl_2 和质量大约为 $POCl_3$ 质量 0.05% 的 PCl_3 液体，混合并静置若干小时，—OH 的浓度则降为低于 1×10^{-6}。

例 17-7　原材料是液态 PCl_3，—OH 杂质的浓度超过 20×10^{-6}。加入质量大约为 PCl_3 质量 0.2% 的 Cl_2，—OH 的浓度则降到约 7×10^{-6}，再加入质量大约为 PCl_3 质量 0.2% 的 Cl_2，则—OH 的浓度降为约 5×10^{-6}。

上述例子中的反应温度大约都在 20℃，可以推测，温度升高，反应速度会加快。在实例 $4PCl_3$ 的净化时，工艺允许直接通入 Cl_2。

上述实例中，通过一些其他技术，可以减少反应生成的 HCl 数量。一项有效的技术是用干燥的 N_2、O_2 或空气带走 HCl；另一种有效的方法是使用分子筛，0.5nm 的分子筛（有效直径通道小于 0.5nm）可用于 $SiCl_4$ 的提纯，该分子筛的成分为钠-钙-硅酸铝，分子筛的活性温度为 350~400℃，可在干燥的 N_2 环境中保持若干小时的活性。$SiCl_4$ 通过分层的分子筛后用泵抽出，HCl 即被除去。可以肯定的是，也可以用类似的处理方法除去 $GeCl_4$，$POCl_3$ 和 PCl_3 中的 HCl 或 HBr。

如果有必要，也可以通过一些技术除去残留在反应物 $POCl_3$ 中或 $POBr_3$ 中的氯-溴中间物。P 是光纤材料中的掺杂剂元素，因此，少量的此类化合物也可保留在 $POCl_3$ 中。同样地，在上述反应中使用的过量卤化物，如 PCl_3 或 PBr_3，其未反应部分也可通过一些方法除去，或者将其留在 $POCl_3$ 中，作为有用的掺杂剂。过量的 PCl_3 会在 $POCl_3$ 中发生氧化反应生成 $POCl_3$。

通过上述技术净化后的原材料，可以用来制造光纤预制棒，也可以方便地用来制造其他一系列的光学材料。另外，如大家熟知的，当 $POCl_3$ 用作 Nd^{3+}（钕）

质子惰性液体激光器时，可用此发明技术，去除 $POCl_3$ 中的—OH 杂质。

17.5 去除溶解在 $SiCl_4$ 或 $GeCl_4$ 中氢化物的技术

17.5.1 发明背景

该发明是关于通过氯化物去除溶解在 $SiCl_4$ 或 $GeCl_4$ 中氢化物的技术。

在以 SiO_2-GeO_2 为基体的光纤预制棒中，由于—OH 杂质对光具有较强的吸收性，所以对高质量的光纤来说，要求将—OH 杂质降到很低的含量，一般要求每单位质量要低于 0.1×10^{-6}（此时，相当于光的波长在 $1.38\mu m$，仍有约 4.5dB/km 的额外衰减）。

光纤中，—OH 杂质主要来源于原材料 $SiCl_4$ 和 $GeCl_4$ 中。如果用 PCVD 工艺生产光纤，所提供的原料（$SiCl_4$+$GeCl_4$+O_2）中，大约有 1/80 的氢原子以—OH 的形式存在于光纤预制棒中，因此，有必要从原料中除去—OH 杂质。

由 DE-AS No. 1263 730（德国专利）可知，$GeCl_4$ 可用盐酸和氯气进行纯化，此工艺也可除去砷及其他类似的杂质。

由专利 DE-AS NO. 1948 911 可知，硅氯仿、$SiCl_4$ 或两者的混合物中，含有易挥发的氢硅烷类杂质，它们在 $-30 \sim 300^\circ C$ 的温度范围内，可用氯气等去除，所需能量相当于将 Si—H 键氯化所需能量的 $1 \sim 2$ 倍，此反应也可在较大温度范围（上下限均可）、黑暗条件或者光照条件（如 UV 照射）下进行。

按照 DE-AS NO. 1948 911 专利，发明了氯化部分氢硅烷的方法（如不氯化硅氯仿），但该法不适于从 $SiCl_4$ 溶液中除去所溶解的氢化物。

专利 DE-OS NO. 2805 824 提出了如何纯化含有硅烷化合物杂质的 $SiCl_4$ 溶液的方法。这种硅烷化合物杂质中，至少有一个氢原子是通过在氯气存在条件下紫外线光照（UV）$SiCl_4$ 而与 Si 原子直接生成的，因此，该法可氯化硅氯仿，进而除去残留的氢化物。

17.5.2 工艺技术

该发明的目的是通过将氢化合物中的氢完全转化成 HCl 而去除。

根据该发明，氯化过程的温度应不低于 $1000^\circ C$，要求最低温度 $1000^\circ C$ 是很关键的，因为低于 $1000^\circ C$ 时，氢的去除不完全，高于 $1000^\circ C$ 时，氢化物与氯的反应速度会随温度升高而增大。使用石英玻璃时，温度可达到 $1200^\circ C$ 左右。

紫外线光照（UV）不会加快氢与氯的反应，但高温时，可使反应速度加快，在此过程中，一些有机杂质被完全转化成了高氯酸化合物，尤其是 CCl_4，硅氯仿及锗氯仿也被完全氯化了。

如图 17-1 所示为去除溶解在 $SiCl_4$ 或 $GeCl_4$ 中氢化物示意图，根据此图，将更容易说明该发明。

图 17-1 中，在容器顶部装有进料管，进料管延伸至容器底部附近。延伸出容器顶部的进料管左侧有一支管与进料管形成三通连接，支管内有一开关。进料管内装有一毛细管（内径 0.4mm），此毛细管的一端也延伸至容器底部附近。进料管与毛细管之间有起固定作用的支点，毛细管上部连接有一葫芦形空心球，葫芦形空心球下部大球直径与进料管内径相同并与进料管焊接，小球上部也有一直径为 0.4mm 的孔，葫芦形空心球上有弯管连接到反应器。弯管的右侧壁上有一孔，其中有一密封在玻璃中的电磁铁起开关作用，电磁开关开启时，弯管被关闭。反应器包含有粒状石英玻璃，弯管连接反应器和收集器，弯管在收集器的上部有一开关。

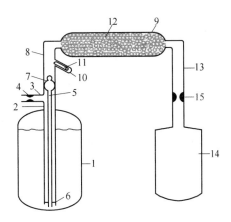

图 17-1 去除溶解在 $SiCl_4$ 或 $GeCl_4$
中氢化物示意图

1—容器；2—进料管；3—支管；4, 15—开关；
5—毛细管；6—支点；7—空心球；8, 13—弯管；
9—反应器；10—孔；11—磁铁；
12—粒状石英玻璃；14—收集器

含杂质的 $SiCl_4$ 或 $GeCl_4$ 溶液通过支管、开关和进料管加入到容器中，以同样的方式加入足量的氯气，然后关闭开关及电磁开关，此时加入的 $SiCl_4$ 或 $GeCl_4$ 溶液变成黄绿色，当反应器被加热到 1000~1100℃时，打开电磁开关，此时容器中的 $SiCl_4$ 或 $GeCl_4$ 溶液开始从毛细管中溢出，这是因为容器内的气压高于收集器中的气压。上升的溶液逐渐进入反应器，在反应器中的溶液被完全汽化，$SiCl_4$ 或 $GeCl_4$ 中的含氢化合物与氯气发生反应。使用毛细管可以保证溶液缓慢平稳地流入反应器中，选择流速的依据是要保证溶液形成的蒸汽在反应器中有足够的停留时间。

$SiCl_4$ 或 $GeCl_4$ 在收集器中被冷却收集（图中未标出冷凝器），反应结束时，关闭开关。$SiCl_4$ 或 $GeCl_4$ 可以不用进一步纯化就可用于 PCVD 法生产光纤预制棒。溶解在 $SiCl_4$ 或 $GeCl_4$ 溶液中的氯气将在 PCVD 过程的前几步操作中被完全除去。

经过氯化处理后，获得的 $SiCl_4$，在 1.38μm 波长下的衰减值只有 2.6dB/km，而未处理的 $SiCl_4$，在 1.38μm 波长下的衰减值为 17dB/km。

17.6　制备超纯 $SiCl_4$ 或 $GeCl_4$ 的技术

该发明是关于制备超纯 $SiCl_4$ 或 $GeCl_4$ 的技术。

专利 No.0488765 介绍了一种排除 $SiCl_4$ 中含甲基三氯硅烷杂质的方法，此方法中，首先是在有 Cl_2 存在的条件下，对 $SiCl_4$ 进行光照，将甲基三氯硅烷氯化，然后通过蒸馏去除氯化了的甲基三氯硅烷，达到净化 $SiCl_4$ 的目的。

美国专利（US4310341）阐述了关于从制造光纤的原材料 $SiCl_4$ 或 $GeCl_4$ 中去除—OH 杂质的方法，该方法包括在液态 $SiCl_4$ 或 $GeCl_4$ 中加入 PCl_3 或 PBr_3 与氯和溴进行反应除去—OH。

德国专利 No.2805824 介绍了纯化 $SiCl_4$ 或 $GeCl_4$ 的另一种方法。该方法中，$SiCl_4$ 或 $GeCl_4$ 至少与一种卤素（通常是氯）同时进行光照。

欧洲专利 No.0189224 介绍了从 $SiCl_4$ 或 $GeCl_4$ 中除去氢化物的方法，该方法的关键是要在高于 1000℃ 的温度下氯化，去除氢化物。

该发明的目的是要寻找一种方法使光纤中含—OH 化合物数量减少但却不引起瑞利散射作用的增强。

本发明的另一目的是寻找一种纯化起始原料的方法，通过这种方法使起始原料只含有 $SiCl_4$ 和/或 $GeCl_4$，并用作沉积过程尤其是 PCVD 过程的反应气。

然而，第三个目的是提供一种大型的可产生光纤的棒，此棒生产的光纤比前面提到的光纤的衰减要小。

一种制备超纯氯化硅和/或氯化锗的方法，叙述了在一种合适的催化剂作用下，氯化硅和/或氯化锗能与氟化物发生或不发生反应。

正如前言中所提到的那样，该发明的特点是 $SiCl_4$ 或 $GeCl_4$ 与氟化物试剂反应，起始原料中所含的杂质如硅烷化合物都被转化成 C-F 化合物或 Si-F 化合物。因此起始原料中的氢原子可被氟原子取代，所以沉积过程中形成的玻璃层就不会含有任何的—OH 化合物了。

尤其可行的是从含有下列基团（F_2，SiF_4，SF_6，BF_6 和氟利昂）的物质中选择氟化物试剂，如 CF_2Cl_2，CF_4 和 C_2F_6。应该理解的是此处的氟利昂只是作为例子给出，不应该作为限制。氟化物的选择尤其要考虑到反应的快速性，这种创造力有助于减少起始原料中的杂质通常可达到 1×10^{-6} 含量，甚至于达到零。另外，此方法还可分离出氟作为沉积玻璃层的掺杂剂。因此，母体原料中存在的氟化物在此种情况下不会有影响，并且氢将以 HF 或 H_2 的形式逸出。

尽管在制备光纤的掺杂氟的硅层时是用热起动的，此过程中通入衬管内层的 $SiCl_4$ 中含有氟化物试剂（US 专利 No.4735648），但是由此 US 专利不能确定起始气体（尤其是 $SiCl_4$ 和/或 $GeCl_4$）必需首先与氟化物试剂反应，即先于前言中的衬管；然后，经氟化后的 $SiCl_4$ 或 $GeCl_4$ 含氧气体被通入衬管内层，以至于起始材料中所含的任何杂质（尤其是硅烷，C-H 化合物以及含氢化合物）都转化成了无害的 F-C 化合物或者 Si-F 化合物。

该发明还是一种在衬管内层沉积一层或多层玻璃层的方法。该方法是在衬管内通入一种或多种反应气体和一种含氧气体。本方法的一个特点就是利用本方法得到的 SiCl$_4$ 或 GeCl$_4$ 作为反应气体通入衬管内。

光纤中的—OH 化合物的分离效果不理想（由于在 1240nm 和 1385nm 处的强的吸收值，所以—OH 化合物对光学玻璃纤维传播的强的反作用），现在可以通过在衬管内通入氟化物试剂处理过的反应气体来预防。

该发明还是关于从光纤压片生产光纤的方法（方法同前言）。此方法的特点是光纤压片是通过压缩衬管形成大型棒获得。光纤就是从这一大型棒上拉出来的。

该实验将用一个实例来解释。然而应该强调的是，该实例仅以证明的形式给出并不应该被作为该发明限制的组成部分。

例 17-8 根据 US 专利 No. 6260510 所描述的方法，通过在石英试管内层沉积多层未被掺杂的硅层得到一个单模型纤维的压片。使用同种方法获得的氟化了的 SiCl$_4$ 作为反应气体，随后在先前沉积的玻璃层上沉积掺杂氧化锗的硅层以形成光纤的光传递核心。同时，该方法获得的氟化了的 SiCl$_4$ 和 GeCl$_4$ 也用作沉积过程的反应气体。制成内层带有沉积层的试管被压缩成一个大型的棒（方法同前面的叙述），光纤可以从此棒中拉出。由于—OH 基在 1385nm 处的吸收作用，该光纤的衰减损失将少于 1dB/km，这一结果意味着比前面提到的 10～20dB/km 的光纤有了极大的提高。

参 考 文 献

[1] 陈黎文. 锗催化剂在聚酯生产中的特殊性 [J]. 合成技术及应用, 1998 (13)：46-49.

[2] 陈进, 高德荣, 吴代城, 等. 云南省会泽县麒麟厂矿区八号锌铅矿体地质勘探报告 [R]. 2001.

[3] 陈武唐, 辛张, 希诚. 我国煤炭资源及其开发利用研究 [J]. 煤炭经济研究, 2003 (7)：6-11.

[4] 戴瑛. 锗/硅变层超晶格及其应用 [J]. 山东工业大学学报, 1993 (2)：25-30.

[5] 地质矿产部《地质辞典》办公室. 地质辞典 (四) 矿床地质应用, 地质分册 [M]. 北京：地质出版社, 1986.

[6] 邓明国, 秦德先, 雷振, 等. 滇西褐煤中锗富集规律及远景评价 [J]. 昆明理工大学学报 (理工版), 2003, 28 (1)：1-3, 7.

[7] 邓卫, 刘侦德, 伍敬锋. 凡口铅锌矿稀散金属的选矿研究与综合评述 [J]. 有色金属, 2000, 52 (4)：45.

[8] 邓卫, 刘侦德, 阳海燕, 等. 凡口铅锌矿锗和镓资源与回收 [J]. 有色金属, 2002, 54 (1)：54-57.

[9] 董克满, 贾彦. 有机锗化合物的研究进展 [J]. 齐齐哈尔医学院学报, 1994 (1)：44-47.

[10] 杜刚, 汤达祯, 武文, 等. 内蒙古胜利煤田共生锗矿的成因地球化学初探 [J]. 现代地质, 2003, 17 (4)：453-458.

[11] 冯桂林, 何蔼平. 有色金属矿产资源的开发及加工技术 (提取冶金部分) [M]. 昆明：云南科技出版社, 2000.

[12] 高振敏, 李朝阳. 分散元素成矿机制初步研究 [M] //中国科学院地球化学研究所, 资源环境与可持续发展, 北京：科学出版社, 1999：241-248.

[13] 广州地质研究所. 凡口铅锌矿矿床矿物、矿石组成的研究报告 [R]. 广州：广州地质研究所, 1984.

[14] 谷团, 刘玉平, 李朝阳. 分散元素的超常富集与共生 [J]. 矿物岩石地球化学通报, 2000, 19 (1)：60-63.

[15] 韩德馨, 仁德贻, 王延斌. 中国煤岩学 [M]. 北京：中国矿业大学出版社, 1995.

[16] 韩润生, 李元. 会泽麒麟厂铅锌矿床深部找矿预测研究 [R]. 昆明理工大学科研报告, 2000：14-15.

[17] 胡瑞忠, 苏文超, 戚华文, 等. 锗的地球化学、赋存状态和成矿作用 [J]. 矿物岩石地球化学通报, 2000 (10)：215-217.

[18] 胡瑞忠, 毕献武, 叶造军, 等. 临沧锗矿床成因初探 [J]. 矿物学报, 1996, 16 (2)：97-102.

[19] 胡瑞忠, 毕献武, 苏文超, 等. 对煤中锗矿化若干问题的思考 [J]. 矿物学报, 1997, 17 (4)：364-368.

[20] 黄机炎. 锗工业进展概述 [J]. 有色金属技术经济研究, 1992 (1)：25-57.

[21] 黄兴山. 技术创新, PET 缩聚新型催化剂——锗催化剂 [J]. 技术创新, 2003 (3)：

22-23.

［22］黄文辉，赵继尧. 中国煤中的锗和镓［J］. 中国煤田地质，2002，14（增刊）：64-69.

［23］黄智龙，陈进，韩润生，等. 云南会泽铅锌矿床脉石矿物方解石 REE 地球化学［J］. 矿物学报，2001，21（4）：659-666.

［24］昆明有色金属研究所. 烟化炉半工业试验报告［R］. 1972，内部资料.

［25］雷霆，张家敏，周平，等. 临沧市含锗褐煤资源调研和开发方案建议［A］，云南冶金集团总公司技术中心，2005.

［26］李春阳. 藤县煤田石炭二叠纪煤系锗镓分布特征［J］. 中国煤田地质，1991，3（1）：30-36.

［27］李世平. 丹宁锗酸沉淀机理的研究［J］. 稀有金属，1994，18（1）：23-27.

［28］李玉增，杨遇春. 锗市场的调查研究与发展预测［J］. 有色金属技术经济研究，1997（4）：13-24.

［29］李余华. 临沧锗矿床地质特征［J］. 云南地质，2000，19（3）：263-269.

［30］梁云生，许林，易献武. 萃取法从硫酸溶液中提取锗的探讨［J］. 稀有金属，1985，9（1）：42.

［31］廖晶莹，叶崇志，杨培志. 锗酸铋闪烁晶体的研究综述［J］. 化学研究，2004（4）：52-58.

［32］廖文. 矿山厂-麒麟厂铅锌矿床成因探讨［R］. 2002.

［33］刘宝芬. 从含锗废料中回收锗［J］. 湿法冶金，1993（2）：16-20.

［34］刘峰. 云南会泽大型铅锌矿床成矿机制及锗的赋存状态［D］. 北京：中国地质科学院，2005.

［35］刘金钟，许云秋. 次火山热变质煤中 Ge、Ga、As、S 的分布特征［J］. 煤田地质与勘探，1992，20（5）：27-32.

［36］卢家灿，庄汉平，傅家谟，等. 临沧超大型锗矿床的沉积环境、成岩过程和热液作用与锗的富集［J］. 地球化学，2000，29（1）：36-42.

［37］韩延荣，袁庆邦，李永华，等. 滇西大寨超大型含铀锗矿床成矿地质条件及远景预测［M］. 北京：原子能出版社，1994.

［38］韩润生，刘丛强，黄智龙，等. 云南会泽富铅锌矿床成矿模式［J］. 矿物学报，2001，21（4）：674-680.

［39］韩润生，陈进，李元，等. 云南会泽铅锌矿床构造控矿规律及其隐伏矿预测［J］. 矿物学报，2001，21（2）：265-269.

［40］韩润生，刘丛强. 云南会泽铅锌矿床构造控矿及断裂构造岩稀土元素组成特征［J］. 矿物岩石，2000，20（4）：11-18.

［41］林奋生. 氧化还原挥发工艺从含锗电解液中提锗［J］. 稀有金属，1993，17（3）：178-181.

［42］刘中清，等. 热酸浸出——铁钒法炼锌工艺中锗的富集［J］. 矿冶工程，2000，20（1）：44-46.

［43］刘世友. 锗的应用与发展［J］. 稀有金属与硬质合金，1999（108）：53-55.

[44] 刘英俊, 曹励明, 李兆麟, 等. 元素地球化学 [M]. 北京: 科学出版社, 1984.

[45] 欧阳自远. 中国矿物学岩石学地球化学研究新进展 [M]. 兰州: 兰州大学出版社, 1994: 234.

[46] 秦胜利. 内蒙古胜利煤田锗矿床富存规律及找矿方向 [J]. 中国煤田地质, 2001, 9 (3): 18-19.

[47] 戚华文. 陆相热水沉积与超大型锗矿床的成因以临沧锗矿床为例 [D]. 北京: 中国地质科学院, 2002.

[48] 钱汉东, 陈武, 谢家东, 黄瑾. 碲矿物综述 [J]. 高校地质学报, 2000, 6 (2): 178-187.

[49] 谭凤琴. 广东仁化凡口铅锌矿西矿带矿石中主要伴生组分的研究 [J]. 广东有色金属地质, 1995 (1~2): 40-51.

[50] 汤淑芳, 等. 锗的氧肟酸 HGS98 萃取分离研究 [J]. 稀有金属, 2000, 24 (4): 247-250.

[51] 涂光炽. 分散元素可以形成独立矿床一个有待开拓深化的领域 [M]. 兰州: 甘肃大学出版社, 1994.

[52] 涂光炽. 分散元素地球化学及成矿机制 [M]. 北京: 地质出版社, 2004.

[53] 余克章. 锗 (Ge) 在现代军事上的应用 [J]. 金属世界, 1997 (5): 18-19.

[54] 汪本善. 我国某些煤中锗的成矿条件 [J]. 地质科学, 1963 (4): 198-207.

[55] 王福泉, 杨文斌. 烷基膦酸类萃取剂与哇啉类萃取剂 N601 协萃锗 (Ⅳ) 的研究 [J]. 化学研究与应用, 1997, 9 (5): 455-458.

[56] 王纪, 等. 用萃取法从锌浸出液中回收锗 [J]. 有色金属, 2000, 52 (2): 77-79.

[57] 王吉坤, 何蔼平. 现代锗冶金 [M]. 北京: 冶金工业出版社, 2005.

[58] 王兰明. 内蒙古锡林郭勒盟乌兰图嘎锗矿地质特征及勘查工作简介 [J]. 内蒙古地质, 1999 (3): 16-20.

[59] 王玲. 褐煤中提取锗的工艺研究 [D]. 唐山: 河北理工学院, 2004.

[60] 伍钦, 钟理, 邹华生, 等. 传质与分离工程 [M]. 广州: 华南理工大学出版社, 2005.

[61] 伍锡军. 国内外锗和铟回收工艺的发展 [J]. 稀有金属, 1995 (3): 218-223.

[62] 吴绪礼. 锗及其冶金 [M]. 北京: 冶金工业出版社, 1988.

[63] 奚长生. 从冶锌废渣中提取锗、铟的研究 [D]. 广州: 广东工业大学, 2004.

[64] 谢访友, 等. 用萃取法从锌浸出液中回收锗 [J]. 铀矿冶, 2000, 19 (2): 91-96.

[65] 肖华利, 夏永生. 溶剂萃取锗过程中的乳化及其消除 [J]. 有色冶炼, 1999, 28 (4): 18-19.

[66] 许绍权, 李素清. 锗的各种回收方法 [J]. 国外科技, 1990 (12): 8-10.

[67] 徐凤琼, 刘云霞. 用粗二氧化锗制取高纯锗 [J]. 稀有金属, 1998, 22 (5): 345-349.

[68] 徐恒钧, 石巨岩. 材料科学基础 [M]. 北京: 北京工业大学出版社, 2001.

[69] 杨敏之. 分散元素矿床类型、成矿规律及成矿预测 [J]. 矿物岩石地球化学通报, 2000, 19 (4): 381-383.

[70] 章明. 云南会泽铅锌锗镉矿床地球化学特征及锗镉富集机制 [D]. 成都: 成都理工大

学，2003.

[71] 章明，顾雪祥，付绍洪，等. 锗的地球化学性质与锗矿床 [J]. 矿物岩石地球化学通报，
2003，22（1）：82-87.

[72] 张启修. 冶金分离科学与工程 [M]. 北京：冶金工业出版社，2004.

[73] 张淑苓，尹金双，王淑英. 云南帮卖盆地煤中锗存在形式的研究 [J]. 沉积学报，1988，
6（3）：29-40.

[74] 张元福，陈寒蓉. 贵州含锗氧化铅锌矿资源的开发状况及前景 [J]. 有色冶炼，1997
（3）：17-20.

[75] 郑能瑞. 锗的应用与市场分析 [J]. 广东微量元素科学，1998（5）：12-18.

[76] 中国矿床发现史·广西卷编委会. 中国矿床发现史·广西卷 [M]. 北京：地质出版
社，1996.

[77] 中国矿床发现史·江苏卷编委会. 中国矿床发现史·江苏卷 [M]. 北京：地质出版
社，1996.

[78] 周令治. 国外稀有金属 [J]. 1974（1）：1.

[79] 周令治. 稀散金属冶金 [M]. 北京：冶金工业出版社，1976.

[80] 周令治. 稀散金属冶金 [M]. 北京：冶金工业出版社，1988.

[81] 周令治，田润苍，邹家炎. 全萃法从锌浸出渣中回收铟、锗、镓的研究 [J]. 稀有金属，
1981（6）：218-223.

[82] 朱云. 微生物浸出褐煤中锗的科研报告 [R]. 昆明理工大学科研报告，2005.

[83] 庄汉平，刘金钟，傅家谟，等. 临沧超大型锗矿床有机质与锗矿化的地球化学特征 [J].
地球化学，1997，26（4）：44-51.

[84] 庄汉平，刘金钟，傅家谟，等. 临沧超大型锗矿床赋存状态研究 [J]. 中国科学（D
辑），1998，28（增刊）：37-42.

[85] 泽列克曼 А Н，克列茵 О Е，萨姆诺索夫 Г В. 稀有金属冶金学 [M]. 宋晨光，陈雨泽，
译. 北京：冶金工业出版社，1982.

第三篇　镓　冶　金

18　镓的主要性质、资源及用途

镓由布瓦博得朗于 1875 年在巴黎发现。他在闪锌矿矿石（ZnS）中提取的锌的原子光谱上观察到了一个新的紫色线。他知道这意味着一种未知的元素出现了。

布瓦博得朗没有意识到的是，它的存在和属性都已经被门捷列夫成功预言了，他的元素周期表显示出在铝下面有个间隙尚未被占据。他预测这种未知的元素原子量大约是 68，密度是 $5.9g/cm^3$。

在 1875 年 11 月，布瓦博得朗提取并提纯了这种新的金属，并证明了它像铝。在 1875 年 12 月，他向法国科学院宣布了它。为了纪念其故乡 Gallia 将新元素命名为 gallium，元素符号为 Ga，中文译名为镓。

因为镓稀少且分散，直到 1915 年镓才被真正提炼出来，当时认为这种熔点低而贵的金属几乎没有什么用途。1943 年，美国将镓作为副产品少量生产，从那时起，各国在建设氧化铝工厂时，都附带建有镓生产车间以综合利用资源。中国在 1957 年也开始少量生产镓，成为中国镓资源利用的开端。

18.1　镓的性质

18.1.1　镓的物理性质

镓的英文名称为 gallium，化学符号为 Ga，相对原子质量为 69.723。镓的莫氏硬度为 1.5~2.5，可用刀切开。金属镓固态为淡蓝色，液态呈银白色；镓的熔点为 29.78℃，人的体温就可以使它熔化成液体；液态镓易出现过冷现象，在快速冷却时，液体镓可以在-120℃的过冷状态下仍保持液态。镓的沸点为 2403℃，

其熔沸点范围之大在所有金属中独一无二。液态镓的蒸气压很低，1350℃时仅为
133.3Pa。镓在低温时具有良好的超导性，与钒、铌和锆等金属形成的合金也具
有超导性。

镓和大多数金属相反，液态镓的密度比固态大，而且液态镓凝固时，体积会
增大22.2%。液态镓几乎能润湿所有物质的表面，具有优良的浇注性能，镓能迅
速扩散到某些金属的晶格内。由于液态镓的密度高于固体密度，凝固时体积膨
胀；而且熔点很低，储存时会不断地熔化凝固，所以使用玻璃储存会撑破瓶子和
浸润玻璃造成浪费，镓适合使用塑料瓶（不能盛满）储存。镓具有吸收中子的
能力，在原子反应堆中镓可以用来控制中子的数量和反应速度。

镓的物理性质见表18-1。

表 18-1　镓的物理性质

物　理　性　质	数　　　值
密度/g·cm^{-3}	5.91
莫氏硬度	1.5~2.5
熔点/℃	29.78
沸点/℃	2403
升华热/J·mol^{-1}	(10.79~16.26)±0.2
氧化点/℃	>260
蒸气压/Pa	0.0013(1273K)
熔化潜热/kJ·mol^{-1}	0.549(α-Ga), 0.500(γ-Ga)
挥发潜热/kJ·mol^{-1}	270.3
线膨胀系数 (20℃)/K^{-1}	11.5($a\times10^6$), 31.5($b\times10^6$), 16.5($c\times10^6$)
拉伸强度极限/kg·mm^{-2}	2~3.8
相对拉伸率/%	2~40
比热 (0~100℃)/J·(mol·℃)$^{-1}$	(4.81~3.92)×10^3
导热系数/W·(m·K)$^{-1}$	28.1(1)
电阻温度系数 (0~100℃)	3.96
电阻率/Ω·cm	27×10^6
磁化率 (20℃)	−24.4(s)×10^6
压缩系数 (20℃)/cm^2·kg^{-1}	2×10^6
金属色泽	固: 蓝白，液: 银白

18.1.2　镓的化学性质

镓的原子序数是31，外围电子排布 $4s^24p^1$，在元素周期表中位于第四周期第
ⅢA族。镓在化学反应中存在+1、+2 和+3 化合价，其中+3 为其主要化合价。

镓的活动性与锌相似，却比铝低。镓属于两性金属，镓加热时能溶于强酸和强碱，镓与碱反应放出氢气，生成镓酸盐，也能被冷浓盐酸浸蚀，对热硝酸显钝性。镓的化学性质不活泼，在干燥空气中较稳定并生成氧化物薄膜阻止继续氧化，在潮湿空气中失去光泽。镓在空气中加热至500℃时就能开始燃烧。镓在加热时和卤素、硫迅速反应，和硫的反应按计量比不同产生不同的硫化物。

镓在空气中于室温下较稳定，不会或很少被氧化，但在高于1000℃时在氧气或空气中会发生氧化，且杂质越多越易氧化。镓氧化到低价呈黑色，到高价显灰色。镓在高温下能与硒、碲、磷、砷和锑等非金属和金属发生反应，形成合金或金属间化合物，如砷化镓、锑化镓和磷化镓等。这些化合物都具有半导体性能，是目前应用较多的半导体材料。镓的化学性质见表18-2。

表18-2　镓的化学性质

化 学 性 质	数　值
原子序数	31
原子半径/nm	69.72
离子半径/nm	0.062(+3)，0.113(+1)
标准电位/V	0.56
表面张力/N·m^{-2}	0.704~0.735
电子构型	(Ar)3d^{10}4s^{2}4p^1
电导率/S·cm^{-1}	58×10^6
第一电离势/kJ·mol^{-1}	579
电子亲和势/kJ·mol^{-1}	0.37
电负性	1.82
主要氧化数	1，3
结晶构造	斜方（α-Ga） $a=0.4518nm$ $b=0.7657nm$ $c=0.4525nm$
放射性同位素	^{69}Ga，^{71}Ga
配位数	3，4，6
离子势$\left(\dfrac{\text{中心离子电荷}\ Z}{\text{离子半径（nm）}}\right)$	Ga^{3+} 0.49
还原电势	Ga$^{3+}\xrightarrow{-0.65}$Ga$^{4+}\xrightarrow{-0.45}$Ga H$_2$GaO$_2^{2-}\xrightarrow{-1.22}$Ga

18.2　镓的资源

18.2.1　镓的丰度

镓在地壳中的含量为 $5 \times 10^{-4}\%$ ~ $20.5 \times 10^{-3}\%$，是典型的稀散元素。目前世界上尚未发现以镓为主要成分的矿物，镓通常以类质同晶形式进入其他矿物。镓主要以很低的含量分布于铝土矿、硫化铜矿和闪锌矿中。其中铝土矿中镓含量约为 0.002% ~ 0.02%，硫化铜矿、闪锌矿中约含镓 0.01% ~ 0.02%。锗石中镓含量相对丰富，大约 0.1% ~ 0.8%，镓在煤和海水中微量存在。

18.2.2　镓的地球化学性质

镓属于亲铜元素，具有较高的电离势和电负性，表现出较强的极化能力，与硫有较强的亲和力。镓与铟、铁、锌、锡、铝、硅、钛和铬可形成沿水平方向的异价类质同象、垂直方向的等价类质同象替换，从而在自然界以类质同象共生于其他金属的矿物中。

从地球化学的角度来看，随着元素亲氧性的增加，趋向富集与酸性岩浆与氧结合而形成氧化物。稀散元素的酸碱性由其离子电势决定。3 价镓为两性而又介于 Fe^{2+} 和 Fe^{3+} 之间，因而镓分散于造岩矿物，只有少量生成硫化物。

(1) 在岩浆的早期结晶过程中，主要是 Ga^{3+} 代替 Al^{3+}，部分 Fe^{3+} 分散于各种岩浆岩中，特别是硅酸盐和硅铝酸盐（如云母、辉石和绿帘石）等。

(2) 在晚期岩浆矿中，Ga^{3+} 可代替 Ti^{3+}，Fe^{3+} 和 Cr^{3+} 而进入钛磁铁矿。在晶化作用下，镓进入硅酸盐和铝硅酸盐（如霞石、锂辉石、铯榴石和锂云母）等矿物中。

(3) 在岩浆作用后期的热液阶段，大量硅酸盐、硅铝酸盐已经结晶析出，残余熔浆中缺乏硅和铝，而相对富含硫，此时镓具有明显的亲硫性。当介质的 Ph<7 且溶液中镓的富集度又足够高的时候，镓便具备了独立成矿的倾向，如 $CuGaS_2$，Cu_3（Ge，Fe，Zn，Ga）SAs_4 和 $FeInS_4$ 等。

(4) 在岩浆期后成矿的热液中，大部分的镓以类质同象形式进入，在强烈还原介质中形成含 Fe^{2+} 和 Zn^{2+} 的硫化物。由于结晶构造与共价键的相似性，镓更容易进入闪锌矿晶格，如江西银山矿中的闪锌矿就富含镓，被认为是由于离子半径相近造成的。在沉积铁矿石或沉积变质铁矿石中，镓的含量也很高。分析认为含水氧化物的阳离子半径相近是导致镓在铁矿中类质同象的主要原因。Fe^{3+} 和 Ga^{3+} 水解的 pH 值相近，这对类成矿作用也起重要影响。

(5) 在表生氧化条件下，Ga^{3+} 与 Al^{3+}，Fe^{3+} 紧密伴生，导致镓存在于硬铝石、软铝石、针铁矿及水白云母中。这是由于含镓的岩石经过长期风化后，可溶

性物质被地下水带走，致使它们与铝和铁等形成难溶的氢氧化物以机械悬浮状态
或胶体溶液而被搬运，在适当的条件下，由于胶体吸附于脱水而与铝和铁共生于
同一晶格中，我国华东与华南地区的石炭二叠纪的铝土矿普遍含镓就与此有关，
这些铝土矿的含镓量已具备工业生产的意义。

（6）在有生物参与且具有强还原条件的有机质泥炭和煤沉积地区，镓也会
有不同程度的富集。煤矿中镓的含量大约在 1~20mg/kg 之间，平均为 9mg/kg。
关于煤中镓的赋存状态有多种观点。有些观点强调煤中镓和无机物的结合，认为
镓主要与黏土矿物结合，矿物中的部分铝被镓以类质同象取代，也可以赋存在硫
化物里。另一种观点强调煤中镓与有机物的结合，认为镓主要赋存在凝胶化组织
内。目前认为，两种镓的赋存状态均存在。

18.2.3　镓的储量

目前公布的镓的世界总储量约为 23 万吨，我国镓的储量约为 18 万吨，占全
世界总储量的 80%。

在我国河南、吉林、山东等省，镓主要赋存在铝土矿中，黑龙江、云南等省
的镓主要赋存在煤矿或锡矿中，而湖南、江西等省的镓主要赋存在闪锌矿中。四
川攀枝花的钒钛磁铁矿中镓的品位为 0.0014%~0.0028%，平均值为 0.0019%，
基本与铝土矿的镓的品位相近。

18.3　镓的用途

自从 1875 年镓被发现，大部分时间仅被用于生产低熔点合金和高温温度计
等初级产品，到 20 世纪 50 年代末期，全世界镓的年消耗量还不到 100kg。自 20
世纪 60 年代起，镓在电子工业得到重要应用。近年来，金属镓在移动通信、个
人电脑、汽车行业的应用以年平均 122.6% 的速度递增。

根据目前市场行情，到 2018 年，全世界镓的需求量将达到 1500t 左右，而目
前国内镓的产量却不到 15t/a，远远不能满足国际、国内市场的需求。随着计算
机技术的迅猛发展，半导体材料完成了第一代半导体硅和第二代半导体砷化镓和
第三代半导体氮化镓的飞跃，镓及其代表的 Ⅲ~Ⅳ 族化合物的优良特性在此领域
开始发挥作用，其应用范围将不断扩大。

（1）镓用于制造高温温度计。镓的熔点仅为 29.78℃，沸点却高达 2403℃，
而且镓有过冷现象（即熔化后不易凝固），可以过冷到 120℃，是一种低熔点、
高沸点的液态范围最大的金属，是制造高温温度计的最佳金属材料。用耐高温的
石英玻璃来制造镓温度计的外壳，能够一直测到 1500℃ 的高温。所以，常用这种
温度计来测量反应炉、原子反应堆的温度。

（2）低熔点合金。镓与许多金属，如铋、铅、锡、镉、铟、铊等，生成熔

点低于 60℃的易熔合金。其中如含铟 25%的镓铟合金（熔点 16℃），含锡 8%的镓锡合金（熔点 20℃），可以用在电路熔断器和各种保险装置上，温度一高，它们就会自动熔化断开，起到安全保险的作用。还可用在自动救火水龙头中。当火灾发生时，温度一旦升高，易熔合金马上熔化，水就从龙头中自动喷出，实现灭火。

（3）信息储存器。镓的一些化合物，如今与尖端科学技术结下了不解之缘。砷化镓是近年来新发现的一种半导体材料，性能优良，用它作为电子元件，可以使电子设备的体积大为缩小，实现微型化。人们还用砷化镓做元件制成了激光器，这是一种效率高、体积小的新型激光器。镓和磷的化合物——磷化镓是一种半导体发光元件，能够射出红光或绿光，人们把它做成各种阿拉伯数字形状，在电子计算机中利用它来显示计算结果。20 世纪 70 年代以来，特别是氮化镓用作计算机的一种新型的信息储存器，使镓的市场迅速增长，大大促进了镓的生产。

（4）光学材料。因为镓对光的反射能力特别强，同时又能很好地附着在玻璃上，承受较高的温度，所以用它做反光镜最适宜，镓镜能把 70%以上射来的光反射出去。将碘化镓加入高压水银灯中，可以增大水银灯的辐射强度。镓锡合金弧光灯具有纯粹的红光，并可以防止锡蒸发附在玻璃壁上，避免冷却时破裂。将适量的镓化合物掺入玻璃中，有增强玻璃折射率的效能，可以用来制造特种光学玻璃。

（5）半导体材料。镓能与硫、硒、碲、砷、锑等发生反应，生成化合物 GaAs，GaP，GaSb，Ga-As-Sn 和 Ga-Al-As 等优质的半导体材料，用用于制造整流器、晶体管、光电器件、注射激光器和微波二极管等。以镓化合物为基础的产品用于电子技术，与硅、锗半导体材料相比具有更多的优点，镓化合物抛光片比硅片运作更快，工作温度和发射区更宽。镓还可应用于光导纤维通信系统，用于制作大规模集成电路。

（6）太阳能电池材料。砷化镓是一种理想的太阳能电池材料。它与太阳光谱的匹配较适合，禁带宽度适中，耐辐射且高温性能比硅强。砷化镓太阳能电池的实验室最高效率已经达到 24%以上，用于航天的 GaAs 太阳能电池的效率在 18% ~ 19.5% 左右。实验室已制出面积为 $4m^2$、转换效率达到 30.28%的 In0.5Ga0.5P/GaAs 叠层电池和转换效率达到 220.9%的 p-Al$_x$Ga$_{20-x}$/p-GaAs/GaAs 三层结构异质结构太阳能电池。在 250℃的条件下，砷化镓太阳能电池仍能保持很好的光电转换性能，最高光电转换效率约为 30%，因而特别适合用于做高温太阳能电池。

（7）其他。镓的蒸气压很低，在 1000℃时只有 10^{-3}Pa，可以用在真空装置中做密封液；镓能提高一些合金的硬度，并能提高镁合金的耐腐蚀能力；镓的化合物可用作化学分析、有机合成及药物合成的催化剂；放射性镓可用来诊断癌症；镓对人体无害，是一种安全金属，常用来制造镶牙合金。此外，镓还以硝酸镓、氯化镓等形式应用于医学及生物学领域，用于恶性肿瘤、晚期高血钙及某些骨病的诊断和治疗等。氧化镓也是冶金工业重要的添加剂。镓具有较好的铸造特性，由于它"热缩冷胀"，故用来制造铅字合金，可使字体清晰。高纯镓——一般杂质总含量在 10^{-5} 以下的金属镓主要用于电子工业和通信领域，是制取各种镓化合物半导体的原料，硅、锗半导体的掺杂剂，核反应堆的热交换介质，可把反应堆中的热量传导出来。随着电子产业、国防工业的发展，镓及其化合物的用途将逐渐拓宽。

18.4　镓的生产

目前，金属镓的产品主要分为三类：粗镓、精镓和再生镓。粗镓生产厂家主要有中国、德国、俄罗斯、哈萨克斯坦、乌克兰、匈牙利和斯洛伐克；精镓主要由日本、美国和法国生产；再生镓的生产主要有日本和美国。日本是世界上最大的高纯镓的生产国，占世界总产量的 90% 左右。从世界范围看，高纯镓将是主导产品，其价格高出粗镓 100~200 美元/kg。高纯镓可直接用于生产镓的化合物。

18.5　镓的价格

1999 年，全球镓的消耗量将近 162t，比 1985 年的 45t 增长近 4 倍。其中90% 用于电子工业，促进了光电技术的发展。亚太国家是全球耗镓的主要地区。

进入 21 世纪，随着电子工业特别是移动通信、微型电脑等相关工业的高速发展，粗镓的价格也一路上扬。由 1995 年的 170 美元/kg 提升到 2001 年 3 月的1700~2300 美元/kg。但随后出现了价格下跌，镓的生产规模也一度萎缩。2005年以来美国、中国、俄罗斯和法国等镓生产大国都扩大了镓的生产规模，镓的产量恢复到原来的水平、我国主要生产 99.9%~99.99% 的金属镓。

18.6　高纯镓

高纯镓是一般杂质总含量在 10^{-5} 以下的金属镓。按镓含量分为 5N，6N，7N和 8N 共四种级别。质软，淡蓝色光泽；熔点 29.78℃；沸点 2403℃。斜方晶型，各向异性显著；0℃ 的电阻率沿 a，b，c 三个轴分别为 $20.75 \times 10^{-6} \Omega \cdot m$，$8.20 \times 10^{-6} \Omega \cdot m$ 和 $524.30 \times 10^{-6} \Omega \cdot m$。超纯镓剩余电阻率比值 $\rho_{300K}/\rho_{23.2K}$ 为55000，可采用化学处理、电解精炼、真空蒸馏、区域熔炼、拉单晶等多种工艺方法制备，主要用于电子工业和通信领域，是制取各种镓化合物半导体的原料，硅、锗半导体的掺杂剂，核反应堆的热交换介质。工业生产以工业级金属镓为原料，用电解法、减压蒸馏法、分步结晶法、区域熔融法进一步提纯，可制得高纯镓。电解法 以 99.99% 的工业级金属镓为原料，经电解精炼等工艺，制得的高纯镓的纯度≥99.999%；以≥99.999%的高纯镓为原料，经拉制单晶或其他提纯工艺进一步提纯，制得的高纯镓的纯度≥99.99999%。

18.7　镓的市场概况

镓的生产一直由镓的市场供求决定，镓生产的大发展主要在近几年。伴随着电子工业及其相关工业的高速发展，镓的市场出现了供不应求的局面。

镓作为以微电子技术为核心的世界第四次工业革命的基础材料，世界的需求量每年增长15%~20%。镓在国际市场上的价格高，市场前景看好。

自2000年全球镓消费量达到顶峰后，受技术进步和市场价格波动影响，全球镓消费量大幅度下滑，2000年全球镓消费量为200t，2006年为100t。2008年下半年，国际金融危机对实体经济的冲击加剧了这种下滑趋势，全年镓消费量为95t，比2007年下降了至少30%；2010年恢复到100t以上。美国是金属镓消费大国，国内不生产粗镓，主要依赖进口，每年进口镓的金额高达2300万美元。砷化镓和氮化镓电子产品占镓消费的98%。2010年美国进口金属镓59t，比2009年增长64%，大约占全球需求量的一半。进口来源主要有中国（17%）、乌克兰（17%）、德国（16%）、加拿大（14%），其他地区36%。

有预测认为，未来20年内，镓的全球消费量将会翻4倍，中国的需求增长速度将高于全球。中国目前镓的消费量正以每年20%~30%的速度增长。一是因为国家大力支持半导体产业发展，拉动了镓的需求。二是国外著名的砷化镓衬底公司AXT搬迁到北京，带动了国内砷化镓晶片的生产。

目前深加工高纯度镓的应用向深度和广度发展。深度反映在5N、6N以上的镓需求空间大，在微波电路、量子器件、纳米电子器件等方面发展很快。由北京有色金属研究总院和南京金镁镓业有限公司共同编写的分子束外延级镓的古丽加标准已经公布；广度方面主要是99.9999%的镓应用范围更广，用于国家正在大力扶持的半导体照明、LED领域和手机等行业，估计占全部镓产量的60%以上。美国、日本的企业数年前已经将镓定位为"战略资源"，并开始进行收储。其中，日本的企业收储和国家收储正在同步进行。欧盟委员会也发布了题为《对欧盟至关重要的原料》的报告，将14种重要矿产原料列入"紧缺"名单，镓名列其中。

随着需求增长，中国生产镓的企业数量和规模也迅速增加，生产原生镓的单位除了原来的山东铝厂、山西铝厂、吉亚公司、中铝河南分公司、贵州铝厂和株洲冶炼厂外，三门峡市的开曼铝业公司、东方希望（三门峡）铝业公司、山西万荣的方圆公司等纷纷崛起，产能都在20t/a以上。现在民营企业镓的总产能接近100t/a，而且有75t已经量产，大大超越了国有企业（包括合资）的产量。今后中国的镓市场将逐渐被民营企业占据，从而将影响全球的镓市场。目前，中国镓产量明显超过国内消费水平，大量用于出口。

19 冶金过程中镓的富集与走向

镓主要存在于铝土矿、铅锌矿、煤、钒钛铁矿中，在这些矿物的湿法、火法冶金过程中，镓元素得以富集。

19.1 湿法冶金过程中镓的富集与走向

19.1.1 铝土矿溶出过程中镓的富集

镓和铝的地球化学性质十分相似，铝土矿中一般含镓 0.003% ~ 0.008%。目前世界上 90% 以上的镓是从氧化铝生产过程中作为副产品回收，其原因是：（1）铝土矿储量丰富，氧化铝生产规模大；（2）铝土矿含镓高（平均 0.005%），而且镓在氧化铝生产过程的循环碱液中自然得到富集；（3）从氧化铝生产过程中回收镓，具有方法简单、工艺流程短和成本低的优势。

拜耳法处理铝土矿过程中，镓主要富集于蒸发母液中，而烧结法处理铝土矿时，镓富集在碳酸化分解返回的母液中。

A　拜耳法处理铝土矿过程中镓的富集与走向

在拜耳法工序中，铝土矿中镓与铝被碱溶解而分别以镓酸钠（$NaGaO_2$）及铝酸钠（$NaAlO_2$）形式进入溶液，它们的主要化学反应是

$$Al_2O_3 + 2NaOH \Longrightarrow 2NaAlO_2 + H_2O$$
$$Ga_2O_3 + 2NaOH \Longrightarrow 2NaGaO_2 + H_2O$$

由于 Al^{3+} 与 Ga^{3+} 以 $Me(OH)_3$ 形态沉淀析出的 pH 值分别是 10.6 和 9.7，且 $Ga(OH)_3$ 的酸性比 $Al(OH)_3$ 略强，所以 Ga_2O_3 的溶解度很大。

铝酸钠溶液通过晶种分解制备氢氧化铝的过程中，镓酸钠有 80% ~ 85% 富集在种分母液中，定期抽取种分母液可回收镓。表 19-1 给出了镓在拜耳法过程中的分布。

表 19-1　镓在拜耳法过程中的含量与分布

进料	产　出　物									
	铝土矿	$NaAlO_2$ 溶液	赤泥	返回母液	$Al(OH)_3$	Al_2O_3	电解铝	煤粉	电解尘	阳极合金
含镓量/%	0.005 ~ 0.006	0.007 ~ 0.008g/L	0.002	0.08 ~ 0.3g/L	0.002	0.01 ~ 0.012	0.013 ~ 0.015	0.002 ~ 0.003	0.01 ~ 0.012	0.2
镓的分布/%	100	—	33	57	10	—				

拜耳法流程中镓富集和走向分布如图 19-1 所示。

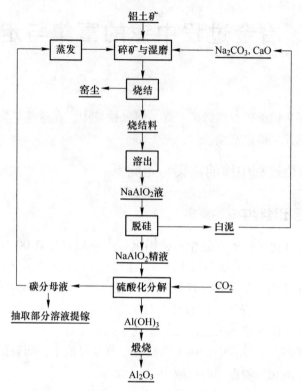

图 19-1　镓在拜耳法流程中的富集和走向

B　烧结法处理铝土矿过程中镓的富集与走向

烧结法时，铝土矿中的镓约有 83.5% 进入 $NaAlO_2$ 液，其化学反应为：

$$Al_2O_3 + Na_2CO_3 \Longrightarrow 2NaAlO_2 + CO_2 \uparrow$$

$$Ga_2O_3 + Na_2CO_3 \Longrightarrow 2NaGaO_2 + CO_2 \uparrow$$

其余的镓则随着赤泥而流失。随着 Al_2O_3 生产过程中的碳酸化分解，$NaAlO_2$ 溶液中的部分镓会进入沉淀物 $Al(OH)_3$ 中，但大部分镓仍留在碳分母液里。表 19-2 列出了镓在烧结法产出物中的典型含量及分布。

表 19-2　镓在烧结法过程中的含量与分布

进料	产　出　物								
	铝土矿	$NaAlO_2$ 溶液	赤泥	白泥	碳分母液	$Al(OH)_3$	Al_2O_3	烧结窑尘	铝酸钙
含镓量/%	0.006~0.01	0.04~0.05g/L	0.002	0.002	0.03~0.06g/L	0.006	0.01	0.025	0.008
镓的分布/%	100	—	16.5	—	59.5	—	—	—	23.8

烧结法处理铝土矿过程中镓的走向和分布如图 19-2 所示。

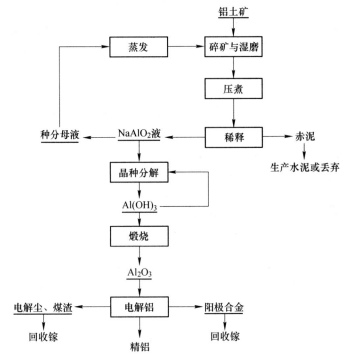

图 19-2 镓在烧结法流程中的走向与分布

在对含镓脱硅精液进行碳酸化分解工序中,镓主要是在分解后期才部分析出。所以碳酸化分解本身就是一次分离铝、富集镓的过程。碳分过程中镓的共沉淀损失取决于碳分作业条件,提高分解温度、添加晶种和降低通气速度可以减少碳分过程中镓的损失,使碳分母液中镓的浓度提高。当碳分条件适宜时,镓的损失约为原液中镓含量的 15% 左右。

碳分母液(含镓一般为 0.03~0.05g/L)送往第二次碳酸化分解的目的是使母液中的镓尽可能完全析出,以获得初步富集镓的沉淀。因此,此次碳分应在温度较低、分解速度快的条件下进行。

分解进行到溶液中的 $NaHCO_3$ 含量达 60g/L 左右为止,镓的沉淀率可达到 90% 以上,导致镓不能完全沉淀的原因是镓在 Na_2CO_3-$NaHCO_3$ 溶液中的溶解度较大。如果将浆液在逐渐降温的条件下搅拌,使镓的溶解度降低,将有助于提高镓的沉淀率。

在表 19-1 和表 19-2 中分别列出 Al_2O_3 中镓的分布:拜耳法生产的 Al_2O_3 中含镓位 0.01%~0.02%,烧结法生产的 Al_2O_3 中含镓为 0.01%。Al_2O_3 是铝电解的原料,在电解过程中 Al_2O_3 中的镓残留在阳极合金、电解槽中的碳粒和电解产生的粉尘中，也是提取镓的原料。

当用烧结法处理霞石时，所得的 $NaAlO_2$ 溶液含镓仅有 $0.02 \sim 0.03g/L$。

（1）用还原热解法综合利用明矾石的过程中，镓含量及分布近似于拜耳-烧结联合法，在分解母液中含镓 $0.07 \sim 0.08g/L$，而在蒸发母液中含镓高至 $0.14g/L$。

（2）炼铝、造磨料与耐火材料是铝土矿的三大用途。在进行电炉炼刚玉的过程中，含镓 0.01% 左右的铝土矿中的镓近 $60\% \sim 70\%$ 进入烟尘；而副产物低硅铁中含镓可达 $0.13\% \sim 0.16\%$。有方法使用 $FeCl_2$-HF 电解硅铁，镓分散：进入溶液的镓大约有 50% 以上，而进入阳极泥的镓为 40%。而使用 $FeCl_2$-NH_4Cl 电解法，镓仅有 0.001% 进入电解铁中，镓主要进入阳极泥，含镓为 0.1% 以上。

19.1.2　湿法炼锌过程中镓的富集和走向

在锌的提取中，全世界有 80% 是采用湿法冶金技术。锌浸出渣是湿法冶金的副产物，含有铅、锌、银、镓、铟和锗等有价元素，是提取镓的重要资源。表 19-3 列出了某两个厂家锌浸出渣的组分。

表 19-3　锌浸出渣的组分　　　　　　　　（%）

编号	Ga	In	Ge	Ag	Zn	Pb	Cd
1	$0.02 \sim 0.04$	$0.04 \sim 0.09$	$0.062 \sim 0.09$	$0.018 \sim 0.02$	$16 \sim 18$	$1 \sim 3$	$0.3 \sim 0.4$
2	$0.019 \sim 0.03$	$0.032 \sim 0.14$	$0.006 \sim 0.012$	$0.015 \sim 0.027$	221.15	21.94	$0.3 \sim 0.6$

锌浸出渣经过进一步处理，目的在于回收其中的有价元素。处理方法有二次酸浸法和挥发法，在处理过程中镓得到进一步富集。

19.1.2.1　挥发法

回转窑或电炉处理锌浸渣挥发其中的铅锌后，镓等稀散金属进入氧化烟尘，硫酸浸出氧化烟尘，再经过锌粉置换，镓的富集率可提高 $30 \sim 80$ 倍。表 19-4 中列出了锌浸渣处理前后镓、铟和锗含量的变化。

表 19-4　锌浸出渣中镓、铟和锗的含量　　　　　（%）

项　目	Ga	In	Ge
锌浸出渣	$0.0032 \sim 0.019$	$0.032 \sim 0.14$	$0.006 \sim 0.012$
处理后渣	$0.105 \sim 0.16$	$2 \sim 3$	$0.05 \sim 0.19$

处理后的渣是重要的提取镓、铟和锗的原料。

19.1.2.2　二次酸浸法

采用高压浸出法处理锌浸出渣称为二次酸浸法。在温度为 130℃，压力为

200kPa 的条件下，锌浸出渣的镓有 94% 进入溶液，同时浸出渣中的铁、锌、铜和铟等也进入溶液。浸出液经过一系列净化和富集过程处理，可得到含镓 0.42~0.49g/L 的溶液，此溶液可直接用于萃取提取镓。

19.1.3　湿法提锗过程中镓的富集和走向

锗石是唯一具有工业价值的锗矿物，含锗 6%~10%，含镓 0.76%~1.85%。在锗的提取过程中，镓可以得到富集。

（1）碱液浸出处理。将锗石粉用浓度为 50% 的 NaOH 溶液浸出，浸出液蒸发至干，再水浸，镓以 $NaHGa(AsO_4) \cdot 1.5H_2O$ 的形式沉淀析出，原料中 88% 以上的镓被富集。锗也有一部分以 $NaHGe(AsO_4)$ 的形式与镓沉淀。氯化法回收锗，镓进入氯化渣得到进一步富集，可用萃取法回收镓。

（2）硫酸化焙烧处理。将锗石进行硫酸化焙烧。焙烧用水溶解，镓与锗几乎全部进入溶液，将浸出液浓缩，再采用氯化蒸馏法提锗，镓留在蒸馏残液中，可采用萃取法沉积溶液中的镓。

19.2　火法冶金过程中镓的富集与走向

19.2.1　火法炼锌过程中镓的富集与走向

锌的火法冶炼主要有竖罐蒸馏法和密闭鼓风炉法（主要处理铅锌矿）。

A　竖罐蒸馏炼锌过程中镓的走向

锌在竖罐蒸馏处理过程中形成锌蒸气而被回收，而锌矿中的镓（含量仅为 $10^{-5}~10^{-6}$ 级）进入罐渣中。罐渣成分复杂，镓主要分布的组分见表 19-5。

表 19-5　竖罐炼锌渣中镓的分布

元素含量/%				
Ga	Ge	Fe	Pb	Zn
0.0296	0.024	15.4	0.4	2.3
化学成分			镓	
			含量/%	分布率/%
磁铁矿+赤铁矿			0.0189	41.66
焦炭+炭黑			0.034	25.98
硅酸盐+锌尖晶石			0.0073	29.66
氧化物			微量	21.7

由表 19-5 可见，罐渣成分复杂，镓主要以类质同象存在罐渣中的磁铁矿、

磁赤铁矿和硅酸盐中，比较难以提取。主要的提镓方法有熔炼挥发法、选冶法和碱熔法，通过处理将镓进一步富集，再采用萃取法回收。

B　鼓风炉炼铅过程中镓的走向

在鼓风炉炼铅过程中，绝大部分镓进入炉渣，渣中镓的含量在 0.025% ~ 0.031% 之间，渣的物相为硅酸盐玻璃体和方铁矿（占 12% 左右），镓以类质同象置换渣中的 Fe^{2+} 和 Zn^{2+} 而进入方铁矿结构中。组成与分布见表 19-6。

表 19-6　镓在鼓风炉炉渣的赋存与分布

炉渣成分	Ga	Ge	Fe	Pb	Zn	SiO$_2$	CaO	其他
含量/%	0.0245	0.0058	26.9	0.59	10.2	18.75	18.35	7

物相组成	方铁矿	锌尖晶石	硫化铁	硅酸盐玻璃体	合计
比例/%	11.60	1.21	0.06	84.50	100
镓品位/%	0.22	0.435	0.13	0	0.0245
镓分布/%	924.42	23.29	0.29	0	100

表 19-6 显示，95% 以上的镓存在于方铁矿中，方铁矿中镓回收的方法有两种。

（1）还原蒸发法。在添加氯化钠的条件下，采用还原蒸发法处理鼓风炉炉渣，90% 以上的镓进入烟尘，从烟尘中可回收镓。

（2）还原熔炼法。还原熔炼鼓风炉炉渣，将镓富集到 Fe-Ga 合金中，镓在合金中的含量在 0.08% 以上。采用电解法从阳极泥中回收镓。

19.2.2　处理铁矿过程中镓的富集与走向

钒钛磁铁矿含镓 0.0026%。研究表明，原料中 76% 的镓以类质同象形式赋存在钒钛磁铁矿中，21% 存在于硅酸盐矿物中，还剩下 4% 分散在钛铁矿中。

经过选矿处理，50% 的镓进入铁精矿中，其余进入脉石而分散。镓属于亲铁元素，铁精矿中的镓在高炉炼铁过程中大部分进入铁，仅有少量进入高炉渣。

在钢厂从铁水中提钒的工序中，其中 20% 的镓会富集在钒渣中，含量约为 0.015% ~ 0.030%，可作为提镓的原料。图 19-3 所示是某铁矿冶炼过程中镓的走向。

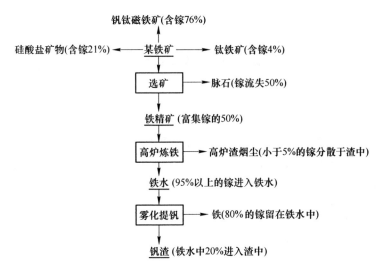

图 19-3   某铁矿冶炼过程中镓富集和走向分布

19.3   煤中镓的富集与走向

煤中通常含镓量为 0.0001%~0.003%。煤以不同方式处理，镓有不同的走向与分布，由于煤燃烧环境多处于还原性气氛中使镓挥发，富集于产出的烟尘。

（1）用于燃料。煤作为燃料时，煤中的大部分镓挥发进入烟气，小部分进入煤灰。燃煤发电厂的粉尘中可富集镓达到 0.38%~1.56%。煤粉尘在许多国家作为提取锗和镓的原料。如将含镓煤粉尘用于火法炼铜的工序中，会有 50%~60%的镓进入铜合金中，使镓得到初步富集。煤粉尘主要处理方法是氯化蒸馏提取锗，再从蒸馏残渣中提取镓。

（2）煤焦化过程中镓的富集。在煤的焦化过程中，部分镓进入焦炭，其余部分转入煤焦油。在焦炭作为燃料的使用过程中，镓富集于烟尘。由于煤主要用于燃料，煤中的镓主要在煤的各种粉尘中得以富集，再采用多种技术加以提取回收。

20 镓的提取冶金技术

镓的主要富集物为铝土矿生产氧化铝过程中的氯酸钠母液、湿法炼锌过程中的浸出渣、氯化蒸馏提锗过程中的氯化残液或残渣、鼓风炉炼铅过程中的方铁矿、钒钛磁铁矿中的钒渣和煤燃烧过程中煤烟尘。

镓的冶金提取技术主要包括电解法、萃取法、离子交换法和膜分离法等，镓在上述各种原料中赋存方式不同，提取方法也多样。提取过程中往往还要多次富集，通常需要多种方法联合使用。

20.1 电解法

根据提取原料的不同，电解法提取镓主要包括石灰乳—电解法、碳酸化—电解法、中和溶解—电解法等。

20.1.1 石灰乳—电解法

本方法提取镓的原料是烧结法生产氧化铝的富镓溶液。

（1）工艺流程。石灰乳—电解法提取镓的工艺流程如图 20-1 所示。

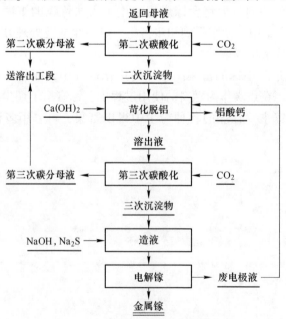

图 20-1 石灰乳—电解法工艺流程

（2）采用石灰乳溶出二次沉淀过程中，镓便转入溶液而与铝分离：

$$Na_2O \cdot AlGa_2O_3 \cdot 2CO_2 + 5Ca(OH)_2 \longrightarrow 2Na_2GaO_2 + 2H_2O + 3CaO \cdot$$
$$Al_2O_3 \cdot 6H_2O \downarrow + 2CaCO_3 \downarrow$$

此过程中得到富镓溶出液，同时获得由 40% 的 $CaCO_3$ 与 $CaO \cdot Al_2O_3 \cdot 6H_2O$ 组成的铝酸钙渣。

富镓溶出液经第三次碳酸化处理后，得到含镓 1.5%~3%、铝/镓比在 10 以下的三次沉淀物。用碱溶解此沉淀物，过滤后向滤液加入 Na_2S 除去重金属杂质，得到含镓 5~9g/L 的 Na_2GaO_2 电解原液。

（3）采用不锈钢片作阴极、镍片作阳极，在电解温度 40~60℃，电流密度 200~500A/m²，槽电压 3~4V 和极板间距 20~40mm 的条件下电解制备金属镓。

电解过程的电化学反应为：$GaO_2^{1-} + 2H_2O + 3e \longrightarrow Ga \downarrow + 4OH^-$

废电解液中镓的残留量为 0.3~0.6g/L，废电解液苛化脱铝，综合利用。

石灰乳—电解法具有工艺简单、高效和无污染等优点。但由于各次产出的碳分母液和铝酸钙还需要经过综合处理，各环节中会有部分镓损失，镓的回收率较低，约为 60% 左右。

20.1.2　碳酸化—电解法

本方法采用的原料为脱铝的碳分母液。

20.1.2.1　工艺流程

碳酸化—电解法的工艺流程如图 20-2 所示。

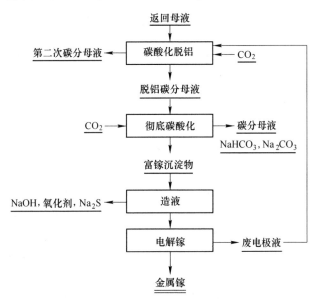

图 20-2　碳酸化—电解法的工艺流程

20.1.2.2　电解液制备

脱铝的碳分母液经彻底碳酸化处理后，获得含镓 1%~2% 的富镓沉淀物。用碱溶解此沉淀，经过滤、除杂后即可获得含镓电解原液，用于电解制备金属镓。电解制备金属镓后的废电解液含镓 0.3g/L，可返回用于碳酸化分解脱铝。

20.1.2.3　金属镓的净化

电解产出的金属镓含有铝、锌、铅、钒、硅、钙和镁等杂质，一般需经过净化处理。净化处理采用两种方法：

（1）酸洗。用 0.5~1mol/L 盐酸溶液作洗涤液。酸洗过程中，电位较镓负的金属，如锌、铝、锰、铬、钒、镁、钙和硅等可通过酸洗除去，除去的程度不受其原始含量的影响。

（2）过滤。用蒸馏水浸含镓金属，加热到 40℃，经过搅拌一段时间后过滤，杂质硅、铁、钒、铝、钙、镁、锰、铜和镍等随水除去。

酸洗法和过滤法对于除铅和锌的效果欠佳，可在电解液制备前加硫化物或通过结晶法预先除去。

目前，美国和俄罗斯均采用碳酸化-电解法生产金属镓。该方法的优点是副产品 $Al(OH)_3$ 可作为产品出售，其余副产物可返回氧化铝生产系统。该方法的缺点是回收率低。

20.1.3　中和溶解—电解法

中和溶解-电解法的原料为丝钠铝石。烧结法处理铝土矿的一次彻底碳分所得沉淀主要是氢氧化铝（$Al(OH)_3$）和丝钠铝石（$Na_2O \cdot Al_2O_3 \cdot 2CO_2 \cdot nH_2O$）两种化合物，镓以类质同晶的形态存在于上述两种化合物中，分别为氢氧化镓（$Ga(OH)_3$）和丝钠镓石（$Na_2O \cdot Ga_2O_3 \cdot 2CO_2 \cdot 3H_2O$）。二者的比例取决于原液中的 Na_2O 与 Al_2O_3 的比例以及碳分作业条件。一次彻底碳分的沉淀物中镓含量一般为 0.1%~0.2%。

20.1.3.1　工艺流程

中和溶解—电解法的工艺流程如图 20-3 所示。

20.1.3.2　电解液制备

丝钠镓石易溶于水和碱液中。在 20℃ 时，丝钠镓石的溶解度为 0.037g/L，75℃ 时可达到 0.88g/L。将丝钠镓石用稀释的返回母液溶解，反应式为：

$$Na_2O \cdot Ga_2O_3 \cdot 2CO_2 \cdot 3H_2O + 4NaOH \longrightarrow 2NaGa(OH)_4 + Na_2CO_3 + H_2O$$

伴随 Na_2CO_3 的形成，溶液的苛性系数下降到 1.8 导致 $NaAlO_2$ 水解：

$$NaAlO_2 + 2H_2O \Longleftrightarrow NaOH + Al(OH)_3 \downarrow$$

水解产出的 $Al(OH)_3$ 在溶液中又起到晶种分解作用，加速了丝钠镓石的分

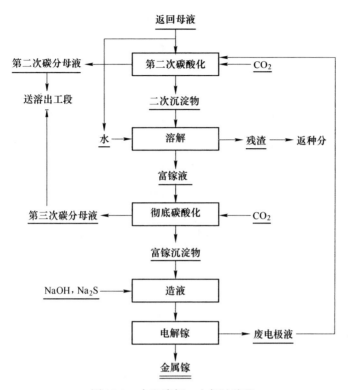

图 20-3　中和溶解—电解法流程

解，有利于铝转入 $Al(OH)_3$ 沉淀，镓进入溶液富集。获得的含镓达 $0.8～1g/L$ 的富镓溶液，此时溶液中的铝/镓比为 20 左右，将其采用碳酸化—电解法的造电解液方法，将富镓溶液经彻底碳酸化后制备电解液，获得金属镓。

中和溶解—电解法的优点是利用丝钠镓石的溶解性能，采用返回母液溶解镓，不需要另加物料，既可以使成本下降，又可以把镓的回收率提高到 70%～80%。如果采用压煮或高温溶解，镓的溶解率可达到 80%～90%。副产物可返回氧化铝生产系统。该方法的不足之处是二次沉淀物中镓的溶出率不高，仅有80%；溶出残渣为含 SiO_2 高的 $Al(OH)_3$，不能作为产品出售。

20.1.4　汞齐电解法

汞齐电解法用金属汞作阴极，从含镓的 $NaAlO_2$ 液中电解提取镓。

20.1.4.1　工艺流程
汞齐电解法的工艺流程如图 20-4 所示。

20.1.4.2　电解液制备
将含镓 $0.18g/L$ 的 $NaAlO_2$ 返回母液作初次电解液，在汞阴极面积为 $12m^2$ 的

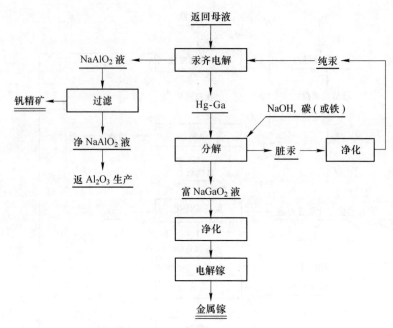

图 20-4　汞齐电解法提镓工艺流程

电解槽电解 24h，得到镓汞齐。工艺参数为：电流密度 $5000A/m^2$，槽电压 4V，电解液温度 40~50℃。

　　当初次电解到汞齐含镓 0.3%~1% 时，即可将含镓汞齐转入盛有铁屑（最好是石墨块）的密闭反应器中。加入 NaOH 煮至近沸腾，使 Ga-Hg 分解，便得到含镓 10~60g/L 的 $NaGaO_2$ 溶液。这种富含镓溶液经净化后即为电解液。

20.1.4.3　电解工艺过程

　　初次电解所得的镓汞齐经碱分解后，用不锈钢作阳极，在电流密度 $8000A/m^2$，槽电压 10V 再次电解，结果可获得纯度达 99.9% 的金属镓。

　　在电解过程中，镓在汞阴极上析出后与汞形成镓公司，其电化学反应为：

$$GaO_2^- + 2H_2O + 3e \xrightarrow{Hg} Ga(-Hg) + 4OH^-$$

虽然此反应的标准电位为 -20.22V，但镓在汞阴极上析出的超电压较高，较镓更负的金属，如钒、铅和钠等便会与镓一起在汞阴极上析出。而钒在汞阴极上被还原到 3 价后，便以不溶物 $V(OH)_3$ 形式沉淀析出：

$$4VO_3^- + 3H_2O + 4e == V_4O_9^{2-} + 6OH^-$$
$$V_4O_9^{2-} + 9H_2O + 4e == 4V(OH)_3 + 6OH^-$$

过滤电解液获得的钒精矿可进行综合利用。

20.1.4.4　汞齐电解法的弊病

汞齐电解法存在以下缺点：（1）所用汞量太大，生产 1kg 镓需用汞 2~3t；

（2）不利于搅动，因为搅动会导致汞损失量增大，每生产 1kg 镓约损失 2~275kg 汞；（3）汞污染工作环境，影响人体健康，汞还会转入 $NaAlO_2$ 液中（含汞可达 0.02~0.1g/L）进入氧化铝生产系统等。

20.1.4.5 改进的汞齐电解法

通过强化汞齐电解过程和改进电解槽结构，可克服汞齐电解法的弊病。

（1）采用转动阴极及改进的电解槽。改进电解槽是一个密闭电解槽，阴极用钢材制成网栅结构，呈鼓状。当转动此鼓形阴极穿过储汞的密闭槽底时，便在鼓面形成汞膜，得到大面积阴极。

（2）强化汞齐电解过程。通电电解时，镓、钠和锌在阴极析出并进入汞齐，钒与钼经放电还原以氢氧化物沉淀的形态析出，铝随废电解液返回氧化铝生产系统。

向镓汞齐中加入石墨块和 10%NaOH 溶液得到金属镓。分解后的脏汞用盐酸或硝酸净化后返回再用。现将汞齐电解的电解液及产物组成列于表 20-1。

表 20-1 汞齐电解液及电解产物的主要成分

组 分		Ga	Al	Na	V_2O_5	Fe	Cr_2O_3	Zn	Pb
$NaGaO_2$ 液组成 /g·L^{-1}	电解前	0.190	—	—	0.263	0.005	0.003	0.034	0.003
	电解 24h	0.110	—	—	0.120	0.004	0.003	0.015	0.003
	电解 72h	0.060	—	—	0.024	0.003	0.003	0.005	0.003
	Ga-Hg/%	10.8	0.4	12	0.148	0.05	0.147	1.4	0.1
分解后 $NaGaO_2$ 液组成/g·L^{-1}		1.25	3.5	75	0.015	0.08	0	0.43	0.01

20.1.5 直接用铝酸钠溶液电解法提取镓

直接从工业 $NaAlO_2$ 返回母液中用电解法提取镓，可简化金属镓的生产工艺。目前直接电解提镓的电流效率极低，且因电解液需经过严格净化，尚未实现工业化生产。

直接电解法提镓的电化学反应如下：

阳极反应：
$$2GaO_2^- - 4e \longrightarrow 2GaO^+ + O_2 \uparrow$$
$$4OH^- - 4e \longrightarrow H_2O + O_2 \uparrow$$

阴极反应：
$$2GaO^+ + 3e \longrightarrow Ga \downarrow + GaO_2^-$$

当阴极上放出氢气时会发生如下反应：
$$GaO_2^- + 2H + e \longrightarrow Ga \downarrow + 2OH^-$$
$$GaO^+ + H + 2e \longrightarrow Ga \downarrow + OH^-$$

电解镓的总反应为：$GaO_2^- + 2H_2O + 3e \longrightarrow Ga \downarrow + 4OH^-$

研究发现，溶液中的 $NaAlO_2$ 对电解镓无影响，只是会使电解液中的 OH^- 浓度增加，从而降低氢的超电压，使电流效率下降：

$$H_2GaO_3^- + H_2O + 3e \longrightarrow Ga\downarrow + 4OH^-$$

20.1.6　电解合金法

对铅锌冶炼过程中的废渣研究表明，镓以类质同象集中富集在渣中的某矿相中，如 ISP 渣中 95% 镓和锗赋存在占渣重 12% 的方铁矿中，而方铁矿均匀分布在渣重 85% 的硅酸盐玻璃体中；锌浸出渣中 90% 以上的镓、铟和锗进入占渣重 54% 的铁酸锌中；锌回转窑中 70%~96% 的镓、铟和锗赋存在占渣重 46% 的 α-Fe 和 Fe_xS_y 中；锌罐渣中约有半数的镓、铟和锗进入磁铁矿和磁赤铁矿中，利用镓的亲铁性，采用还原熔炼可使渣中 80%~90% 的镓、铟和锗进入铁中形成 Fe-Ga (In、Ge) 合金，由此与约 75% 的废渣分离。从 Fe-Ga(In、Ge) 合金中提取镓的工艺较多，如酸溶、磁选、再造渣、氯化挥发与电解等。工艺流程如图 20-5 所示。

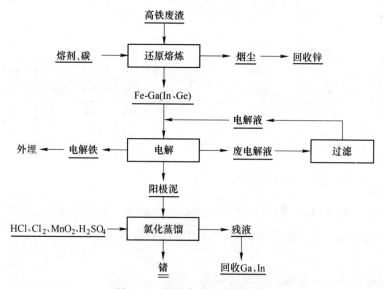

图 20-5　电解合金法工艺流程

将 Fe-Ga(In、Ge) 合金熔铸成阳极极板，套以隔膜，加入电解液槽中进行电解。为了去极化，在电解过程中加入 NH_4Cl 并适当提高温度。电解反应如下。

阳极反应：
$$Fe \longrightarrow Fe^{2+} + 2e$$
$$2Ga + 3H_2O \longrightarrow Ga_2O_3 + 6H^+ + 6e$$
$$2In + 3H_2O \longrightarrow In_2O_3 + 6H^+ + 6e$$
$$Ge + 3H_2O \longrightarrow H_2GeO_3 + 4H^+ + 4e$$

阴极反应：
$$Fe^{2+} + 2e \longrightarrow Fe$$
$$H_2GeO_3 + 4H^+ + 4e \longrightarrow Ge + 3H_2O$$

粗铁中的镓、铟和锗进入阳极泥中，仅有一小部分锗进入电解铁和电解液中，阳极泥经过直接氯化蒸馏提锗，从氯化残液中回收镓和铟。电解铁达到粉末冶金用或焊条用还原铁粉行业标准，经过清洗、磨碎、通氨保护于回火炉处理得还原铁粉，其经济价值足够提镓的成本，经济效益突出。此法可充分利用 ISP 的热能，还可同时综合回收渣中的铅、锌和锗等。此法的缺点是要在高温还原熔炼，而且电耗较高。

20.1.7　选—冶联合法回收镓和锗

锌浸出渣富含镓与锗，为了回收其中的镓和锗一般采用选—冶联合法，其工艺流程如图 20-6 所示。

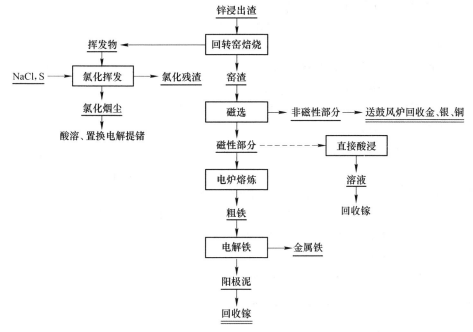

图 20-6　选—冶联合法提镓流程

在回转窑内镓和锗的挥发率较低，因此可以选用磁选—电解联合法进行回收。将 30% 的煤粉配入锌浸出渣内，然后送入回转窑在 1300℃ 进行还原焙烧，95% 以上的铅、锌挥发，镓和锗以类质同象形式共生在还原铁粉内，留在窑渣里。将粉碎后的窑渣进行磁选，得到磁性物；用电炉熔炼磁性物制成粗铁，接着通过电解方式回收镓和锗；或者直接用酸浸出磁性物，使镓和锗转入溶液。

回转窑温度为 1300℃ 的还原焙烧使得所有反应物都变为熔融状态，得到的化合物和合金产物组成复杂，在结构上表现为相互紧密嵌布，镓锗常和铁形成合金，或镶嵌在另一种构造的颗粒之中，所以很难用物理方法将其分离；用磁选法分离，获得的每种产物中都含有镓与锗，但都称不上是镓与锗的富集物。而且对后续处理耗能非常大，并且镓与锗的回收率也不高，所以该方法需要更深入的研究。

20.2　溶剂萃取法

采用溶剂萃取法自铝酸钠溶液中回收镓的研究在 1974 年就开始进行了。法国 HelgorskyJ 就提出用 KeleX100+8% 癸醇/煤油萃取体系，直接从铝酸钠循环母液中萃取镓，实现工业生产。

溶剂萃取法从铝酸钠溶液中回收镓的工艺难题是解决萃取剂与碱性溶液接触时间长造成的萃取剂损耗大和萃取速率慢的问题，加入长链羧酸钠盐表面活性剂作稀释剂可解决萃取速率慢的问题。

根据所用萃取剂不同，溶剂萃取法分为中性萃取、酸性萃取、螯合萃取和胺类萃取剂萃取法等。

中性萃取剂主要有醚类萃取剂、中性磷类萃取剂、酮类萃取剂、亚砜类（如二烷基亚砜）和酰胺类（如 N503）萃取剂等。

酮类萃取剂，如甲基异丁酮，在萃取镓时首先在强酸性介质中质子化，然后与镓化合物缔合进入有机相。

醚类萃取剂包括乙醚、二异丙醚和二异丁基醚等，萃取镓时也是先在强酸性介质中质子化，然后缔合成萃取物。由于醚类萃取剂沸点低和易燃，目前在工业中应用受限。中性磷类萃取剂主要有磷酸三丁酯（TBP）。

目前，酸性萃取及螯合萃取体系的研究活跃且应用广泛。酸性萃取剂有磷酸类、脂肪酸类和羟肟酸类，其中磷酸类是研究最为充分的一类萃取剂，主要有 P204、P5709 和 P5705 等。

有机胺类萃取剂从盐酸介质中萃取镓时，其萃取能力按伯胺、仲胺、叔胺、季胺顺序依次增强。常见的胺类萃取剂有三辛基胺、季胺盐和胺醇类等。

20.2.1　Kelex-100 萃取镓

目前世界上 90% 的原生镓是从氧化铝生产的循环母液中提取，原料有拜耳法的种分母液和烧结法的碳分母液。

从拜耳法种分母液中萃取镓所用的萃取剂为 7-十二烯基-8-羟基喹啉，代号为 Kelex-100。Kelex-100 在强碱中不溶解，但能溶解于很多有机溶剂。

20.2.1.1　工艺流程

Kelex-100 萃取镓的工艺流程如图 20-7 所示。

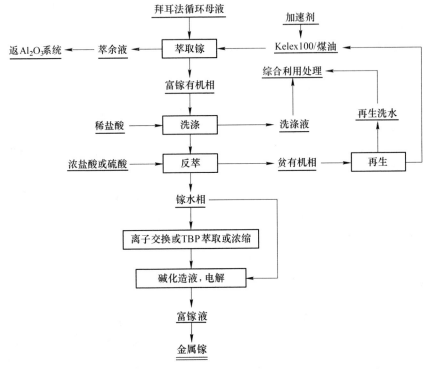

图 20-7 Kelex-100 萃取镓的工艺流程

20.2.1.2 萃取条件

Kelex-100 萃取镓的体系：萃取剂 Kelex-100 的浓度为 8%~10%，相比（有机相∶水相）= 1∶1，癸醇作添加剂，煤油为稀释剂。添加癸醇有利于萃取镓并能防止第三相的形成，但其浓度的增加会使萃钠量上升，导致萃取镓时与铝的选择性下降。萃取镓后的负载有机相需用 0.2~0.5mol/L 盐酸溶液洗涤以除去钠和铝等杂质，然后用 1.6~1.8mol/L 盐酸溶液反萃。萃取温度提高有利于加速萃取过程，一般为 50~60℃。

Kelex-100 萃取镓的同时还可从铝酸镓溶液中萃取出少量的铝和钠，但铝和钠与萃取剂生成配合物在碱性介质中的稳定性低于镓的配合物。

$$Ga(OH)_2^- (水相) + 3HL(有机相) \longrightarrow GaL_3(有机相) + OH^- + 3H_2O$$

$$Al(OH)_2^- (水相) + 3HL(有机相) \longrightarrow AlL_3(有机相) + OH^- + 3H_2O$$

$$Na^+ (水相) + OH^- + HL(有机相) \longrightarrow NaL(有机相) + 3H_2O$$

研究发现，Kelex-100 可实现选择性萃取镓。

20.2.1.3 萃取过程

采用 8% 的 Kelex-100-煤油溶液从拜耳法溶液中萃取镓，相比为 1。

溶液的成分为：Na$_2$O：166g/L，Al$_2$O$_3$：81.5g/L，Ga：0.24g/L，原液中 Al/Ga 为 180：1。

萃取结果为：溶液中有 61.5% 的镓、0.6% 的钠和 3% 的铝进入有机相，有机相中的 Al/Ga 为 9：1。

铝酸钠溶液经多级逆流萃取后返回氧化铝生产流程，负载与有机相中的镓、铝和钠的分离在洗涤与反洗涤过程中实现。用 0.6mol/L 盐酸溶液洗涤有机相，组成为：Na$_2$O 1.4g/L，Al$_2$O$_3$ 2g/L，Ga 0.197g/L，相比 = 1：1；洗涤后有机相中：Al$_2$O$_3$ 0.02g/L，Ga 197g/L，Al/Ga 比 0.05：1，用 2mol/L 盐酸溶液进行镓的反萃，镓的提取率为 99%。

反萃后的有机相经水洗除酸后返回流程。一段反萃液用磷酸三丁酯进行二段萃取，再用水反萃得到富镓水溶液，经过沉淀、过滤、碱溶除杂等后续处理，即可进行电解得到金属镓。

Kelex-100 萃取法可以从镓含量很低的分解母液中不经富集而直接提镓，具有流程短、镓的纯度高、不改变铝酸钠溶液的成分、不影响氧化铝生产、无污染和镓的回收率高等优点。

Kelex-100 萃取法的缺点是：萃取剂价格高，萃取剂在碱溶液中易氧化，萃取速率低，因而需要使用一些添加剂；在萃取温度下稀释剂煤油易挥发；反萃剂用盐酸，而最后电解镓则需用碱液，增加了过程的复杂性。

20.2.2　碳酸化—萃取法

碳酸化—萃取法采用的原料为碳酸化得到的附加液，经溶解使镓转入酸性介质中，然后用相应萃取剂萃取提镓。

20.2.2.1　萃取体系

选用三辛烷（TOA）、醚及乙酸乙酯或乙酸丁酯组成萃取体系，萃取后可实现镓与铝、铁（Ⅱ）、锌、钴、镍和铜等分离。在盐酸介质中用磷酸三丁酯（TBA）萃取镓，可实现镓与重金属杂质，即锌、钴、镍和铜等分离，但铁（Ⅲ）和锑（Ⅲ）会同时被萃取，且易产生第三相。在含 2.5～8mol/L 盐酸的介质中，用甲基异丁酮（MIBK）可定量萃取镓，但甲基异丁酮存在水溶性较大的缺点。还可用乙酰胺、环己酮、混合醇和二-（21-乙基己基）磷酸（P204）等萃取镓。

可采用的萃取体系还包括 20% 叔碳羧酸/煤油（或二甲苯）、叔羧酸（商品名 Versatic911H）和 P204+YW100（YW100 为协萃剂）。

P204+YW100 可单独协萃镓，也可以协萃镓和锗，萃取反应为（以 H$_2$A$_2$ 代表 P204，以 HR 代表 YW100）：

$$Ga^{3+}(水) + H_2A_2(有机相) + HR(有机相) \longrightarrow Ga(HA_2)R_2(有机相) + 3H^+(水)$$

$$Ga(OH)_3^{3+}(水)+H_2A_2(有机相)+3HR(有机相)\longrightarrow$$
$$Ga(OH)_3A_2R \cdot 3HR(有机相)+H^+(水)$$

20.2.2.2 工艺流程

碳酸化-萃取法提镓工艺流程如图 20-8 所示。

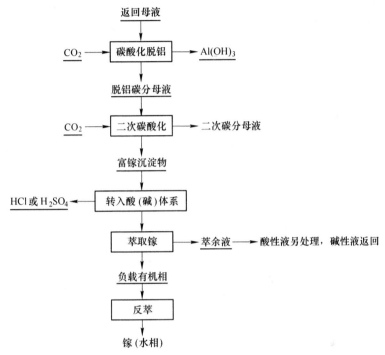

图 20-8 碳酸化-萃取法提镓工艺流程

20.2.2.3 工艺过程

盐酸溶解碳酸化产出富镓的 $Al(OH)_3$ 沉淀，制备盐酸含量为 5.45mol/L 的含镓溶液，然后用醚萃取提镓。镓的最大分配比可达 75。负载有机相在 40~50℃下进行蒸馏挥发醚，残留的 $GaCl_3$ 经碱化造液，电解获得金属镓。挥发的醚经收集后净化，然后返萃取工段。

20.2.3 中性挥发—萃取法

中性挥发—萃取法适用于从锗石中回收镓。锗石是世界上发现的唯一具有单独工业开采价值的锗镓矿物，通常含锗 6%~10%，含镓 0.76%~20.85%。

在 800℃，以及氮气保护下，矿物中的锗挥发进入烟气，而镓留在渣中。用盐酸溶解渣，滤液用硫化物除杂。所得溶液经中和处理，使镓进入沉淀，然后盐酸溶解沉淀使镓转入盐酸介质。用醚萃取镓，反萃后的镓进入水相，经造液后电解制取金属镓。

20.2.4　中和—萃取法

中和—萃取法用于从锗石中回收镓。将锗石磨碎到 0.15mm，用 50% 浓度的 NaOH 溶液浸出，浸出液蒸发至疏松产物。用热水溶解产物，所得滤液用 70% 的硫酸溶液酸化至 pH=8，加热至沸腾后加入硝酸，使溶液保持 5% 的游离酸。过滤除去砷的硫化物沉淀，然后用 NaOH 中和到 pH < 3，此时溶液中镓以 $NaH_2Ga(AsO_4) \cdot 20.5H_2O$ 形态析出。溶液中的锗采用中和沉锗的方法回收。

原料中的镓约有 88% 转入酸式盐中，用盐酸溶解此沉淀物，用醚萃取镓，反萃得到镓水相，经净化后电解制取金属镓。

20.2.5　氯化—萃取法

先将锗石投入反射炉内进行氧化焙烧，接着以两段硫酸浸出，最终酸度控制在含硫酸 10g/L 左右。过滤后将滤液浓缩到原液的 1/10，再进行氯化蒸馏完成氯化分锗，镓进入残液。向残液加入酸与盐析剂，用醚萃取镓。

20.2.6　酸、碱处理—萃取镓

粗铝中含镓约 0.001% ~ 0.01%，在电解精炼铝 2 ~ 3a 后的阳极合金中，镓会富集到 0.2% ~ 0.56%。这种阳极合金主要含有二氧化硅、铜、铁和镓等杂质，实质上是一种铁（铜）镓合金。其典型阳极合金组成见表 20-2。

表 20-2　阳极合金的组成　　　　　（%）

组分	Ga	Al	Zn	Cu	Fe	SiO$_2$	Mn
样品 1	0.1 ~ 0.3	50 ~ 60	—	30 ~ 35	4 ~ 8	1 ~ 3	—
样品 2	0.1 ~ 0.4	40	1.3	25	19	12	1.5

铝电解精炼过程中会产生电解槽碳渣和烟尘，其同样富含镓，也称为提取镓的原料。

从富含镓阳极合金中提取镓的工艺流程如图 20-9 所示。

流程图 20-9 分别列出两种方法，即酸溶和碱溶处理含镓阳极合金。

镓水相经碱化造液，电解获得金属镓。

20.2.6.1　碱溶—萃取法

A　碱溶阳极合金—萃取法

为使阳极合金中的镓与杂质迅速且完全分离，合金先在 500 ~ 700℃ 下氧化焙烧 5 ~ 6h，然后用碱溶解阳极合金。碱浸过程中 95% ~ 97% 的镓转入碱液，可获

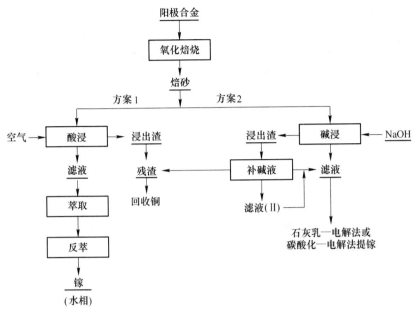

图 20-9 从富含镓阳极合金中提取镓的工艺流程

得含镓 $0.2 \sim 0.4g/L$、Al_2O_3 $40 \sim 60g/L$ 的碱浸液,耗碱量约为理论需要量的 1.5 倍。

碱浸液中的镓可按前述 Kelex-100 萃取镓的方案提取镓,也可采用石灰乳—电解法和碳酸化—电解法提取镓。

B 碱溶含镓电解槽碳渣—萃取法

电解铝的电解槽内的碳渣主要组成为含镓 $0.02\% \sim 0.05\%$,含碳 $70\% \sim 80\%$,含冰晶石 $15\% \sim 16\%$。通常采用渐进法提取碳渣中的镓。

碳渣在碱浸前通常采用氧化焙烧法脱碳处理,脱碳后的焙砂中镓富集近 10 倍。然后在 80℃ 下用浓度为 5% 的氢氧化钠溶液浸出焙砂,结果是冰晶石进入溶液,而镓留在浸出渣中。

渣中含镓约为 1%,加入石灰并在 $1000 \sim 1050$℃ 下熔炼,产出的含镓渣用碱浸出。渣中的铝以 $3CaO \cdot Al_2O_3$ 形式残留在浸出渣中,而镓则以 $NaGaO_2$ 形式进入浸出液。

浸出液的组成为含镓 $0.89 \sim 0.97g/L$,Na_2O $90 \sim 100g/L$,Al_2O_3 $70 \sim 80g/L$,SiO_2 $0.6 \sim 0.7g/L$。浸出液中的镓可按前述 Kelex-100 萃取镓的方案提取镓,也可采用石灰乳—电解法和碳酸化—电解法提取镓。

C 碱浸锌渣—萃取法

浸锌渣的成分为:Ga 0.0012%,Zn 13.7%,Fe 36.5%,Pb 2.05%,采用苛

性钠分解锌渣使镓进入溶液中，铁留在残渣中。

用 1.0mol/L 氢氧化钠溶液在 25℃ 下浸出浸锌渣，镓的浸出率随反应的延长几乎能达到 100%。向溶液中添加碳酸钠沉淀镓，再以盐酸溶解，借助乙醚萃取镓。反萃液中的镓用氢氧化钠中和，沉淀出 $Ga_2O_3 \cdot H_2O$。再采用碱溶—萃取法，可实现镓的回收率达 90%。

碱浸锌渣—萃取法处理浸锌渣的优点是工艺简单、设备材质易解决、综合回收有价金属和碱液可再生返用；缺点是浸锌渣中含硅高时，高碱浓度浸出液中分离较难。

20.2.6.2 酸溶—萃取法

A 酸溶阳极合金—萃取法

酸溶阳极合金可采用盐酸作浸出试剂。在饱和盐酸中镓与铝的溶解度差异较大（$GaCl_3$ 为 130g/L，$AlCl_3 \cdot 6H_2O$ 仅为 1.09g/L），从而达到镓、铝分离的目的。

当用含 6.2~7.2mol/L 盐酸溶液浸出经粉碎的合金粉料时可得到含镓 0.46~0.48g/L 及 Al_2O_3 6.6g/L 的溶液。此溶液可采用碳酸化-电解法提取镓，也可采用癸醇/煤油（0.1mol TOA+0.1mol 煤油）体系萃取镓。

用浓度为 5% 的氢氧化钠溶液反萃有机相中的镓，相比控制在 10，反萃液经碱化后电解便得到金属镓。

酸浸过程中，合金中的铜、铁和铝等会进入溶液，需净化，也会多耗盐酸。通常采用冷却结晶除铝、加亚硫酸钠还原除铁和电解脱铜等方法除杂。

B 酸溶烟尘—萃取法

电解精炼铝过程中产出的烟尘中含镓量可达到 0.1%~0.2%，同时含有 Al_2O_3 和 SiO_2 等。可采用酸浸烟尘提取镓。在酸浸过程中，Al_2O_3 随镓一起进入溶液，选用前述相应的萃取剂提取镓，通过反萃使镓进入水相，经碱化后电解得金属镓。

C 高压酸浸—萃取法

本方法用于从湿法炼锌的浸锌渣中回收镓。浸锌渣中含有镓、锗和铟，常压浸出难以获得较高的镓、锗的浸出率，而通过加压浸出则浸锌渣的镓、锗、铟的浸出率可分别达到 97%、96% 和 94%。

高压酸浸条件：总压 250kPa、PSO_2 约 60kPa、温度 100~130℃，用锌废电解液浸出 3~6h。在镓、锗、铟转入溶液的同时，大部分铁、锌和铜等也转入溶液。

浸出液通入空气的同时，分两段加入石灰石进行中和：首段中和控制 pH=2，得纯 $CaSO_4$；二段中和控制 pH=4.5，使镓与铟等水解沉入二次石膏中。再将二次石膏加水浆化并用硫酸溶解，得到含镓的溶液。通入硫化氢除去重金属离子，并将 Fe^{3+} 还原为 Fe^{2+}，添加氨水并严格调节 pH 值到 2.5~3.5，用叔碳羧酸萃取镓。

酸、碱处理—萃取工艺的优势是实现了无废物产出，充分利用浸锌渣中包括铁在内的各种元素。但采用高压釜这种设备，不仅投资大，而且镓、铟在二次石膏中沉淀效果不是太好，造成回收率不高。

20.2.7　电溶阳极合金—萃取法

含镓阳极合金可采用电溶方法处理。以 1%~19% 硫酸的溶液作电解质，以铜片作阴极、阳极合金作阳极，在电流密度 700~1000A/m² ，槽电压为 2.2V 和电解温度 70℃ 的条件下电溶阳极合金。

电溶过程中，阳极合金约有 95%~97% 的镓进入电解液。可选用 P204 + YW100 萃取回收镓，然后经电解制取金属镓。

20.2.8　煅烧—萃取法

煅烧—萃取法可用于提取煤矸石中的镓。煤矸石是采煤、选煤和洗煤加工过程中产生的固体废弃物。富镓煤矸石含镓 30g/t 以上。对于含镓高的煤矸石，特别是镓品位达到 60g/t 时，其综合利用应以回收镓为中心任务，同时兼顾煤矸石其他有用组分（主要是硅和铝）的利用。

将煤矸石粉碎到一定粒径后，在 500~1000℃ 温度下煅烧，然后用酸浸出煅烧渣得到含镓溶液，通过溶剂萃取回收镓。镓的提取率达 95% 以上。

20.2.9　高压还原—萃取法提镓和铟

某冶炼厂的锌浸出渣含微量的镓铟，该厂采用了赤铁矿法联合萃取回收镓和铟工艺，根据其工艺特点，取名为高压还原浸出—萃取法。本方法的工艺流程如图 20-10 所示。

高压浸出金浸出渣，是在外压 19.61~24.52kPa，同时通入 SO_2 分压 PSO_2 约 5.88kPa，温度 100~130℃ 的条件下，用锌废电解液浸出 3~6h，约有 94% 以上的镓和铟进入溶液，但与此同时大部分铁、锌和铜等杂质也进入溶液，在高压浸出过程中溶液中的 $Fe_2(SO_4)_3$ 被通入的 SO_2 还原成 $FeSO_4$：

$$Fe_2(SO_4)_3 + SO_2 + 2H_2O \rule[0.5ex]{2em}{0.4pt} 2FeSO_4 + 2H_2SO_4$$

把 Fe^{3+} 还原成 Fe^{2+} 是为了在中和过程中使少量铁进入二次石膏，从而使镓得到较好的富集。浸出液经通入 H_2S 除去重金属等杂质，所得 CuS 渣经浮选回收有价金属；脱铜后液在通入空气的同时，分两段加入石灰进行中和：首段中和控制 pH = 2 得纯 $CaSO_4$；第二段中和控制 pH = 23.5，使镓与铟等水解而沉入二次石

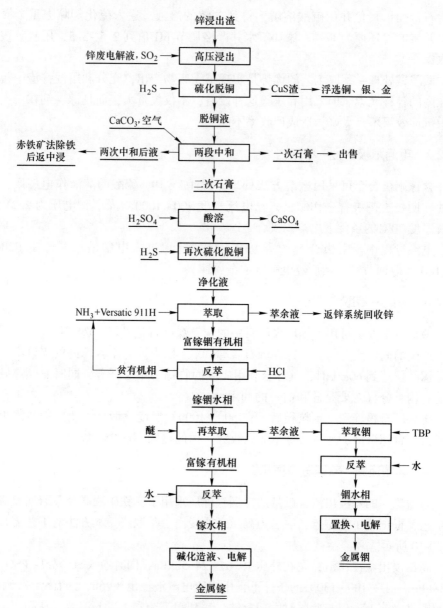

图 20-10　高压还原浸出—萃取法提镓和铟的工艺流程

膏，成分为：Ga 0.05%~0.10%，In 0.05%~0.20%，Zn 5%~8%，Fe 4%~9%。二次中和后液主要含锌，但因含铁过多，因此须经赤铁矿法处理铁：

$$4FeSO_4 + O_2 + 4H_2O \longrightarrow 2Fe_2O_3 + 4H_2SO_4$$

　　二次石膏浆化后加硫酸溶解，获得含镓、铟、锌、铁和少量铜的溶液。向此溶液中通入 H_2S 再次除铜等重金属，并同时把 Fe^{3+} 还原成 Fe^{2+}。然后添加氨水并严格调节 pH 值到 2.5~3.5，用 Verstatic911H 共萃镓和铟；接着用盐酸反萃镓和铟得含镓铟的水相。用醚萃取镓，以水反萃得镓水相，加入氢氧化钠除铁后，用硫酸中和沉出富镓的 $Ga(OH)_3$ 沉淀物。再用碱溶解沉淀造液，经电解得 99.99% 的镓。用 TBP 萃取萃镓余液中的铟，用水反萃得到铟水相，然后经置换、电解得到电解铟。

此方法可同时回收镓和铟，铁也可以得到利用，但存在过程冗长、要多次中和并交替使用酸碱，并要不断严格控制萃取的 pH 值，铟镓回收率不高及高压酸浸的材质问题。

20.2.10 P-M 法提镓

本方法是意大利玛格拉港（Porto-Marghera）电锌厂首先使用，其成为世界第一个实现了从锌浸出渣中同时提取镓、铟和锗的企业。

本方法所使用的原料是该厂的锌浸出渣，其成分见表 20-3。

表 20-3 Porto-Marghherra 厂的锌浸出渣组分

元素	Ga	In	Ge	Ag	Zn	Pb
含量/%	0.02~0.04	0.04~0.09	0.06~0.09	0.018~0.02	16~18	1~3
元素	Cd	As	Sb	Mn	S	Cl
含量/%	0.3~0.4	0.1~0.15	0.08~0.12	3~22.5	7~8	0.006~0.008
元素	Fe$_2$O$_3$	SiO$_2$	CaO	MgO	Al$_2$O$_3$	
含量/%	26~28	11~12	2.5~3.5	0.2~0.3	1.5~2.0	

该厂所使用的方法工艺流程如图 20-11 所示。

锌浸出渣中锌的物相组成（%）为：$Zn(ZnO \cdot Fe_2O_3)$ 35.17%，$Zn(MeO)$ 35.71%，$Zn(ZnSO_4)$ 22.74%，$Zn(ZnS)$ 5.84%。此渣经配入碳粒后进入回转窑中造微酸性渣（$CaO/SiO_2 \leqslant 1$），并在 1250℃ 下进行还原氧化，此时大部分锗、镓及铟进入烟尘。所获得的烟尘在 pH=8 下用 Na_2CO_3 水溶液洗涤脱除氯及不溶于微碱性的 MeCl（如 $CuCl_2$，$ZnCl_2$，$BiOCl$，$CdCl_2$，$SbOCl$，Hg_2Cl_2 等与 Na_2CO_3 作用生成碳酸盐沉淀而进入洗渣），避免了锌与镉的分散与损失。

脱氯尘用加入少量 K_2SO_4 与 $FeSO_4$ 锌电解废液进行浸出，控制终点 pH=24.5，使锌、镉进入溶液而分离，过滤后中浸渣加稀硫酸及亚硫酸钙（使高价态铁还原成低价态铁）在 pH=1 下进行还原酸浸，则镓、铟、锗进入溶液，滤液用丹宁沉锗，所得丹宁锗经过 600℃ 氧化焙烧得到含锗的精矿，经氯化蒸馏得四氯化锗，水解得产物 GeO_2，经氢气还原得到纯浸出锗。

丹宁废液加入氢氧化钠中和得到含镓 0.5%~2.5%、铟 0.6%~16% 的镓、铟渣，然后在 70~80℃ 加稀硫酸及亚硫酸钙溶解，滤液用氨水中和到 pH 值为 4~

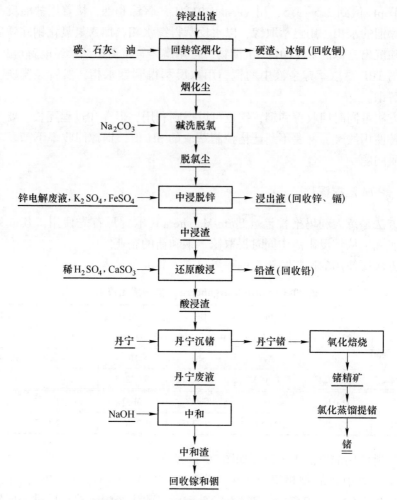

图 20-11　P-M 法提镓、铟、锗工艺流程

4.2，此时镓与铟因为水解而转入第二次中和渣中，接着用碱浸出，因为铟不溶而留在碱浸渣中，从而实现铟与镓分离；碱浸渣经火法熔炼，再经过酸溶解和置换得到海绵铟；而碱浸液用硫酸中和到 pH 值为 6.5~7，此时镓以 $Ga(OH)_3$ 形态沉淀析出，经盐酸溶解 $Ga(OH)_3$ 后，用醚萃取提镓。

该方法的优点是能同时回收镓、铟与锗，但也存在火法与湿法以及酸浸与碱浸交替、流程冗长、回收率不高的缺点。

20.2.11　合金—萃镓法

英国是世界上较早从煤中采用合金法回收镓和锗的国家，英国采用还原熔炼工艺使煤中镓富集在铜镓合金中，然后氯化蒸馏回收锗，最后从净化的溶液中用醚萃取镓，按常规方法回收镓。

含镓煤尘配以 CuO、Na_2CO_3、SiO_2 和 Al_2O_3 等熔剂，投入反射炉进行还原熔炼，在还原熔炼中，分别有 $50\% \sim 60\%$ 的镓和 90% 的锗进入 Cu-Ga 合金，剩下的进入炉渣中。为了补收炉渣中的镓，通过再一次加碱熔炼，使镓继续进入 Cu-Ga 合金。经过典型的氯化蒸馏法提锗后，镓残留在氯化蒸馏残液中。此残液经过净化处理后，用乙醚或 TBP 萃取镓。合金—萃取法工艺流程如图 20-12 所示。

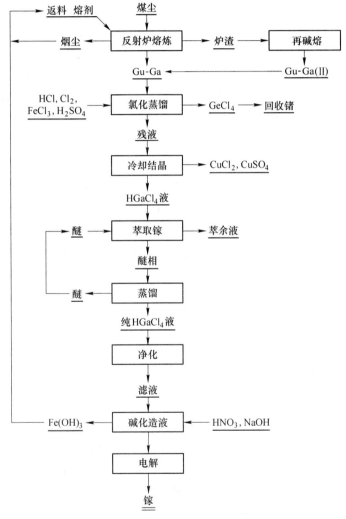

图 20-12　合金—萃取法工艺流程

这种从煤尘中先氯化蒸馏锗，然后从氯化蒸馏残液中回收镓的工艺已被较多国家采用。因为残液为盐酸溶液，约含 $7 \sim 9mol/L$，可再生利用。由于煤中含镓量较少，难以较经济地从煤中回收镓。

20.3 吸附法

20.3.1 树脂吸附法

吸附法用于从铝酸钠溶液中回收镓。对于拜耳法种分母液和烧结法的碳分母液均可采用吸附法。

20.3.1.1 吸附法的工艺过程

铝酸钠溶液流经树脂时，其中的镓被吸附在树脂上，而流经树脂后的氯酸钠溶液返回原氧化铝生产流程。

吸附剂可取代羟基喹啉，如 7-烷基-8 羟基喹啉，浸渍过吸附剂的书籍作为固定床，镓被吸附在树脂上。对吸附饱和的树脂进行洗脱，可实现树脂的再生和镓与铝酸钠溶液的分离。通常用 0.5~5mol/L 的硫酸或盐酸溶液作洗脱剂，对含镓脱附液进行富集、除杂和电解法生产金属镓。

20.3.1.2 吸附法分析

吸附法常用的树脂主要是含胺肟基或含盐的螯合树脂，能有效地从强碱性含镓溶液中回收镓，并具有很高的选择性。如采用乙烯胺肟螯合树脂处理铝酸钠溶液，镓的吸附率可达 96%，而铝只有 0.1%。阴离子交换树脂 AB-16 对镓有很高的吸附能力和合适的吸附速度，并能使镓完全地与溶液中的铝、钼、钨、砷、铬和钒等杂质分离。

吸附法的优势是工艺简单，对工业生产无特殊要求。不足之处是生产成本高，原因是螯合树脂价格昂贵，生产成本难以降低；采用硫酸盐或盐酸盐溶液作洗脱剂，与碱法生产氧化铝冲突。

20.3.2 固体吸附法

以开口乙醚基泡沫海绵 OCPUFS 固体提取剂吸附分离净化液中的镓。用盐酸浸出含镓的煤烟尘，盐酸浓度为 1~8mol/L，在室温下浸出 24h，每 100g 烟尘中可浸出镓 9.5mg。浸出液经净化除铁、硅后，用开口乙醚基泡沫海绵 OCPUFS 固体提取吸附剂分离净化液中的镓，镓的相对吸附率达 95% 以上。然后用常温两端逆流水解吸，得到富镓溶液，该溶液经电解处理即可得到金属镓。

20.4 烟化—综合法提镓

我国于 1975 年首次成功使用综合法从锌浸出渣，同时在一家工厂内实现回收镓、铟与锗的工艺。

本方法所使用的原料成分见表 20-4。

表 20-4　综合法回收镓、铟、锗的原料成分　　　　　(%)

渣型	Ga	In	Ge	Zn	Pb
锌浸出渣	0.003~0.019	0.03~0.04	0.006~0.012	221.2	21.9
置换渣	0.11~0.15	2~3	0.05~0.19	221.9	0.6

渣型	As	F	Cl	Fe	SiO$_2$
锌浸出渣	0.6	0.015	0.014	225.8	9.98
置换渣	24.8	—	—	0.9	20.12

锌浸出渣中锌的物相及其分配率为：Zn（ZnO·Fe$_2$O$_3$）55%~68%，Zn（ZnSO$_4$）14%~17%，Zn（ZnO）7.5%~14%及Zn（ZnS）0.17%~6.53%。结合在铁酸锌（ZnO·Fe$_2$O$_3$）中的锌与铁分别占锌浸出渣中锌的62%与铁的82%，而镓、铟与锗以类质同象进入铁酸锌，其进入量分别达到93.5%~95.1%，故分解 ZnO·Fe$_2$O$_3$ 是回收镓、铟、锗的关键。

烟化法的主要设备是回转窑，将浸出渣配碳在回转窑中还原挥发铅锌后，用多膛炉脱氟和氯，所得的氧化锌烟尘用硫酸浸出，然后加入锌粉置换，得到含镓0.1%~0.3%和含锗0.1%~0.16%的置换渣。研究表明置换渣中镓的物相主要以氧化物 Ga$_2$O$_3$ 形式存在，而锗约有半数以 MeO·GeO$_2$ 形式存在，其余存在形式为 GeO$_2$。铟的96.2%以 InAsO$_4$ 形态，大约65%的铁以 Fe^{2+} 存在。酸浸含镓和含锗的置换渣，经过 P$_2$O$_4$ 萃铟、丹宁沉锗和乙酰胺萃取镓的综合法回收其中镓、锗和铟。本方法的工艺如图 20-13 所示。

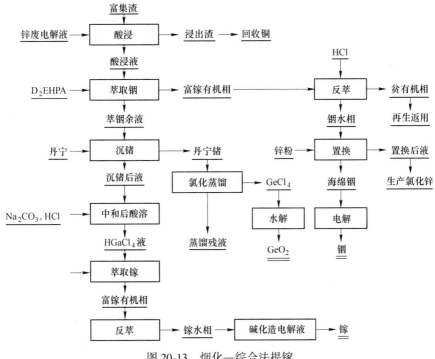

图 20-13　烟化—综合法提镓

置换渣用锌废电解液在液固比为 10 : 1 及 90℃下浸出 2~3h，终酸控制为 0.59~0.66mol/L，渣中镓、铟、锗转入溶液各达 96%~100%。

反应中所发生的化学反应为：

$$Ga_2O_3 + 3H_2SO_4 \longrightarrow Ga_2(SO_4)_3 + 3H_2O$$

$$2Ga(OH)_3 + 3H_2SO_4 \longrightarrow Ga_2(SO_4)_3 + 6H_2O$$

$$2InAsO_4 + 3H_2SO_4 \longrightarrow In_2(SO_4)_3 + H_3AsO_4$$

$$In_2O_3 + 3H_2SO_4 \longrightarrow In_2(SO_4)_3 + 3H_2O$$

$$MeO \cdot GeO_2 + H_2SO_4 \longrightarrow MeSO_4 + H_2GeO_3$$

$$GeO_2 + 2H_2SO_4 \Longrightarrow Ge(SO_4)_2 + 2H_2O$$

采用 D_2EHPA [二（21-乙基己基）磷酸，以 H_2A_2 表示] /煤油，在室温，O/A=0.5，三级定量萃取铟：

$$In^{3+}(A) + 3[H_2A_2](O) \Longrightarrow [InA_3 \cdot 3HA](O) + 3H^+(A)$$

铟在该萃取液中的分配比远大于镓和锗。

用 2~21.5mol/L H_2SO_4 在 O/A=10 下洗涤后，采用 6mol/L 盐酸溶液反萃铟，在 O/A=15，经 3 级反萃便能完全反萃铟，获得含铟 67~84g/L 的铟水相：

$$[InA_3 \cdot 3HA](O) + 4HCl(A) \Longrightarrow HInCl_4(A) + 3[H_2A_2](O)$$

铟水相用锌粉置换得海绵铟，经压团后在 350℃碱熔铸锭得纯度约为 96% 的粗铟，经电解得 99.99% 的铟。置换海绵铟后的置换后液经补锌，可制得氯化锌商品出售。

萃铟余液保留酸浸液的全部加与锗，其成分组成见表 20-5。

表 20-5　萃铟原液及产物的组成　　　　　　　　　（%）

溶液种类	Ga	In	Ge	Fe	Cu
酸浸液	0.12	2.56	0.04	0.95	2.9
铟水相		67.0~83.5		0.05~0.23	0.02~0.05
萃铟余液	0.09~0.13	≤0.005	0.04~0.09	20.0~20.2	2.5~3.8
溶液种类	Zn	As	Cd	H_2SO_4	
酸浸液	29.5	5.8	3.5	55~65	
铟水相	0.02~0.50	0.06~0.12	0.01~0.04	HCl 198~216	
萃铟余液	224.4~300.1	5.5	21.6~22.8	55~65	

为了综合利用此萃铟余液，在提镓之前，用传统的丹宁沉锗-氯化蒸馏法提锗。用氧化锌中和到 pH 值为 1.2~2.0，加入丹宁量为液中锗量的 40 倍以沉锗，滤的丹宁锗经烘干后，在 500℃下氧化焙烧得到含锗 15% 以上的锗精矿，采用氯化蒸馏法得金属锗。

沉锗后液含镓约 0.071g/L，用碳酸钠中和到 pH 值为 3~4，得水解产物：

$$Ga_2(SO_4)_3 + 3Na_2CO_3 + 6H_2O \longrightarrow 2Ga(OH)_3\downarrow + 3Na_2SO_4 + 3H_2CO_3$$

用 4~6mol/L HCl 溶解水解产物 $Ga(OH)_3$ 得 $HGaCl_4$ 溶液，与含镓 0.2g/L 的氯化蒸馏残液合并得含镓 0.6~0.7g/L 溶液，用 30% N503（取代乙酰胺，用 CH_3CONH_2 表示）/二乙苯萃取镓，与配合阴离子 $GaCl_2^{3-}$ 形成烊盐而被萃取：

$$HGaCl_4(a) + n[CH_3CONH_2](O) \Longrightarrow [(CH_3CONH_2)H^+ GaCl_2^{3-}](O)$$

经过 1 级萃取，就达到完全萃取镓，溶液中的锌、铜和镉等杂质不会被萃取，只是 Fe(Ⅲ) 的浓度比镓的浓度大到一个数量级时才会影响到镓的萃取，而氯的浓度增高对萃取镓有利。然后，负载有机相用水反萃，获得含镓 8.7~13.5g/L 的镓水相。加入 NaOH（控制 NaOH 达 150~200g/L）碱化造液，以不锈钢或液态镓做阴极，不锈钢或镍为阳极，选用电流密度为 500~2000A/m²，槽电压 3~4V，电解液温度 40~60℃下电解获得 99.99% 的镓：

$$GaO_2^{1-} + 2H_2O + 3e \Longrightarrow Ga\downarrow + 4OH^-$$

萃取镓过程中溶液组分的变化数据见表 20-6。

表 20-6　萃镓过程中溶液组分的变化数据

溶液种类	Ga	As	Fe	Cu	Cd	Pb	Zn	HCl
$HGaCl_4$ 液/g·L^{-1}	0.59~0.63	27.6~29.3	3.7~4.5	3.8	1.4	0.4	19.8	160~180
镓水相/g·L^{-1}	122.5	0.23	34.4	0.02	0.01	0.01	0.75	41.4
萃镓余液/g·L^{-1}	≤0.005	16~27	16~27	3.3	1.1	0.4	11~21	160

此法铟回收率大于 90%，锗与镓回收率各为 60%，"三废"得到处理或利用。但此法存在着提锗用丹宁，而丹宁废液返锌系统需处理，萃镓流程长及回收率不高等缺陷。

烟化—综合法的改进：

（1）在浸锌渣配入 3%~7% 石英砂进行回转窑烟化，可以大大减少窑结的生成，并且锌的挥发率有所提高。

（2）该工艺在实践中得到进一步完善，采用 P204+YW100 协同萃取镓、锗、铟工艺，实现首先萃取铟，萃铟余液用于萃锗，再用萃锗余液经调酸补加 YW100 后萃取镓的连续萃取过程。

（3）针对回收稀散元素采用选冶联合法，将锌浸渣配入 30% 的煤粉送入回转窑进行高温（1300℃）还原焙烧，渣中锌、铅挥发，少部分的锗、镓挥发，大部分锗、镓留在窑渣中。镓、锗由于亲铁性，富集在还原铁中。将焙烧渣破碎后磁选，进入磁选物的镓在电炉熔炼时进入粗铁，从阳极泥中回收镓。

20.5　萃淋树脂法

为了克服 Kelex-100 萃取镓的缺陷，发展出将能配合镓的官能团吸附固定于树脂上进行萃取与解吸的提镓法，其实质上是将液-液萃取改为固-液萃取，有助于减少有机相的损失。在酸性溶液中，镓以水合离子、配阴离子等形态稳定存在。根据镓的离子存在形态，在已有的研究中多以磷酸酯类萃取剂在酸性介质中萃取分离镓。研究发现，在低含量镓溶液中，萃取过程一般均存在萃取率不高，试剂损失大等问题。进行深度分离富集镓，用树脂法固-液分离具有更明显优势，如 CL-TBP 萃淋树脂是以苯乙烯—二乙烯苯为骨架，共聚固化中性磷萃取剂磷酸三丁酯(TBP(C4H9O)3P＝O)制备而成。固化锁闭在骨架的 TBP 仍以微小液滴存在，因此可使树脂既具有萃取速度快、容量大的特点，又具有可固-液分离、无有机溶剂流失污染的优点。

萃淋树脂法具有工艺及设备简单、选择性好及试剂消耗低等优点。萃淋树脂法所用的树脂要求多孔网状，有一定强度，可选择的范围较广，如丙烯腈和苯/苯二乙烯共聚物、乙烯基偕胺肟和苯二乙烯共聚物等；但浸渍的溶剂不宜过浓，铝氧系统的原液必须先脱钒，以防堵塞树脂通道，导致树脂结死；同时流动床固定树脂比固定床好，有利于树脂不结死。

20.6　离子交换法

离子交换法可用于从氧化铝厂的种分母液中直接提取镓，具体操作是：(1) 当镓在种分母液中的质量浓度达到 190~240mg/L 时，设计使种分母液先经过一个储槽澄清，温度降至 40℃；(2) 澄清后的种分母液进入吸附塔进行吸附，吸附废液返回氧化铝生产线；(3) 吸附饱和后用碱液洗涤和淋洗；(4) 淋洗后的贫树脂用稀碱液转型，转型余液可返回配淋洗剂；(5) 淋洗合格液经处理后采用电解法得到金属镓产品，电解母液 80% 返回配林袭击和转型液，其余返回氧化铝生产线。

本方法全流程无有害污水，全部溶液在本流程自循环使用。

20.6.1　设备

设备主要包括吸附塔、洗涤塔、淋洗塔和转型塔。

20.6.2　工艺过程

工艺过程包括吸附、饱和树脂淋洗和贫树脂用稀碱液转型。

20.6.2.1　吸附

澄清后的种分母液以下进上的方式通过吸附塔，溶液在树脂空隙间呈活塞状向上流动，树脂由塔底向上逐渐饱和，待塔下部的树脂饱和后，关闭进液阀，打开树脂排放阀，将饱和树脂排到计量桶内。

当体积达到预定值后，关闭树脂排放阀，排放出的树脂体积由塔顶部补充。排放的饱和树脂从淋洗塔顶部加入，停 10min 后打开进液阀，至此完成一个吸附操作过程。

温度保持在 30~40℃，吸附流速在 3m/h 左右。在运行过程中，每 21.5h 排放一次树脂，每次排放 10L。排放树脂前从塔顶和塔底各取液体样分析 Ga^{3+} 的质量浓度。试验平稳后取系统样，分别分析溶液和树脂中镓的质量浓度和质量分数。在进液口以上每隔 1m 设一个取样口。

20.6.2.2 饱和树脂洗涤

树脂饱和后，用氢氧化钠稀溶液洗涤。树脂床高 12m，空塔线速度 1~2m/h。

20.6.2.3 淋洗

采用碱性络合淋洗剂淋洗，过程与吸附过程相似。树脂床高 12m，空塔线速度 0.6~12m/h。每运行 2.5h 排放一次树脂，每次排放约 10L，控制流量 5~6L/h。

排放树脂前从塔顶和塔底各取液体样分析 Ga^{3+} 的质量浓度。试验平稳后取系统样，分别分析溶液和树脂中镓的质量浓度和质量分数。淋洗后的贫树脂用稀碱液转型，转型余液可返回配淋洗剂。

20.6.3 工艺流程

离子交换法提取镓的工艺流程如图 20-14 所示。

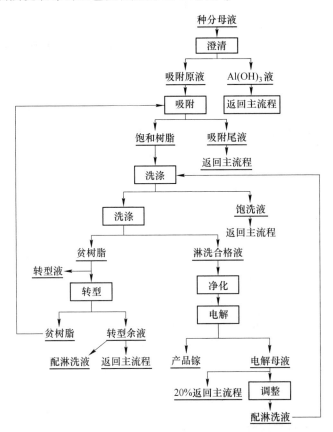

图 20-14　离子交换法提取镓的工艺流程

20.7　乳状液膜法

乳状液膜法是一种高效、快速和节能的分离方法，特别适合从低浓度组分中分离和回收镓。乳状液膜法在湿法冶金领域已得到应用，通过采用 P204、TBP 和 TRPO 作流动载体，从湿法炼锌系统中分离回收镓。称取一定量的表面活性剂、载体、煤油注入容器内，按比例加入内相试剂（$K_4[Fe(CN)_6]$），以 3000r/min 搅拌 15min 制乳。加入乳液和含 Ga^{3+} 的外水相，在 200r/min 搅拌迁移 10min 后，静置分层并取样分析水相 Ga^{3+} 的浓度，迁移后的乳液用高压静电破乳器破乳回收内水相晶体。

乳状液膜体系可快速、有效地处理湿法炼锌系统中含 Ga^{3+} 的料液，镓的提取率可达 98% 以上，同时溶液中的 Fe^{3+}，Ge^{4+} 和 Cu^{2+} 等对 Ga^{3+} 的迁移基本无影响，同时含 Zn^{2+} 料液可返回炼锌系统。

20.8　置换法

置换法是基于金属之间的电极电位的差别而实现的电化学过程，不需外加电源。置换法可从含镓 0.2~1.0g/L 的溶液中提镓。原料为一次彻底碳分沉淀物用石灰脱铝后的溶液，可不用第二次彻底碳分而直接用置换法从中提取镓。

20.8.1　反应机理

目前，工业上从铝酸钠溶液中置换镓采用镓铝合金作置换剂。用镓铝合金代替铝粉克服了铝消耗量大和置换速度小等缺点。铝粉置换存在氢在铝上析出电位与镓的析出电位相近，氢大量析出，不仅消耗铝，而且铝的表面被析出的氢气屏蔽，使镓离子难于被铝置换等问题。同时由于氢激烈析出会导致产生很细的镓粒，这些镓粒也会重新溶解于溶液中。

采用镓铝合金作置换剂发生如下置换反应：$Ga\text{-}Al + GaO_2^- \longrightarrow AlO_2^- + 2Ga$

与上述反应相平行的是氢的还原反应：$Ga\text{-}Al + 2OH^- \longrightarrow AlO_2^- + Ga + H_2\uparrow$

按上述两式发生铝的溶解，必然会引起 Ga-Al 周期性的不饱和，只要控制过程中的 Ga-Al 电位在 -1.75~-1.85V 间，就会使上述的置换反应不断进行下去。表 20-7 列出 Ga-Al 置换提镓的经济技术指标。

表 20-7　Ga-Al 置换提镓法的经济技术指标

项目	$NaAlO_2/g \cdot L^{-1}$	Ga-Al/%	搅拌速度/$r \cdot min^{-1}$	置换温度/℃	置换时间/min	置换率/%
例 1	0.01	0.5~1	800	80	20	≥90
例 2	0.2~4	0.2~6	—	60~80	60~60×24	~100

采用镓铝合金置换镓有以下几个优点：

（1）镓在镓铝合金中可无限制溶解；

（2）因为镓的蒸气压很小，整个过程无毒；

（3）与用纯铝相比，镓铝合金消耗量更少；

（4）只要合金中始终有电负性的铝存在，已经还原出来的镓就不会反溶；

（5）氢在镓铝合金上析出的超电压比在纯铝上高。

20.8.2 操作过程

镓铝合金置换的适宜作业条件为：合金中铝的含量为 1% 左右（在置换镓含量高的溶液时，合金中铝含量应提高），置换温度为 50℃ 左右，强烈搅拌。

20.8.3 置换法优缺点

置换法的主要优点是可从镓含量较低的溶液中直接提镓，工艺比较简单，得到的金属镓质量好，镓的回收率最高在 80% 左右，不污染环境，也不改变铝酸钠溶液的性质。

置换法的缺点是对溶液的纯度要求高，特别是溶液中钒的存在对铝的消耗量影响大。溶液中 V_2O_5 的含量不能超过 0.22g/L（水合铝酸三钙是 V_2O_5 最有效的吸附剂）。置换效果还与所用镓铝合金的纯度有关，如合金中铁的含量高，将使镓的回收率降低，渣生产量增加，铝的有效利用率下降，在生产中积压大量价值贵重的金属镓。

20.9 生化法提镓

细菌冶金具有设备简单、操作方便、生产费用低、可以综合回收多种金属、少用或不用其他溶剂等特点，特别适宜处理贫矿、尾矿、废矿和炉渣等。目前，有人研究用氧化铁硫杆菌从硫铁矿中提取镓和锗，细菌的新陈代谢作用有以下两种。

（1）直接： $Ga_2S_3 + 6O_2 \Longrightarrow Ga_2(SO_4)_3$

（2）间接：$Ga_2S_3 + 3Fe_2(SO_4)_3 \longrightarrow 3Ga_2(SO_4)_3 + 6FeSO_4 + 3S^{\ominus}$

反应中生成的 $FeSO_4$ 和 $S^{\ominus}$ 被细菌氧化为 $Fe_2(SO_4)_3$ 和 H_2SO_4，$Fe_2(SO_4)_3$ 继续参与氧化 Ga_2S_3 的反应。

研究结果表明，用氧化铁硫杆菌参与含镓 1.18% 的黄铁矿（矿浆浓度为 25%，pH=20.8，25℃）的浸出，可获得含镓 2.25g/L 的溶液，而无菌参与时仅能获得 0.18~0.23g/L 镓。如果向氧化铁硫杆菌培养基内添加 22.6~66.7g/L 的硫代硫酸钠。对含镓 0.04% 和锗的表生矿（矿浆浓度为 4%，pH=2.5，25℃）浸出，可获得含镓 0.011g/L 及含锗 0.019g/L 的溶液，而无菌参与时含镓降低为 0.0025g/L，含锗降低为 0.0085g/L。

另有报道称用黑曲霉真菌从含镓 0.25% 的铝厂尘中浸取镓率可达到 38%，如用黑曲霉真菌处理过的草酸和柠檬酸去浸出镓，可获得含镓达 0.2g/L 的溶液。

用细菌浸取镓的实施方法有堆浸、槽浸和气渗滤柱浸等，该方法简单易行、经济环保；但存在反应速度慢及氧化铁硫杆菌易被砷毒害而失效等问题。

21 镓的制备及再生镓资源回收

21.1 镓的提纯方法

21.1.1 间接提纯法

（1）三氯化镓法。将金属镓制成三氯化镓，提纯后电解三氯化镓水溶液，即可制备高纯金属镓。

（2）有机化合物热分解法。金属镓是两性元素，可以生成一系列有机化合物。制备镓的有机化合物时，需先除去大部分的金属杂质，然后再根据镓的有机化合物和可能存在的其他元素的有机化合物性质的差异，将镓的有机化合物和其他元素的有机化合物分离，最后在污染的环境中将有机化合物热分解，制得高纯度金属镓。

目前，实用的镓的有机化合物是三甲基镓，热分解三甲基镓即可制得纯度极高的金属镓。但三甲基镓热分解速度慢、效率低，不适用大批量生产超纯镓。目前三甲基镓热分解法主要用于制造镓的半导体薄膜。

21.1.2 直接提纯法

目前，镓的提纯主要采用直接提纯法，其中普遍采用的是化学萃取法、电解精炼法和重结晶法。

21.1.2.1 化学萃取法

化学萃取法是采用酸溶液分离镓中的杂质元素的方法。在化学萃取时，金属镓呈液态。根据化学势的原理，溶解在液体中的杂质活度比单质的活度大，所以溶解在液态镓中的杂质很容易和酸反应。

化学萃取法除去杂质元素的效果同酸的种类浓度、温度和萃取方式相关。因该方法用酸作萃取液，金属镓必然会有少量溶解而损失。

21.1.2.2 电解精炼法

电解精炼是提纯金属应用最普遍的方法，镓的电解精炼既可以在酸性溶液中进行，也可以在碱性溶液中进行。由于在碱性溶液中电解更方便有效，所以在实际生产中通常采用 $NaGaO_2$ 作电解质，在 NaOH 水溶液中电解。

镓的电解精炼和其他金属的电解精炼相比有如下差别：

（1）在碱性电解液中电解，镓以 GaO_2^{1-} 状态存在于电解液中，并在阴极上极化放电；

（2）阴极和阳极都是液态金属；

（3）电解质 $NaGaO_2$ 在水溶液中的电离度比较低，为避免污染和简化操作，需添加 NaOH 以降低电解液的电阻，提高电解效率。随着电解的进行，电解液的电阻会逐渐增加，电流密度逐渐减小，必须不断补充 NaOH。

21.1.2.3　重结晶法

重结晶法是提纯物质常用的方法。通过若干次的重结晶，最终使杂质含量大大降低，主体物质液相逐渐凝固。重结晶法又称为"分凝法"或"部分结晶法"。

某一时刻凝固的固相中杂质浓度 C，可由以下公式计算：

$$C = KC_0(20 - g)k - 1$$

式中　C_0——杂质的起始浓度；

　　　K——分凝系数，是某种杂质在体系主体物质固体中的浓度 C_s 与在液体中的浓度 C_1 之比，即 $K = C_s/C_1$；

　　　g——已凝固的物质中所含的杂质占杂质总量的比例。

不同杂质的 K 值不同，大部分杂质 K 值均小于 1，经过部分凝固后杂质的偏析变明显。表 21-1 是杂质在镓中的分凝系数。

表 21-1　杂质在镓中的分凝系数

元　素	分凝系数 K	元　素	分凝系数 K
Cu	0.025	Pb	0.011
Hg	0.014	Sn	0.049
Zn	0.145	Ag	0.044

重结晶法是提纯金属镓常用的方法，此法的优点是设备简单、操作简便和效果明显；缺点是凝固的量和每批产品质量的一致性难以控制。

21.2　高纯镓的生产

以纯度为 99.99% 的工业镓为原料，提纯到 99.9999%～99.99999% 电子材料的高纯镓的基本工艺途径是先进行化学处理，然后用电解、真空精炼、结晶等提纯方法中的一个或多个组合进行提纯。对于回收的镓原料，则可采用对 $GaCl_3$ 蒸馏提纯的方法，以深度分离脱除 As、P、B、Si 等杂质，还原成金属镓后再进一步提纯。

高纯镓的生产方法主要是电解精炼法和定向结晶法。

21.2.1　化学处理法

用酸或碱对金属镓进行浸出除杂，常温下镓是液态，能被搅拌分散与液态酸、碱充分接触，金属镓的杂质被溶解进入酸或碱液，该过程类似于萃取过程。能脱除的杂质都是优先于镓被酸或碱浸出的杂质，且溶解在金属镓的杂质活度一般比单质存在时大，较容易与酸或碱反应，这是液态金属镓用此法除杂所特有的优点。当用酸浸出除杂时，金属镓也会有少量的溶解损失。但是此方法对于一些杂质的脱除还是很有必要的。例如锌，由于锌的电极电位与镓的接近，而分凝系数又接近 1，无论是采用电解法或是结晶法对锌的脱除效果都不理想，所以必须采用酸浸出的方法来除锌。化学处理另一作用就是将金属镓中的氯化物、夹杂物通过洗涤、过滤除去。因此，化学处理是镓精炼前必备的工序，也是后续处理镓电解的残阳极和镓结晶残液的主要手段。

根据要除去的杂质，来决定酸或碱的种类、浓度及浸出条件。一般分别选用 2mol/L 的盐酸或 10～20g/L 的 NaOH 溶液，在 60～90℃下对金属镓进行浸出处理，然后用热水反复洗涤多次。

21.2.2　电解精炼法

采用可溶阳极的电解方式，原料镓为阳极，高纯镓为阴极，通常在碱性体系电解，电解液为 $NaGaO_2$ 和 NaOH 的水溶液，电解温度在镓的熔点以上。

电解时阳极镓以 GaO_2^- 离子进入电解液；在阴极上 GaO_2^- 放电析出金属镓，电极反应如下。

（1）阳极：　　　$Ga + 4OH^- - 3e \Longrightarrow GaO_2^- + 2H_2O$

（2）阴极：　　$GaO_2^- + 2H_2O + 3e \Longrightarrow Ga + 4OH^-$

在碱性介质中，镓及主要杂质的标准电极电位见表 21-2。

表 21-2　镓及主要杂质的标准电极电位

元素	Ca	Na	Mg	Al	Si	Ga	Zn
电位/V	-3.02	-2.712	-2.67	-2.35	-1.73	-1.22	-1.216

元素	Pb	Cu	Ag	Fe	Co	Ni	
电位/V	-0.54	-0.224	0.344	-0.877	-0.73	-0.66	

电解中比镓电位负的杂质，如铝、硅、镁、钠等，从阳极中溶出进入电解液，比镓电位正的杂质，则残留在阳极镓中不断富集，而 Mg^{2+} 则形成 $Mg(OH)_2$ 沉淀。由于锌和镓的析出电位接近，控制锌不在阴极析出是电解控制的重点。

由于在电解条件下，阳极和阴极的镓均为液态，因此，电解镓的电解槽和其他固态金属的电解槽不同。一般，电解镓的电解槽为一圆筒状，中间设置一小圆环体，将电解槽分隔出阳极区和阴极区，槽体用聚四氟乙烯制成，整体进入水浴中加热。原料镓加入阳极区，阴极区收集析出的镓，用铂丝作导电极插入镓中。镓的上面用电解液浸没。电解中定期补充原料镓和抽出阴极镓并及时排除阳极的浮渣。

电解条件为：电解液 $NaGaO_2$：$50 \sim 60g/L$，$NaOH$：$100 \sim 200g/L$，电解温度：$35 \sim 70℃$，电流密度：$0.02 \sim 0.2A/cm^2$。

$NaGaO_2$ 的电离度较低，需加入 $NaOH$ 来提高电解液的导电性。为保持电解镓的纯度，所配入的 $NaOH$ 为电子级，但不能直接使用，必须对 $NaOH$ 溶液进行电解处理，以除去带进的杂质。镓电解过程中应定期更换新液和过滤清除阳极镓的不溶杂质，如阳极泥、浮渣等物。在电解过程中由于镓表面氧化膜的生成使电阻增加、槽电压提高，因此需不时添加 $NaOH$ 以保持槽电压稳定。采取较低的电流密度电解，并对电解液搅拌等措施，都可以减少杂质析出的可能。对于 99.99% 纯度的原料镓，经电解两次可制得 99.9999% 纯的高纯镓。

21.2.3　真空精炼法

真空精炼法是用真空精炼的方法将蒸气压比金属镓大的杂质挥发除去。在温度为 $800 \sim 1000℃$、真空度为 $13.3Pa$、精炼时间为 $150 \sim 170h$ 的条件下，对 99.9999% 的电解镓进行真空挥发除杂，可使镓的纯度提高一个等级到 99.99999%。提高真空度和增大蒸发面积对除杂的效果及效率都有明显的作用。另外真空精炼也能有效消除镓表面的油膜。电解与真空精炼后制取的高纯镓所含的杂质见表 21-3。

表 21-3　电解及真空挥发除杂制取的高纯镓的杂质含量

元　　素	Zn	Ag	Cu	Ca	Al	Mg	Ni	Pb	Sn	Fe	Mn	Cr	Si
电解后（$\times 10^{-6}$%）	5	6.4	6.4	10	5	2	5	16	16	10	2	5	40
挥发后（$\times 10^{-6}$%）	2	—	3.2	—	5	0.5	—	16	2.3	1.2	0.3	—	—

在真空度为 $1.33 \sim 0.133Pa$，温度为 $1150℃$ 下，用真空精炼法直接处理镓半导体的废料得到含 As 小于 0.3×10^{-4}%；Si、Al、Fe、Mg、Ca、Na 各小于 0.1×10^{-4}% 的高纯镓。镓的真空精炼过程简短，镓的高沸点低挥发特性，使得镓与许多杂质的分离程度大且镓直收率高。

21.2.4　结晶提纯法

主体物质在液态转变成固态的过程中，杂质在不同的相态分布不同。利用这一特性，对镓反复地重熔—结晶（凝固），可使杂质重新分布，可使镓得到提纯。镓的熔点只有 29.7℃，用结晶法提纯很容易实施而被广泛采用。具体的方式有部分结晶（凝固）法、定向结晶法、拉单晶法、区域熔炼法等，其除杂原理都是相同的。

用熔体结晶法分离某一杂质的效果可以用分凝系数 K 来评价见 21.1.2.3 节。

K 值大致在 0.001~10 范围内变动，当 K 值接近 1 时，结晶法对该杂质不会有明显的脱除效果；当 K 值远小于 1 时，可以从结晶析出的固相获得杂质浓度低的提纯物；反之，则表明杂质在析出的固相富集可从液相获得提纯物。K 值偏离 1 越远，分离的效果就越好。金属镓的主要杂质分凝系数见表 21-4。

表 21-4　金属镓中几种杂质的分凝系数 K

杂质	Cu	Hg	Sn	Pb	Zn	In	Ag
K	0.025	0.014	0.049	0.011	0.145	0.075	0.044

可见除锌外，结晶法对镓中其他杂质都将有较好的分离效果。

结晶过程中，固相结晶物不断从液相析出，结晶物含杂质浓度随析出的数量见 21.1.2.3 节。

由于大多数金属杂质 K 值均小于 1，可知要获得杂质浓度较大固相析出物，必须控制结晶析出物比例不能过大。因此，用部分（凝固）法提纯镓每次只能冷凝析出一部分的数量以保证提纯效果。多次重复的重熔—部分结晶过程可制取高纯的金属镓。显然，此法的缺点是高纯镓的产率不高，只能用于产品的最后提纯精炼。

拉单晶法及区域熔炼法的提纯效果比部分结晶法和定向结晶法（又称分步结晶法）好，但由于镓的熔点太低，要创造一个在镓熔点以下且温度梯度较大的热场让镓的结晶热尽可能快速排出而冷凝结晶，实际的操作难度较大且效率不高，因此在规模化生产中应用不多。工业使用的结晶提纯方式主要是采用部分凝固（结晶）和定向结晶这两种方法，前者操作中冷凝析出的比例难以精确控制，存在产品一致性差的问题，但操作和设备都较简单而应用广泛；后者结晶速度容易控制，可以在结晶时投入籽晶以生长出单晶或晶粒较大的多晶体，因而产品纯度较高且设备也不复杂。综合来看，采用定向结晶法比较适宜，并能将镓提纯到 99.99999% 以上。

21.2.5　其他提纯方法

21.2.5.1　$GaCl_3$ 提纯法

采用对 $GaCl_3$ 提纯来制取高纯镓的最大优势是 $GaCl_3$ 与氯化物杂质之间的分离程度大，特别是可通过精馏将 As、P、B、Si 等杂质脱除到极低的含量。As、P、B 等杂质是军事半导体材料严格控制的，而用结晶法分离这些杂质效果并不理想。GaCl$_3$提纯法是将粗金属镓制成 GaCl$_3$ 或把半导体回收的镓金属制成 GaCl$_3$，精馏分离低沸点的 As、P、B、Si 的氯化物，然后用定向结晶或区域熔炼对 GaCl$_3$ 提纯到 99.999% 以上纯度。精致后的 GaCl$_3$ 用水溶液电解或熔盐电解的方法得到高纯镓。熔盐电解的可取之处是可以较大范围改变电解温度来扩大杂质与镓析出的电位差以提高分离效果，这对某些杂质是必要的，但要避免熔盐及电解槽体材料对镓的污染很困难。

21.2.5.2　镓的有机化合物热分解法

镓可以生成一系列的有机化合物，而许多金属则难以生成，因此通过将镓转化成某种有机化合物可以把镓含的大部分金属杂质分离。镓的有机化合物可用低温蒸馏、分子筛吸附等方法进一步提纯，最后通过热分解产出纯度极高的金属镓，这是金属有机化合物热分解气相沉积法（MOCVD）制备镓化合物半导体薄膜的主要方法，也是制备超高纯镓的方法。

制取高纯镓重要的镓有机化合物是三甲基镓 Ga(CH$_3$)$_3$ 和三乙基镓 Ga(C$_2$H$_5$)$_3$。三甲基镓可用二甲基汞与镓反应制得：

$$2Ga + 3Hg(CH_3)_2 \rlap{=}{=} 2Ga(CH_3)_3 + 3Hg$$

也可用三甲基铝与三氯化镓反应制得：

$$3Al(CH_3)_3 + GaCl_3 \rlap{=}{=} Ga(CH_3)_3 + 3Al(CH_3)_2Cl$$

Ga(CH$_3$)$_3$ 熔点为 -124.8℃，沸点为 524.7℃，通过精馏和冷冻结晶等方法可将 Ga(CH$_3$)$_3$ 分离和提纯。

21.3　再生镓资源回收技术

再生镓最大宗的资源是砷化镓废料，包括砷化镓的废晶片、拉单晶棒产生的头尾料、坩埚底料、切屑、抛光液等；其次是镓系的半导体废元器件及生产中产出的废料，除 GaAs 外还有如 InGaAs、InGaAlP、GaN 等废料；此外含镓的低熔点合金、焊料等废弃物也是镓的再生资源。

分离镓是再生回收技术的关键，得到镓富集物后可再按通常的冶金方法制取产品镓，对砷化镓的再生回收还需要防范砷的污染和危害。

21.3.1　砷化镓废料硝酸分解—中和沉淀分离

本方法所用的原料是砷化镓废晶片、废晶棒、切屑等，其工艺方法是用硝酸溶解砷化镓废料，再中和沉淀分离砷，制得 Ga(OH)$_3$ 后精制、造液、电解得到金属镓，再提纯生产出纯度为 99.9999%~99.99999% 高纯镓，本方法的工艺流程如图 21-1 所示。

将砷化镓废料破碎磨细到 0.147~0.074mm（100~200 目），用浓度 2~3mol/L 的硝酸浸出，硝酸用量为理论量的 1.1~1.2 倍。视溶液中砷的氧化程度可另外

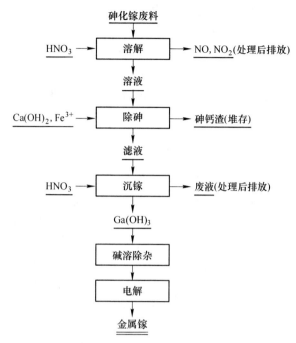

图 21-1 砷化镓废料硝酸分解—中和除砷沉淀分离的工艺流程

加入双氧水将砷完全氧化成 5 价态的砷，浸出温度为 60℃，砷化镓中的镓和砷分别以 $Ga(NO_3)_3$ 和 H_3AsO_4 的形式进入溶液，GaAs 废料的浸出率达到 98%。浸出中生成的 NO_2、NO 气体经催化反应器分解生成 N_2 和 O_2 排放：

$$Ga + 6HNO_3 \Longrightarrow Ga(NO_3)_3 + 3NO_2 \uparrow + 3H_2O$$

$$3As + HNO_3 + 2H_2O \longrightarrow 3H_3AsO_4 + 5NO \uparrow$$

浸出液过滤后加入 $Ca(OH)_2$，将溶液调整到 pH 值为 10~11，砷将生成砷酸钙沉淀：

$$3Ca(OH)_2 + 2H_3AsO_4 \longrightarrow Ca_3(AsO)_3 \downarrow + 6H_2O$$

加入 Fe^{3+} 能提高除砷的效果。不同 pH 值下的除砷效果见表 21-5。

表 21-5 不同 pH 值下的除砷后溶液残余砷含量

pH 值	9	10	11	12
砷含量/mg·L⁻¹	89	25	22	19

在中和镓时生成 $Ga(OH)_3$，由于 $Ga(OH)_3$ 是两性化合物，在高浓度碱溶液中溶解形成 $Ga(OH)_2^{3-}$ 离子，但也有 10%~15% 的镓在沉淀砷时进入砷钙渣，其后用 NaOH 溶液对砷钙渣洗涤可回收渣中部分镓。除砷后液含砷约为 20mg/L。

将砷钙渣分离后，溶液用浓度为 10% 的硝酸中和，调整 pH 值到 6~7，镓形成 Ga(OH)$_3$ 被沉淀出来，镓的沉淀率为 95%～98%。所获得的 Ga(OH)$_3$ 沉淀物用 NaOH 溶解、除杂、再造液、电解可制得粗金属镓。镓的总回收率为 75%～85%，主要损失是生成 CaGa$_2$O$_4$ 进入砷钙渣而带走。中和沉淀砷时造成镓入渣损失大是该方法的主要缺点，另外沉砷后溶液残砷较高也是不足。改进方法为：在低 pH 值时（pH 值约为 2.5）先除去大部分的砷，分离砷渣后溶液再按上述方式进一步除砷和沉淀镓。

21.3.2　砷化镓废料硝酸分解—硫化沉淀分离

用硝酸将 GaAs 废料溶解，在浸出液中通入硫化氢气体，控制温度在 40℃，反应 1.5h；或者分别加入 Na$_2$S 和 FeS，加入量为砷理论量的 1.1～1.5 倍（摩尔比），温度 30～70℃，反应 1～3h。反应后浸出液含砷从 10g/L 左右降低到 1～1.5mg/L，生成的硫化物沉淀渣为 As$_2$S$_3$，品位为 80%～90%，砷的回收率达 99%。硫化物沉淀分离砷造成镓的损失极少，镓进入渣的损失仅为 0.3%～1.5%。

溶液分离砷渣后，将溶液用 NaOH 或 NH$_4$OH 调整 pH 值为 6～7，沉淀出 Ga(OH)$_3$。用 NaOH 将 Ga(OH)$_3$ 沉淀重新溶解、造液、电解获得纯度为 99.99% 的金属镓。

用硫化沉淀法分离砷较为彻底，镓损失少，产生的硫化砷渣比砷钙渣更容易回收砷。

21.3.3　砷化镓废料氯化分解—蒸馏分离

将 GaAs 废料破碎成 1～3mm 的粒度，在 220～250℃ 的温度下，通入氯气（可用氮气稀释），GaAs 被氯化生产 GaCl$_3$ 和 AsCl$_3$。GaCl$_3$ 和 AsCl$_3$ 的沸点分别是 201.7℃ 和 113℃，利用两者蒸气压的差异对氯化的冷凝物进行蒸馏分离砷。蒸馏出的 AsCl$_3$ 经精馏提纯再用氢气还原得到高纯砷，分离后 GaCl$_3$ 经分布结晶或区域熔炼可制得高纯的 GaCl$_3$，水溶后电解或用熔盐电解得到高纯镓，也可将 GaCl$_3$ 转为镓酸盐在碱性体系电解得到高纯镓。

氯化法较好地实现了 GaAs 废料的分解与镓和砷的分离，对 GaAs 废料中的磷、铝也能较好地脱除。在工艺上容易与制取高纯砷、高纯镓的工艺接轨，特别是能为砷提供一个产品出路，但过程中产出大量 AsCl$_3$，具有相当大的危险。

21.3.4　砷化镓废料氯化分解—蒸馏分离

单质的镓与砷在高温下的蒸气压的差异达到 10^7 数量级，虽然对 GaAs 化合物这一差异有所降低，但利用在高温下 GaAs 的热分解，把镓、砷分离仍具有使用意义。砷、镓纯物质的蒸气压与实际的分离系数 β 值见表 21-6。

表 21-6 不同温度下砷、镓纯物质的蒸气压及分离系数

温度/K	973	1073	1173	1273	1373
砷蒸气压/Pa	4.11×10^5	1.60×10^6	4.90×10^6	1.28×10^7	2.87×10^7
镓蒸气压/Pa	1.93×10^{-4}	4.29×10^{-3}	5.47×10^{-2}	0.46	2.884
分离系数 β	2.13×10^9	3.73×10^8	8.96×10^7	2.78×10^7	9.95×10^6

采用真空热分解的方法来处理 GaAs 废料，是在真空、高温将 GaAs 废料的砷蒸馏出来，而镓基本上不挥发，留在蒸馏底料聚集金属镓。研究表明，在 810℃ 以下固体砷化镓很稳定，真空蒸馏分离砷不能进行，而温度高于 1100℃，镓的挥发也会影响回收率，因此蒸馏温度以 900~1000℃ 为宜。将 GaAs 废料（含镓约 47%；含砷约 52%）破碎成小于 1mm 的颗粒再压成 5~20mm 的团块，在石墨真空炉中，温度 900~1000℃，真空度 0.1~10Pa，砷挥发到冷凝器凝集，镓大部分以金属镓形式保留在坩埚中。获得的挥发冷凝物成分为 As 825.10%，Ga 5.44%；获得的金属镓成分为 Ga 99.95%，As 0.0025%。镓的回收率为 70%~80%。

真空热分解法流程简短，可获得含砷较低的粗金属镓，进一步电解精炼可制得产品级金属镓，砷以金属砷状态回收危害性较小，是一项 GaAs 废料再生回收较有价值的工艺，只是砷挥发物中含镓仍较高，需进一步处理回收。

21.3.5 从其他废半导体元器件再生回收镓

此类物料主要是半导体光电器件的废弃物，除 GaAs 外，还有如 InGaAs、In-GaP、GaN 等，主要是回收其中的镓和铟。对这类物料的处理原则分离工艺是用氯化焙烧将物料转变成氯化物，并将其中的砷、磷以 $AsCl_3$、PCl_3 形式蒸馏脱除，蒸馏后残渣用水溶解调整酸度，加入硫化剂，将 Sn、Pb、Cu 等重金属以硫化物形式除去，然后分步中和可分别获得 $In(OH)_3$ 和 $Ga(OH)_3$ 的沉淀物，另行提纯得到 In 和 Ga。

21.3.6 从半导体晶片生产中的切屑、磨料回收镓、铟、锗

此类物料种类较多，一般各种废料混杂一起，主要是半导体晶片的切屑与金刚砂抛光磨料，其中含有 Ga、In、Ge 和 Si 等物料。

先将物料进行氧化焙烧去除油污等有机物质，并磁选除铁；用加有 NaOCl 的 NaOH 水溶液进行浸出，将镓、锗溶出得到含 $NaGeO_2$ 与 $NaGeO_3$ 的溶液，铟不溶解留在渣中。从浸出液中用萃取或离子交换的方法分别富集提取镓和锗，或者直接中和得到镓和渣的沉淀物，再氯化蒸馏分离出锗，在蒸馏残渣中再回收镓，含铟的碱浸出渣，经酸溶再萃取与置换得到再生铟。

21.4　镓与新材料

镓广泛用于信息储存材料、光学材料、半导体材料和太阳能电池材料等，在宇航、能源、卫生和通信等领域已经成为支撑材料之一。在电子工业中，制作半导体材料 GaN、GaAs、GaP、GaAsP、GaAlP 和 GaAlAs 等，用于发光二极管、电视和电脑显示器件；用 GaN 可制成高效蓝、绿、紫、白色发光二极管；用 GaAs 单晶制作的二极管能发出强烈的红光，GaP 单晶制作的二极管能发出绿光并能显示多种光彩；利用镓的低熔点、高沸点的性质，可把镓充入耐高温的石英细管中制成高温温度计；镓与不同的元素组合，可得到不同的低熔点合金材料，如 Ga-In$_{224}$-Sn$_{122}$-Zn 合金熔点仅为 3℃，低熔点合金可用于自动化、电子工业及信号系统、金属性能改善和自动化防火装置等方面；镓可用作金属与陶瓷间的冷焊剂，适于对温度导热等敏感的薄壁合金；镓的卤化物有较高的活性，用于聚合物和脱水等工业生产中。

21.4.1　GaAs 太阳能电池材料

20 世纪 70 年代，人们发现金属镓与氮族元素（As、N）结合形成的化合物具有优异的半导体性能，随后，镓的应用受到了广泛关注。GaAs 是用途最为广泛、研究最为成熟、生产量最大的化合物半导体材料，被广泛应用于微波收发器、DVD、LEDs、太阳能电池等电子工业。

GaAs 是一种典型的 III～V 族化合物半导体材料，与硅都是闪锌矿晶体结构，不同之处是 Ga 和 As 原子交替占位。GaAs 属于直接带隙材料，具有带隙大、电子饱和漂移速度快、发光效率高等良好的性能。GaAs 具有直接能带隙，带隙宽度为 1.42eV（300K）。GaAs 的光具有很高的光发射效率和光吸收系数，在光子能量超过其带隙宽度后，GaAs 的光吸收系数急剧上升到 10^4/cm 以上，也就是说 GaAs 材料的厚度只需 3μm 左右就可以吸收 95% 以上的阳光。硅的光吸收系数在光子能量大于其带隙（300K1.12eV）后缓慢上升，在太阳光谱很强的大部分区域，硅的吸收系数都比 GaAs 小一个数量级以上，因此硅太阳能电池的材料需要厚度在 10μm 才能吸收太阳光。GaAs 的带隙宽度正好位于最佳太阳能电池材料所需要的能隙范围，所以 GaAs 比 Si 具有更高的理论转换效率。GaAs 是一种理想的太阳能电池材料，与太阳光谱的匹配较合适、禁带宽度适中、耐辐射且高温性能比硅强。在 250℃ 的条件下，GaAs 太阳能电池仍能保持很好的光电转换性能，光电转换效率高。因而特别适用于高温聚光太阳能电池。

GaAs 材料还可以用于制备易于获得晶格匹配或光谱匹配的异质衬底电池和叠层电池材料，如 GaAs/Ge 异质衬底电池、Ga$_{0.52}$In$_{0.48}$P/GaAs 和 Al$_{0.37}$Ga$_{0.63}$As/GaAs 叠层电池。这使电池的设计更为灵活，得以扬长避短，从而大幅度提高

GaAs 基系电池的转换效率并降低成本。

GaAs 太阳能电池的制备有晶体生长法、直接拉制法、气相生长法、液相外延法等。GaAs 太阳能电池在效率方面超过同质结的硅太阳能电池，但其成本比硅昂贵。目前 GaAs 太阳能电池的研究重点在降低成本和提高生产效率方面。

GaAs 材料的制备方法包括单晶生长和外延生长两种方式。传统的单晶生长制备的 GaAs 单晶纯度低、缺陷多，在制备精密器件时应用受到限制。20 世纪在六七十年代 GaAs 材料的外延生长技术开始发展起来。外延生长的 GaAs 纯度高、性能好，可用于制备薄膜材料及异质结材料，材料的性能可满足许多高端器件的要求。随着光电子材料及器件技术的不断发展，对于 GaAs 材料的品质及制备成本的要求日趋严苛。目前关于 GaAs 材料的研究主要包括制备大尺径、低缺陷、均匀稳定的 GaAs 单晶；研发成本低廉的 GaAs 材料生长技术；以及外延生长高性能的半导体低维结构材料等。

21.4.2 GaN 半导体材料

半导体材料硅在微电子领域得到广泛的应用，是微电子产业发展的基础，然而硅本身存在致命的弱点：带隙较窄（300K，1.12eV），限制了其使用温度；而且硅是间隙半导体，在电子跃迁的过程中有能量的改变，使得硅在光电子器件的应用方面受到很大的影响。

GaAs 曾被认为是继 Si 之后的第二代半导体材料，但其带隙宽度（300K，1.42eV）相对较窄，制约了其在高温及短波长器件方面的应用。

相比 Si 和 GaAs，GaN 材料在很大程度上克服了前两种材料的缺点。首先它是直接带隙半导体，这使得 GaN 在电子跃迁的辐射发光过程中有高的量子效率；其次 GaN 还具有较宽的带隙宽度（300K，3.39eV），很适于制备高温、高频电子器件及短波长（蓝光—紫外）光电子器件。GaN 及其 III ~ V 族氮化物固溶体合金被认为是新一代半导体材料的重要发展方向，其在电子和光电子领域的潜在应用主要集中在短波长发光二极管、半导体激光器和大功率高温半导体。

21.4.3 硅酸镓镧晶体

压电材料是当前人工晶体实用化的一个重要方面。α-石英单晶是应用最广泛的材料。目前，无线通信和无线网络技术已经获得巨大的发展，压电材料作为核心部件，需要性质更优良和稳定的声表面波和声体波材料及器件。石英晶体具有良好的压电性及温度稳定性，但存在机电耦合系数小、器件插入损耗大和带宽窄等缺点，因此人们一直希望寻找到比石英性质更为优良的压电单晶。

硅酸镓镧（$La_3Ga_5SiO_4$，langasite，简称 LGS）是一种性能优良的压电晶体。

21.4.4　$CuIn_{(2-x)}Ga_xSe_2$（CIGS）太阳能薄膜材料

Ⅰ-Ⅲ-Ⅵ族化合物（CIGS）太阳能电池属于第二代薄膜太阳能电池，由于其制备工艺简单、成本低、光电转化效率高，已成第二代太阳能电池中的佼佼者。铜铟硒（CIS）属于直接带隙的半导体材料，与其他半导体材料相比，其光吸收系数高达 $10^5/cm$，但是其禁带宽度只有 1.02eV，为了最优的吸收太阳光谱，太阳能电池材料的最佳带隙约为 1.5eV，可通过调节薄膜中 Ga 的含量，使其禁带宽度在 1.023~1.67eV 范围内变化，以提高材料对太阳光吸收系数。同时作为电池吸收层的 CIGS 薄膜，其厚度仅为 21~3μm，相较于 Si 薄膜（200μm），厚度大大减小，从而降低了材料的消耗量。目前实验室研究的 CIGS 薄膜太阳能电池的光电转化效率已超过 20%。C1GS 薄膜太阳能电池技术正迅速从实验室走向规模化生产，世界上已投产或在建的 CIGS 工厂已超过 40 多家。

CIGS 薄膜的制备方法可分为真空法和非真空法两大类。真空法主要包括多元共蒸发法和溅射后硒化法，制备的薄膜质量好、电池效率高，但由于设备昂贵，难以实现扩大生产。非真空法被视为降低 CIGS 太阳能电池成本的有效途径，包括电沉积法等。电沉积法是采用 Mo 基底做阴极，通过一步或多步电沉积的方法，在其表面还原制备一层致密的 CIGS 前驱体，然后硒化退火处理得到 CIGS 薄膜。因其工艺简单、成本低，有望实现工业化。

21.4.5　Fe-Ga 合金磁致伸缩材料

磁致伸缩材料是一种具有感知和驱动功能的智能材料，在外加磁场的作用下会发生弹性形变；当受到外加应力作用时，其内部磁畴结构发生相应变化产生磁场。利用磁致伸缩材料的这种特性可实现电磁能与机械能或声能之间的转化。因此该材料在声纳的水声换能器技术、电声换能器技术、能量回收、噪声及震动控制等方面都有着广泛的应用前景。Fe-Ga 合金是一种新兴的磁致伸缩材料，具有较大的磁致伸缩值（$>300\times10^{-6}$）、低饱和磁化场、高磁导率以及高机械强度等优点。因此，Fe-Ga 合金自 1999 年被研制出来，便引起了广泛的关注。目前，Fe-Ga 合金的研究主要围绕两方面展开，一是通过调节合金中镓含量及其相结构、改良制备方法等途径来改善 Fe-Ga 合金的磁致伸缩性能。二是研发 Fe-Ga 合金的应用器件。随着对 Fe-Ga 合金的研究的不断深入，该合金的实际应用和器件开发将会提上议程。

21.4.6　Ga 基液态金属

低熔点的镓基液态金属（Ga，Ga-In 和 Ga-In-Sn 等）有许多特有的性质，如熔点低、化学稳定性强、表面张力大、电导率高、蒸气压低以及毒性低等。由于其特有的物化性质，镓基液态金属可应用于滑动摩擦、低温控制调节、高灵敏度高温计与压力计填充物等。随着高新技术产业的不断发展，镓基液态金属的多功能性不断被发掘，使其在高集成计算机芯片散热、3D 打印、印刷电子学、电力系统故障电流限制器、液态电极，以及软体机器人等新兴领域表现出巨大的应用潜力。

参 考 文 献

［1］周令冶. 稀散金属冶金［M］. 北京：冶金工业出版社，1988.

［2］周令冶，邹家炎. 稀散金属手册［M］. 长沙：中南工业大学出版社，1993.

［3］中国有色金属工业总公司. 有色金属进展. 第 28 篇. 稀散金属. 广州有色金属研究院，1984. 1-93.

［4］中国有色金属工业总公司. 有色金属进展. 稀有金属与贵金属. 第八册　稀散金属［M］. 长沙：中南工业大学出版社，1995. 325-367.

［5］涂光炽，高振敏，胡振忠，张乾，李朝阳，赵振华，张宝贵. 分散元素地球化学及成矿机制［M］. 北京：地质出版社，2004.

［6］刘英俊，曹励明，李兆麟，王鹤年. 元素地球化学［M］. 北京：地质出版社，1977.

［7］全国第六届稀散金属学术会议论文集. 辽宁大学学报. 1999，2：1-112.

［8］周令冶，陈少纯. 稀散金属当前态势［J］. 材料研究与应用，2007，1（2）：1-69.

［9］有色金属进展编委会. 有色金属进展. 第五卷稀有金属. 第八册稀散金属［M］. 长沙：中南大学出版社，2007.

［10］周令冶，邹家炎. 稀散金属近况. 稀有金属与硬质合金［J］. 1994，（1）：3-41.

［11］周令冶，邹家炎. 稀散金属近况. 稀有金属与硬质合金［J］. 1994，（2）：34-45.

［12］周令冶，邹家炎. 稀散金属近况. 稀有金属与硬质合金［J］. 1994，（3）：58-62.

［13］国土资源信息中心. 世界矿产资源年评 2001—2002［M］. 北京：地质出版社，2003.

［14］《中国冶金百科全书》编辑部. 中国冶金百科全书. 有色金属冶金［M］. 北京：冶金工业出版社，1999.

［15］刘新锦，朱亚先，高飞. 无机元素化学［M］. 北京：科学出版社，2005.

［16］秦大甲. 光纤技术及其军事应用［J］. 光纤与电缆及其应用，1999，（5）：7-15.

［17］张洪森. 我国光纤光缆市场的前瞻及线缆企业的应对策略［J］. 光纤光缆传输技术，2005，（1）：13-15.

［18］谭生树. 激增的市场与全球光纤短缺［J］. 光纤光缆传输技术，2001，（1）：13-15.

［19］任学民. 世界光纤产业走势［J］. 光纤与电缆及其应用，2002（2）：42-44.

［20］《有色金属提取冶金手册》. 稀有高熔点金属［J］. 北京：冶金工业出版社，1999.

［21］张新安，张迎新. 把"三稀"金属等高技术矿产的开发利用提高到战略高度［J］. 国土资源情报，2011，（6）：2-7.

［22］宣宁. 金属镓的生产、应用现状［J］. 世界有色金属，2010，（12）：68-69.

［23］《中国粉体工业》编辑部. 欧盟将 14 种稀有矿产原料列入"紧缺"矿产名单［J］. 中国粉体工业，2012（2）：48.

［24］骆群，黎正夫，马武权. 碱性介质萃取镓的进展［J］. 贵州大学学报，1985（2）：163-171.

［25］易飞鸿，奚长生. 国内外稀散元素镓铟锗的提取技术［J］. 广东化工，2003（2）：61-64.

［26］李宪海，王丹，吴尚昆. 基于美国、欧盟等关键矿产名录的思考［J］. 中国矿业，2014，

23 (4)：30-33.

[27] 曹庭语. 日本稀有金属保障战略 [J]. 国土资源情报，2011 (4)：42-46.

[28] 代世峰，任德贻，李生盛. 内蒙古准格尔超大型镓矿床的发现 [J]. 科学通报，2006，
51 (2)：177-185.

[29] 王梅. 发现超大型镓矿床——将全世界已探明镓的工业储量翻一番 [N]. 中国矿业
报，2005.

[30] 芦小飞，王磊，王新德，金属镓提取技术进展 [J]. 有色金属，2008，60 (4)：
105-108.

[31] 周令冶，陈少纯. 稀散金属提取冶金 [M]. 北京：冶金工业出版社，2008：159-197.

[32] 单麟天. 国内外镓资源、提取、应用及供需状况——攀枝花矿提镓的可行性研究 [J].
钢铁钒钛，1992，13 (2)：44-52.

[33] 许可. 镓提取技术的进展 [J]. 现代化工，2002，22 (增刊)：66-69.

[34] 何佳振，胡晓莲，李运勇. 从粉煤灰中回收金属镓的工艺研究 [J]. 粉煤灰，2002，
(5)：23-26.

[35] 曹毅臣. 浅谈镓提取技术的研究 [J]. 新疆有色金属，2013 (增刊2)：132-134.

[36] 陶德宁. 哈萨克斯坦稀有金属的湿法冶金工艺 [J]. 湿法冶金，2002 (3)：166-167.

[37] 翟秀静，周亚光. 稀散金属 [M]. 合肥：中国科学技术大学出版社，2009.

[38] 翟秀静，吕子剑. 镓冶金 [M]. 北京：冶金工业出版社，2010.

[39] 杨志民，李晓萍，邬晓梅. 镓生产现状及其化合物的应用前景 [J]. 轻金属2001，(2)：
3-5.

[40] 吕理霞. 氧化铝厂镓的回收 [J]. 轻金属，2002 (5)：15-17.

[41] 张玉明，李长江. 利用氧化铝生产工艺综合提取钒镓钪的研究 [J]. 轻金属，2013
(12)：14-17.

[42] 仇振琢. 从氧化铝生产流程中回收镓 [J]. 国外稀有金属，1982 (2)：14-21.

[43] 仇振琢，魏旭华，陈莉. 以循环碱液替代石灰乳提镓 [J]. 化工冶金，1999，20 (1)：
74-77.

[44] 吴文伟，苏鹏. 从碱性铝酸钠溶液中提取镓的研究进展 [J]. 湿法冶金，2006，25
(2)：70-73.

[45] 许富军，许诺真. 三段碳酸化法生产金属镓 [J]. 河南化工，2002，(10)：21-22.

[46] 尹守义. 从氧化铝生产的循环碱液中回收镓 [J]. 有色金属 (冶炼部分)，1984 (2)：
22-24.

[47] 许庆仁，刘长江，余明新，等. 7-取代-8-羟基喹啉从碱性铝溶液中萃取镓的研究 [J].
稀有金属，1988 (5)：324-328.

[48] 徐朔，王艳薇. 一种高效的由碱性铝母液中溶剂萃取提镓的方法 [J]. 轻金属，1989
(6)：17-20.

[49] 吴雪兰. 从锌浸出渣中回收镓锗的研究 [D]. 长沙：中南大学，2013.

[50] 周令冶，田润苍，邹家炎. 全萃法从锌浸出渣中回收铟、锗、镓的研究 [J]. 稀有金
属，1981 (6)：7-14.

[51] 钮少冲. 用 N，N一二（1一甲基庚基）乙酰胺从 H_2SO_4-NaCl 体系中萃取镓 [J]. 稀有金属，1981（1）：13-17.

[52] 包昌年，庄严，刘有训，等. 伯胺 N_{1923} 对镓、铟、铊萃取性能的研究 [J]. 辽宁大学学报（自然科学版），1983（1）：30-35.

[53] 李淑珍，田润苍，陈兴龙. "P204+YWI00 分段协萃锗、镓" 的工业试验及其述评 [J]. 稀有金属，1988（3）：229-232.

[54] 周太立，钟祥，郑隆鳌. 全萃取法从锌系统中回收铟、锗、镓 [J]. 有色金属，1980（1）：22-28.

[55] 刘军深，周保学，蔡伟民. CL~P204 萃淋树脂吸萃镓的性能和机理 [J]. 离子交换与吸附，2002，18（3）：267-271.

[56] 冯峰，李鑫金，于湘浩. 密实移动床离子交换法提取镓的工业应用 [J]. 稀有金属，2007，31（6）：114-117.

[57] 尹守义. "树脂吸附法" 回收镓的目的及其试验研究结果 [J]. 轻金属，1996（6）：20-23.

[58] 杨马云，蔡军. 离子交换法回收镓工艺中螯合树脂的研究 [J]. 轻金属，2007（3）：14-16.

[59] 路坊海，周登风，张华军. 树脂吸附—酸脱附法在氧化铝生产流程中回收金属镓的应用 [J]. 轻金属，2013（7）：8-12.

[60] 冯峰，李一帆，吴俊杰，用柠檬酸解吸镓的试验研究 [J]. 湿法冶金，2009，28（3）：157-159.

[61] 冯峰，李一帆. 拜耳法种分母液组成对树脂吸附镓的影响 [J]. 湿法冶金，2006，25（1）：30-32.

[62] 赵志英，白永民，文振江，等. 从混联法生产中提取镓的研究 [J]. 有色金属（冶炼部分），2003（6）：38-40.

[63] 仇振琢. Ga 在碳酸化过程中的行为 [J]. 化工冶金，1989，10（1）：31-36.

[64] 仇振琢. 从 Al_2O_3 生产中石灰法回收镓废渣母液处理方法的研究 [J]. 化工冶金，1987，8（4）：3-33.

[65] 刘军深，蔡伟民. 萃淋树脂技术分离稀散金属的研究现状及展望 [J]. 稀有金属与硬质合金，2003，31（4）：36-39.

[66] 周锦帆，彭凌，胡清，等. 萃淋树脂和螯合树脂在金属元素分离及试剂纯化中的应用 [J]. 理化检验（化学分册），2011，47（2）：201-205.

[67] 刘军深，李桂华. 螯合树脂法分离回收镓和铟的研究进展 [J]. 稀有金属与硬质合金，2005，33（4）：42-45.

[68] Maeda H, Egawa H. Removal and recovery of gallium and indium ions in acidic solution with chelating resin containing aminomethylphosphonic acid groups [J]. Journal of Applied Polymer Science, 1991, 42（3）：737-741.

[69] Rao C R M. Selective preconcentration of gallium usingMuromac A-1 ion exchange column [J]. Analytiea Chimica Acta, 1995, 318（1）：113-116.

[70] 黄忠静. 矸石电厂 CFB 灰中镓提取工艺研究 [D]. 长春: 吉林大学, 2008.

[71] 赵 毅, 赵 英, 陈颖敏. 从粉煤灰中分离镓的实验研究 [J]. 华北电力技术, 1998, (1): 35-37.

[72] 何佳振, 胡小莲, 李运勇. 粉煤灰中镓的浸出试验条件 [J]. 粉煤灰综合利用, 2002 (6): 11-12.

[73] 何佳振. 粉煤灰中金属镓的回收工艺研究 [D]. 湖南: 湘潭大学, 2006.

[74] 李晓洪. 煤灰中微量元素的提取实验 [J]. 西北煤炭, 2007, 5 (1): 23-24.

[75] 刘建, 闫英桃. 在酸性溶液中用萃淋树脂分离富集镓 (Ga) [J]. 汉中师范学院学报 (自然科学), 2000, 18 (1): 46-49.

[76] 王英滨, 曾青云, 刘久臣. 泡沫塑料吸附法从粉煤灰中提取金属镓的实验研究 [C]. //中国化学会第 26 届学术年会应用化学分会场论文集. 天津: 中国化学会, 2008.

[77] 曾青云. 从粉煤灰中提取金属镓的实验研究 [D]. 北京: 中国地质大学, 2007.

[78] 赵慧玲. 粉煤灰中镓和氧化铝综合回收工艺研究 [D]. 西安: 长安大学, 2010.

[79] 王莉平, 刘 建, 崔玉卉. 聚氨酯泡沫塑料法从粉煤灰中回收镓研究 [J]. 应用化工, 2014, 43 (5): 868-870.

[80] 杨牡丹. 泡塑吸附法从粉煤灰中提取镓的实验研究 [J]. 能源与环境, 2013 (6): 130-133.

[81] 武新宇. 酸性介质中镓的吸附和萃取性质及回收工艺研究 [D]. 西安: 长安大学, 2014.

[82] 田爱杰. 煤矸石/粉煤灰中镓的提取与分离 [D]. 青岛: 山东科技大学, 2005.

[83] 刘建, 闫英桃, 邵海欣, CL~TBP 萃淋树脂吸附分离镓 (Ga) 研究 [J]. 化学通报, 2001 (2): 119-121.

[84] 顾大钊, 蒋引珊, 魏存弟. 一种由粉煤灰提取镓的方法 [P]. 中国专利: 102154565B, 2012-1001.

[85] 王玲. 制备高纯镓工艺的改进 [J]. 四川有色金属, 2000 (3): 8-11.

[86] 吴维昌, 冯洪清, 吴开治. 标准电极电位数据手册 [M]. 北京: 科学出版社, 1991.

[87] 佘旭. 高纯镓电解精炼的研究 [J]. 稀有金属, 2007 (6): 871-874.

[88] 翟风丽. 提高金属镓的品级及增加经济效益 [J]. 轻金属, 1994, (3): 16-19.

[89] 刘彩枚, 张学英, 秦曾言, 结晶法提纯在高纯镓生产中的应用 [J]. 轻金属, 2005, (2): 19-21.

[90] 李文良, 罗远辉. 区域熔炼法制备高纯锌的研究 [J]. 稀有金属, 2011, 35 (4): 537-542.

[91] 马太琼. 99.99999% 高纯镓的制备工艺 [J]. 稀有金属, 1979 (5): 56-63.

[92] 厉 英, 曾 杰, 闫 晨, 等. 高纯镓制备技术的研究进展 [J]. 材料导报, 2013, 27 (4): 85-88.

[93] 范家骅. 一种金属镓纵向温度梯度凝固提纯装置和方法 [P]. 中国专利: 101413068A, 2009-04-22.

第四篇 铊 冶 金

22 铊的主要性质、资源及用途

1861 年，英国科学家 W. Crookes 在研究硫酸厂的废渣时，由光谱发现一种具有特殊绿色的谱线。根据谱线的奇异绿色，命名为 Thallium（来源于拉丁语 Thallus，意思是发芽的绿色树枝），元素符号为 Tl，中文名字为铊。第二年，W. Crookes 和法国人 C. A. Lamy 各自独立地分离出少量的金属铊。1917 年 T. W. Case 发现一些铊盐和铊的氧硫化物具有特殊的光电反应。1920 年，德国用硫酸铊作为啮齿类动物的杀灭剂，开始了铊的工业应用。但迄今为止铊的用量仍然不大，全世界铊的年消费量仅有 10~12t，市场明显供过于求。世界主要铊生产国有比利时、日本和德国。中国于 1958 年建立了铊的生产体系。

22.1 铊的性质

22.1.1 铊的物理性质

铊位于元素周期表第六周期ⅢA族，是周期表中第 81 号元素。铊与铅类似，质软，熔点和抗拉强度均低。在常温下新切开的铊表面有金属光泽，暴露在空气中很快变暗呈蓝灰色，而且长时间接触空气会形成很厚的非保护性氧化物表层。铊的熔点为 303.5℃，沸点为 1457℃。铊有三种变态，在 503K 以下为六方密堆晶系（α-Tl），在 503K 以上为体心立方晶系（β-Tl），在高压下转为面心立方晶系（γ-Tl）。三相点为 383K 和 3000MPa。铊的主要物理性质见表 22-1。

22.1.2 铊的化学性质

铊原子的外电子层构型为 $[Xe]4f^{14}5d^{10}6s^26p^1$，铊有+1和+3 两种价态，+1

表 22-1 铊的物理性质

物 理 性 质	数 值
地壳丰度	8×10^{-7}
原子体积/$cm^3 \cdot mol^{-1}$	17.24
元素在太阳中的含量	0.001×10^{-6}
元素在海水中的含量	0.000014×10^{-6}
相对原子质量	204.4
核外电子排布	2, 8, 18, 32, 18, 3
蒸气压/Pa	5.33×10^{-6} (577K)
传导声速/$m \cdot s^{-1}$	818 (293.15K)
密度/$g \cdot cm^{-3}$	11.85 (α-Tl), 11.87 (β-Tl)
热导率 λ/$W \cdot m^{-1} \cdot K^{-1}$	46.1 (300K)
莫氏硬度	1.2
金属色彩	银白
熔点/℃	303
沸点/℃	1457
熔化潜热/$kJ \cdot mol^{-1}$	4.31
挥发潜热/$kJ \cdot mol^{-1}$	166.1
升华热/$J \cdot mol^{-1}$	3.68 ~ 4.28(α-Tl), 4.30(β-Tl)
线性膨胀系数 (20℃) /K^{-1}	28×10^6
比热容/$mol \cdot K^{-1}$	26.32 (s)
导热系数/$W \cdot (m \cdot K)^{-1}$	46.1 (s)
电阻温度系数 (0~100℃)	4.8
电阻率/$\Omega \cdot cm$	18×10^6
磁化率	-50.9(α-Tl) $\times 10^6$, -32(β-Tl) $\times 10^6$
压缩系数 (20℃)/$cm^2 \cdot kg^{-1}$	2.3×10^6
拉伸强度极限/$kg \cdot mm^{-2}$	0.9

价化合物比+3 价稳定。铊有 28 个同位素，其质量数为 191~210，^{203}Tl 和^{205}Tl 是天然同位素。

铊在潮湿空气中或者与含氧的水迅速反应生成 TlOH。室温下铊易与卤素作用，而升高温度时铊可以与硫、磷起反应，与砷和碲形成合金，但不与氢、氮、氨或干燥的二氧化碳起反应。铊不溶于水，易溶于酸。铊能缓慢地溶于硫酸，在盐酸和氢氟酸中因表面生成难溶盐而几乎不溶解。铊不溶于碱溶液，而很容易与硝酸形成易溶于水的 $TlNO_3$。铊（1 价）离子可生成易溶性的强碱性的氢氧化物和水溶性的碳酸盐、氧化物和氰化物等，铊能生成易溶的氟化物的性质与碱金属离子相似，而卤化物不溶于水的性质又与银离子相似。铊（3 价）离子是强氧化剂，用金属铁、锡、铋、铜和某些金属的硫化物都能迅速把铊（3 价）盐还原为铊（1 价）盐。铊（1 价）盐则需在酸性溶液中用高锰酸盐或氯气氧化生成铊（3 价）盐。铊盐一般为无色、无味的结晶。铊的化学性质见表 22-2。

表 22-2　铊的化学性质

化 学 性 质	数 值
原子序数	81
原子半径/nm	204.37
离子半径/nm	0.174（α-Tl），0.168（β-Tl）
表面张力/N·m^{-2}	0.464~0.467
标准电位/V	0.33
电负性	1.44
易溶于	硝酸，浓硫酸
难溶于	盐酸，水，碱
结晶构造	六方晶系（α-Tl），立方晶系（β-Tl），立方面心（γ-Tl） $a=0.345$（α-Tl）nm $c=0.552$nm
外层电子构型	$6s^2 6p^1$
第一电离势/kJ·mol^{-1}	589
电子亲和势/kJ·mol^{-1}	0.5
放射性同位素	^{203}Tl，^{205}Tl
配位数	3，6
还原电势 酸性 碱性	$Tl^{3+}\xrightarrow{1.25}Tl^{+}\xrightarrow{-0.34}Tl$ $Tl(OH)_3\xrightarrow{-0.05}Tl(OH)$
离子势（$\dfrac{\text{中心离子电荷 } Z}{\text{离子半径(nm)}}$）	Tl^{3+} 0.28，Tl^{+} 0.06

　　铊的化合物较多，但其用途较少，仅有少数几个化合物具有应用的价值。表 22-3 中列出了具有工业价值的铊化合物及其存在形态和主要性质。

表 22-3　铊化合物及其存在形态主要性质

名 称	化学式	存在形态	性 质
氧化铊	Tl_2O_3	黑色或暗棕色，立方面心晶体	
氧化亚铊	Tl_2O	黑色粉末，菱形晶格	
氢氧化亚铊	TlOH	黄色菱形针状结晶	
硫化亚铊	Tl_2S	黑色菱面体结晶	
硫酸亚铊	Tl_2SO_4	白色或无色斜方结晶	微溶于水，较易溶于硫酸
氯化亚铊	TlCl	白色立方体结晶	易挥发，难溶于水，微溶于氨，可溶于酸

22.1.3　铊的资源

铊在地球化学和结晶化学上既有亲石性又具有亲硫性，前者表现为铊与钾、铷等碱金属紧密共生，后者表现为铊与铅、铁、锌等元素的硫化物密切相关。在高温阶段，铊主要表现为亲石性；在低温成矿阶段，铊主要表现为亲硫性特征。

铊与镓、铟、锗、硒、碲和铼均属于稀散元素，长期以来被认为不能形成独立矿床。近年来，随着对稀散元素成矿理论的深入研究和铊在高科技领域的广泛应用以及铊所产生的环境问题的重视，关于铊的矿物学、地球化学和环境研究受到关注。

22.1.3.1　铊的丰度

铊在地壳中的丰度比金（0.004μg/g）高100多倍，但在自然界中独立存在矿物不多。目前已发现的含铊矿物有近40种，主要是硫化物和少量硒化物，其中有9种是在卡林型金矿中发现的，可见铊与金的紧密共生关系。铊在海水中的丰度为0.019μg/L，淡水中丰度范围为0.01~0.05μg/L，世界范围土壤中铊的含量为0.1~0.8mg/kg，平均约0.2mg/kg。美国土壤中铊的报道值<0.2~0.5mg/kg，表土中为0.2~2.8mg/kg。我国34个省（区）、市853个土壤样本铊的背景值范围为0.29~1.17mg/kg，平均值为0.58mg/kg。铊几乎不单独成矿，主要从铅、锌和铜等有色金属冶炼的副产品中回收和提取。到目前为止世界上唯一具有单独开采价值并实现冶炼铊的独立大型铊矿床位于我国贵州省的兴仁县。

全球铊矿的分布极不均匀，从地理位置上看，分布于低纬度的铊矿床较少，铊主要分布在中、高纬度区。研究发现，大多数铊矿床集中分布于北半球的欧洲、亚洲和北美洲，少数分布在南半球的南美洲和大洋洲。

全球铊矿床集中在四个典型的低温成矿区域：（1）地中海—阿尔卑斯低温成矿区；（2）中国黔西南成矿域；（3）北美卡林成矿域；（4）俄罗斯北高加索成矿域。这四个成矿域的铊矿占全部铊矿的80%以上。此外，在环太平洋现代火山发育的个别地区，正在发生铊的现代成矿作用。

22.1.3.2　铊的地球化学特性

铊矿床主要位于沉积岩发育区，如泥炭质灰岩、泥灰岩、粉砂岩、黏土质砂岩、泥炭质白云岩和火山凝灰岩等，铊成矿受区域性断裂构造及褶皱作用控制。铊矿床的形成受温度、压力、盐度、酸碱度和硫逸度等物理化学条件的制约，成矿有利条件为中-低温、弱酸性、中等盐度、还原环境以及高硫逸度。铊矿床的形成常经历预富集阶段和热液改造阶段，在表生条件下易于活化迁移和再富集。

铊矿床是低温分散成矿作用的产物，相关研究表明，当温度低于120℃时，铊和金有许多相似的地球化学性质。若能将铊矿床和与其相关的金矿置于同一体系中进行研究，将大大提升铊矿床研究意义。

A 铊矿床的指标

（1）铊矿石中铊的质量分数大于 $n \times 10^{-5}$，赋存形式清楚，在现有条件下可选冶利用，可圈出铊矿体或工业块段，具有可供开采规模。

（2）在砷、锑、铅、汞、金和铜矿床中，若矿石中铊的含量达到伴生组分综合回收和综合利用的要求，且储量可观，则将这样的矿床称为含铊矿床。

（3）含铊矿床往往出现于同一成矿带中，其成矿条件类似。

B 铊矿物的元素组合

从组成铊矿物的元素组合来看，硫是组成铊矿物最重要的元素。除硫外，自然界中和铊元素相结合形成铊矿物的金属元素，按其地球化学性质和元素共生组合可以分为四组。

铜组：铜、银、金等元素；铅组：铅、汞等元素；砷组：砷、锑、硒和铋等元素；铁组：铁、镍、铝等元素。其中砷组组成的铊矿物种类最多，而铁组金属元素的铊矿物种类较少。

自然界中铊大多以一价形式存在。铊的晶体化学性质与 Au（0.134nm），K^+（0.133nm），Rb^+（0.147nm）相似。铊与含钾和铷的矿物伴生，与金、汞、铁、锌、铅等元素的硫化物共生。由于铊的地球化学性质受到其电子构型和地质地球化学作用的制约，在不同的物理条件下，铊体现出亲石和亲硫两重性。在高温阶段（如岩浆作用和伟晶作用阶段）作为亲石元素，铊的类质同象主要作为次配位的一价离子进入云母和钾长石，在氧化物及氢氧化物中铊较广泛分布在沉积成因或矿床氧化带的锰矿物中。对硫酸盐矿床，铊则经常存在于明矾石和黄钾铁矾中。作为亲硫元素，铊主要存在于方铅矿、锌的硫化物及铁的二硫化物中，在黄铁矿和白铁矿中也相对富集，特别在低温热液硫化物成矿的高硫环境中，铊表现出强烈的亲硫性，其地球化学性质与铜、铅、铁、锑、银、汞和锌等相似，以微量元素形式进入方铅矿、黄铁矿、闪锌矿、辉锑矿、黄铜矿、辰砂、雄黄、雌黄和硫酸盐酸类矿物中。

C 铊的主要矿物

到目前为止，世界上查明的典型铊矿化带有南斯拉夫的 Allchar Sb-As-Tl 矿床、美国内华达州的卡林金矿床、瑞士 Lengbach Pb-Zn-As-Ba-Tl 矿床、法国 Jas-Roux 硫化物矿床和苏联高加索地区的 Verkhyaya Kvaisa 矿床。典型的铊矿化带还包括中国贵州滥木厂的 Hg-Tl 矿床和云南南华 As-Tl 矿床。

这些含铊的矿化带共同拥有一个显著特征就是与硫化物矿床共生，形成 Tl-As-Hg-Sb-S 元素组合。铊的矿物名称、化学式和含量见表 22-4。

表 22-4　铊的矿物名称、化学式和含量

分类	中文名称	化学式	$w(\mathrm{Tl})/\%$
铊的硫化物	贝硫砷铊矿	$\mathrm{Tl(As,\ Sb)_5S_8}$	21.46
	硫铊矿	$\mathrm{Tl_2S}$	92.73
	硫砷锑铅铊矿	$\mathrm{(Tl,\ Pb)_{21}(Sb,\ As)_{91}S_{147}}$	15.73
	硫锑铊铁铜矿	$\mathrm{Tl_2(Cu,\ Fe)_6SbS_4}$	40.19
	斜硫砷汞铊矿	$\mathrm{TlHgAsS_3}$	35.48
	硫锑金银铊矿	$\mathrm{TlAg_2Au_3Sb_{10}S_{10}}$	8.02
	硫砷铅铊矿	$\mathrm{TlPbAs_3S_6}$	22.89
	硫砷铊矿	$\mathrm{Tl_3AsS_3}$	78.18
	硫砷锡铊矿	$\mathrm{Tl_2SnAs_2S_6}$	47.00
	Fangite	$\mathrm{Tl_3AsS_4}$	75.11
	硫砷铊汞矿	$\mathrm{(Cs,\ Tl)(Hd,\ Cu,\ Zn)_6}$ $\mathrm{(As,\ Sb)_4S_{12}}$	4.73
	辉砷锑铊矿	$\mathrm{Tl_2(As,\ Sb)_3S_{13}}$	26.92
	硫砷铊银铅矿	$\mathrm{(Pb,\ Tl)_2As_5S_9}$	12.30
	硫砷铊铅矿	$\mathrm{(Pb,\ Tl)_2As_5S_9}$	19.02
	IMA2002-053	$\mathrm{Tl_6Ag_3Cu_6As_9S_9}$	37.40
	硫砷铜铊矿	$\mathrm{Tl_6CuAs_{16}S_{40}}$	32.52
	硫锑砷铊矿	$\mathrm{Tl_5Sb_9(As,\ Sb)S_{22}}$	32.24
	辉砷银铅矿	$\mathrm{TlPbAs_2SbS_6}$	23.34
	红铊矿	$\mathrm{TlAsS_2}$	59.51
	斜硫锑铊矿	$\mathrm{Tl(Sb,\ As)_5S_8}$	19.62
	辉铁铊矿	$\mathrm{TlFe_2S_3}$	49.57
	硫锑铊矿	$\mathrm{Tl_2As_4Sb_6S_{16}}$	20.94
	硫铁铊矿	$\mathrm{TlFeS_2}$	63.01
	拉硫砷铊铅矿	$\mathrm{(Pb,\ Tl)_3As_5S_{10}}$	1.55
	硫锑铊银铅矿	$\mathrm{(Ag,\ Tl)_2Pb_8Sb_8S_{21}}$	2.86
	硫砷锑铊矿	$\mathrm{Tl_5As_8Sb_5S_{22}}$	34.81
	硫锑铜铊矿	$\mathrm{TlCu_5SbS_2}$	28.87
	硫砷汞铊矿	$\mathrm{TlCu(Hg,\ Zn)_2(As,\ Sb)_2S_3}$	21.13
	脆硫砷铅矿	$\mathrm{(Pb,\ Tl)As_2S_4}$	21.12
	斜硫锑砷银铊矿	$\mathrm{TlAg_2(As,\ Sb)_3S_6}$	23.27
	斜硫砷铊汞矿	$\mathrm{TlHgAs_3S_6}$	24.86
	斜硫砷铜铊矿	$\mathrm{TlCu(Zn,\ Fe,\ Hg)_2As_2S_6}$	26.85

续表 22-4

分类	中文名称	化学式	$w(Tl)/\%$
铊的硫化物	硫铊铁铜矿	$TlCu_3FeS_4$	35.29
	硫镍铁铊矿	$Tl_6(Fe, Ni, Cu)_{25}S_{26}Cl$	34.93
	铊黄铁矿	$(Fe, Tl)(S, As)_2$	43.10
	未命名	$TlSnAsS_{33}$	14.04
	未命名	Tl_2AsS_3	70.49
	硫锑汞铊矿	$TlHgSb_2As_8S_{20}$	18.31
	硫砷锑汞铊矿	$Tl_4Hg_3Sb_2As_8S_{20}$	28.16
	铜红铊铅矿	$PbTl(Cu, Ag)As_2S_5$	25.66
铊的硒化物	硒铊铁铜矿	Tl_2Cu_3FeSe	42.09
	硒铊银铜矿	$Cu_7(Tl, Ag)Se_4$	16.29
	硒铊铜矿	Cu_4TlSe_3	29.39
铊的锑化物	锑铊铜矿	$Cu_2(Sb, Tl)$	15.40
铊的氯化物	氯化铊	$TlCl$	85.22
硫酸盐矿物	铁钾铅铊矿	$(Tl, K)Fe_3(SO_4)_2(OH)_6$	23.21
	铊明矾	$TlAl(SO_4)_2 \cdot 12H_2O$	32.04
	水钾铊矿	$H_8K_2Tl_2(SO_4)_8 \cdot 11H_2O$	27.97
	硫酸铊矿	Tl_2SO_4	80.97
亚硫酸盐矿物	硫代硫酸铊矿	$Tl_2S_2O_3$	78.48
硅酸盐矿物	硅铝铊石	$K_8TlAl_{12}Si_{24}O_{72} \cdot 20H_2O$	6.75
铊的氧化物	褐铊矿	Tl_2O_3	92.74

　　铊的矿物最早在 1866 年被发现，到目前为止，自然界中有 53 种铊的矿物。其中包括铊的硫化物、硫酸盐、硒化物、锑化物、氯化物、亚硫酸盐矿物、硅酸盐矿物和氧化物。其中含硫的铊矿物共有 46 种，占全部矿物的 86.7%，这反映了铊的明显亲硫性。除硫外，铊主要与砷、锑、铜、铅、铁、汞和银形成共生元素组合，这可能与铊具有 18 个电子的铜构型结构与硫亲和力强有关。同时铊有水解的特性，因而较容易形成氯化物和硫酸盐。

　　具有工业意义的铊矿物只存在于硫化物矿床中，研究表明，几乎所有铊的硫化物和硫酸盐均是在 100~200℃ 的低温成矿环境下形成的平衡相集合体，如褐铊矿（Tl_2O_3），铁钾铅铊矿（$(Tl, K)Fe_3(SO_4)_2(OH)_6$），水钾铊矾（$H_8K_2Tl_{12}(SO_4)_8 \cdot 11H_2O$）以及硅铅铊石（$K_8TlAl_{12}Si_{24}O_{72} \cdot 20H_2O$）。

　　D　铊的赋存状态

　　自然界中的铊主要以 Tl^+ 状态存在，Tl^+ 可以通过类质同象置换钾长石和云母

矿物中的 K^+ 和 Rb^+ 进入其中（三者半径相近，$Tl^+ = 0.176nm$，$K^+ = 0.161nm$，$Rb^+ = 0.172nm$）。

在各类岩石中，铊趋向于在酸性岩石中富集，在矿化成因上与花岗岩类岩石和碱性岩相关，而且在花岗杂岩体中表现出向晚期相聚集的趋势。铊在超基性岩、基性岩、中性岩、酸性岩等岩浆岩中的含量为 $0.73 \sim 3.2\mu g/L$；在碱性岩石中铊的含量为 $1.2 \sim 1.5\mu g/L$，在辉长闪长岩、花岗闪长岩、浅色花岗岩等侵入岩相中的含量为 $0.65\mu g/L$，在千枚岩、片岩、片麻岩、角闪岩、榴辉岩等变质岩中的含量分别为 $0.60\mu g/L$、$2.0\mu g/L$、$2.2\mu g/L$、$0.40\mu g/L$ 和 $0.03\mu g/L$。

在沉积岩形成过程中，铊的吸附作用和亲铜性对沉积相中的富集起着重要作用。在变质作用过程中，铊的分布与热液成因作用密切相关。铊在页岩、砂岩、碳酸岩、深海黏土、硬砂岩等沉积岩中的含量分别为 $0.3 \sim 1.55\mu g/L$、$0.82 \sim 1.54\mu g/L$、$0.05 \sim 0.065\mu g/L$、$0.6 \sim 0.8\mu g/L$ 和 $0.3\mu g/L$；其中铊在黏土岩、砂岩和页岩中的含量最高，而且黏土矿物成分越高，铊的含量也就越高，这与铊在沉积物中的吸附性有关。

铊在氧化环境中也容易被锰和铁的氧化物吸附，在深海锰结核中铊的含量可高达 $140\mu g/L$。

E　中国的铊资源

我国拥有丰富的含铊矿产资源，可综合利用的比较多，如超大型的广东云浮大降坪含铊黄铁矿、云南兰坪含铊铜锌矿矿、广西益兰含铊汞矿床、贵州戈塘含铊锑金矿床、四川陈北寨含铊金砷矿床和安徽城门山含铊铅矿床。

22.1.4　铊的毒性

铊是环境科学界比较关注的毒性元素，是最毒的重金属元素之一，其毒性大于砷，可通过消化道、皮肤接触、飘尘烟雾的吸入进入人体，导致人体铊中毒。在早期许多发展中国家将铊用作灭鼠剂。铊离子及化合物都有毒，误食少量的铊可使毛发脱落，严重的铊中毒可导致成为植物人，类似的急性铊中毒事件在西班牙和俄罗斯均发生过。原联邦德国北部地区某水泥厂由于含铊粉尘污染，导致附近居民长期食用污染蔬菜和水果而发生慢性铊中毒。报道指出：$2.0mg/L$ 和 $10mg/L$ 的铊可使海洋中的微生物和甲壳动物致毒。实验证明，狗口服含乙酸铊 $18.5\mu g/L$ 的食物达一定量则致死，人食物中对铊的摄入允许范围为 $1.5\mu g/L$，致死量 $600mg/d$。经口摄入人体的铊比铅、镉和汞毒性更强。实验证明质量浓度为 $1mg/L$ 的铊会使植物中毒，如使甜菜、离芭和芥菜种子完全停止生长。土壤微生物对铊很敏感，铊可抑制硝化菌的形成，造成对农业的影响。铊和钾具有相同的电荷和相似的离子半径，遵从钾的分布规律，而且改变与钾有关的作用过程。铊的毒性机理包括：与硫氢基团蛋白形成配位体而抑制细胞呼吸；与维生素 B_2 和维生素 B_2 辅酶相互作用破坏体内钙平衡。铊的毒理研究表明，0.48mg/kg 剂量以上的碳酸铊能诱发小鼠骨髓细胞核素增加，质量浓度为 0.47mg/mL 时，诱发体外培养细胞形态转化，剂量在 0.83~2.5mg/kg 导致小鼠致畸，胚胎吸收率和胸骨、枕骨缺失。铊慢性毒性实验表明，大鼠慢性阈质量浓度为 0.6mg/m³ 时，空气中最高允许浓度为 6μg/m³。病理检查发现，肾脏可能是铊最早作用的靶器官，其次是睾丸。铊可使睾丸精子生成功能失常。心脏也是早期急性铊中毒的主要攻击目标。铊还有致突活性，可导致染色体畸变，干扰 DNA 合成。铊中毒的基本临床特征是胃肠炎、未知病因的外表神经病、四肢疼痛、秃发和失明。尿及其他生物材料中铊含量升高进一步证明了铊中毒的症状。

22.1.5　铊的环境污染与迁移转化

由于铊的剧毒性，已被各国政府限制使用，因而职业性的舵中毒并不多见。但资源开发带来的污染日趋严重。我国黔西南地区由于金汞矿资源开发利用造成环境铊污染，导致人群慢性中毒事件，该地区 400 多人发生中毒现象，先后 6 人死于铊中毒。铊慢性中毒区土壤、水和植物中铊的含量比较高，中毒途径主要是食用高铊蔬菜和食物，长期积累，导致慢性中毒。云南南华砷花矿床在 30 年的开采历史中，也已经表现出明显的铊污染效应。这些地区的环境生态和植物都明显地受到铊污染，水体和植物中铊的含量远远高出背景值。

另外，矿山资源开发过程中，铊等毒害元素被排放进入尾砂，成为一种较严重的环境污染源。其中的铊含量比矿石平均值高，由于尾砂遇水淋滤流失，干燥后遇风又容易飞扬，使得铊进入水体和土壤，经过水生生物、陆地生物和植物的富集，进入人体危害健康，造成人体慢性中毒。由于铊的环境循环和毒性富集时间较长（20~30 年），往往容易被忽视。露出地表的矿石、尾砂等在表生地球化学作用下，其中铊被活化、迁移和转化。铊具有 Tl^+ 迁移和 Tl^{3+} 沉淀的特性。矿石冶炼过程中，铊能以 TlF 形式进行迁移，也可被硫黄细粒吸附以气溶胶形式迁移。在水中 Tl 与 K^+、Sr^{2+}、SO_4^{2-}、AsO_2^- 一起迁移。所以水中的铊主要来自含铊矿石、冶炼废渣的风化淋滤。矿山开发可导致矿区及其附近水中铊含量迅速增加，导致植物中铊含量迅速增加。铊在植物中的主要存在形式是 Tl^+，与钾具有拮抗作用，抑制钾在植物中的转迁，影响营养物质在植物中的正常运输。

随着我国经济发展的要求，对资源的需求越来越大，开采和利用量也越来越大，由此带来的环境潜伏危机也越来越明显。因此，系统全面地开展含铊矿物利用过程中铊迁移和释放的研究具有重大的理论价值，而且对我国丰富的含铊矿产资源利用中预防铊污染具有重要的指导意义。

22.2　铊的用途

22.2.1　医学

铊最初用于医学，可治疗头癣等疾病，后发现其毒性大而作为杀鼠、杀虫和防霉的药剂，主要用于农业。这期间也曾使许多患者中毒。随着对铊毒副作用的更深入研究和了解，自 1945 年后，世界各国为了避免铊化物对环境造成污染，纷纷取消了铊在这些方面的使用。铊农药由于在使用过程中二次污染环境，在许多国家被限制或禁止使用，但在一些发展中国家仍然沿用至今。

在现代医学中，Tl 同位素铊 201 作为放射核元素被广泛用于心脏、肝脏、甲状腺、黑色素瘤以及冠状动脉类等疾病的检测诊断。目前有研究发现铊能延迟某些肿瘤的生长，同时减少肿瘤发生的频率。在核医学广泛使用锝-99m 之前，半衰期为 73h 的铊-201 曾经是核心动描记所使用的主要放射性同位素。今天，铊-201 也被用于针对冠心病危险分层的负荷测试当中。这一同位素的产生器与用来生成锝-99m 的类似。产生器中的铅-201（半衰期 9.33h）会经电子捕获衰变成铊-201。铅-201 是在回旋加速器中通过（p，3n）或（d，4n）反应分别对铊进行质子或氘核撞击而产生的。

铊负荷测试是闪烁扫描法的一种，铊通过测量铊的含量来推算组织血液供应量。活心肌细胞拥有正常的钠钾离子交换泵。Tl^+ 离子会与 K^+ 泵结合，进入细胞内；运动以及腺苷、双嘧达莫等血管扩张剂都可以造成冠状动脉窃流，扩张了的正常动脉血液量和流速都会增加，梗死或缺血的组织则会呈现较小的变化。这种血液重组现象是缺血性冠心病的征兆。通过比对负荷前后的铊分布情况，可以判断需要进行心肌血管重建术的组织部分。

22.2.2　工业应用

在工业中铊合金用途非常重要，用铊制成的合金具有提高合金强度、改善合金硬度、增强合金抗腐蚀性能等多种特性。铊铅合金多用于生产特种保险丝和高温锡焊的焊料；铊、铅、锡 3 种金属的合金能够抵抗酸类腐蚀，非常适用于酸性环境中机械设备的关键零件；铊汞合金熔点低达-60℃，用于填充低温温度计，可以在极地等高寒地区和高空低温层中使用；铊锡合金可作超导材料；铊镉合金是原子能工业中的重要材料，硝酸亚铊和甲酸铊的水溶液可用于重介质浮选以分离矿物，用铊活化的碱土金属的硅酸盐与磷酸盐可用于制备辐射灯。甲酸铊吸收射线能力比铅玻璃强 100 倍，可用作放射性屏蔽窗和高能研究用全吸收型计数器材料，主要用于核电站和存放放射性物质的场所。

22.2.3　高温超导

铊是继钇和铋之后于 1988 年发现的第三种高温超导体。目前已合成出 Tl$_{-1212}$，Tl$_{-1223}$（TlBa$_2$Ca$_2$Cu$_3$O$_8$，T_C = 110K），Tl$_{-2212}$（Tl$_2$Ba$_2$CaCu$_2$O$_{8+x}$，T_C = 85K）和 Tl$_{-2223}$（Tl$_2$Ba$_2$Ca$_2$Cu$_3$O$_{10}$，T_C = 125K）四种超导相的粉末。近年来对铊系高温超导材料的研究表明，其有希望获得高 T_C 的薄膜、多晶、厚膜和带材。铜酸铊超导体的临界温度超过 120K。一些掺汞的铜酸铊超导体在常压下的临界温度甚至超过 130K，几乎达到已知临界温度最高的铜酸汞超导体。

22.2.4　电子仪表工业

目前铊的主要应用已转到电子仪表工业。铊的硫化物对肉眼看不到的红外线特别敏感，用其制作的光敏光电管，可在黑夜或浓雾大气接收信号和进行侦察工作，还可用于制造红外线光敏电池；卤化铊的晶体可制造各种高精密度的光学棱镜、透镜和特殊光学仪器零件。在第二次世界大战期间，氯化铊的混合晶体就曾被用来传送紫外线，深夜进行侦察敌情或自我内部联络；用溴化铊与碘化铊制成的光纤对 CO$_2$ 激光的透过率比石英光纤要好许多，非常适合于远距离、无中断、多路通信。

22.2.5　光学应用

溴化铊和碘化铊晶体硬度较高，而且能够透射波长极长的光线，所以是良好的红外线光学材料，商品名为 KRS-5 和 KRS-6；碘化铊填充的高压汞铊灯为绿色光源，在信号灯生产和化学工业光反应的特殊发光光源方面广泛应用；汞灯泡中填充碘化铊蒸气后，原汞灯的蓝绿色就会变为黄白色，增强了输出光的绿色区域，提高了色彩表现力和灯效；碘化铊可以添加在金属卤化物灯中，优化灯的温度和颜色。铊可以使灯光靠近绿色，这对水底照明非常有用。氧化亚铊可用来制造高折射率玻璃，而与硫或硒和砷结合后可以制成高密度、低熔点（125 至 150℃）玻璃。这种玻璃在室温下特性和普通玻璃相似，耐用、不溶于水，且具有特殊的折射率。硫化亚铊的电导率会随红外线的照射而变化，所以能应用于光敏电阻。硒化铊被用于辐射热测量计中，以探测红外线。在硒半导体中掺入铊，可以提高其效能，所以一些硒整流器中含有这种含铊半导体。另一项铊的应用是在伽马射线探测器中的碘化钠里作掺杂物。在碘化钠晶体内掺入少量铊，可以增强铊产生电离闪烁的效果。氧分析仪中的一些电极也含有铊。

在玻璃生产过程中，添加少量的硫酸铊或碳酸铊，其折射率会大幅度提高，完全可以与宝石相媲美。掺铊的玻璃可用于半导体、电容器及某些电子设备的保护套。掺氟化铊的玻璃不仅具有高折射性能，还有低分散的光学特征，可用来制备特殊要求的光学玻璃。

22.2.6　地质工作应用

铊在地质方面有着重要的用途。铊是寻找金矿的重要指示元素，铊在地壳中的丰度非常低，但铊与金的地球化学性质很相似，在矿物和矿体中常共生，作为指示元素找金矿，其异常范围大，而且清晰，尤其在隐伏金矿体的地表（金含量很低 $Au<1\times10^{-9}$），铊显示的异常可高出金几倍到几百倍。

22.2.7　其他用途

一种汞铊合金在铊含量为 8.5% 时形成共晶系统，其熔点为 $-60℃$，比汞的熔点还要低 20℃。这种合金被用于温度计和低温开关当中。在有机合成方面，铊（3 价）盐（如三硝酸铊和三乙酸铊）可以为芳香烃、酮类、烯烃等的转化反应作试剂。铊是镁海水电池阳极板的合金材料成分之一。可溶铊盐加入镀金液中，可以加快镀金速度和降低镀金层的粒度。甲酸铊（1 价）（$Tl(CHO_2)$）和丙二酸铊（1 价）（$Tl(C_3H_3O_4)$）的等量混合水溶液称为克列里奇溶液（Clerici solution，亦称轻重矿分离液）。铊是一种无臭液体，颜色会随铊盐浓度的降低而从黄色变为清澈。溶液在 20℃ 密度为 $4.25g/cm^3$，是已知最重的水溶液之一。人们利用矿物在克列里奇溶液上漂浮的原理，测量各种矿物的密度。然而由于铊的毒性和溶液的腐蚀性，这种方法逐渐被淘汰了。

23 铊冶金提取技术

有色金属与黑色金属冶炼过程中的烟尘、水冶锌的铜镉渣、生产硫酸及纸浆的烟尘、酸泥和浆泥等都是提取铊的原料，同时也是铊潜在的污染源。铊在铜镉渣中主要以金属状态存在，而在其他原料中则主要以氧化物形态存在，这些原料中含铊的量一般在 0.001%~0.01% 之间波动。

23.1 火法冶炼过程中铊的富集与走向

23.1.1 铅冶炼过程中铊的富集与走向

某冶炼企业的铊在铅冶炼中分布数据见表 23-1。

表 23-1 铊在铅冶炼产物中分布　　　　　　　　　　（%）

过程	烧结块	烟尘	返料	粗铅	炉渣	冰铜	浮渣	损失
烧结	11~25	50~70	0~24	—	—	—	—	0~15
熔炼	—	33	—	39	—	6	—	22
精炼	—	—	10~17	—	—	—	53~70	20~30

从表 23-1 中可见，铊主要富集在铅精矿的烧结块、熔炼过程中的烟尘和精炼过程中的浮渣中，这些产物都可用作提取铊的原料。

铅精矿在高于 320℃ 焙烧时，物料中的 Tl_2S 受热挥发，并同空气中的氧气发生氧化反应生成硫酸盐：

$$Tl_2S + 2O_2 =\!=\!= Tl_2SO_4$$

当温度继续升高时，Tl_2S 的氧化加速，在温度高于 600℃ 后，Tl_2S 直接氧化成易挥发的 Tl_2O。在温度高于 720℃ 后，生成的 Tl_2O_3 也会受热分解成低价氧化物而挥发：

$$2Tl_2S + 3O_2 =\!=\!= 2Tl_2O \uparrow + 2SO_2 \uparrow$$
$$2Tl_2S + 5O_2 =\!=\!= 2Tl_2O_3 + 2SO_2 \uparrow$$
$$Tl_2O_3 =\!=\!= Tl_2O \uparrow + O_2 \uparrow$$

大量的铊进入挥发物中而富集，主要集中在烧结过程中的烟尘中，从烟尘中可回收铊。

23.1.2　锌冶炼过程中铊的富集与走向

在火法炼锌过程中，铊主要富集在烧结烟尘和蓝粉中，表 23-2 列出某厂铊在火法炼锌产物中的分布。如果利用火法炼锌过程中产生的二氧化硫制酸，则铊也可能在酸泥中富集。

表 23-2　铊在火法炼锌产物中的分布　　　　　　　　（%）

过程	烧结块	烧结尘	粗锌	蓝粉	罐（炉）渣	镉渣	酸泥	损失
烧结	32.7	46.3	—	—	—	—	—	-21
蒸馏锌	—	—	32.7	80.3	6.6	—	—	19.6
熔炼锌	43.2	2.4	8.8	12.4	18	0.5	—	-13.8

由表 23-2 可见，火法炼锌过程中，铊主要富集于烧结过程的烧结块、烧结尘，蒸馏过程的蓝粉，熔炼过程的烧结块中。

23.1.3　ISP 工艺过程中铊的富集与走向

ISP 工艺过程中铊的分布与富集见表 23-3。

表 23-3　ISP 工艺过程的铊分布　　　　　　　　（%）

物　料	铊含量	百分率
精矿	0.0006	18.8
电尘	0.090	81.2

由表 23-3 数据可见铊主要富集在电尘中，与烧结过程中铊的富集相似。

23.1.4　铜冶炼过程中铊的富集与走向

铊在铜冶炼过程中过于分散，只在烟尘中略有富集。某生产铜的企业铜精矿焙烧过程中，铊在产物中的分布见表 23-4。

表 23-4　焙烧铜精矿过程中铊在产物中的分布　　　　　　　　（%）

物料	进料				产出物			
	铜精矿		焙砂		烟尘		烟气带走	
	品位	分布	品位	分布	品位	分布	品位	分布
原料 1	0.0005	100.0	0.0005	97.5	—	2.5	—	—
原料 2	0.0004	100.0	0.0004	93.6	—	—	—	6.4

熔炼过程中，铊在产物中的分布见表 23-5（反射炉炼铜）。

表 23-5 反射炉熔炼过程中铊在产物中的分布 (%)

| 序号 | 进 料 | | | | 产 出 物 | | | | | | 其他损失 |
| | 焙砂 | | 冰铜 | | 烟尘 | | 炉渣 | | 烟气损失 | | |
	品位	分布	品位	分布	品位	分布	品位	分布	品位	分布	
1	0.0021	100.0	0.0006	40.3	0.003	3.5	0.0004	32.4	0.0064	23.8	+16.5
2	0.0005	100.0	0.0006	52.5	—	—	0.0004	38.2	0.0035	8.7	−13.0
3	0.004	100.0	0.00045	36.0	0.0033	8.0	0.0002	32.0	—	24.3	—

从上述数据可知，在铜冶炼过程中，铊在产物中比较分散，在各种产物中均有分布，难以集中。

吹炼过程中，铊在产物中的分布见表 23-6。

表 23-6 铊在铜锍吹炼产物中的分布 (%)

| 序号 | 进 料 | | | | 产 出 物 | | | | | | 其他损失 |
| | 冰铜 | | 粗铜 | | 转炉渣 | | 转炉尘 | | 烟气损失 | | |
	品位	分布	品位	分布	品位	分布	品位	分布	品位	分布	
1	0.0012	100.0	0.0017	34.5	0.0003	2.1	0.003	2.1	0.0084	19.2	+36.0
2	0.0006	100.0	0.0003	8.4	0.0008	1.8	0.0008	1.8	0.0028	12.4	+1.7
3	0.0005	100.0	0.0004	11.2	0.0004	0.3	0.0004	0.3	0.0084	26.8	−10.4

在铜吹炼过程中，铊在产物中主要富集于转炉渣中。

23.1.5 黄铁矿生产硫酸过程中铊的富集与走向

在焙烧黄铁矿生产硫酸的过程中，原料中 80%~90% 的铊转入烟气中，在淋洗烟气后又转入酸泥中，其基本组成见表 23-7。在生产亚硫酸盐纸浆中，原料中的铊转入洗涤泥中，生产纸浆的洗涤泥成分见表 23-8。

表 23-7 生产硫酸产出酸泥的成分 (%)

序号	Tl	Se	Te	Ge	As	Sb	Pb	S	SiO$_2$
1	—	18~22	0.5~1	—	0.5~0.8	—	10~12	2~3	10~12
2	0.006	20~52	3~14	1.0	19~33	1.5~3	2~3	1~1.5	1.5

表 23-8 生产纸浆产出的洗涤泥的成分 (%)

序号	Tl	Se	Te	Ge	As	Sb	Pb	S	SiO$_2$
1	0.025	6~16	5~10	0.002	12~38	3~5	1.4~5	15~22	0.8~27
2	0.08~0.03	9~21	7~12	—	11~42	—	4~4.5	15~20	10~12

酸泥和洗涤泥既是提取铊的原料，也是生产回收硒与碲的原料。但酸泥和洗

涤泥中砷的含量较高，也要考虑综合回收砷。

另外，在黄铁矿的选矿过程中，原料中的铊主要进入尾矿，并在尾矿的白云母及绢云母等矿中富集。通过优选浮选尾矿，选出富含铊的白云母矿，就可以综合回收其中的铊。因此在处理含铊高的黄铁矿时，要严格考虑环保与经济效益，还要查看黄铁矿尾矿中铊的迁移、走向和危害。

23.1.6　炼锰中铊的富集与走向

在高炉或电炉熔炼锰矿的过程中，锰矿中大部分铊挥发进入高炉烟尘中。生产过程中的烟尘率约为 6%～10%，其中含铊量为 0.1%～0.2%。烟尘主要成分为锌、铅及脉石，烟尘中的铊主要是被 $Mn(OH)_2$ 吸附。

23.2　湿法冶金过程中铊的富集与走向

23.2.1　锌湿法冶金过程中铊的富集与走向

在锌精矿焙烧过程中，原料中 70%～84%的铊挥发进入烟尘，仅有 16%～30%的铊留在焙砂中。焙砂中的铊在随后的工序中大部分随着锌进入酸浸液，然后在净化工段除铜、镉时，大约有 70%的铊进入铜镉渣中富集。而残留在浸出渣中的少量铊，在回转窑处理中大部分成为挥发物，但因为含铊量甚微，难以回收，且易挥发逸出，更容易造成污染。

23.2.2　砷精矿和砷渣处理过程中铊的富集与走向

从砷精矿和砷渣中回收铊的方法主要有氧化焙烧—浸出法和砷渣碱浸—挥发法。

23.2.2.1　砷精矿氧化焙烧—浸出法

某砷精矿含铊 0.92%、砷 55%及硫 25.99%，在 400℃下氧化焙烧，产出的焙砂立即用热水浸出，约有 80%的铊转入溶液，而进入溶液的砷仅占原料中的 3%。然后往溶液中添加 I^- 或 CrO_4^{2-}，使铊以 TlI 或 Tl_2CrO_4 形态沉出。铊在沉淀中富集，可采用冶金方法从中进一步提取铊。

23.2.2.2　渣碱浸—挥发法

在处理某砷矿中得到一种含铊约 0.2%，含砷高达 16%的砷渣，此外砷渣中还含有铅、铁、铋、锡和铜等元素。从砷渣中回收铊，可采用氢氧化钠碱液浸出。在浸出过程中大部分的砷进入碱液中，而铊仅有一小部分进入浸出液，从而达到砷与铊分离的目的。然后再采用在真空炉中在 700～800℃下挥发铊的用意从渣中回收铊。在此过程中铊优先挥发进入烟尘中，在烟尘中的含量约为 20%，比原料中富集 100 倍。

23.2.3 含铊锑精矿处理过程中铊的富集与走向

含铊锑精矿在500℃下氧化焙烧，焙烧过程中几乎全部的铊和大部分的锑都留在焙砂中。焙砂经过热水浸出，使铊转入溶液中，而锑留在浸出渣中，实现铊、锑的分离。浸出液中的铊采用沉淀法富集回收。浸出渣配以15%的硫黄，在900~1000℃下再进行焙烧，渣中的锑全部挥发进入烟尘。

23.3 铊的冶金提取技术

铊的冶金提取包括沉淀法、置换法、结晶法、萃取法和离子交换法等。

23.3.1 沉淀法

23.3.1.1 硫酸化—多次沉淀法

硫酸化—多次沉淀法主要用于提取富集在烧结过程烟尘中的铊。

在温度高于320℃时烧结铅精矿，物料中的 Tl_2S 挥发。

$$Tl_2S == Tl_2S \uparrow$$

同时发生氧化而生成硫酸铊盐。

$$Tl_2S + 2O_2 == Tl_2SO_4$$

当温度在升高时，Tl_2S 的氧化加速，当温度高于600℃时，Tl_2SO_4 解离成易挥发的 Tl_2O，而在高于700℃时，Tl_2O_3 也解离成低价氧化物而挥发。

$$2Tl_2S + 3O_2 == 2Tl_2O + 2SO_2 \uparrow$$
$$2Tl_2S + 5O_2 == 2Tl_2O_3 + 2SO_2 \uparrow$$
$$Tl_2O_3 == Tl_2O \uparrow + O_2 \uparrow$$

由此可见，铊主要富集在烧结产出的烟尘中，从烟尘中可回收铊。

某冶炼企业含铊物料组成：铅烟尘中含铊0.056%~0.13%，含铅48%~54.5%，含锌7.3%~15.2%，含镉1.8%~2.2%，含硫5.1%~5.6%。

采用硫酸化—多次沉淀法从铅烟尘中回收铊的工艺流程如图23-1所示。

铅烟尘先经过硫酸化焙烧脱硒，然后用酸浸焙砂除去铅，在酸浸过程中铊进入酸浸液中。向酸浸液中添加氧化锌中和除去铟，接下来向滤液中通入空气氧化，同时添加氧化锌调节 pH=5.4，实现净化除砷和铁。

净化后的溶液加热到80℃，同时加入高锰酸钾，使铊以 $Tl(OH)_3$ 形态沉淀析出，沉淀物含铊5%~23%。

$$3Tl_2SO_4 + 4KMnO_4 + 8H_2SO_4 == 3Tl_2(SO_4)_3 + 2MnO_2 + 2K_2SO_4 + 8H_2O$$
$$Tl_2(SO_4)_3 + 6H_2O == 2Tl(OH)_3 \downarrow + 3H_2SO_4$$

在液固比1:1，温度为70~80℃，加入铁屑，搅拌的条件下，用硫酸溶解沉淀物，控制终酸在15~20g/L，沉淀中的铊转入溶液并以低价形态存在：

$$2Tl(OH)_3 + 3H_2SO_4 \rule[0.5ex]{1em}{0.4pt}\!\rule[0.5ex]{1em}{0.4pt} Tl_2(SO_4)_3 + 6H_2O$$

$$Tl_2(SO_4)_3 + 2Fe \rule[0.5ex]{1em}{0.4pt}\!\rule[0.5ex]{1em}{0.4pt} 2FeSO_4 + Tl_2SO_4$$

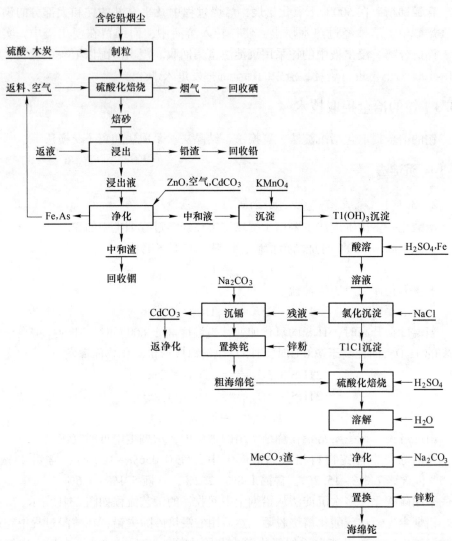

图 23-1　硫酸化—多次沉淀铊法的流程

过滤后向滤液中加入氯化钠，获得白色立方晶体的 TlCl 沉淀。

$$Tl_2SO_4 + 2NaCl \rule[0.5ex]{1em}{0.4pt}\!\rule[0.5ex]{1em}{0.4pt} 2TlCl\downarrow + Na_2SO_4$$

将 TlCl 沉淀和残液中回收的海绵铊合并一起，加入硫酸进行硫酸化焙烧，在焙烧过程中 TlCl 再次转化为硫酸盐：

$$2TlCl + H_2SO_4 \rule[0.5ex]{1em}{0.4pt}\!\rule[0.5ex]{1em}{0.4pt} Tl_2SO_4 + 2HCl$$

焙烧产物用水浸出，铊转入溶液。向溶液中加入碳酸钠使溶液中的 Zn^{2+}，

Cd^{2+} 及 Fe^{2+} 等杂质（以 Me 表示）以碳酸盐形态沉淀而除去：

$$MeSO_4 + Na_2CO_3 \Longrightarrow Na_2SO_4 + MeCO_3 \downarrow$$

在此过程中铊随碳酸盐沉淀损失不多，将净化除杂后的溶液用硫酸调节到含酸 2~5g/L，在 40~50℃ 下加入锌粉或锌片置换得到海绵铊：

$$Tl_2SO_4 + Zn \Longrightarrow ZnSO_4 + 2Tl \downarrow$$

海绵铊经压团，在 300~320℃ 下加碱熔炼，获得纯度超过 99% 的粗铊。在整个工艺过程中铊的回收率大于 65%。

23.3.1.2　氯化—沉淀法

从锌镉或铜镉渣中回收铊一般用氯化—沉淀法。该方法是以铊转化为 Tl_2SO_4 后，在饱和氯化钠溶液中以 TlCl 形态沉淀析出，使铊与其他杂质分离而富集的原理为基础。

A　某冶炼厂含铊物料组成

锌镉渣中含铊 18%，镉 54%，锌 4%，铅 0.5% 及痕量的铁。

B　工艺流程

氯化沉淀法工艺流程如图 23-2 所示。

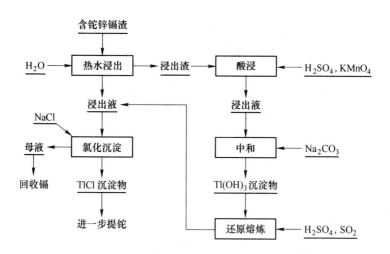

图 23-2　氯化沉淀法工艺流程

C　工艺过程

（1）在液固比为 3∶1 和反应温度为 60℃ 的条件下用热水浸出锌镉渣，渣中约有 60% 的铊溶解进入溶液中，浸出液中含铊约为 41g/L，剩余的铊留在浸出渣中：

$$Tl_2O + H_2O \Longrightarrow 2TlOH$$

（2）为了回收浸出渣中的残余铊，采用硫酸浸出残留在浸出渣中的铊。在

pH＝1，加入氧化剂（如高锰酸钾）的条件下，先将铊（1 价）氧化到铊（3 价），然后加入碳酸钠中和到 pH＝4.6，铊（3 价）形成 Tl(OH)$_3$ 析出。

将沉淀用硫酸溶解，铊转入溶液，通入 SO$_2$ 还原得到 Tl$_2$SO$_4$ 溶液：

$$2Tl(OH)_3 + H_2SO_4 + 2SO_2 = Tl_2SO_4 + 2SO_3 + 4H_2O$$

（3）合并步骤（1），（2）中得到的浸出液，向混合液加入饱和氯化钠溶液，并使温度小于 10℃，TlCl 结晶析出：

$$Tl_2SO_4 + 2NaCl = 2TlCl\downarrow + Na_2SO_4$$

（4）使用此方法铊的总回收率大于 90%，单耗为硫酸 69.5kg/kg 铊，锌粉 27.6kg/kg 铊，碳酸钠 15.4kg/kg 铊，氢氧化钠 6kg/kg 铊，SO$_2$ 44kg/kg 铊，高锰酸钾 3.5kg/kg 铊，氯化钠 9kg/kg 铊。

冷却结晶析出温度高于 10℃ 时，TlCl 会重溶。图 23-3 所示为 TlCl 溶解度与溶液中氯化钠浓度的关系。

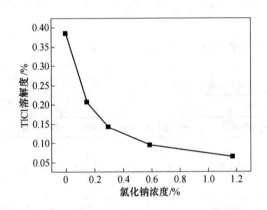

图 23-3　氯化钠浓度对 TlCl 溶解度的影响

从图 23-3 中可以看出，随着溶液中氯化钠浓度的增加，TlCl 的溶解度明显降低，这正是氯化—沉淀法的基础所在。

TlCl 结晶进一步提取铊。而氯化沉淀的母液中含镉 11g/L，含铊 1.4g/L，在综合回收镉的过程中应把所得含铊的副产物返回提铊系统中。从 TlCl 结晶中进一步提铊时将所得 TlCl 用硫酸溶解得 Tl$_2$SO$_4$ 溶液：

$$2TlCl + H_2SO_4 = Tl_2SO_4 + 2HCl\uparrow$$

如果滤液含重金属杂质，则加入碳酸钠除掉，然后用锌或铝置换铊，熔铸得 99.99% 的铊。

氯化沉淀法是一种经济实用的工业提铊工艺，铊的回收率可达到 80% ~ 85%，澳大利亚、苏联和中国均曾用此法回收铊。

23.3.1.3 碱浸—硫化沉淀法

碱浸—硫化沉淀法用于处理含铊铅烟尘或铜镉渣。在铅锌生产中的副产物铅烟尘和铜镉渣等含铊物料含铊0.01%~0.1%，其中一部分铊以硫化物形态存在，因而需要经过氧化焙烧，使其成为易于挥发的Tl_2O，Tl_2O易溶在碱液中。基于铊的这种性质发展出碱浸—硫化沉淀法。

A 含铊铅烟尘的组成

某铅锌厂含铊0.01%的铅烟尘在500~650℃下焙烧，得到的挥发物组成：含铊0.4%~1%，铅50%~60%，锌12%~16%，镉1.5%~2.5%。

B 工艺流程

碱浸—硫化沉淀法提取铊的工艺流程如图23-4所示。

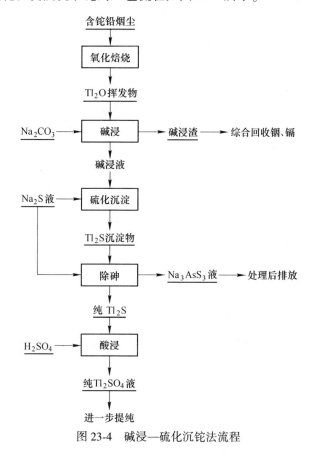

图 23-4 碱浸—硫化沉铊法流程

C 热碱浸出

热碱液在80~90℃浸出挥发物，终点控制在pH=8~10.5。在热碱浸出过程中，铊、锌和镉等基本上都进入碱液中：

$$Tl_2O + Na_2CO_3 + H_2O = Tl_2CO_3 + 2NaOH$$
$$Tl_2O + H_2O = 2TlOH$$

碱浸液中：铊 $0.6 \sim 0.65g/L$，镉 $150g/L$，锌 $150g/L$，砷 $0.35g/L$，氢氧化钠 $2g/L$。

在浸出过程中，控制 pH 值及其重要，在 pH $= 8 \sim 10.5$ 区间内铅、镉、锌、砷等杂质进入溶液的量最少，而铊的溶解度与 pH 值变化无关。当 pH 值小于 8.5 时，料中砷和铅基本不溶解，而锌和镉却能大量溶解；当 pH 值大于 10.5 时，镉不溶解，而锌、铅、砷大量溶解。

D　硫化沉淀

将碱液加热到 90℃，加入质量为物料重 5% 的 Na_2S，溶液中大多数组分形成硫化物沉淀，其中 85% $\sim$ 90% 的铊生成硫化物沉淀析出。

$$Tl_2CO_3 + Na_2S = Tl_2S\downarrow + Na_2CO_3$$
$$2TlOH + Na_2S = Tl_2S\downarrow + 2NaOH$$

沉淀物含铊 71%，锌 3.5%，镉 3.5%，砷 7% $\sim$ 10%。由于沉淀物中含砷过高，所以在硫化沉淀时，应添加过量 Na_2S，使砷形成多硫化物溶于溶液中除去。

$$As_2S_3 + 3Na_2S = 2Na_3AsS_3$$

除砷后的沉淀物含铊量提高到 76% $\sim$ 78%，其中残留的砷降到 0.1% $\sim$ 0.2%。在液固比 20：1，反应温度 90℃，反应时间 2 $\sim$ 3h 的条件下，用锌电解废液浸出此沉淀，96% $\sim$ 97% 的铊转入溶液中，其他物料的硫化物沉淀则不溶解：

$$Tl_2S + H_2SO_4 = Tl_2SO_4 + H_2S\uparrow$$

碱浸—硫化沉淀法处理铊的总回收率约为 75% $\sim$ 80%。该方法的优点是集中在一道作业工序内除砷，并能综合回收物料中的其他有价金属；该方法的缺点是工艺流程长、焙烧作业中损失金属多、回收率低。

23.3.1.4　水浸出—沉淀法

A　含铊烟尘的组成

该方法用于处理铅锌精矿烧结产出的烟尘，其化学成分见表 23-9。

表 23-9　铅锌精矿烧结产出烟尘的化学成分

组成	Tl	Pb	Cd	Zn	Fe	Cu	As	Sb
含量/%	0.029	52.34	6.34	3.12	0.97	0.052	0.48	0.058

B　工艺流程

水浸出—沉淀法提取铊的工艺流程如图 23-5 所示。

C　热水浸出

热水浸出条件为：温度 90 $\sim$ 95℃，浸出时间 2h，液固比 5：1，搅拌速度 120r/min。浸出结果见表 23-10。

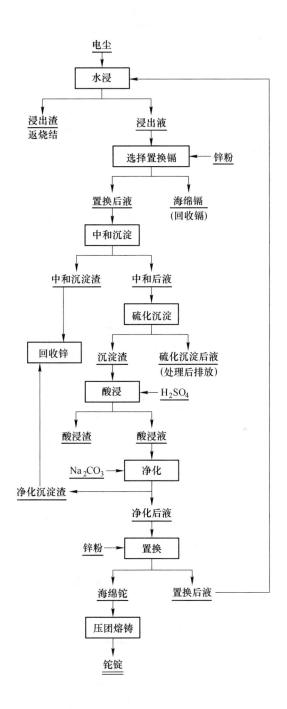

图 23-5　水浸出—沉淀法回收铊工艺流程

表 23-10　烟尘浸出结果

编号	浸出液/g·L⁻¹		浸出渣成分/%		液计浸出率/%	
	ρ_{Tl}	ρ_{Cd}	$w(Tl)$	$w(Cd)$	Tl	Cd
1	0.18	8.54	0.018	3.12	84.81	60.23
2	0.16	7.77	0.021	3.07	82.90	60.75
3	0.20	9.70	0.016	2.95	86.96	62.21

由表可见，铊的浸出率为 82%～87%，镉的浸出率为 60%～63%。

D　置换除镉

采用锌粉或锌片选择性置换除去溶液中的镉。置换反应在浸出槽中进行，反应温度 45～50℃，反应时间 50min，控制锌粉或锌片加入量为理论置换镉量的 85%，实际是 90% 以上的镉被置换。

E　中和沉淀

采用中和沉淀法分离净化置换镉后液中的杂质，包括镉、锌、铁、铜、铅和锑。根据上述杂质的析出沉淀的 pH 值不同，控制溶液 pH=9～10，能够有效地除去置换镉后液中的杂质，而使铊留在溶液中。

中和沉淀除杂条件为：在置换镉后液中边搅拌边加入氢氧化钠，控制溶液 pH=9～10，静置 1h，过滤。所得中和沉淀渣成分和中和后液成分见表 23-11。

表 23-11　中和沉淀渣成分和中和后液成分

组　分	Tl	As	Cd	Zn	Pb	Sb	Cu	Fe
中和沉淀渣含量/%	0.23	0.021	14.21	30.56	0.006	0.0025	0.003	—
中和后液成分/mg·L⁻¹	170	0.1	0.81	4.5	4.8	—	—	2.1

F　硫化沉淀

烟尘水浸液经选择置换镉及中和沉淀处理后，溶液中杂质的含量已经降至很低水平，铊的含量为 0.15～0.2g/L，采用 Na₂S 沉淀法富集铊。

硫化沉淀工艺条件：将中和后液升温到 60～70℃，在搅拌下缓慢加入 Na₂S，反应时间 40min，99% 以上的铊生成硫化物沉淀。澄清后过滤，滤渣即为铊精矿，结果见表 23-12。

表 23-12　硫化沉淀结果

编号	中和后液/mg·L⁻¹			沉淀后液/mg·L⁻¹			铊精矿/%			铊沉淀率/%
	ρ_{Tl}	ρ_{Cd}	ρ_{Zn}	ρ_{Tl}	ρ_{Cd}	ρ_{Zn}	$w(Tl)$	$w(Cd)$	$w(Zn)$	
1	170	0.381	4.5	1.2	0.97	2.6	24.91	2.7	7.85	99.36
2	180	1.2	5.6	2.1	0.63	2.35	26.82	2.94	9.25	99.20

23.3.2 置换法

置换法提取铊主要用于处理含铊的铅烟尘。置换法是在铊转入溶液后，用锌粉置换得到海绵铊，是早期提取铊的方法。

23.3.2.1 硫化沉淀—置换法

硫化沉淀—置换法是国内外通用的提取铊的工艺。其工艺流程如图 23-6 所示。

该方法是向含铊原料加入硫酸，并通入二氧化硫进行还原酸浸或者经过硫酸化焙烧后酸浸，使料中的铊以 Tl_2SO_4 形态转入溶液中，原料中 60%~70% 的铊转入溶液。然后根据溶液中重金属杂质情况加入碳酸钠进行净化除杂。除杂后的溶液在温度 50~60℃ 加入 Na_2S 进行硫化沉淀铊的反应：

$$Tl_2SO_4 + Na_2S = Na_2SO_4 + Tl_2S\downarrow$$

但在此操作过程中也会形成砷的沉淀：

$$As_2S_3 + 3Na_2S = 2Na_3AsS_3\downarrow$$

接下来用 30% 的硫酸锌或硫酸溶液浸出得到硫化物沉底，使铊转入溶液：

$$Tl_2S + H_2SO_4 = Tl_2SO_4 + H_2S\uparrow$$

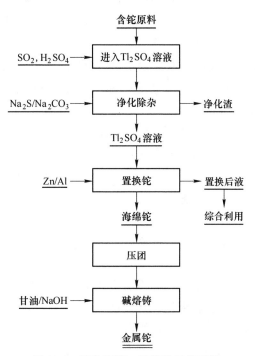

图 23-6 硫化沉淀—置换法工艺流程

由于用硫酸浸出时会产生有毒的硫化氢气体，所以作业过程必须在通风良好的负压下进行。

硫化物沉淀溶解后需经过滤，利用比铊电极电位更负的金属将铊置换出来，如滤液用锌片或 Ga-Zn 合金片置换得到海绵铊。置换条件是：溶液 pH 值为 1.5~2.5，置换时间为 4~6h，在 30~100℃ 条件下置换率大于 95%，获得含铊大于 99% 的海绵铊，将海绵铊置于水中防止氧化，压团至含水 10% 以下，放入电炉中，覆盖氢氧化钠或甘油熔炼，铸锭得 99.9%~99.99% 的金属铊，再用稀硫酸溶液洗去铊表面的碱渣得到铊。该方法的缺点是总回收率不到 40%。

23.3.2.2 碱熔炼—置换法

A 碱熔炼挥发

含铊铅烟尘混合苏打、碳和铜屑，在反射炉中进行碱熔炼。熔炼过程中物料中的铊挥发进入烟尘中，收集烟尘用硫酸浸出得到 Tl_2SO_4 溶液。

B　铬盐沉淀

向 Tl_2SO_4 溶液加入 Na_2CrO_4 或 K_2CrO_4 沉淀铊，在调节溶液酸度到 $3\sim4g/L$ 硫酸时便生出铊的铬酸盐沉淀。

$$Tl_2SO_4 + Na_2CrO_4 =\!=\!= Tl_2CrO_4\downarrow + Na_2SO_4$$

C　锌粉置换

Tl_2CrO_4 沉淀分别经两次硫酸分解和两次锌粉置换处理。

（1）第一次硫酸分解。在温度 90℃ 的条件下，用浓度为 20% 的硫酸分解沉淀，分解后的溶液用锌粉置换，得到粗铊，送第二次溶解。

（2）第二次硫酸分解。用浓度为 20% 的硫酸分解粗铊，分解时间约为 $1\sim2h$，过滤所得的含铊滤液在置换前用 Na_2S 净化除去重金属杂质，再次用锌粉置换。第二次置换产出的海绵铊在 320℃ 下加碱熔炼可得到纯度为 99.99% 的铊。

D　工艺流程

铬盐沉淀—置换法工艺工艺流程如图 23-7 所示。

铬盐沉淀—置换法实用简单，富集比大，但回收率低。其发展取决于铬盐价格和环境保护等因素的影响。

23.3.2.3　还原浸出—置换法

该方法适用于处理高锌富铊物料。

A　还原酸浸

在含铊物料中加入 Na_2SO_3 或通入 SO_2 作为还原剂，同时用酸浸出处理，物料中的铊转入溶液中。过滤后向滤液中加入 Na_2CO_3，调整溶液 $pH = 9\sim11$，静置 60min，使杂质以碳酸盐的形态沉淀析出而除去。

B　置换—碱熔炼

向富含铊的溶液加入 Na_2SO_3 脱铅，将除铅后滤液调 $pH = 2.5$，加入锌粉置换得海绵铊。

$$Tl_2SO_4 + Zn =\!=\!= ZnSO_4 + 2Tl\downarrow$$

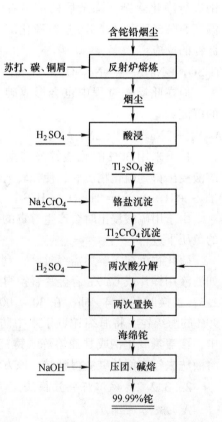

图 23-7　铬盐沉淀—置换法工艺工艺流程

将海绵铊压团，在350℃下用碱熔炼铸锭，得到纯度为99.99%的铊。还原浸出—置换法过程中物料组分的变化见表23-13。

表23-13　还原浸出—置换过程中物料组成

原料及产物	Tl	Zn	Pb	Cd	As
原料/%	30.4	0.4~0.5	17.8	1.4	0.2
还原浸出液/g·L^{-1}	15.4	34.7	5.6	30.2	—
钡盐脱铅后液/g·L^{-1}	14.2	0.019	0.0004	0.003	0.013

23.3.3　酸浸—结晶法

23.3.3.1　工艺流程

该方法主要用于提取铅鼓风炉烟尘中的铊。铅鼓风炉烟尘中的铊主要以Tl_2O形式存在，但还有一部分以硫化物形态存在。铊的硫化物采用氧化焙烧转化为氧化物后，采用硫酸浸出—结晶法提取铊。

图23-8所示为硫酸浸出—结晶法提取铊的工艺流程图。该方法缺点是流程长，氧化焙烧和酸浸时铊的回收率低。

23.3.3.2　硫酸浸出

氧化烟尘含铊0.3%~1%，用浓度为20%的硫酸溶液浸出，反应温度为60~70℃，浸出过程中铊进入溶液。

23.3.3.3　冷却结晶

将含铊溶液冷却到15~20℃，溶液中90%的铊以$TlCl·CdCl_2$形态结晶析出，$TlCl·CdCl_2$结晶用热水分解得到$TlCl$晶体沉淀：

$$TlCl·CdCl_2 = TlCl + CdCl_2$$

23.3.3.4　焙烧—置换

$TlCl$结晶经过硫酸化焙烧获得含28%~32%淡黄色疏松的硫酸铊。

$$TlCl + H_2SO_4 \longrightarrow Tl_2SO_4 + HCl$$

焙烧产物经球磨浆化后水浸，过滤后的溶液在80℃下加入Na_2CO_3除杂质，随着杂质碳酸盐沉淀损失的铊约10%~15%。

净化后的溶液用锌粉置换得到海绵铊，海绵铊经压团、碱熔炼（约10%~12%的铊进入碱浮渣），得到纯度为99.97%的铊。

23.3.4　真空蒸馏法

真空蒸馏法基于金属件沸点与蒸气压的差异，使铊与杂质金属分离而综合回

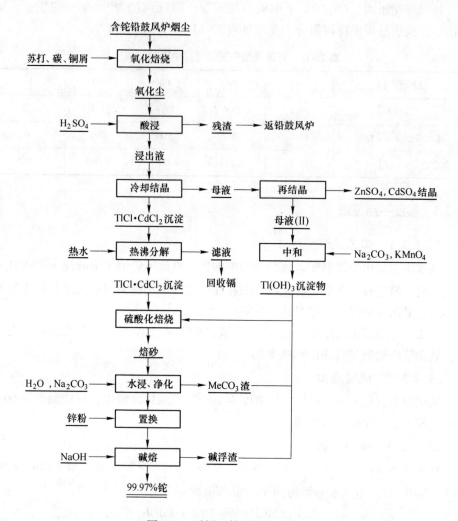

图 23-8　酸浸—结晶法提铊流程

收铊。在真空中使含铊的铜镉渣、锌镉渣中的铊转入 Pb-Tl 合金，然后采用电解法回收铊，而镉与锌在真空蒸馏中挥发而综合利用，此工艺具有综合回收与环保好的优势。

　　另外，对于含以金属态形式存在的铟和铊的挥发物，在真空蒸馏过程中，由于铊的沸点比铟的沸点低，而且相差很大，导致在相同的温度下铟的挥发率低，铊的脱除率高。在控制蒸馏温度 950℃ 、恒温 40min 的条件下，即可使以金属态形式存在的铟和铊的挥发物中的铊的含量为 0.0006%，而铟的挥发率仅为 2.14%。整个提纯过程中无化学试剂污染，不会生成一些难于处理的化合物或络合物，同时有利于有害气体的监控，有利于铟和铊的进分离回收。

23.3.5 酸浸—萃取法

相对于沉淀法、结晶法和置换法，溶剂萃取法具有流程短、富集率高和回收率高的优势。

溶剂萃取是广泛采用而有效地铊分离富集手段之一，国内外对铊的溶剂萃取技术研究较多，常见萃取体系有螯合物萃取体系和离子缔合物萃取体系两种主要类型。表 23-14 列出螯合物萃取和离子缔合物萃取体系的研究实例。

表 23-14 螯合物萃取体系和离子缔合物萃取体系的研究实例

萃取体系	萃取剂	铊离子	水相条件/有机相	最大回收率/%	优缺点
A	AA	T1 (3 价)	pH 值: 2 ~ 10/(0.1mol/LAA- 苯)	100	萃取快速
	HTTA	T1 (1 价)	pH = 7/ 苯	>95	pH 值小于 7 稳定,
		T1 (3 价)	pH = 4/ 苯	100	pH 值大于 9 易分解
	HO_x	T1 (1 价)	pH 值: 12/(0.05mol/L HO_x-$CHCl_3$)	60	可进行多元素分离,
		T1 (3 价)	pH 值: 3/(0.01mol/L HO_x-$CHCl_3$)	100	但其见光易分解
	HCup	T1 (1 价)	pH 值: 7 ~ 11.5/$CHCl_3$	约 50	
	BPHA	T1 (1 价)	pH 值: 11/(0.1mol/L BPHA-$CHCl_3$)	约 90	水溶液稳定性差其稳定性强, 选择性差
		T1 (3 价)	pH 值: 4(0.1mol/L BPHA-$CHCl_3$)	约 100	
	D_2Dz	T1 (1 价)	pH 值: 11 ~ 14.5/$CHCl_3$	80	强光或高温中易分解, 易受强氧化剂破坏
		T1 (3 价)	pH 值: 9 ~ 12/CCl_4	可萃取	
			pH 值: 3 ~ 4/CCl_4	可萃取	
	DDTC	T1 (1 价)	pH 值: 5 ~ 13/CCl_4	100	固定较稳定, 水溶液在碱性介质中较稳定, 酸性介质中快速分解
			pH 值: 9 ~ 12/$CHCl_3$	100	
		T1 (3 价)	pH 值: 4 ~ 11/(CCl_4/$CHCl_3$)	100	
			pH 值: 9 ~ 10/MIBK	定量	
	HDEHP	T1 (1 价)	(0.01mol/L $HClO_4$)/ 庚烷	<1	化学稳定性好
		T1 (3 价)	(0.1 ~ 0.5mol/L $HClO_4$)/ 庚烷	约 100	
	APDC-DDTC	T1	pH 值: 3 ~ 5/(MIBK-TTA)	93~104	可满足多元素组分
B	APDC	Tl	pH 值: 3 ~ 9/MIBK	约 95	简便实用
	结晶紫	$[TlBr_4]^-$	(0.6mol/L H_2SO_4)/TTA	98	萃取快速, 稳定性强
		$[Tl(SCN)_4]^-$	(0.12 ~ 0.36mol/L H_2SO_4)/ 乙醚	96~105	萃取快速, 稳定性较强
	乙基紫	$[TlBr_4]^-$	(0.3m ~ 0.5mol/L H_2SO_4)/TTA	约 100	

萃取体系		萃取剂	铊离子	水相条件/有机相	最大回收率/%	优缺点
B	B1	丁基罗丹明 B	$[TlBr_4]^-$	2%H_2SO_4/TTA	94～105	简便，选择性好
		亚甲基蓝	$[TlCl_4]^-$	（0.4mol/L HCl）/二氯乙烷	92～95	选择性好，稳定性强
		亮绿	$[TlCl_4]$	（5mol/L HCl）/二异丙基醚	＞95	选择性好
		焦宁 G	$[TlCl_4]$	（10mol/L H_2SO_4）/苯	94～102	选择性好
		TOA	$[TlCl_4]$	（0.1～1.0mol/L H_2SO_4）/甲苯	约100	萃取快速，但价格昂贵
		TAB_194	$[TlCl_4]$	（1.0mol/L HCl）/TAB_194	约99	体系受酸度影响大
	B2	乙醚	$[TlBr_4]^-$	（1.0mol/L HBr）/乙醚	96～105	简单、快速，但乙醚有毒、易挥发，有损身体健康
			$[TlCl_4]^-$	（6.0mol/L HCl）/乙醚	＞95	
		异丙醚	$[TlBr_4]$	（5.0mol/L HBr）/异丙醚	99	价廉，选择性好，萃取速度慢
			$[TlBr_4]$	（0.1mol/L HBr）/MIBK	＞90	
		MIBK	$[TlBr_4]$	（20%HCl-30%KI）/MIBK	98～102	
			$[TlCl_4]^-$	（3mol/L H_2SO_4-0.2kg /KI）/MIBK	定量	
			$[TlI_4]^-$			
		TTA	$[TlCl_4]^-$	（1.5mol/L HCl）/TTA	约100	简便，快速，选择性好
			$[TlBr_4]^-$	（1.0mol/L HBr）/TTA	约100	稳定性强，萃取率高
		乙酸乙酯	$[TlCl_4]^-$	（6%HCl-4%H_3PO_4）/乙酸乙酯	97～105	体系稳定
	B3	TBP	Tl（3价）	（5mol/L HCl）/（苯-20% TBP）	＞99	萃取率高，不形成乳浊液
		TPPO	Tl（3价）	（0.5～0.7mol/L HCl）/（甲苯-5% TPPO）	＞99	化学稳定性好，用盐析剂
		T_2EHP	Tl（3份）	pH：3.5/（甲苯-45% T_2EHP）	＞99	不用盐析剂抗干扰强
		TPASO	Tl（3价）	pH：3.3/（甲苯-0.3% TPASO）	约99	快速准确，体系稳定
		$DC_{18}C_6$	Tl（1价）	LiP_2O_7/（甲苯-$DC_{18}C_6$）	＞90	选择性高
		乙醚 2222	Tl（1价）	（pH6.5 四碘荧光素）/$CHCl$	100	

注：A—螯合物萃取体系；B—离子缔合物萃取体系；B1—络阴离子缔合萃取体系；B2—溶剂化合物萃取体系；B3—冠状化合物萃取体系；AA—乙酰丙酮；HTTA—噻吩甲酰三氟丙酮；HO_x—羟基喹啉；HCup—铜铁试剂；BPHA—苯甲酰-N-苯胺；H_2Dz—双硫腙；DDTC—二乙基二硫代氨基甲酸钠；HDEHP—二-（2-乙基己基）磷酸；APDC—吡咯烷荒氨酸；TAB_194—庚基-辛基-二（乙醇胺）；TOA—三辛胺；MIBK—甲基翼丁基酮；TTA—乙醇异戊酯；TBP—磷酸丁酯；TPPO—三苯基氧化磷；T_2EHP—三-（2-乙基己基）磷酸；TPASO—氧化三苯砷；$DC_{18}C_6$—二环己烷-18-冠-6。

23.3.5.1 硫酸浸出—P204 萃取法

在硫酸锌溶液净化过程中产出的铜镉渣，一般含铊在 1‰到百分之几，铜镉渣是回收镉的原料，镉的提取通常是将镉转入溶液中，用电解法制备金属镉。在电解镉时，必须将溶液中的铊预先除去，否则只要电解液中含铊超过 0.3g/L，就会使电解镉表面变黑，同时会导致电流效率降低到 50% 以下。一般情况下，镉电解液中的铊采用萃取法分离净化。

A 工艺流程

典型的酸浸—萃取法提取铊的工艺流程如图23-9所示。

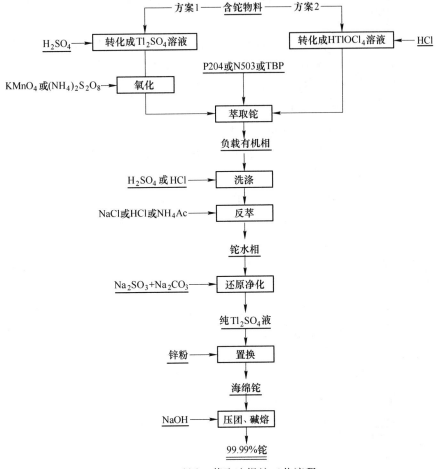

图 23-9 酸浸—萃取法提铊工艺流程

B 浸出—预处理

采用硫酸浸出含铊的铜镉渣，得到含铊0.14g/L、锌108g/L和镉94g/L的硫酸盐溶液。首先在50~60℃下用（NH₄）₂S₂O₈ 将铊（1价）氧化到铊（3价）：

$$Tl_2SO_4 + 2(NH_4)_2S_2O_8 \longrightarrow Tl_2(SO_4)_3 + (NH_4)_2SO_4$$

向过滤后的溶液加入 Na₂CO₃，使锌和镉以碳酸盐形态沉淀除去，然后将溶液冷却至室温。

C 溶剂萃取

有机相组成：0.3mol 的 P₂O₄/煤油，相比（油/水）：1/10，洗涤液：15g/L 硫酸溶液，反萃液：25%NaCl（有时加入 Na₂SO₃）的溶液（P₂O₄ 的代表式为

H_2A_2)。

萃取反应：

$$Tl^{3+}(a) + 3[H_2A_2](O) \longrightarrow [TlA_3 \cdot 3HA](O) + 3H^+(A)$$

反萃反应：

$$[TlA_3 \cdot 3HA](O) + 4NaCl(A) + 3H_2O \longrightarrow 3[H_2A_2](O) + 3NaOH(A) + NaTlCl_4(A)$$

反萃相含铊 14~27g/L，经净化后置换得高品位的海绵铊。

硫酸浸出—P204 萃取法需要将铊（1 价）氧化到铊（3 价），而铊（3 价）极不稳定，应考虑选择萃取铊（1 价）最好。

23.3.5.2　还原挥发—N503 萃取法

本方法用于处理含铊的铅烧结尘，铅烧结尘含铊 0.02%~0.05%。

A　还原挥发

在反射炉内于 600~700℃下还原挥发，获得含铊 3%~7%的挥发物，挥发物中还含有硒 0.54%、碲 0.15%、砷 5%~12%、锌 1%~5%、铅 18%、铜 2%、镉 1%~2%。

在温度 90℃，硫酸浓度为 1.2~1.5mol/L 的条件下，浸出挥发物，原料中的铊转入溶液。

B　萃取

向溶液中加入 MnO_2，将铊（1 价）氧化到铊（3 价），再加入 NaCl 调整 Cl^- 离子浓度达到一定量后，用 N503 萃取铊。溶液中的铜、锌、镉及砷等杂质离子不被萃取，仅少量铁被萃取。

用盐酸洗涤负载有机相，进一步除去杂质，然后用 1.5mol/L 的 NH_4Ac 反萃，所得的铊水相按前述方法处理得纯度 99.99%的金属铊，铊的回收率 80%~85%。

23.3.6　离子交换法

离子交换法是岩矿、土壤、天然水中痕量铊分离富集及环境中铊嘉泰分析时的重要手段，富集倍数可达到 $10^3 \sim 10^4$。铊（1 价）与阳离子交换树脂的亲和力大于碱金属，小于银离子，其顺序为：

$$Ag^+ > Tl^+ > Cs^+ > Rb > NH_4^+ > K^+ > Na^+ > H^+ > Li^+$$

铊（1 价）在柠檬酸、EDTA（乙二胺四乙酸）、甘氨酸、邻苯二酚-3，5-二磺酸、酒石酸、草酸和焦磷酸钠溶液中（pH=3~5）均不形成络合物，能被阳离子交换树脂吸附，可实现与汞、铋、铜、铅、锌、镉、铁和锑等元素分离。

在碱性溶液中，铊呈阳离子状态被交换树脂吸附，锑则以 SbO_3^{2-}（或 SbO_2^-）阴离子保留在溶液中，若在溶液中加入酒石酸、柠檬酸或草酸，则铊可以与更多元素分离。

阴离子交换树脂用于富集痕量铊具有很好的选择性，因为铊（3价）和少量的微量元素能形成稳定的可被阴离子交换树脂强烈吸附的 $[XCl_4]^-$ 络合阴离子。如在 HNO_3-HBr 介质中，以适量饱和溴水为氧化剂，亚硫酸做脱附剂，可与 Cu^{2+}，Pb^{2+}，Zn^{2+} 和 Fe^{3+} 等离子分离。

阴离子交换树脂可用于土壤中痕量铊、地质矿物或陨石中铊同位素测定时的分离富集，也是环境中铊分析时重要的预富集手段。

例如，在研究水中铊的价态时，先在 pH = 1.8 的 HNO_3 溶液中，用 Chelex-100 交换富集铊，铊以 $[TlCl_4]^{2-}$ 形式被选择性吸附，然后利用 14% 的 HNO_3 溶液洗涤，因为 Tl^+ 不能形成稳定的络合阴离子在此过程中不被吸附，Tl^+ 和 Tl^{3+} 的回收率分别为 92.3% 和 98.6%。

铊及其化合物一般具有毒性，离子交换法提铊在技术和环保方面有很大的发展前景。

23.3.7 液膜法

液膜法主要处理稀溶液中铊的提取。铜、铅、锌等有色金属冶炼中排放出的含铊烟尘、炉渣和酸浸渣中，铊的含量往往较低，浸入溶液中的浓度更低。采用液膜法可以避免多次富集，既简化工序，又减轻污染。

采用仲辛醇（简称 SOA）为流动载体、L113B（双烯基丁二酰亚胺）为表面活性剂、液体石蜡为膜的增强剂、磺化煤油为膜的溶剂和（NH_4）SO_4 水溶液为内相试剂组成的液膜体系，外相以 2mol/LHCl 作为介质，提取料液中的铊。铊的提取（富集）率在 94% 以上。

23.3.7.1 制乳

取 SOA、L113B、液体石蜡和磺化煤油，按体积分数为 10%、4%、3% 和 83% 分别置于制乳器中。充分混合均匀后，缓慢加入与有机相等体积的（NH_4）SO_4 水溶液，以 2700r/min 高速搅拌 16min，制成油包水的液膜。

23.3.7.2 富集

取料液（或试液）置于分离器中，加入 NaF 水溶液，加入 HCl 调节料液为 2mol/L HCl，加入上述液膜 80mL，以 300r/min 搅拌 10min，静置分层。上层是有机相（返回制乳器仍可继续制乳），下层是含有 Tl^+ 的水溶液。

23.3.7.3 液膜提取

A SOA 用量与铊的提取（富集）率

图 23-10 显示了 SOA 用量与铊的提取（富集）率的关系。

从图 23-10 中可以看出，SOA 用量为膜相的 7%～11%（体积分数），铊的提

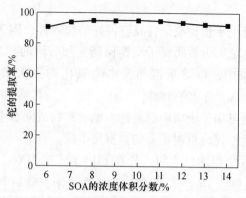

图 23-10　SOA 用量对铊的提取（富集）率的影响

取（富集）率较高；SOA 用量较稀或过浓都不利于提高铊的提取（富集）率。

　　B　酸度的影响

　　图 23-11 显示了酸度与铊的提取（富集）率的关系

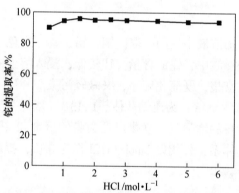

图 23-11　酸度对铊的提取（富集）率的影响

　　从图中可见，外相料液的酸度为 1~6mol/L HCl，铊的提取（富集）率都在 94% 以上。用 HCl 做介质使用范围大，效果较好。

　　选用的液膜体系稳定、破乳容易，可选择性提取（富集）铊。提取出的含铊水溶液，仅需加热、置换等处理工序，即可得到高纯金属铊，其纯度在 99.5% 以上。

23.3.8　高纯铊的制备

　　由于高纯铊在电子工业应用广泛，产品需求量大，导致价格一直上涨，可获取的利润大，因此，很大一部分金属铊用于制备高纯铊。制备纯度在 99.999% 以上的金属铊主要有以下方法。

　　（1）电解法。将纯度为 99.99% 的金属铊用高纯稀硫酸溶解，硫酸溶液按硫酸：去离子水＝1：3 配制，铊溶解生成 Tl_2SO_4。利用 Tl_2SO_4 在水中溶解度不大的特性，重结晶 1~3 次，除去水溶性的金属杂质，获得 Tl_2SO_4 纯度在 99.999% 以上。

将 Tl_2SO_4 造电解液：Tl 30 ~ 125g/L，H_2SO_4 70 ~ 80g/L，控制电解温度为 55~60℃，电流密度为 20~50A/m²，电解 1~2 次，制得 99.999% 的金属铊。

另一种电解法是在 NH_4OH 60g/L、NH_4Cl 90g/L 的碱性电解液中将金属铊电解，可制得 99.999% 的铊。然后用该金属铊制成高氯酸铊溶液，配制电解液成分 $TlClO_4$ 40 ~ 70g/L，$NaClO_4$ 60 ~ 120g/L，在电流密度为 30 ~ 60A/m² 电解制得 99.9999% 纯度的高纯铊。

（2）区域熔炼及拉晶法。将电解铊铸锭，在氮气保护下，控制熔区温度为 300 ~ 305℃，移速为 20 ~ 60mm/h，往复 5 ~ 20 次。或者使用拉晶法提纯：温度 305℃，拉速 60mm/h。采用电解—区熔（或拉晶）的工艺组合，可稳定获得纯度为 99.9999% 的高纯铊。

23.4 铊材料与应用市场

23.4.1 高温超导膜材料

高温超导薄膜在液氮温区的围脖表面电阻极小，只有铜的几十分之一，用铊制成的无源微波器件具有极低的插入损耗和极高的品质因子。与正常导体相比，高温超导薄膜器件的性能呈数量级的提高，而功率损耗、体积和重量呈数量级降低。此外，高温超导的磁场穿透深度与频率无关，可用来构造无色散的传输结构，设计出利用正常导体难以得到的器件。在通信卫星中，采用高温超导薄膜制备的无源微波器件，不仅可以提高器件的性能，而且能够使其体积、重量和功率损耗减小；同样利用高温超导薄膜制备的无源微波器件，在雷达、导弹、电子对抗等军事设备的接收系统中，可以得到广泛的应用。

在众多的高温超导材料中，以 Y 系和 Tl 系两类的制备技术最为成熟，在大面积超导薄膜研究中也最多。相比于 Y 系超导材料约 90K 的临界温度而言，Tl 系材料具有更高的临界温度（高于 100K）和更好的稳定性，特别是对潮湿环境的抵抗力好，多次冷热循环后薄膜性能变化小，因而能有效提高器件的可靠性。

23.4.2 CsI (Tl) 晶体材料

铊激活碘化铯 CsI (Tl) 晶体具有较高的密度、较高的闪烁光产额、较高的辐照强度、相对低廉的价格和易加工等优点，其光输出具有与波探测粒子性质相关的快、慢两种成分，可直接通过脉冲形状甄别来实现粒子鉴别的特点，因此在核物理和成像等领域中被广泛应用。

23.4.3　铊的市场概况

由于铊及其化合物有毒，世界各国在农药方面的用铊量急剧减少，现多用于电子工业，如美国用铊做超导材料制造磁悬浮列车、医学临床诊断冠状动脉症的心血管电图仪等；日本用铊作为核屏蔽材料。目前铊的应用没有取得突破性进展，产量少，全球每年产铊量为 10~15t，年消费量约为 10~12t，其中 70% 左右为高纯铊。

世界铊资源丰富的中国、哈萨克斯坦等国家，对铊的下游产品应用不多，大多以原料形式出口；而掌握大量高新技术的国家，如美国、日本、欧洲国家的铊资源并不丰富，但消费数量大，多为电子工业所需的高纯铊，大部分依靠进口。这种格局使近年来国际铊市场变得越来越活跃，价格也随之大幅攀高。高纯铊的价格从 2005 年的 1900 美元/kg，快速飙升到 2006 年的 4650 美元/kg，而且尽管 2008 年全球经济陷入低迷状态，但由于流动性资金充裕，有色金属升值很快，再加上部分企业拥有先进技术能产出高纯铊，因此价格不但没有受到冲击，反而扶摇直上，至 2010 年已接近 6000 美元/kg。随着铊工业的技术进步和下游应用领域的拓展，铊市场供过于求状态逐步改变。受需求的拉动和生产成本的支撑，预计今后铊及其制品的国际价格仍会继续攀升。

据美国地质矿产调查局资料，全球铊贸易主要集中在中国、美国、法国、英国、俄罗斯、日本、比利时等 7 个国家，其中中国、日本、法国三国的铊进出口贸易较为活跃。近 3 年出口铊较多的国家是日本和英国，进口较多的国家是中国、美国和日本。受环保、生产成本等因素影响，中国铊生产已经很少，进口量逐年上升。

据不完全统计，目前世界上主要的铊生产厂家有哈萨克斯坦铜业公司（Kazakhmys，PLC）的 Nikolayevsky 选矿厂、Kazzinc 有限责任公司及阿克陶冶炼厂（Aktau complex）；日本的日本矿业金属公司、三井金属矿业公司和住友金属矿山公司（Sumiomo Metal Mining Co.，Ltd.）；德国的杜伊斯堡铜冶炼厂和美国熔炼与精炼公司等。

参 考 文 献

[1] 周令治. 稀散金属冶金 [M]. 北京：冶金工业出版社，1988.

[2] 周令治，邹家炎. 稀散金属手册 [M]. 长沙：中南工业大学出版社，1993.

[3] 中国有色金属工业总公司. 有色金属进展. 第28篇. 稀散金属 [J]. 广州有色金属研究院，1984：1-93.

[4] 中国有色金属工业总公司. 有色金属进展. 稀有金属与贵金属. 第八册稀散金属 [M]. 长沙：中南工业大学出版社，1995：325-367.

[5] 涂光炽，高振敏，胡振忠，等. 分散元素地球化学及成矿机制 [M]. 北京：地质出版社，2004.

[6] 刘英俊，曹励明，李兆麟，等. 元素地球化学 [M]. 北京：地质出版社，1977.

[7] 全国第六届稀散金属学术会议论文集. 辽宁大学学报. 1999，2：1-112.

[8] 周令治，陈少纯. 稀散金属当前态势 [J]. 材料研究与应用，2007，1（2）：1-69.

[9] 有色金属进展编委会. 有色金属进展. 第五卷 稀有金属. 第八册 稀散金属 [M]. 长沙：中南大学出版社，2007.

[10] 周令治，邹家炎. 稀散金属近况 [J]. 稀有金属与硬质合金，1994（1）：3-41.

[11] 周令治 邹家炎. 稀散金属近况 [J]. 稀有金属与硬质合金，1994（2）：34-45.

[12] 周令治，邹家炎. 稀散金属近况 [J]. 稀有金属与硬质合金，1994（3）：58-62.

[13] 国土资源信息中心. 世界矿产资源年评2001~2002 [M]. 北京：地质出版社，2003.

[14] 《中国冶金百科全书》编辑部. 中国冶金百科全书. 有色金属冶金 [M]. 北京：冶金工业出版社，1999.

[15] 刘新锦，朱亚先，高飞. 无机元素化学 [M]. 北京：科学出版社，2005.

[16] 秦大甲. 光纤技术及其军事应用 [J]. 光纤与电缆及其应用，1999（5）：7-15.

[17] 张洪森. 我国光纤光缆市场的前瞻及线缆企业的应对策略 [J]. 光纤光缆传输技术，2005（1）：13-15.

[18] 谭生树. 激增的市场与全球光纤短缺 [J]. 光纤光缆传输技术，2001（1）：13-15.

[19] 任学民. 世界光纤产业走势 [J]. 光纤与电缆及其应用，2002（2）：42-44.

[20] 《有色金属提取冶金手册》. 稀有高熔点金属 [M]. 北京：冶金工业出版社，1999.

[21] 张新安，张迎新. 把"三稀"金属等高技术矿产的开发利用提高到战略高度 [J]. 国土资源情报，2011（6）：2-7.

[22] 李宪海，王丹，吴尚昆. 基于美国、欧盟等关键矿产名录的思考 [J]. 中国矿业，2014，23（4）：30-33.

[23] 曹庭语. 日本稀有金属保障战略 [J]. 国土资源情报，2011（4）：42-46.

[24] 张忠，龙江平，张宝贵. 中国科学院矿床地球化学开放研究实验室年报 [C]. 北京：地震出版社，1992：185-190.

[25] 周令治. 稀散金属手册 [M]. 长沙：中南工业大学出版社，1993：364-366.

第五篇 硒 碲 冶 金

24 硒、碲的性质、资源及用途

24.1 硒的主要性质

硒是一种化学元素，化学符号是 Se，相对原子质量：78.96，原子序数：34，质子数：34，中子数：45，核电荷数：34，电子层排布：2-8-18-6，原子半径：22，同位素：Se-74，Se-76，Se-77，Se-78，Se-80，Se-82，原子体积：16.45cm³/mol，在化学元素周期表中位于第四周期 ⅥA 族，是一种非金属。可以用作光敏材料、电解锰行业催化剂、动物体必需的营养元素和植物有益的营养元素等。硒在自然界的存在方式分为两种：无机硒和植物活性硒。无机硒一般指亚硒酸钠和硒酸钠，从金属矿藏的副产品中获得；植物活性硒是硒通过生物转化与氨基酸结合而成，一般以硒蛋氨酸的形式存在。

24.1.1 物理性质

硒单质是红色或灰色粉末，带灰色金属光泽的准金属。在已知的六种固体同素异形体中，α 单斜体、β 单斜体和灰色三角晶是最重要的。晶体中以灰色六方晶系最为稳定，密度 4.81g/cm³；也以非晶态固体和红色或黑色无定形玻璃状存在。前者性脆，密度 4.26g/cm³；后者密度 4.28g/cm³。有一种是胶状硒，性脆，有毒，溶于二硫化碳、苯、喹啉，能导电，且其导电性随光照强度急剧变化，可制半导体和光敏材料，熔点：217℃，沸点：684.9℃。

24.1.2 化学性质

硒的第一电离能为 9.752eV。硒在空气中燃烧发出蓝色火焰，生成二氧化硒

（SeO_2）。与氢、卤素直接作用，与金属能直接化合，生成硒化物。不能与非氧化性的酸作用，但它溶于浓硫酸、硝酸和强碱中。硒经氧化作用得到二氧化硒。溶于水的硒化氢能使许多重金属离子沉淀成为微粒的硒化物。硒与氧化态为+1的金属可生成两种硒化物，即正硒化物（M_2Se）和酸式硒化物（$MHSe$）。正的碱金属和碱土金属硒化物的水溶液会使元素硒溶解，生成多硒化合物（M_2Se_n）。

24.1.3　发展历史

1817 年，瑞典的贝采利乌斯从硫酸厂铅室底部的红色粉状物质中制得了硒。他还发现了硒的同素异形体。他通过还原硒的氧化物，得到橙色无定形硒；缓慢冷却熔融的硒，得到灰色晶体硒；在空气中让硒化物自然分解，得到黑色晶体硒。硒可分为很多种，硒化卡拉胶和酵母硒是最常见的，常常用于肿瘤、克山病大骨节病、心血管病、糖尿病、肝病、前列腺病、心脏病、癌症等 40 多种疾病的治疗。其技术广泛运用于癌症、手术、放化疗等。

硒分为无机硒和有机硒，将无机硒转化为有机硒的载体最常见的是海藻和酵母，即常说的硒化卡拉胶和硒酵母。这两种生产工艺已经非常成熟，生产成本也很低，有机硒的利用程度主要看人体的吸收利用率，从这点上看，中国自主研发的硒比国外的硒更适合人体吸收。

工业提取硒的主要原料（90%）是铜电解精炼所产生的阳极泥，其余来自铅、钴、镍精炼产出的焙砂以及硫酸生产的残泥等。由于铜电解阳极泥中硒是以硒化合物形式与贵金属共生，硒含量约 5%~25%（质量分数），所以工艺上一般是先回收贵金属金、银，然后再回收硒；也可以先从阳极泥中回收硒，再产出金银合金。

目前，国内外处理阳极泥的工艺主要有三大类：一是全湿法工艺流程。主要过程为：铜阳极泥—加压浸出铜、碲—氯化浸出硒、金—碱浸分铅—氨浸分银—金银电解。二是以湿法为主，火法、湿法相结合的半湿法工艺流程，为国内目前大多数厂家所采用。主干流程为：铜阳极泥—硫酸化焙烧蒸硒—稀酸分铜—氯化分金—亚钠分银—金银电解。三是以火法为主，湿法、火法相结合的火法流程，主干流程为：铜阳极泥—加压浸出铜、碲—火法熔炼、吹炼—银电解—银阳极泥处理金。

工业生产硒的方法主要有两种：一种是将阳极泥氧化焙烧和 SeO_2 蒸馏，过程是将气态 SeO_2 焙烧气体在洗涤塔用溶液捕获，然后在 SO_2 作用下在酸性介质中或用碱液沉淀硒；另一种是在氧化气氛中加纯碱烧结阳极泥，使硒转化为硒化钠或硒酸钠水溶性溶液，过程是在烧结条件下使硒与硒化物氧化为易溶于水的亚硒酸钠或硒酸钠，再通过吹洗从溶液中分离出硒。

24.2　硒资源概况

硒在地壳中的含量为 0.0009%，通常极难形成工业富集。硒的赋存状态大概可分为三类：第一类以独立矿物形式存在，第二类以类质同象形式存在，第三类以黏土矿物吸附形式存在。其中以独立硒矿物产出的要相对少得多，这是因为硒在地壳中的丰度比硫低上千倍，硒与硫同属氧族元素，二者某些地球化学性质，如离子半径（S 为 0.184nm，Se 为 0.191nm）、离子电位（S 为 1.09eV，Se 为 1.05eV）、晶格能（S 为 1.15，Se 为 1.10）等十分相似，硒易取代硫化物中的硫而不易形成硒化物。到目前为止，已发现硒矿物百余种，其中首次在中国发现的仅两种，即硒锑矿（antimonselite，Sb_2Se_3）和单斜蓝硒铜矿（$CuSeO_3 \cdot 2H_2O$）。由于硒形成独立矿物的条件非常有限，过去认为仅仅在岩浆期后的热液活动阶段并且硫逸度低的条件下，才可以形成大量硒的独立矿物。近年来发现硒在某些黑色岩系建造中有富集现象。如在中国的兴山白果园银钒矿床（产于震旦系陡山沱组）中发现了硒银矿、辉硒银矿和富硒硫锗银矿；西秦岭拉尔玛—邛莫金—硒矿床中发现了硒硫锑矿、硒硫锑铜矿、灰硒铅矿和硒镍矿等，及湖北恩施渔塘坝硒矿床中发现了硒铁铜矿硒铜蓝、蓝硒铜矿和方硒铜矿等。

硒矿床可以分为以下几种类型：

（1）岩浆岩型（铜-镍硫化物）矿床，为最主要的一种伴生硒矿床类型，其储量约占全国的 1/2，硒矿物主要存在于硫化物中。

（2）斑岩型（铜）矿床、Pb-Zn 矿床和锡石-硫化物矿床，这些都是含硒的热液矿床，除此以外，还有含 Se 和 Te 的金银矿床及含硒化物的沥青铀矿矿床。

（3）火山及火山沉积成因矿床，很多火山成因的硫矿床中常含有 Se，有时可达百分之几，而黄铁矿型矿床也是提取硒的来源之一。

（4）沉积型独立硒矿床，如钒、钾、铀矿床，黑色页岩、碳质硅质、煤、磷块岩等矿床。硒是煤中除 S、N、F、Cl、Br、Hg 外极易挥发的微量元素，是煤中潜在的有毒微量元素之一，也是燃煤的元素之一，煤中硒大部分分布于黄铁矿中。对同步辐射 X 射线荧光光谱分析发现，英国煤中黄铁矿中硒为 $0 \sim 1250 \times 10^{-6}$，平均为 97×10^{-6}，白铁矿中为 $(2 \sim 452) \times 10^{-6}$，平均为 108×10^{-6}，同时发现硒在黄铁矿中分布具有随机性。对欧美部分煤中矿物分析后，发现黄铁矿中硒含量明显高于高岭石、伊利石和石英，原因在于有机岩作为还原剂易于将 Se 自循环水中析出，因此煤中可以存有大量的 Se，与已知许多煤中的 Ge 和 As 含量相似。估算燃煤排放硒，火电工业为 $1 \sim 8t/a$，其他工业及民用燃煤排放为 $8 \sim 20t/a$，占全球人为硒排放量的 50% 以上。美国煤燃烧引起的大气硒排放量占总量的 62%，而加拿大仅占 25%。

24.3 硒的用途

我国耗硒量约占全球用量的 50% 或以上，2003~2005 年我国的硒应用结构为玻璃 20%，冶金 62%（主要用于电解锰），化学制品 4.5%，电子 10%，农业等 3.5%。历年来美国与日本用硒状况见表 24-1。

表 24-1　硒的应用结构　　　　　　　　　　（%）

年份	地区	应用				
		电子	化学制品	玻璃	冶金+农业	其他
1996	W	12.1	14.8	16.5	12	45.5
	A	25	20	25	20	10
	J	11.9	8.1	4.6		75.3
1997	W	9.3	13.6	19.3	9.4	48.4
	A	20	20	35	25	
	J	6.8	2.2	3.9		87.1
1998	A	15	20	35	30	
	J	23.3	3.8	25.6	47.4	
1999	A	14	20	35	31	
	J	23.7	5.4	25.0	45.9	
2000	A	13	20	35	32	
	J	94	1.0	34.4	46.2	
2001	A	12	20	35	33	
	J	12.5	1.7	18.5	58.3	
2002	W	10	16	29	15	30
	A	12	20	35	33	
	J	8.8	77	23.2	60.3	
2003	W	12	20	35	33	
	A	12	20	35	33	
	J	1.8	14.6	11.4	63.2	
2004	W	12	19.8	35.0	34	
	A	10	20	37	33	
	J	13.3	26.7	15.3	44.7	
2005	W	9.9	20.0	35.0	35.1	
	A	10	20	40	30	
2006	W				小于 50	
	A	10	20	40	30	

注：表中 A 为美国，J 为日本，W 为全球。

24.3.1　静电复印

20 世纪 80 年代硒复印机快速发展。因为硒在室温下受光照时较在暗处的电导率大 1000 倍，且电导率随温度增高而增大。实践表明，使用 As_2Se_3，或 Se-Te 比纯无定形硒好，这些膜具有宽广的光谱效应、不会发生晶化、耐磨性好及使用寿命长等优点。复印机用硒的纯度在 99.999%。硒用作测乳腺癌仪的感光板，比溴化银感光胶片好，印影快、不需暗室，可上千次重复使用，故而成本低廉，为工业及医学拍片所器重。

24.3.2 电子工业

在铝板沉积硒，经热处理后得到晶体硒膜层，再在硒层上置一层易熔合金形成反电极的硒元件，这种硒元件与氧化亚铜元件组装成硒堆所制成的硒整流器，虽然在高、中压整流方面正为硅整流器所取代，但低压和小型的硒整流器，却因其寿命较长、可靠性较好、短时内容许过载 2 倍电流而不被击穿（即使部分片对被击穿了，仍可继续使用）、加上容易制造及经济实用等优点而仍有应用，甚至在高、中整流器中的应用也有所增加。

用硒制作的光电池，用于信号与自动化装置上以及电视机光电摄像管。$ZnSe$-Pt 量与 $ZnSe$-Si_2Au 可用来制作发光器件。$CdSe$ 是一种光敏元件的材料。$PbSe$ 或（PbSn）Se 等可用于制造红外探测器、夜视仪或资源勘探仪。硒的一个新用途是用于 α-Se 平板探测器系统，它能使雷达瞬间成像与转化为数字信息。

24.3.3 玻璃工业

玻璃工业是硒最早的，也是目前主要的用户之一。向玻璃原料中添加少量纯度为 99.5% 的硒（如 Na_2SeO_4，Na_2SeO_3 或 $BaSeO_3$ 等）可提高玻璃的光学性能。如向含杂质铁、铜或镍等显绿色或蓝色的玻璃原料中加入 0.0018% ~ 0.007% 的硒后，即可消除玻璃中的绿色或蓝色，是制造玻璃器皿，特别是制造饮料容器，要求透明与密度高所必用的添加剂。向玻璃料中加入 0.25% ~ 3% 的硒，可烧制得玫瑰红、红、红棕，以至红宝石等色彩的玻璃；将微量硒与硫化镉加入玻璃原料中，可制得具有在红外线谱中在较窄的波段内转变成其他色彩的特殊玻璃，可用作铁道及海事信号装置的专用透镜，也可用作工艺美术品或纪念饰件的材料。加硒量 0.6% 时制得的黑色玻璃，具有削弱闪光及隔热特性，可用作节能材料。添加少量硒制备的茶色玻璃既不会闪光，又能消除令人不适的太阳光照感，可用作大厦、办公楼或宾馆等建筑物中的大型窗玻璃。向塑料、陶瓷、艺术或交通用玻璃中加入 $CdSe$ 而显红宝石红色；用硒生产的红色马赛克砖或瓦，颇具喜庆色彩，被广泛使用，成为硒应用的新增长点。

24.3.4 医学与环境

硒是与人类生存环境攸关的元素，若某地土壤中缺少硒，该地农作物与植物含硒就不足，这将导致人与动物缺硒而引起新陈代谢紊乱，人就会患克山病、大骨节病、肌肉萎缩及婴儿猝死等症；但土壤或植物含硒过高，会使人硒中毒。我国科学家查明的我国的硒正常与中毒的界限见表24-2。

表 24-2　硒正常与中毒的界限表

项　目	土壤中 Se /μg · g^{-1}	粮食中 Se /μg · g^{-1}	头发中 Se /μg · g^{-1}	血中 Se /μg · mL^{-1}	尿中 Se /μg · mL^{-1}
硒正常区	0.152	0.014~0.059	0.125~0.381	0.095±0.091	0.026±0.012
缺硒病区	0.093~0.086	0.012~0.009	0.080~0.050	0.021±0.010	0.007±0.001
高硒中毒区	12.113~8.802	6.537~3.725	16.248~9.708	3~7.5	0.88~6.63

同时也查明硒在环境中具有生物化学作用，是预防饮食性肝坏死的"第三因子"组成部分，是机体还原系统中谷胱甘肽过氧化物酶的活性中心元素，硒与维生素 E、抗坏血酸及含硫氨基酸等形成体内强力对抗过氧化与重金属中毒的作用体系。含硫化硒的洗发剂，能去头皮，能治皮炎，制成的药皂可治疗秃顶症。硒有削弱与解除金属汞、镉、铅及砷等的中毒的作用。

血中缺硒的人较含硒正常的人患癌的可能性高出 6 倍，每人每天摄入 400μg硒（今知谷类含硒 0.00002%~0.00226%，肉与奶含硒 0.000005%~0.00005%，鱼，尤以金枪鱼含硒 0.00051%~0.00062%）可预防癌症。通过向稻子、小麦与玉米喷洒硒（每亩加 Na_2SeO_3 0.6~1g）生产硒粮，使人通过饮食链补硒，以防治克山病与大骨节病，是我国稀散金属在农业科研的重要成就之一，不过要注意硒粮在保存时硒会散失。硒是鸡、猪、羊等饲料的添加剂，硒对治疗鸡禽常患的胸水肿、皮下出血、胰腺萎缩及羽毛发育不好等也有疗效，并能起免疫与助长的作用；且业已查明，往猪、羊及菜牛等的饲料中添加微量的硒，能起免疫与助长的作用。

人类健康与硒有关，硒作为饮食添加剂，可对获得性免疫缺陷综合症（AIDS）、痴呆症、癌症、心血管、Ⅱ型糖尿病与皮肤癌等起作用。

24.3.5　化工

硒可用作颜料的配料，如含铬和锌的硒颜料，既可起涂饰色彩的作用，又可起抗腐蚀作用。硫化硒化镉（CdSSe，理论含硒35.3%）颜料，其色彩随着添硒量的变化可由橘红变到紫红，或由黄变到深褐色，并具有耐热防潮、防紫外线或化学辐射、耐腐蚀、稳定性高与易干等特殊性能，用作汽车、塑料及搪瓷和陶瓷等上色优于有机颜料，其上色易干性能更为汽车工业等采用，但其有毒性与价格贵，故渐受限制。硒的氯氧化物是油漆和彩釉的去脱剂。

可用硒代替橡胶生产的硫化剂，橡胶添加硒后可具有高的抗温及抗张性能，且能防止橡胶软化。向橡胶中加入 0.1%~2% 的硒，就会提高橡胶抗氧化性及抗腐蚀性，并增强它的弹性。这种含硒橡胶可用来制作飞机、汽车的轮胎，矿山机械的帐篷和高温稳定的绝缘橡胶制品等。

各种矿物和植物生产中，常添硒化物作抗氧化剂。可用硒粉配制使搪瓷与（铁）坯体牢固结合的黏结剂，也可作彩釉的添加剂。

硒作催化剂可增强选择氧化，硒的卤化物在聚丙烯的生产中作催化剂。硒也用作生产氢的催化剂，还可作生产地塞米松和肤轻松的脱氢剂。

24.3.6 冶金

向镍铬不锈钢与合金钢等加入含硒为 0.15%~0.35% 的硒铁，可改善其高速切削性能，降低气孔率及消除钢的缩孔；向钢中加入 0.2%~0.3%Se 可以制备微粒结构的、有良好延展性的无损伤钢；向铸铁中加少量硒，可消除铸件气孔，改善加工性能。

向 Ni-Fe、Co-Fe 中加硒也可改善其切削加工性能；向铜中加入硒，使硒在铜中形成弥散第二相 Cu_2Se，可改善其切削性能。向 Cu-Mg 或 Cu-Mn 合金中添加 0.25%~1% 的硒（以 Cu_2Se 形态加入），就可改善其加工性能。向 Co-Fe-Ni 加入 0.4%~0.5% 的硒能提高其矫顽磁力。

在 Mg-Mn 合金中加入 0.5%~3% 的硒，能提高它的抗腐蚀能力。镁基合金涂加有磷酸的亚硒酸（或硒酸钠）溶液涂层，能抗海水的腐蚀。汽车等零件在添有硒酸钠的镀铬溶液中镀铬，能大大提高它的抗腐蚀性能。20 世纪 80 年代发展起来的免维护汽车蓄电池中，在 Pb-Sb 制成的蓄电池格栅中加入 0.015%~0.02% 的粒状硒细化剂，可减少 50% 锑用量，并减小受腐蚀的程度，或直接向低 Pb-Sb 加入 0.02% 的硒可改进该合金的铸造与力学性能，有利于提高强度。

硒取代高速切削黄铜管中 Pb（原含铅少于 7%）的用硒（以 Se-Bi 形态取代，实际是 Bi 取代 Pb，硒的作用是减少用铋量）量仍持续增长，这由于美国 1996 年安全饮水法严格限制黄铜管用铅，该法令要求于 1998 年 8 月后提供人们饮水的设施、管道、焊料，甚至修理工具等都不能含铅。

电解锰工业生产中电流效率不高、外观与质量待改善，可向电解液中加入抗氧化的添加剂 SO_2 活 SeO_2，以用 SeO_2 为例，其抗氧化作用：

$$MnO_2 + SeO_3^{2-} + 2H^+ \Longrightarrow Mn^{2+} + SeO_4^{2-} + H_2O$$

$$Mn_2O_3 + SeO_3^{2-} + 4H^+ \Longrightarrow 2Mn^{2+} + SeO_4^{2-} + 2H_2O$$

宜控制的 pH 值为 6.6~7.2 为好。加入 SeO_2 可以提高氢超电压、防止 $MnSO_4$ 水解，使电流效率由 65% 提高到 70% 以上。锰电解过程中，锰先以 γ-Mn 析出，但不增产；用纯度大于 97% 的硒添入电解锰溶液中，使溶液中含硒达 0.03~0.06g/L，除能纯化电解液外，还可促使 γ-Mn 向 α-Mn 晶型转变，使锰电解能持久地在高电流效率下进行。为防止电解锰液氧化，需向电解锰液送如 SO_2 0.1g/L，而新发现，用 SeO_2 或 HCOOH 替代 SO_2 的效果更佳。

24.3.7　其他

利用硒的低熔点，可由硒配制起爆时间为 1/1000 ~ 1/40s 的引爆雷管。$Bi_2(Te_{2-x}Se_x)_3$ 制冷材料已广泛用于家用和车载制冷电器及军工、交通、医疗等部门。PbTe 及 (Sn,Zn)Se 等是制造红外线探测器的材料。

24.4　碲的主要性质

碲是一种化学元素，它的化学符号是 Te，它的原子序数是 52，碲（音帝）(tellurium)，源自 tellus，意为"土地"，1782 年被发现。碲有结晶形和无定形两种同素异形体。电离能 9.009eV。结晶碲具有银白色的金属外观，密度 6.25g/cm^3，熔点 452℃，沸点 1390℃，硬度是 2.5（莫氏硬度）；无定形碲（褐色），密度 6.00g/cm^3，熔点 (449.5±0.3)℃，沸点 (989.8±3.8)℃。

24.4.1　化学性质

碲在空气中燃烧带有蓝色火焰，生成二氧化碲；可与卤素反应，但不与硫、硒反应。溶于硫酸、硝酸、氢氧化钾和氰化钾溶液。和熔融 KCN 反应产生 K_2Te。溶于水生成的氢碲酸具有类似氢硫酸的性质。碲也生成亚碲酸 H_2TeO_3 及相应的盐。用强氧化剂（HClO、H_2O_2）作用于碲或 TeO_2（稳定白色晶态），生成 H_6TeO_6，它在 160℃ 转变为粉末状 H_2TeO_4，进一步加热则转变为 TeO_3。H_6TeO_6 易溶于水（25.3%）成为碲酸，是一种弱酸。

它的化学性格很像硫和硒，有一定的毒性。在空气中把它加热熔化，会生成氧化碲的白烟。它会使人感到恶心、头痛、口渴、皮肤瘙痒和心悸。人体吸入极低浓度的碲后，在呼气、汗尿中会产生一种令人不愉快的大蒜臭气。这种臭气很容易被别人感觉到，但本人往往并不知道。

24.4.2　碲的发现

1782 年德国矿物学家米勒·冯·赖兴施泰因在研究德国金矿石时，得到一种未知物质。1798 年德国人克拉普罗特证实了此发现，并测定了这一物质的特性，按拉丁文 Tellus（地球）命名为 tellurium。

碲在自然界有一种同金在一起的合金。1782 年奥地利首都维也纳一家矿场监督米勒从这种矿石中提取出碲，最初误认为是锑，后来发现它的性质与锑不同，因而确定是一种新金属元素。为了获得其他人的证实，米勒曾将少许样品寄交瑞典化学家柏格曼，请他鉴定。由于样品数量太少，柏格曼也只能证明它不是锑而已。米勒的发现被忽略了。16 年后，1798 年 1 月 25 日克拉普罗特在柏林科学院宣读一篇关于特兰西瓦尼亚的金矿论文时，才重新把这个被人遗忘的元素提出来。他将这种矿石溶解在王水中，用过量碱使其产生沉淀，除去金和铁等，在沉淀中发现这一新元素，命名为 tellurium（碲），元素符号定为 Te。

24.5 碲的资源

24.5.1 概述

碲的地壳丰度为 $1×10^{-7}$%，查明储量 16 万吨，主要分布在美国、加拿大、中国、智利等国家。碲主要与黄铁矿、黄铜矿、闪锌矿等共生，含量仅 0.001%~0.1%；主要碲矿物有碲铅矿、碲铋矿、辉碲铋矿以及碲金矿、碲铜矿等。

由于在 20 世纪 90 年代前，人们普遍认为世界大部分可回收碲都伴生于铜矿床中，美国矿业局便以铜资源为基础，按每吨铜可回收 0.065kg 碲计算，推算出全球碲储量在 22000t 左右，储量基础 38000t，主要分布在美国、加拿大、秘鲁、智利等国家和地区。国内外一系列重要的碲化物型金银矿床的发现和地质勘查研究表明：分散元素碲的地球化学性状远比传统认识的要活跃得多，它可以大规模富集、矿化形成具有经济价值的独立矿床或工业矿体，如四川石棉大水沟碲铋金矿床、山东归来庄碲金矿床、河南北岭碲化物型金矿等。这使得人类不得不对碲资源的分布有了重新认识。

中国现已探明伴生碲储量在世界处于第三位。伴生碲矿资源较为丰富，全国已发现伴生碲矿产地约 30 处，保有储量近 14000t，碲矿区散布于全国 16 个省（区），但储量主要集中于广东、江西、甘肃等省。中国的碲矿也主要伴生于铜、铅锌等金属矿产中，据主矿产储量推算，中国还有未计入储量的碲约 10000t。

24.5.2 碲资源的分布类型

（1）伴生矿床。世界上所有国家获得的绝大多数纯碲，是从冶炼有色金属铜、铅、锌等过程中将碲作为伴生组分综合回收来的。按照矿种划分，作为伴生组分的碲，主要在下述类型矿床中提取：1）斑岩铜矿及铜-钼矿床（美国、秘鲁、智利等）和铜-镍硫化物矿床（美国、加拿大等）；2）铜黄铁矿矿床（独联体国家、加拿大、日本、瑞典等）；3）层状砂岩铜矿床（扎伊尔、赞比亚等）；4）贵金属矿床（美国、日本、菲律宾等）；5）黄铁矿多金属矿床；6）锡石-硫化物矿床；7）热液铀矿床；8）碳酸盐岩中的层控铅-锌矿床；9）低温汞、锑矿床。

（2）独立矿床：世界上只有一个碲独立矿床，那就是位于中国四川省石棉县大水沟的独立碲矿床。矿床位于扬子地台西缘，产出于中下三叠统变质岩系构成的弯隆体的东北端。主要容矿围岩为中下三叠统中部的一套片岩，而且碲矿脉也主要充填在这套片岩系的一组压扭性断裂中。

矿区共发现碲矿体九个，各矿体的基本特征如不规则的扁平豆角状。矿体形态为透镜状、脉状等。在纵剖面上表现为倾向一致的透镜状，在横切面（平面）上，显示出雁行脉状，这在 1450m 中段上尤为明显。碲矿脉往往充填在含磁黄铁矿脉的裂隙中。围岩蚀变主要有白云石化、云英岩化、电气石化、绢云母化及硅化、黑云母化、绿泥石化等。矿石类型中的白云石-碲化物型矿石最多，即白云石为碲的重要载体矿物。组成矿石的矿物成分有辉碲铋矿、磁黄铁矿、黄铁矿、白云石、石英、黄铜矿、叶碲铋矿、硫碲铋矿、方铅矿等 32 种，前 5 种最多（85%以上），矿区最重要的碲化物为辉碲铋矿（占 90%多）。

24.5.3　碲的制取

硒和碲与硫的化学性质相近，它们均属典型的亲铜元素，因此硒和碲主要伴生在黄铜矿、斑铜矿、黄铁矿。硒和碲的生产主要取决于铜的生产状况，铜阳极泥是生产硒和碲的主要原料（一般含硒 3%~28%，碲 1.5%~10%）。

硒和碲的另一重要来源是铅或镍的阳极泥和有色金属冶炼的烟尘，硫酸生产中产出含硒、碲的酸泥分别波动在 3%~52% 和 0.2%~14%。从这些原料中提取硒和碲主要包括富集和硒碲的制取和提纯两大环节，回收方法因原料不同而异，一般分为 Seq 和 Teq 制备。

铜电解精炼所得的阳极泥是碲的主要来源。处理阳极泥的主要方法是硫酸化焙烧法。其他方法如苏打烧结法等应用较少。根据阳极泥中碲含量的高低，可采用不同的处理方法：对含碲高的阳极泥，干燥后在 250℃ 下进行硫酸化焙烧，然后在 700℃ 使二氧化硒挥发，使碲留在焙烧渣中；对含碲低的铜、铅阳极泥混合处理时，可进行还原熔炼。对于高纯碲的制取主要采用电解法。

24.6　碲的用途

冶金及电子工业是碲的主要用户，国外约 85% 的碲消耗于冶金工业，在美国甚至达到 90%，而在中国约 90% 的碲用于以半导体制冷器件的电子工业。近年国外及中国的应用结构见表 24-3。

表 24-3　碲的应用结构

年份	应　用				
	国家	冶金	化学制品	电子	其他
1985	W	42	28	16	14
	A	77	15		8

续表 24-3

年份	应用				
	国家	冶金	化学制品	电子	其他
1996	W	36.2	14.0	3.0	46.8
	A	60	25	10	5
1997	W	41.8	1.7	1.7	54.8
	A	60	25	10	5
1998	W				
	A	60	25	8	7
1999	W				
	A	60	25	8	7
2000	W				
	A	60	25	8	7
2001	W				
	A	60	25	8	7
2002	W	46	25	28	1
	CHN	4		86	10
	A	60	25	8	7
2003	W	55	25	13	7
	CHN	5		89	6
	A	60	25	8	7
2004	W	42	26	32	
	CHN	5		90	5
	A	60	25	8	7
2005	W	35	25	40	
	A	56	25	12	7

注：表中 W 为全世界，A 为美国，CHN 为中国。

24.6.1　冶金中的应用

高速切削钢和高强度合金钢中加入 0.04% 左右的碲，就能改善其切削性能，其切削速度可达 195m/min，较钢的切削速度约高 3 倍，且不影响它的机械强度。添加 0.1%~0.01% 金属碲到可锻铸铁，用作晶粒细化剂。向铜中加入 0.07%~0.6% 的碲，会使碲在铜中形成第二相 Cu_2Te，使其切削易断，改善铜的切削性能；向碲铜合金中添加 0.5% 的碲，既能显著增强铜合金的易切削性能，又能提高它的导电、导热、抗震与抗疲劳性能，这种铜合金特别适合用于制作要求高而复杂的电子仪器、微型电脑、晶体管散热片、焊接点部件和电器中的螺母等。将 0.01%~0.5%的碲加到铅（锡或铅）基合金中，可提高其抗腐蚀性、硬度与弹性，这些合金特别适合作海底电缆（或挤压成很薄的海底电缆衬套）、汽车轴承、焊料与硫酸工业的设备与管道，其使用寿命较通常的铅制品高 2 倍；向巴氏合金中加入碲，能提高合金的硬度和耐磨性，适用于制造轴承与轴瓦等。

24.6.2　电子工业中的应用

虽然 CdTe 用作太阳能电池的转换率只有 7%，但由于 CdTe 能制成多晶薄膜，此薄膜对日光、红外辐射的吸收率为 30%，远比其他材料要高，加上它价廉及轻便，故仍多用在宇航及卫星上。高纯碲制造 CdTe 太阳能电池的增长，将可能是影响碲消耗的主要因素。用 CdTe 制作的核辐射探测器较锂漂移锗探测器有更大的禁带宽度、调整范围大（$0.4 \sim 0.5 \mu m$），能在室温下操作，且更有效地吸收 γ 射线。PbTe，GeTeSe，（HgCd）Te 和（Pb-Sn）Te 等红外材料，可用来制作前视装置、夜视仪与找矿、农业及林业灾害监视和军用红外探测器。

碲的化合物半导体如 GeSi/PbTe，GeTe/PbTe，GeTe，PbTe，AgSbTe 及（PbSn）Te 等广泛用于热电转换方面；碲化物温差发电系统已达实用阶段，而 GeSi/PbTe 限于在低于 593℃的低温区串联使用。碲化物在半导体制冷方面已广为应用，是目前碲最大的应用方面，如 PbTe，Bi_2Te_3，TeSbBiSe 与（$Bi_{2-x}Sb_x$）Te_3 除用来制作各种家用、车载和便携式制冷器外，还用于仪表及电子元件等的冷却器和潜艇的空调装置。

24.6.3　化工的应用

在橡胶工业中碲的用途几乎和硒一样。碲及碲盐（如二乙基二硫代氨基甲酸碲）用作橡胶的硫化剂与促凝剂，能改善橡胶的老化性质，并提高橡胶的耐热、耐腐蚀性与机械强度，这种碲橡胶可用于制造轮胎及运输机皮带等。

碲盐可用来制作消除润滑油中油泥的抗氧化剂。碲以 CdTeS 或 CdTe 形态用作金属涂层的颜料添加剂。用 Na_2TeO_4 加上 Cu^{2+} 溶液能在钢铁、有色金属或其合金上形成涂层，或让轻金属电积而得到富有光泽的黑金表层。用含有 50g/L H_2TeO_4 的 HBF_4 电解液可使铝电化着色。碲可用来制造定时引爆雷管。碲可作控制铸件冷却速度和气孔率用的铸模涂敷料。碲还可作固体润滑剂。

碲的氧化物在合成纤维及某些化工合成反应中作催化剂，如 TeO_2 + $Bi_2(MoO_4)_3/SiO_2$ 作为丙烯氨氧化法制取合成腈纶的主要原料——丙烯腈的催化剂，转换率可达 70%，选择性可达 80%~85%。用 TeO_2+MoO_3 作催化剂几乎可使丙烯完全转化，选择性高达 86.4%。石油的裂化和煤的氢化常用碲化物作催化剂。碲常用作一些有机化合物的氧化、甘醇生产以及氯化与脱氯的催化剂。

24.6.4 玻璃工业的应用

在玻璃工业中碲的作用同硒一样。掺碲（TeO_2）玻璃呈蓝色到棕色，具有高的折射率，能透过较大范围的红外光，可作光学玻璃及制造红外窗口等。加少量碲可以制造出熔点低且透明的绝热玻璃。碲也可用作玻璃的脱色剂。掺碲陶瓷呈玫瑰色，如 Te-Bi 或 Te-Pb 都是玻璃、陶瓷的着色剂。

24.6.5 其他应用

TeO_2 可用作摄影、印刷的调色剂。碲及其化合物可用来制作消毒剂、杀虫剂及杀真菌剂，也可用于制造治疗皮炎等药物。$[(C_6H_5)_2Te]_2Pd(SCN)_2$ 及 $[(C_6H_5)_2Te]_2PdC_2O_4$ 等配合物是制造光敏成像设备的材料。含碲 $2\% \sim 50\%$ 的 Se-Te 外层覆一层 Se-As 而构成电子照相底板光敏层，具有全色性能。

碲的有机化合物可作杀虫剂及灭菌剂。

24.7 硒碲冶金的主要原料

硒和碲是稀散金属中最早发现的元素，常共生在一起。西方国家的硒矿矿源主要来自斑铜矿和铜黄铁矿，见表 24-4。

表 24-4 硒矿资源分布

矿源	斑铜矿	铜黄铁矿	铜镍矿	黄铜矿-斑铜矿	铜铅锌矿	铅锌矿
占有率/%	53.7	33.6	8.0	2.0	0.7	2.0

24.7.1 有色金属冶炼的阳极泥及其他副产物

有色冶金工业中提取硒与碲的原料主要为电解产出的阳极泥，其中首位是铜电解阳极泥，其次是镍或铅电解阳极泥。

炼铜过程中，熔炼铜时料中约 $85\% \sim 90\%$ 的硒与碲进入阳极铜，约 $10\% \sim 15\%$ 的硒与碲进入烟尘，只有极少量转入渣中。反射炉熔炼时，部分硒与碲进入烟尘，约 $60\% \sim 80\%$ 的硒转入冰铜，冰铜含硒约达 0.01%，当吹炼冰铜时，有 90%（为原矿的 60%）的硒转入冰铜，电解粗铜时，粗铜中的硒大部分转入铜阳极泥。在此过程中碲均匀分散在所有产物中，只是转入烟尘中的碲得到一定的富集。硒与碲在吹炼冰铜产物中的分布见表 24-5。当电解铜时，阳极铜中的硒与碲均全部转入阳极泥。与此同时，阳极铜中的全部金、银及铅，以及约 40% 的砷也转入阳极泥，阳极泥中硒与碲的品位可分别达到 $4\% \sim 12\%$ 与 $1.5\% \sim 10\%$。据报道硒与碲在有色金属电解的阳极泥中主要呈硒（碲）化物

$Me_nSe(Te)$，硒存在的形态为 $AgSe$（绿色）、Cu_2Se（黑色）、$CuSe$（灰色）、$CuAgSe$ 及元素 Se 等，碲存在的形态为 Ag_2Te（灰色）、Cu_2Te（蓝、黑或灰色）、$(Au，Ag)Te$ 及元素 Te 等；其他金、银与铜主要以硒（碲）化物状态及元素状态存在；镍、铁与锌等主要以氧化物形态存在，其余的砷、锑、铅及铋等以相应的氧化物或砷酸盐形态存在。它们的粒度一般都小于 $0.15mm$。阳极泥的产出率依处理原料不同而异，一般铜阳极泥率约 $0.2\% \sim 0.8\%$，而铅阳极泥率稍高，约 $1.4\% \sim 1.8\%$。

表 24-5　硒与碲在吹炼冰铜产物中的分布　　　　　　（%）

元素	进料		产出物					
	冰铜		粗铜		转炉渣		烟尘	
	品位	分布	品位	分布	品位	分布	品位	分布
Se	0.0034 ~ 0.009	100	0.016 ~ 0.023	56 ~ 72	0.0004 ~ 0.0009	8 ~ 12		16 ~ 37
Te	0.0019 ~ 0.0038	100	0.005 ~ 0.0094	46 ~ 48	0.0005	11 ~ 34		20 ~ 24

在处理铅锌矿时，虽然铅锌矿含硒与碲量均较少，但在冶炼过程中它们在烟尘或酸泥中能达到一定程度的富集。据文献统计后得出结论，铅矿中的碲的储量虽约占其总储量的 25%，但由于炼铅多采用火法而少采用电解，故而暂难经济地回收其中的碲。硒、碲在铅冶炼产物中的分布见表 24-6。

表 24-6　硒与碲在铅冶炼产物中的分布　　　　　　（%）

元素	铅精矿烧结				铅熔炼				铅精炼			
	烧结块	返料	烧结尘	损失	粗铅	冰铜	烟尘	炉渣	浮渣	银渣	残渣	损失
Se	14	63	5	18	17	6	9	68	42 ~ 76	16 ~ 17	6 ~ 7	3 ~ 20
Te	10	84.6	0.4	5	53		4	41	18 ~ 38	57 ~ 79	2 ~ 4	1 ~ 2

在水冶锌过程中硒与碲在各产物的分布见表 24-7。

表 24-7　硒与碲在湿法提锌产物中的分布　　　　　　（%）

元素	焙烧			浸出	回转窑挥发	
	焙砂	烟尘	损失	浸出渣	挥发物	窑渣
Se	50	18	34	近 100	75	25
Te	36	34	30	近 100	56	44

在 ISP（密闭鼓风炉）熔炼铅锌过程中硒与碲的分布见表 24-8。

表 24-8 硒与碲在 ISP 产物中的分布 （%）

元素	焙烧			ISP		
	烧结块	烟尘	烟气	粗锌	炉渣	蓝粉等
Se	5.5	72	23.3	8.8		92
Te	约40	约60		80.6	19.4	

在火法竖（横）罐炼锌产物中的硒碲分布见表 24-9。

表 24-9 硒与碲在火法炼锌产物中的分布 （%）

元素	烧结			火法蒸馏锌			
	烧结块	烟尘	损失	粗锌	蓝粉	炉渣	损失
Se	48	7.3	44.7	8.5	74	0.8	16.7
Te	77.1	13.6	9.3	17.5	45	2.3	35.2

用烟化炉处理炉渣或铅鼓风炉渣时，渣中的硒与碲主要转入烟尘。如某厂转炉渣含硒 0.0008% ~ 0.001%、碲 0.0003% ~ 0.001%，经烟化炉吹炼，渣中硒碲基本进入烟尘，烟尘中含硒与碲分别达 0.0175%和 0.019%。如用电炉还原熔炼含硒与碲的烟尘，则原烟尘中的硒与碲几乎各半地进入电炉烟尘与冰铜。

24.7.2 有色冶炼与化工厂的酸泥

有色冶炼厂 SO_2 烟气生产硫酸和化工厂生产硫酸及纸浆生产过程中从烟气中收得的尘泥或淋洗泥渣等统称为酸泥，酸泥富含硒与碲。

国内某铜厂的酸泥成分为：Se 0.08%、Te 0.03%、Pb 49.5%、Bi 5.7%、Tl 0.02%，由于烟气收尘不良，故酸泥中硒与碲均过贫，硒与碲在酸泥中主要呈 Cu/Ag（Se、Te）形态，硒、碲的赋态见表 24-10。

表 24-10 酸泥中硒、碲的赋存状态 （%）

	物相	Cu_2Se	$Bi_2(SeO_4)$	$PbSeO_4+SeO+$硒碲结合物	Ag_2Se	合计
Se	含量	0.0310	0.0289	0.0100	0.0071	0.0770
	分布	40.3	37.5	12.9	9.3	100.0
	物相	Cu_2Se	$Bi_2(SeO_4)$	$PbSeO_4+SeO+$硒碲结合物	Ag_2Se	合计
Te	含量	0.0100	0.0095	0.0047	0.0048	0.0290
	分布	34.5	32.8	16.1	16.6	100.0

据报道，酸泥中的硒主要以单体硒形态存在，炼锌厂利用烟气中 SO_2 制酸所产出的酸泥具有如表 24-11 所列的典型成分（国内厂 SO_2 烟气除尘不良，导致酸泥中含硒、碲过贫）。

表 24-11　有色冶炼厂烟气制酸所产酸泥的典型成分　　　　（％）

冶炼厂	Se	Te	Bi	Pb	S	Cu	Zn	Ag	Hg	Cd	Fe	SiO$_2$	Ag	Tl
国内铜厂	0.077	0.029	5.5~1.8	49~55	1.8	0.83	0.85	1.9	0.07	0.13	3.59	1.42	0.05	0.05
铅锌厂	0.11	0.02	0.01	31~63	1.6		0.63	0.07	0.09	1.40	0.02	0.05		
国内锌厂1	0.9~1.8			31~48	8.7~1.6		3~5		1~15			1.5~20.4		
国内锌厂2	2.8~3.1			26~37					6~28		20			
国外NM厂	1.4~22	0.5~12	0.7~10	26~48	4~11		3~5	0.5~4.3	0.7~15		0.8~3.5		0.002~0.08	

　　化工厂用黄铁矿生产硫黄时，两种物料一般都含有 0.0015%~0.0500% 的硒与碲，它们常以类质同象存在矿中。在生产硫酸过程中，矿中的硒以 SeO_2 形态随 SO_2 转入烟气，随后在经过沉淀池、淋洗塔及电除雾等处溶于水而形成 H_2SeO_3，被过程中的 SO_2 还原成硒，沉淀在底部而成酸泥：

$$SeO_2 + 3SO_2 + 2H_2O = H_2SeS_2O_6 + H_2SO_4$$

　　但 $H_2SeS_2O_6$ 不稳定，在高于 70℃ 时就离解成元素硒：

$$H_2SeS_2O_6 = Se\downarrow + H_2SO_4 + SO_2$$

　　为了有效吸收硒，需把沉淀池中含 10%~40% 硫酸的吸收液加热到 90~100℃，待硒沉于池底后，泵到第二塔去吸收余下的 SeO_2。烟气含尘越少，酸泥含硒量就越高，如苏联基洛夫炼铜厂的烟气含尘高达 480mg/m³ 时，酸泥含硒量少；而当烟气含尘小于 200mg/m³ 时，获得的酸泥含硒达 0.5%。第一塔酸泥含硒达3%，第二塔酸泥含硒达8%，而电除雾的酸泥含硒更高。硒与碲在生产硫酸过程中在各产物的分布见表 24-12。

表 24-12　硒与碲在生产硫酸中的分布　　　　（％）

元素	焙砂		烟道尘		干式电收尘		淋洗塔酸泥		湿式电收尘酸泥		过滤渣	
	品位	分布	品位	分布	品位	分布	品位	分布	品位	分布	品位	分布
Se	0.0019	17.6	0.0009	4.4	0.0012	1.6	1.4	37.1	61.1	4.6	62.3	34.7
Te	0.0035	54.4	0.005	40.4	0.173	3.9	0.018	0.8	0.047	0.1	0.42	0.4

　　实际上进入酸泥中的硒与碲量分别波动在 3%~52% 与 0.2%~14%。在亚硫酸纸浆生产中所产生的酸泥，在其中含硒与碲量分别为 6%~21% 与 5%~12%。（尤其是生产纸浆所产生的）从酸泥中其提取硒与碲的方法，需要考虑砷、汞与硫的问题。

综上可知：（1）目前有色冶炼厂阳极泥是提取硒碲的主要原料来源；（2）水冶、火法炼锌中硒与碲均较分散；（3）在铅锌密闭鼓风炉熔炼过程中硒与碲基本富集于烟尘和蓝粉；（4）在铅冶炼中硒与碲主要富集在精炼的副产物中；（5）未来有色冶炼和化工厂的 SO_2 烟气制酸产出的酸泥将是提硒与碲的另一原料来源；（6）处理酸泥必须考虑砷、汞与硫的综合利用与环保事宜。

此外，在处理含硒煤矿时，含硒煤的燃烧时硒会挥发进入烟气，可从湿式电收尘处回收。

25 硒、碲湿法冶金方法

25.1 硫酸化提硒、碲法

目前世界上约半数的阳极泥是采用硫酸化法处理的。此法的优点在于：（1）可简易地在第一工序提取硒，硒的回收率大于93%；（2）可以回收提硒后残渣中的碲，回收率大于70%；（3）由于硫酸化过程中不形成硒盐酸或亚硒盐酸，故还原硒时可不需另加盐酸，比较经济；（4）物料呈浆状，故操作中机械损失少；（5）不发生硒与其他化合物的升华，烟气量小，这就既减小了硒的毒害，也减小了收尘的压力与设施规模；（6）适宜对含贵金属及铜、镍、铅、铋及锑多的阳极泥综合利用。硫酸化焙烧提取硒与碲法的典型工艺流程如图25-1所示。

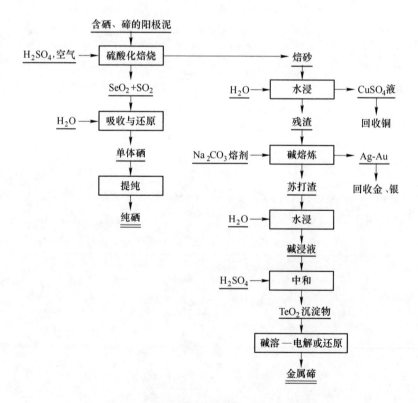

图 25-1 硫酸化焙烧法提取硒碲工艺流程

硫酸化焙烧是将阳极泥配以料重80%~110%的硫酸，在350~500℃温度下焙烧，料中硒与碲的化合物或元素状态的组分与硫酸发生如下一些主要反应：

$$Se + 2H_2SO_4 === H_2SeO_3 + 2SO_2\uparrow + H_2O$$

$$Se + 2H_2SO_4 \longrightarrow SeO_2\uparrow + 2H_2O$$

$$Te + 2H_2SO_4 === TeO_2 + 2SO_2\uparrow + 2H_2O$$

$$2Ag + 2H_2SO_4 === Ag_2SO_4 + SO_2\uparrow + 2H_2O$$

$$Cu_2Se + 4H_2SO_4 === SeO_2\uparrow + Cu_2SO_4 + 3SO_2\uparrow + 4H_2O$$

$$Cu_2Se + 2H_2SO_4 + 2O_2 \longrightarrow SeO_2\uparrow + Cu_2SO_4 + 2H_2O$$

$$AgTe + 2H_2SO_4 === Ag + TeO\cdot SO_3 + SO_2\uparrow + 2H_2O \quad (>400℃)$$

$$AuTe_2 + 2H_2SO_4 + 2O_2 === Au + 2TeO_3 + 2SO_2 + 2H_2O$$

$$Ag_2Se + 4H_2SO_4 === Ag_2SO_4 + SeO_2\uparrow + 3SO_2\uparrow + 4H_2O$$

$$Ag_2Te + 4H_2SO_4 === Ag_2SO_4 + TeO_2 + 3SO_2\uparrow + 4H_2O \quad (>430℃)$$

其他硒化物（Me'Se/Te）及重金属（Me'）等发生如下反应：

$$2Me'Se + 6H_2SO_4 === 2Me'SO_4 + 2SeO_2\uparrow + 3SO_2\uparrow + \frac{1}{2}S_2 + 6H_2O$$

$$Me'_2Se + 4H_2SO_4 === Me'_2SO_4 + SeO_2\uparrow + 3SO_2\uparrow + 4H_2O$$

$$Me' + 2H_2SO_4 === Me'SO_4 + SO_2\uparrow + 2H_2O$$

实践查明：Cu_2Se 的硫酸化反应开始温度为100℃，Ag_2Se 在200℃以上反应，元素硒、ZnSe 及 PbSe 等在250℃以上反应。但实际的硫酸化焙烧温度却取决于原料及对过程的强化程度，其相关关系如图25-2所示。

从图25-2中可以看出，Cu_2Se 或 AgSe 的硫化酸剧烈反应分别发生在350℃与400℃以上，为使硒化物中的硒充分发挥，一般宜先

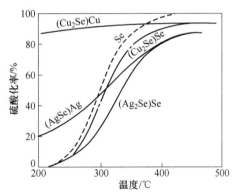

图 25-2 温度对各种硒化合物的硫酸化率的影响

用450~500℃的硫酸化焙烧温度，配入的硫酸量一般为料重的80%（硫酸用量超过理论量20%~30%）。硫酸化一般历时4~5h，在硫酸化焙烧过程中，硒以气态 SeO_2 形态随烟气（一般含 SeO_2 0.5%~1.0%，SO_2 10%~14%，SO_3 4%~6%，O_2 1.5%~2.4%，其余为 H_2O）与微尘逸出，硒挥发率大于95%，可参见 Se 及 SeO_2 等的蒸气压，如图25-3所示。可从烟气中回收硒。而碲及碲化物等主要留在焙砂中，可从中回收碲。

在硫酸化过程中，因温度等影响而发生硫酸盐的离解反应，见表25-1及图25-4。

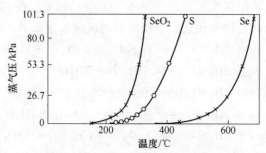

图 25-3　SeO$_2$ 及元素硒等的蒸气压

表 25-1　各种硫酸盐的离解温度

硫酸盐	Al$_2$(SO$_4$)$_3$	PbSO$_4$	CuSO$_4$	MnSO$_4$	ZnSO$_4$	CdSO$_4$	MgSO$_4$	CaSO$_4$
离解温度/℃	590	637	653	700	702	878	890	1200

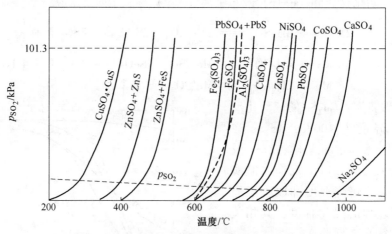

图 25-4　硫酸盐的形成与离解的温度与分压曲线

从表 25-1 可以看出，在 450℃ 的焙砂温度下，大多数的硫酸盐均不离解与产出 SO$_2$。

在阳极泥的硫酸化焙烧过程中，产出极易挥发的 SeO$_2$，而 SeO$_2$ 具有极易溶于水成 H$_2$SeO$_3$ 的特性，有关 SeO$_2$ 与 H$_2$SeO$_3$ 的溶解度分别见表 25-2 及图 25-5。

表 25-2　SeO$_2$、H$_2$SeO$_3$ 的水中溶解度（质量分数）　　　　（%）

温度/℃	-10	0	7	10	20	22	30	40	42	50	65	80	90
SeO$_2$	37.6		68.3			72.5			77.5		82.5		
H$_2$SeO$_3$	42.2	47.4		55	62.5		70.2	77.5		79.2	79.3	79.3	79.3

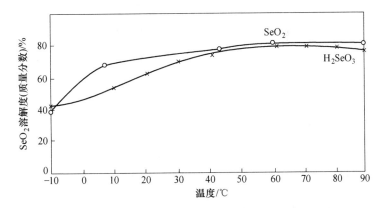

图 25-5　SeO_2、H_2SeO_3 的水中溶解度与温度的关系曲线

SeO_2 在 70℃ 下遇见水即生成 H_2SeO_3：

$$SeO_2(g) + H_2O(l) \Longrightarrow H_2SeO_3(l)$$

为此，一般都采用盛水的吸收塔来吸收溶解烟气中的 SeO_2，采用串联数级吸收塔，并控制稍高于 70℃ 的吸收温度，硒的吸收率就能达到 90% 以上。所生成的 $H_2SeO_3(l)$ 会立即被烟气中的 $SO_2(g)$ 还原为单体硒，其所以能还原析出硒，是基于存在 Se^{4+}/Se 与 S^{4+}/S^{6+} 的氧化还原电位差，SO_2 中的 S^{4+} 被氧化 S^{6+} 而起还原剂作用，将 SeO_2^{3-} 还原成元素硒（显红色）而沉出：

$$H_2SeO_3 + 2SO_2 + H_2O \Longrightarrow Se\downarrow + 2H_2SO_4$$

实质上是有 H^+ 参与，才促使上式反应向右进行而沉出硒：

$$H_2SeO_3 + H_2SO_4 + 2SO_2 + H_2O \Longrightarrow Se\downarrow + 3H_2SO_4$$

因而吸收与还原实际是在同一吸收塔内完成的。在控制通入 SO_2 浓度高、时间长和吸收液的硫酸浓度为 10%~48%（有的控制在 280g/L 以下），吸收液温度高于收液的硫酸浓度与温度很重要，如果 H_2SO_4 浓度过高则会发生以下反应：

$$4Se + H_2SO_4 \Longrightarrow Se_4SO_3 + H_2O$$

$$Se + 2H_2SO_4 \Longrightarrow SeO_2 + 2H_2O + 2SO_2$$

$$SeO_2 + 2H_2O + 3SO_2 \Longrightarrow H_2SeS_2O_6 + H_2SO_4$$

且液温越低于 70℃，则 Se 以 $H_2SeS_2O_6$ 态存在酸中越多，而 $H_2SeS_2O_6$ 仅在高于 70℃ 时才不稳定而离解放出 Se：

$$H_2SeS_2O_6 \Longrightarrow Se\downarrow + H_2SO_4 + SO_2$$

图 25-6 所示为还原沉出硒量与通 SO_2 的时间和吸取液含硫酸浓度的关系，图 25-7 所示为往不同浓度的硫酸溶液中通 SO_2 还原沉出硒率与温度的关系。

如欲产生细粒级的产品，则需采用较高的温度，以抑制单体硒晶粒的长大，这样产品就可以免去后续研磨的工序。

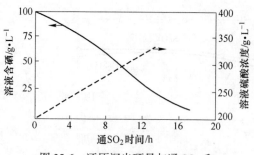

图 25-6　还原沉出硒量与通 SO₂ 和
硫酸浓度的关系

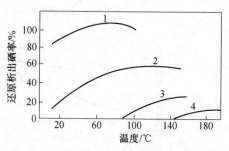

图 25-7　不同硫酸浓度沉硒率与温度关系
1—60%；2—70%；3—80%；4—90%

为促使硒的完全析出，可加入少量还原剂，入 FeSO₄ 或 Cu：

$$H_2SeO_3 + 4FeSO_4 + 2H_2SO_4 \longrightarrow Se\downarrow + 2Fe(SO_4)_3 + 3H_2O$$

$$H_2SeO_3 + 2Cu + 2H_2SO_4 \Longrightarrow Se\downarrow + 2CuSO_4 + 3H_2O$$

但在 FeSO₄ 或金属铜时，可能出现不利的副反应：

$$H_2SeO_3 + FeSO_4 \longrightarrow FeSO_3 + H_2SO_4$$

$$H_2SeO_3 + 3Cu + 2H_2SO_4 \Longrightarrow CuSe + 2CuSO_4 + 3H_2O$$

故一般不可以添加 Cu 或 FeSO₄ 还原剂。

原料中的碲主要以氧化物形态存在于焙砂中，一般采用热水浸出脱铜后，浸出渣再经苏打熔炼，使碲富集于碱渣中，然后从碱渣回收碲。

工业化的硫酸化焙烧法可细分为 5 种。

25.1.1　硫酸化焙烧—电解碲法

含硒 1.4%~2.3%、0.2% 及银 10%~15% 的阳极泥，配以 0.78 倍料重的浓硫酸，投入回转窑内，在 500℃ 左右焙烧 3~4h，过程中挥硒率可达到 95% 以上。串联数级水吸收塔，控制塔内负压在 400~1333.3Pa 并保持第一塔吸收液含硫酸 280g/L，吸收硒率可在 90% 以上。H₂SeO₃ 旋即被烟气中的 SO₂ 还原而析出纯度为 96%~97% 的红色单体硒，硒回收率可达 86%~93%。单体硒在 700~800℃ 下精馏，然后在 250℃ 下凝结得到纯度为 99.5% 的硒。精馏后的废气经酸吸收后排空，精馏残渣因含硒约 0.65%，作返料返回硫酸化焙烧再回收。

硫酸化焙烧产出的焙砂多为硫酸盐，一般含碲 0.4%~1.0%，残含硒 0.003%~0.05%（约为原料中硒量的 7%），并含金与银等贵金属，用热水浸出，CuSO₄ 等转入溶液，可送铜厂回收铜。浸出渣除含碲外，还富含金 0.6%~1.0%，银 5%~12%，此渣配以苏打在 1100~1200℃ 下进行碱熔炼 14~16h，便可获得含金 0.7%~3%、银 12%~20% 及铅 20%~25%，产出约 30% 的 Au-Ag 合金。此合金经氧化精炼，其中的铅、砷、锑等被氧化为易挥氧化物而入烟尘，部分入渣，从而与不易氧化的金银合金分离。过程中当熔炼得到的金银合金（Au-Ag）达70%~80%时，就加入 $NaNO_3$ 和 Na_2CO_3 碱造渣，使碲以 Na_2TeO_3 入渣而达到富集与分离：

$$TeO_2 + Na_2CO_3 \Longrightarrow Na_2TeO_3 + CO_2$$

这时得到含 Au-Ag 大于85%的金银合金及富含碲苏打渣，便可以从苏打渣回收碲，从合金中回收金及银。苏打渣用热水浸出，控制液固比为（5~8）∶1，90℃，浸出数小时后，则 Na_2TeO_3 转入碱溶液。向压滤所得碱液中加入 Na_2S 处贱金属，过滤去贱金属硫化物后，用硫酸中和净化的碱液到 pH 值为 4.0~4.5，液中碲以白色 TeO_2 形态沉淀析出（有杂质共沉淀则为其他色）：

$$Na_2TeO_3 + H_2SO_4 \Longrightarrow TeO_2 \downarrow + Na_2SO_4 + H_2O$$

如若中和所得 TeO_2 沉淀含硒高（某厂的含硒高达 5%~10%），为了早而全回收硒，可将其投入电炉内，在 300~400℃、风压 150~200Pa 下放 2h，硒挥发率大于98%，烟气经水吸收而回收其中硒，电炉渣则为较富的 TeO_2，可接入碱溶工段而提硒。

制得的 TeO_2 用电解法提碲。以 NaOH 溶液溶解此 TeO_2 沉淀，可制得含碲 200~300g/L 及游离碱 100g/L 的 Na_2TeO_3 的电解液，在用不锈钢板做阴极、铁片为阳极、电流密度 $50A/m^2$、槽压 1.6~1.8V 下电解，可得到性脆的阴极碲，从阴极敲下，经水洗后铸得精碲，碲回收率达 80%~85%。

加拿大的 Noranda 电解碲的技术控制为：含 Na_2TeO_3 150g/L、NaOH 40g/L 的电解新溶液，在液温 40~45℃，流速 60L/h，以不锈钢板作阴极与阳极，选电流密度 $160A/m^2$，槽压 2.0~2.5V 下电解得碲：

$$Na_2TeO_3 + H_2O \Longrightarrow Te \downarrow + 2NaOH + O_2$$

阳极：
$$4OH^- \Longrightarrow 2H_2O + O_2 + 4e$$

阴极：
$$TeO_3^{2-} + 3H_2O + 4e \Longrightarrow Te \downarrow + 6OH^-$$

硫酸化焙砂综合回收硒、碲的工艺流程如图 25-8 所示。

此法具有工艺简短，利用过程中产生的 SO_2 还原 H_2SeO_3 得单体硒，成本低，且能综合利用金和银等优点；缺点是回收率不高。

废电解液含 Na_2TeO_3 90~140g/L 及 NaOH 80g/L，碲回收率约90%。如电解液中含硒大于 0.3g/L，则会导致电解碲含硒增高，为此要净化电解液除硒；另由于电解碲时电解液中 NaOH 的黏度大，NaOH 会微量进入金属碲中，导致产品含钠不合格，因此只须在熔铸产品碲时，控制熔铸温度 550~650℃，搅动熔体，利用碲与 NaOH 的熔点（450℃与318℃）和密度（ $6.24g/cm^3$ 与 $2.13g/cm^3$ ）差异，使钠上浮入渣而除去。

25.1.2　硫酸化焙烧—碱浸法

加拿大铜精炼公司的阳极泥成分为 Se 20%、Te 3%、Cu 37%、Ag 15.4%，

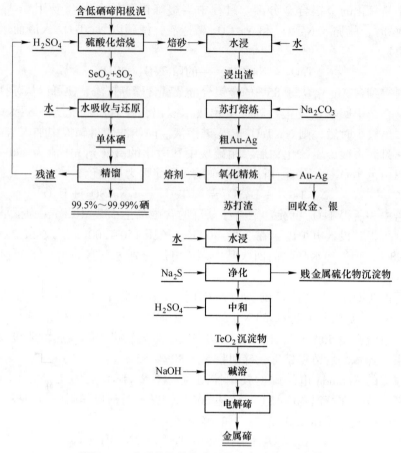

图 25-8 硫酸化焙烧综合回收硒、碲法工艺流程

属高硒高银的阳极泥。该公司采用硫酸化焙烧后，接着用碱浸的方法回收其中的硒与碲，其采用的提硒、碲工艺流程如图 25-9 所示。

将铜阳极泥投入多膛炉内，在 150℃ 下干燥到含 5% 的水分，然后拌入浓硫酸，转入 450℃ 的回转窑中进行硫酸化焙烧，过程中硒以 SeO_2 形态挥发入烟尘，经湿式电收尘器中含硫酸的水溶液所吸收，随即被本过程所产生的 SO_2 还原而得到粗硒。含硒达 17.62g/L、碲 0.03g/L 及硫酸 50g/L 的洗涤液（Ⅰ）直接送还原硒工段再回收；而料中铜、银、碲等在硫酸化中转为硫酸盐、MeO 与金属银留在焙砂中，此焙砂经热水浸出脱铜，将水浸渣与向浸出液加入铜屑置换得的含 Ag 与 Te 的置换物合并，以 NaOH 浸出，此时碲转入碱浸液，当用 H_2SO_4 中和至 pH=3.8，碲便以 TeO_2 形态沉出，此 TeO_2 沉淀可采用图 25-9 中工艺②经酸溶后通 SO_2 还原得粗碲，或用图 25-9 中工艺①再碱溶而后电解得纯碲。留在碱浸渣中的金银及少部分硒，可采用苏打熔炼制得金银合金与碱炉渣，可从金银合金中回收金与银，而将富集余下硒的碱炉渣经过水浸，所得滤液用硫酸中和，中和后液含硒 97.7g/L 及碲 0.47g/L，将此液与图 25-9 中二次湿式电收尘得到的洗涤液（Ⅱ）合并，然后通 SO_2 沉出余硒得粗硒，粗硒经二次蒸馏便得纯硒或纯的 Na_2SeO_3 盐，硒的总回收率为 93%，但碲的回收率仅 20%。

此法先硫酸化，紧接碱浸与合金化熔炼，有不合理之处。

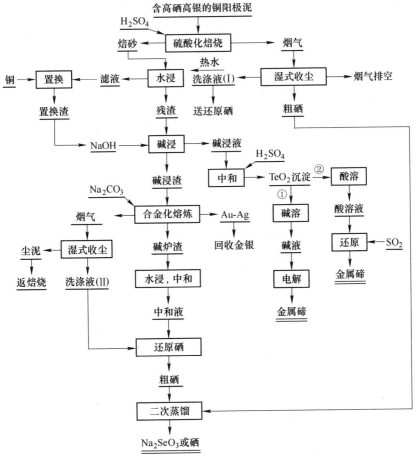

图 25-9　硫酸化焙烧-碱浸法回收硒与碲工艺流程

25.1.3　分段硫酸化焙烧法

芬兰 Outokumpu Oy 公司的含硒 4.3%、镍 45.2%、铜 12% 的阳极泥，采用先低温硫酸化焙烧，接水浸脱铜与镍，然后高温硫酸化焙烧挥发硒，并再次脱除镍与铜的工艺，别具一格。该法工艺流程如图 25-10 所示。

该公司将高镍阳极泥先投入鼓式转动炉内，在 300~350℃ 下氧化焙烧，焙砂经磨细后配以浓硫酸，放于铁盘内在低于 200℃ 下进行首段低温硫酸化焙烧，使镍与铜等转为硫酸盐，之后用热水浸焙砂脱镍、铜，得硫酸铜（镍）溶液与浸出渣（但有小部分硒随镍与铜转入溶液，为回收液中这部分硒，宜加入铜屑置换，得银、硒置换物，此置换物与含硒1%～13%、银27%～36%、铜0.5%及镍0.9%的浸出渣合并），再配入浓硫酸后放入马弗炉内进行第二段高温硫酸化焙烧挥发硒，硒以SeO_2形态挥发而回收硒。

二段硫酸化过程中，首先在低于350℃会形成$MeSO_4$盐；第二段在高于400℃硫酸化，此时硒SeO_2形态挥发入烟尘；过程中料中碲有如下变化：

$$Ag_2Te + 3H_2SO_4 \Longrightarrow Ag_2SO_4 + TeSO_3 + SO_2 + 3H_2O \quad (150 \sim 200℃)$$

$$3TeSO_3 \Longrightarrow TeO_2 \cdot SO_3 + 2Te + 2SO_2 \quad (> 400℃)$$

$$TeO_2 \cdot SO_3 \Longrightarrow TeO_2 + SO_3 \quad (> 430℃)$$

之后水浸，滤渣送分银炉回收贵金属，滤液经加铜屑置换得Cu-Se/Ag，滤液经加热至沸腾，再加入铜粒获得Cu_2Te，以NaOH溶出后经电解得碲。

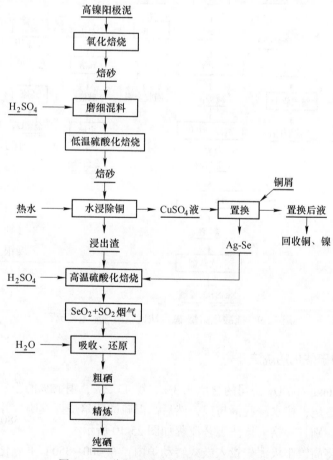

图 25-10 分段硫酸化焙烧法提硒工艺流程

25.1.4 干式硫酸化焙烧

美国 Kennecott Cu Co. 使用干式硫酸化焙烧法处理该厂所产的铜阳极泥。该厂把成分为：Se 12%、Te 3%、Pt 0.0062%及 Pd 0.0072%等的铜阳极泥磨细到粒度为 0.0475mm（300 目），配以 Na_2SO_4 和一定量的硫酸，投入两台 $\phi1.83m \times 4.27m$ 的回转窑内，在 540~650℃下进行硫酸化焙烧，挥发出的 SeO_2 经水吸收及 SO_2 还原得到粗硒；焙砂经水碎后，用热的稀硫酸水溶液浸出，同时加入一些铜屑，促使液中的银和碲等留在渣中，将滤渣投入分银炉，加入苏打，在1350℃下熔炼，获得含碲的苏打渣及含金 8%~9%、银 86%~92%、铜 0.5%~1%、铅 0.02%及铂族金属达 0.15%~0.19%（贵铅）金银合金。

此金银合金铸得阳极板，套以隔膜，在制备得的含银 150g/L、铜 45~50g/L、pH 值为 1.0~1.5 的电解液中选用 $300A/m^2$ 的电流密度、2.7V 槽电压、32℃下电解得金属银，残极率为 15%。

过程中金银阳极中的金几乎全部进入银阳极泥，银阳极泥经水洗后铸成金阳极板，在金 150~200g/L、HCl 140g/L 的电解液中，采用 $1238A/m^2$ 的阳极电流密度、60℃下电解得金。再从废电解液中回收铂族金属，从苏打渣中提取碲。

25.1.5 硫酸化—还原熔炼

加拿大 InCo Ltd. 用类似方法处理含高镍高硒的镍电解阳极泥，该阳极泥含镍 19.8%、硒 15%及碲 3.61%。该公司将此阳极泥配入含 20%硒的硒硫块进行硫酸化焙烧，使硒以 SeO_2 形态进入烟气，经淋洗塔、湿式电收尘得到富含硒的洗涤液，此液经中和处理，使液中的碲、铅、铁及铜沉出而除去。向中和后液通入 SO_2，便还原得到单体硒。而硫酸化焙烧的焙砂以 Na_2CO_3 液浸出碲，过滤后，向滤液加入 Na_2S 净化除去重金属杂质，净化液用稀硫酸中和便得到 TeO_2 沉淀，最后配入硼砂及炭等进行还原熔炼得粗碲，浸出渣送金银车间回收银。

综上所述，采用硫酸化焙烧，主要是为了脱铜、镍，有人认为，还不如直接酸浸脱铜、镍为好，只要用含 100g/L 硫酸溶液，在鼓入空气（按 1kg Cu 4m^3 计）下浸出 2h，即可将大部分铜脱去。

25.2 氧化焙烧—碱浸提硒、碲法

此法基于硒、碲化合物在低温下可氧化成氧化物，这些氧化物易被 NaOH 浸出，后转入盐酸介质中通入 SO_2 而还原沉出硒、碲。

成分为 Se 6%、Cu 20%、Pb 5%及 As 2%的铜阳极泥在 250~380℃下进行氧化焙烧，过程中发生如下化学反应：

$$Cu_2Se + 2O_2 \Longrightarrow CuSeO_3 + CuO$$

$$CuSe + 2O_2 = CuSeO_4$$

$$2Ag_2Se + 3O_2 = 2Ag_2SeO_3$$

$$Ag_2Se + O_2 = 2Ag + SeO_2$$

$$AuSe_2 + 2O_2 = Au + 2SeO_2$$

$$2Ag_2Te + 3O_2 = 4Ag + 2TeO_3$$

$$AuTe_2 + 3O_2 = Au + 2SeO_3$$

当炉料显黄绿色时，即表明已形成了绿色的亚硒硫酸铜与黄色的 TeO_3。焙烧料在 90℃下用碱浸出，发生如下成盐反应：

$$Ag_2SeO_3 + 2NaOH = Na_2SeO_3 + H_2O + Ag_2O$$

$$CuSeO_3 + 2NaOH = Na_2SeO_3 + H_2O + CuO$$

$$TeO_3 + 2NaOH = Na_2TeO_4 + H_2O$$

$$SeO_2 + 2NaOH = Na_2SeO_3 + H_2O$$

用硫酸中和至 pH 值为 7~8 时，液中的 Na_2SeO_3 转化为 H_2SeO_3：

$$Na_2SeO_3 + H_2SO_4 = H_2SeO_3 + Na_2SO_4$$

所得溶液含硒达 40g/L，向溶液中加入盐酸酸化，并通 SO_2 将 H_2SeO_3 还原成元素硒：

$$H_2SeO_3 + 2SO_2 + H_2O = Se + 2H_2SO_4$$

$$Na_2SeO_3 + 2HCl + 2SO_2 + H_2O = Se + 2NaCl + 2H_2SO_4$$

过滤即得到含硒 99% 的粗硒。

精炼粗铅过程，碲以水溶性的 Na_2TeO_4 富集在碱浮渣中。采用液固比（4~8）：1，在 70~90℃下用水湿磨 2~4h，96% 以上的碲转入溶液。

在低温 400℃以下会形成 Ag_2SeO_3，欲使其中硒释放出来，就要升高氧化焙烧温度到 600~900℃：

$$2Ag_2SeO_3 = 4Ag + 2SeO_2 + O_2$$

上述工艺在 250~380℃下进行低温氧化焙烧，可用碱浸成盐。

25.3　氧压浸煮提硒、碲法

稀硫酸溶液浸出阳极泥中碲仅能达 70%~80%，远不及氧压浸出的效果。氧压浸煮提碲法工艺流程如图 25-11 所示，将阳极泥投入高压釜，在氧压为 250~350kPa、160~180℃下氧压浸出，则碲以 Te^{4+} 或 Te^{6+} 形态转入溶液，碲与铜转入溶液几乎 100%，滤液用 SO_2 还原处理后，在控制常压、液温大于 80℃，加入铜屑或铜粒进行置换得 Cu_2Te 置换物，用 NaOH 将此 Cu_2Te 溶解，滤液经电解得碲，废电解液返氧压浸煮。

从铜精炼厂成分为：Se 9.6%~15%、Te 1.0%~1.6%、Pb 8%~12%、Ag 22.1%、Au 0.62% 的阳极泥中回收硒与碲采取此法，用 93% H_2SO_4 水溶液将阳

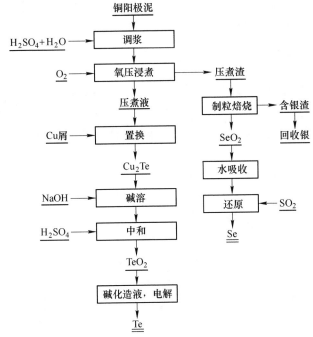

图 25-11　氧压浸煮提硒碲法工艺流程

极泥调浆，泵入高压釜内，在 125℃、氧压 275kPa 下压煮 2~3h，发生如下化学反应：

$$Cu_2Se + 2H_2SO_4 + O_2 \\longrightarrow Se + 2CuSO_4 + 2H_2O$$

$$Cu_2Te + 2H_2SO_4 + 2O_2 \\longrightarrow H_2TeO_3 + 2CuSO_4 + H_2O$$

$$2CuAgSe + 2H_2SO_4 + O_2 \\longrightarrow Se + Ag_2Se + 2CuSO_4 + 2H_2O$$

以及 Cu 等的溶解等反应：

$$Cu + H_2SO_4 + 1/2O_2 \\longrightarrow CuSO_4 + H_2O$$

绝大部分碲与铜转入溶液，而硒与银确残留在压煮渣中，向滤得的压煮液加入铜屑置换碲得 Cu_2Te：

$$H_6TeO_6 + 5Cu + 3H_2SO_4 \\longrightarrow Cu_2Te\\downarrow + 3CuSO_4 + 6H_2O$$

Cu_2Te 置换物经加碱并鼓入空气溶解：

$$2Cu_2Te + 4NaOH + 3O_2 \\longrightarrow 2Na_2TeO_3 + 2Cu_2O + 2H_2O$$

用 H_2SO_4 中和至 pH = 5.7 沉出 TeO_2：

$$Na_2TeO_3 + H_2SO_4 \\longrightarrow TeO_2\\downarrow + Na_2SO_4 + H_2O$$

再用碱溶 TeO_2 沉淀造液后电解得碲。

而含硒与银的压煮渣，经制粒后在 800~820℃ 的烧结机上通空气 30m³/min，1~2h 挥发硒，经水吸收，再通 SO_2 还原得硒。

此法优点在于：氧压浸煮时浸出率高，阳极泥料中碲与铜几乎全部进入溶液；用一个置换过程将碲与铜共同转入置换物，省去了脱铜工序。

25.4　碲化铜法提碲

虽然金属标准电极电位 Cu^{2+}/Cu 为 $+0.337V$，而 Te^{4+}/Te 为 $+0.53V$（Te^{6+}/Te 为 $+1.02V$）与其电位差不大，但在 H_2SO_4 溶液中不论碲是以 Te^{4+} 还是以 Te^{6+} 存在，用铜屑或铜粒置换碲，均可得到碲化铜 Cu_2Te，从而与其他杂质良好分离：

$$H_2TeO_3 + 4Cu + 2H_2SO_4 == Cu_2Te\downarrow + 2CuSO_4 + 3H_2O$$
$$H_2TeO_4 + 5Cu + 3H_2SO_4 == Cu_2Te\downarrow + 3CuSO_4 + 4H_2O$$

利用 Cu_2Te 在氧化剂存在下容易与酸、碱反应形成亚碲酸或亚碲酸盐，而使其转入溶液：

$$Cu_2Te + 2H_2SO_4 + 2O_2 == H_2TeO_3 + 2CuSO_4 + H_2O$$
$$Cu_2Te + 2NaOH + 3/2O_2 == Na_2TeO_3 + Cu_2O + H_2O$$

若过度氧化则会形成 Na_2TeO_4。过度氧化碱浸则可能将碲氧化成难溶的 Cu_3TeO_6。

从置换得的 Cu_2TeO 中提碲：

（1）氧化酸浸，然后可通 SO_2 或 $NaSO_3$ 还原沉出碲：

$$H_2TeO_3 + 2SO_2 + H_2O == Te\downarrow + 2H_2SO_4$$
$$H_2TeO_3 + 2Na_2SO_3 == Te\downarrow + 2Na_2SO_4 + H_2O$$

其后再氧化碱溶造液，经电解得碲。

（2）氧化碱浸，视碱液中碲浓度电解得碲。此法富集比高，与其他杂质分离好。

25.5　水溶液氯化提硒、碲法

水溶液氯化提硒、碲法的实质在于将料中的硒与碲转变成氯化物，使其溶于水生成亚硒（碲）酸溶液，之后，从溶液中回收硒与碲。

向浆状阳极泥通入氯气，氯气通入水中后形成氧化性强的 $HClO$，有人认为是 $HClO$ 放出新生 $[O_2]$，然后由它氧化料中的硒、碲及硒（碲）化合物。

$$H_2O + Cl_2 == HCl + HClO$$
$$2HClO == 2HCl + [O_2]$$
$$Se + 2HClO + H_2O == H_2SeO_3 + 2HCl$$
$$Te + 2HClO == TeO_2 + 2HCl$$
$$Cu_2Se + 4HClO == H_2SeO_3 + 2CuCl_2 + H_2O$$
$$Ag_2Se + 3HClO == H_2SeO_3 + 2AgCl\downarrow + HCl$$

当 HClO 充足时，硒与其他化合物会形成 H_2SeO_4：

$$Se + 3HClO + H_2O \Longrightarrow H_2SeO_4 + 3HCl$$
$$Cu_2Se + 5HClO \Longrightarrow H_2SeO_4 + 2CuCl_2 + HCl + H_2O$$
$$Ag_2Se + 4HClO \Longrightarrow H_2SeO_4 + 2AgCl\downarrow + 2HCl$$

同时发生如下副反应：

$$3Se + SeO_2 + 4HCl \Longrightarrow 2Se_2Cl_2 + 2H_2O$$

水溶液氯化的最佳条件是：液固比为 8、控制 HCl 水溶液中含 50～100g/L NaCl、在 25～80℃下通入氯气量为 1kg 阳极泥 0.9～3kg Cl_2。实际用 1：1 的 HCl，液固比（3～6）：1，往 90～95℃溶液中通氯气，氯化时若溶液中含有大于 1mol/L HCl 时，则 NaCl 对氯化作用没有实质影响。氯化法综合回收硒与碲的典型工艺如图 25-12 所示。

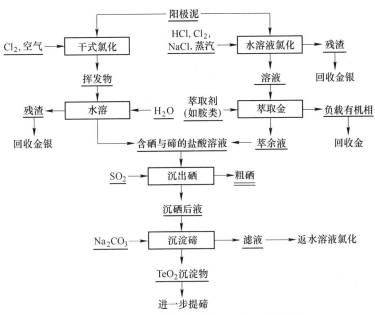

图 25-12 水溶液氯化法提取硒碲工艺流程

25.6 碱金属氯化硒、碲法

将酸泥投入盛有 4.5～6.0mol/L $CaCl_2$ 碱土金属氯化物和 1.5～2.5mol/L HCl 溶液中，按液固比为（5～8）：1，通入氯气氯化，酸泥中的硒、碲及砷等以氯化物形态转入溶液（有时可考虑加入 $FeCl_3$、NaCl 等氧化剂加速溶解，但需考虑对银的影响）：

$$CaCl_2 + 2Cl_2 + 2H_2O \Longrightarrow 4HCl + Ca(OCl)_2$$
$$2Me/Me_2Se + 3Ca(OCl)_2 + 4H_2O \Longrightarrow 2H_2SeO_3 + 3CaCl_2 + 2Me(OH)_2/4MeOH$$

有人认为：　　$2CaOCl_2 + 2H_2O \Longrightarrow CaCl_2 + Ca(OH)_2 + 2HClO$

从而 HClO 放出新生氧 $[O_2]$ 去氧化硒（碲）化合物：

$$2HClO \Longrightarrow 2HCl + [O_2]$$

$$2Me/Me_2Se + 3[O_2] + 2H_2O \Longrightarrow 2H_2SeO_3 + 2MeO/Me_2O$$

$$2Me/Me_2Te + 3Ca(OCl)_2 + 2H_2O \Longrightarrow 2H_2TeO_3 + 3CaCl_2 + 2MeO/2Me_2O$$

过滤后，向加热到 90℃ 的滤液中投入 CaO，将溶液中和到 pH=4.5 左右，便发生 $CaAsO_4$ 沉淀，从而除去砷，同时也达到 $CaCl_2$ 再生的目的。滤出 $CaAsO_4$ 后，继续用 CaO 中和溶液到 pH 值小于 3.8，此时沉淀析出 TeO_2，用碱溶解 TeO_2 沉淀物，所得富碲碱溶液通过电解便制得碲。往沉碲后液通入 SO_2 还原出硒，沉硒后滤液即为 $CaCl_2$ 溶液，可送碱土金属氯化再生。碱土金属氯化渣送分银炉提银，或送氰化提金。

碱土金属氯化法提硒与碲的流程如图 25-13 所示。

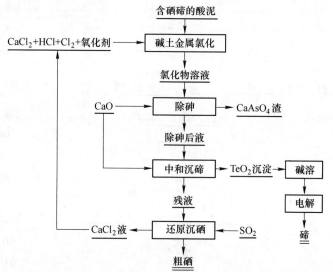

图 25-13　碱土金属氯化法提硒与碲的工艺流程

由于酸泥一般均富含铅、铋与银，在碱土金属氯化中，96% 以上的铋和 90% 以上的银将进入溶液。可用置换或水解工艺从 $CaCl_2$ 溶液中回收它们。

25.7　选冶提硒、碲法

25.7.1　阳极泥选冶提硒、碲

由于阳极泥粒度较细，含 Pb 等金属量高，可采用相应的选矿捕收剂，优先浮选得硒、碲精矿，然后经冶炼回收它们，这种方法已经被多国采用。

某铜厂阳极泥成分为：Se 2%~6%、Au 0.04%~0.16%、Ag 2.81%~3.17%、

Pd 0.09%~2.84%、Pt 0.01%~0.44%及 Cu 128%~27.60%。将铜阳极泥现行脱铜,再调料浆浓度达 200g/L,加入丁基黑药 250g/L 进行浮选,获得含硒 9.23%~14.37%的硒精矿(含铂族金属及金),硒回收率大于 94.4%~99.2%。

某冶炼厂含硒 19.2%、蹄 35%、铅 24.9%等的阳极泥,先经浮选,料中 PbSO$_4$ 入尾矿,脱铅后的阳极泥在 800℃以下进行氧化焙烧,过程中约 98%的硒挥发入烟气,被文丘里洗涤器中的 pH=9 的 NaOH 溶液吸收,产出的 Na$_2$SeO$_3$ 液被泵入钢制槽内,用硫酸调到 pH=6.2,此时液中杂质铅与碲等共沉淀。过滤后,分两段向滤液通入 SO$_2$ 沉淀硒:第一段选择沉淀硒到溶液残留硒 1~3g/L,获得品质较高的粗硒;第二段彻底沉淀硒,得到含硒较低的沉淀,返氧化焙烧处理。氧化焙烧配入还原剂、苏打、溶剂及吹灰得的 PbO,投入回转炉在 1200℃下进行苏打还原溶液 19h,产出的贵铅立即转入另一回转炉内,加入 Na$_2$CO$_3$ 及 KNO$_3$ 进行氧化熔炼。过程中贵铅中的铅以 PbO 形态挥发后收得利用;产出的金银合金送电解分别回收银与金。苏打还原熔炼产出的苏打渣用水溶解,过滤后向溶液加入硫酸中和沉出 TeO$_2$,沉淀用盐酸溶解后,向所得滤液通入 SO$_2$ 还原沉淀析出粗碲。废液加 NaOH 中和,并加 FeCl$_3$ 处理后排放。后来试验用碲化铜法回收碲。

某铜厂阳极泥成分为 Se 17%~21%、Te 1.0%~2.2%、Pb 26%~31%、Au 2.26%~、Ag 14.2%~19.9%、S 4.6%~6.7%,先用 H$_2$SO$_4$ 溶液磨矿脱铜,再加水调矿浆浓度至 100g/L、pH=2,加 208 号黑药 50g/t 进行浮选。99.7%以上的硒、金、银均进入产出率为 45%的精矿,精矿富含硒大于 32%、碲 4.6%、金 1.61%及银 35.15%;而 93%以上的铅进入尾矿。而从前该厂处理成分为:Se 11.1%~18.9%、Pb 22.7%~24.4%、Au 0.75%~1.07%、Ag 26.5%~27.2%的阳极泥,脱铜后调矿浆浓度至 10%~15%、pH 值为 2~4,在加热到 40℃时加起泡剂甲基异丁基甲醇 70~100g/t 捕收剂二烃基硫代磷酸或它的盐 50~60g/t 进行浮选,98%以上的硒、金、银与碲入精矿,获得富硒 17.7%~27.01%、金 20%~1.64%及银 41.8%~42.4%的精矿,回收硒率大于 94%。

25.7.2 酸泥选冶提硒、碲

含硒 0.08%~0.11%、银 0.05%、铅 49.50%等的某炼铜厂酸泥,查明硒主要呈 Cu$_2$Se 与 Ag$_2$Se,铅约 99%为 PbSO$_4$。经微酸加己二胺预处理后,用石灰 500g/t、丁黄药 100g/t、丙氰 60g/t、2 号油 100g/t 浮选脱除尾矿,再补加丁黄药 20g/t,再浮选得含硒 1.05%、银 0.72%的精矿,硒回收率近 87%。原料含硒过贫,为了回收单一的硒,经济上不合理。

向含硒 0.5%~4.0%的酸泥配入硫酸,使浆料含硫酸达 37.6%,加热 90~100℃,加入煤油进行浮选,得含硒 19.44%的硒精矿,硒回收率大于 93%。

选冶法优点：经济实用；脱铅良好，可因此而减少后续冶炼的一半处理料量；硒、碲与贵金属的选矿回收率均高，且脱铜工序与湿磨结合，简化工序。

25.8　斐济碲化物浸出法

含碲化物的金银矿物如不先除去硒与碲，便会妨碍提金的汞齐法或氰化法的正常进行，因为氰化金矿时，硒与碲也进入氰化物溶液，当溶液含 CN^- 由0.03%增到0.25%时，溶解硒量可由2.7%上升到31.1%；而溶液即使存有微量的 NaOH，都会急剧增大硒的溶解量。在15℃下用锌片置换金的过程中，部分硒与碲也会沉积在锌的表面上，以及溶液中 NaCNSe 在弱碱介质中会离解出元素硒，都会危害金的置换，甚至导致氰化液中80%的金不能析出。

为实现从金矿提碲，斐济于1975年采用此碲化物浸出法选冶联合流程：磨碎了的含碲金矿，经优先浮选得到碲金精矿，精矿配加苏打进行氧化焙烧。焙砂送去氰化提金，金进入溶液。氰化浸出渣经洗涤回收残留在渣中的金后，便得到富含碲的浸出渣，此渣用 Na_2S 浸出过滤后，向（酸化后）滤液加入 Na_2SO_3 还原沉出 TeO_2，然后从 TeO_2 沉淀进一步回收碲，碲的回收率达88%，年产碲达3.3~4.2t。

某厂从阳极泥中回收碲的工艺与斐济碲化物浸出法相似，先经苏打溶液得富含碲的金银合金，然后再配以 Na_2CO_3、$NaNO_3$ 及其他熔剂进行氧化熔炼，得到较高品位的金银合金和苏打渣。金银合金送去电解回收银与金。苏打渣含碲较高，在90~95℃下用15%~20%的 Na_2S 液浸出4h，使渣中碲形成硫代碲酸钠进入碱液，同时也使金属杂质以硫化物形态入渣，起到净化作用，过滤后向滤液加入稀硫酸中和到 pH 值为5~6，从溶液中沉出 TeO_2。获得的 TeO_2 沉淀物经 NaOH 溶解，得到含碲达180~400g/L、含 NaOH 80~120g/L 的电解液，以不锈钢片作电极25~70A/m² 电流密度、1.5~2.2V 槽电压下电解，获得纯度99.99%碲。

25.9　萃取硒、碲法

由于硒、碲及其化合物或多或少具有毒性，从环境保护考虑，萃取法显然具有很好的发展前景。

25.9.1　盐酸介质中萃取硒与碲

可以用 TBP 萃取盐酸溶液中的硒与碲，过程中只萃取 Se（4价）和 Te（4价），而不萃取 Se（6价）和 Te（6价），如在含3~10mol/L HCl 的溶液中用 TBP 萃取，只能萃取 Se（4价）而不萃取 Se（6价），从而使 Se^{4+} 与 Se^{6+} 分离；在含3~12mol/L HCl 溶液中用30%TBP/煤油萃取 Te（4价），萃合物随酸度低的 $2H_2O·3TBP·TeCl_4$ 变动到高的 $(H_3O·3TBP)·TeCl_5$，而当 HCl 浓度大于6mol/L

后，萃合物则变为（$H_2 \cdot nH_2O \cdot 2TBP$）·$TeCl_6$ 和（$H_2 \cdot 2H_2O \cdot 3TBP$）·$TeCl_6$，且其分配比随盐酸与 TBP 浓度增高而增大，且采用硝基苯稀释剂的分配比最大，二氯乙烷次之。随 Te（4 价）同时萃取的有三价的 Ti、Ga、Au 及 Fe 等，为此，宜在用 TBP 萃取盐酸溶液中的硒与碲之前，用异丙醚在 7~8mol/L HCl 先行萃取除杂质，或用硫酸或盐酸洗脱 Fe（3 价）及上述杂质。之后用 20% NH_4Cl 或 1mol/L NaOH 溶液反萃，可达到定量反萃 Te（4 价）。在含 4mol/L HCl +2mol MgCl 的溶液中，60%TBP/甲苯可定量萃取 Se（6 价）。在含 4.0~4.9mol/L HCl 的溶液中，TBP 可定量萃取痕量的碲。其萃取机理可能是：

$$TeO_2H^+ (A) + 3TBP(O) + 3H^+ (A) + 4Cl^- (A) \rightleftharpoons TeCl_4 \cdot 3TBP(O) + 2H_2O(A)$$

有人研究用含硒 0.002~0.028g/L、碲 0.002~0.108g/L 的料液，在大于 4.5mol/L HCl 的溶液中，用 30%TBP/煤油萃取，得到如图 25-14 所示的硒碲的萃取等温曲线。

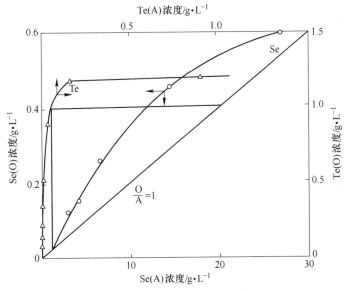

图 25-14　硒与碲的等温曲线

从图 25-14 得知，碲的萃取率较高，即在相比 O/A = 1/1 下进行 3 级萃取，碲的萃取率也大于 99.1%，而硒的萃取率却小于 4.2%，当用 6mol/L HCl 进行两级洗涤后，用 0.5mol/L HCl 溶液在相比 O/A = 2/1 下，经 2 级反萃，便可达到定量反萃碲。此研究还表明，萃取过程的富集比不大，如原料液含碲超过 2g/L 时，则必须增大 TBP 量，否则萃取分离效果会大大变坏。

胺类萃取剂如三辛胺（TOA）可以在 HCl 介质中萃取 Se（4 价），要求 TOA 的浓度需超过 0.7mol/L。TOA 萃取硒的等温曲线如图 25-15 所示。

TOA 萃取 Te(4 价) 但不萃取 Te(6 价)，它萃取 Te(4 价) 的分配比随盐酸

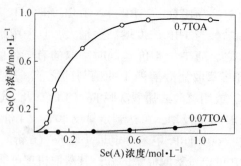

图 25-15　硒的萃取等温曲线

浓度的增加而增大，但在大于 6mol/L HCl 后却下降。TOA（以 R3N 表示）萃取 Te（4价）的机理为：

$$R_3N(O) + HCl(A) \Longrightarrow R_3N \cdot HCl(O)$$

$$TeO_2H^+ + 2R_3N \cdot HCl(O) + 3H^+(A) + 4Cl^-(A) \Longrightarrow [R_3NH]_2TeCl_6(O) + 2H_2O(A)$$

室温下可用乙酰胺（20% N_5O_3 + 6% 正辛醇/煤油）从 3mol/L HCl 中萃取 Se（4价）。

MiBK 在含 3.5~7.0mol/L HCl 溶液中能定量萃取 Se（4价）与 Te（4价），但不萃取 Se（6价）与 Te（6价），然而 Au（3价）、Fe（3价）、Ti（3价），Ga（3价）、In（3价）、Sb（5价）及 Mo（4价）等会随 Se（4价）与 Te（4价）进入有机相，这表明其萃取选择性不好，与 TBP 类似。可先如上除杂再用 MiBK 在含 8.5mol/L HCl 中萃取 Se（4价），萃取率可达 99%。

在 2.7~5.0mol/L HCl 时，可用醇类萃取剂萃取 Te（4价），而在大于 10mol/L HCl 时，可用正辛醇萃取 Se（4价），硒的分配比大于 100。当用正辛醇在 5mol/L HCl 中萃取碲时，碲的分配比仅为 1.15~1.80。

25.9.2　在硫酸介质中萃取硒、碲

有报道称可用 D_2EHPA/甲苯萃取 Se（4价）与 Te（4价）。而在含 0.05~2.5mol/L H_2SO_4 溶液中，可用二乙基二硫代磷酸钠/CCl_4 萃取 Se（4价）与 Te（4价）。

另有报道用二丁基二硫代氨基甲酸（DBDTC）在含 0.05~5mol/L H_2SO_4 溶液中能定量萃取 Se（4价）与 Te（4价）。在含 1~5mol/L 的硫酸介质中，0.02mol/L 的硫代萘酚酸（TNA）/CCl_4 能完全萃取 Te（4价），但不萃取 Se（4价）（只有在 12mol/L HCl 中，Se（4价）可被 TNA/CCl_4 定量萃取）。用 2mol/L H_2SO_4 洗涤负载有机相后，直接向负载有机相加入 NH_4OH 沉淀析出元素碲，或用 12mol/L HCl 溶液反萃碲。

在 2~16mol/L H_2SO_4 + 0.25~3mol/L KI 溶液中 MiBK 能定量萃取 Te（4价），

但铜、镉、铅、铋、铟、锑也被萃入。

迄今为止，除 TBP 在工业上用于萃取 Se（4 价）与 Te（4 价）外，还未见到其他萃取剂用于萃取硒和碲的工业化报道。

25.10 离子交换树脂吸附硒、碲法

在 HCl 溶液中，硒与碲会形成相应的 $HMeO_3^-$、$HMeO_4^-$、MeO_3^{2-} 及 MeO_4^{2-} 等配合阴离子，在盐酸浓度超过 6mol/L 时，则会形成 $SeCl_5^-$、$SeCl_6^{2-}$ 及 $TeOCl_4^{2-}$ 等配合阴离子。可采用阴离子交换树脂 AB-17 交换吸附硒，硒在 pH 值在 3~4 的溶液内具有最大的交换吸附率。与此相似，用 AB-17 吸附碲时，酸度由 pH=3 升高到 pH=1，交换吸附碲量也相应增加，此后随酸浓度的升高，因形成 TeO_3^{2-} 而导致交换吸附碲量下降。

在 H_2SO_4 溶液中，强碱性阴离子树脂 Lewaitit-M500 在含硒 0.6g/L 的 5mol/L HCl 溶液中吸附硒率接近零。而在 pH=1 的 H_2SO_4 溶液中，仅能吸附少量的 Se（4 价）与 Se（4 价），然后可用 12% 的氨水解析硒。

有报道含碲的溶液在调酸到 pH=3.7 后，让其通过 AH-9Φ 或 AH-1（呈 OH-型）、或 AH-2Φ（呈 CL-型）阴离子树脂，就可以达到提碲的目的。实践表明，溶液中存在少量 SO_4^{2-} 有利于吸附碲，但铜的存在则对吸附碲不利。

日本竹原铜厂用阳离子树脂交换除 H_2SeO_3 溶液中存在的杂质，之后通 SO_2 还原沉出硒，经氨水处理得 99.997% 灰硒。这是与吸附硒相反的思路。

在 HNO_3 溶液中，国内实验将 99% 粗硒提纯到 99.995% 精硒，采用离子树脂交换法提纯：用 HNO_3 将 99% 粗硒溶解得含硒 15g/L H_2SeO_3 溶液，首先通过 OH^- 型阴离子树脂交换塔：

$$H_2SeO_3(A) + 2ROH(O) = \begin{matrix} R \\ | \\ Se \\ | \\ R \end{matrix} O_3(O) + 2H_2O(A)$$

当树脂饱和后，用 200~250g/L（有用 6%NaOH）于 80℃ 解析：

$$\begin{matrix} R \\ | \\ Se \\ | \\ R \end{matrix} O_3(O) + NaOH(A) \longrightarrow 2ROH(O) + Na_2SeO_3(A)$$

将 Na_2SeO_3 溶液调酸到 pH=5.5，再次通过 H^+ 型阳离子树脂（以 RH 表示）交换塔得纯 H_2SeO_3 溶液：

$$Na_2SeO_3 + 2RH = 2RNa + H_2SeO_3$$

用 $NaHSO_3$ 或 Na_2SeO_3 从纯 H_2SeO_3 溶液还原沉出 99.995% 硒。

在碱性溶液中，用 AB-17 吸附碱性溶液中的碲，其吸附碲率随碱浓度升高而

降低，处于 0.5~0.7mol/L 碱浓度的交换吸附量最大。用 2mol/L HCl 即可定量解析碲。阴离子交换树脂容易交换吸附含 0.7~1.0mol/L 碳酸盐溶液中的硒，但却不交换吸附碲。在处理含硒碲的苏打液时，可借此分离硒与碲。

利用阴离子树脂交换法综合回收有色金属冶炼中的稀散金属可以收到主金属与杂质分离效果好、回收工艺流程短、经济效益高的优点。

25.11　生化法提硒、碲

有报道用氧化铁硫杆菌将共生在碱金属硫化物中的硒与碲氧化或者还原转为有机硒（碲）化合物，然后提硒与碲。如用氧化铁硫杆菌将 CuSe 氧化：

$$CuSe + 2H^+ + 1/2O_2 = Cu^{2+} + SeO + H_2O$$

Rajwade 等试用微生物从含碲 0.01g/L、pH 值为 5.5~8.5 的溶液中，控制在 25~45℃下进行吸附再还原沉出碲。

25.12　硫化提硒、碲法

硫化提硒、碲法是一种类似（NH_4）$_2$S 处理阳极泥提取硒的方法，在线酸泥中加入 20%Na_2S 溶液，使酸泥中的硒与 Na_2S 反应生成 Na_2S·2Se：

$$Na_2S + 2Se = Na_2S·2Se$$

然后在通入空气的同时，用盐酸溶解而析出硒：

$$Na_2S·2Se + 2HCl = 2Se↓ + 2NaCl + H_2S$$

此法尚未工业化。

据报道炼铜厂的副产出多硫化物可为提碲提供方便：

$$6NaOH + 4S = 2Na_2S + Na_2S_2O_3 + 3H_2O$$

$$Na_2S + S = Na_2S_2$$

$$Te + 3Na_2S_2 \longrightarrow Na(TeS_4) + 3Na_2S$$

Na（TeS_4）被还原而析出纯度为 99%的碲：

$$Na(TeS_4) + 3Na_2SO_3 \longrightarrow Te↓ + Na_2S + Na_2S_2O_3$$

25.13　液膜法提碲

有人做过用液膜法从含 Te 2mg/L 原液中富集碲的探索，获得的回收率不小于 99.5%。其基本的实验技术条件见表 25-3。

对应 1 号与 2 号碲入膜相的形态为：TeC_5^- 与 $TeBr_6^{2-}$；并相应地以 $HTeC_5·3N_5O_3$ 与 $[NH_4]_2^{2+}·[TeBr_6]^{2-}$ 缔合入有机膜而获得富集，经高压静电破乳，碲转入水相而可设法回收了。

表 25-3　液膜法富集碲的实验技术条件

试验	原液 Te/mg·L⁻¹	膜 试 剂				内相 mol·L⁻¹	内相 HCl/mol·L⁻¹	技 术 条 件			
		流动载体	表面活性剂	膜增强剂	膜溶剂			油内比 $R_o i$	乳水比 R_{ew}	温度/℃	时间/min
1号	2	6%N503	5%L113B	4%液体石蜡	85%硫化煤油	HCl 0.15	5	1/1	30/500	15~30	10
2号	2~10	5%~9%N1923	4%L113B		89%硫化煤油	NaOH 0.3	5+HBr-KBr	1/1	20/(50~100)	15~36	10

26 硒、碲火法冶金方法

26.1 苏打法提硒、碲

苏打法是另一种广泛用于从阳极泥中回收硒与碲的方法，其优点在于：

(1) 在第一道作业中就能使贵金属与硒、碲良好分离，且贵金属回收率高；

(2) 获得纯硒的工艺简易可行；

(3) 可以综合回收碲与铜；

(4) 苏打可再生返用。

苏打法提硒可分为苏打熔炼法与苏打烧结法。

26.1.1 苏打熔炼法综合回收硒与碲

苏打熔炼法回收硒与碲的典型工艺流程如图 26-1 所示。

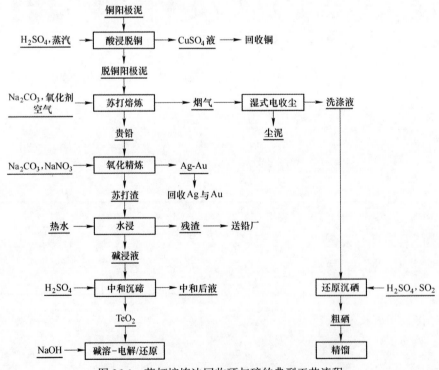

图 26-1 苏打熔炼法回收硒与碲的典型工艺流程

将脱铜（或硫酸化，或酸浸除铜）阳极泥配以料重 40%～50% 的苏打，投入电炉在 450～650℃ 下进行苏打熔炼，过程中硒与碲转变为易溶于水的碱（碱土）金属硒（碲）酸盐或亚硒（碲）酸盐：

$$2Se + 2Na_2CO_3 + 3O_2 \Longequal 2Na_2SeO_4 + 2CO_2$$

$$Cu_2Se + Na_2CO_3 + 2O_2 \Longequal Na_2SeO_3 + 2CuO + CO_2$$

$$2Cu_2Se + 2NaCO_3 + 5O_2 \Longequal 2NaSeO_4 + 4CuO + 2CO_2$$

$$CuSe + Na_2CO_3 + 2O_2 \Longequal Na_2SeO_4 + CuO + CO_2$$

$$2CuSe + 2Na_2CO_3 + 3O_2 \Longequal 2Na_2SeO_3 + 2CuO + 2CO_2$$

$$SeO_2 + NaCO_3 \Longequal NaSeO_3 + CO_2$$

$$Cu_2Te + Na_2CO_3 + 2O_2 \Longequal Na_2TeO_3 + 2CuO + CO_2$$

$$2Cu_2Te + 2Na_2CO_3 + 5O_2 \Longequal 2Na_2TeO_4 + 4CuO + 2CO_2$$

$$Ag_2Te + Na_2CO_3 + O_2 \Longequal Na_2TeO_3 + 2Ag + CO_2(400～500℃)$$

$$Ag_2Se + Na_2CO_3 + O_2 \Longequal Na_2SeO_3 + 2Ag + CO_2$$

$$2Ag_2Se + 2Na_2CO_3 + 3O_2 \Longequal 2Na_2SeO_4 + 4Ag + 2CO_2$$

$$2Na_2SeO_3 + O_2 \Longequal 2Na_2SeO_4$$

同时，也发生如下副反应：

$$3Se + 3Na_2CO_3 \Longequal 2Na_2Se + Na_2SeO_3 + 3CO_2$$

$$3Ag_2Se + 3Na_2CO_3 \Longequal 2Na_2Se + Na_2SeO_3 + 6Ag + 3CO_2$$

上述的苏打熔炼反应起始于 300℃，到 500～600℃ 时便剧烈进行，如果升温到 700℃ 以上，则会有 SeO_2 的明显挥发。为了保证氧化反应完全，使硒、碲都生成水溶性盐，苏打熔炼宜控制在 650～700℃ 或以下进行。表 26-1 和图 26-2 给出苏打氧化熔炼过程中苏打用量对硒化物氧化率及硒挥发损失率的影响，由此看出，为减少硒的挥发损失，宜用 1.5～2 倍于理论量的苏打。

表 26-1　苏打用量对苏打熔炼过程的影响情况

苏打（理论量的倍数）		1.0	1.2	1.4	1.6	1.8	2.0	2.2	2.4
Ag_2Se 氧化率/%	Se^{6+}	73.2	74.2	68.6	65.2	67.8	48.9	38.4	49.0
	Se^{4+}	3.1	5.9	6.6	12.7	12	45.0	54.5	41.9
硒挥发率/%		2.4	5.5	5.6	8.9	12.1	3.7	8.9	1.9
苏打（理论量的倍数）		1.5	1.7	2.0	2.50	3			
Cu_2Se 氧化率/%	Se^{6+}	58.3	52.5	38.0	31.58	62.7			
	Se^{4+}	38.8	38.8	52.9	63.94	29.2			
硒挥发率/%		4.3	4.3	1.7	7.83	6.4			

如欲使硒多转为水溶性盐，而使碲形成水不溶物，则要求控制苏打熔炼温度

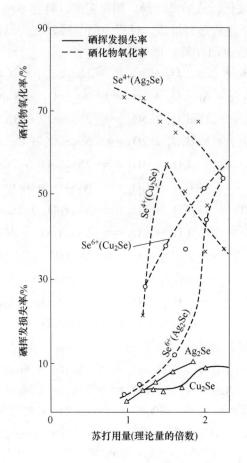

图 26-2　苏打用量与硒化物的氧化率和
硒的挥发损失率的关系

在 450℃左右，并保证氧化剂与所供空气充足，此时氧化率在 90% 以上，碲会形成难溶的 Na_2TeO_4，水浸时则 Se 入溶液而 Te 不入液。

碱金属亚硒（碲）盐易溶于水，其溶解度数据见表 26-2 和表 26-3。

表 26-2　25℃时 Na_2SeO_3 的溶解度　　　　　　（%）

饱和溶液中浓度（质量分数）	Na_2O	0	1.61	1.86	3.11	3.72	4.19	4.95
	H_2O	25.96	28.35	29.44	31.19	32.48	31.71	33.95
	SeO_2	74.04	70.04	68.70	65.70	63.80	64.10	62.10
固相				H_2SeO_3			H_2SeO_3 + $Na_2Se_4O_9 \cdot 5H_2O$	

续表26-2

饱和溶液中（质量分数）	Na_2O	5.56	6.51	1.15	12.9	4.35	12.0	15.97	17.64	19.5
	H_2O	47.9	52	48.09	43.0	2.95	47.8	25.13	56.26	54.2
	SeO_2	46.5	42.3	41.16	44.1	92.7	40.1	47.9	28.1	26.3
固相		$Na_2Se_4O_9 \cdot 5H_2O$				$Na_2Se_4O_9 \cdot 5H_2O + Na{=\!=}Se_4O_9 \cdot 5H_2O$					

饱和溶液浓度（质量分数）	Na_2O	19.5	21.1	25.2	27.5	30.6	34.4	38.0	40.5	40.6	41.1
	H_2O	58.1	65.7	72.5	70.5	69.0	65.1	61.6	58.8	59.9	60.0
	SeO_2	22.4	13.2	3.30	2.03	0.46	0.47	0.34	0.59	0.60	0
固相		$H_2SeO_3 \cdot 5H_2O$							$H_2SeO_3 \cdot 5H_2O +$ $NaOH + H_2O$ $NaOH + H_2O$			

表 26-3　Na_2TeO_3 的溶解度　　　　（%）

25℃	饱和溶液质量浓度	Na_2O	41.05	40.17	39.4	34.0	32.6	30.8	28.2	26.8	22.8	16.2	13.4	12.6
		TeO_2	0	0.25	0.25	0.50	0.57	0.65	1.95	4.55	5.88	16.8	27.1	32.4
	固相		$NaOH$ $+ H_2O$	Na_2TeO_3				$Na_2TeO_3 \cdot 5H_2O$						
40℃	饱和溶液质量浓度	Na_2O				34.0	32.6	30.8	28.2	26.8	22.8	16.2	13.4	12.6
		TeO_2				0.57	8.34	18.0	27.5	31.1	33.2	38.1	38.8	40.8
	固相				Na_2TeO_3				$Na_2TeO_3 \cdot 5H_2O$					
25℃	饱和溶液质量浓度	Na_2O	12.90	12.78	12.6	11.9	1.8	7.54	5.82	4.46	3.62	1.47	1.05	0.65
		TeO_2	36.30	35.75	34.9	34.5	33	20.3	16.9	13.4	1.5	4.48	2.75	2.03
	固相		$Na_2Te_3O_7 \cdot 3H_2O$			$Na_2Te_3O_7 \cdot 5H_2O$			$Na_2Te_4O_9 \cdot 5H_2O$					TeO_2
40℃	饱和溶液质量浓度	Na_2O	14.05	13.92	13.3	11.9	1.9	1.9	2.27	5.71	2.28	1.73	1.05	0.70
		TeO_2	39.26	37.33	37.1	35.0	34.6	32.5	22.7	18.2	8.06	6.14	3.62	2.73
	固相		$Na_2Te_2O_5 \cdot 3H_2O$				$Na_2Te_4O_9 \cdot 5H_2O$							TeO_2

　　苏打熔炼渣用热水浸出，硒和碲转入溶液，便可采用如下工艺回收硒、碲，从水浸液中直接加入 Na_2SO_3 还原沉出碲：

$$Na_2TeO_3 + 2Na_2SO_3 + H_2O =\!=\!= Te\downarrow + 2Na_2SO_4 + 2NaOH$$

　　或采用电解方法从 Na_2TeO_3 溶液中提取碲。如采用含 Te 100g/L、NaOH 160g/L 的电解液，在不锈钢片作电极的电解槽内、600~800A/m² 的电流密度、25℃ 的温度下电解，便得到粒状碲；如采用含碲仅 75g/L、NaOH 125~140g/L 的电解液，选用 60A/m² 的低电流密度 25℃ 下电解，则电解得片状碲；而当电解液含碲低到 22g/L、NaOH 100g/L 时，选用电流密度 200~250A/m³、70~80℃、并使电解液循环的情况下电解，也能得到粒状碲，其废电解液含碲仅 0.1g/L。或用硫酸中和过滤后的溶液而沉出 TeO_2，从此 TeO_2 沉淀物再回收碲。中和后液与湿式电收尘的洗涤液合并后，通入 SO_2 以析出硒。

　　例如澳大利亚 Mount Isa Mines Ltd 的铜阳极泥含铜高达 66%，阳极泥中的铜主要以硫化铜形态存在。该公司首先将阳极泥放在双层炉内氧化焙烧 14~24h，然后用硫酸溶液浸出脱铜，浸出液送铜厂回收铜，而把成分为：Se 0.7%、Te 4%、Cu 2%、Pb 28%、Au 3% 及 Ag 11% 的浸出渣，配以渣重 15% 的苏打和 1.5%~3.0% 的 $NaNO_3$，投入反射炉内于 650℃ 下进行苏打熔炼，过程中硒以 SeO_2 状态挥发，通过洗涤塔和湿式电收尘器时被水吸收，当吸收液的密度达到 1.05g/cm³ 时，即抽出溶液，通入 SO_2 还原沉出硒。将所产苏打渣用热水浸出，向滤液加硫酸中和到 pH 值为 5.5~6.5，沉出 TeO_2，此 TeO_2 经碱溶、电解得碲；并从苏打熔炼产出的金银合金中回收金与银。

　　又如日本别子炼铜厂也采用类似的方法处理来自数个厂的铜、铅阳极泥。该厂将阳极泥配入 Na_2CO_3 与 PbO 后，直接投入电炉内进行苏打熔炼。产出的贵铅（金银合金）经灰吹处理除锑后，转入氯化炉内，在通入氯气的条件下，使贵铅中的铅形成 $PbCl_2$ 而与金银合金分离；脱铅后的金银合金转入氧化炉，在加入苏打和其他熔剂后进行氧化熔炼造渣，在此过程中碲转入苏打渣，然后从此渣中回收碲。

　　再如美国 Anaconda Cu Min. Co. 处理进口铜阳极泥（其成分不稳定），阳极泥首先在 350℃ 和通入过剩空气的条件下氧化焙烧，然后用 15% 硫酸溶液浸出脱铜，为了回收已转入溶液中的银在浸出末期加入新焙砂。将脱铜后残含铜在 2% 以下的浸出渣投入反射炉熔融，待其表面浮起一层富含 Pb、Sb 及 SiO_2 的硅浮渣，捞出硅浮渣送铅厂回收铅，之后朝排渣后的熔池加入苏打及硝石进行苏打熔炼，促使硒与碲形成相应的亚硒（碲）酸盐而转入苏打渣，渣经热水浸出得亚硒（碲）酸钠溶液，此亚硒（碲）酸钠滤液经含硒泥浆（在 260℃ 下硫酸化焙烧时产出的 SeO_2 烟气经水吸收而得到的）H_2SeO_3 液进行中和，便获得 TeO_2 沉淀：

$$Na_2TeO_3 + H_2SeO_3 \rightleftharpoons TeO_2 \downarrow + Na_2SeO_3 + H_2O$$

最后用碳还原熔炼得粗碲。富含硒的中和后液用硫酸酸化后，通 SO_2 还原而得红色硒，加热得灰硒；并从苏打熔炼产出的贵铅中回收金与银。

　　必须要指出的是，有的采用苏打氧化熔炼法提硒碲时总是与综合回收料中的金与银相关，所采用的温度制度远离于文献所述，如苏打熔炼是在加入熔剂（萤石、石灰、铁屑等）、碳及苏打、温度控制于 1150~1250℃（中氧化造渣段 800~900℃）间进行，所产烟气经 H_2SO_4 酸化的溶液吸收硒后提硒；而熔炼产出苏打渣及含（Au +Ag）为 35%～50% 的贵铅。此贵铅送去氧化精炼（即灰吹），即在添加苏打（Na_2CO_3）、$NaNO_3$，通入空气于 850～1150℃ 下进行，得到 Pb-(Au-Ag)，内含 Au +Ag 不少于 95%，将其熔铸得电极板，经先后电解得银与金。为避免灰吹时的铅害，有人则建议用 H_2SiF_6 电解贵铅（Pb 70g/L、H_2SiF_6 100g/L、β-萘酚 0.002g/L、骨胶 0.5g/L 的电解液，40℃、100A/m^2 先行脱铅，后回收 Au 与 Ag）。苏打氧化熔炼时料中碲发生如下化学反应形成 Na_2TeO_3 渣：

$$Me_2Te + 8NaNO_3 = TeO_2 + 2MeO + 4Na_2O + 8NO_2$$

$$TeO_2 + Na_2CO_3 = Na_2TeO_3 + CO_2$$

Na_2TeO_3 渣浸出、净化后，可送去电解提碲，技术控制在 25～45℃、60～150A/m^2、1.5～2.5V，得粗碲：

$$Na_2TeO_3 + H_2O = Te↓ + 2NaOH + O_2$$

26.1.2　苏打烧结法回收硒与碲

此法适于处理贫碲多硒的阳极泥物料，因高碲料会妨碍获得纯的硒，苏打烧结法回收硒与碲的流程如图 26-3 所示。

瑞典 Boliden Aktiebolag 公司采用低温苏打烧结法从铜阳极泥中回收硒。该公司将含 Se21%、Te 1% 等的阳极泥配入料重 9% 的苏打，加水调成稠浆，挤压制粒，烘干，投入电炉内，保持在低于烧结温度下，控制在 450～650℃（一般为450～500℃）通入空气进行苏打烧结（过程中硒形成硒酸盐而使挥发减少），硒与碲转为 Na_2SeO_3，Na_2TeO_3 或 Na_2SeO_4，Na_2TeO_4 盐。烧结料用 80～90℃ 热水浸出，在通空气搅拌的情况下，得到含铜 62g/L、银 3.6g/L 及硫酸 32g/L 的亚硒（碲）酸盐溶液，此浸出液经浓缩至干，干渣配上炭在 600～625℃ 的电炉内还原熔炼而得到 Na_2Se：

$$Na_2SeO_3 + 3C = Na_2Se + 3CO$$

$$Na_2SeO_4 + 4C = Na_2Se + 4CO$$

用水溶解 Na_2Se，过滤得到的含炭残渣返回利用。向滤液鼓入空气氧化而得到灰硒产物：

$$2Na_2Se + 2H_2O + O_2 = 2Se↓ + 4NaOH$$

上式的实质是下述两反应式变化的总式：

$$Na_2Se + H_2O = NaHSe + NaOH$$

$$2NaHSe + O_2 = 2Se↓ + 2NaOH$$

在此过程中有 90% 的硒自溶液中沉出，经水洗即得粗硒，硒的总回收率高达93%～95%。往沉出硒后的废液通入 CO_2 调整酸度，并再次鼓入空气氧化而沉出余硒后，废液经冷却结晶得苏打，返苏打烧结再用。烧结料经热水浸出后所得的含碲 2%、铜 2% 及金与银的浸出渣，配以渣重 7% 的苏打、4% 的硼砂及 SiO_2 等

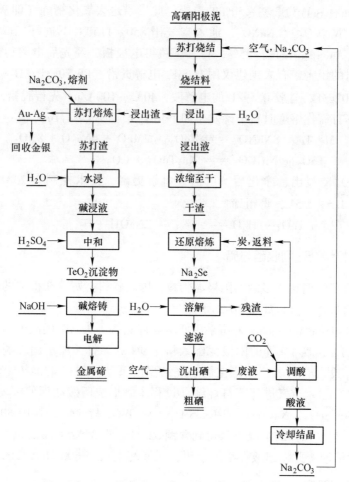

图 26-3　苏打烧结法回收硒与碲工艺流程

进行苏打熔炼，产出金银合金及苏打渣。苏打渣经水浸、中和沉出 TeO_2，此 TeO_2 经碱溶、电解得碲；并从金银合金中综合回收金与银。

又如德国 Mansfelder Cu Co. 采用苏打烧结含银高达 30.5%、不含碲但含硒的阳极泥。配以料重 25% 的苏打进行烧结，烧结料磨细后，投入 80℃ 水中、鼓入空气下进行浸出，经过滤获得含硒达 100g/L 的浸出液，向此液加入盐酸将溶液中的 H_2SeO_4 还原成 H_2SeO_3：

$$H_2SeO_4 + 2HCl = H_2SeO_3 + H_2O + Cl_2 \uparrow$$

由于此还原过程较慢，且耗盐酸过多和产出氯气，恶化了生产环境，故后改进为添加 8.8 倍硒重的 $FeSO_4$，在游离盐酸 50~120g/L 及 90℃ 的条件下还原 2h，过程中发生如下反应得 H_2SeO_3：

$$3H_2SeO_4 + 6FeSO_4 + 6HCl = 3H_2SeO_3 + 2Fe_2(SO_4)_3 + 2FeCl_3 + 3H_2O$$

　　然后向 H_2SeO_3 滤液通入 SO_2 还原而沉出硒，纯度达 99.9%，硒回收率大于 95%。

　　从酸泥中回收硒与碲，首先需除去其中的砷，因为存在砷，不仅多耗苏打，还有产生 AsH_3 之害；而且在中和沉淀 TeO_2 时，砷酸还会部分被还原而随 TeO_2 共沉淀，导致砷的分散与污染。除砷有用酸或碱洗酸泥脱砷两种选择。

　　酸洗：如采用液固比为（7~10）：1、75~85℃下、用 6%~7% HCl 洗涤酸泥时，虽然可把绝大部分的砷洗脱入液，洗后的酸泥含砷小于 0.5%，损失硒量虽少，但损失碲量却高达 10%左右，且产生 AsH_3。

　　碱洗：为较多厂家所采用，选用液固比为 3：1，80~90℃下用碱洗涤 2h，结果可使酸泥含砷下降到 2%以下，但过程中碱耗较多，且伴随大量碱洗液损失的硒量超过 6%。

　　脱砷后的酸泥配以苏打，在 300~350℃下烧结 2h，烧结料用热水浸出，浸出渣供综合回收铅。向碱浸液中加入盐酸中和沉淀析出 TeO，所得 TeO_2 经盐酸溶解，过滤后向滤液通入 SO_2 得粗碲。沉淀碲后的中和液用盐酸或硫酸酸化，之后加 $FeSO_4$ 还原得硒。用 $FeSO_4$ 还原沉出硒需 48h 才能沉淀析出 98%的硒。

$$H_2SeO_3 + 4FeSO_4 + 2H_2SO_4 =\!=\!= Se \downarrow + 2Fe_2(SO_4)_3 + 3H_2O$$

沉淀析出物为无定形硒，导致过滤困难，不如通 SO_2 还原沉出硒好。

26.2　加钙提硒法

　　芬兰奥托昆普的科科拉电锌厂（Outokumpu Oy Kokkola Works）处理的闪锌矿成分为 Zn 43.1%~53.6%、Fe 9.6%~17.5%、Se 0.0014%~0.0204%、Hg 0.018%~0.031%、Cu 0.49%~0.96%、Cd 0.24%~0.25%、Pb 0.37%~1.76%、SiO_2 1.07%~1.88%及 S 31.8%~32.4%。该厂将此闪锌矿投入 $\phi9.6m \times 17m$ 的沸腾焙烧炉中，在 950~1000℃下进行氧化沸腾焙烧，产出 41000~48000m³/h 的含硒与汞的烟气，经废热锅炉利用余热，再经旋涡除尘器（$\phi2.75m \times 8.4m$）及电收尘器（$2 \times 94kV \cdot A$）除尘后，得到 350~400℃、流量达 55500m³/h 的烟气，此烟气内含汞 40~80mg/m³、含尘 100~120g/m³、含 SO_2 8.3%~11.7%、水 60g/m³、与电除雾酸泥。从此烟气及酸泥中回收硒，该厂采用了加钙提硒法，如图 26-4 所示。

　　含硒与汞的 350~400℃的烟气，通过喷洒浓度大于 90%的热硫酸的吸收塔，其底流即为聚集富含硒与汞的酸泥。从吸收塔排出的、温度达 190℃的烟气通过喷洒浓度为 30%的硫酸的洗涤塔，除汞后烟气含 SO_2 8.2%~11.7%、含汞小于 0.2g/m³，送生产 H_2SO_4 车间，同时从洗涤塔又得一酸泥，合并两处酸泥，经水洗涤并过滤后，获得汞硒渣，此渣成分为 Se 8%~15%、Hg 40%~60%、S 4%~7%、Fe 0.8%~3.5%、Zn 0.1%~3.9%、SiO_2 5.0%~13.5%及

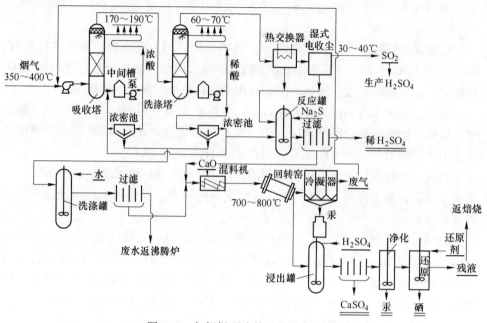

图 26-4　加钙提硒法的工艺设备流程

H_2O 20%~30%。将此渣与电除雾的酸泥（经过加 Na_2S 的反应罐得到的硫化物渣）合并（过去是直接酸浸、净化后沉出硒后，转送 Pori 厂提硒），配以石灰石并充分拌匀后，投入回转窑于 700~800℃下挥发脱汞，汞蒸气经冷凝得到纯度为 99.99% 的商品汞；而料中的硒与氧化钙形成难挥发的 $CaSeO_3$，将硒导向窑渣中，从而硒与汞分离：

$$HgSe + CaO + O_2 = CaSeO_3 + Hg\uparrow$$

窑渣含硒 7%~10% 及汞 0.1%~0.2%，用稀硫酸浸出此窑渣脱钙：

$$CaSeO_3 + H_2SO_4 = H_2SeO_3 + CaSO_4\downarrow$$

过滤后得到成分为 Se 7.2g/L、Hg 0.035g/L、Ca 0.9g/L，Fe、Zn 及 SiO_2 各约 0.4~0.6g/L 的浸出液，此浸出液经净化除汞，使溶液残留汞至 0.01mg/L，然后通入还原剂（未指明，可能是 SO_2）将硒还原沉出，获得 99.5%~99.9% 硒，再转送 Pori 厂提硒。残液还含硒 0.5g/L 及汞 0.003mg/L，将其返焙烧工段予以回收。

此法较环保、简易，但由于加钙固硒反而使贫化料含硒，且又要酸溶除钙。故有人将上述汞硒渣不用加钙固硒的方法，而是建议用以下两种方法。

（1）吸附法。将含硒与汞的烟气通过铁丝网层，使气相中的硒被铁丝吸附而形成黑色硒化铁，而气态汞则通过铁丝网进入冷凝器，最后得到汞而分离硒与汞。从硒化铁回收硒，可加 $FeCl_3$，使硒沉淀析出：

$$FeSe + 2FeCl_3 = Se\downarrow + 3FeCl_2$$

（2）将硒转为硒酸盐。含硒 $15g/m^3$、汞 $75g/m^3$ 的烟气，在通氧、700～750℃下通过由 $CaO + NaNO_3(w(CaO)/w(NaNO_3) = 4/1,\ w(NaNO_3)/w(Se) = 3/1)$ 组成的吸收剂，则烟气中的硒转为硒酸钙（钠）的盐，从硒酸钙（钠）盐提硒，硒回收率达 92%～96%；而烟气中的汞则在管式冷凝器冷凝，汞回收率达 97%～98%。

26.3 氯化硒（碲）法

往加热的阳极泥通入氯气，则料中硒与碲及其化合物发生下列化学反应：

$$MeSe + 2Cl_2 = MeCl_2 + SeCl_2$$
$$MeSe + 3Cl_2 = MeCl_2 + SeCl_4$$
$$2MeSe + 3Cl_2 = 2MeCl_2 + Se_2Cl_2$$

当温度超过 190℃时，$SeCl_4$ 离解：

$$SeCl_4 = SeCl_2 + Cl_2$$

当氯气不充足时，会生成元素硒：

$$MeSe + Cl_2 = MeCl_2 + Se$$

已查明：Cu_2Se 在 80℃下被氯气所氯化，到 200～250℃时反应剧烈只需 30～60min 即可完全氯化，到 300℃下开始氯化；含铂族金属的硒、碲化合物在 200～300℃下开始氯化，到 450～500℃时才能氯化完全。硒化物的氯化率与温度的关系如图 26-5 所示。

热力学计算表明：在温度低于 300℃下 Cu_2Se 较 Ag_2Se 容易氯化；含铂族金属的硒（碲）化物则较难氯化，

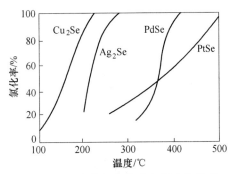

图 26-5 硒化物的氯化率与温度的关系

仅在 NaCl 参与下才会生成不挥发而易溶于水的 Na_2PtCl_6 与 Na_2PdCl_4，故在阳极泥富含铂族金属的情况下，应在低于 250℃的温度下氯化，只使硒氯化成氯化物而后溶于水溶液，然后从水溶液中回收硒与碲，而铂族金属则不被氯化而留在残渣中，可从渣中回收铂族金属。

26.4 热滤脱硫—精馏硒法

加拿大国际镍公司（Port Colborne），所产电解镍阳极泥成分为 Se 0.15%、Ni 25%、Cu 0.3%～1.8%、Fe 0.65%、S_0 81%～97% 及 S_8 0.7%。从镍阳极泥中回收硒的办法，是利用元素硫（S_0）在一定温度下的黏度小、易流动的特性，经压滤而与有价金属分离，硫的黏度与温度的关系如图 26-6 所示。然后根据硫与硒的沸点差异，将压滤渣精馏把硫与硒分离而得硒，参见图 26-7。

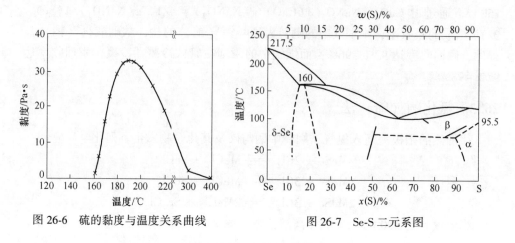

图 26-6　硫的黏度与温度关系曲线　　　　　图 26-7　Se-S 二元系图

该公司创立的热滤脱硫—精馏回收硒的工艺流程如图 26-8 所示。

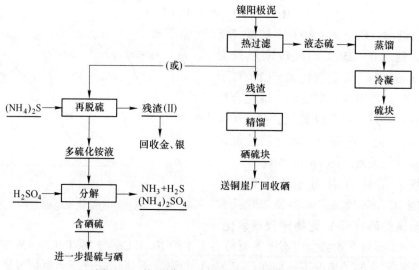

图 26-8　热滤脱硫—精馏回收硒的工艺流程

在熔融状态下，硒与硫可按任意比例混合，当液态硫接近沸点（444.00℃，或 446.67℃，取决于 S 的晶系）时它是由分子 S_8 所组成，而相应的硒是由分子 Se_2 组成。在 250℃下在 Se-S 熔体的硫与硒之间形成了化合物，并存在硫与硒成分不定的、混合的多原子分子，当温度升高至 500~900℃时，则硫与硒间的原子键力被削弱了，此时气相中不再存在硫与硒的化合物而只存在 S_8、S_6 及 S_2 与 Se_6、Se_2 的分子，它们之间建立如下平衡：

$$3S_8 == 4S_6, \quad S_6 == 3S_2, \quad Se_6 == 3Se_2$$

在 250~280℃ 下，当硒质量分数为 0.01%~0.1% 时，相间分配系数为 2.4，这就说明存在用精馏法分离硫与硒的可能性。如含硒 0.04% 的硫经精馏后，硫含硒可降至 0.0014%，硫产出率约为 70%~80%，残渣含硒可上升到 0.1%。

热滤脱硫—精馏回收硒的做法是：把阳极泥加热到 140~145℃ 进行热过滤，过程中要保持 136~138℃ 恒温压滤，熔融的元素硫就会与阳极泥中的硒良好分离而滤出，脱硫率大于 90%。熔体硫在 475~500℃ 下蒸馏，硫蒸气冷凝到 135℃ 左右，经浇铸得硫块，含硒的热过滤残渣，送入 $\phi1.9m \times 27m$、内置 60 个不锈钢蒸馏盘的精馏塔，在外供热下精馏，得到富含硒达 20% 的硒硫块，送铜崖厂回收硒。

另据报道：含硫达 64.8% 的物料，可采用 $(NH_4)_2S$ 溶解，在 $(NH_4)_2S$/含硫料 = 2.8/1、22~28℃、液比 4:1、溶解 20min，硫溶出率大于 99.5%。

$$(NH_4)_2S + xS == (NH_4)_2S_{1+x}(x = 1 \sim 5)$$

然后在 95℃ 下、50min 热分解 $(NH_4)_2S_{1+x}$ 得 99.8% S_0，回收率 93%~95%：

$$(NH_4)_2S_{1+x} == xS_0 + 2NH_3 + H_2S$$

尾气用碱吸收。如果阳极泥含硒少、硫很多时，用此法在 $Se/(NH_4)_2S = 1/6$、封闭槽中（最好充有惰性气体）强烈搅拌下则 Se 与 $(NH_4)_2S$ 配合成 $(NH_4)_2Se_nS$ 形态，并溶入形成 $(NH_4)_2Se_nS$：

$$(NH_4)_2S + nSe == (NH_4)_2Se_nS$$

从溶液中提硒，用热分解或直接鼓入空气析出硒或继而热滤脱硫—精馏回收硒，此法 $(NH_4)_2S$ 耗量大，须再生 $(NH_4)_2S$，要考虑其经济上的可行性。

有报道含硒渣可在有 CO 存在的惰性溶剂中，用氨水或胺将硒选择性溶出，形成硒代氨基甲酸胺盐，之后可将其加热而得纯硒，同时回收胺与 CO。

此外，还有用 5%~20% Na_2SO_3 溶液去溶解含硫的硒，静置后，硫溶入该液，而硒却析出，然后提硒。

26.5 加铝富集法从锑矿中回收硒

辉锑矿是锑冶炼的主要矿物，含硒从微量到 0.02% 不等。硒在锑冶炼中的循环积累，使粗锑含硒达 0.02%~0.1%，某些高硒的粗锑含硒则高达 1%~2%。从粗锑回收硒的有效方法是加铝富集硒法。在粗锑熔液中加入金属铝，硒与铝反应生成金属间化合物 Al_2Se_3：

$$3Se + 2Al == Al_2Se_3$$

Al_2Se_3 的熔点（980℃）比锑高、密度比锑低，因此通过熔析可形成浮渣，实现硒锑分离。铝与锑形成的金属间化合物 AlSb 不稳定，铝将优先与硒化合使硒的富集分离具有很高的选择性。主要提硒过程分为以下几步。

（1）加铝合金化。在镜反射炉维持锑液温度为 1000~1050℃时，加入金属铝（加量为硒量的 0.5~6 倍，但不少于 1t 锑 1kg），适当搅拌使铝在锑中扩散均匀，保温 0.5~1h，使硒与铝反应完全而生成金属间化合物 Al_2Se_3。

（2）熔析。将温度降到 700℃，并维持 2~3h，生成的 Al_2Se_3 将从锑液中析出而形成固态浮渣。Al_2Se_3 在锑中溶解度很低，熔析后粗锑含硒可降低到 0.0002%的水平，脱硒率为 90%~99.5%，硒渣产率仅 1%~2%。

为利于硒的回收排渣作业分两次进行，降温到 800~850℃时排渣一次，尽量少夹带出锑液，可获得含硒 5%~10%的高硒渣，其硒量占总硒量的 70%~80%，渣率小于 0.5%，该高硒渣可作为提硒的原料。第二次排渣在 700℃进行，目的将硒彻底脱除干净，二次渣将返回锑熔炼。

（3）提取硒。将第一次获得的高硒渣在 550℃下通入空气进行氧化焙烧，硒被氧化成 SeO_2 挥发，经冷凝收尘可获得粗 SeO_2 尘供进一步回收硒，或经水吸收、酸化后通 SO_2 还原得粗硒。焙烧脱硒后的渣则返回锑冶炼。

富硒渣应存放在干燥通风的环境，以免遇水可能生成剧毒的 AsH_3 和 SeH_2 气体危及人身安全：

$$AlAs + 3H_2O = AsH_3\uparrow + Al(OH)_3$$
$$Al_2Se_3 + 6H_2O = 3SeH_2\uparrow + 2Al(OH)_3$$

加铝富集法从锑矿中回收硒的工艺具有渣率低、硒富集与回收程度均高的优点，但铝也将与粗锑中的砷反应生成 AlAs 化合物进入硒渣，故当粗锑含砷较高时，宜先除砷后再加铝除硒。实践表明。砷含量小于 0.05%，加入的铝不会与砷显著作用。

26.6　真空蒸馏提硒法

利用硒的低沸点与铜、铅、锌、金、银等沸点较高的杂质分离。含硒物料投入真空蒸馏炉内，加温到 300~500℃，含硒物料熔融，控制真空度达 13~30Pa，蒸馏与保温 2~3h，物料中的硒被蒸馏出来，导入冷凝室于 270~300℃ 间冷凝，从冷凝物回收到 92%硒，经处理除杂得 99.5%硒；而高沸点难挥发的其他元素存在蒸馏渣中，可从中分别综合回收有价金属。

26.7　造冰铜提硒法

加拿大 Noranda 铜厂含硒阳极泥经脱铜后，将阳极泥配以溶剂，采用反射炉熔炼获得含金银的高铅渣与含硒的冰铜，高铅渣送铅冶炼或送选矿处理，分别回收贵金属与铅；冰铜去顶吹转炉氧化吹炼。冰铜中的硒以 SeO_2 挥发，经水吸收、酸化后，通入 SO_2 还原沉出硒，其工艺流程如图 26-9 所示。

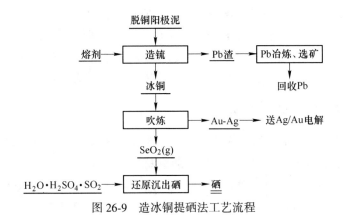

图 26-9 造冰铜提硒法工艺流程

26.8 灰吹提硒法

灰吹法是一种从阳极泥中回收金银的较古老的方法，其原理是利用金、银及硒等与铅在熔融时易形成铅基合金，之后在高温下使铅氧化为 PbO，硒氧化为 $SeO_2(g)$ 而挥发入烟气，从而与铅及不易氧化的金、银分离，然后从烟气中回收硒。

如美国某厂将脱铜后的含硒 4%～10%、金 0.1%～0.4%、银 3%～1.9% 及铅 9%～18% 的阳极泥，配以料重 3%～4% 的铅，在 1250℃ 下进行还原熔炼，获得含硒、金、银的铅基合金 Pb-Me，此合金在 800～1200℃ 下经两次灰吹熔炼，料中铅氧化进入浮渣而硒以氧化物形态发入烟气，收尘得到平均含硒 20%～23%、碲 1%～5% 的烟尘，以及含硒 25%～31%、铅 16%～18% 的尘泥，二者合并后用添加有硫酸和 $NaClO_3$ 的盐酸熔岩浸出，浸出渣送铅车间回收铅，浸出液在通入 SO_2 后即还原出硒。第二次灰吹产物即含合金银大于 99% 的金银合金，合金经点解分别得到金银。

26.9 汞炱中硒的回收

汞矿中常含硒，在火冶蒸馏汞的过程中，矿中的硒与汞同时挥发，硒便冷凝而富集于汞炱中。从汞炱中回收硒，除了可用钙固硒法，还有下述方法。

26.9.1 苏打焙烧—SO₂还原沉硒法

含硒 15%～20%、汞约 30% 的汞炱，配入 Na_2CO_3，于 600℃ 下焙烧，过程中汞挥发，其挥发率可达 99%，汞蒸汽经冷凝而得到金属汞。苏打焙烧用水浸出，焙烧中 98% 以上的硒转入碱液，然后加酸酸化，接着通入 SO_2 还原沉出硒。

在 600℃ 下进行苏打焙烧时，按理会有部分硒随汞挥发入烟尘，从而引起硒的分散。不过苏联处理的是含高汞的酸泥,它的成分为 Se 8% ~ 10%、Hg 40% ~ 60% 及 Pb 10% ~ 16%,在配入料重 40% ~ 60% 的苏打后,投入回转窑内在 450 ~ 500℃ 下焙烧 6 ~ 9h,酸泥中汞转入烟气,经冷凝得到金属汞,汞的回收率大于 99%,而酸泥中的硒主要进入苏打渣,然后按前述方法从中回收硒。

26.9.2　酸浸—SO_2 还原沉硒法

含硒 5% ~ 8%、汞大量、铊 2.0% ~ 2.5% 等的汞泵,在加入 MnO_2 下用硫酸浸出,浸出液温度近 100℃,则汞泵中的硒与铊等几乎全部转入溶液,得到含硒 4.5g/L、铊 1.5g/L 及游离硫酸达 35% 的溶液,将此液向加热到 70℃,通入 SO_2 还原沉出硒,随此沉淀约损失 10% 的铊,沉淀产物含硒高达 38.5%,然后进一步提硒收铊。

参 考 文 献

[1] 周令治, 陈少纯. 稀散金属提取冶金 [M]. 北京: 冶金工业出版社, 2008.

[2] 周令治, 邹家炎. 稀散金属手册 [M]. 长沙: 中南工业大学出版社, 1993.

[3] 《稀有金属手册》编委会. 稀有金属手册 [M]. 北京: 冶金工业出版社, 1995.

[4] 中国有色金属工业总公司. 有色金属进展下篇. 第 28 分册——稀散金属. 1984.

[5] 蒋汉瀛. 湿法冶金过程物理化学 [M]. 北京: 冶金工业出版社, 1987.

[6] 卫芝贤, 杨文斌, 王靖芳, 等. 硒碲的萃取工艺研究 [J]. 稀有金属, 1995, 19 (3).

[7] Mandrino D. UHV Se Evaporation Source: Room-temperature Depositiov on a Clean V (110) Surface [J]. Institute of Metals and Technology, 2003, 71 (3).

[8] 杨文斌, 王靖芳, 王建民, 等. 离子交换法从铜阳极泥中提取纯硒 [J]. 稀有金属, 1989, 13 (4): 300-303.

[9] 谢明辉, 王兴明, 等. 碲的资源、用途与分离提取技术研究现状 [J]. 四川有色金属, 2005, 9 (1): 5-8.

[10] 葛清海, 陈后兴, 等. 硒的资源、用途与分离提取技术研究现状 [J]. 四川有色金属, 2005, 9 (3): 7-15.

[11] 王学文, 华睿. 粗硒真空精炼实验研究 [C] //第五届全国稀有金属学术交流会论文集. 长沙, 2006.

[12] 朱世会, 朱刘, 罗密欧·凯述亚, 等. 高纯硒的生产设备及生产工艺: 中国, 200610122508.4 [P].

[13] 天津化工设计研究院. 无机精细化学品手册 [M]. 北京: 化学工业出版社, 2001.

[14] 王英, 陈少纯, 顾珩, 等. 高纯碲的制备方法 [J]. 广东有色金属学报, 2002, 12: 51-54.

[15] 王学文. TeO$_2$ 生产过程脱硒的研究 [C] //第五届全国稀有金属学术交流会论文集. 长沙, 2006.

[16] 顾珩, 陈少纯, 等. 碲酸钠溶液净化除铅新工艺: 中国, ZL991160221.5 [P].

[17] 王英, 陈少纯, 顾珩, 等. 一种从碲中除铅的方法: 中国, ZL99116022.3 [P].

[18] 王英, 陈少纯, 顾珩, 等. 影响电解碲产品因素的研究 [J]. 辽宁大学学报, 1999, 26: 82-86.

[19] 高远, 吴昊, 陈少纯. 区域熔炼法制备高纯碲. 中国科技论文.

第六篇　铼　冶　金

27　铼的性质、资源及用途

　　铼是一个真正的稀有元素。它在地壳中的含量比所有的稀土元素都少，仅仅大于镁和镭这些元素。再加上它不形成固定的矿物，通常与其他金属伴生。这就使它成为自然界中被人们发现的最后一个元素。

　　铼作为锰副族中的一个成员，早在门捷列夫建立元素周期系的时候，就曾预言它的存在，把它称为 dwimanganese（次锰）。而把这个族中的另一个当时也没有发现的成员称为 ekamanganese（类锰）。后来莫斯莱确定了这两个元素的原子序数分别是 75 和 43。由于某个未知元素往往可以从和它性质相似的元素的矿物中寻找到，所以科学家们一直致力于从锰矿、铂矿以及铌铁矿（钽和铌的矿物）中寻找这两个元素。1925 年德国化学家诺达克用光谱法在铌锰铁矿中发现了铼元素，以莱茵河的名称 Rhein 命名为 Rhenium，元素符号定为 Re。以后，诺达克又发现铼主要存在于辉钼矿，并从中提取了金属铼。铼由于资源贫乏，价格昂贵，长期以来研究较少。1950 年后，铼在现代技术中开始应用，生产日益发展。

　　中国在 20 世纪 60 年代开始从钼精矿焙烧烟尘中提取铼。2010 年中国陕西某矿山勘探到 176t 铼，位列全球第 5。随后突破欧美技术封锁，解决了提纯铼金属直到最后掌握单晶叶片的自主量产技术，达到国际标准。

27.1　铼的性质

　　铼的原子序数为 75，是ⅦB 族金属。铼的密度为 $21.04g/cm^3$，熔点和沸点分别为 3186℃（5767℉，3459K）和 5596℃（10105℉，5869K）。

　　铼是显银白色带金属光泽的金属，在低温下铼粉呈黑色，在 1000℃下铼粉变为灰色。铼具有良好的可塑性，在高温和低温下均不存在脆性，其抗拉强度及抗蠕变能力优于钨、钼和铌等金属。铼是一种高熔点金属，其熔点在所有元素中排第三（前两位为钨、钽），高达 3180℃，铼的沸点为 5627℃，沸点在所有元素中居首位。在锇、铱、铂之后居第四位，铼的电阻率是钨和钼的电阻率的 4 倍。

27.1.1 铼的物理性质

金属铼呈密排的六方晶体结构，既能在低温保持其硬度和延展性，也能在高温和温度骤变的情况下保持高强度和良好的抗蠕变性能。纯铼质软，有良好的机械性能。铼有良好的耐磨损、抗腐蚀性能和良好的延展性，铼的抗磨能力仅次于金属锇。含铼合金在高温下仍能保持其强度、延展性和硬度。铼在高温下有良好的力学性能，其拉伸强度在室温下超过 1172MPa，在 2200℃时仍可保持在 48MPa以上，远超过其他金属。铼在高温下有非常好的耐热冲击性，在 2200℃的高温下，铼制造的发动机喷管能承受 100000 次热疲劳循环而不失效。

铼的物理性质见表 27-1。

表 27-1　铼的物理性质

物 理 性 质	数　值
密度/$g \cdot cm^{-3}$	21.02
熔点/℃	3180
沸点/℃	5885
导热系数/$W \cdot (m \cdot K)^{-1}$	47.9
热容/$J \cdot (mol \cdot K)^{-1}$	25.48
熔化热/$kJ \cdot mol^{-1}$	33.20
汽化热/$kJ \cdot mol^{-1}$	715.0
原子体积/$cm^3 \cdot mol^{-1}$	8.85
原子化熔（25℃）/$kJ \cdot mol^{-1}$	791
元素在宇宙中的含量	0.0002×10^{-6}
元素在太阳中的含量	0.0001×10^{-6}
地壳中含量	0.0004×10^{-6}
元素在海水中的含量	0.000004×10^{-6}
线膨胀系数（20℃）/K^{-1}	6.5×10^6
电阻率/$\Omega \cdot cm$	19.3×10^6
弹性模量/GPa	460
体积弹性模量/GPa	370
抗拉强度/MPa	1120
屈服强度/MPa	315
延伸率/%	15
拉伸强度极限/$kg \cdot mm^{-2}$	50

物 理 性 质	数 值
相对伸长率/%	24
电子逸出功/eV	4.8

27.1.2 铼的化学性质

铼的原子序数为 75，原子量为 186.2，铼呈银白色光泽，铼粉呈灰色到黑色之间的颜色。过渡族元素只有金属铼为密排六方（hcp）晶体结构。

铼的电子构型为 [Xe]4f145d56s2，氧化态有 0、-1、+1、+2、+3、+4、+5、+6、+7，主要氧化态为+3、+4、+5、+7。铼的化学活泼性取决于铼的聚集态，粉末状金属铼活泼。

铼在常温空气中稳定，致密的金属铼在 300℃ 以上氧化生成铼酸酐 Re_2O_7。铼在 600℃ 以上氧化激烈进行。铼的细粉在空气中保存时会吸湿，因为部分铼氧化成吸湿的 Re_2O_7。铼的氧化物有七氧化二铼（Re_2O_7）、二氧化铼（ReO_2）、三氧化铼（ReO_3）、三氧化二铼（Re_2O_3）和氧化二铼 Re_2O 等。七氧化二铼为黄色固体，溶于水，形成高铼酸 $HReO_4$；三氧化铼为红色，不溶于水；二氧化铼为黑色。

铼在空气中稳定，在高温下与硫蒸气化合成二硫化铼。铼不与氢、氮作用，但能吸收氢气。铼与氢即使到熔化温度也不反应，铼在氩气、真空中、有湿气的介质中或高温下都比金属钨稳定。铼在燃气中（氧气除外）能够保持较高的化学惰性，不会被热氢气腐蚀，对氢气的渗透率也很低。

铼与氟、氯在加热下形成卤化物。如四氟化铼（ReF_4）、五氟化铼（ReF_5）、六氟化铼（ReF_6）、七氟化铼（ReF_7）、五氯化铼（$ReCl_5$）、六氯化铼 $ReCl_6$、三氯化铼 $ReCl_3$ 等。铼与溴、碘不发生反应。铼的卤化物和卤氧化物均易水解。$ReCl_3$ 是三聚红色固体，为共价化合物，在溶液中是非电解质。四价铼能形成多种配合物。

在冷和热的盐酸、氢氟酸中，铼不受腐蚀。铼溶于硝酸，生成高铼酸：$3Re + 7HNO_3 = 3HReO_4 + 7NO + 2H_2O$。它也溶于含氨的过氧化氢溶液中，生成高铼酸铵：$2Re + 2NH_3 + 4H_2O_2 = 2NH_4ReO_4 + 3H_2\uparrow$。

铼还能形成羰基化合物 $Re(CO)_5$ 和高铼酸盐 M_3ReO_5（M 为一价金属），锰和锝都没有类似的盐生成。

铼不与碳发生反应，是难熔金属中唯一不与碳生成碳化物的元素。铼最突出的化学性质是它的七氧化物的挥发性很高，而且很容易溶解于水和含氧溶剂中。铼在回收中广泛利用这两种性质。铼的水溶液呈酸性，其电动势在铜与铊之间，因此，铁和锌可使铼在水溶液中沉淀。

铼的化学性质见表 27-2。

表 27-2　铼的化学性质

原子序数	75
相对原子质量	186.31
晶格类型	六方密集堆积
原子体积/$cm^3 \cdot mol^{-1}$	8.9
原子半径/nm	1.371
离子半径/nm	0.72（+4），0.61（+6） $a = 0.276$ $b = 0.276$ $c = 0.445$
表面张力/$N \cdot m^{-1}$	2.61
标准电位/V	0.60
电负性	1.46
电离势/eV	1　　2　　3　　4 7.87　1.66　26　38
电子亲和能/eV	0.15
外层电子排列	4f145d56s2
放射性同位素	^{185}Re，^{187}Re
还原电势	酸性　$ReO_4 \xrightarrow{-0.83} ReO_3 \xrightarrow{+0.45} ReO_2 \xrightarrow{+1.25} Re_2O_3$ 碱性　$Re_2O_3^- \xrightarrow{+0.33} Re$ 易溶于　HNO_3，$H_2SO_4(200℃)$ 难溶于　HCl，HF，H_2SO_4 配位数　6 主要价态　+7，+6，+5，+4，+3，+2，+1，-1

27.1.3　铼的主要化合物

铼能生成铼酸酐（Re_2O_7）、三氧化铼（ReO_3）和二氧化铼（ReO_2）。

（1）铼酸酐（Re_2O_7）由金属铼或其某些化合物在空气中氧化生成。铼酸酐（Re_2O_7）呈淡黄色，其熔点为 297℃，沸点为 363℃。

（2）三氧化铼（ReO_3）是铼粉在氧化不充分时生成的橙红色固体，在隔绝空气中加热铼粉的混合物能得到纯的三氧化铼。在真空条件下，加热温度 400℃以上，三氧化铼发生热分解生成铼酸酐（Re_2O_7）和二氧化铼（ReO_2）：

$$3ReO_3 \rightleftharpoons ReO_2 + Re_2O_7$$

三氧化铼微溶于水、稀硫酸和盐酸。

（3）二氧化铼（ReO_2）是深褐色固体物质，在300℃以下用氢气还原铼酸酐或在400℃下在惰性介质（氮或氩）中使铼酸铵（NH_4ReO_4）分解可制备二氧化铼（ReO_2）。二氧化铼（ReO_2）在真空中加热（750℃以上）时，便分解生成铼和铼酸酐（Re_2O_7）：$7ReO_2 \rightleftharpoons 2Re_2O_7 + 3Re$。

（4）铼酸（$HReO_4$）是强酸，铼酸酐溶于水可制成铼酸。铼酸为弱氧化剂。铼酸与碳酸盐、氧化物及碱发生反应生成高铼酸盐。在高铼酸盐中，铊、钾、铷、铵、铜的高铼酸盐适度溶解，而钠、镁和钙的高铼酸易溶于水。

（5）氯化铼，目前研究较多的是五氯化铼（$ReCl_5$）和三氯化铼（$ReCl_3$）。三氯化铼（$ReCl_3$）是氯气和金属铼在400℃以上反应生成。五氯化铼（$ReCl_5$）是一种深褐色的固体物质，熔点约为260℃，沸点约为330℃。在潮湿空气中易发生水解作用而释放盐酸冒烟。

27.2 铼的资源

27.2.1 铼的丰度

铼是一种极其稀少且分散的金属元素，在地壳中的丰度为$7×10^{-7}$%，其克拉克值仅为$7×10^{-8}$%（质量分数），全球探明储量约为2500t，资源量约为10000t。

27.2.2 铼的地球化学

铼由^{185}Re，^{187}Re两种同位素组成，其丰度分别为62.6%和37.4%。^{187}Re为放射性同位素，发生β衰变后成为^{187}Os，其半衰期为4300万年。铜、钼、铼和锇四元素之间有一种特殊的共生关系。铼还微量伴生在铅、锌、铂和铀等矿物中。在普通岩石和矿物中铼的分布见表27-3。

表 27-3 铼在各种岩矿中的分布　　　　　　　（g/t）

岩矿名称	硫化前沉淀的硅酸盐和氧化物	从岩浆结晶中分离出的矿物体晶岩	镍皂石	硅皮钇矿
含量	0.0001	0.001	0.06～0.2	0.03～1.1
岩矿名称	锆石	橙黄石	铌铁矿	黑稀金矿
含量	0.01～0.05	0.02	0.05～0.2	0.01
岩矿名称	铂族金属矿	锰矿物	钨矿物	铀矿石
含量	0.03～0.1	0.05～0.1	0.2	0.05～0.1

这些岩矿中铼的含量极低，没有实际开采价值。在自然界没有铼矿物，其主

要原因是铼高度分散的结果。铼的化合物挥发性很高，因此往往富集在中温和低温钼矿床中。铼在辉钼矿中的含量随辉钼矿成矿温度的升高而减少。在三角晶、正交晶和胶体状变质辉钼矿中富集程度较高。

27.2.3　铼的分布

铼属稀散金属，在地壳中的含量为 $1×10^{-7}\%$。铼主要分布在辉钼矿中，有时也痕量分布某些铜矿物中，也分布在某些铌铁矿、硅铍钇矿、铂和铀矿物中。现今发现的含铼的矿物有硫铜矿（$CuReS_4$）和辉钼铜矿，其铼的含量分别为 $(3 \sim 15) × 10^{-6}$ 和 $(1 \sim 4) × 10^{-4}$，其次，个别黄铁矿含有约 $(1 \sim 3) × 10^{-6}Re$，铌铁矿中含 $4×10^{-7}Re$，海水中也含有约 $8×10^{-9}$ 的 Re。

现今发现的含铼的矿物有硫铜矿（$CuReS_4$）和辉钼铜矿，其铼的含量分别为 $(3 \sim 15) × 10^{-6}$ 和 $(1 \sim 4) × 10^{-4}$。其次，个别黄铁矿含有约 $(1\sim3)×10^{-6}$ Re，铌铁矿中含 $4×10^{-7}Re$，海水中也含有约 $8×10^{-9}$ 的 Re。近几年有资料报道，在 2003 年，俄国家有色金属科研所的专家在伊图鲁普岛库德里亚维火山区内发现了储量丰富的纯铼矿，并从库德里亚维火山喷出物中成功分离出 9g 战略金属铼，从而成为世界上首处纯铼矿。

27.2.4　铼的矿物

铼没有单一的具有工业开采价值的矿物，铼多以微量伴生于钼、铜、铅、锌、铂、钽、铌、稀土等矿物中，很难单独利用。具有经济价值的提铼的原料为辉钼矿和铜精矿，其中辉钼矿为铼的主要来源。一般辉钼精矿中铼的含量在 $0.001\% \sim 0.031\%$ 之间。但从斑岩铜矿选出的钼精矿含铼可达 0.16%。

重要的含铼矿床类型有：（1）斑岩铜矿和斑岩钼矿；（2）热液成因的铀-钼矿床；（3）含钼、钒的含铜页岩及硫质-硅质页岩矿床。铼主要伴生于斑岩型铜（钼）矿床和斑岩型钼矿床中；其次产于砂页岩铜矿（如哈萨克斯坦杰兹卡兹甘砂岩铜矿）和砂岩型铀矿床（如美国科罗拉多高原含铀（钪）砂岩矿床）。铼主要伴生在属于含铜页岩型的铜矿床中（约 $1.5 \sim 6g/t$），其中铜钼矿床中的辉钼矿含铼最高，其存在形式为铜铼矿（$CuReS_4$）和辉铼矿（ReS_2）。

目前具有经济回收价值的含铼矿物主要是辉钼矿和硫化铜矿。在这些矿中，铼以二硫化铼或七硫化二铼的形式存在，在含铼的辉钼矿中，铼的含量一般在 $0.001\% \sim 0.031\%$。斑铜矿含铼 $0.0001\% \sim 0.0045\%$，但从斑岩铜矿选出的含铼钼精矿中铼的含量可高达 0.16%。比如智利典型的硫化钼矿中铼的含量在 0.025%，而伊朗 Sarcheshmeh 铜矿硫化钼中铼的含量为 0.065%，最高的是美国 SanManuel 矿和加拿大的 Island 铜矿，分别含铼 0.09% 和 0.1%。

在一些铜和钼矿石中，铼的含量见表 27-4。

表 27-4　世界各国铼在辉钼矿中的分布　　　　(t)

矿物	国家或地区	含量	矿物	国家或地区	含量
石英钼	克莱麦克斯（美国科罗拉多）	25	斑岩铜	奇诺（新墨西哥）	800
	奎斯塔（新墨西哥）	12		双峰（亚利桑那）	600
	蒂尔尼奥兹（高加索）	10		皮马（亚利桑那）	600
	东孔拉德（哈萨克）	14		米森（亚利桑那）	600
	济达（蒙古）	6		埃尔·萨尔多瓦（智利）	570
	乌马尔蒂（俄罗斯）	1		安迪那（智利）	380
	克那本（挪威）	10		埃尔·特尼恩特（智利）	440
	德拉门（挪威）	17		巴哥达德（亚利桑那）	200
	希雷卡瓦（日本）	10		埃恩皮兰扎（亚利桑那）	180
	肯斯达特（澳大利亚）	49		谢里塔（亚利桑那）	180
斑岩铜	麦吉尔（内华达）	1600		扎拉德（哈萨克）	510
	艾兰铜矿（不列颠哥伦比亚）	1300		卡扎兰（高加索）	300
	艾吉扎尔（俄罗斯）	1000		阿尔马莱克（乌兹别克）	290
	桑曼努埃尔（亚利桑那）	1000		梅迪特（保加利亚）	125
	扎盖帕拉（秘鲁）	325			

从表 27-4 可以看出：虽然钼矿床和铜矿床的含铼量，远远超过了铼在普通岩石和矿物中的克拉克值 1000~2000000 倍，但都未富集到可以实际利用的程度。矿石中铼的含量变化范围比较大。与铜矿物成矿一起出现的辉钼矿矿床，其铼品位通常较高，这是铼成矿的特点之一。所有主产钼矿床铼品位较低，仅百万分之几至百万分之几十。就全球而言，含铼较高的辉钼矿有著名的智利丘基卡马达斑岩铜钼矿床的辉钼矿，辉钼矿含铼 250~350g/t，美国宾厄姆斑岩铜钼矿床的辉钼矿含铼 300~350g/t，巴尔哈什斑岩铜钼矿床的辉钼矿含铼 400~450g/t。

江西德兴斑岩铜钼矿床的辉钼矿含铼 600~700g/t；湖南宝山斑岩铜钼矿床的辉钼矿含铼 300~450g/t；陕西洛南地区钼矿床的辉钼矿含铼 250~300g/t，个别地段的辉钼矿含铼高达 350~370g/t。还有石英脉型钼矿床的辉钼矿含铼也较高。斑岩型钼矿床，如特大型的美国克莱克斯钼矿床的辉钼矿含铼为 3~15g/t；加拿大大型钼矿床恩达科钼矿床的辉钼矿含铼 10~15g/t。我国著名的特大型斑岩钼矿床，如陕西金堆城钼矿床的辉钼矿含铼 17~20g/t。特大型斑岩矽卡岩型钼钨矿床，如河南栾川地区钼矿床的辉钼矿含铼 10~20g/t，葫芦岛地区的大型矽卡岩型钼矿床的辉钼矿含铼 10~20g/t。

27.2.5　铼的储量

世界上铼的储量比较丰富的国家主要有美国、智利、哈萨克斯坦、俄罗斯和亚美尼亚等国。铼在矿物中的含量变化比较大，如智利的硫化钼矿中铼的含量为0.025%，伊朗的 Sar. Cheshmeh 铜矿和加拿大的 Island 铜矿分别含铼 0.09% 和0.1%。全球铼资源主要分布在美洲和欧洲。根据美国地质调查局 2015 年发布的数据，全球铼探明资源储量约为 1100t，其中美国铼探明资源储量约为 500t，其他国家为 600t。全球铼资源量约为 2500t，智利的铼资源量最为丰富，为 1300t，其次为美国（390t）、俄罗斯（310t）、哈萨克斯坦（190t）、亚美尼亚（95t）、秘鲁（45t）以及加拿大（32t），世界其他国家铼资源储量的总和约为 91t。美国是全球最大的铼消费国，智利和波兰则是美国铼金属的主要供应国。

截至 2003 年，我国铼资源的保有储量为 237t，铼矿有 11 处，分布在陕西（占全国铼储量的 44.3%）、黑龙江（31.6%）、河南（12.7%）、湖南、湖北、辽宁、广东、贵州和江苏等 9 省。我国铼资源几乎全部伴生于钼矿床中，主要分布在陕西金堆城钼矿、河南栾川钼矿、吉林大黑山钼矿和黑龙江多宝山铜（钼）矿等矿床中，这些矿床中铼的储量约占全国铼总储量的 90%。中国的铼产量不高，每年 2t 左右，国内需求相应的不是很高，但这种状况即将改变。有业内人士估计，从 2016 年起中国的进口需求将达到每年 4.5~5t，其中一部分将用于储备。

27.3　铼的用途

铼是一种稀有难熔金属，不仅具有良好的塑性、机械性和抗蠕变性能，还具有良好的耐磨损、抗腐蚀性能，对除氧气之外的大部分燃气能保持比较好的化学惰性。

20 世纪 60 年代，雪佛龙公司（Chevron Inc.）和 UOP Inc. 发明了用于石油加工的含铼催化剂，从而推动了铼需求及产量的增长。20 世纪 70 年代早期，铼需求的增长导致铼价格上涨了 3 倍。20 世纪 80 年代，发动机制造商发现含铼的镍基合金具有抗高温、耐磨损的性能，因而用这种合金制作的发动机部件的使用寿命将更长。发动机制造商的这一发现促进了金属铼应用的发展。80 年代末，含铼的喷气涡轮机叶片被首次使用。2000 年，由于航空部门对铼需求的大幅增长，高温合金方面的应用已经成了铼最大的消费领域。

铼及其合金是用于高科技领域的新型材料，中国、美国、俄罗斯、英国、法国和日本均在研究和探索铼用途。铼及其合金被广泛应用到航空航天、电子工业、石油化工等领域。美国地质调查局 2013 年发布的数据显示，高温合金为铼最大的消费领域，约占铼总消费量的 80%，催化剂为铼的第二大消费领域。预计未来作为合金材料将成为铼的第一大消费领域，飞机发动机用的铼合金用量将继续增长；另外铼在 X 射线靶、高温热电偶、耐热元件等应用方面仍将继续增加；用于原子反应堆及火箭喷管等方面的铼合金型材及结构材料更是迅猛发展。铼及其合金是发展国防、航空、航天及电子工业的重要原材料，在石油化工、国防、航空、航天、冶金、电子、火电和医学等领域发展前景非常广阔，日益引起各国材料学家的高度重视和关注。

27.3.1 铼在石油和化学领域的应用

铼及其化合物具有优异的催化活性（铼对很多化学反应具有高度选择性的催化功能），因而常被用作石油化工等领域的催化剂。铼的催化剂具有特殊的抗氮、抗硫和抗磷毒化的性能。制造高辛烷值汽油的铂重整装置使用铂-铼催化剂，该用途约占世界铼消费量的 70% 左右。催化重整是石油化学工业中一项重要的工艺，是提高汽油质量和生产石油化工原料的重要手段，可以生产高辛烷值的汽油、苯、甲苯和二甲苯等产品，同时能得到副产品氢气。铼在催化剂中不仅能改善催化剂的热稳定性，保持产品的回收率，同时可以降低温度，为提高汽油质量、产量和增加芳烃产量起着巨大作用。

铼及其化合物还是合成化学领域的催化剂。铼可用作生产无铅汽油和汽车尾气净化的催化剂；铼的硫化物可用作甲酚、木质素的氢化反应催化剂；催化剂 NH_4ReO_4/C 是环己烷脱氢及乙醇脱氢的高效催化剂；$KReO_4/SiO_2$ 是一系列氢化反应的催化剂；Re_2O_7 是 SO_2 转化为 SO_3、HNO_2 转化为 HNO_3 的催化剂。

27.3.2 铼在国防工业领域的应用

铼及其合金主要用于高科技领域的国防尖端产品、航空航天元件、单推进和双推进热敏元件、碳氢化合物燃烧装置、抗氧化剂涂层、超声波仪器以及测量战略导弹轨迹的卫星站等。

由于铼的全球储量很少，同时价格也比较昂贵，在应用上多采用含铼的合金。作为合金添加元素，铼能够大幅度改善、提高合金的性能。铼能与钨、钼、铂、镍、钛、铁、铜等多种金属形成一系列合金，其中铼钨、铼钼、铼镍系高温合金是铼的最重要的合金，被广泛应用到航空航天相关的国防工业部门。

铼能够同时提高钨、钼、铬的强度和塑性，人们把这种现象称为"铼效应"。如添加少量（3%~5%）的铼能够使钨的再结晶起始温度升高 300~500℃，铼（Re）的上述作用被称为铼效应。W-Re 和 Mo-Re 合金具有良好的高温强度和塑性，可加工成板、片、线、丝、棒，用于航天、航空的高温结构件（喷口、喷管、防热屏等）、弹性元件及电子元件等。

铼的价格昂贵，在应用上多采用含铼的合金，其中钨铼和钼铼合金用途最广。钨铼合金含铼 10%～26%，钼铼合金中含铼量为 11%～50%。此外还有 W-33.3Mo-33.3Re，Mo-Re-Hf-Zr，Mo-Re-Hf-V 合金。钨铼和钼铼合金具有良好的高温强度和塑性，可加工成板、片、线、丝、棒，用于航天航空的高温结构件、弹性元件、电子元件等，还可用于制造加热元件、工件、灯泡、X 射线器械和医疗器械。W-Re-ThO$_2$ 合金可用作高温加热工件，钨铼、钼铼合金触头具有高抗热蚀和高温导电能力，能提高供电设备的使用寿命和工作可靠性。如铂铼合金、铂钨铼合金、钨铼合金、钼铼合金等。

27.3.2.1　钨铼合金、钼铼合金

钨铼合金（W-Re alloy）是由钨和铼所组成的合金。一类为低铼合金，含铼在 5% 以下；另一类是高铼合金，含铼为 20%～30%。铼也是稀散金属，资源较少，价格较贵，如非必要，应尽量采用不加铼或少加铼的钨合金。

铼与钨、钼或铂族金属所组成的合金或涂层材料，因其熔点高、电阻大、磁性强、稳定性好而被广泛应用于电子、航天工业。如制造特种白炽电灯泡的电灯丝、人造卫星和火箭的外壳、原子反应堆的防护板，用作超高温加热器以蒸发金属，在火箭、导弹上用作高温涂层用，宇宙飞船用的仪器和高温部件如热屏蔽、电弧放电、电接触器等都是利用铼的上述特性。

Re$_{25}$-W 是早期空间站的核反应堆材料，现在发展到性能更好的 Re$_{30}$-W-Mo$_{30}$ 合金；Re-Pt 用作原子能反应堆结构材料，可抗 1000℃ 高温下载热体的腐蚀，也用作辐射防护罩；Re-Mo 合金到 3000℃ 仍具有高的机械强度，可制造超音速飞机及导弹的高温高强度部件及作隔热屏；用于喷气式发动机涡轮叶片与火力发电机涡轮材料的含铼耐热合金已成功开发并用于战斗机及民航客机的发动机上。

以钼为基添加铼 2%～5% 的钼合金。铼加入钼，可改善钼的塑性和提高钼的强度，属固溶强化型合金。钼中加入 35% 铼，在室温下轧制变形量可达 90%。钼铼合金的室温拉伸强度、延展性和电阻率随铼含量增加而增加。通常用 Mo-5%Re 和 Mo-41%Re 作热电偶丝材，作航空航天中结构材。Mo-50%Re 作高温结构材料。

在钨和钼中加入适量的铼制成的钨铼合金和钼铼合金，不仅具有良好的塑性，可以加工成各种结构材料，还具有高硬度、高强度和耐高温等特性。

钼铼合金常用于制造高速旋转的 X 光管靶材、微波通信的长寿命栅板、空间反应堆堆芯加热管、高温炉发热体和高温热电偶等。钨铼合金被广泛应用到高温技术、电真空工业、灯泡工业、原子能工业、分析技术、医疗和化工等领域，常用于制造特种电子管和彩色显像管的灯丝、高温部件、热电偶等。

27.3.2.2　镍铼合金

铼能够提高镍高温合金的蠕变强度，这类合金可用于制造喷气发动机的燃烧

室、涡轮叶片及排气喷嘴等。铼镍合金是现代喷气引擎叶片、涡轮盘等重要结构件的核心材料。铼的使用既可提高镍基高温合金的性能；更可以制造出用于单晶叶片的合金。这两方面的作用都能使涡轮（尤其是高压涡轮）在更高温度下工作。设计者就能加大涡轮压力，进而提高作业效率；或者发动机可以加快燃料燃烧的速度，进而产生更大的推力。此外，人们可以把作业温度维持在较低水平，扩大实际作业温度和涡轮机最高允许温度的差值，这样就能延长使用寿命，同时提高发动机的性能和耐用性。

27.3.2.3 铼-铱合金

卫星遥控发动机的燃烧室要求耐更高温度的新材料，需要提高发动机的工作效率和延长工作时间，铼的高熔点和良好的高温力学性能，使铼在这一领域广泛应用。铼-铱合金能够承受燃烧室超过2200℃高温，远高于铌-硅合金。发动机工作温度提高，意味着可以改变发动机的传统的液膜冷却方式，从而在节省燃料的基础上，大幅度提高发动机的性能，同时因为可以实现完全清洁燃烧，故可减少发动机中存在的污染情况，提高卫星系统的稳定性。

最新研究通过CVD法在石墨基体上镀金属铼涂层，结果表明金属铼与石墨有良好的热相容性，其熔点高于其他金属的碳化物，同时还能在废气存在的情况下呈现出化学惰性，该材料可用作火箭发动机的燃气舵。

金属铼还具有抗热氢腐蚀和低的氢气渗透率，被用于制造太阳能火箭的热交换器。通过该器件，太阳辐射的热能被传递到氢气，然后氢气被吸入铼管中，其工作最高温度可达到2500℃。铼的合金还被用于制作速射炮系统的炮筒衬里。

近年来铼在合金方面的用量已经超过其在催化剂方面的用量，超耐热合金已经成为最重要的应用领域。

27.3.3 铼在电子工业领域的应用

铼具有高熔点、高沸点和低蒸气压等优点，这对于电子工业具有重大意义。铼可用作灯丝和阴极材料。与钨相比，铼的优点是强度高，在高温时挥发性小；铼可用作制造电触头、电流切断器及其他仪器零件，铼广泛应用于加热元件、电器插头、热电偶、特殊金属丝以及电子管中的元件。

铼最突出的应用是制造超高温发射极。热电子发电机是一种发电系统，当其电极被加热到一定高温时，电极放出电子。因此，高性能耐高温的发射极至关重要。目前日本公司制作出在钨单晶定向功能材料衬底上涂基于铼基的含铌、钽和钼复合材料体系作为基础材料的高温发射极，将热电子效率提高了20%，同时提高了电流密度。

铼能增加钼和钨的可锻性，铼-钼合金、铼-钨合金可作为电子管结构材料；

铼-铂合金比铂-铱合金具有更好的力学性能，如含铼 4.5%，含铂 5%的铂-铼合金，用于高温热电偶可取代铂-铑合金和铂-铱合金；铼-钼合金可作为高温仪表材料、高温部件（如热屏蔽、电弧放电、滑环和接触器、热扩散挡板及发射器）和高温部件镀层等；钨-铼合金和钼-铼合金在温度控制器、闪光灯、真空管、加热元件和 X 射线管等方面也有着重要的用途。铼-钼合金在 10K 温度是超导材料。

铼与钨、钼和铂族金属的涂层材料同样广泛应用于电子工业。采用 H_4ReO_4 涂层的钨丝，具有良好的韧性、伸长率和导电性能，同时具有较高的抗冲击与抗振动性能，应用于真空系统及易振动场所的电子器件或灯丝中，如 X 射线靶、闪光灯、声谱仪、高真空测定电压器件、飞机灯丝和彩电快速启动的加热器等。铼-铂、铼-银、铼-铜、铼-铜-锆等合金材料已取代铂作电工开关、电流切断器及电弧放电等接点元件或屏蔽部件，具有可靠耐用的优点。

27.3.4　铼在测温和加热器件领域的应用

采用 Re_3-W 及 Re_{25}-W 合金丝制备的热电偶，温度与热电动势的线性好，测温准确，测量范围广（0～2485℃），其热电动势达 1012mV，远高于铂-铑/铂（在 1900℃时仅 30mV），可用在真空或惰性气体介质中。Re_{28}-W/W 热电偶可测温度达到 2760℃，Mo-Re 热电偶可测温度达到 3000℃。

铼在高温下十分稳定，耐磨损，且能够抵御电弧腐蚀，是很好的触头材料。用铼基合金制作的加热元件比钨或钼的寿命长 5～10 倍；高温下 $Re_{8\sim12}$-Ni-Cr 合金比 Ni-Cr 合金的加热元件的工作寿命提高 9 倍，且具有在高温与高压工作正常的突出优点；铼基合金还可制作在高温下既灵敏又不变形的弹簧，为高温测量仪器所必需；联吡啶铼作为吸收太阳能的光敏染料在太阳能电池上有广阔的应用前景。

27.3.5　铼的其他应用

^{188}Re 和 ^{186}Re 同位素具有放射性，可用于肝癌的治疗。$KReO_4$ 可用作制备彩色照相胶片的敏化剂等。金属铼及其合金可制自来水笔尖和高温热电偶。铼和铼的合金还可作电子管元件和超高温加热器以蒸发金属。钨铼热电偶在 3100℃也不软化，钨或钼合金中加 25%的铼可增加延展性能。

铼有两种同位素，分别是 185、187，在地质学上有重要的用途，即铼-锇同位素体系，被广泛应用于研究矿床成因、岩浆形成、地幔演化、天体演化以及同位素定年。该同位素体系具有不同于其他常用同位素体系的特性。首先，铼和锇均属强亲铁和亲铜性元素，倾向于在铁和硫化物相中富集。因此，它们在铁-镍金属构成的地核中高度富集，在地幔和地壳中极其贫化。其次，锇是高度相容元素，而铼是相容至中等程度的不相容元素，因而在地幔熔融过程中，锇倾向于富集在地幔残留相中，铼倾向于富集在熔浆中，导致地幔与地壳的 Re/Os 比值发生很大的变化。最后，由于地幔岩石中的锇同位素比值不易受后期地幔交代作用的影响而发生大的变化，可以更好地反映这些岩石的成因及地幔演化特征。

27.4 铼的市场

20 世纪 70 年代以来，随着铂-铼催化剂开始在石油工业上应用，铼的消费量急剧增长。据市场分析，每年铂-铼催化剂的用量为 5000t，其中含铼 15t，铼的再生回收周期在 3~5 年，其中有 10% 的铼会损失掉。

现代的汽轮发动机必须使用含铼合金，该领域的需求正在增长。目前全球用来制备铼合金的铼年用量大约为 27t。目前，铼的价格一直保持在 1000 美元/kg以上。

目前智利的 Molymet 公司是世界最大的铼生产单位，其产品包括铼金属、铼球、铼粒和铼粉。2002 年该公司的出口量为 20.57t，相当于世界当年铼供应量的 58%。PhelpsDodge 公司是美国生产铼的企业，年产量约为 4t，占世界铼产量的 11%。哈萨克斯坦是世界第二大铼生产国，该国的 Kazakhmy 公司年产铼 8.5t，主要产品是高铼酸铵，占世界铼供应量的 24%。表 27-5 为世界铼的产量分布，表 27-6 为铼的主要应用领域的消费量。

表 27-5　世界铼的产量分布

国家和地区	产量/t
智利	20~21
美国	4.1
哈萨克斯坦	8.5
俄罗斯	0.5~1.0
波兰	0.5
中国	1.0
再生铼	4.0
合　计	39.5~42.5

表 27-6　铼的主要应用领域消费量

世界铼的消费	用量/t
超级合金（含粉末冶金）	37
催化剂	9.0
其他	5.0
合　计	41.0

据美国地质调查局 2015 年发布的数据，2014 年全球铼产量约为 48.8t，铼的主产国有智利、美国、波兰、乌兹别克斯坦、亚美尼亚等，其中智利为铼的最大生产国，2014 年产量为 26t，约占全球总产量的 53%。美国是铼最大的消费国，智利和波兰为美国金属铼的主要供应国。在 2013~2018 年间，铼消费量的年均增长率为 3%，到 2018 年铼的消费量将达到 70.4t。全球铼的回收率也在不断增长，据预测目前全球铼的回收量约为 30t/a，德国、美国、日本是铼资源回收的主要国家，爱沙尼亚和俄罗斯也在回收铼资源。目前铼最大的消费领域是高温合金，约占铼总消费量的 80%，催化剂为铼第二大消费领域，并且这两个领域对铼的需求量还在不断增长。

28 铼冶金提取技术

28.1 提铼原料

铼作为副产品从辉钼矿和铜精矿的冶炼中回收，迄今只查明有辉铼矿和铜铼硫化矿物，且多以微量伴生于钼、铜、铅、锌、铂、铌等矿物中。具有经济价值的含铼矿物为辉钼矿。一般辉钼精矿中铼的含量在 0.001% ~ 0.031% 之间，从斑岩铜矿选出的钼精矿含铼可达 0.16%。生产铼的主要原料是钼冶炼过程的副产品。某些铜矿、铂族矿、铌矿甚至闪锌矿的冶炼烟尘和渣中，以及处理低品位钼矿的废液，都可以回收铼。目前，铼的提取方法主要是在冶炼辉钼矿过程中将铼的硫化物氧化生成易挥发的铼的氧化物 Re_2O_7，在烟道尘中获得的 Re_2O_7，再经过湿法冶金技术分离和提取。

另外处理铀钼矿提取铀的副产物——反萃铀的水相，也是提铼的原料。废铂铼催化剂及含铼的合金废料也是提铼的主要原料。

28.2 火法冶金提铼技术

28.2.1 辉钼矿焙烧—石灰烧结法提取铼

将含铼 0.0022% 辉钼矿经沸腾焙烧得到的含铼 0.3% ~ 1.6% 烟尘，加入料重 70% ~ 160% 的石灰，在 570 ~ 670℃ 下烧结 2 ~ 4h，会发生如下反应：

$$Re_2O_7 + CaO \longrightarrow Ca(ReO_4)_2$$

当配料中 $Re_2O_7/CaO = 10$ 的情况下，必定会形成 $Ca(ReO_4)_2$，这是石灰烧结提铼的理论基础，同时料中的钼转变为钼酸盐：

$$MoO_3 + CaO \longrightarrow CaMoO_4$$

烧结料进入水中，加热到 60 ~ 80℃ 并通入空气搅拌浸出，90% 的 $Ca(ReO_4)_2$ 会溶解进入溶液中，有时为了强化浸出而加入氧化剂（如 MnO_2），以加速 $Ca(ReO_4)_2$ 溶解入液：

$$Ca(ReO_4)_2 + 2H_2O \longrightarrow 2HReO_4 + Ca(OH)_2$$

其工艺流程如图 28-1 所示。

烧结料中的 $CaMoO_4$ 不溶于水留在渣中，实现钼与铼的分离，同时铼得到富集。分离得到的残渣返回烧结系统，或作为商品出售，也可单独处理回收其中的

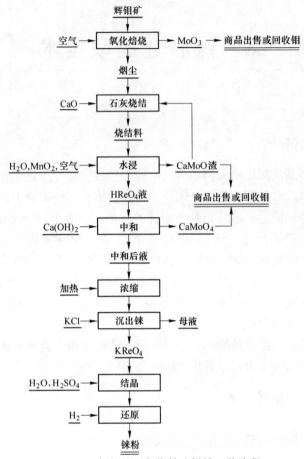

图 28-1　辉钼矿石灰烧结法提铼工艺流程

钼。滤液中含有铼、钼、钙等成分，需要进一步除去钼。在 80℃下向滤液加入
Ca(OH)₂ 中和，使溶液中的钼生成 CaMoO₄ 沉淀而除去。中和后液经过浓缩到含
铼 20~30g/L 时，加入 KCl 获得 KReO₄，粗 KReO₄ 经过重新结晶处理得到纯的
KReO₄，通入氢气还原便可得到纯度在 99.9% 的铼粉。整个过程中铼的回收率约
为 80%~92%。

石灰烧结法简单易行，对制取 CaMoO₄ 或仲钼酸铵有利，但是由于添加石灰
量较大，致使料中的铼与钼含量更趋于贫化，使得工艺设备及厂房占地较多，延
长富集周期，导致铼的回收率不高。但此方法能使料中的硫转为硫酸钙，可减少
二氧化硫的危害。

28.2.2　含铼冰铜高温氧化法提取铼

该方法主要是将含铼冰铜在高于 1200℃ 氧化焙烧 60~80min，使并冰铜中的

铼全部挥发进入烟气。该过程中发生的化学反应为：

$$4ReS_2 + 15O_2 === 2Re_2O_7\uparrow + 8SO_2\uparrow$$

含 Re_2O_7 的烟气经淋洗塔淋洗和湿式电收尘，烟气中的 Re_2O_7 溶于水而生成高铼酸：

$$Re_2O_7 + H_2O === 2HReO_4$$

溶有 Re_2O_7 的水溶液用以循环淋洗烟气，当其富集到一定浓度后，抽出一部分溶液浓缩，可加入 KCl 或有机沉淀剂提取铼，也可采用有机溶剂萃取法、树脂吸附法或离子交换法提取铼。

28.3 湿法冶金提铼技术

28.3.1 辉钼矿氧化挥发—沉淀提铼法

目前世界 80% 的钼用于制造合金钢和钼铁等，主要原料是 MoO_3。在氧化焙烧含铼的辉钼矿生产商品 MoO_3 的过程中，原料铼的硫化物氧化成易挥发的 Re_2O_7 进入烟气。利用 Re_2O_7 极易溶于水的特性，采用水吸收，然后向滤液加入 KCl 使铼以 $KReO_4$ 形态沉淀析出。

为了使原料中的铼的硫化物氧化为易挥发的 Re_2O_7，条件是保持炉内充足的空气、适当的焙烧温度和合适的冶金炉型。生产实践表明，采用沸腾焙烧、控制温度在 550℃ 左右，氧化沸腾焙烧辉钼矿时能使铼的挥发率高达 85%～97%。如果采用多膛炉或回转窑氧化焙烧辉钼矿，铼的挥发率仅为 60% 左右。

在氧化焙烧辉钼矿的过程中，首先发生铼的硫化物的升华、离解。如 Re_2S_7 在 250℃ 就开始离解，到 350～400℃ 时就基本离解为较稳定的 ReS_2 和金属铼，而 ReS_2 在 960～1050℃ 下只有少量离解，同时以 ReS_2 形态升华，但一般焙烧辉钼矿达不到这样高的温度，即使在 960～1050℃ 的温度下金属铼也不挥发：

$$Re_2S_7 === 2ReS_2 + 3S(l)$$
$$ReS_2 === Re + 2S(l)$$
$$ReS_2 === ReS_2(s)\uparrow$$

由于铼是以类质同象存在辉钼矿中，因此在氧化焙烧辉钼矿时，铼与钼会同时被氧化，并发生硫化物与氧化物间的交互反应：

$$2MoS_2 + 7O_2 === 2MoO_3 + 4SO_2$$
$$MoS_2 + 6MoO_3 === 7MoO_2 + 2SO_2$$

铼硫化物的脱硫反应如下：

$$4ReS_2 + 15O_2 === 2Re_2O_7\uparrow + 8SO_2\uparrow$$

氧化形成的 Re_2O_7 在 300～400℃ 便几乎完全挥发。采用沸腾焙烧炉进行氧化焙烧，完全挥发铼的时间将大大缩短。焙烧过程中铼挥发率不仅与温度和炉型有关，而且与料中 MoS_2 的氧化程度相关。研究表明，只有90%的 MoS_2 被氧化后，才会发生铼的明显挥发，这是因为铼是以类质同象存在辉钼矿中，由于发生交互反应而促进铼的挥发：

$$Re_2S_7 + 18MoO_3 = 2ReO_2 + 18MoO_2 + 7SO_2 \uparrow$$

$$ReS_2 + 7MoO_3 = ReO_3 + 7MoO_2 + 2SO_2 \uparrow$$

$$ReS_2 + 6MoO_3 = ReO_2 + 6MoO_2 + 2SO_2 \uparrow$$

在温度升到290℃以上和通入充足空气的焙烧过程中，铼电低价氧化物会氧化成次生的高价氧化物 Re_2O_7 并以此形态挥发进入烟尘：

$$4ReO_2 + 3O_2 = 2Re_2O_7 \uparrow$$

$$4ReO_3 + O_2 = 2Re_2O_7 \uparrow$$

由于铼的硫化物在焙烧温度为160℃时已开始氧化，而 Re_2O_7 在 $160 \sim 210℃$ 下是稳定的，当焙烧温度升到高于210℃后，Re_2O_7 变为不稳定而与辉钼矿中 MoS_2、ReS_2 等发生交互反应，生成低价氧化物，从而影响铼的挥发。研究表明，当氧化焙烧温度超过640℃时，焙烧的主要产物是 MoO_3，进入烟气的是 Re_2O_7，小部分是 ReO_2，ReO_3。处理辉钼矿经沸腾炉焙烧得到 Re_2O_7 的工艺流程如图28-2所示。

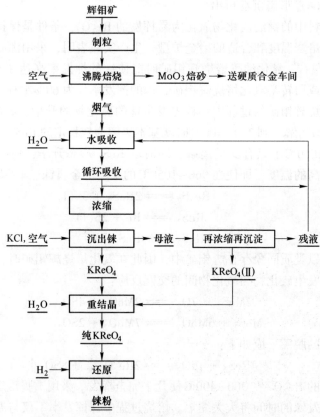

图 28-2　辉钼矿氧化焙烧—沉淀提铼法工艺流程

在整个过程中铼的挥发率可达到95%左右。含 Re_2O_7 的烟气经淋洗塔淋洗和湿式电收尘，烟气中的 Re_2O_7 溶于水而生成高铼酸：

$$Re_2O_7 + H_2O === 2HReO_4$$

溶有 Re_2O_7 的水溶液用以循环淋洗烟气，当其富集到一定浓度后，抽出一部分溶液浓缩，在空气搅拌下加入氯化钾，就产生白色的高铼酸钾沉淀：

$$HReO_4 + KCl === KReO_4\downarrow + HCl$$

沉淀为不纯物，需要用热水进行重溶（为加速溶解，有时可加入双氧水），溶解完全后，让其冷却到0℃以下，此时重结晶 $KReO_4$ 析出，如此重复1~2次，即可获得纯 $KReO_4$。

进一步制取金属铼，则需要通入氢气还原：

$$2KReO_4 + 7H_2 === 2Re + 2KOH + 6H_2O$$

开始在低温300℃下还原，以防止 $KReO_4$ 的溶解与飞溅，后期升温到600~1000℃继续通氢气还原得铼粉，铼粉经水洗、酒精洗涤后，再在1000℃下通氢气还原得99.8%的铼粉。铼的回收率高达87%~99%。

28.3.2　含铼铜矿鼓风炉熔炼挥发—硫化沉淀法提铼

德国曼斯费尔铜厂处理含铼铜页岩矿时回收铼。该工艺是将含铼的铜页岩矿投入炼铜鼓风炉熔炼，除得到冰铜外，还得到两种含铼的副产物：一种是富集于鼓风炉熔炼过程中产生的烟尘，另一种富集在鼓风炉的炉结物中。鼓风炉炉结物中含铼0.005%，烟尘含铼0.043%~0.05%，成为铼的原料。

28.3.2.1　含铼炉结物的处理

把含铼炉结物粉碎后，配以料重3~4倍的硫酸并添加少量的硫化钠，在40℃下浸出。在该过程中铼以硫化物形态沉淀析出。过滤后将干燥过的沉淀物氧化焙烧。使铼挥发进入烟气。然后以水吸收得到 $HReO_4$ 液，经过浓缩后，加入 KCl 沉出 $KReO_4$ 后提取铼。

28.3.2.2　含铼烟尘的处理

从含铼烟尘中提取铼采用挥发工艺，在1100℃中性或还原性气氛中使烟尘中的铼再次挥发出铼，用水吸收，获得含铼0.1g/L的吸收液。吸收液经结晶、净化脱铜和进一步加入硫酸亚铁和锌粉脱铜与脱镉后，用20%的硫酸溶液酸化（达到含15%硫酸为终酸度），加入硫化钠将溶液中的铼以硫化物形态沉淀析出，铼的回收率超过90%。获得含铼的硫化物沉淀配以其质量3%的碳酸钠，在350℃下烧结，用水浸出烧结产物，铼便进入碱液中，经转化获得 $KReO_4$ 后提取铼。

28.3.2.3　工艺流程

图28-3所示为含铼铜矿鼓风炉熔炼后铼的走向与富集的工艺流程图。

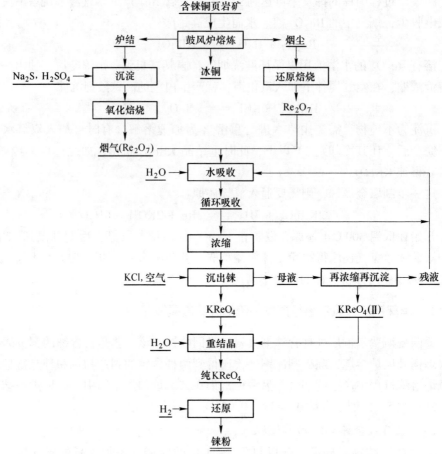

图 28-3　含铼铜矿鼓风炉熔炼挥发—硫化沉淀法提铼工艺流程

28.3.3　高压氧化浸出法提铼

高压氧化浸出法适用于处理含铜和铁的辉钼矿，能有效回收辉钼矿中的铼、钼及硫，具有工序少、无 SO_2 污染等优点、但操作条件要求设备能耐腐蚀，且需要增加氧气站，而且产出含 75% 的硫酸溶液难以利用。

28.3.3.1　工艺流程

该方法的工艺流程如图 28-4 所示。

28.3.3.2　高压浸出

将含铼辉钼矿投入高压釜中，在 200~220℃ 下，通入氧气，浸出时间 4~6h，控制浸出终点 pH 值为 8~9，该过程中铼和钼发生如下反应：

$$2Re_2S_2 + 13O_2 + 6H_2O == 4HReO_4 + 4H_2SO_4$$

$$2MoS_2 + 9O_2 + 6H_2O == 2H_2MoO_4 + 4H_2SO_4$$

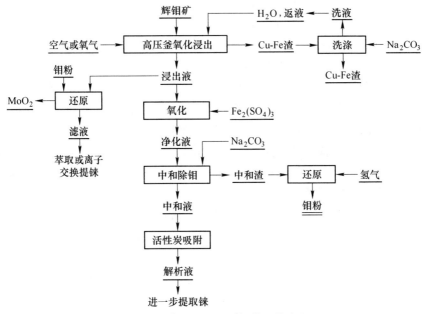

图 28-4　高压氧化浸出提铼工艺流程

28.3.3.3　中和—沉淀分离铼、钼

将料中约有 95%~99% 的铼、钼和硫等进入溶液中，而杂质铜和铁仍保留在渣中，过滤后向浸出液加入 $Fe_2(SO_4)_2$ 氧化，然后加入 Na_2CO_3 进行中和。中和过程中，铼进入溶液，钼进入中和渣中，中和渣经干燥后通入氢气还原得钼粉。调整中和后液至 pH = 3，然后通过活性炭吸附，饱和后在 80~90℃ 下用 1% 的 Na_2CO_3 溶液解吸，采用离子交换或萃取方法回收铼。

28.3.4　高压硝酸分解法提铼

该方法是在 20 世纪 70 年代开发的，适用于处理含金属杂质多的辉钼矿。

28.3.4.1　工艺参数

将含铼约 0.07% 的辉钼矿投入高压釜中，加入硝酸，在氧分压 P_{O_2} 为 1471~1962kPa，反应温度为 180~220℃ 下反应 2~3h，在整个过程中约有 84%~97% 以上的铼与钼进入溶液，它们主要以 $HReO_4$ 和 H_2MoO_4 形态，小部分以 $H_2[MoO_2(SO_4)]$ 形态存在溶液中，大约有 2%~3% 的铼及 1%~2% 的钼留在渣中。

整个反应过程中主要发生下列反应：

$$3ReS_2 + 19HNO_3 === 3HReO_4 + 6H_2SO_4 + 19NO + 2H_2O$$
$$MoS_2 + 6HNO_3 === H_2MoO_4 + 6NO + 2H_2SO_4$$

所生成的 NO 在高压釜的上部被氧化成 NO_2。

$$2NO + O_2 \rightleftharpoons 2NO_2$$

氧化物 NO_2 与高压釜下部的水溶液作用生成次生的 HNO_3（Ⅱ）。

$$3NO_2 + H_2O \rightleftharpoons 2HNO_3(Ⅱ) + NO$$

因此硝酸分解过程实际上仅消耗氧，在整个过程中硝酸起催化剂的作用。

反应后的溶液经过过滤、聚醚脱硅，净化后溶液含 Re 0.14g/L，用 0.25% N235+40%仲辛醇/没有萃取铼，萃取后的残液 Re 小于 0.006g/L，负载有机相用 NH_4OH 反萃，获得的铼水相经浓缩结晶产出纯度大于 99%的 NH_4ReO_4，铼的总回收率为 80%~92%。浸出渣用氨水处理后，所得的滤液与萃余液合并后送生产仲钼酸铵，钼的回收率在 95%以上。

另外一种高压硝酸分解法是先用水及返回液将辉钼矿浆化后，泵入高压釜，加入硝酸，在 125℃通入氧气（使氧分压保持在 1013.3kPa）反应 2~3h，发生的反应如下：

$$2ReS_2 + 19HNO_3 + 5H_2O \longrightarrow 2HReO_4 + 4H_2SO_4 + 19HNO_2$$

$$MoS_2 + 9HNO_3 + 3H_2O \rightleftharpoons H_2MoO_4 + 9HNO_2 + 2H_2SO_4$$

反应结束后，经过减压、冷却、过滤得到含水的 $MoO_3 \cdot H_2O$ 滤渣。绝大部分的铼与部分钼进入滤液中，该液成分为：Re 0.118g/L，Mo 24.5g/L，H_2SO_4 247g/L。然后用 5%的叔胺（TCA，相当于我国的 N235）+95%石脑油（Cyclosol 53）去萃取滤液中的铼与钼，随用 5mol/L NaOH 反萃钼，得到含铼 0.86g/L 和钼 195g/L 的水相。为了进一步分离钼，又用 5%的季胺（MTC，相当于我国的 N263）和 95%的石脑油萃取铼，然后用 1mol/L 的 $HClO_4$ 反萃铼，向含铼的水溶液中加入氨水后，经过浓缩结晶，得到纯度为 99.9%的 NH_4ReO_4。萃铼的萃余液中含钼 195g/L，铼的含量为 0.008g/L，采用喷雾干燥法能得到纯度较高的 MoO_3。

28.3.4.2　工艺流程图

高压硝酸分解法工艺流程如图 28-5 所示。

由于整个反应过程中放出大量的热，需要在加压釜上安装散热设备。

28.3.5　高压碱浸法提铼

该方法用于处理辉钼矿回收钼和铼，其工艺流程如图 28-6 所示。

将含铼的钼精矿投入带搅拌的高压釜中，加入 20%的氢氧化钠溶液。反应条件为：液固比 1:8，氧分压 P_{O_2} 为 5000~5100kPa，反应温度为 150~200℃，反应时间为 3~5h，控制反应终点的 pH=10。高压碱浸有 95%~99.9%的铼、钼和硫发生如下化学反应进入浸出液中：

$$4ReS_2 + 20NaOH + 19O_2 \longrightarrow 4NaReO_4 + 8Na_2SO_4 + 19H_2O$$

$$MoS_2 + 12NaOH + 9O_2 \longrightarrow 2Na_2MoO_4 + 4Na_2SO_4 + 6H_2O$$

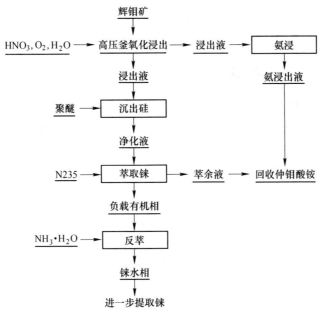

图 28-5　高压硝酸分解提铼工艺流程

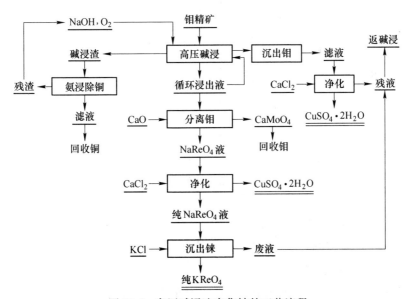

图 28-6　高压碱浸法富集铼的工艺流程

经过多次循环高压碱浸得到的浸出液，其中含铼高达 71~109g/L，含钼 0.024~0.51g/L，含 Na_2SO_4 145~147g/L。向循环液中加入 CaO 脱钼：

$$Na_2MoO_4 + CaO + H_2O \Longrightarrow CaMoO_4 \downarrow + 2NaOH$$

脱钼结束后，过滤，向滤液中加入 $CaCl_2$ 除去 SO_4^{2-}：

$$Na_2SO_4 + CaCl_2 \Longrightarrow CaSO_4 \downarrow + 2NaCl$$

向净化后的溶液中加入 KCl 生成 $KReO_4$ 沉淀。

28.3.6　铜精矿碱浸—置换铼

在铜矿选矿过程中，约有 60%~80% 的铼进入铜精矿中。采用碱液浸出可以使铜精矿中 50%~70% 的铼进入溶液中。该方法适用于含铼的铜精矿或铜铅矿。

28.3.6.1　工艺流程

该方法的工艺流程如图 28-7 所示。

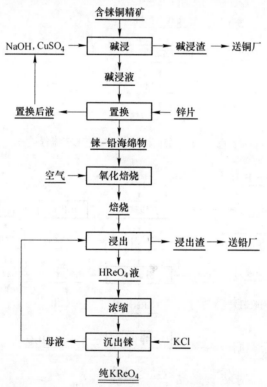

图 28-7　铜精矿碱浸—置换回收铼的过程工艺流程

28.3.6.2　碱浸过程

将含铼 0.003%、铜 30% 和铅锌 2%~3% 的铜精矿用含 100g/L NaOH 的溶液及含 50g/L $CuSO_4$ 的电解返回液相混合后，控制液固比为 3:1，在 100℃ 下碱浸 60min。铜精矿中的铼约有 50%~70% 进入浸出液中，过滤后的滤液在室温下加入锌片置换 1h，获得含铼 0.1% 的铼中铅海绵物。研究表明要获得高的置换铼率，必须采用含碱大于 50g/L 的溶液。置换后的母液含铼约 0.002g/L，需要返碱浸回收。实践结果表明，置换后的母液重复利用 20 次也不影响铼的浸出率，只须抽出其中的 1/20 的溶液进行净化处理。得到的铼铅海绵物，在 150℃ 左右通入空气氧化，氧化后的焙砂用沉淀析出铼的母液浸出、过滤后，将所得的滤液浓缩到含铼 15~20g/L 时，加入 KCl 沉淀出 KReO₄，到此铼的回收率为 50%~55%。

28.3.7　铜阳极泥硫酸化—沉淀法提铼

回收阳极泥中的铼采用硫酸化焙烧，使铼转化为硫酸盐，再水浸焙砂，铼、钼和镍等全部进入溶液。所得的浸出液再采用分步结晶法除去镍和钼等杂质，铼在母液中富集。经过多次重复操作后，铼富集到一定浓度后，该母液经浓缩后加入过量的 KCl 沉淀出 KReO₄，所得的 KReO₄ 经过重结晶净化，再用氢气还原得铼粉。本方法的工艺流程如图 28-8 所示。

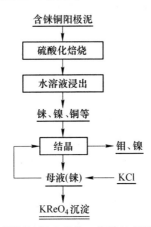

图 28-8　铜阳极泥硫酸化—沉淀法提铼工艺流程

28.4　电化学法提铼技术

28.4.1　钼中矿电溶氧化法提铼

电溶氧化法适用于处理低品位的钼中矿，含钼的范围在 1%~35% 和含铜范围在 6%~15% 的原料经电溶氧化法处理能达到综合回收铼、钼的目的。

28.4.1.1　电溶氧化条件

取铜钼矿（含铼 0.018%~0.10%、钼 4.76%~28.6%、铜 14.7%~42.8%）浆化到 3%~15% 矿浆浓度后，泵入电溶氧化槽下部。保持矿浆温度在 45~50℃，加入氯化钠达到溶液含 112g/L 左右，添加 Na₂CO₃ 控制适当的 pH 值。

将石墨电极按间距 8mm 分成 4 组，1~3 组的溶液控制 pH 值在 6~7，第 4 组控制 pH 值在 8~8.5，保持电流密度 590A/m² 、总槽电压 125V 的条件下电溶氧化。

28.4.1.2　电化学过程

电溶氧化过程中，电化学反应分为两步，第一步电解氯化钠获得 NaOCl：

阳极反应：$2Cl^- \longrightarrow Cl_2 \uparrow + 2e$

阴极反应：$2H_2O + 2e \longrightarrow 2OH^- + H_2 \uparrow$

电解反应：$2OH^- + Cl_2 \Longrightarrow OCl^- + Cl^- + H_2O$

第二步是 NaOCl 氧化矿中 MoS_2 和 Re_2S_7，电溶氧化时间 8~18h，铼与钼进入溶液。

$$MoS_2 + 9OCl^- + 6OH^- \Longrightarrow MoO_4^{2-} + 9Cl^- + 2SO_4^{2-} + 3H_2O$$

$$Re_2S_7 + 28OCl^- + 16OH^- \longrightarrow ReO_4^- + 28Cl^- + 7SO_4^{2-} + 8H_2O$$

电溶氧化过程中铼与钼的溶解度取决于原料的含铜量，如果物料含铜小于 7%，铼与钼的电溶率分别达到 99.1% 和 98.9%；如果物料含铜大于 15% 以上，铼与钼的电溶率仅为 75%。而且含铜量高，电溶过程中电能消耗会增加。

28.4.1.3　工艺流程

电溶氧化法富集铼的工艺流程如图 28-9 所示。

电溶氧化后的矿浆经浓密获得含铼 0.025~0.040g/L 及钼 10~18g/L 的上清液，向此上清液通入 SO_2 6~8h，以还原 OCl^-，并将料液的酸度调整到 pH=1，SO_2 的消耗量约为：1kg Mo 需 1.6~1.8kg SO_2，酸化后液送萃取工段。萃取铼采用 7%TOA+7% 癸醇的有机相，在相比 O/A = 1/5、经 3~4 级萃取，铼与钼的萃取率可分别达到 99.7% 和 94.4%，负载有机相用 1mol/L HCl 溶液洗涤（盐酸消耗量为 1kg Mo 0.018kg），然后用 1.7mol/L NH_4OH、在相比 O/A = 2/1，经 2~3 级反萃后，获得含铼 0.20~0.41g/L 及钼 90~110g/L 的水相。从水相提铼用活性炭吸附铼，即将此水相以 0.33cm/min 的流速通过直径 φ100mm 的活性炭吸附塔，塔内装有 7.7kg 粒度为 0.59~2.38mm 的活性炭，流出液含 Re 小于 0.0001g/L，而饱和的活性炭含铼可达到 1%。用含 75% 的甲醇水溶液解吸，活性炭中 97% 的铼被解吸出，便得到成分为：Re 40g/L, Mo 0.24g/L, Cl^- 3~5g/L 的解吸液，此液经过蒸馏回收甲醇后得到 NH_4ReO_4 溶液，再经过离子交换得到纯的 NH_4ReO_4，铼的回收率大于 95%。活性炭塔的流出液基本上保留了所有的钼，可经过浓缩结晶获得仲钼酸铵 $(NH_4)_6Mo_7O_{24} \cdot 4H_2O$，经过干燥及煅烧便得到 MoO_3。

用活性炭吸附铼属于物理吸附，需选用吸附表面大的活性炭，在 20℃ 左右，pH 值为 2.0~5.2 的条件下吸附，如料液主要问题是铼和钼的分离，则选在 pH 值为 8.2~10.6，此时铼与钼分离系数大。

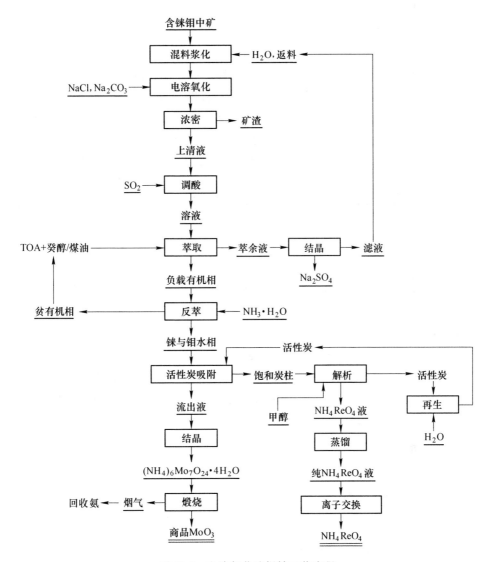

图 28-9 电溶氧化法提铼工艺流程

该方法对处理低品位钼精矿有利，能达到选择浸出的效果，矿料中杂质钼、铁、铅及 Al_2O_3 等基本上进入电溶氧化渣，并具有流程短、富集比高等优点，与用 NaOCl 直接浸出法相比，其经济效益月提高 1 倍，矿中硫转变为 Na_2SO_4 而无需处理火法冶金产出的 SO_2 烟气。但从钢铁生产需要 MoO_3 来说，此法提钼的步骤多，最后还要经过煅烧才能得到 MoO_3，实际消耗多。此外还要设置一套回收氨的设备，电耗大，1t Mo 约耗电 $1.98 \sim 2.35MW \cdot h$。若想利用 SO_2 生产硫酸，就无需让矿中的流转变为 Na_2SO_4 或其他硫酸盐。

28.4.2　电渗析提铼法

该方法用于含铼和钼的溶液。其机理是在直流电场作用下，在含硫酸（浓度为 $13 \sim 196g/L$）溶液中 ReO_4^- 容易迁移到阳极区，从而实现与钼的分离。该法在操作过程中，选用涂铂的钛板做阳极，不锈钢板做阴极，异相阳膜采用 MA-100、MA-40 等牌号，均相阴膜也采用 MA-100、MA-40 等牌号，在电流密度为 $170 \sim 200A/m^2$，溶液温度为 $55 \sim 66℃$，电渗析时间为 4h，约有 $95\% \sim 97\%$ 的铼迁移到阳极室，仅有 $0.05\% \sim 0.75\%$ 的钼随着迁移到阳极室。研究表明，在酸度为 $0.25mol/L$，电流密度为 $200A/m^2$ 时，铼的迁移速度达 $4.5 \sim 5.2g/(m^2 \cdot h)$，铼与钼的分离系数可达到 2.5×10^4。电渗析得到的含铼浓缩液，在经过进一步处理得到金属铼。

28.4.3　电解铼法

在酸性条件下电解含 ReO_4^- 的电解液。当电流密度为 $2000 \sim 10000A/m^2$ 时电解铼，电流效率较小，低于 32%，阴极产生的铼为黑色；当电流密度大于 $30000A/m^2$ 时电解铼，阴极产生的铼为灰色。电解过程中发生的电化学反应为：

$$ReO_4^- + 8H^+ + 7e \xrightarrow{\quad\quad} Re \downarrow + 4H_2O(E = 0.363V)$$

在电解过程中电流效率随着 ReO_4^- 和电解液温度的增高而提高。电解法从含铼浓度较高的溶液中一步提取到金属铼，其方法简单易行，但回收率较低，获得的铼粉粒度较粗。

28.5　有机物提铼

28.5.1　有机沉淀剂提取铼

从焙烧辉钼矿所得含铼烟尘，经水浸出得到含 Re $0.25g/L$，Mo $12g/L$，H_2SO_4 $34.76g/L$ 的溶液，用特效试剂红光碱性染料（ZCl）沉淀析出其中的铼。属于氨基三苯甲烷系染料，简称甲基紫。其分子式为：

ZCl 沉铼法的工艺流程如图 28-10 所示。

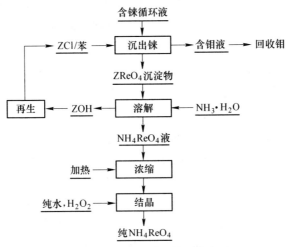

图 28-10 ZCl 沉铼法的工艺流程

将氧化焙烧辉钼矿产出的含铼吸收液调节酸度到 pH = 8 ~ 8.5，加入用苯稀释的 ZCl （ZCl 的用量按沉淀溶液中铼所需量的 3 ~ 4 倍加入）沉出铼：

$$HReO_4 + ZCl \Longrightarrow ZReO_4 + HCl$$

沉淀铼率为 91% ~ 97%。所得 $ZReO_4$ 沉淀经稀释的 ZCl 洗涤后，用 200g/L NH_4OH 溶液在液固比 4:1，40℃ 下溶解：

$$ZReO_4 + NH_4OH \Longrightarrow ZOH + NH_4ReO_4$$

溶出率可达 90% ~ 95%。过滤分离出 ZOH，同时也获得含铼 8 ~ 8.5g/L 的 NH_4ReO_4 滤液，此滤液经过浓缩、冷却结晶而得到纯的 NH_4ReO_4，通入氢气还原得到纯度达 99% 的铼粉。生成的 ZOH 经过 HCl 处理后可再生成 ZCl：

$$ZOH + HCl \Longrightarrow ZCl + H_2O$$

再生所得的 ZCl 可重复利用。

28.5.2 萃取铼法

工业上从硫酸或盐酸介质中萃取铼，多种萃取剂在下列介质中均能定量萃取铼：叔胺的 TOA/甲苯 （在 pH = 3 至 3mol/L HCl 与 pH = 3 至 3.5mol/L H_2SO_4 介质中），TOA/煤油 （在 5% ~ 50% H_2SO_4 介质中），叔胺的 N235/煤油 （在 4 ~ 7mol/L HCl 与 2 ~ 4mol/L H_2SO_4 介质中），季胺盐/煤油 （pH 值为 9 ~ 10），酰胺类的 N503 与 A101/甲苯 （在 0.5 ~ 4mol/L H_2SO_4 介质中），酮类的甲基异丁基酮 MiBK （在 4 ~ 7mol/L HCl 与 3.5 ~ 4mol/L H_2SO_4 介质中），磷酸类的 TBP （在 0.5mol/L HCl-联胺与 10% ~ 50% H_2SO_4 介质中）；醇类的异戊醇 （在 3 ~ 9mol/L HCl 与 3 ~ 4mol/L H_2SO_4 介质中）；并且均能与钼良好分离，反萃可分别用

$NH_4OH/NaOH$、$HClO_4 + (NH_4)_2SO_4$ 与 HNO_3 等。

无论在硫酸或盐酸介质中，均可用酮、醇、酯与醚等萃取剂萃取 Re（7价），其中以环己酮（CHN）萃取铼的能力最强，乙醚（DEE）萃取铼的能力最弱。

TOA 在 $0.01 \sim 0.5mol/L$ H_2SO_4 介质中能定量萃取 Re（7价）。而 TBP 在 $0.025 \sim 2.5mol/L$ H_2SO_4 介质中可萃取 Re（4价）与 Re（7价）。

28.5.2.1　异戊醇萃取铼法

该方法是从焙烧辉钼矿烟气中回收铼的工艺，是典型的氧化焙烧—萃取提铼工艺流程，是当今世界上生产铼的主导工艺之一，在一些国家普遍采用。

将含铼 0.03% 的辉钼矿投入多膛焙烧炉进行氧化焙烧，生成的 Re_2O_7 进入烟气中，经过硫酸吸收，获得含铼的吸收液，用 20% ~ 100% 异戊醇（以 $C_5H_{11}OH$ 表示）萃取吸收液之中的铼。由于铼与钼的分配比 D 值相差较大（$D_{Re} = 50 \sim 100$，而 $D_{Mo} = 0.02 \sim 0.13$），因此铼与钼的分离效果良好，萃取铼的机理是：

$$ReO_4^- + H^+(A) + [C_5H_{11}OH](O) \longrightarrow [C_5H_{11}OH \cdot ReO_4](O)$$

然后用 10% 的 NH_4OH 溶液反萃铼：

$$[C_5H_{11}OH \cdot ReO_4](O) + NH_4OH = [C_5H_{11}OH](O) + NH_4ReO_4(A)$$

得到铼相比达（10~20）: 1 的 NH_4ReO_4 水相，先向水相加入 NH_4OH 得到含铼 99.6% 的 NH_4ReO_4，然后在后续的工段中加入 KCl 得到 99.5% $KReO_4$ 沉淀，并经过离子交换得到含 99.6% 的 NH_4ReO_4，净化后，通入氢气将纯的 NH_4ReO_4 还原得到 99.9% 的铼粉，整个过程铼的回收率 75%。

用异戊醇萃取铼容易产生第三相。另外，异戊醇萃取容量大，造成铼与杂质的分离不好，铼的回收率低；此外，异戊醇的水溶性大且易挥发，导致试剂消耗量大、成本高，而且异戊醇能发出刺激性臭味，再加上废液中含 2 ~ 3mol/L H_2SO_4，带来"三废"处理等环保问题。

28.5.2.2　叔胺萃取铼法

目前西欧与美国多采用 TBP 或 TOA 萃取提铼工艺，在硫酸介质中用 3% ~ 6% TOA/煤油萃取铼。为了使萃取过程中分相好，多数工厂在有机相中添加一定量的高碳醇，洗涤选用硫酸，反萃用 $NH_3 \cdot H_2O$。

萃取机理：

用三辛胺 TOA（以 R_3N 表示）萃取铼。在处理成分为 Re 0.3g/L, Mo 2.4g/L, H_2SO_4 60g/L 的原液中，当酸度调节到 pH = 2，用 5%TOA + 5% $C_8H_{17}OH$/煤油配成有机相，在相比为 O/A = 1/5 的条件下萃取铼。铼的萃取率大于 99%，其萃取机理可表示为：

$$R_3N(O) + H^+(A) + ReO_4^-(A) = [R_3N \cdot HReO_4](O)$$

$$2R_3N(O) + H^+(A) + ReO_4^-(A) \Longrightarrow [(R_3N)_2 \cdot HReO_4](O)$$

反萃在相比 O/A=1/1 时先用含 15g/L Na$_2$C$_2$O$_4$ 溶液反萃钼，钼的反萃率大于 99%，获得的钼水相含 Mo 12g/L，Re 0.06g/L。然后用 10%NH$_3 \cdot$H$_2$O，相比 O/A=10/1 时 2 级反萃铼，铼的反萃率大于 99%，其反萃机理为：

$$[R_3N \cdot HReO_4](O) + NH_3 \cdot H_2O(A) \longrightarrow NH_4ReO_4(A) + H_2O(A) + 2R_3N(O)$$

反萃结束后获得的铼水相中含 Re 13.2g/L，Mo 0.5g/L，然后从水相进一步提取铼。产出的贫有机相用 1% 的盐酸再生后返萃取段使用。

用 TOA 萃取 Re(7 价) 时，在 pH=1.0~6.5 和用草酸掩蔽 Mo (3 价) 的条件下萃取铼，可与大量的 Fe(3 价)、铜、钴、镍和镉等杂质分离。三烷胺/三氯甲烷有机相在 0.25~0.75mol/L H$_2$SO$_4$ 介质中或高分子胺在 20%~40%H$_2$SO$_4$ 介质中均可定量萃取铼。胺类萃取剂萃取铼的能力虽然很大，但是胺类萃取剂既容易成盐，也易溶于酸，因此需要胶乳高碳醇或 TBP 等助溶剂。

为了回收 NH$_4$ReO$_4$ 结晶母液中的微量铼（含铼 0.40~0.75g/L），可选用 10%N235+10%TBP/煤油作为有机相，在 pH 值为 4~10，相比 O/A=1/10，3 级萃取铼，铼的萃取率大于 99.5%，然后用 30%NaSCN 反萃铼，其反萃铼率为 97.5%，获得含铼 1.2~2.3g/L 的铼水相。

以上萃取工艺中分离铼有两种方式：

(1) 优先萃取铼。从含铼和钼的 H$_2$SO$_4$ 溶液中提取铼，一般用低浓度的叔胺 N235+仲辛醇/煤油，在低相比条件下单独萃取铼，萃铼的有机相用 NH$_3 \cdot$H$_2$O 反萃，反萃液经浓缩得 NH$_4$ReO$_4$ 结晶。

(2) 共萃料液中的铼与钼，从反萃液分离铼和钼。用高浓度的 N235 共萃料液中的铼和钼，所得的富铼有机相 NH$_3 \cdot$H$_2$O 反萃，让铼和钼都进入反萃液中，然后用 5% 的季胺盐 Aliquat336 从反萃液中萃取铼，从而实现铼和钼的分离，之后分别回收铼与钼。或者从铼的负载有机相先用 HNO$_3$ 反萃铼，随后用 NH$_3 \cdot$H$_2$O 反萃钼，达到综合回收铼钼的效果。

28.5.2.3 TBP 萃取铼法

在含铼、钼和铁的盐酸溶液中，加入 H$_2$SO$_4$ 调节 SO$_4^{2-}$/Cl$^-$ 比值大于 20 后，用 TBP 萃取铼，然后依次用硫酸和盐酸洗去铁和钼后，用硝酸反萃铼。如处理含铼 8g/L、钼 1g/L、铁 0.3g/L 的盐酸和硫酸的混合溶液，采用 28%TBP 萃取铼，然后用 1mol/L 的细硫酸溶液和 4mol/L 盐酸分别洗涤，再用硝酸分 3 级反萃铼，大约有 99% 的铼进入反萃液中。

用 TBP 萃取铼的过程中，有机相浓度对铼的影响较大。如用 50%TBP-煤油萃取铼，萃铼率几乎可达到 100%。但如果用 25%TBP-煤油萃取铼，铼的萃取率小于 94.8%。

该方法适用于从贫铼的溶液中提取铼，其成本比传统的沉淀析出法低。

28.5.2.4　季胺盐萃取铼法

胺类萃取剂的萃取机理是：料液中 ReO_4^- 与胺类萃取剂的阳离子结合而被萃取。但胺类萃取剂的萃取选择性差，而且会发生成盐反应。

采用季胺盐 7404（氯化三烷基苄基胺，以（$PhCH_2NR_3$）Cl 表示）萃取铼，料液成分为 Re 0.3g/L，Mo 8g/L，（NH_4）$_2SO_4$ 200g/L，当调整 pH 值为 9~10 后，采用 1%7407+10%TBP/煤油，在相比 O/A=1/3，采用 3 级萃取，铼的萃取率大于 99%，萃取铼的机理为：

$$(PhCH_2NR_3)Cl(A) + ReO_4^-\ (O) = (PhCH_2NR_3)^+ \cdot ReO_4^-(O) + Cl^-\ (A)$$

萃余液中含 Re 小于 0.002g/L。采用 40%NH_4SCN，相比为 O/A=2/1，进行 3 级反萃，反萃铼率大于 99%，反萃机理为：

$$(PhCH_2NR_3)^+ \cdot ReO_4^-(O) + NH_4SCN(O) = (PhCH_2NR_3)^+ \cdot SCN(O) + NH_4ReO_4^-(A)$$

贫有机相用饱和的 NaCl 溶液，在相比 O/A=1/1，经 2 级条件下再生返用，从富含铼的水相可选用重结晶法提铼；也可采用电解工艺提铼，用铂做阳极，钢片做阴极进行电解获得金属铼，电解废液中还含有少量的铼，可将其与贫有机相共同返萃取工段使用。

28.5.2.5　酰胺萃取铼法

乙酰胺 A101 或 N503 萃取铼的选择性比异戊醇好。实践结果表明，30% 的 A101/二乙苯在不同酸度下萃取铼的能比不同：H_2SO_4 > HCl ≫ HNO_3 > $HClO_4$。在硫酸介质中各种含氧萃取剂萃铼能力为 A101 > TBP > 异戊醇 > MiBK。

如在硫酸介质中（硫酸浓度大于 2mol/L），30% 的 A101 能定量萃取铼，同时钼和其他杂质元素如同、铅、铁及其他稀散元素则全部留在水中。

28.5.2.6　离子交换提铼法

铼在溶液中多以 ReO_4^- 形态存在，而在强酸中，如在 6~10mol/L HCl 中铼会以 ReO_3^+ 形态存在，从此溶液中提取铼应采用 Cl^- 型或 SO_4^{2-} 型离子树脂，待树脂吸附饱和后，用含盐溶液解吸树脂中的铼。

该方法采用氧化焙烧—离子交换法提铼，其工艺流程如图 28-11 所示。

将含铼的辉钼矿投入多膛炉中，在 540~660℃ 进行氧化焙烧，在焙烧过程中大约有 90% 以上的铼以 Re_2O_7 形态挥发进入烟气，经水洗变成 $HReO_4$ 进入溶液中。经多次循环淋洗后便获得富含铼 0.2~0.5g/L 的循环吸收液，经浓密机获得含铼的上清液，向上清液通入 Cl_2 同时加入 Na_2CO_3，使溶液中的杂质如铁、铜、镉等以碳酸盐形态沉淀析出。过滤后，得到含铼的净化液，向净化液中加入氢氧化钠调整酸度至 pH 值为 8~10 后，输送到阴离子树脂交换塔进行离子树脂交换吸附铼，其交换机理可表达为：

$$R\text{-}N(CH_3)_3Cl_3 + HReO_4 = R\text{-}(CH_3)_3 \cdot ReO_4 + HCl$$

待树脂饱和后，用 NaOH 和 NaCl 溶液洗涤树脂除钼，洗涤杂质，然后用 $NH_3 \cdot H_2O$ 和 NH_4SCN 混合溶液从含铼的饱和树脂解吸铼：

$$R\text{-}(CH_3)_3 \cdot ReO_4 + NH_4SCN \Longrightarrow R\text{-}(CH_3)_3 \cdot SCN + NH_4ReO_4$$

所得的解吸液经浓缩、冷却、结晶得到纯的 NH_4ReO_4。

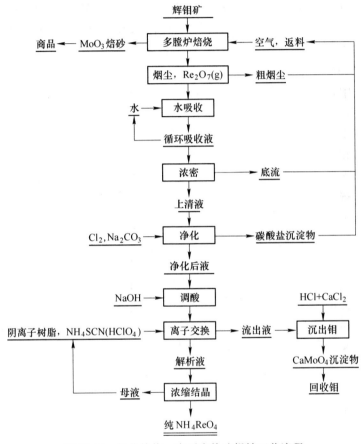

图 28-11　氧化焙烧—离子交换法提铼工艺流程

28.5.2.7　萃淋树脂吸附提铼法

在硫酸介质中，用含 TBP60% 的 CL-TBP 萃淋树脂从含铼 0.3g/L、钼 0.3g/L、硫酸 3~5mol/L 的溶液提铼，选流速 0.4cm/min，饱和吸附铼容量达 0.05g/g，吸附铼率约 80%。之后用饱和树脂体积 5 倍的水解吸得含铼 9g/L 的解吸液，供进一步提取铼，但饱和吸附铼容量过小。

在盐酸介质中，从含铼的盐酸溶液中，可用 F3 或 F1 型弱碱性阴离子树脂在 25℃下定量吸附铼，吸附铼饱和容量可达 0.260~0.275g/g，用 0.2mol/L 盐酸溶液洗涤除钼、铁等杂质，分别用 4mol/L 盐酸与 2mol/L $HClO_4$ 解吸：

$$R^+ Cl^- + ReO_4^- \Longrightarrow R + ReO_4^- + Cl^-$$

铼的回收率在 99.5% 以上。解吸获得树脂用 2mol/L 的盐酸再生后变成 2mol/L Cl⁻型树脂返回使用。

28.5.2.8　液膜提铼法

用 9%TBP+1% 异戊醇+3%L113B+3% 液体石蜡与 84% 的磺化煤油制成油液膜，以 4% 的 NH_4NO_3 为内相，外相料液为 2mol/L H_2SO_4，含铼 0.205mg/L，在油内比 R_{oi}=1∶1，液膜料液比 R_{ew}=3∶50，温度为 16~36℃下进行提铼，铼的富集率为 99.4%~99.9%。

28.6　铼的回收利用

全球铼的回收产业正在快速发展，目前德国和美国是铼资源回收的主要国家，爱沙尼亚和俄罗斯也在回收铼资源。废弃的含铼催化剂以及含铼合金是铼回收利用的主要来源。根据 Roskill（一家专门提供各类金属与矿业专业市调咨询的英国公司）在 2010 年的估算，目前全球铼回收的产能约为 30t/a。

在未来几年，铼的回收利用更有可能促进铼供应量的增加。目前美国铼回收产量的增速已经大于初级铼产量的增速。2013 年，日本企业也实现从用超合金制成的飞机喷气式发动机的涡轮叶片中提取在稀有金属中也尤为罕见的铼，并建立了用于回收稀有金属铼的工厂，此类工厂在日本国内尚属首家，每年可以回收 3t 铼，而日本国内每年铼需求仅为 2t。

废铂铼催化剂是主要的再生铼的资源，其次是含铼的各种合金、镀层、涂层等材料，而含铼的镍基、钨基废合金一般多返回做合金的配料用。

28.6.1　从废铂铼催化剂中回收铼

从废铂铼催化剂中回收铼的主要方法是将铼、铂溶解后用离子交换法加以富集和分离，主要有以下几种工艺：

（1）用硫酸浸出废铂铼催化剂，浸出液通过阴离子树脂吸附饱和后，用 5~8mol/L 的盐酸解吸铼，并从解吸铼的解吸液中分别沉淀出铼和铂。

（2）从含铂、铼的量较低的废催化剂中回收铼，采用先在 500~600℃煅烧 6h 左右，将废催化剂中的积碳脱除，然后将催化剂磨细至 60 目，加入 4% 的氨水在 120℃下的高压釜中加压浸出 5h，使铼进入溶液，铂基本上不溶，实现分离。溶液浓缩后，用氢型阳离子交换树脂除杂，得到纯净的铼酸溶液，可进一步提取铼。或者采用强碱性阴离子树脂从浸出液中吸附铼，饱和后用 NH_4SCN 溶液解吸到纯的 NH_4ReO_4 后提取铼。

（3）废铂铼催化剂在 500℃下煅烧后，用 15% 的氯化钠溶液在 80℃下，电容氧化 2.5h，使铼进入溶液中；所得的溶液用 Cl⁻型的 AH-251 树脂吸附铼，待树脂吸附饱和后，用5%的氨水解吸得到纯的 NH_4ReO_4。

（4）用15%的硫酸在液固比为13∶1，104℃加压浸出废铂铼催化剂10h，冷却浸出液至45℃，加入浓度为30%的 H_2O_2，加入量为每千克废催化剂0.3～0.7L，再继续浸出3h，铼的浸出率为94%～96%，再用萃取法回收浸出液中的铼；铂留在残渣中，另行回收处理。或者用硫酸浸出废催化剂，浸出液用强碱性阴离子交换树脂吸附铼，饱和后用1～8mol/L $HClO_4$+1%～25%EtOH混合液解吸，经蒸发浓缩再回收铼。

28.6.2　从含铼的合金废料中回收铼

28.6.2.1　氧化升华法回收铼

该方法主要用于从含钨和铼的合金废料中回收铼。在950℃下通入氧气，氧化废料7～8h，废料中的铼以 Re_2O_7 形态挥发，经水吸收后，用浓度为25%的氨水将铼沉淀析出，铼的回收率可达到92%～95%。该方法的关键在于控制适当的气氛和温度，合适的通氧量有利于挥发铼。

另外一种方法是从含铼量较高的铼钨合金或钼铼合金废料中再生回收铼。采用两次氧化升华：先在1000℃下将废料通入足够的氧气氧化2～5h，废料中的铼以 Re_2O_7 形态挥发进入烟气，然后将烟气在400℃再次升华得到纯的 Re_2O_7。经过水溶解后，用KCl或氨水溶液把铼沉淀出来。工艺流程如图28-12所示。

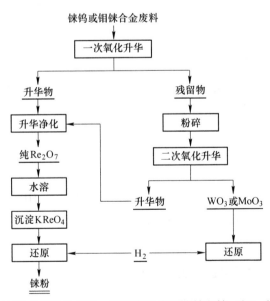

图28-12　氧化升华法从铼钨、钼铼废料中回收铼和钨（钼）的工艺流程

使用该方法铼、钼、钨的回收率都较高。

28.6.2.2　硝石熔融分解—离子交换法回收铼

用硝石在高温下熔融分解钨铼合金废料，把钨、铼分别氧化成 Na_2WO_4 和 $NaReO_4$，分解后的物料用水浸出，此时溶液的 pH 值为 8.8~8.9，溶液中含 Re、W 和 $NaNO_3$，该溶液用强碱性交换树脂吸附铼，铼的吸附率可达到 99.99%，铼吸附后液再用大孔径的树脂吸附钨；或者用弱碱性的交换树脂先吸附铼用 $NH_3 \cdot H_2O$ 解吸出 NH_4ReO_4，再从铼吸附后液中吸附钨。

28.7　高纯铼的制备

28.7.1　高铼酸铵氢还原法

该方法有两种方式实施，其中一种是用阳离子交换树脂脱除 NH_4ReO_4 溶液中的杂质，然后对溶液浓缩，并在 0℃ 以下进行冷却结晶，重结晶数次，制得纯度为 99.99% 的 NH_4ReO_4。将提出后的 NH_4ReO_4 进行干燥、破碎，装在纯钼制备的钼舟中在高温下通入氢气还原。条件是：在 300℃ 下还原 1h，然后在 800℃ 下还原 1h。所得的铼粉纯度受 NH_4ReO_4 纯度影响较大。

另外一种方法是将精制除杂后的高纯铼酸铵溶液加热浓缩到过饱和状态，冷却至室温，结晶析出的铼酸铵用纯水洗涤数次后，在 100℃ 下烘干 4h，铼酸铵粉末置于钼镍合金舟中，在 400~600℃ 下通入氢气还原，所得的铼粉纯度为 99.9995%~99.998%，铼的回收率大于 99.5%。

28.7.2　高纯二氧化铼氢还原法

用纯度较低的铼粉、铼加工的碎料为原料，用氢气在 1000℃ 还原 1h，除去氧化物，然后用氯气进行氯化：

$$2Re + 5Cl_2 \Longrightarrow 2ReCl_5$$

$ReCl_5$ 的熔点为 220~263℃，沸点为 330~360℃，将挥发的 $ReCl_5$ 气体冷凝收集，再将其水解：

$$3ReCl_5 + (8 + x)H_2O \Longrightarrow 2ReO_2 \cdot xH_2O + HReO_4 + 15HCl$$

将水解物分离，并真空干燥，获得 ReO_2。把 ReO_2 置于钼舟中用氢气还原，得到高纯度的金属铼粉。

28.7.3　氧化铼升华提纯氢还原法

高价铼的氧化物在高温下易挥发，将氧化铼升华提纯，再用氢气还原制得高纯铼粉，对于提纯含钾小于 0.2% 的金属铼，工艺效果尤为显著。

28.7.4　铼的卤化物热离解法和化学气相沉积法

铼的卤化物在高温下发生热离解，铼的卤化物这一性质可以在高温下用于钨丝镀铼。铼的卤化物有 ReF_6，$ReCl_5$，$ReCl_3$，$ReBr_3$ 等，在真空中加热到 $500\sim600℃$，对卤化物进行升华提纯，然后把提纯后的卤化物在高温的铼丝或铼片上热离解，沉积出高纯铼。

铼的卤化物在 $200\sim300℃$ 左右也可被氢气还原成金属铼，该性质已被用于化学气相沉积法（CVD）制备铼钨合金：

$$ReF_6 + 3H_2 \Longrightarrow Re + 6HF$$

控制沉积温度为 $550℃$，可获得含铼 25.9% 的铼钨合金。因此，可采用此方法用氢气还原 ReF_6，$ReCl_5$，$ReCl_3$ 和 $ReBr_3$，让铼在高温的铼丝或铼片上还原沉积，可以制得致密的高纯铼，特别是在制取低氧量的金属铼方面有优势。

28.7.5　电子束熔炼和区域熔炼法

用电子束熔炼炉将铼粉熔炼成锭，电子束熔炼的高温及高真空使铼粉含的气体和金属杂质挥发从而使铼提纯。对得到的铼锭再进行区域熔炼，用电子束加热，若干个行程后可制得高纯铼。

28.8　铼锭或铼条的生产方法

工业上生产铼锭或铼条的方法有高温烧结法和熔炼法两种。

28.8.1　高温烧结法

高温烧结法又称粉末冶金法，先将铼粉在 6MPa 压力下制成坯条，坯条在真空或氨气中于 1200℃ 下烧结，再将预烧条在垂熔炉中于 2700~2850℃ 下进行高温烧结，最后得到理论密度超过 90% 的铼条。

28.8.2　熔炼法

该法以烧结条作原料，用电弧熔炼、电子束熔炼和区域熔炼法对粗铼进行提纯精制。电子束熔炼采用水冷铜套，真空度 106Pa，所得铼锭为柱状结晶体，纯度 99.99%。区域熔炼也采用电子束加热，以铼条作阳极，电子枪作阴极进行悬浮区域熔炼，产品为光谱纯度的铼单晶。

参 考 文 献

［1］杨尚磊，楼松年，陈艳，等．铼（Re）的性质及应用研究现状［J］．上海金属，2005，27
　　（1）：45-49．

［2］刘世友．铼的应用与展望［J］．稀有金属与硬质合金，2000（140）：57．

［3］Bialow James. Rhenium Material Properties［R］. AIAA 1995-2398, 1995.

［4］陈健．燃烧室新材料在卫星双元低推力发动机上应用［J］．航天控制，2001（4）：8．

［5］Liu Changguo, Chen Jie, Han Hongyin, et al. A long duration and high reliability liquid apogee
　　engine for satellites［J］. Acta Astronautica, 2004（55）：401.

［6］Carl Stechman, Peter Woll, Raymond Fuller, et al. A high performance liquid rocket engine for
　　satellite main propulsion［R］. AIAA 2000-3161, 2000.

［7］张成强，张锦柱．铼的分离富集研究进展［J］．中国钼业，2004，28（1）：42-43．

［8］王海哲，杨盛良．铼的特性、应用及其制造技术［J］．中国稀土学报，2005，23（增刊）：
　　189-193．

［9］孙世国，彭孝军，张蓉，等．铼、钌太阳能电池染料稳定性电喷雾质谱研究［J］．大连理
　　工大学学报，2005，45（4）：492-495．

［10］骆宇时，刘世忠，孙凤礼．铼在单晶高温合金中强化机理的研究现状［J］．材料导报，
　　2005，19（8）：55-58．

［11］杨尚磊，楼松年，陈艳．铼-钛（Re-Ti）功能梯度材料的设计与制备［J］．航空材料学
　　报，2005，25（3）：1-4．

［12］胡昌义．Ir-Re复合材料的研究［D］．长沙：中南大学，2002．

［13］王顺昌，齐守智．铼的资源、用途和市场［J］．世界有色金属，2001（2）：12-14．

［14］吴继烈．江西铜业贵金属及铼、钼生产评述［J］．贵金属，2000，23（1）：57-61．

［15］王芦燕，王从曾，马捷，等．化学气相沉积钨铼合金工艺研究［J］．中国表面工程，
　　2006，19（6）：39-43．

［16］Biaglow James A. Rhenium Material Properties［R］. AIAA 1995 -2398, 1995.

［17］Biaglow James A. High Temperature Rhenium Material Propersities.

［18］Chazen Melvin L. Materials property test results of rhenium［R］. AIAA 1995-2983, 1995.

［19］Hartenstine J R, Horner Richardson K D. Evaluation of the thermionic work function of the man-
　　drel side of chemically vapor deposited and vacuum plasma sprayed refractory metals［R］.
　　AIAA 1994.

［20］黄钺．铼用于超高温发射极［J］．有色与稀有金属国外动态，1996（1）：12．

［21］Liu Zikui, Chang Y Austin. Evaluation of the thermodynamic properties of the Re2Ta and Re2W
　　systems［J］. Alloys and Compounds, 2000（299）：153.

［22］Petrovich V, Haurylau M, Volchek S. Rhenium deposition on a silicon surface at the room tem-
　　perature forapplication in microsystems［J］. Sensors and Actuators A, 1999, 2002：45.

［23］Schrebler R, Merino M, Cury P. Electrodeposition of Cu-Re alloy thin films［J］. Thin Solid
　　Films, 2001（388）：201.

［24］ Terence Jones. Rhenium plating ［J］. Metal Finishing, 2003（6）：86.

［25］ Toenshoff D A, Laman R D, Ragaini J. Iridium coated rhenium rocket chambers produced by electroforming ［R］. AIAA 2000

［26］ 黄金昌. 铼粉末冶金件的应用 ［J］. 稀有金属快报, 2002（4）：15-16.

［27］ Todd Leonhardt, Carlen Jan C. Deformation hardening and process annealing as fundamental elements in rheniumforming technology ［R］. AIAA 1998 - 3353, 1998.

［28］ Leonhardt T, Hamister M, Carlen J. Near net shape powdermetallgury rhenium thruster ［R］. AIAA 2000 - 3132, 2000.

［29］ Hickman R, McKechnie T, Agarwal A. Net shape fabricationof high temperature materials for rocket engine components ［R］. AIAA 2001 - 3435, 2001.

［30］ Reed Brian D, Morren Sybil H. Evaluation of rhenium joining methods ［R］. AIAA 1995 - 2397, 1995.

［31］ Kratt E, Samarov V, Khaykin R. New technological possibiliies of manufacturing complex shape chamber for low thrust engine by hip from re powder ［R］. AIAA 1999 - 2753, 1999.

［32］ 张英明. 生产铼部件的电子束物理气相沉积法 ［J］. 稀有金属快报, 2003（4）：20-21.

［33］ 唐伟忠. 薄膜材料制备原理、技术及应用 ［M］. 北京：冶金工业出版社, 2003：106.

［34］ Tuffias R H, Kaplan R B, Williams B E, Iridiumhenium combustion chambers from concept to reality ［R］. AIAA 1996 - 4443.

［35］ Wu P K, Woll P, Stechman C. Qualification testing of and generation high performance apogee thruster ［R］. AIAA 2001 -3253, 2001.

［36］ Reed Brian D. Rocket screening of iridium/rhenium chambers ［R］. NASA Lewis Research Center, 1998.

［37］ Schoenman L, Rosenberg S D, Jassowski D M. Test experience 490N high performance 321sed isp engine ［R］. AIAA 1992 - 3800.

［38］ Chazen Melvin L, Dale Sicher. High performance bipropellant rhenium engine ［R］. AIAA 1998-3356.

［39］ 李靖华, 胡昌义, 高逸群. 化学气相沉积法制备铼管的研究 ［J］. 宇航材料工艺, 2001（4）：54.

［40］ 张锋. 金属铼涂层 CVD 装置及工艺研究 ［D］. 长沙：国防科学技术大学, 2003.

［41］ 阎鑫, 张秋禹. MO-CVD 法制备抗氧化铱涂层研究进展 ［J］. 宇航材料工艺, 2003（2）：1.

［42］ Reed Brain D, Biaglow James A. Rheniummechanical properties and joining technology ［R］. AIAA 1996 - 2598.

［43］ Reed Brain D, Morren Sybil H. Evaluation of rhenium joining methods ［R］. AIAA 1995 - 2397.